优质高效中药生产直通营销

张勇飞　主编

中国农业出版社

＃国家公益性行业科研专项（编号：201003037）
＃国家973计划（编号：2009CB119000）
＃国家科技支撑计划（编号：2007BAD57B04）
＃农业部农业结构调整重大技术研究专项（编号：04—06—02B）
＃天津市农业科技成果转化项目（编号：0504050）
＃欧盟亚洲合作项目（编号：19.1002）

主　编　张勇飞

编著者　张勇飞　赵　冰　张朝兴

绘　图　武乐典　张朝兴

主编简介

张勇飞，男，山西柳林人，预防医学和农学硕士，主持并参加多项国家和省部级科研项目，获得了国家和省部级科技进步二等奖2项，三等奖2项，主持建成了国内外最大的中药抗体生产线并通过农业部GMP验收，利用中医药免疫工程首创研发的中药复合冻干卵黄抗体获取国家新兽药证书并投入生产。在中国农业出版社出版《滋补中药生产与营销》等科技专著4部，发表科技论文13篇，获得国家专利授权18项。

内容提要

本书重点从调理类、驱邪类中药入手，侧重遴选了30余味常用以及贵重的中药，每种中药分九节撰写，分别为入药品种、资源和产地分布、植物形态、生态条件、生物特性、栽培技术、采收、加工（炮制）与贮存、药典质量标准、市场与营销。为了便于进一步查询检索，本书在章节的基础上采用问答的格式。本书内容丰富，以市场营销为导向，栽培生产为重点，国标质量为根本著成新篇，适于药农、药商、医药科研技术人员和行政官员以及相关教师、学者学习和参阅。

序　言

中药材是中医的重要组成部分。中医是建立在“天人合一”思想统摄的基础上，以“多维整体观”和“辨证施治”为指导，采用“理、法、方、药”体系手段，达到保健和防治疾病的目的。南怀瑾先生特别指出：至于中药辨其药性，须知地理、地质、气象、物理、化学、生物性能之互变，须知有化朽腐为神奇之妙用，总此方得言医。

余八岁就经常跟随祖父张鸿民上山采药。他老人家春末夏初带我去阳坡挖茵陈，秋末冬初带我到阴坡刨地黄。当时，我不解这种采药的意义，稚问：“爷爷，好累哦。那里采得不是药啊，故意累人呀。”爷爷说：“孙儿，累不算什么，挖好药才能治好病，就是再累也得这样做了。”后来，我学习了中医学，爷爷就问我：“小时候，你跟我采药的事情还记得吗?”我说：“记得。”他补充说：“好药材，要得天时，更要得地利。这样的药材才是地道药材。”我说：“爷爷，明白了——药材好，药才好。”

长期以来，中药材主要依靠挖掘野生资源来供应。即使有栽培，也处于一种落后的自然发展状态，缺少道地药材的规范化种植和标准化加工，这些都严重制约了中药材的生产。然而，高品质药材是保证中药有效、安全和稳定的物质基础，是中药现代化一项非常重要的基础工作。由此可知，对中药材尤其是道地药材进行彻底的了解并不是一件容易的事情。中药栽培只是其中的一个环节，也是最初的环节，然而精通此道也不是轻而易举。我们调查了市面上已有的中药栽培书籍，发现大多流于中药植物志的形式，偏重于对各种中药材来源、性状、鉴别等的介绍，对于中药如何栽培和营销，往往惜字如金，写得过于简单。使得读者看后难得其要领。而且中药种类繁多，根据近年的初步统计，总数约在8 000种左右，常用中草药亦有700种左右。如此繁多的种类必须按照一定的系统，分清类别，才便于学习、研究和应用。

鉴于此编著者觉得有必要写一套分类清楚，栽培内容丰富，并带有营销理念和兼知国家药典标准，通俗易懂，又不失原有植物志精华的中药生产和市场营销的著作。为此，在北京亿纳夫科技有限公司的大力支持下，本书专门成立了写作组，写作组成员经过与多位专家反复研讨，最终定下一套完整的写作方案：首先将所有中药分为滋补类、调理类、驱邪类三大类，由于滋补类中药在《滋补中药的生产与营销》(张勇飞、赵冰主编，中国农业出版社，2011 年 2 月第一版）中进行了详细介绍，所以本书重点从调理类、驱邪类中药入手，侧重遴选了 30 味常用和贵重的中药，调理类中药介绍 10 种药，包括理血药 5 种、平喘药 4 种和消食药 1 种，其中：理血药有丹参、延胡索、姜黄、莪术和郁金，平喘药有桔梗、款冬花、紫苏和紫菀，消食药有山楂；祛邪类中药介绍20种药，包括化痰药4种、化湿药3种、辛凉解表药3种、辛温解表药2种、清热解毒药3种、清热燥湿药2种、清热凉血药1种、清热泻火药1种、祛风湿药1种，其中：化痰药有浙贝母、川贝母、半夏和天南星，化湿药有苍术、厚朴和广藿香，辛凉解表药有菊花、柴胡和薄荷，辛温解表药有白芷和麻黄，清热解毒药有金银花、连翘和射干，清热燥湿药有黄连和黄芩，清热泻火药有知母，祛风湿药有独活，清热凉血药有牡丹皮。每种中药分九节撰写，分别为入药品种、资源和产地分布、植物形态、生态条件、生物特性、栽培技术、采收、加工（炮制）与贮存、药典质量标准、市场与营销。为了便于进一步查询检索，本书在章节的基础上采用问答的格式。这样以市场营销为导向，栽培生产为重点，国标质量为根本著成新篇，合理分类，节节相扣，内容紧凑，信息量大，易于阅读，令人耳目一新，值卷必有所启发。希望同仁予以指教。

张勇飞

笔于北京中国农业大学

2012年元旦

通讯地址：北京市海淀区圆明园西路2号中国农业大学西校区

联系电话：010-62734095，15110119798，15904206549

电子邮箱：kkk258zhangyongfei@163.com，zhaocau@163.com

目　录

第二篇 优质高效调理类中药生产与营销

第三篇　优质高效祛邪类中药生产与营销

第一篇

DIYI PIAN

优质高效中药生产直通营销

第一章

30种优质高效中药的简介

第一节　优质高效中药的概况

§1.1.1　什么是优质高效中药?

优质高效中药包括三个方面的含义，即中药品质优良、防治疾病效果高、市场经济效益高。

中药品质优良是指中药本身含有完美的防治人和动物疾病的中药全息营养。那么，什么是中药全息营养呢？祖国传统中医学利用“天人合一”的宇宙全息规律将“自然”与“人体”通过类比的方法，建立了理、法、方、药的医学体系，中药材在防治人和动物疾病中完全遵循了宇宙全息理论而有效地使用，这被几千年的医学实践所证明，所以中药材全息营养是指某种中药材含有防治人和动物相对应的某种疾病的全部物质形态和能量与信息的场形态的营养总和。

用现代分析理论建立起来的生物学和医学理论，衡量药材的药用价值就是用生物碱、有机酸、黄酮、皂苷、多糖、维生素、矿物质和各种微量元素作为依据而定，其实这是一种局限理论。因为，目前没有一种科学理论可以完全认识生命所有需要的一切营养、医疗和保健物质。但是，我们也不是科学的虚无主义者，最接近科学的中药材的药用价值标准就是遵循生物进化过程中形成的食物链，它包含了防治疾病全部信息的药用成分，我们称之为药物的全息营养，它还应该包括目前无法用仪器测定的而被祖国医学证明了几千年的的四气五味和归经等指标。中药材全息营养就是指药材的生物碱、有机酸、黄酮、皂苷、多糖、维生素、矿物质和各种微量元素以及四气五味和归经等综合药用价值。这样中药不仅具备了物质形态的成分,也具备了场形态的对人和动物生命功能影响的能量以及信息,如此才可称之为品质优良的中药。

品质优良的中药临床效果高，市场需求大，所以经济效益高。

§1.1.2　本书介绍哪30种优质高效中药?

《黄帝内经·素问》中有一句至理名言说:“阴平阳秘，精神乃治；阴阳离决，精气乃绝。”如果人和动物健康时，那就是“阴平阳秘，精神乃治”；反之有了疾病，那就成了“阴阳离决，精气乃绝”。所以，中药中有这么一类非常重要的药物，即调理类中药，专门调整人和动物“阴阳离决”病态，使机体恢复“阴平阳秘”的健康状态。比如，血滞之疼痛的阴病，就需要理血之阳药丹参通之；食积之腹胀的阳病，就需要消食之阴药山楂化之等等。《黄帝内经·素问》中又指出:“正气内存，邪不可干”,“邪之所凑，其气必虚”。这说明人和动物如果正气充足，抵抗疾病的能力就强，机体就健康；反之，气虚血虚，脏腑虚弱，邪气侵入，身体就会患病。所以，中药中就有了相应的两类药物，一为滋补类中药以提高人和动物机体抗病能力，我们在《滋补中药生产与营销》(张勇飞、赵冰主编，中国农业出版社，2011年2月第一版）一书中介绍过；另一类是祛邪类中药，专门针对各种邪毒实现防治人和动物疾病的目的，比如风寒邪毒，我们用辛温解表药白芷和麻黄等，再比如湿热邪毒，我们就用清热燥湿药黄连和黄芩等……。

在继承传统中医学得基础上，我们本着当今中药市场发展的前景，选择了药农收入高的30种常用的中药，进行了详尽介绍，以求推动我国中药产业大发展。这30种中药有两大类：调理类中药介绍10种药，包括理血药5种、平喘药4种和消食药1种，其中：理血药有丹参、延胡索、姜黄、莪术和郁金，平喘药有桔梗、款冬花、紫苏和紫菀，消食药有山楂；祛邪类中药介绍20种药，包括化痰药4种、化湿药3种、辛凉解表药3种、辛温解表药2种、清热解毒药3种、清热燥湿药2种、清热凉血药1种、清热泻火药1种、祛风湿药1种，其中：化痰药有浙贝母、川贝母、半夏和天南星，化湿药有苍术、厚朴和广藿香，辛凉解表药有菊花、柴胡和薄荷，辛温解表药有白芷和麻黄，清热解毒药有金银花、连翘和射干，清热燥湿药有黄连和黄芩，清热泻火药有知母，祛风湿药有独活，清热凉血药有牡丹皮。详见表1-1-1。

表1-1-1　本书介绍的30种常见中药一览表

分类		中药	合计		
功能	药效				
调理类	理血药	丹参、延胡索、姜黄、莪术、郁金	5	10	30
	平喘药	桔梗、款冬花、紫苏、紫菀	4		
	消食药	山楂	1		
祛邪类	化痰药	浙贝母、川贝母、半夏、天南星	4	20	
	化湿药	苍术、厚朴、广藿香	3		
	辛凉解表药	菊花、柴胡、薄荷	3		
	辛温解表药	白芷、麻黄	2		
	清热解毒药	金银花、连翘、射干	3		
	清热燥湿药	黄连、黄芩	2		
	清热泻火药	知母	1		
	祛风湿药	独活	1		
	清热凉血药	牡丹皮	1		

第二节　优质高效中药的产地分布

§1.1.3　30种优质高效中药分布在我国的什么地方？

优质高效中药出产于特定地域，这个地域也叫原产地。利用原产地自然资源——比如物态的土壤与水和气候影响以及非物态的地磁场、日磁场、月潮和宇宙场等多种场能的影响进行的中药生产叫做道地中药生产。这种方法生产出的中药就是道地中药，它具有最特有的医用功效。表1-1-2详细介绍了30种优质高效中药在我国的分布状况。

表 1-1-2　30种优质高效中药在我国的分布一览表

项　目	京	津	冀	晋	辽	内蒙古	吉	黑	沪	苏	浙	皖	闽	赣	鲁	豫	鄂	湘	粤	桂	琼	渝	川	贵	滇	藏	秦	甘	青	宁	新	台	港	澳
丹　参	+		+	+	+					+				+	+		+	+						+	+		+	+						
延胡索	+								+	+	+	+			+	+	+					+	+				+							
姜　黄													+	+			+			+		+	+		+		+					+		
莪　术											+		+		+			+	+	+		+	+		+							+		
郁　金											+		+	+					+	+		+	+		+							+		
桔　梗				+	+	+	+	+		+	+	+	+	+	+	+	+	+	+	+		+	+	+			+							
款冬花			+	+		+																+	+				+	+		+	+			
紫　苏										+	+	+	+	+				+	+	+	+	+	+									+		
紫　菀					+	+	+	+									+	+				+	+	+	+		+	+	+					
山　楂	+	+	+	+	+	+				+					+									+	+		+	+						
浙贝母									+	+	+	+	+					+																
川贝母																							+		+	+		+	+					
半　夏										+	+	+		+	+	+	+	+					+	+	+									
天南星			+	+					+	+	+	+	+	+	+	+	+	+	+	+	+	+	+	+	+	+	+	+	+	+	+	+		
苍　术	+	+	+	+	+	+	+	+		+	+	+		+	+	+	+					+	+				+	+		+				
厚　朴											+		+				+	+		+		+	+	+										

（续）

项目	京	津	冀	晋	辽	内蒙古	吉	黑	沪	苏	浙	皖	闽	赣	鲁	豫	鄂	湘	粤	桂	琼	渝	川	贵	滇	藏	秦	甘	青	宁	新	台	港	澳
广藿香																			++	+		+	+		+									
柴胡	+		+	+	+	+	+	+							+	+	+										+		+	+	+			
菊花										++	++	++				++							++											
薄荷	+	+	+	+	+	+	+	+	+	++	++	+	+	+	+	+	+	+	+	+	+	++	++	+	+	+	+	+	+	+	+	+		
白芷				+	+	+	+	+							+	+											+							
麻黄			++	++	+	++	+									+							+				+	+	+	+	+			
金银花				++						+	++		+	+		+		+	+															
连翘				++											+	++	+										++							
射干			+				+	+		+	+		+		+		+	+	+	+		+	+	+				+	+					
黄连																	++					+	++	+	++		+	+						
黄芩			+	++																		+	++		+									
知母	+	+	+	+	+	+						+		+		+											+	+		+	+			
独活																	+						+	+			+							
牡丹皮	+	+	+	+	+	+	+	+	+	+	+	++	+	+	+	++	+	+	+	+	+	+	++	+	+	+	+	+	+	+	+	+		

备注：++：地道产区或产量较大的产区；+：适宜栽培产区。

第二章

中药GAP生产基地建设

第一节　建设中药GAP生产基地的意义

§1.2.1　道地药材生产与中药GAP生产基地的关系?

道地药材就是指原产地或近似原产地生产的中药材，它是生物进化的结果，是天地自然最佳组合因素的产物，药效最佳，具有完美的中药材全息营养。

在中药栽培中，一定要把握中药材全息营养这个概念，在原产地或近似原产地的基地中生产出道地的药材。因此，中药材生产基地应按中药材产地适宜性原则选定，因地制宜，合理布局，并应重视“道地药材”的“原产地”概念。只有良好的生态环境，才能生产出无公害的中药材产品，乃至进一步生产出有机标准药材。药材生产基地应选择大气、水质、土壤无污染地区，要求在一定范围内没有各种污染源，灌溉水质要达到农田灌溉水质标准CB 5084-92；中药材加工，还要达到生产加工水质标准；生产基地大气环境要达到“大气环境”质量指标GB 3095-82的二级标准；药园土壤环境质量要达到土壤质量CB 15618-1995二级标准：因此，中药GAP生产基地环境检测具体项目，主要包括：农田灌溉水质指标，需检测pH值、汞、镉、铅、砷、铬、氯化物、氟化物、氰化物；加工用水除检测上述项目外，还要检测细菌总数、大肠菌数；大气质量指标需检测总悬浮微粒、二氧化硫、氮氧化物、氟化物；土壤质量指标主要检测汞、铅、铜、铬、砷及六六六、滴滴涕等残留量。

§1.2.2 中药GAP生产基地的经济社会状况如何?

随着工业的发展，产生的气体、粉尘、污水均会使药田生态系统变差，而在这些污染地区生产出的中药材产品，必然不能达到人们对健康需求。因此，近年来人们普遍对无公害、无污染的绿色食品大加青睐。这就客观地要求我们在选择药田时，应该充分考虑到药田环境状况。所以我们应当坚持：GAP药材基地远离有大量工业废气、废水排放点；具备良好的灌排条件，地下水水质能达到饮用水最低标准等原则。农业部于1994年4月规定《绿色食品管理办法》，在其中的第二章第六条中规定："省绿色食品管理部门委托通过省级以上计量认证的环境保护机构，对该产品或产品原料的产地进行环境评价"，国绿色食品发展中心制定了《绿色食品产地环境质量现状评价纲要》(试行)，对无公害作物生产的环境状况进行了规定，这同样适用于GAP中药材栽培生产。

第二节 中药GAP生产基地的标准

§1.2.3 中药GAP生产基地的大气质量标准要求是什么?

无公害中药GAP生产基地对大气质量的基本要求，一般均应远离城镇及污染区，大气质量较好且相对稳定。在中药材生产基地的上方风向区域内，要求无大量工业废气污染源；要求基地区域内气流相对稳定，即使在风季，其风速也不会太大，因此可选择一些四面环山的河谷地带；要求基地内空气尘埃较少，空气清新洁净，雨水中泥污少、pH值适中，清澈无色，基地内所使用的塑料制品无毒、无害、不污染大气。地上部分入药的植物，其生产基地应远离交通要道100米，或周围设有防尘林带。

当然，在上述考察具备后，其具体的环境质量认定工作，还需要由中国绿色食品发展中心授权的专门检测单位提供检测报告。大气质量经采样分析，对其结果在规定标准范围内即可。大气环境执行GB 3095-82标准的二级，例如日平均总悬浮微粒0.5毫克/米^3，二氧化硫日平均0.25毫克/米^3，氮氧化物日平均0.15毫克/米^3，一氧化碳日平均6.0毫克/米^3，1级的大气综合污染指数应小于0.6，2级在0.6～1之间；3级1～1.9之间；4级在1.9～2.8之间；4级则在2.8以上，3级和3级以上的大气环境不适合于GAP中药材的无公害生产。

§1.2.4 无公害中药GAP生产基地的水质标准是什么?

水源质量也是影响GAP中药材无公害生产的重要因素，如果水源一旦被污染，即使在生产中采取其他任何GAP无公害栽培技术，其结果也无济于事，使其生产效果事倍功半。无公害中药材生产基地水源质量必须符合国家农田灌溉水质标准，具体要求是：基地内水资源丰富，水质质量相对稳定，如符合条件的地下水、大中型水库、大中河流和湖泊等。如用江湖水作为灌溉水源。则要求在基地上方水源的各个支流处无工业污水排放，水质基本达到二级饮用水标准。

水体清澈透明，无异味，水源周围无污染源，如粪堆、厕所、畜禽场、动物食品加工等。具体的监测指标有：pH值、镉、铅、汞、砷、六价铬离子、氟化物、氰化物、氯化物、细菌密度、大肠菌密度、化学耗氧量和生物耗氧量以及溶解氧等。农田灌溉用水执行GB 5084-92标准，按该标准规定种植作物，生化需氧量（BOD5）80毫克/升:化学需氧量(COD)150毫克/升；凯氏氮30毫克/升；总磷

（以磷计）30毫克/升；pH值5.5～8.5；全盐，非盐碱土地区1 000毫克/升、盐碱土地区2 000毫克/升；重金属，如总汞0.001毫克/升、总镉0.005毫克/升、总砷0.05毫克/升、铬（六价）0.1毫克/升……；粪大肠群10 000个/升；蛔虫卵数2个/升。综合污染指数法的水质综合评价，1级水源的综合污染指数应在0.5以下；2级在0.5～1.0之间；超过1.0时为3级，这时该水质超出警戒水平。

第三章

灌水多功能地膜在栽培中药材中的应用

第一节　栽培中药材中灌水多功能地膜的特点

灌水多功能地膜（国家发明专利 96103374.6）的主体为塑料薄膜，以平行于膜纵平分线的沟底线及分别在其两边的棱线将膜面规划为地面膜和沟面膜，以平行于沟底线的覆土线将沟膜划分为清水膜和覆土膜，清水膜开单面阻塞土壤毛管吸水孔，覆土膜开双面阻塞土壤毛管束孔。这种灌水多功能地膜有许多的优点，克服了重力水灌溉的弊病，实现了土壤毛管孔的自控灌水，多面多向分部位立体灌水，具有抗风，可实现田间集雨、贮水、节水；能施入有机肥、化肥；集雨、贮水、灌水、节水、施肥和地膜覆盖有机结合一体化；可用于平地、坡地、各种形状的沟形和坑形地使用。

§1.3.1　栽培中药材中常见的先进灌溉技术有哪些?

目前，国内外常见的先进灌溉技术是喷灌、滴灌和渗灌。喷灌以降雨方式将水从孔内喷出洒于地面，造成大量蒸发，表土层蓄留大量无用水，田面易板结，下渗水将表层与深层土的毛管接通，使深层土易跑墒。滴灌以水从孔流出成水点滴落地面，缺点与喷灌地面供水的缺点相同，虽缩小了地面直接供水的范围，但把大量水从定点灌入，使局部土地出现更多的重力水，干湿过度不均，产生深厚的大块土板结。渗灌是深埋管道上开孔流出水将一层土的局部充水后向上下双向供水，这使多一半水留在深层土中，形成大量重力渗透水和深层无用水。上述三种灌水设备还有共同缺点，本身不是田间集雨，贮水设备，配套设备多，对水质要求高，易出故障，制造、安装和使用的技术难度大、复杂，耗费能源、耗费人力、物力、资金。近年来，大力推广的保护地栽培技术造成了灌溉技术的另一大难题：一是不能施有机肥，二是没有干涉自然降水和消减径流保持水土的作用，三是没有防涝、排水和以涝抗旱的效果。

§1.3.2 栽培中药材中常见灌溉技术存在哪些问题？

灌溉史上一直存在的灌水技术存在三大难题：一是未解决以非重力作用把水源直接从土壤毛管中给土壤喂灌毛管水，而是仍以重力作用把重力水灌入土壤，再由毛管将大孔隙重力水转化为毛管水，重力水有破坏土地结构，使土壤水气不能协调损害植物等多种危害；二是未解决土壤自控水源，灌水速率和灌水量的土壤自控灌水，而仍是人为控制水源、灌水速率和灌水量的强制灌水，土壤处于被动受水，对外来水不能以自身需要索取和抗拒，使灌水技术变的高难化和复杂化，在发达国家用电子计算机控制喷灌、滴灌，也难与土地的吸入率和需水量一致；三是未解决按根系分部位以不同需水量配水的多面多向立体灌水，仍是与根系分布不相适应的单面单向或深层土双向灌水，既造成水的浪费，又使局部土地承受重力水太多，对土壤和作物造成损害。

§1.3.3 栽培中药材中灌水多功能地膜有哪些特点？

灌水多功能地膜可以使土壤吸水力以土壤毛管直接从水源吸入毛

管水，消除重力水进入土壤，以土壤吸水力随土壤含水量改变而改变的特性，达到土壤自控水源进入，实现灌水速率和灌水量的土壤自控灌水。

灌水多功能地膜可贮积立体水并实现根系面上的灌水，即按根系分布不同部位，对需水量不同的部位用不同的孔密度、孔径给以适宜配水，实现科学的多面多向分部位立体灌水，从而克服了重力水渗入灌水、强制灌水不适应根系分布的单面单向或深层土双向灌水，结束了灌溉史上一直存在的灌水技术三大难题。

另外，灌水多功能地膜抗风，可在露天的广大田野应用；实现了田间集雨、贮水、节水的低碳环保灌溉目的；也能施入有机肥、化肥；将集雨、贮水、灌水、节水、施肥和地膜覆盖有机结合一体化，可广泛用于平地、坡地、各种形状的沟形和坑形使用。

第二节　栽培中药材中灌水多功能地膜的优点

§1.3.4　灌水多功能地膜实现了土壤毛管自控灌水

灌水多功能地膜与现有灌水设备喷灌、滴灌、渗灌相比其优点是：土壤自行吸入毛管水，消除了土壤非毛管重力水，避免了出现土壤水饱和，不板结，把保持土壤结构和土壤的水汽协调提高到了前所未有的新水平；土壤自控灌水，使水源进入、灌水速率、灌水量达到准确自控自动化，克服了目前灌水速率、灌水量难以与土壤所需一致的技术问题，免去了人为操作的高难化、复杂化技术。

在技术先进的国家，用电子计算机和先进测试技术以现有灌水设备配套控制灌水，也还未达到与土壤所需一致的自动控制，灌水多功能地膜轻易就解决了这个问题。

§1.3.5 灌水多功能地膜实现了按植物根系分布立体灌水

灌水多功能地膜实现了按植物根系分布直接适量配水的立体灌水与地膜覆盖相结合的功能，免除了在未覆膜地面浇水，中耕后能长期保持干细土层，和地膜配合共同形成全田面防蒸发保墒体系，克服了单面单向或深层土双向灌水造成的蒸发、无用水、重力渗透水等方面的浪费，克服了水量过平均或过集中的两极化灌水害处，克服了灌水部位不合理和供水量没有分配准确性，对一点一滴水做到了合理、精准、科学的利用，把水的利用率和有益效果也提高到了前所未有的新水平。

§1.3.6 灌水多功能地膜提高降水的利用率和有效性

灌水多功能地膜在田间集雨、贮水，消除了降水的平均分布和从地面渗入，克服了强降水的危害，有效地消减了径流和保持了水土，使降水以合理、科学的方式进入土壤，在土壤自控灌水配合下，过量降水既不能立即进入土壤形成涝害和大量重力水渗透流失，又有把涝时而推后到旱时用的效果，雨水多到无法积贮时，可通入排水沟流到贮水窖，能有效的减轻涝害，所以能多方面干涉自然降水，提高降水的利用率和有效性。

§1.3.7 灌水多功能地膜使用简便效果优越

利用灌水多功能地膜灌水施有机肥时，有机肥养分溶于水中随水进入土壤，残渣经分解，下次又可应用，一次施肥，多次可用，肥随水行，合理分布，宜于植物生长需肥特征，又简便省工；灌水与长时间贮水适当结合，可提高作物生长层的空气湿度；全覆灌水多功能地膜能一次覆盖多年使用，且能灭膜下杂草，既省膜又免去劳作之苦；设计、规划灵活多样，有什么灌水要求，就可制造出什么样的灌水膜；多种功能有机结合一体化，使多项任务在一张简单经济的灌水多功能地膜上以自动化流水作业高质量完成，省去了庞杂和高难度技术设备，也节约了劳力和能源投入；制造简便，在制膜机上加一个适于需要的开孔设备即可；覆盖方法易学易懂，使用简便，人为放入贮水时，落水点放一个缓冲垫即可，缓冲垫可用一把茅草扎成，也可用一块塑料膜，只要不把覆土层冲开即可，所以可迅速推广；增强植物抗病、抗灾力；能显著提高作物、蔬菜、林果、中药材的产量、质量和效益。

第三节　栽培中药材中灌水多功能地膜的结构与设计

§1.3.8　灌水多功能地膜的结构与设计原则

灌水多功能地膜是在膜面开孔的灌水地膜。其特征是以棱线3、4和沟底线2将膜面规划为地面膜A、B与贮水沟膜C、D，以覆土线5、6将沟膜C、D划分为清水膜S和覆土膜F，1地膜中心线，见图1-3-1。清水膜S开单面阻塞土壤毛管吸水孔X_1^n（以下简称X_1^n），n是X_1开孔选用的孔径值，取值范围0.4毫米≤n≤1.2毫米；覆土膜F开双面阻塞土壤毛管束孔径X_2^n（以下简称X_2^n），n是X_2开孔选用的孔径值，取值范围1.3毫米≤n≤3.0毫米。X_1^n和X_2^n孔距均≥1厘米。棱线以外的地膜覆于地面，需兼用为集雨面时，稍有内倾，棱线以内的沟膜C、D铺入按膜面规划开挖整好的沟或坑内，沟底线在沟最深处或坑底周边，覆土膜F上均匀覆1厘米以上细土，即是可集雨、贮水，施入有机肥和无机肥以及灌水的膜沟或膜坑。其内覆土，风吹不动，宜于露天田野应用，发挥集雨作用，集雨成为贮水，肥料沉在覆土层上或浮在水面，养分溶于水中，毛管仍可吸水，贮积立体水与分布在它各个面上的具有供给土壤毛管水和土壤自控灌水功能的 X_1^n、X_2^n 构成多面多向立体灌水，土壤自控灌水，使贮水成为可能，贮水又给土壤自控灌水随时提供水源；有灌溉水源条件的，引入人工贮水窖。

§1.3.9 灌水多功能地膜的膜孔设计原理和方法

灌水多功能地膜实现的多功能效果，是目前需要多种设施和多项作业完成的工作或原先做不到的作业以有机结合一体化的方式经济简便地完成了，其效果不仅是多方面的，而且有些是目前其他技术难于达到和达不到的。这主要决定于灌水多功能地膜上的膜孔，清水膜 S 开单面阻塞土壤毛管吸水孔 X_1^n，n 是 X_1 开孔选用的孔径值，取值范围 0.4 毫米≤n≤1.2 毫米；覆土膜 F 开双面阻塞土壤毛管束孔径 X_2^n，n 是 X_2 开孔选用的孔径值，取值范围 1.3 毫米≤n≤3.0 毫米。X_1^n 和 X_2^n 孔距均≥1 厘米。

清水膜 S 上的 X_1^n 的入膜流量很小，它的土壤阻塞微面不会有重力水可进入的大空隙，仅有为数极少的连通水源与土壤内千百万毛管的连通毛管。土壤吸水力使连通毛管把进入不了土壤的重力水源抽吸进土壤内的千百万毛管中。土壤吸水力产生于土壤微粒吸附力和毛管水弯月面引力，所以毛管水不进入无吸水力的非毛管孔隙，而沿着相互连通的毛管运行扩展，使越来越多的毛管充水，土壤含水量逐渐增多，吸水力逐渐下降，连通毛管吸入水源的速率也相应逐渐降低。当有吸持力的毛管充水后，继续给予加水，毛管水就向非毛管孔隙溢漏，使土壤仍维持微弱的吸水力，若不继续给予充水，已吸持的毛管水就难于溢漏，土壤近于失去了吸水力，X_1^n 连通毛管虽极少，但土壤干时吸水力很强，靠着极高的吸水速率，短时内就可给土壤的大量毛管充水。吸水速率达到田间持水量时，吸入水量甚少，对它连通的千百万毛管来说，等于已得不到补充水了，毛管水满又难溢漏，仅连通毛管和距它很近的毛管能得到水源补充而溢漏，但其量甚微，实践中对提高土壤吸水力没有作用，连通毛管就近于停止吸入水源。当植物把土壤中的毛管水逐渐吸去时，土壤吸水力又逐渐恢复，连通毛管也随之吸入水源并逐渐加快吸入速率。通过土壤吸水力强弱变化，一定数量的连通毛管吸水速率与植物水量保持平衡。这样，X_1^n 不仅向土壤提供了毛管水，阻止着非毛管水重力水的形成，而且实现了土壤自控水源进入，灌水速率和灌水量的土壤自控灌水。大于 1.2 毫米至 2.0 毫米的孔径虽还有一定的毛管灌水与自控效果，但 X_1^n 的 n 值越小效果越好，并且 1.2 毫米的 n 值与开孔密度配合可满足各种植物的需水量，又使灌水质量和土壤自控灌水效果向优质靠近。

覆土膜 F 上的 X_2^n，由于被细土层覆盖，土微粒壅塞 X_2^n 内，阻塞面非毛管孔隙被土粒填塞，X_2^n 内形成一束土壤毛管束并与阻塞面的连通毛管，于是土壤吸水力从毛管束把膜上覆土层的毛管水吸入到膜下土壤毛管中，覆土层有缓解吸水速率的作用，因此 X_2^n 的 n 值大，但至 3.0 毫米即可满足灌水量的需要，再大不利保墒防漏。X_2^n 与 X_1^n 的目的和灌水原理相同，而灌水质量、土壤自控灌水功能优于 X_1^n，但不可开在不能覆土的膜面，也就是覆土膜下要规划在保证能覆土的膜面，同样，X_1^n 不能覆土，但被土盖了时没有破坏作用，只是灌水量大为减少，无 X_1^n 的清水膜 S 允许覆土。单位面积上连通毛管和毛管束数量太多，不仅灌水超量，且毛管水溢漏加多，不能及时再转化为毛管水时，就汇集成非毛管重力水，使灌水质量下降和土壤自控灌水功能降低甚至丧失。所以，X_1^n、X_2^n 的开孔密度和 n 值选用要与植物需水量、土壤致密度、孔的组合布局等联系协调。X_1^n 和 X_2^n 是毛管吸水的土壤自控灌水膜孔，重力水流不进去；单孔灌水量少，一株植物需多个膜孔从不同部位供水。这样，可在膜沟、膜坑任何方向的膜面按根系分布分部位开孔，根多的部位多开孔或开 n 值大的孔，根少的部位少开孔或开 n 值小的孔，没必要灌水部位不开孔，就能实现按根系分布部位和以每个部位所需水量配水的多面多向立体灌水。

第四节 不同类型灌水多功能地膜的设计特点

常用的灌水多功能地膜主要有沟用灌水多功能地膜、坑用灌水多功能地膜、块形灌水多功能地膜和长寿灌水多功能地膜，它可以适用不同地形和不同作物的使用。

§1.3.10 沟用灌水多功能地膜

沟用灌水多功能地膜，其特征是以平行以膜纵平分线1的沟底线2及分别在其两边的棱线3、4将膜规划为地面膜面A、B与沟膜C、D。以平行于沟底线Z的覆土线5、6将沟膜C、D规划为覆土膜F与清水膜S。$X_1^n.X_2^n$ 的均以纵向成行开孔，行距≥1厘米，孔距≥1厘米。用途不同的沟用灌水多功能地膜，其特征是沟底线2、棱线3、4与膜纵平分线1的距离随灌水多功能地膜用途不同而不同。因为平地与坡地的沟膜C与D宽度不同，平地对称的沟膜C、D等宽，不对称的沟膜C、D不等宽，坡地上棱线3、4则一高一低，沟膜C、D不等宽，地面坡度越大，沟膜C与D宽度差也地面要求越大，有时覆膜宽度不同，需有相应宽度的地面膜A、B，这都可用调整沟底线2、棱线3、4于膜纵平分线1的距离使地面膜面A、B与沟膜C、D每个膜面达所需宽度。所以，用途不同的沟用灌水多功能地膜沟底线2、棱线3、4与膜纵平分线的距离也不同。覆土线5、6之间的距离，以设计所需覆土膜F的宽度确定。

§1.3.11 坑用灌水多功能地膜

坑用灌水多功能地膜，其特征是已成形坑膜的底膜D与壁膜C交界为沟底线2，将壁膜C以环形棱线3规划，棱线3之上的壁膜C

为地面膜 A，沟底线 2 之内底膜 D 为沟膜 D，棱线 3 与沟底线 2 之间的壁膜 C 为沟膜 C，沟膜 C 以闭合的覆土线 5 规划，其上沟膜 C 为清水膜 S，其下沟膜 C、D 均为覆土膜 F。将地面膜 A 从坑膜口边至棱线 3 剪开，开剪位置和开剪数以地面膜 A 能平展铺在地面为宜，在需灌水方向的覆土下与清水膜 S 分别开 X_2^n 与 X_1^n 的孔群，孔距≥1cm。这是各种树木和植树造林很需要的一种灌水多功能地膜。

§1.3.12　块形灌水多功能地膜

块形灌水多功能地膜，其特征是将裁为块的膜面，以闭合的棱线3，闭合的沟底线 2 由外至内规划为地面膜 A，沟膜 C、D，再将沟膜 C 以闭合的覆土线5规划，覆土线5之外沟膜 C 为清水膜 S，之内均为覆土膜 F。在需灌水的覆土膜 F 与清水膜 S 分别开 X_2^n与 X_1^n孔群，孔距≥1厘米。这种灌水多功能地膜宜于水土保持造林的鱼鳞坑使用。

§1.3.13　长寿灌水多功能地膜

长寿灌水多功能地膜，其特征是将沟用、坑用、块形灌水多功能地膜的覆土线与棱线重合，沟膜 C、D 全部为覆土膜 F。设计长寿膜时，要把沟膜 C、D 全部设计为能存留土层的膜面。应用时地膜也全部覆盖上土层，这样灌水多功能地膜可避免损坏，长久耐用，根据试验，埋在土内已十余年的地膜现在还未损坏。

第五节　平地通用灌水多功能地膜

§1.3.14　平地通用灌水多功能地膜适应哪些品种的中药栽培？

平地通用灌水多功能地膜用于平原、坝子、梯田等平地的保护地栽培，适应于丹参、延胡索、姜黄、莪术、郁金、桔梗、款冬花、紫苏、紫菀、浙贝母、川贝母、半夏、天南星、苍术、广藿香、柴胡、菊花、薄荷、射干、黄连、黄芩、知母和独活等的育苗以及大田栽培。

§1.3.15 平地通用灌水多功能地膜是什么样子的？

平地通用灌水多功能地膜的样子参见图 1-3-1 和图 1-3-2。图 1-3-1 为平地通用灌水多功能地膜平面图，它的结构是沟底线 2 与膜纵平分线 1 重合。以沟底线 2 为对称轴，左右两边的膜面规划与开孔设计相同，在沟底线 2 上有共同行 $X_2^{1.8}$，向两边作物的深层根提供水肥，由内向外两边开孔依次为 $X_2^{1.3}X_2^{3.0}X_1^{0.7}X_1^{1.2}X_1^{1.0}$。$X_2^{3.0}$ 供水范围最大。$X_2^{1.3}$ 行孔距 1 厘米，距 $X_2^{3.0}$ 行 1 厘米，它有促进 $X_2^{3.0}$ 行水势横向扩展的作用。$X_1^{1.2}$ 行是清水膜 S 上向中层根供水主行。其上有横向远范围供水，助行 $X_1^{1.0}$ 行。其下有后期，助供水行 $X_1^{0.7}$ 行。设计在沟壁上的开孔，越向外供水时间越短。各孔行的供水情况，从应用时的横剖面图 1-3-2 可看出；地面膜 A、B 有集雨功能。

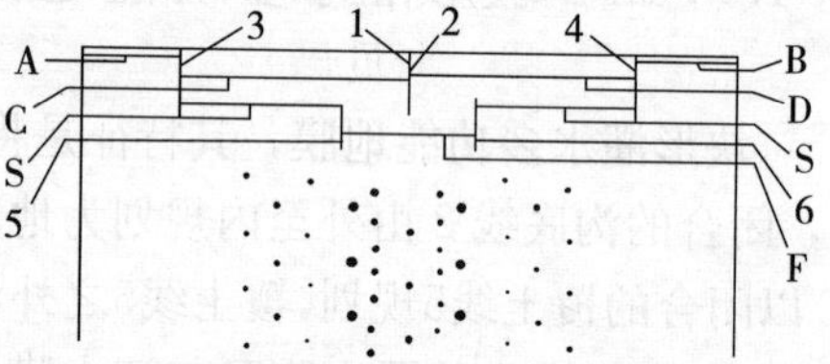

图 1-3-1 平地通用灌水多功能地膜平面图

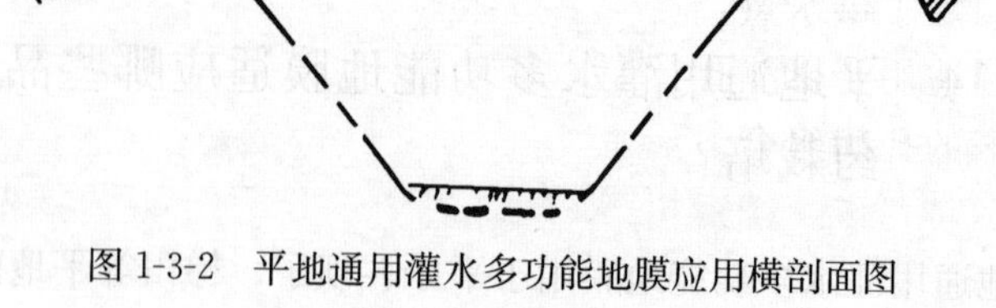
图 1-3-2 平地通用灌水多功能地膜应用横剖面图

第六节　平地偏沟灌水多功能地膜

§1.3.16　平地偏沟灌水多功能地膜适应哪些品种的中药栽培?

平地偏沟灌水多功能地膜用于平原、坝子、梯田等平地的宽行距保护地栽培，适应于丹参、延胡索、姜黄、莪术、郁金、桔梗、款冬花、紫苏、紫菀、浙贝母、川贝母、半夏、天南星、苍术、广藿香、柴胡、菊花、薄荷、射干、黄连、黄芩、知母和独活等的育苗以及大田栽培。

§1.3.17　平地偏沟灌水多功能地膜是什么样子的?

平地偏沟灌水多功能地膜参见图 1-3-3 和图 1-3-4。图 1-3-3 为平地偏沟灌水多功能地膜平面图，它的结构是沟底线 2 远离膜纵平分线 1；地面膜 B 要用于集雨，棱线 4 向膜纵平分线 1 靠近；为了扩大供水膜面，棱线 3 尽可能远离膜纵平分线 1，以地面膜 A 能埋压稳实为原则。沟内可有较宽的平缓灌水膜面，有条件将覆土线 5.6 之间的距离加大，以加宽覆土膜下，因 $X_2{}^n$ 的灌水质量和土壤自控灌水功能得很高，又能起保护和压稳膜面的作用。$X_2{}^n$ 大 n 值行与小 n 值行相同，有助于毛管溢漏水及时再转化为毛管水，克服汇积为重力水，有满足了供水量，这个原则同样适用于 $X_1{}^n$ 孔行组合与孔群的孔间组合。清水膜 S 的 $X_1{}^n$ 孔行，越近树体的行位置越高，供水时间越

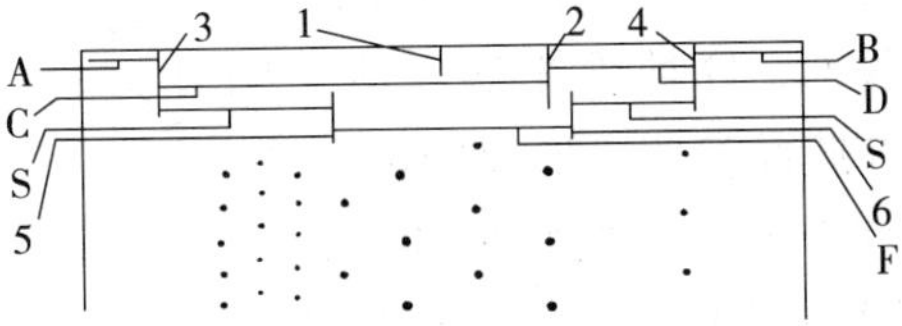

图 1-3-3　平地偏沟灌水多功能地膜平面图

短，n值在组合得当下应逐渐加大。与 X_1^n 行相邻的 X_2^n 孔行。由于覆土层浅进水较快，n值宜小一些。图 1-3-4 是该灌水多功能地膜应用横剖面图。该灌水多功能地膜适于梯田单排密植林果使用。

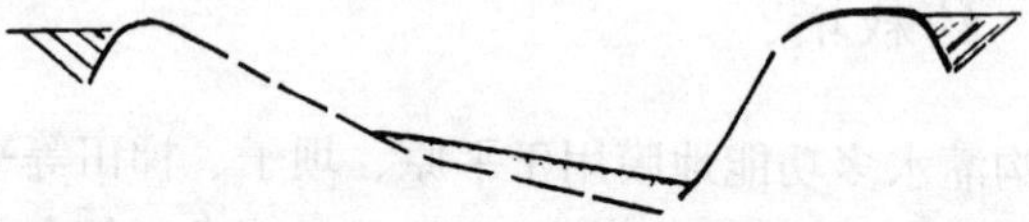

图 1-3-4 平地偏沟灌水多功能地膜应用横剖面图

第七节 长寿灌水多功能地膜

§1.3.18 长寿灌水多功能地膜适应哪些品种的中药栽培？

长寿灌水多功能地膜适应于厚朴、金银花、山楂、牡丹、连翘、麻黄和白芷等中药栽培。

§1.3.19 长寿灌水多功能地膜是什么样子的？

长寿灌水多功能地膜参见图 1-3-5 和图 1-3-6。图 1-3-5 是灌水多功能地膜 C、D 全部覆土的长寿灌水多功能地膜，覆土线 5、6 分别与棱线 3、4 重合。从应用时的横剖面图 1-3-6 可看出。沟膜 C、D 坡度平缓，适于图在膜面存留。形成的沟口宽，宜于大行距植物使用。由于膜沟弧度小，各孔行供水方向相差不大，供水的横向扩

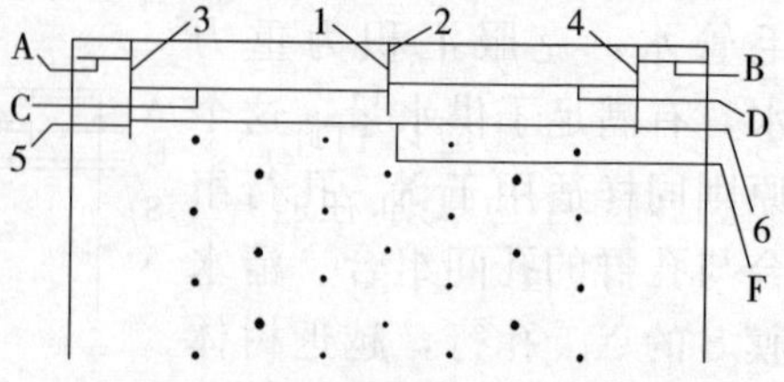

图 1-3-5 长寿灌水多功能地膜平面图

展范围小，所以行距适应宽一些。在根系分布多，深度适中及横向供水范围比较大的部位要设计为 n 值大的孔行。

图 1-3-6　长寿灌水多功能地膜应用横剖面图

第八节　密植作物灌水多功能地膜

§1.3.20　密植作物灌水多功能地膜适应哪些品种的中药栽培?

密植作物灌水多功能地膜适应于适应于丹参、延胡索、姜黄、莪术、郁金、桔梗、款冬花、紫苏、紫菀、浙贝母、川贝母、半夏、天南星、苍术、广藿香、柴胡、菊花、薄荷、射干、黄连、黄芩、知母和独活等中药的栽培。

§1.3.21　密植作物灌水多功能地膜是什么样子的?

密植作物灌水多功能地膜参见图1-3-7和图1-3-8。图1-3-7是密植作物灌水多功能地膜，从它应用时的横剖面图1-3-8可看出，它的沟底线浅窄，沟底成角形，宜 X_2^n 为主供水。角项开 $X_2^{3.0}$，两边 $X_2^{2.4}$；清水膜坡度大，担负供水量也不大，根系分布均，X_1^n 开孔应以行距大，n 值小，孔距小为原则，在适宜深度开孔距1厘米的 $X_1^{1.0}$ 行，其下为孔距1厘米的 $X_1^{0.4}$ 行，其上为孔距1厘米的 $X_1^{0.8}$ 行。

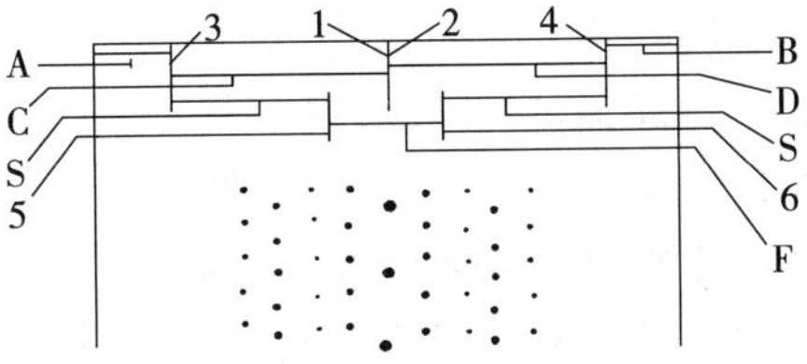

图 1-3-7　密植作物灌水多功能地膜平面图

图 1-3-8 密植作物灌水多功能地膜应用横剖面图

第九节 坡地灌水多功能地膜

§1.3.22 坡地灌水多功能地膜适应哪些品种的中药栽培?

坡地灌水多功能地膜用于山坡的保护地栽培，适应于丹参、延胡索、姜黄、莪术、郁金、桔梗、款冬花、紫苏、紫菀、浙贝母、川贝母、半夏、天南星、苍术、广藿香、柴胡、菊花、薄荷、射干、黄连、黄芩、知母和独活等的中药坡地栽培。

§1.3.23 坡地灌水多功能地膜是什么样子的?

坡地灌水多功能地膜的样子参见图 1-3-9 和图 1-3-10。为适宜坡地棱线一高一低，沟膜一宽一窄的特点，图 9 坡地灌水多功能地膜沟底线 2 偏离了膜纵平分线 1，坡地越大越偏离越远。坡地大都是无水可浇的旱地，水极可贵。为避免过深的没必要灌水和减少大雨贮水溢流，沟底线 2 两边沟膜的开孔组合布局不同，窄沟膜 D 孔行依次为 $X_2^{1.8}$ $X_2^{3.0}$ $X_1^{0.6}$ $X_1^{1.2}$ $X_1^{1.0}$ $X_1^{0.8}$ $X_1^{1.2}$ 行还需稍加灌水量，其下有一助行 $X_1^{0.6}$，行距 1 厘米；宽沟膜 C 孔行依次为 $X_1^{0.6}$ $X_1^{1.0}$ $X_1^{0.7}$ $X_1^{0.8}$ $X_1^{1.2}$，$X_1^{1.2}$ 行接近水平面，能及时

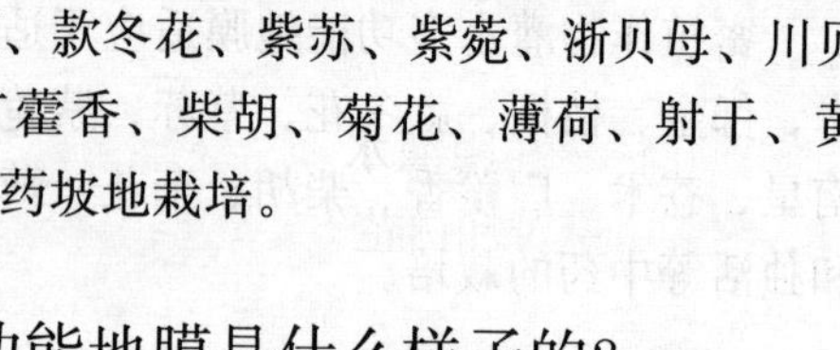

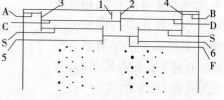

图 1-3-9 坡地通用灌水多功能地膜平面图

吸入将要溢流水。这样能把降水灌到根系所需的土层中，又可使小雨充分利用，大雨减少溢流。从横刨面图10可明确地看出这种效果。

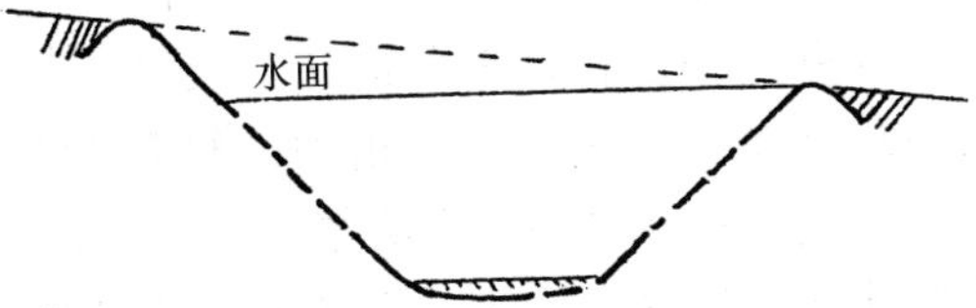

图 1-3-10　坡地通用灌水多功能地膜应用横剖面图

第十节　变孔径变孔距灌水多功能地膜

§1.3.24　变孔径变孔距灌水多功能地膜适应哪些品种的中药栽培？

变孔径变孔距灌水多功能地膜适应于厚朴、金银花、山楂、牡丹、连翘、麻黄和白芷等中药旱田稀植栽培。

§1.3.25　变孔径变孔距灌水多功能地膜是什么样子的？

变孔径变孔距灌水多功能地膜的样子参见图 1-3-11。对旱田稀植栽培，应用图 13 变孔径变孔距灌水多功能地膜对水的利用更经济有效。图 13 的实施例是：沟线 2 上是等径等变距 $X_1^{1.6}$行，依次向外沟膜

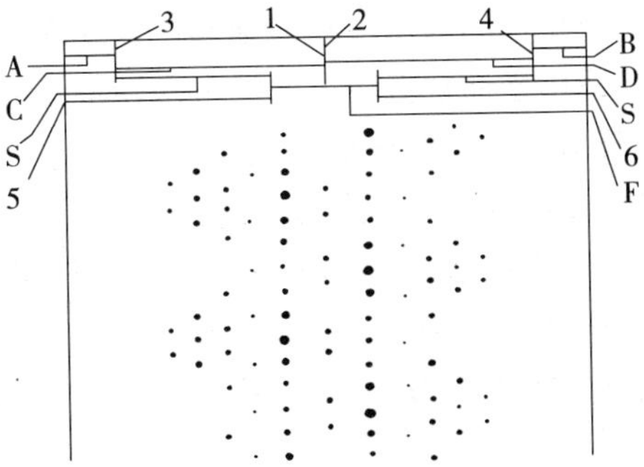

图 1-3-11　变孔径变孔距灌水多功能地膜平面图

D为不等变径等距$X_1^{0.8}$行，等径等距$X_1^{1.2}$行，等径不等变距$X_1^{1.2}$行，等变径等变距X_1^n行，等径等变距$X_1^{0.8}$行，沟膜C与沟膜D成锯齿交错对称。由此可见，变径变距的方式繁多，对一条灌水多功能地膜来说，可有一个变行，也可选几个或全部都设计为变行，这要根据作物与环境条件来确定，即植物的根系特点。需水特点、土质特点、气候特点，把这些特点弄清楚了，就知道应有几个变行和每个变行应取什么变化方式最佳。所以应有目的确定了，灌水多功能地膜的设计是很容易的，有什么要求，就可设计什么样的灌水多功能地膜。

第十一节　鱼鳞坑的灌水多功能地膜

§1.3.26　鱼鳞坑的灌水多功能地膜适应哪些品种的中药栽培?

鱼鳞坑的灌水多功能地膜适应于厚朴、金银花、山楂、牡丹、连翘、麻黄和白芷等中药旱田稀植栽培。

§1.3.27　鱼鳞坑的灌水多功能地膜是什么样子的?

鱼鳞坑的灌水多功能地膜的样子参见图1-3-12和图1-3-13。图1-3-12是适用于通常鱼鳞坑的灌水多功能地膜块，棱线3闭合，与鱼鳞坑口径、样式等同，把块膜界定为周边的地面膜A与棱线3之内的沟膜。沟底线2闭合，圈定鱼鳞坑底平面为沟膜D，沟底线2之外的沟膜均为沟膜C。覆土线5闭合，将可覆土的沟膜C、D圈定为覆土膜下，覆土线外

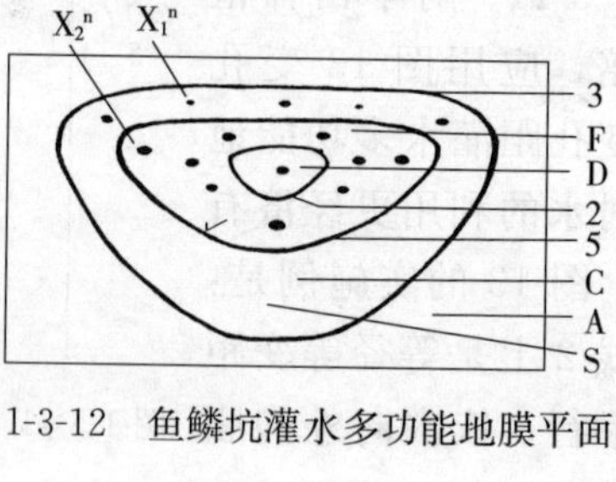

图1-3-12　鱼鳞坑灌水多功能地膜平面图

的沟膜 C 均为清水膜 S。在需灌水的清膜开 X_1^n 孔群，覆土膜下的开 X_2^n 孔群。孔群中 n 值及孔距的组合与布局原则同沟用灌水多功能地膜，即因素综合联系协调，不同点只是一为孔行一为孔群，具体开孔设计如图1-3-12的基本开孔样式。图1-3-13是用于浅坑的鱼鳞坑灌水多功能地膜块，覆土线5与棱线3重合，沟膜 C、D 全部为覆土膜下，属长寿灌水多功能地膜，除此外，棱线3、沟底线2、覆土线5的规划和 X_2^n 的开孔与图1-3-14的实施方式相同。

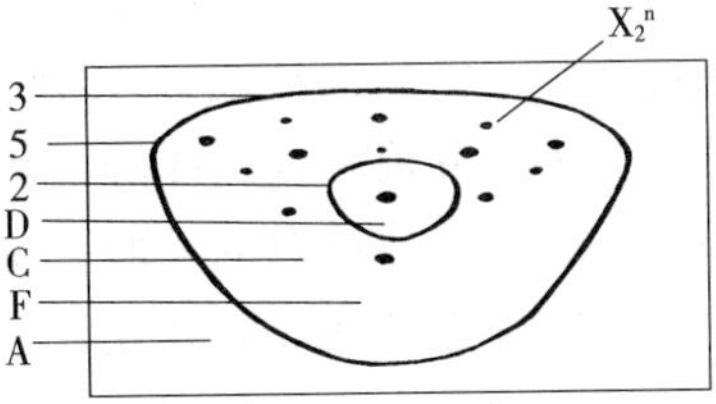

图1-3-13　鱼鳞坑长寿灌水多功能地膜平面图

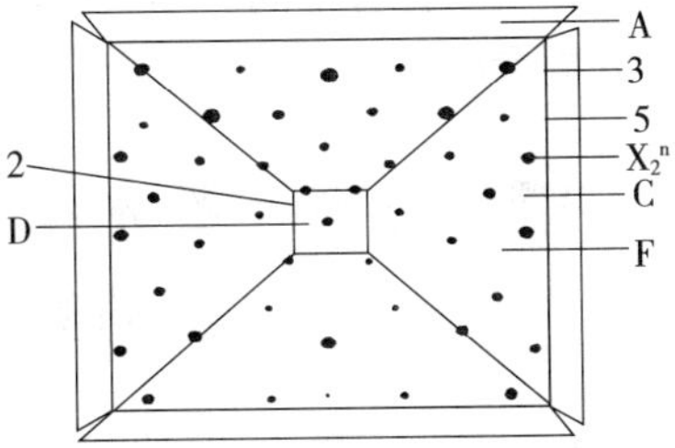

图1-3-14　坑用长寿灌水多功能地膜俯视图

第十二节　坑用长寿灌水多功能地膜

§1.3.28　坑用长寿灌水多功能地膜适应哪些品种的中药栽培?

坑用长寿灌水多功能地膜适应于厚朴、金银花、山楂、牡丹、连翘、麻黄和白芷等中药旱田稀植栽培。

§1.3.29　坑用长寿灌水多功能地膜是什么样子的?

坑用长寿灌水多功能地膜的样子参见图 1-3-14。图 1-3-14 是坑用长寿灌水多功能地膜，制这种膜坑时，将沟膜 D 缩小，膜坑口扩大，使沟膜 C 的坡度变小，直至其能存留稳定覆土层为宜，使沟膜 C、D 全部为覆土膜下。它的棱线 3、沟底线 2 和覆土线 5 均以单线闭合规划膜面，开大小 n 值相同的孔群，各个膜面涉及的根量不同，开孔布局也不同，在根少或没有的一面，少开孔或不开孔，但出于防雨水溢流目的，可在靠近棱线 3 处开孔，这些也是所有坑用灌水多功能地膜的共同特征。由于本实施利用的方口信膜坑，只需在四个角上开四个剪口，地面膜 A 和沟膜就能铺平展，这是各种四面四角膜坑的共同点，非此剪口数各有不同。本实施例的具体膜面规划与开孔设计，从图上可清楚看出。

第十三节 乔木型中药栽培用灌水多功能地膜袋

§1.3.30 乔木型中药栽培用灌水多功能地膜袋适应哪些品种的中药栽培?

乔木型中药栽培用灌水多功能地膜袋适应于厚朴、山楂等乔木型中药的栽培。

§1.3.31 乔木型中药栽培用灌水多功能地膜袋是什么样子的?

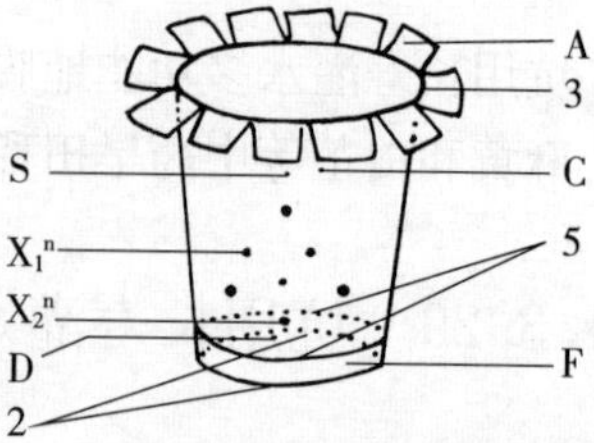

图 1-3-15 乔木型中药栽培用灌水多功能地膜侧视图

乔木型中药栽培用灌水多功能地膜袋的样子参见图 1-3-14 和图 1-3-16。图 1-3-15 的植树造林灌水多功能地膜袋，是坑用灌水多功能地膜的又一种形式，它的口大于底，是为沟膜 C 稍有坡度，使膜面紧贴土面，这是有清水膜 S 的坑用的共同特点。应用时也可用地膜把灌水多功能地膜袋口覆盖住，在盖膜上开几个孔，使雨水能流入灌水多功能地膜袋内，这不仅能防止水面蒸发，还能提高贮水温度和土内温度，这个措施同样可用于其他坑用和各种沟用灌水多功能地膜，虽多用地膜和劳力，但效果很好，对灌水多功能地膜又有保护作用，一般可多用一年。灌水多功能地膜袋的开孔，从剪开的平面图 1-3-16 可看出，X_1^n、X_2^n 仅开在植有苗根的部位。地面膜 A 剪口多，是为便于铺膜平展。

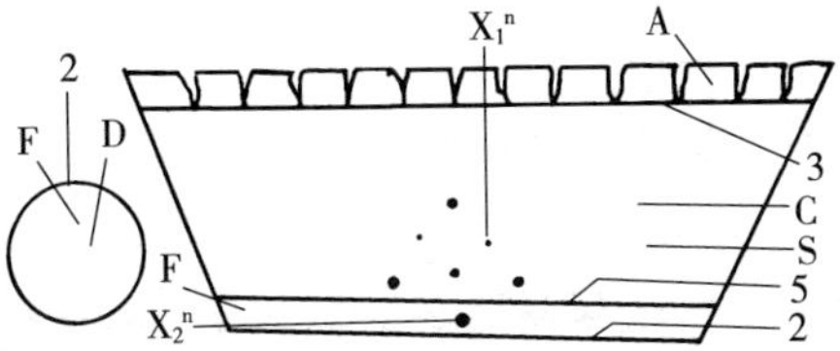

图 1-3-16　为图 1-3-15 剪破展开平面图

第四章 中药GAP生产中的施肥技术

第一节 中药GAP生产中的肥料使用事项

§1.4.1 怎样进行中药GAP生产的肥料选择?

中药材的生长离不开肥料，肥料不仅能提供给中药材生长所必需的养分，为优质高产奠定基础，而且还可以改良土壤，提高土壤肥力。但是，如果肥料施用不当，会造成药材质量下降，土壤板结、地下水污染等不良后果。《中药生产质量管理规范》（GAP）在要求商品药材硝酸盐含量不超过无公害中药标准的同时，还要求在施肥过程中要保持或增加土壤的肥力及土壤的生物活性。那么，在中药GAP生产中，如何合理有效地进行施肥呢?

一、选肥原则

（一）尽量选用国家生产绿色食品的肥料使用准则中允许使用的肥料种类。可适当使用化学肥料，但严禁使用硝态氮肥。

（二）所用的肥料应对环境和作物（营养、味道、品质和植物抗性）不产生不良后果。

（三）使用无机肥料时，必须与有机肥料配合施用。有机氮与无机氮之比以1∶1为宜。

二、可选用的肥料种类及施用注意事项

（一）有机肥料

又称农家肥料，如堆肥、饼肥、绿肥等，其来源丰富广泛，含有大量氮、磷、钾及其他多种营养元素，长期施用能增进土壤的团粒结构，改良土壤性质，提高土壤的保肥、保水能力及通气性，具有迟效、速效和肥效长的多方面结合而发挥作用的特点，对多年生及根和地下茎类中草药如细辛、人参、桔梗等施用效果较好。现将几种有机肥料的使用分别介绍如下：

1. 饼肥 饼肥对中药的品质有较好的作用，腐熟的饼肥可适当多用。一般高氮油饼不含有毒物质，作为肥料只要需粉碎就能施用。含氮量低的油饼常含有皂素或其他有毒物质，做肥料时需先经发酵，清除毒素。含毒素的油饼有菜籽饼、茶子饼、桐子饼、蓖麻子饼、柏子饼、苍耳子饼、花椒子饼和椿树子饼等。

2. 人、畜粪尿 人、畜粪尿必须要经过贮存、腐熟后才适宜施用。严禁在中药植株上浇不腐熟的人、畜粪尿，原因有三：一是新鲜人、畜粪尿含多种病菌病毒；二是新鲜人、畜粪尿难以被植物吸收利用，且不易被土壤所保蓄；三是新鲜人、畜粪尿所含盐分和养分浓度过高，会使土壤养分分布不匀而影响作物的生长。

3. 绿肥 我国绿肥资源丰富，目前已栽培利用和可供栽培利用的绿肥植物就有 200 余种，是中药材 GAP 种植中有待开发利用的重要天然肥源。在我国南方各省主要利用冬闲田栽培紫云英、金花菜、箭舌豌豆、肥田萝卜以及蚕豆、豌豆和油菜等作为来年主要作物的肥源，而北方各省区以一年生绿肥居多，种类有箭舌豌豆、草木犀、绿豆等。

4. 秆肥 秆肥是重要有机肥源之一，作物秸秆含有相当数量的为作物所必需的营养元素，在适宜条件下通过土壤微生物或牲畜消化的作用，可使营养元素返回土壤，被作物所吸收利用，称作秸秆还田。秸秆还田可采取堆沤还田、过腹还田（牲畜粪尿）、

直接翻压还田、覆盖还田等多种形式。操作时秸秆要直接翻入土中，注意与土壤充分混合，不要产生根系架空现象，并加入含氮丰富的人、畜粪尿，也可用一些氮素化肥，调节还田后的碳氮比为 20∶1。

5. 微生物肥料 微生物肥料是用特定微生物菌种培养生产的具有活性的微生物制剂，具有无毒无害，不污染环境的特点，对减少中药材硝酸盐含量，改善中药材品质大多有明显效果，可用于拌种、做基肥或追肥时使用。

6. 叶面（根外）肥料 叶面（根外）肥料是喷施于植物叶片并能被其吸收利用的肥料，可含少量天然的植物生长调节剂（不得使用化学合成的植物生长调节剂）。一般是由天然有机物提取液或接种有益菌类的发酵液配加维生素、藻类、氨基酸等营养元素制成，也有一些是微量元素肥料。可施用 1 次或多次，但最后一次须在收获前 20 天喷施。

7. 其他肥料 如锯末、刨花、木材废弃物、不含防腐剂的鱼渣、骨粉、骨胶废渣、家禽家畜加工废料、糖厂废料、城市生活垃圾等。使用前一定要经过无害化处理，达到标准后才能使用，而且每年每公顷农田限制用量黏性土壤不超过 45 吨，沙性土壤不超过 30 吨。

（二）无机肥料

无机肥料又称化学肥料，如尿素、过磷酸钙、氨水等。这类肥料仅含一种或两种无机肥效成分，有效养分高，肥效快，但易造成土壤板结，有些肥料还对植物和土壤有选择性。全草类、叶类、果实种子类、花类中草药植物，可适当施用化肥，但必须与有机肥配合使用。

（三）微量元素肥料

如硼酸、硫酸锌、硫酸铜等，多用来浸种或根外施肥。使用此类肥要注意选择合适的浓度和用量，在确保肥效和药效的情况下，可结合病虫害防治，将肥料与农药混合喷施。

§1.4.2 中药 GAP 生产中有哪些具体的施肥技术？

一、施肥的原则

（一）明确施肥的目的性

施肥目的不同，施肥方式和方法亦不同。

（二）联系环境条件和植物特性施肥

要使作物及时得到营养补给，发挥肥料作用，要考虑天气、土壤质地以及植物的特性来施肥，如气温偏高的年份，苗木第一次追肥时间要提早；沙质壤土每次追肥量要少，追肥次数要多，并要适当施用钾肥；豆科植物以施磷肥为要；种子类药材应多施钾肥；弱苗则重点施用速效氮肥。

（三）配合其他措施施肥

如配合精耕细作，灌溉排水，抚育管理、防治病虫害等措施可提高施肥效果。

（四）考虑肥料特性和增产节约原则施肥

要合理用肥，要了解肥料本身的特性和在不同土壤条件下对植物的作用效果，以及是否符合增产节约的原则。如有机肥料，除当年肥效外，往往还有较长后效，因此施肥时要考虑前一两年所用肥料品种，以节约用肥。

二、施肥方法

苗圃或种植地的施肥方法包括基肥、种肥、追肥等。

（一）基肥

苗圃整地前或整地时，以及移栽定植前或秋冬季节整地时，可选大量缓效或迟效肥料施入土壤中，一般以有机肥料或泥土肥为主，也可适当搭配磷、钾肥。苗圃通常是把肥料全面撒施在地表，然后翻埋于土壤中；栽植前的底肥可施用于定植穴底部，或开直沟埋肥；单株施基肥时是在冠幅投影下开沟埋肥，埋肥沟可挖成半月形、环形或辐射状。

（二）种肥

种肥是在播种或幼苗扦插时施用，目的是供给幼苗初期生长发育对养分的需要。常常是采用微量元素肥料的稀溶液浸种或在播种沟内、穴内施用熏土、泥肥、草木灰和有机颗粒磷肥等。但有些容易灼伤种子或幼苗的肥料，如尿素、碳酸氢铵、磷酸铵等，都不宜作种肥。

（三）追肥

追肥要在苗木或植株生长发育期间施用，其目的是及时补给苗木代谢旺盛时对肥分的大量需要。追肥以速效肥料为主，以便及时供应缺失的养分。为了使肥料施得均匀，一般先加几倍的干土和匀，或加水溶解稀释后使用。施用的方法有以下几种：

1. 撒肥 撒肥把肥料均匀撒在地面上，有时浅耙1～2次以使它与表层土壤混合。

2. 条施 条施在行间或行列附近开沟，把肥料施入，然后盖土。

3. 浇灌 浇灌把肥料溶解在水中，全面浇在地面上，或在行间开沟注入后盖土；有时也可使肥料溶于灌溉水中渗入土内。

（四）叶面喷施

根外追肥在下列情况下具有优越性：在气温高而地温尚低时，或土壤过湿，植株地上部分开始生长而根系活动尚不正常时；在植株刚定植后，其根系受伤尚未恢复时；在土层干燥，又无灌溉条件，进行土壤追肥效果不大时；当植株缺乏某种微量元素而土壤施入该元素无效时。但是，由于叶面喷洒后肥料溶液或悬液容易干燥，浓度稍高就可立即灼伤叶子，在施用技术方面也比较复杂，效果又不太稳定，所以目前根外追肥一般只作为辅助的补肥措施，不能完全代替土壤施肥的作用。

第二节　使中药材赋予全息营养的新型肥料——多维场能浓缩有机肥

§1.4.3　中药材高产优质特效多维场能浓缩有机肥

多维场能浓缩有机肥——中药材系列专用肥是北京亿纳夫科技有限公司生产的一种国际先进的新型有机肥料，该有机肥是由中国农业大学农学院教授赵冰博士与北京亿纳夫科技有限公司的科研人员经过多年反复试验研制成功的，现已获得国家发明专利：号码2010101469526。这种多维场能浓缩有机肥，由畜禽粪有效萃取物、多种元素有机复合物、植物皂苷有机活性剂、磁铁矿粉等成分科学配方混合，干燥，粉碎过筛，再经过频率为 10 兆赫高频电场处理，制成多维场能浓缩有机肥。

该发明首次将多维场能原理引进肥料生产，增加了肥料组分的分子场能，它首先体现了高频电场和磁铁矿粉对多种元素复合物的磁化作用，从而提高中药材对大量元素和微量元素吸收率；其次也体现了在植物皂苷有机活性剂以水溶状态将具有植物营养作用的肥料元素富集到中药材的根系，便于植株的吸收利用；这些都充分体现了有机农业的生产思想。

施用多维场能浓缩有机肥——中药材专用肥不但有效提高中药材产量，同时还有效提高中药材产品品质，使中药材赋予全息营养。多维场能浓缩有机肥——中药材专用肥可作中药材底肥、追肥和叶面喷施肥。

第五章

适应中药市场的中药材开发

第一节　30 种中药材的开发前景

中医药是我国自主创新的优势领域，建设创新型国家，中药大有作为。世界的一项全球性调查表明，真正健康的人仅占 5%，患有疾病的人占 20%，而 75%的人都处于亚健康状态，并呈逐年上升趋势。据统计，中国处于亚健康状态的人已经超过 7 亿，占全国总人口的 60%～70%，随着生活工作的压力增大，亚健康患者正呈现逐年上升的趋势，亚健康状态已经成为当今危害人类健康的头号隐形杀手。因此，无毒、无害、无污染的有机天然药物——中药成为 21 世纪的医疗、保健、健美的时代主流趋势，中药价值的开发将推向前所未有的高峰。

§1.5.1　30 种中药材开发前景如何？

一、丹参和延胡索

（一）丹参不仅有活血化瘀的作用，而且脑栓塞、宫外孕、冠心病、风湿性心脏病、心胶痛、慢性肝病、肝硬化、脉管炎、硬皮病及神经衰弱等多种疾病均有新的疗效，在国际市场很受欢迎。以丹参为原料生产的复方丹参滴丸、人参补心丸、朱砂养心丸、琥珀安神丸、白凤丸、冠心丹、丹参舒心胶囊、心脑康、丹参片、丹参膏、骨痛药酒、万年春酒、复方茵陈糖浆、冠心冲剂、丹参乌法宝、丹参霜等产品近百种；生产剂型有蜜丸、水丸、浓缩丸、胶囊剂、片剂、煎膏剂、酒剂、糖浆剂、注射剂、冲剂等10多种。所以丹参的开发与利用有很好的发展前景。

（二）延胡索是活血化瘀、理气止痛的要药。在药材市场上是药商最为熟悉的品种之一，延胡索片、制延胡索被广泛地应用于中医临床配方，同时也是许多中成药的生产原料，以延胡索作为原料生产的中成药主要有：延胡索止痛片、千斤止带丸、女金丸、平肝舒络丸、茴香橘核丸、安胃片、舒肝片、痛经宝颗粒、仲景胃灵丸等几十种。因此，延胡索广泛用于医疗、制药以及保健制品行业，需求量逐步增长。

二、姜黄、莪术和郁金

（一）姜黄作为健胃剂、止痛剂、利胆剂、利尿剂和食品香料、食品调味剂、防腐剂、着色剂（为咖喱粉的主要色素）、美容品，已经大量出口到东南亚和欧美等国家，具有良好市场需求。

（二）莪术及其莪术制剂在女性肿瘤、妇科感染和相关传染病、泌尿系统疾病等妇科病方面是令人瞩目的药物。其代表性品种分别是复方中药保妇康栓剂、复方中西药莪术油栓剂，保妇康还有泡沫剂、凝胶剂、泡腾片和洗液等。随着社会经济水平的提高和科学的进步，人们自我保健与防护意识的日益增强，妇科用药已成为医药市场中的重要组成部分。新药的不断问世和产品结构的调整，使妇科治疗领域日臻完善，从而带动了妇科用药市场的迅猛发展。

（三）郁金活血止痛，行气解郁，清心凉血，利胆退黄。用于胸胁刺痛，胸痹心痛，经闭痛经，乳房胀痛，热病神昏，癫痫发狂，血热吐衄，黄疸尿赤。近两年来由于温郁金可提炼成莪术油供药厂生产抗痉药用，市场走势较好。

三、桔梗、款冬花和山楂

（一）桔梗是一种常用中药材，具有去痰止咳，消肿排浓的功效，用来做药的是桔梗的根部。除了可以用来做药以外，值得一提的是近年来，桔梗食品、保健品等许多领域开发出了许多新产品，比如作为食品，桔梗含有14种氨基酸，22种微量元素，用它加工制成的酱菜甘甜爽脆，很受欢迎，所以桔梗丝、桔梗果脯等产品销路扩展到了北京，武汉，广州等地。

（二）款冬花味辛、微苦、性温，具有润肺下气，止咳化痰等功效，对治疗新久咳嗽，喘咳痰多、劳嗽咳血等症有较好疗效。现代医学研究证明，款冬花含生物碱、款冬花酮、冬花素脂黄酮甙、款冬二醇、挥发油及鞣质等，临床应用于哮喘、镇咳祛痰、慢性气管炎等，效果明显。由于款冬花的药用价值较高，应用范围较广，颇受我国几千家制药厂的青睐，用其开发了几千个品种的新药、特药和中成药，其中不少新药投入市场后成为抢手俏货。与此同时，我国几万家医疗单位大量用于处方药，用其治疗止咳祛痰。在中成药生产中，又是通宣理肺丸、百花定喘丸、止咳青果丸、气管炎丸、半夏止咳片、复方冬花咳片、川贝雪梨膏、款冬止咳糖浆等几十种中成药的重要原料。剂型有蜜丸、水丸、片剂、煎膏剂、浓缩丸等20种类型。

（三）山楂的药用，我们的祖先早有认识，古书中也有较多的记述。公元四世纪郭璞注《尔雅》一书中即说山楂果“但云可食，尚未标以为果，而入药则盛于近世”。明代李时珍在《本草纲目》（1578）一书中，称山楂可“煮汁服，止水痢”，“治疮痒”，“治腰痛”，“消食积，补脾，治小肠气，发小儿疮疹”，“治妇人产后儿枕痛，恶露不尽，煎汁入砂糖服之，立效”等等。到了近代，山楂仍是一味重要的中草药。中药里“焦三仙”（焦神曲、焦麦芽、焦山楂）中，就有一味是山楂。保和丸、山楂丸、至宝锭等中成药，山楂也是重要原料。山楂食品更是花样翻新，独树新秀。

四、紫苏和紫菀

（一）紫苏全株均有很高的营养价值，它具有低糖、高纤维、高胡萝卜素、高矿质元素等。在嫩叶中每100克含还原糖0.68～1.26

克，蛋白质 3.84 克，纤维素 3.49～6.96 克，脂肪 1.3 克，胡萝卜素 7.94～9.09 毫克，维生素 B_1 0.02 毫克，维生素 B_2 0.35 毫克，尼克酸 1.3 毫克，维生素 C 55～68 毫克，钾 522 毫克，钠 4.24 毫克，钙 217 毫克，镁 70.4 毫克，磷 65.6 毫克，铜 0.34 毫克，铁 20.7 毫克，锌 1.21 毫克，锰 1.25 毫克，锶 1.50 毫克，硒 3.24～4.23 微克，挥发油中含紫苏醛、紫苏醇、薄荷酮、薄荷醇、丁香油酚、白苏烯酮等。抗衰老素 SOD 在每毫克苏叶中含量高达 106.2 微克。紫苏种子、叶、茎不仅可入药而且还可以食用。近几年国内，由于人们保健意识增强，大型制药集团大量用紫苏子开发新药、特药和中成药，鲜食紫苏叶、炒食紫苏子的人越来越多，使其用量直线上升；国际上，日本、韩国、欧美及东南亚等国需求量亦猛增。

（二）紫菀主要成分含紫菀皂苷、紫菀酮、另含脂肪酸、芳香族酸、琥珀酸等。紫菀药煎剂及提取物有祛痰、镇咳、抗菌作用，是中成药的重要原料。近代研究又发现它具有抗癌效果，因用途范围不断扩大，需求量有逐年增加之势。

五、浙贝母、川贝母、半夏、天南星和射干

（一）浙贝母是止咳化痰的主要药材，临床应用广泛，传统中成药二母宁嗽丸、养阴清肺丸、通宣理肺丸、羚羊清肺丸、橘红丸、清肺止咳丸等均以浙贝母为主要原料。在国内市场有较大潜力。同时，浙贝母还是较为重要的出口品种，出口区分别为日本、韩国、东南亚、中国港台及部分欧美华人聚居区，具备一定的国际市场开发潜力。

（二）川贝母商品主要来源于野生资源，是止咳化痰的良药，中医用量较大。以川贝母为原料生产的中成药以川贝批把露、川贝止咳糖浆、蛇胆川贝液等比较受欢迎。川贝母也是重要的出口商品，创汇率较高。

（三）半夏具有燥湿化痰，降逆止呕，消痞散结的功效，常用于咳喘、痰饮、呕吐和痞证等。从其治病的机理可以发现，半夏主要是

作用于致病因素中的“湿邪”和“痰饮”，根据中医“异病同治”的原则，半夏应用范围除目前用于呕吐，咳嗽，疟疾，急性乳腺炎，鸡眼，牙痛，急慢性中耳炎，矽肺，顽固失眠，慢性咽炎，心肌梗塞，复发性口疮，痢疾，血管性头痛，美尼尔氏综合征，宫颈糜烂，外伤出血等外，还可用于肿瘤等一些疑难杂症的治疗。因为半夏的生物碱已有实验证明其在体外有一定的抑制肿瘤的作用，在用于肿瘤这方面通过更进一步的摸索后，将其用于临床应该是可能的。同时，由于社会竞争日益激烈，人们的生活节奏大大加快，生活的压力也越来越大，在我国乃至全世界范围内精神方面疾病的发病率逐年上升，中医对精神方面疾病的认识有“痰火扰心”、“痰迷心窍”、“痰气郁结”、“气滞痰郁”及“怪病多痰”等说法，半夏在这方面的应用可以进行一些尝试。另外，从半夏中分离得到的半夏蛋白可作为避孕药来开发。

（四）天南星药用价值天南星以球状块茎供药用，具有祛风定惊、化痰散结的功能，主治半身不遂、中风偏瘫、神经麻痹、小儿惊风、破伤风、癫痫、子宫颈癌等症，也是多种中成药不可缺少的原料。

（五）射干清热解毒，消痰，利咽。用于热毒痰火郁结，咽喉肿痛，痰涎壅盛，咳嗽气喘。在各种传染性呼吸道疾病种广泛应用。

六、苍术、广藿香、厚朴和知母

（一）苍术药用历史悠久，当在2000年之上。我国历代医学著作，如《本草纲目》、《本经》、《证类本草》、《本草正义》、《仁斋直指方》等对苍术的药用价值均有很高的评价。苍术性温、味辛、苦，入脾、胃经，有健脾、燥湿、明目、解郁、祛风、避秽等功效，主治温盛困脾、倦怠嗜卧、脘痞腹胀、食欲不振、呕吐、泄泻、痢疾、水肿、时气感冒、头痛、风寒湿痹等症。现代医学药理研究及临床实验证明，苍术根茎含挥发油约在5%～9%，油中主要成分为苍术醇、茅术醇、桉叶醇等，对肝癌有一定疗效。

（二）广藿香年销量大约在500万千克以上，特别是出现疫情的时候，销量、用量更大，如功效独特的藿香正气水、藿香正气丸、藿香正气片、藿香油在全球流行，加上出口的需求，需求量逐年增加。

（三）厚朴燥湿消痰，下气除满。用于湿滞伤中，脘痞吐泻，食积气滞，腹胀便秘，痰饮喘咳。它是多种呼吸道和消化道疾病中成药的重要原料。

（四）知母以根人药，有清热泻肾火，止咳祛痰，润燥设肠，安胎等功效。知母是一味常用药各地药材部门大量收购，知母是当前市场紧缺高档的药材之一。

七、薄荷、白芷、麻黄和柴胡

（一）薄荷可以提取薄荷油、薄荷脑、薄荷素油、薄荷白油等多种薄荷制品，如今，薄荷的用途不断扩展增大，除药用不可缺少外，还广泛用于消暑、清凉饮料食品、家化、日化、香料，特别是生产牙膏、花露水、外用橡皮膏、糖果、化妆品等，用量不断扩展。例如，用薄荷为原料生产的浴盐，含有萃取于当归、薄荷油精华的天然保湿成分，能促进并保持沐浴后肌肤润滑。其蕴涵的矿物有效成分，能促进血液循环对消除疲劳及减轻肩背酸痛有良好的效果。我国研发并成功使用的薄荷型卷烟，可降低焦油含量。此外，还有用薄荷开发的薄荷矿泉水、保健薄荷茶等各种饮料以及多种薄荷糖。

（二）白芷是祛风散湿、排脓生肌、止痛的良药，并具有明显的扩张冠状动脉的作用。除中医临床饮片配方外，以白芷作原料生产的中成药有参桂再造丸、都梁丸、上清丸、牛黄上清丸、牛黄清胃丸、清眩丸、木瓜丸等，应用历史悠久，疗效显著。白芷香气浓郁，很早就作为轻工业原料和调料，植株还可以用于提取芳香油，是日用化工产品的原料。

（三）麻黄作为传统中药材，早在《神农本草经》一书中就有记载，已经有很久的应用历史，是一种祛风湿，解表寒，平喘，止汗的药物。在这数千年之中，它只是一味配伍的药物，用量不大，比较单一，因此，不太引起人们的注意。1885 年，日本人山犁，首先从我国内蒙古的草麻黄中分析出一种化学成分。1887 年，长井长义将其活性成分以结晶的形式提出，定名为麻黄碱（Ephedrine）。在医学上用于治疗感冒等病症。经过临床及药理实验，麻黄碱治病效果良好，才建立工厂生产麻黄素。这样，麻黄素作为东方的传统药材，才正式应用到临床上。全世界范围内，有条件从天然麻黄草中提取麻黄素的只有中国，人工合成的麻黄素在制药工业比较先进的德国、日本能够生产，但人工合成的麻黄素的医药效果比不上从天然麻黄草中提取的麻黄素。所以中国是世界上唯一的麻黄草出口国。

（四）柴胡疏散退热，疏肝解郁，升举阳气。用于感冒发热，寒热往来，胸胁胀痛，月经不调，子宫脱垂，脱肛。利用柴胡开发出了注射液、口服液等，是感冒发热的主要治疗药品，市场需求量很大。目前，柴胡每年需求量已达万吨左右。我国星罗棋布的药材市场、药材公司、药店、饮片公司、中医院、中西医结合医院、诊所等对柴胡的需求也在与日俱增。柴胡市场蕴藏商机，潜力巨大，前景广阔，后市产量与价格均有较大的上行空间，柴胡已引起药厂、药企、药商和医疗单位的广泛关注。

八、金银花、菊花、连翘、黄连、黄芩和牡丹皮

（一）金银花具有清热解毒、消炎退肿、抑菌和抗病毒能力，尤其具有良好的预防“SARS”病毒与甲型 H_1N_1 流感病毒（猪流感），在国家公布的 6 个预防“SARS”的处方中，有 4 个处方都用到了金银花，在国家公布的预防甲型 H_1N_1 病毒（猪流感）的处方中都用到了金银花，且用量都达到了 10 克以上；传统的中药方剂有 1/3 都用到金银花，诸如人们熟知的“银翘解毒丸”、“双黄连”等等，都以金银花为主要原料。在近些年的“禽流感”、“手足口病”等防治处方中，金银花也被列为首选药。最近研究表明，金银花还具有抗艾滋病功能，对治疗肺癌有独特效果。金银花是一种具保健、药用、观赏及生态功能于一体的经济植物，在制药、香料、化妆品、保健食品、饮料等领域被广泛应用，已开发出很多产品，如双黄连口服液、金银花

茶、银麦啤酒、金银花洗面奶、金银花香水等等，这些产品备受国内外消费者青睐，特别是金银花茶，远销日本、美国、澳大利亚、欧洲、韩国、马来西亚、新加坡等数国。

（二）菊花为大宗常用中药，散风清热，平肝明目，清热解毒。用于风热感冒，头痛眩晕，目赤肿痛，眼目昏花，疮痈肿毒。用于多种中成药，如杞菊地黄丸等。目前，菊花茶作为保健饮品，得到大力开发。菊花在我国产销量很大，其中著名的安徽亳菊、浙江杭白菊、河南怀菊花、河北祁菊花为我国重要的出口中药材。

（三）连翘为清热解毒的要药，是不少中成药的重要原料，比如清热解毒口服液、抗病毒口服液等。同时，研究表明，连翘不仅具有良好的降压、抑菌作用，而且还可用于医疗保健、食品、日用化工等方面。连翘挥发油可作优质香料，用连翘生产的护齿牙膏、连翘茶，深受市场欢迎。另外，兽药和饲料添加剂也大量需要连翘这种原料。因此，连翘是中药材市场中一颗最为耀眼的明珠，也是出口创汇的重要商品，远销印度、日本及东南亚国家和地区。

（四）黄连因为味苦而具有清热燥湿、泻火解毒的功能，其药用价值较高，用途较广，是中医常用品种和我国主要中药材出口创汇品种之一，是中成药的重要原料。据《全国中成药品种目录》统计，以黄连作原料的中成药品种有黄连上清丸、复方黄连素片，加味香连丸等 108 种。除此以外，要瞄准国内外市场需求，积极组织相关高校和科研院所利用黄连药材、黄连叶、黄连花及黄连须根研究与开发新的农药、兽药、饲料添加剂、功能化妆品、食品饮料等深加工产品，把单纯的药材生产转变为系列深加工产品生产，实现黄连资源的全面利用，促进黄连产业的科学发展。

（五）黄芩在“全国中成药产品目录”第一部的统计资料种表明，66 种蜜丸中有 45 种含黄芩，64 种片剂中有 46 种应用黄芩，36 种水丸也有 25 种用黄芩。也就是说，70％的中成药都含有黄芩。黄芩除传统中成药生产需求外，近年来其提取物用量大增，每年该品产新时大量鲜货被提取厂家尽数收购。山东、山西、陕西、河北、陇西和东北等地，随处可见提取厂家大量吃进鲜黄芩，这是上世纪很难见到的现象。这是因为，黄芩提取物黄芩苷是从黄芩根中提取分离出来的一种黄酮类化合物，有显著的生物活性，具有抑菌、利尿、抗炎、抗变态及解痉作用，以及较强的抗癌作用等，在临床应用上已占有十分重要的地位。黄芩苷还能吸收紫外线，清除氧自由基，抑制黑色素的生成，因此既可用于医药，也可用于化妆品，是一种很好的功能性美容化妆品原料。

（六）牡丹皮清热凉血，活血化瘀。用于热入营血，温毒发斑，吐血衄血，夜热早凉，无汗骨蒸，经闭痛经，跌扑伤痛，痈肿疮毒。它是六味地黄丸系列产品的重要成分之一，用量很大。据全国中药资源普查统计：牡丹皮年需要量 200 万千克左右。

九、独活

独活是治疗风寒、湿痹的重要药物，除了用于临床配方外，还是中成药生产的重要原料。据不完全统计，以独活作原料生产的中成药有独活寄生丸、追风丸、天麻丸、外用舒筋药水、坎离砂、风湿药酒等 60 余种。目前利用独活开发的专利新药达1 000种以上，独活制剂如雨后春笋出现在医药市场，比如由陕西康惠制药有限公司和沈阳国爱医药科技开发有限公司等单位开发生产的独活止痛搽剂，它具有止痛、消肿、散瘀，用于小关节挫伤，韧带、肌肉拉伤及风湿痛等，市场前景看好。

第二节 30 种中药材开发的新领域

§1.5.2 中药开发的新领域有哪些？

当今世界，健康的饮食、美容、瘦身、化妆、护肤、洗洁等是世界各个国家正在研究开发的热点，用中药加工制作的功能食品、保健食品、瘦身食品、天然化妆及护肤品和各种效能的牙膏、洗发液、洗浴液等等也逐步在全球兴起。为此，中药企业应对此给予足够的重视，先以健康食品、饮食补充剂和牙膏、洗液的名义进入并占领国际市场，将有利于中药将来以药品的名义在国际市场上竞争。例如，中草药已经成为我国日化产业发展的亮点。比方说，在中药化妆品市场上，如沃尔玛、家乐福、王府井、大润发等大卖场，中小型超市渠道都可以看到在卖霸王中药产品、澳雪中药产品，中药化妆品在市场较受消费者的认可。再比方说，在众多牙膏厂商中，将中草药作为市场突破的法宝，已经形成了一个阵容庞大的中草药功效牙膏阵营，如两面针、草珊瑚、田七、蓝天、云南白药等，中草药牙膏已经占据了40%～50%的国内市场份额，市场价值逼近50亿元。还有，无论在发达国家还是发展中国家，肥胖症的发病率都呈上升趋势，我国肥胖症患者已有7 000万，加上隐性肥胖共约有1.5亿～2亿人，在经济发达的城市儿童肥胖率已超过10%，肥胖的本质是指体内堆积过多的脂肪组织，它不仅影响整个机体的正常生理功能，同时会增加心脑血管疾病、糖尿病、脂肪肝、肿瘤、内分泌失调等疾病的发病率。因此，减肥是每个肥胖者必须重视的健康问题，而开发确实有效的减肥保健品，对预防和降低肥胖的发病率有着重要的现实意义。张勇飞等人在北京亿纳夫科技有限公司的支持下，利用中药原料经科学配制精制成的高蛋白低热量食品——高蛋白保健瘦身粉（见表1-5-1），适应于体内热量摄入大于消耗导致的单纯性肥胖人群、高血脂、冠心病、高血压、糖尿病人使用。

表1-5-1　高蛋白保健瘦身粉营养成分表

项　目	蛋白质	碳水化合物	脂肪	能量（100克含千焦数）
平均数±标准差	25.2±1.0	11.9±1.0	9.1±1.5	230.3×4.186 8±8.0×4.186 8

近几十年来中药作为兽药和饲料添加剂也异军突起。目前，国内外普遍使用抗生素、化学合成药物和类固醇激素作为饲料添加剂，它们除具有抗病作用外，还有促进饲料中的营养成分有效的利用和促进

生产的作用。但是在畜禽体内及食品中留有残毒，并能产生耐药性和毒副作用，甚至危害人体健康，为了生产“绿色畜产品”，传统的化学添加剂逐渐被限制，开发和研制“绿色添加剂”成为饲料加工中的重点。根据长期的研究和临床实践表明，中药添加剂在现代化和集约化饲养生产中发挥促进生长，提高饲料转化率，提高机体免疫力，增强抗病力，抗应激能力，抗菌抗病毒功能，增强繁殖性能，提高产品品质等优势，在市场发展方面有巨大潜力的产物。例如北京亿纳夫科技有限公司研制的中药型微生态制剂就是利用木香、苍术等中药以及内毒素吸附剂组成的有益微生物制剂，本产品中的中药不仅可以辅助益生菌发挥更有效的功能，也具有强大的止泻、止痢和提高动物生产性能的功能。

§1.5.3 中药开发的两个独特领域？

一、中药型生物制剂开发

中药含有多种有效物质，其中不同的中药多糖和皂甙来自特定的中药，这些中药多糖和皂甙继承了中药的归经特性，也就是说中药多糖和皂甙通过经络的传导、转输，到达病所，发挥其防治作用。这是几千年来长期临床实践的基础上，根据某些中药对某一脏腑经络所具有的特殊选择性作用而创立的中药归经理论。进入21世纪，张勇飞等专家在此基础上发现了许多中药材的提取物——多糖、皂苷等，具有对生物活性分子和低级活性生物具有特殊的保护作用，富含羟基的中药多糖、亲水亲脂的中药皂苷能和生物活性分子和低级活性生物结合，构建多维网络空间氢键结构，在生物活性分子和低级活性生物表面形成假性水化膜，通过这种多维网络空间氢键假性水化膜实现对生物活性分子和低级活性生物的保护作用，这样形成了稳定、坚固的多维网络空间氢键水化膜，更好地保护生物活性分子和低级活性生物免受外界环境的破坏。在这独创的多维网络空间氢键膜理论指导下，成功地将中多糖和皂苷应用到疫苗和抗体的制造，实现了中药归经、免疫原及免疫蛋白保护和免疫增强一体化的生物制剂新功能，取得很好的临床效果，成功地申报了多项发明专利，例如利用半夏、黄芩、金银花、丹皮等多糖制作的鸡新城疫、传染性支气管炎、减蛋综合症、禽流感四联灭活苗（ZL200910180913.5）和利用当归、茯苓等多糖制作的传染性法氏囊病浓缩冻干卵黄抗体（ZL200910180910.1）等新型中药生物制品在辽宁益康生物股份有限公司全面的实现了市场化运营，为中药开辟了新的市场天地。

二、风味添加剂开发

中药通过食物链改善动物产品的质量和风味是中药用途的又一新领域。上世纪80年代以来，张勇飞等专家根据《黄帝内经·素问·萎论》“脾主身之肌肉”原理和现代生物分子学理论，以中药为手段，建立了以丹参、麻黄、柏籽、柏叶等多味中药和多种有益微量元素组成的“JFZ——浓缩柏籽饲料”的风味添加剂，在山羊在屠宰前60天，将“JFZ——浓缩柏籽饲料”以5%～15%的量混合到豆饼和玉米等配成的日料中，进行10天预喂；之后以20%的量混合到豆饼和玉米等配成的日料中，进行50天正式饲喂，可转化普通羊肉为“三晋百宝”的优质风味柏籽羊肉（见表1-5-2），使之不仅成为人类的美食，而且成为医疗保健食品，具有抗病、防病、疗病、助长益寿等作用，获得了山西省科技进步二等奖，中阳森源公司正在利用这个新技术奋力推进中药资源转化优质风味柏籽羊生产事业的大发展，成为中药开发的主力军。

表1-5-2 柏籽羊肉营养成分和风味物质表

项　　目	指标（X±S）
蛋白质（%）	22.20±1.00
脂肪（%）	5.80±1.90
矿物质（%）	1.10±0.03
苏氨酸（%）	1.38±0.11
结氨酸（%）	1.40±0.33
蛋氨酸（%）	0.90±0.27

（续）

项　目	指标（X±S）
异亮氨酸（%）	1.94±0.71
苯丙氨酸（%）	0.94±0.58
赖氨酸（%）	2.71±0.18
色氨酸（%）	0.18±0.01
亮氨酸（%）	2.11±1.23
8种必需氨基酸（%）	11.57±1.33
游离氨基酸（%）	2.00±1.66
鲜味谷氨酸（%）	5.39±0.29
铁（100克含毫克数）	3.04±0.28
锌（100克含毫克数）	3.61±0.32

第三节　品牌中药企业与品牌中药的开发

§1.5.4　国内品牌中药企业在中药产品开发方面有哪些成果？

目前，我国以中药开发为主、主营收入超过亿元的中药企业如同雨后春笋，蓬勃发展。例如：广州药业开发生产销售的华佗再造丸名驰中外，“华佗再造丸在制备防治制备缺血性心脏病药物方面的用途”等均获得了国家发明专利。天津天士力开发的主要产品有复方丹参滴丸、养血清脑颗粒、荆花胃康胶囊、水飞蓟宾胶囊（水林佳）等；其中，拳头产品复方丹参滴丸是我国心脑血管领域的龙头产品，也是目前国内医药销售规模最大的单品，经过多年的拓展，已进入稳定期，连续几年的含税销售额均保持在10亿元左右。北京同仁堂历经300多年风雨却历久弥新，正在以“高科技含量、高文化附加值、高市场占有率的绿色医药名牌产品为支柱，成为具有强大国际竞争力的大型医药产业集团”的路上快速前进，主导的乌鸡白凤丸系列产品实现年销售收入 2 亿多万元，六味地黄丸系列产品实现销售收入 3 亿多万元。中新药业集中药生产和医药商贸为一体，旗下拥有“乐仁堂”、“达仁堂”等多个中华老字号；现有 432 个中药注册产品（其中达仁堂产品 221 种），有 100 多种产品列入国家医保药物目录，其中有十多种为甲类；销售收入超过2 000万元的品种有 11 个，约占销售总额的 70%～80%，代表性品种有速效救心九、金芪降糖片、银翘解毒片、海马补肾九、牛黄降压九、藿香正气软肢囊，速效救心丸的年销售额在 2 亿元以上，是国家机密产品（共 3 个）和全国中医院必备的急救药（首批共 15 种）。云南白药的中药牙膏系列产品成功地在微利时代的牙膏行业创造了传奇，年销售额突破 10 亿元，中药洗发护发品牌霸王凭借多年的市场推广，年销售额已逼近 20 亿元规模。康缘药业开发的桂枝茯苓胶囊、天舒胶囊、金振口服液、抗骨增生胶囊、元胡止痛软胶囊、散结镇痛胶囊、热毒宁注射液等 41 个品种获得国家新药证书。片仔癀药妆选择以祛黄亮白系列率先撬动这一大份额盈利市场，继而以“国色润颜、国粹焕颜、国密养颜”3 大系列旗下 13 大分支系列、70 余款产品全面覆盖基础护肤、特色护肤、特殊护肤市场，全线抢占市场份额。三九医药开发的三九胃泰、壮骨关节丸、正天丸 3 个产品，在医药领域率先推行知识营销和品牌战略，经历短短 10 年发展成为现代化大型医药企业集团。太极集团开发的急支糖浆单品种年销售额过 5 亿元，开发的国家五类天然胃动力新药藿香正气口服液销路看好。另外，还有丽珠集团的丽珠得乐冲剂和胶囊和参芪扶正注射液、吉林敖东的安神补脑液、通化金马的壮骨伸筋胶囊、西黄丸、沃华医药的脑血疏口服液、紫鑫药业的活血通脉片和补肾安神口服液、桂林三金的西瓜霜润喉片、奇正藏药的奇正消痛贴膏、太龙药业的双金连合剂、中恒集团的中华跌打丸和龟苓膏、江中药业的健胃消食片、天目药业的十全大补丸和杜仲颗粒以及健康元的太太口服液和静心口服液等等品牌企业，枚不胜举，这些强大的中药企业将中药全面开发利用推进到一个崭新的时代。

第六章

我国中药材市场体系

第一节　我国中药市场体系建设与药农的关系

§1.6.1　我国中药材市场体系建设需要打好哪些基础?

一、人才基础

人才是中药材生产的第一生产推动力和首要依托。人才培养是中药材生产最重要的基本建设。要实现中药与国际接轨，必须以人为本，重视培养人才、引进人才，特别应重视药材生产中的科研、管理、生产、经营、信息等方面的“复合型”现代人才培养。同时要加强对广大药农的现代化科技文化素质的培养，以适应中药材产业化发展的需要，增强中药生产的抗风险力及其产品的竞争力，达到“科技兴药”的目的。

二、药材基础

1. 药材质量基础　药材质量是经济效益的核心，没有质量就没有市场，也就没有效益，它是整个中医药产业的基石。在我国中药材质量虽然是一个历史性的问题，但只要我们能认真实施《中药材生产质量管理规范》(GAP)，从源头规范药材生产的全过程，严格按“GAP”组织生产，从选地、选育良种、整地、播种、育苗、移载、田间管理、采收、产地加工、贮运等各个环节严格、严密地把关，一定会生产出“安全、有效、稳定、可控”的优质药材来，这是我们参与药材市场竞争的基础。中药材种植要走规模化经营的道路。

2. 药材品种基础　药材品种的优劣直接影响药材的品质、质量及经济效益。根据当地的自然条件、市场需求，选择那些品质好、产量高、市场销量大、效益好的道地药材品种栽培，这是发展中药材生产的根本。各地在推广引种时不能盲目，要因地制宜，切忌一些地方“药材下大田”的模式。因为中药是中医防病治病的物质基础，药材的品质、活性成份直接影响临床疗效及实验研究，而这些都与药用植物的生态环境有关，即与药材品种的道地性有关。我国从古代就非常重视药材的产地。因此，要取得药材生产稳定、长足发展，必须拥有自己的优势道地品种。

3. 药材标准化基础　中药材标准化是中医药标准化及质量可控的基础，是组织药材生产的前提。小农经济分散生产的模式，不仅效率低下，而且很难做到规范化、标准化。随着药材生产的发展，国家必须实施无公害药材安全要求、无公害药材产地环境要求的标准化，以及采用 DNA 指纹图谱的品种质量鉴定和指纹图谱的品种质量鉴定和指纹图谱的定性、定量分析等高科技手段，这是实现中药标准化的必由之路。

4. 有机药材基础　有机药材将日益显出强大的生命力。随着人们现代物质文化生活水平的提高，人们对医疗卫生观念在发生变化，已从治病转变为食疗保健的防病，有机药材倍受青睐。特别是一些既能药用又能食用的药材，在很多国家越来越走红，大受欢迎。如桔梗、菊花、白芷等中药材，他们不仅是药品、有时也是保健食品、有时也是保健调料品。实际上，我国的养生哲学从神农氏开始实验各种植物与人类的食疗关系就已提出“以生命补充生命”的观点。我国历代医学家都强调均衡营养、抗衰老、延年益寿，调治疾病的最佳方法是采取食疗方法。我国中药资源丰富，其中药用植物 1.2 万多种。如此丰富的中药资源，可为国内外市场提供丰富的有机药材，这是我国一大特色，一大优势，应充分发挥这一优势，把有机药材生产培育成为“三农”经济新的增长点。

总之，建好药材基础这一关，要与时俱进，在各方面条件许可的情况下，最好成立专门的药材生产合作社，这样既能做好上面提及的基础工作，也有利于政府部门的政策支持和金融部门的资金扶持。

三、品牌商标基础

药材市场的竞争最直接表现在品牌的竞争，而品牌的背后是药材的质量。中国的药材要走向世界，必须强化品牌观念，创出中药材名牌品种；完善药材产品的品牌发展战略，生产出好中好、优中优的中药材产品，走品牌发展之路。商标是非常宝贵的无形资产，它是信誉的象征，品质的保证。为了应对国际市场的竞争，应充分认识市场经济规律，重视自己产品的信誉度，要有自己的注册商标。

四、现代化加工基础

要实现中药现代化、国际化，必须重视中药加工制造业，必须从“低、小、粗、平、旧”的水平解脱出来。向“高、大、精、尖、新”的方向迈进。从水煎法、水醇法、浸渍法、渗漉法的传统落后提取工艺，改进成加酶提取，超临界液体萃取、毛细管电泳等现代化提取技术。并实现生产装备现代化、生产程控化、检测自动化，积极推广应用外循环式动态提取罐、斜卧式逆流连续浸出机、三效薄膜蒸发和超微粉碎技术。我国还正在研制超声波提取、广谱喷雾干燥等新型设备。在饮片加工炮制方面，要实现中药原料的规范化、标准化及饮片的精制化。从药材挑选、净化、切段、切片、干燥、炮制、灭菌到产品精包装的全过程，实行连续化、自动化和智能化操作，各个环节都避免污染。

§1.6.2　药农怎样去找中药材市场?

一、建立中药材专门协会

目前许多中药材种植户把“宝”押在空泛的理想化的市场预测上，所谓“市场缺什么，我们种什么”。这种理论对其它某些商品生产也许很有用，但用在中药材生产上就十分有限了。因为，中药材市场价格的上下波动非常大，目前又多是分散种植的农副产品，药材种植周期少则六七个月，多则五六年，要想准确的预测是很困难的。许多农民常根据市场现价来确定自己的种植品种，形成了所谓“一缺就上，一上就多，一多就下，一下就缺”的怪圈，往往是赚得没有赔得多。所以，要做好中药材这个产业，必须在中药材生产基地建立联系政府、市场和药农之间的民间组织——中药材专门协会，负责协调、帮助、组织中药材从地头生产到市场销售等工作，引导药农学会寻找市场。

二、寻求国内大型中药材市场的营销企业

我国从计划经济向市场经济转轨的过程中，国家在 1995 年通过整顿检查验收，关停并转，由当时国内出现的 117 家专门从事中药材市场，缩减为目前的 17 家中药材专业市场。国家相关部门对这些中药材市场逐步建立健全和完善监督管理措施，因此，药农只有和这些市场中的营销企业结成长期合作伙伴，才能保证稳定的销售市场和经济效益。

三、寻求中药材外贸部门以及企业

现在，中医药的功效正逐步为世界各国所承认，许多国家对中药的政策发生了变化，如：美国政府对针灸的立法和中医管理方面已作了大幅度的修改与调整，最近美国有关部门正在编写一部植物类药用标准，并将出版新版的《美国药典》，其中收载了 24 种植物制剂的质

量标准；加拿大政府在1999年3月宣布，对包括中草药在内的“天然保健产品”的管理方式进行改革，以便为其制定更合理、更明确的管理规范，并使其合法化；2000年，澳大利亚成功实施中医立法，为中医药真正全面走向世界奏响了序曲。目前，中药出口已遍及世界130多个国家和地区，但分布不平衡，中药消费对象比较单一。从出口的贸易额看，中药在国际市场上仍以亚洲市场为主，对亚洲国家的出口占出口总额的80%以上，对北美和欧洲等国家的出口额却不足20%。再者，外贸大多要求有稳定的供货渠道，质量优、一致性好的有机中药材，这也正是我国中药材市场的重大缺口。只要中药材生产基地能严格按照GAP标准和出口绿色标准组织生产，不仅完全可以满足这一市场需求，而且还能逐年赢得更多的国际市场订单。

四、寻求大中型中成药生产企业

目前由于国家对药品生产的质量要求越来越严格，中成药生产对原料质量的要求越来越高，国内许多中药企业都在寻求建立自己稳定的、质量有保障的中药材种植基地。

找市场就是要主动出击，不能坐等别人找上门。要主动地了解信息，加强与外贸部门和企业方面的联系。搞好自己的土地、植物和水资源等方面的调查工作，拿出一整套准确可信的数据。同时要加强基础建设，提供良好的投资环境。在开发资金困难的情况下，应寻求与相关企业联合投资共同开发。

第二节　我国的中药材交易市场

§1.6.3　我国中药市场的集散地在哪里？

目前，国家认可的中药材集散地有17个之多。主要分布在哈尔滨三棵树中药材市场，河北安国市东风中药材市场，山东舜王城中药材市场，河南禹州市中药材市场，兰州黄河中药材市场，西安中药材市场，成都荷花池中药材市场，重庆中药材市场，湖南岳阳市花板桥中药材市场，湖南廉桥中药材市场，湖北春李时珍中药材市场，江西樟树中药材市场，安徽亳州中药材市场，昆明菊花园中药材市场，广东普宁市中药材市场，广州市清平中中药材市场，广西玉林中药材市场。

中药价格是药农生产中药材的晴雨表，药农要时刻通过上网和实地考察我国中药材集散地中药材价格，综合考察中药生产和营销趋势，决定生产中药材的品种和规模，做到有的放矢才能有好收益。

第三节　我国的中药电子商务

§1.6.4　目前我国中药电子商务平台有哪些?

一、http://www.zgycsc.com/

中国药材市场网站是全球最大的中药材行业性 B2B，B2C 电子商务网站，大量供应求购信息，最新药材价格行情信息，为药材企业，药商，药农，医药公司买卖中药材提供方便。

二、http://www.zhong-yao.net/

中医中药网是中国最大中药中医网主要提供中药、中医、中医药、中药材、中药常识、健康知识、生活知识、疾病防治、中药市场行情、中药行业数据、中药网上贸易等。

三、http://www.zyctd.com/

中药材天地网一中国药材市场价格信息行情网站，首创中药材行业大盘指数，每日更新全国药材市场价格信息和药市快讯，最新的中药材产地信息和品种分析，大量的中药材供求信息。

四、http：//www. pharmnet. com. cn/

医药网是在网盛生意宝旗下，医药招商代理及产品供求等商机平台，医药行情及健康资讯媒体，医药人才招聘求职服务中心，拥有药品、保健品、医疗器械、制药设备、医药专利等产品。

五、http：//www. enough108. com/

北京亿纳夫科技有限公司官方网站。本网站传播道地中药的生产和深加工等运营项目。中药材生产方面，利用现代高新多维场能全息理论，从中药地道生产技术入手，成功地研制出了多维场能有机肥——系列中药专用肥，可以有效地提供中药植物产生具有医疗保健功能的此生代谢产物，同时也富集具有医保功能的有机微量元素，使中药生产进入了真正可操纵的标准化生产时代。中药产品研发方面，利用多位网络空间氢键膜生物保护理论，采用顶尖技术工艺，成功地提取到具有保护生物活性分子的有效中药成分，研制出了多种中药型生物制剂新产品。

六、http：//www. zyy123. com/market/

华夏中医药网致力于中医中药行业信息与资源的网络传播，为广大中医药爱好者及中医药从业者提供中医药资料的免费聚合平台，是一个专业的中医网。拥有全球最全面的中医、中药数据库，包括中医中药名人、中医中药世家，提供最完善药企、药品、中药材搜索，疾病、医院、养生知识的查寻。

第二篇

DIER PIAN

优质高效调理类中药生产与营销

第一章

丹　参

第一节　丹参入药品种

§2.1.1　丹参有多少个品种？入药品种有哪些？

丹参是我国传统常用中药，是国内外药材市场的重要商品。我国应用丹参历史悠久（图 2-1-1）。始载于东汉《神农本草经》，列为上品，“主心腹邪气，肠鸣幽幽如走水，寒热积聚；破癥除瘕，止烦渴，益气。”北魏《吴普本草》记载：“治心腹痛”。表明丹参自古即用于治疗热症与肠鸣，泻除肠内积聚之物与腹中湿热之邪气。列为上品表明它无毒并作清补之用。以后随着中医实践的发展，人们逐渐转向丹参可养血，调经，安神，并可治风邪热症。明代《本草纲目》说丹参具有“活血，通心包络，治疝痛”。

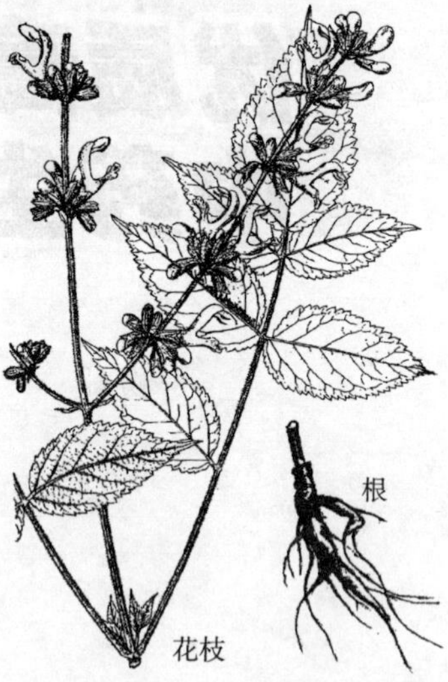

图 2-1-1　丹　参

我国民间以其同属植物代做丹参或其他药用的资源比较丰富，种类达

30多个。《中国药典》2010年版规定入药的丹参为唇形科植物丹参 *Salvia miltiorrhiza* Bge. 的干燥根和根茎。

第二节 道地丹参资源和产地分布

§2.1.2 道地丹参的原始产地和分布在什么地方？

丹参分布较广，野生丹参主要分布于河北、北京、山西、山东、湖北、湖南、辽宁、江苏、江西、云南、贵州、甘肃、陕西；道地丹参主产于辽宁大连、新金、盖县、锦西、兴城；上海崇明；江苏射阳、兴化、高邮、句容；河北安国、抚宁、迁西、卢龙、平泉、赞皇、易县；天津蓟县；河南蒿县、卢氏、络宁、嵩县；湖北英山、罗田、蕲春、随州；陕西洛南、商州；甘肃康县、和政；浙江嵊县、三门、宁海；安徽亳县、太和；山东莒县、平邑、沂水、栖霞、莱阳、日照；云南宁蒗、丽江、永胜、滨州；四川中江、成都等地。

§2.1.3 丹参栽培历史及其分布地域？

丹参过去多用野生，栽培始于近代。1930年版四川《中江县志》记载："丹参一物，用途甚隘，而吾邑种植数十年，尤甚于民国初期，始发及三四十万斤*。"1949后，各地野生变家种成功后生产有较大发展。丹参在我国大部分地区都有野生分布，因此全国各地均可栽培。但道地丹参栽培主产区位于河北、天津、辽宁、江苏、上海、浙江、安徽、河南、湖北、山东、甘肃、四川、陕西、云南等省。

---

* 斤为非法定计量单位，1斤=500克。——编者注

第三节 丹参的植物形态

§2.1.4 丹参是什么样子的？

丹参是多年生草本，高30～100厘米，全株密被淡黄色柔毛及腺毛。根细长，圆柱形，长10～25厘米，直径0.6～1.5厘米，外皮土红色。茎四棱形，上部分枝。叶对生，单数羽状复叶，小叶通常5片，有时3或7片，顶端小叶片最大，侧生小叶较小，具短柄或无柄；小叶片卵圆形至宽卵圆形，长2～7厘米，宽0.8～5.0厘米，先端急尖或渐尖，基部斜圆形，边缘有圆齿，两面密被白色柔毛。顶生和腋生的轮伞花序，每轮有花3～10朵，多轮排成疏离的总状花序；花萼略成钟状，紫色；花冠二唇形，蓝紫色，长约2.5厘米，上唇直立，略呈镰刀状，先端微裂，下唇较上唇短，先端3裂，中央裂片较两侧裂片长且大，又作2浅裂；发育雄蕊2个，伸出花冠管外而盖于上唇之下，退化雄蕊两个，生于上唇喉部的两侧，花药退化成花瓣状，花盘基生，一侧膨大；子房上位，4深裂，花柱较雄蕊长，柱头2裂，裂片不相等。小坚果长圆形，熟时暗棕色或黑色，长约3.2毫米，径1.5毫米，包于宿萼中。花期5～9月，果期7～10月。

野生丹参干品根短粗，上方有时残留茎基，下方着生数支细长圆柱形的根，稍弯曲，有时分枝，须根细长，全长10～20厘米，直径3～10毫米，表面棕红色或砖红色，粗糙，具不规则纵皱，外皮有时呈鳞片状剥落。质坚硬，易折断，折断面疏松有裂隙或略平整而致密，皮部色较深，紫黑色或砖红色，木部导管束灰黄色或黄白色。气微弱，味微苦涩。

栽培丹参主根粗壮，分枝少，全株较野生品肥实，直径5～15毫米。表面红褐色，栓皮结实不易剥落。质地坚实，折断面平整，略呈角质状。气微弱，味甘而涩。以条粗、色紫红者为佳。

第四节　丹参的生态条件

§2.1.5　丹参适宜于在什么地方和条件下生长？

丹参喜气候温和，光照充足，空气湿润，土壤肥沃。在自然条件下，生于低山坡、路旁、河边等比较湿润的地方。在栽培条件下，若种子萌发和幼苗阶段遇高温干旱，会影响发芽率，会使幼苗生长停滞甚至造成死苗；若秋季遇持续干旱，会影响根部发育，降低产量。

丹参怕涝。在地势低洼、排水不良的土地上栽培，会造成叶黄根烂。丹参耐寒。茎叶只能经受短期－5℃左右低温，而地下部却可安全越冬。生育期光照不足，气温较低，幼苗生长慢，植株发育不良。在年平均气温为17.0℃，平均相对湿度为75％的条件下，生长发育良好。适宜在肥沃的沙质土壤上生长；土壤酸碱度适应性较广，中性、微酸、微碱均可。

第五节　丹参的生物特性

§2.1.6　丹参的生长有哪些规律？

丹参为无限开花植物。在山东泰安地区5月初开花，持续到10月下旬植株几近枯萎时，一般开花3茬左右。花序长形，为顶生和腋生的轮伞花序，每轮有花3～10朵，6～8轮排列成疏离的总状花序，每花序小花50朵左右，不同期开放，密被白色柔毛和蜜腺。单株可着生数百到数千朵花。在陕西商洛地区4月初花芽开始萌动，随着气温的升高，主要进行花序的生长发育，花序要经过25～30天的生长阶段。其盛花期集中于5月中旬至5月底之间，此时约有75％～90％的花开放，相对于花序的生长时间其花期和盛花期较短。丹参在种群水平上的花期持续约12天左右，其盛花期在8天左右。单花花期5～7天，从花前2天到开花6小时花粉活力和柱头可授性都较大，两者有效可遇期约为1.5天，可同花自交，丹参自交结实和自然结实主要是通过同株异花传粉获得，结合花粉/胚珠比、杂交指数以及繁育处理的结果认为，丹参不存在无融合生殖，繁育类型为兼性异交，自交亲和，需要传粉者，传粉媒介主要是蜂类。

丹参的着花状态，通常在长出第7～9片真叶时，开始花芽分化长出主花序，即主茎顶端长出主花序。生长点一变成花芽，它的茎就不能再向上伸长了。而后主茎上从紧靠主花序下面的叶腋里，叶芽伸长，变成侧枝，在侧枝长出2～3片叶时在侧枝顶端又生长出花序，即所谓的第一侧枝，在第一侧枝上又随后生长第二侧枝。而且，往下面的腋芽，虽然比较弱，但还是伸长，据观察，越是从下部节位发生的侧枝，越发育不好。另一方面，在主茎及所包括的各个侧枝的无论哪个枝条上，都有腋芽从各自的叶腋中伸长而成为侧枝，尤其是从紧靠各个花芽下部的叶腋里，有强壮的腋芽伸长。

第六节　丹参的栽培技术

§2.1.7　丹参种子如何生产、采收及贮藏生产？

丹参为越年开花结实，栽植后的第二年，从5月底或6月初开始，种子陆续成熟。在花序上，开花和结籽的顺序是由下而上进行，下面的种子先成熟。种子要及时采收，否则会自行散落地面。采种时，如留种面积很小，可分期分批采收，即在田间先将花序下部几节果萼连同成熟种子一起捋下，而将上部未成熟的各节留到以后采收。如留种面积较大，可在花序上有三分之二的果萼已经褪绿转黄而又未完全干枯时，将整个花序剪下，再舍弃顶端幼嫩部分，留用中下部的成熟种子。花序剪下后，需即行曝晒，打出种子，扬净。经晒过三个晴天的种子，播种后发芽率较高，出苗较整齐。种子晒干后，装入布袋，挂在阴凉、干燥的室内保存。如种子不晒就贮藏，则易发热，丧失发芽能力。

§2.1.8 如何整理栽培丹参的耕地?

丹参是深根植物，根部可伸入土层30厘米以上，为利于根部生长、发育，宜选择肥沃、疏松、土层深厚、地势略高、排水良好的土地种植。山地栽培宜选用向阳的低山坡。丹参对土壤要求不严，黄沙土、黑沙土、冲积土、夜潮土都可种植，零星的十边地也可种植，但土质黏重和低洼积水的土地不宜种植。

整地时，先在地上施好基肥，然后进行深翻。丹参为根类药材，生长期长，尽量多施迟效腐熟农家肥和磷肥作基肥，这是提高产量的重要条件。前作物收获后，每667米^{2}施入厩肥1 500～2 000千克作基肥，将土壤深翻30厘米以上，种植前，再行翻耙、碎土、平整、作畦。宜作成宽1.2毫米的高畦；北方多为平畦。在地下水位高的平原地区栽培，为防止烂根，需开挖较深的畦沟；过长的畦，宜每隔20米距离挖一腰沟，并保持排水畅通。

§2.1.9 怎样进行丹参繁殖播种?

一、种子繁殖

丹参种子很小，千粒重1.65克，发芽率70%左右，贮藏时间延长发芽率降低，生产上最好随采随播。种子繁殖分为直播和育苗移栽两种方法。

直播：华北地区于4月中旬播种，采用条播或穴播。穴播按行距30～40厘米和株距25～30厘米，穴深1厘米，覆土0.5厘米，每穴播种子8粒左右；条播沟深1厘米左右，覆土0.5～1.0厘米，667米^{2}播种量0.5千克左右。如遇干旱，事前先浇透水再播种。播后半月出苗；苗高6厘米时进行间苗定苗。

育苗移栽：直播种子出苗不整齐，故多采用育苗移栽法。采用这种方法，生产成本低，种源丰富，可以大面积发展生产。北方于3月中、下旬，在准备好的苗床上，作宽1.5米的畦，按行距30～40厘米条播，播种沟深1厘米左右，均匀地将种子撒入沟内，覆土0.3厘米，以见不到种子为度。播后浇水，加盖塑料薄膜，保持土壤湿度，约半月左右出苗。出苗后在薄膜上打孔放苗，苗高6厘米时进行间苗，5～6月间可定植于大田；南方于6月种子成熟时，随采随播，方法同上，但不用地膜，播后盖草保湿，出苗整齐，苗高6厘米时可行间苗，10月定植于大田。

二、分株繁殖

也称芦头繁殖，在家种丹参收获时，选取健壮、无病害的植株，剪下粗根作药用，而将细于香烟的根连芦头带心叶用作种苗，进行种植。大棵的苗，可按芽与根的自然生长状况，分割成2～4株，然后再种植。

此外，还可采挖野生丹参，连根带苗移植。如有粗根，也可移栽前先取下作药用。南方种植季节一般在立冬至第二年惊蛰。行株距与种子繁殖法的定植距离相同。每667米^{2}需用家种或野生种苗150千克。若秋末冬初种植，由于外层老叶子尚未枯萎，大棵的种苗，宜在栽植前将叶子切割掉，仅留下8厘米左右长的叶柄及心叶即可；叶子长度在13厘米以内的小苗，可原棵栽种，不必切割叶子。

三、分根繁殖

四川产区多采用分根繁殖。作种栽用的丹参一般都留在地里，栽种时随挖随栽。选择直径0.3厘米左右，粗壮色红，无病虫害的一年生侧根于2～3月栽种，也可在11月收获时选种栽植。按行距30～40厘米和株距25～30厘米穴栽，穴深3～4厘米。栽时将选好的根条折成4～6厘米长的根段，边折边栽，根条向上，每穴栽1～2段。栽后随即覆土，一般厚度为1.5厘米左右。据生产实践证明，用根的头尾做栽出苗早，中段出苗迟，因此要分别栽种，便于田间管理。木质化的母根作种栽，萌发力差，产量低，不宜采用。分根栽种要注意防冻，可盖稻草保暖。或采用地膜覆盖育苗移栽法：北方地区 3 月上、中旬采用地膜育苗，可保持苗床内土温在 15～26℃，又能促进植株萌发生根，且比大田分根繁殖生长期提早 45 天以上。

苗床应选避风向阳地块，宽度作成比塑料薄膜幅度稍窄。先将苗床内挖出约 20 厘米厚的表土，并将表土中混入适量土杂肥，再在床底部铺一层约 5 厘米厚的有机肥，然后将混肥表土填入苗床，耙细整平。3 月上、中旬开始育苗。将上年留种用的种根，取上、中段，剪成小段，按行株距 1 厘米×2 厘米，将种根按 45 度斜扦一半于床中，随剪随插，且保持原种根的上下方向，倒插影响出苗。随后覆土，以不露种根为度。浇透水后，用竹片作成弧形支架，上面覆盖地膜，两边用土封实。每周浇水 1 次，晚间加盖草帘，白天揭去，以利保湿保温。一般 1 个月出苗，当苗高 2～2.5 厘米时，中午掀起部分薄膜练苗 1～2 小时，5～7 天后，可撤除地膜，让幼苗适应自然气候 1～2 天后，移栽于大田。

四、扦插繁殖

南方 4～5 月，北方 7～8 月，剪取生长健壮的茎枝，截成 10～15 厘米长，剪除下部叶片，上部保留 2～3 片，在整好的畦上按行距 20 厘米、株距 10 厘米，斜插入土中约 1/2～2/3，随剪随插，否则影响成活率。插后浇水保湿、遮荫，雨后及时排水，以免腐烂。一般插后 10 天即可生根，成活率 90%以上，待根长 3 厘米时，定植于大田。也有的将劈下带根的株条直接栽种，并注意浇水，也能成活。

§2.1.10 如何对丹参进行田间管理?

一、定苗

在幼苗开始出土时，要进行查苗，若发现苗密度过大，要间苗；若缺苗，要及时进行补苗；或发现土壤板结、覆土较厚而影响出苗时，要及时将土疏松、扒开，促其出苗。

二、排灌

整个生长期都要注意清理沟道，保持排水畅通，防止多雨季节丹参受涝。挖沟理沟可结合施肥进行，将沟泥覆在肥料上。伏天及遇持续秋旱时，可行沟灌或浇水抗旱。沟灌应在早晚进行，并要速灌速排。

出苗期及幼苗期如土壤干旱，要及时灌水或浇水。

三、中耕除草

丹参前期生长较慢，应及时松土除草，一般在封垅前要进行两或三次，可结合施肥进行。封垅后杂草要及时拔掉，以免杂草丛生，影响丹参生长。

四、摘蕾

不准备收种子的丹参，从 4 月中旬开始，要陆续将抽出的花序摘掉，以保证养分集中到根部。最好在花序刚抽出半寸长时，就用手指甲掐掉。如摘得迟，花序长得老而长，则需用剪刀在花序基部剪掉。花序要摘得早，摘得勤，最好每隔 10 天摘或剪一次，连续进行几次。这是丹参增产的重要栽培措施之一。剪老秆：留种丹参在剪收过种子以后，植株茎叶逐渐衰老或枯萎，对根部生长不利；如剪掉老茎秆，则可使基生叶丛重新长出，促进根部继续生长。因此，宜在夏至到小暑，将全部秆齐地剪掉。

§2.1.11 道地优质丹参如何科学施肥？

丹参开春返青后，要经过长达九个月的生长期，才能收获。除下种时应尽量多施基肥外，在生长过程中还需要追肥几次。第一次，在返青时施提苗肥，每 667 米^2 用沤腐的人粪尿 400 千克冲水浇；或者用尿素 5 千克或硫酸铵 10 千克施入。第二次，于 4 月中旬至 5 月上旬施，不留种子的地块，可在剪过花序后施，每 667 $米^2$ 施腐熟人粪尿 500 千克饼肥 50 千克。第三次，在 6、7 月间剪过老秆以后，施长根肥，宜重施，每 667 $米^2$ 施入腐熟浓粪 800 千克，过磷酸钙 20 千克，氯化钾 10 千克。第二和第三次追肥以沟施或穴施为好，施后即覆土盖没肥料。

§2.1.12 丹参的病虫害如何防治?

一、叶枯病

本病发病初期，叶面产生褐色、圆形小斑，随后病斑不断扩大，中心呈灰褐色。最后，叶片焦枯，植株死亡。真菌病害，病原菌在病残组织中越冬，成为翌年的初侵染源。生长期产生分生孢子，借风雨传播危害。病害于 5 月上旬始发，持续到 11 月。多雨高湿，有利发病。防治方法：①选用无病健壮的种栽，下种前用 50%多菌灵胶悬剂 800 倍液浸种 10 分钟消毒处理；②加强管理，增施磷、钾肥，及时开沟排水，降低湿度，增强植株抗病力；③发病初期，喷洒 50%多菌灵 800 倍液。

二、叶斑病

本病是一种细菌性叶部病害。叶片上病斑深褐色，直径 1～8 毫米，近圆形或不规则形，严重时病斑密布、汇合，叶片枯死。5 月初开始发生，可延续到秋末。防治方法：①剥除基部发病的老叶，以加强通风，减少病源。②发病前后喷 1∶1∶150 波尔多液。

三、根腐病

本病发生初期，个别支根和须根变褐腐烂，逐渐向主根扩展，主根发病后，导致全根腐烂，地上部分茎叶枯萎死亡，严重影响产量。为真菌病害，病菌在土壤中和病残体上越冬，丹参栽种后，遇适宜条件，病菌开始侵染危害。一般4月下旬发病，5～6月进入发病盛期，8月以后逐渐减轻。地下害虫危害严重的地块发病重。防治方法：①实行轮作，最好是水旱轮作；②选用无病苗栽，栽种前严格剔除病苗，种用苗用50%托布津1 000倍液浸5～10分钟，晾干后栽种；③加强田间管理，注意排水防涝，增施磷钾肥，增强抗病力；④防治地下害虫，减轻病害发生。

四、菌核病

本病是一种真菌性病害。病菌首先侵害茎基部、芽头及根茎部，使这些部位逐渐腐烂，变成褐色，常在病部表面、附近土面以及茎秆基部的内部，发生灰黑色的鼠粪状菌核和白色的菌丝体。与此同时，病株上部茎叶逐渐发黄，最后植株死亡。防治方法：①做好选种工作。发生菌核病的地块不收取种苗，根茎提早收获；剪根茎作种时，注意将基部腐烂的茎秆剔除。②加强田间管理。及时清理沟道，保持沟深出水爽。③实行轮作。发过病的地块，不宜重茬，可与水稻进行轮作。④药剂防治。初期零星发病时，用50%氯硝胺可湿性粉剂0.5千克加石灰7.5～10千克，撒在病株茎基及周围土面。但施药后要隔10天以上才能翻挖根茎，以保证药用安全。有机栽培不用此药。

五、根结线虫病

本病在丹参须根上形成许多瘤，是由于根结线虫寄生而引起。本病在浙江、上海等地曾有发生。比较常见，往往造成丹参严重减产。根结线虫可通过丹参种根和土壤传播。为害程度又与土质有一定关系。砂性重的土壤透气性较好，对线虫生长发育有利，线虫病也较严重。丹参被害时，须根上形成大大小小的根瘤，呈念珠状一串，内有线虫寄生，瘤的外面粘着土粒，难以抖落。

防治方法：①实施植物检疫：建立无病留种田，无病区不从病区调入种根。②实行轮作：不重茬，不与花生等易感染本病的作物轮作，宜与禾本科作物轮作。③药剂处理土壤：在下种前15天，每

667 米^2 用 80%二溴氯丙烷（nemagon）乳剂 2.0～2.5 千克，加水 100 千克左右，在未来的行间开沟施入，沟深 17 厘米，施药后即覆土盖严，防止药液挥发。凡有机栽培均不用化学农药，以下同。

六、银纹夜蛾

幼虫咬食叶片，造成缺刻、孔洞，老龄幼虫取食叶片，严重危害时，仅剩下主脉。每年发生 5 代，以老熟幼虫在土中或枯枝下化蛹越冬。防治方法：①冬季进行翻耕整地，可以杀灭在土中越冬的幼虫或蛹；②灯光诱杀成虫；③7～8 月在第二、第三代幼虫低龄期，喷施下列农药防治，隔 7 天 1 次，能收到很好的防治效果。使用的药物及浓度为：10%杀灭菊酯乳油2 000～3 000倍液、40%乐果乳油1 000倍液、50%杀螟松乳油1 500～2 000倍液、90%敌百虫1 000倍液。

七、蚜虫

成、幼虫吸茎叶汁液，严重者造成茎叶发黄。防治方法：冬季清园，将枯株落叶深埋或烧毁；发病期喷 50%杀暝松1 000～2 000倍液或 40%乐果乳油1 000～2 000倍液，每 7～10 天 1 次，连续数次。

八、棉铃虫（又名钻心虫）

幼虫为害蕾、花、果，影响种子产量。留种田要注意防治。防治方法：现蕾期开始喷洒 50%磷胺乳油1 500倍液或 25%杀虫脒水剂 500 倍液防治。

第七节 丹参的采收、加工（炮制）与贮存

§2.1.13 丹参什么时间采收？怎样加工？

丹参在大田定植后，经过 1～2 年，至生长季结束，即可收获。从年底茎叶经霜枯萎，至翌年早春返青前，是最适宜的收获期。一般

丹参于栽种第 2 年 10～11 月上旬收获。过早收获，根不充实，水分多，折干率低；过迟，则重新萌芽、返青，消耗养分，质量差。

采挖要选择晴天进行。丹参根条入土深，质脆，易折断，须小心挖掘。整个根部挖起后，抖去泥块，放在地里露晒，待根部失去部分水分发软后，再除去根上附着的泥土，运回加工。丹参运回后，从芦头下剪下根条，然后将根摊开曝晒，直至晒干为止。

根条将干时，再用火烘，以除去根条上的须根。趁热整齐地放入篓子内，轻轻摇动，即可除去须根及附着的泥灰，得到光滑成支的丹参成品。

§2.1.14 丹参怎么样贮藏好？

丹参用麻袋或筐包装，每件 30～40 千克。贮藏于仓库干燥处，适宜温度 30℃以下，相对湿度 70%～75%。商品安全水分 11%～14%。

本品质脆易折断，要防止重压；吸潮生霉，易虫蛀。吸潮品，质体变软，不易折断，发热变色。为害的仓虫有烟草甲、赤拟谷盗、锯谷盗、杂拟谷盗、土耳其扁谷盗、褐蕈甲等，蛀食品表面可见细小蛀洞，堆垛间可见碎屑。

贮藏期间定期检查，发现受潮或湿度过高，及时翻垛、摊晾，虫情严重时用磷化铝熏杀。高温高湿季节前可进行密封抽氧充氮养护。

第八节 丹参的中国药典质量标准

§2.1.15 《中国药典》2010 年版丹参标准是怎样制定的？

拼音：Danshen

英文：SALVIAE MILTIORRHIZAE RADIX ET RHIZOMA

本品为唇形科植物丹参 *Salvia miltiorrhiza* Bge. 的干燥根和根茎。春、秋二季采挖，除去泥沙，干燥。

【性状】本品根茎短粗，顶端有时残留茎基。根数条，长圆柱形，略弯曲，有的分枝并具须状细根，长 10～20 厘米，直径 0.3～1 厘米。表面棕红色或暗棕红色，粗糙，具纵皱纹。老根外皮疏松，多显紫棕色，常呈鳞片状剥落。质硬而脆，断面疏松，有裂隙或略平整而致密，皮部棕红色，木部灰黄色或紫褐色，导管束黄白色，呈放射状排列。气微，味微苦涩。

栽培品较粗壮，直径 0.5～1.5 厘米。表面红棕色，具纵皱纹，外皮紧贴不易剥落。质坚实，断面较平整，略呈角质样。

【鉴别】(1) 本品粉末红棕色。石细胞类圆形、类三角形、类长方形或不规则形，也有延长呈纤维状，边缘不平整，直径 14～70 微米，长可达 257 微米，孔沟明显，有的胞腔内含黄棕色物。木纤维多为纤维管胞，长梭形，末端斜尖或钝圆，直径 12～27 微米，具缘纹孔点状，纹孔斜裂缝状或十字形，孔沟稀疏。网纹导管和具缘纹孔导管直径 11～60 微米。

(2) 取本品粉末 1 克，加乙醚 5 毫升，振摇，放置 1 小时，滤过，滤液挥干，残渣加乙酸乙酯 1 毫升使溶解，作为供试品溶液。另取丹参对照药材 1 克，同法制成对照药材溶液。再取丹参酮Ⅱ。对照品，加乙酸乙酯制成每 1 毫升含 2 毫克的溶液，作为对照品溶液。照薄层色谱法（附录Ⅵ B）试验，吸取上述三种溶液各 5 微升，分别点于同一硅胶 G 薄层板上，以石油醚（60～90℃）-乙酸乙酯（4∶1）为展开剂，展开，取出，晾干。供试品色谱中，在与对照药材色谱相应的位置上，显相同颜色的斑点；在与对照品色谱相应的位置上，显相同的暗红色斑点。

(3) 取本品粉末 0.2 克，加 75%甲醇 25 毫升，加热回流 1 小时，滤过，滤液浓缩至 1 毫升，作为供试品溶液。另取丹酚酸 B 对照品，加 75%甲醇制成每 1 毫升含 2 毫克的溶液，作为对照品溶液。照薄层色谱法（附录Ⅵ B）试验，吸取上述两种溶液各 5 微升，分别点于同一硅胶 GF254 薄层板上，以甲苯-三氯甲烷-乙酸乙酯-甲醇-甲酸（2∶3∶4∶0.5∶2）为展开剂，展开，取出，晾干，置紫外光灯（254 纳米）下检视。供试品色谱中，在与对照品色谱相应的位置上，显相同颜色的斑点。

【检查】水分　不得过 13.0%（附录Ⅸ　H 第一法）。

总灰分　不得过 10.0%（附录Ⅸ　K）。

酸不溶性灰分　不得过 3.0%（附录Ⅸ　K）。

重金属及有害元素　照铅、镉、砷、汞、铜测定法（附录Ⅸ　B 原子吸收分光光度法或电感耦合等离子体质谱法）测定，镪不得过百万分之五；镉不得过于万分之三；砷不得过百万分之二；汞不得过千万分之二；铜不得过百万分之二十。

【浸出物】水溶性浸出物　照水溶性浸出物测定法（附录Ⅹ　A）项下的冷浸法测定，不得少于 35.0%。

醇溶性浸出物　照醇溶性浸出物测定法（附录Ⅹ　A）项下的热浸法测定，用乙醇作溶剂，不得少于 15.0%。

【含量测定】丹参酮ⅡA　照高效液相色谱法（附录Ⅵ　D）测定。

色谱条件与系统适用性试验　以十八烷基硅烷键合硅胶为填充剂；以甲醇-水（75∶25）为流动相；检测波长为 270 纳米。理论板数按丹参酮Ⅱ。峰计算应不低于2 000。

对照品溶液的制备　取丹参酮Ⅱ。对照品适量，精密称定，置棕色量瓶中，加甲醇制成每 1 毫升含丹参酮ⅡA16 微米的溶液，即得。

供试品溶液的制备　取本品粉末（过三号筛）约 0.3 克，精密称定，置具塞锥形瓶中，精密加入甲醇 50 毫升，称定重量，加热回流 1 小时，放冷，再称定重量，用甲醇补足减失的重量，摇匀，滤过，取续滤液，即得。

测定法　分别精密吸取对照品溶液与供试品溶液各 5 毫升，注入液相色谱仪，测定，即得。

本品合丹参酮ⅡA（$C_{19}H_{18}O_3$）不得少于 0.20%。

丹酚酸B 照高效液相色谱法（附录Ⅵ D）测定。

色谱条件与系统适用性试验 以十八烷基硅烷键合硅胶为填充剂；以甲醇-乙腈-甲酸-水（30∶10∶1∶59）为流动相；检测波长为286纳米。理论板数按丹酚酸B峰计算应不低于2 000。

对照品溶液的制备 取丹酚酸B对照品适量，精密称定，加75％甲醇制成每1毫升含0.14毫克的溶液，即得。

供试品溶液的制备 取本品粉末（过3号筛）约0.2克，精密称定，置具塞锥形瓶中，精密加入75％甲醇50毫升，称定重量，加热回流1小时，放冷，再称定重量，用75％甲醇补足减失的重量，摇匀，滤过，取续滤液，即得。

测定法 分别精密吸取对照品溶液与供试品溶液各10微米，注入液相色谱仪，测定，即得。

本品按干燥品计算，含丹酚酸B（$C_{36}H_{30}O_{16}$）不得少于3.0％。

饮片

【炮制】丹参 除去杂质和残茎，洗净，润透，切厚片，干燥。

本品呈类圆形或椭圆形的厚片。外表皮棕红色或暗棕红色，粗糙，具纵皱纹。切面有裂隙或略平整而致密，有的呈角质样，皮部棕红色，木部灰黄色或紫褐色，有黄白色放射状纹理。气微，味微苦涩。

【检查】酸不溶性灰分 同药材，不得过2.0％（附录Ⅸ K）。

【浸出物】醇溶性浸出物 同药材，不得少于11.0％。

【鉴别】【检查】（水分、总灰分） 【浸出物】（水溶性浸出物） 同药材。

酒丹参 取丹参片，照酒炙法（附录Ⅱ D）炒干。

本品形如丹参片，表面红褐色，略具酒香气。

【检查】水分 同药材，不得过10.0％（附录Ⅸ H第一法）。

【浸出物】醇溶性浸出物 同药材，不得少于11.0％。

【鉴别】【检查】（总灰分） 【浸出物】（水溶性浸出物） 同药材。

【性味与归经】苦，微寒。归心、肝经。

【功能与主治】活血祛瘀，通经止痛，清心除烦，凉血消痈。用于胸痹心痛，脘腹胁痛，癥瘕积聚，热痹疼痛，心烦不眠，月经不调，痛经经闭，疮疡肿痛。

【用法与用量】10～15克。

【注意】不宜与藜芦同用。

【贮藏】置干燥处。

第九节 丹参的市场与营销

§2.1.16 丹参的生产状况如何？

丹参全国需求量较大，是临床上最常用的药物之一，在中药材中占有重要地位，现代科学研究结果表明，丹参根中含有丹参酮ⅡA、陷丹参酮等非醌类化合物扩张冠状动脉，增加血流量及较强较好的消炎抗菌用处，尤其对冠心病、心胶痛等心血疾病有良好的疗效。许多治疗心血管疾病的中药配方和中成药，丹参都是主要成分之一，因此丹参临床需求量很大。此外丹参酮为红色色素，在化妆品生产方面有一定的开发潜力。

丹参不仅有活血化瘀的作用，而且脑栓塞、宫外孕、冠心病、风湿性心脏病、心胶痛、慢性肝病、肝硬化、脉管炎、硬皮病及神经衰弱等多种疾病均有新的疗效，还有相当数量的出口。以丹参为原料生产的复方丹参滴丸、人参补心丸、朱砂养心丸、琥珀安神丸、白凤丸、冠心丹、丹参舒心胶囊、心脑康、丹参片、丹参膏、骨痛药酒、万年春酒、复方茵陈糖浆、冠心冲剂、丹参乌法宝、丹参霜等产品近百种；生产剂型有蜜丸、水丸、浓缩丸、胶囊剂、片剂、煎膏剂、酒剂、糖浆剂、注射剂、冲剂等10多种。所以丹参的开发与利用有很好的发展前景。

但由于丹参的野生资源日趋减少，远不能满足临床需求量，因此丹参的栽培品种发展很快。为了探讨栽培丹参的内在质量，确保临床疗效，常效林等以总丹参酮、丹参酮Ⅰ、丹参酮Ⅱ-A、隐丹参酮等丹参的主要有效成分为质量指标，对山东省的栽培丹参与野生丹参进行了化学成分、微量元素及抑菌作用等方面的比较研究，结果表明，栽培丹参与野生丹参的化学成分基本一致，酚类成分两者差异不明显，栽培品略高，栽培品丹参酮的含量低于野生品；两种丹参所含金属元素种类相同，都含有硅、铝、铁、镁、钙、钾、钠、锰、铜、锌、钴，其中铁、铜、锰、锌、钴的含量栽培品偏低；栽培丹参的总糖含量高于野生丹参；两种丹参的抑菌强度基本一致。还有报道称，栽培与野生丹参在提高小鼠耐缺氧能力、改善家兔心肌缺血、缩小心肌梗塞范围等方面无明显差异，急性毒性实验证明两者毒性相似。由以上研究结果可知，栽培品的质量虽略次于野生品，但两者主要化学成分及抑菌作用基本一致，因此栽培丹参可以代替野生丹参入药。

目前，在野生道地丹参已近濒危，而人工栽培丹参又因大量施用化肥、农药和管理粗放，导致品质低下，不能满足人们对高品质丹参的需求。随着人类生活的不断提高，“富贵病”（高血脂、高血压）的不断增多，加之我国进入老龄化社会后，对丹参的需求将呈不断增加的趋势。尤其是GAP规范化种植的优质药材将是目前和今后药材市场的走俏产品。

§2.1.17 近几年来丹参的市场状况和价格如何?

近年来，我国由于高血压、高血脂、高血糖以及动脉硬化引起的脑供血不足心肌缺血、缺氧人群剧增，其发病年龄已不再是老年人的“专利”，而是逐步年轻化。据业内专家估算，我国每年脑血管的患病人数为6 000万～7 000万人，发病人数为250万人，死亡人数200万人，轻度致残率为75%，重度致残率为40%。随着人民保健意识的增强，人们已经意识到“防重于治”的道理，健康理念得到了新的改变，对于日常丹参保健品的需求大大增加，预计市场潜在客户人群约为4 000万～5 000万人。据有关资料显示，丹参 20 世纪 90 年代年用量在6 000吨左右；十多年来随着中国人老龄化的加剧，“三高”、心血管疾病的人员增多，丹参年用量逐年增大，目前全国年用量在25 000～28 000吨。像天津天士力年用量在4 000～5 000吨，广州白云山在6 000～7 000吨，上海雷允上4 000吨，北京同仁堂5 000吨，四川蜀中在1 000吨，就是华佗国药年用量也在1 000吨，另外哈药集团等300 多家制药企业生产的复方丹参片、丹参片、丹参滴丸、丹参注射液等中成药畅销国内外。广州白云山制药股份有限公司发布的 2010 年半年报告称，2010 年上半年该企业复方丹参片销售收入 25.724 亿元。2011 年丹参产地药材价格数据显示：山东丹参 13～16 元，安徽丹参 11～17 元，详见表 2-1-1。

表 2-1-1 2011 年国内丹参的价格表

品名	规格	分类	市场（元/千克）			
			亳州	安国	成都	玉林
丹参	山东统	根茎类	13～14	13～14	13.5～15	16
丹参	安徽统	根茎类	11～12	12～12.5	10～11	16～17
丹参	统	根茎类	11～12			

由此可以看出丹参市场不断扩大、需求量的剧增，野生丹参资源已远远不能满足市场的需求，而栽培资源只种不选的状况又使各地产丹参质量参差不齐，品质退化严重，有效成分含量低，不能提供质优稳定的丹参药材。因此有必要利用现代科技手段和管理方法，结合和利用前人的研究成果，通过寻找优良产地，筛选和推广优良品种，提高有效成分的含量等有效措施实施规范化、规模化的种植，以保证丹参药材质量的稳定性和优良性，解决丹参供求矛盾，扩大我国丹参的市场份额及保护丹参的野生资源，促进药用植物和地区经济的良性发展。

第二章

延 胡 索

第一节　延胡索入药品种

§2.2.1　延胡索的入药品种有哪些？

延胡索（图 2-2-1）的学名由中国科学院北京植物研究所王文采院士命名，中国科学院昆明植物所苏志云、吴征镒共同发表。1972 年王文采院士在《中国高等植物图鉴》一书中，将延胡索命名为 *Corydalis yanhusuo* W. T. Wang，1985 年苏志云、吴征镒将其正式发表，完整的学名为 *Corydalis yanhusuo* W. T. Wang ex Z. Y. Su et C. Y. Wu。该学名被《中国药典》采用，并被大多数植物学和药学工作者接受。《中国药典》2010 年版规定延胡索为罂粟科植物延胡索 *Corydalis yanhusuo* W. T. Wang 的干燥块茎。

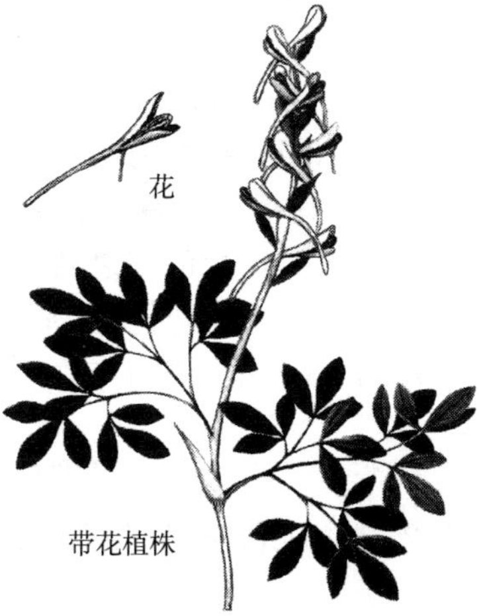

图 2-2-1　延胡索

第二节　道地延胡索资源和产地分布

§2.2.2　道地延胡索的原始产地和分布在什么地方？

延胡索的药用历史悠久。1200多年前唐朝陈藏器所著的《本草拾遗》（公元739年）中记载："延胡索止心痛，酒服。"这是目前可以看到的关于延胡索药用的最早记载。公元907—960年的五代时期，李在所著的《海药本草》中介绍了延胡索的产地："延胡索生奚国，从安东道来。""奚"为隋唐时的游牧民族，分布在以现在的承德为中心的河北省东北部，旁及内蒙古、辽宁的毗邻地区；"安东"指唐代安东都护府，其辖区屡有变迁，大体以现在的辽宁省为主，并包括河北省东北部和内蒙古东南一角。当时的延胡索药材主要来自现在的东北地区，经过宋、元，直至明朝中叶，延胡索的产地才发生了变化。

500年前的明朝中叶，刘文泰的《本草品汇精要》（公元1505年）中记载，延胡索"镇江为佳"，"春生苗，作蔓延，被郊野，或园圃间多有，其根如半夏而色黄"。同时代的弘治（1488—1505年）《句容县志》土产栏的药之品载有延胡索。句容位于江苏省西南部，确属于镇江府。说明明朝江苏一带所产的延胡索成了南方的道地药材，道地产地由东北南迁至江苏镇江一带，以野生的延胡索药用，质"佳"。

§2.2.3　延胡索栽培历史及其分布地域？

关于延胡索人工栽培的最早记载见于李时珍的《本草纲目》（1578年）："今二茅山西上龙洞种之，每年寒露后栽，立春后生苗，叶如竹叶样，三月长三寸高，根丛生如芋卵样，立夏掘起。"说明野生品种满足不了药用要求，在句容所产的延胡索因质量佳而发展成人工种植。《本草原始》中称："今茅山玄胡索如半夏，皮青黄，形小而坚，此品最佳。"至1647年，卢之颐所著的《本草乘雅半偈》云："今茅山上龙洞，仁和笕桥亦种之。"仁和是杭州的旧称。可见1647年前后，延胡索的种植已从江苏西南部的茅山一带扩展到浙江杭州一带。《康熙重修东阳县志》（1678年）记载："延胡索生田中，虽平原亦种。"东阳在浙江中部。现代延胡索是浙江著名道地药材"浙八味"之一，主产于浙江中部的东阳、缙云、磐安、永康等地，其他省区也有引种栽培。

近年来全国不少省区引种栽培亦获成功。如北京、山东、陕西、四川、湖北、河南、江苏、安徽、上海等地。但多数发展面积有限，只有陕西汉中地区发展规模较大，到目前已占有了很大一部分市场份额。

第三节　延胡索的植物形态

§2.2.4　延胡索是什么样子的？

延胡索是多年生草本，高10～30厘米。块茎为不规则扁球形，顶端略下凹，直径0.5～2.5厘米，外面褐黄色，内部黄色。地上茎纤细，稍带肉质，直立，常分枝，基部以上具1鳞片，有时具2鳞片，有时鳞片和下部叶腋膨大成小块茎。无基生叶，茎生叶2～4枚，具长柄，叶柄基部具鞘。叶片呈宽三角形，长3.5～7.5厘米，二回三出全裂。一回裂片具柄，二回裂片狭卵形或狭披针形，长1.3～4厘米，宽3～10毫米，全缘或先端有大小不等的缺刻，具短柄。总状花序顶生，长2.5～8厘米，具花5～15朵。苞片卵形、狭卵形或狭倒卵形，长6～20毫米。上部的全缘或有少数牙齿，下部的通常有2～3分裂，栽培的通常有掌状细裂。花梗于花期长约1厘米，于果期长约2厘米。萼片2枚，极小，长约1毫米，3裂，早落。花瓣紫红色。外花瓣宽展，具齿，顶端微凹，具短尖。上花瓣连距长1.6～

2厘米，背面有鸡冠状突起；距圆筒形，长1.1～1.3厘米，略长于瓣片；瓣片与距常上弯；蜜腺体约贯穿距长的1/2，末端钝。下花瓣具短爪，向前渐增大成宽展的瓣片。内花瓣长8～9毫米，先端内面暗紫色，爪长于瓣片。子房线形，胚球10多颗，花柱细，柱头扁圆形，具8粒小瘤状突起。蒴果线形，长2～2.8厘米，具1列种子。种子亮黑色，具白色种阜，表面具不明显网纹。花期3～4月，果期4～5月。

第四节 延胡索的生态条件

§2.2.5 延胡索适宜于在什么地方和条件下生长？

一、温度

延胡索适宜生长在温和的气候条件下，能耐寒。浙江主产区平均气温在17～17.5℃，1月平均气温在3～3.5℃，4月平均气温在16～18℃，而整个地上部生长期平均气温在11～12.5℃。日夜温差大，有利于物质的积累和转化。当日平均气温在20℃时，叶尖出现焦点，22℃时，中午叶片出现卷缩状，傍晚后才恢复正常，24℃时，叶片发生青枯，以致死亡。特别是生长后期，突然出现高温天气，容易造成延胡索减产。

二、水分

延胡索的生长宜湿润环境，怕积水，怕干旱，生长期雨水要均匀。产区年降雨量在1 350～1 500毫米，而1～4月降雨量在300～400毫米，有利其生长，高于此或低于此对生长均不利。特别在3月下旬至4月中旬，降雨量大，下雨日多，多雾地湿，则易发病。若遇干旱影响块茎的膨大，亦容易造成减产。所以，在多雨季节要做好开沟排水，降低田间湿度；在干旱严重时，灌“跑马水”抗旱。

三、光照

延胡索喜光。早晨阳光照得早，下午阴得早，对延胡索生长发育有利。荫蔽度大，会使茎叶过长，影响光合作用，而过强的阳光对植株生长也不利。

四、土壤

延胡索根系生长较浅，又集中分布在表土 5～20 厘米内，因而要求表土层土壤质地疏松，最利于根系和块茎的生长。过黏过沙的土壤均生长不良。土壤以 pH 中性或微酸、微碱为好。

第五节 延胡索的生物特性

§2.2.6 延胡索的生长周期有哪些规律？

延胡索为多年生多次开花植物，属春季始花型。生长期 100 天左右（2～5 月），多由块茎营养繁殖而更新。块茎每年更新，更新与新生的块茎都是由不完全叶腋芽密集膨大而成。通常块茎在低温（5～10℃）条件下萌发幼芽，经 10 天左右开始分化出花芽，同时也分化出腋芽。花芽为花序原基，腋芽为无性新块茎原基，花序原基与无性新块茎原基同时分化。出苗后展叶期为子块茎膨大生长期，开花期子块茎已基本形成，母块茎也将被吸收收缩，形成更新块茎，更新块茎的数目与母块茎上萌生的苗数相等。

一、地下茎的生长

延胡索块茎一般有 2 个芽，多则 3～4 个。9 月下旬至 10 月上旬和中旬，当地温 24℃左右时芽开始萌发，同时长出新根。萌发最适地温（5 厘米）在 20℃左右。11 月上旬芽突破鳞状苞片，沿着水平方向略向上生长，开始进入地下茎生长阶段。11 月下旬至 12 月上旬，芽又穿破鳞叶，形成地下茎第一个茎节，该节以后膨大形成新的块茎。随后地下茎生长加快，相继形成第二个节和第三个节，并在茎节上长出分枝，直至2月上旬基本形成整个地下茎。地下茎初期呈肉质，易折断，后期稍带纤维。地下茎长度视栽种深度、土壤质地、块茎大小而不同，一般长度为5～10厘米。整个地下茎生长期约100天，其中生长最快时期在12月上旬至次年1月。

二、地上部的生长

日平均气温若达5℃，持续3～5天即可出苗，8℃左右为出苗适温，幼苗稍耐寒。一般在1月下旬至2月上旬出苗。刚出苗时，叶片呈弓形弯曲，随后逐渐伸展成掌状，最后成平面叶。刚出土时的叶呈淡紫色或淡黄绿色，受太阳光照射后成绿色或深绿色。叶片的生长，以3月下旬至4月上旬最快，至4月中旬停止生长。3月上旬出现初花，3月下旬为开花盛期，4月上旬基本结束。地上部4月下旬至5月初完全枯死。整个地上部生长90～100天。地上部分生长过程中，若气温升高到22℃以上时，叶片出现焦枯点，中午叶片呈卷缩状，傍晚恢复正常。温度上升到25℃以上时，叶片发生青枯、干瘪，以致死亡。

三、地下块茎的形成与生长

延胡索块茎形成有两个部位。一个是种块茎内重新形成块茎，原块茎外部腐烂，俗称“母延胡索”；另一个是地下茎茎节处膨大形成的块茎，俗称“子延胡索”。由于形成块茎的部位不同，形成的时期也不同。“母延胡索”于2月底前已全部形成，然后“子延胡索”才开始逐节形成，其全部形成约50天左右。3月中旬至4月下旬为“子延胡索”膨大时期，而以3月下旬至4月中旬为块茎重量增长最快时期。整个块茎生长期70～80天。

四、种子播种生长状况

4月下旬至5月上旬，采集野生延胡索母株发育健壮的种子，在室温下置黑暗处湿沙土藏至 6 月中旬播于苗圃，在自然状态下越过夏、秋、冬三季，至次年 2 月出苗。黑色、发亮的大粒种子出苗率约 45%，黑色小粒种子出苗极少，并生长缓慢后死亡，褐色种子出苗率为 0。其黑色大粒种子为发育正常并成熟的种子，而黑色小粒种子为发育不良的种子，褐色种子为尚未成熟的种子。种子播种后于 2 月上旬、中旬陆续开始出苗，子叶 1 枚。出苗 10 天左右，有极细小的块茎形成，块茎下长有须根，分布于 10 厘米以上的土表层内。4 月下旬，地上部枯死时，块茎呈球形，乳白色，直径为 3 毫米左右，此后地下部分呈休眠状态。5～9 月，仍呈休眠状态，块茎外部形态无明显变化，但重量有所减轻，外观上有轻度干缩现象，外皮略皱起，无 5 月初光滑，颜色较深，由黄白色渐转为黄色。10 月初有新的须根生出，10 月中下旬，芽萌动，但很小。11 月中旬块茎顶部有 1～2 个很明显、较长的地下茎，沿地表下伸展。第三年 2 月，地下茎长出地面，3 月，地下部块茎重量有所回升，4 月下旬地上部开始枯萎时小叶数 3～6 枚，5 月初块茎大小及重量比上一年明显增加。但在整个生育期中无开花现象。第三年生长的二年生块茎在第二年形成的一年生块茎中心生长。3 月上旬，在一年生块茎中央形成幼小的二年生块茎，如独立的白心，随着“白心”不断增长、扩大，其周围的一年生块茎开始退化、变形、破毁。到 4 月下旬，二年生块茎从一年生块茎中更新已完成，新块茎明显大于一年生块茎，并且颜色较深，为黄色，重量也有所增加。此时的一年生块茎在新块茎外层成为颓废组织。

五、延胡索的开花授粉习性

延胡索开花期大约持续 1 个月左右。开花的顺序为自下而上逐步开放，每一朵花的开放时间约 4～5 天，但若没有异花授粉，可保持 10 多天不萎。花朵在一日中，从 8～16 时均有开放，以 10～14 时开花最多，尤以中午最集中。全天的开花高峰在 10～12 时的 2 个小时，开花数量占全天开花数的 47%。栽培类型的延胡索互相之间异花授粉不结实，若延胡索的栽培类型与野生类型种在一起，结实率可达61%。

第六节 延胡索的栽培技术

§2.2.7 如何整理栽培延胡索的耕地？

延胡索产区多在丘陵、山谷的水田和坡地上种植。宜选阳光充足、地势高、干燥且排水好、表土层疏松而富含腐殖质的沙质壤土和冲积土为好。黏性重或沙质重的土地不宜栽培。以pH近中性或微酸性的土壤栽种较为适宜，在pH5～5.5的土壤中也能生长。忌连作，一般要隔3～4年后才能再种。

延胡索的根系和块茎集中分布在2～20厘米的表土层中。土质疏松，根系生长发达，根毛多而密，有利于营养吸收，故对整地有一定的要求。前作以玉米、水稻、豆类、瓜类为好。前作收获后，及时翻耕整地。每667米^{2}将土杂肥2 000千克与饼肥200千克混拌均匀施入作基肥。深翻20～25厘米，做到三耕三耙，精耕细作，使表土充分疏松细碎，达到上松下紧，利于发根抽芽和采收。作畦分宽、窄两种。窄畦宽50～60厘米，沟宽40～50厘米，这种畦形有利于排水，但土地利用率低，影响产量的提高。宽畦的畦宽1.3米，沟宽40厘米，畦面呈龟背形，四周开好深的排水沟，以利排水，可提高土地利用率，增加单位面积产量。

§2.2.8 怎样进行延胡索繁殖和播种？

一、品种选择

目前大面积生产都采用延胡索这一种，生产上又可分为大叶延胡索和小叶延胡索。大叶延胡索单株子块茎多，利于密植，提高产量；小叶延胡索块茎大，数目少，产量不及大叶延胡索，但利于采收。

二、繁殖方法

目前生产上采用块茎繁殖。此外，种子亦可繁殖，须培育 3 年后才能提供种用块茎。种用块茎以选直径 1.2～1.6 厘米为好。过大成本高，过小生长差。

三、栽种时间

在一定的湿度条件下，延胡索块茎在 10 月初即开始萌芽。栽种以 9 月下旬至 10 月上旬为适期。若推迟到 11 月中旬后栽种，则明显影响产量。早栽种早发根，有利于植株生长发育，植株长得健壮；反之则幼苗生长较差，产量较低。产区药农总结经验："早下种胜施一次肥。"充分说明延胡索栽种宜早不宜迟。

四、种植方法

延胡索种植有条种、撒种、穴种等方法，其中以条种为好，便于拔草、松土。

（一）条种

在平整的畦面上用锄头开浅沟，深 6～7 厘米左右，行距 18～22 厘米。在播种沟内每 667 米^2 施入过磷酸钙 40～50 千克，然后按株距 5～7 厘米，在每条沟内交互排列两列，芽向上；覆盖焦泥灰或垃圾泥，每 667 米^2 2 000～3 000千克，菜饼肥 50～100 千克，或混合肥 100 千克；最后把畦沟内泥土提于畦面，厚约 6～8 厘米。要做到边种边覆盖，有利于出苗。

（二）撒种

在畦面平整后，用锄头或铁耙把表土向两边扒开，深约 5 厘米，然后一人站一沟往两边撒，将块茎撒入畦内，按 5～10 厘米株行距将块茎分散撒匀，然后覆盖焦泥灰，再施饼肥，最后把沟里的泥土提于畦面，厚约 8 厘米。

（三）穴种

在平整的畦面上，用小锄头开穴，穴距10厘米左右，穴深约7厘米，每穴放块茎2粒，粒距3～5厘米，用焦泥灰或垃圾泥覆盖，不覆土，冬至施基肥后再覆土。此法很少用。

下种深度以5～10厘米为宜，浅则地下茎分枝少，地下茎节距离缩短，块茎往往重叠在一起，长得较大，但个数少，产量亦低；过深会影响出苗，收获时块茎难收尽，也难以获得高产。

§2.2.9 如何对延胡索进行田间管理？

一、松土除草

延胡索根系分布浅，地下茎又沿表土生长，一般不宜中耕除草。在立冬前后地下茎生长初期，可在表土用刮子轻轻松土，不能过深，以免伤害地下茎。立春后出苗，不宜松土，要勤拔草，见草就拔，畦沟杂草用刮子除去，保持田间无杂草。施用除草剂省工，成本低，效果好。其方法是，待延胡索种植完毕后，每667米^{2}用可湿性绿麦隆粉剂250克，加水75千克或拌细土25千克，将药剂喷洒或撒于畦面，然后再撒上一层细土即可。

二、排水灌水

栽种后，是发根季节，遇天气干旱，要及时灌水，促进早发根。清明前后正是地下块茎迅速膨大的时期，需要一定的水分，天气干旱对延胡索产量影响较大。因此，在干旱季节或雨水偏少时，要及时灌水。灌水在晚上地表温度下降后进行，灌水时，水不能没过畦面，灌水时间不宜过长，一般灌水12小时左右，次日早晨放水。苗期南方雨水多时，要做好排水降温，做到沟平不留水，以减少发病。北方冬季冻前要灌一次防冻水。

§2.2.10　道地优质延胡索如何科学施肥？

一、氮、磷、钾三种肥料的配合使用

延胡索在整个生长发育过程中，要从土壤中吸收各种营养物质，其中氮、磷、钾三要素及其适当搭配尤为重要。试验结果表明：延胡索生长期间追施氮、磷、钾混合肥，能促进植株健壮生长，增加单株块茎数，提高块茎重量和单位面积产量，与单一追施氮肥、磷肥、钾肥或氮钾肥、氮磷肥相比，产量提高6%～30%。氮、磷、钾三种肥料的单因素效应为：

氮肥效应：不管磷肥营养供应水平如何，在一定水平内氮肥都有很明显的增产效果，氮肥效应随着磷肥、钾肥水平的提高而提高。但施氮肥过量会造成延胡索产量的急剧下降，当施氮肥超过每667 米^{2}11 千克时，增施氮肥不但不会增产，还会因氮素过多，植株枝叶茂盛，通风透光不良，体内碳水化合物消耗太多，碳氮代谢不协调而减产。

磷肥效应：磷肥具有增产效果，但效果受氮、钾水平的制约。当在低氮、低钾水平下，土壤磷营养已能满足延胡索的需要，施磷则致使延胡索体内氮磷比例失调，并由于体内含磷过高，造成呼吸作用过强，养分大量消耗而减产；当氮、钾达到一定水平，施磷有很好的增产效果；在高氮、高钾情况下，磷素营养就成为延胡索产量的决定因素。

钾肥效应：钾肥有一定的增产作用，但增产效果不及氮磷。

最佳施肥配方为每 667 米^2 氮肥 11 千克，磷肥 12 千克，钾肥 10 千克。一般大田可增产 20%～45%。

二、延胡索的施肥原则是：施足基肥，重施腊肥，巧施苗肥

（一）施足基肥

延胡索生长期短，从出苗到植株枯死 80～90 天时间。在种植前必须施足基肥。在翻耕后的畦面上每 667 米^2 施腐熟猪栏肥2 500～

3 000千克，过磷酸钙50千克，然后将肥料翻入土中。基肥不宜翻得过深，因延胡索的根系集中分布在12～18厘米的表土内，翻得过深，根系吸收不到养分，达不到施基肥的目的。

（二）重施腊肥

立冬前后延胡索地下茎已开始形成。多施腊肥，促使地下茎生长旺盛，多分枝，多长地下茎节，这是获得丰产的重要保证。腊肥一般在11月下旬至12月上旬施用。首先在表土轻轻中耕一次，然后将饼肥均匀地撒在畦面上，每667米^{2}50千克，然后铺一层猪栏肥，每667米^{2}2 500～3 000千克。猪栏肥粪块疏松，易敲碎，有利于出苗。再施腐熟人粪尿1 000～1 500千克，覆少量泥土即可。这次施肥还可保持土壤疏松，并可防冻保苗。

（三）巧施苗肥

立春前后，幼苗穿出表土，刚出土的幼苗呈淡紫红色，展叶后苗高3厘米左右要及时追肥。可在早晨、傍晚进行，中午阳光较强烈，不宜追肥，以免引起幼苗死亡。每667米^{2}追施人粪尿1 000～1 500千克。以后看苗追肥，如幼苗叶片淡黄绿色，长势较弱，要及时施补给肥，每667米^{2}施腐熟人粪尿500～1 000千克；如幼苗健壮有力，叶色浓绿，就不必再施。

§2.2.11 如何获得延胡索栽培种？

一、留种地选择

在枯苗前要及时选择植株生长健壮、无病害的地块留作种子地。

二、块茎选择

延胡索用地下块茎繁殖。在收获后要选择当年新生的块茎，剔除母延胡索。因母延胡索产量低，除非种子特别缺乏，一般不宜作种。种用块茎大小要均匀，以直径在1.4～1.6厘米的中号块茎为好。过大增加种量，会减少药用产品，过小则生长较差，产量不高。亦有用大块茎作种，获得高产的经验。

三、块茎贮藏

室内贮藏是产区普遍采用的一种方法。在室内选择干燥阴凉的泥地，用砖或木板围成长方形，长度不限，宽 1.2～1.5 米，在地上铺 10～12 厘米厚的细砂或干燥细泥，其上放块茎 20～25 厘米厚，上盖 12～15 厘米砂或泥。放过化肥或盐碱物质的地不宜贮藏。每半月检查 1 次，发现块茎暴露，要加盖湿润的砂或泥，发现块茎霉烂，要及时翻堆剔除。为防鼠害，可在堆上或四周放有刺的植物，如十大功劳等。如种块茎量少，也可采用竹箩贮藏。选择带有细孔的竹箩，箩底铺上稻草或细泥，上放块茎，盖上细泥或砂，放在阴凉高燥的室内。

§2.2.12 延胡索的病虫害如何防治?

一、霜霉病

延胡索霜霉病是延胡索的一大毁灭性病害。浙江省延胡索主产区东阳、缙云、建德等地的延胡索，历年遭受霜霉病的危害，常致植株成批枯死，造成严重减产和品质下降，甚至颗粒无收。浙江延胡索于 2 月初出苗。霜霉病在 3 月初发生，直至 5 月初止。主要危害延胡索叶片。罹病初期，叶面产生褐色病斑，逐渐扩大，布满全叶，失去翠绿色光泽，叶片不易平展。在潮湿的条件下，叶背出现一层灰白色的霜霉状物，这就是该病的主要特征。病情发展，不断蔓延扩大，叶色加深变褐，最后叶片干枯或腐烂，植株死亡。延胡索霜霉病的病原菌属鞭毛菌亚门、卵菌纲、霜霉菌目、霜霉菌科、霜霉菌属的一种真菌。该菌具有很强的寄生性，菌丝发达，只限在寄主细胞间隙生长。吸器很短，芽状，略有分枝。孢子囊直接萌发，不产生游动孢子。萌发时在孢子囊侧面的任何部位均可伸出芽管侵入寄主，扩大侵染。延胡索霜霉病的发病与种植密度、施肥、土质、耕作制度、气候有一定的关系。延胡索种植过密，植株细弱，抗病力减弱，发病早，产量低。过多施用氮肥或偏迟追施氮肥会使病害加重。旱地、山岙田的延胡索发病时间比畈田推迟，倒苗时间也比畈田推迟 10～20 天，因此产量提高。延胡索霜霉病与耕作制度关系是忌连作，连作发病早，病情重，反之发病迟，病减轻。一般需隔 3～4 年再种，与禾本科作物轮作，效果较好。延胡索霜霉病的发生发展与气候条件密切相关，早春低温多雨，田间湿度大，有利于霜霉病的发生。如 3、4 月份天气温暖，干燥，雨量偏大，则发病轻。

防治方法：①实行水旱轮作。轮作期 3～4 年，以与禾本科作物轮作为好。②清洁田园。延胡索收获后，清除病残组织，以减少越冬菌源。③种茎处理。用 40％霜疫灵 200～300 倍液浸种 12 小时，捞除浮在液面的种茎，有较好的防病效果。④合理密植，改善田间通风透光条件。⑤收获后种茎要经过粒选，以中等大小的为好。⑥加强田间管理。春寒多雨季节，必须疏沟排水，少施氮肥，增施磷钾肥，勤拔杂草，以减轻危害。⑦发病初期喷洒 40％霜疫灵 250～300 倍液，或 25％瑞毒霉 600～800 倍液，每 10～15 天喷 1 次，连续 2～3 次。⑧及时消灭发病中心。早春 2 月出苗后，经常到田间检查，一旦发现病株，立即拔除，病穴用 5％石灰乳灌注消毒。

化学农药在防治延胡索霜霉病中发挥了重要作用，但化学农药在药材上的残留以及对环境的污染问题也日益突出。近年来有研究植物性农药防治延胡索霜霉病的工作，发现大黄、黄芩、甘草、黄柏、贯众、青蒿、槟榔、板蓝根等对防治延胡索霜霉病有一定的效果。其中大黄与大黄复方合剂（霜霉灵）效果最佳，尤其是大黄复方合剂可与优秀的化学农药瑞毒霉、霜疫灵相媲美。而且，大黄复方合剂药效稳定，在移去药液后对孢子囊萌发的抑制率仍达 65％。以上植物性农药对延胡索霜霉病孢子囊萌发的抑制作用较强，对芽管伸长的抑制作用则相对较差。因此，在田间使用时应作为保护剂在病害初发时及时用药。

二、菌核病

菌核病俗称“搭叶烂”，是一种真菌引起的病害。在 3 月中旬开始发生，4 月发病最严重。首先为害近土表的茎基部，产生黄褐色或深褐色的梭形病斑，湿度较大时茎基腐烂，植株倒伏。叶片被害后，初期呈椭圆形水渍状病斑，后变青褐色。严重时成片枯死，土表布满白色棉絮状菌丝及大小不同的不规则的黑色鼠粪状菌丝。

防治方法：①实行轮作，与水稻轮作，可显著减轻菌核病的发生。②发现病株，及时铲除病土，清除菌核和菌丝，在病区撒上石灰，控制蔓延。③药剂防治：可用 1∶3 石灰、草木灰撒施；出苗后用 5%氯硝胺粉剂每 667 米^2 喷粉 2 千克；发病初期喷 65%代森锌 500 倍液，或 40%纹枯剂1 000倍液。

三、锈病

锈病是一种真菌引起的病害。3 月上中旬开始发生，4 月为害严重。叶面被害初期发生圆形或不规则的绿色病斑，略有凹陷。叶背病斑稍隆起，生有枯黄色凸起的胶粘状物（夏孢子堆），破裂后可散出大量锈黄色的粉末（夏孢子），再次进行侵染。病斑如出现在叶尖或叶缘，叶边发生局部卷缩。最后病斑变成褐色穿孔，导致全叶枯死。叶柄和茎同样被害。

防治方法：①加强田间管理，降低田间湿度，减轻发病。②发病初期用波美 0.2 度石硫合剂加 0.2%的洗衣粉作黏着剂液喷雾。

四、地下害虫

如小地老虎，咬食幼苗。用 90%敌百虫1 000～1 500倍液灌穴。

第七节　延胡索的采收、加工（炮制）与贮存

§2.2.13　延胡索什么时间采收?

延胡索地上部分一般 4 月底至 5 月初枯死。浙江药农在 5 月上中旬收获为好，折干率高。过早过迟收获均要影响产量和质量。收获时

选择晴天，在土壤呈半干燥状态时进行，此时延胡索块茎和泥土容易分离，操作方便，省工又易收净。收获时先将畦面上的杂草用铁耙除掉，然后，先浅翻，一边翻土一边拣取块茎，随后再深翻一遍，敲碎泥块，收净地下块茎，最后再全面耙一遍，拣净块茎，做到颗粒归仓。收起的块茎不宜放在太阳下曝晒，以免影响加工。盛具装满后要及时运回室内摊开，不要堆积，以免发酵变质。

§2.2.14 怎样加工延胡索？

一、分级过筛

筛孔直径为1.2厘米，将块茎放在筛子上过筛，分为大小两档。拣去泥块和杂草，分别装入箩筐进一步加工。

二、洗净

将块茎盛在箩筐内，放入水塘或溪沟中，用脚踩或用手搓擦除去表皮，洗净后沥干。

三、浸煮

用大锅，锅内放清水，煮沸后，将延胡索块茎倒入，以浸放块茎为宜，煮时不断搅动，使其受热均匀。煮的时间大块茎为5分钟，小块茎为3分钟。在煮的过程中选择大小适中的块茎数个进行检查，用刀横切开块茎，如切面黄白两色，表明块茎还须继续煮，如切面全变成黄色，即可捞起。块茎煮得过生，外观虽好，但易虫蛀变质，难以贮藏；过熟则折干率低，表皮皱缩。一般折干率为3∶1。一锅清水可连续煮3～5次，当水变成黄色混浊时，要换清水，使块茎表皮色泽较好。每次放块茎时，要加些清水，使锅内的水面始终保持一定水位。4. 晒干：煮好后的块茎摊于竹匾或干净的水泥地上曝晒，摊薄勤翻。晒3～4天后放回室内还潮，使块茎内部水分外渗，再继续晒2～3天即可干燥。如遇雨天，可在50℃～60℃的烘房内烘干。

§2.2.15 如何炮制延胡索?

一、传统的炮制方法

(一) 延胡索饮片的炮制方法

1. 延胡索 取原药材，捣碎用；或取原药材，除去杂质，洗净，略浸，润透，切1分厚的片，晒干或用微火烘干。

2. 醋延胡索

(1) 醋炒延胡索 取延胡索10千克，加1～2千克醋闷透，用微火炒至微黄色，放冷即可。或取延胡索10千克，微炒至黄褐色，喷入1～2千克醋拌匀炒干即可。

(2) 醋蒸延胡索 取延胡索10千克，洗净，润透后，蒸2小时，至稍透，加米醋2.5千克润2～3天，至吸尽后，切片晒干即可。

(3) 醋煮延胡索 取延胡索10千克，加醋2～3千克拌匀，用微火煮至醋吸尽，晒干，打碎，或切片即可。

又法：取延胡索10千克，加醋1千克闷1夜，加热米汤泡1次，煮干，晒7～8成干，闷2天（每天翻1次），蒸1次，放冷，再闷1夜，切片晒干。

又法：取延胡索100千克，加醋20～30千克，水适量，煮至醋被吸尽，微晾后，用火炒至有焦斑即可。

3. 炒延胡索 取延胡索片或块，置锅内，文火加热，炒至表面显黄色，取出放凉。

4. 酒延胡索 取延胡索片或块10千克，加黄酒2千克拌匀，闷透，置锅内用文火加热，炒干，取出放凉。

5. 制延胡索

(1) 醋与白矾水煮延胡索 取延胡索10千克，加醋1.2千克，白矾0.3～0.6千克，水适量，煮至近干时，润1～2天，稍晾再闷，反复10余天，切薄片，晒干。

又法：取延胡索10千克，醋1千克，倒入热米汤中，加入白矾

0.1千克搅匀，放置24小时，煮2小时至水干后，晒七八成干，润2天，切薄片晒干。

（2）酒醋炙延胡索　取延胡索10千克，加黄酒2.5千克，醋1.2千克，水3.6千克，拌匀煮干，闷12小时切碎，用微火炒至微黄色为度。

6. 延胡索炭　取延胡索片或块，置锅内，用武火炒至表面呈焦黑色，内呈焦褐色，喷洒清水少许，灭尽火星，取出晾干，凉透。

（二）延胡索饮片的性状

延胡索为圆形薄片或不规则的碎颗粒，表面黄色或黄褐色，有不规则的网状皱纹，质硬而脆，断面黄色，角质样，具蜡样光泽，气微，味苦。炒延胡索片形如延胡索片，表面深黄色。醋延胡索形如延胡索，深绿色，略有醋气。酒延胡索片形如延胡索片，深黄色或黄褐色，略有酒气。延胡索炭，表面呈焦黑色，内呈焦褐色。

二、炮制工艺改进

近年来对延胡索的炮制工艺进行了诸多探讨，尤其是醋制延胡索的最佳工艺的探讨，如醋的浓度、用醋量、闷润时间、炒制温度、炮制品的总生物碱和延胡索乙素的含量等等。有以下一些炮制方法较为成熟。

1. 醋炒延胡索的炮制工艺　将其中“用醋量”、“闷润时间”及“拌醋和炒的次序和次数”作为三个因素进行试验，确定最佳工艺为：先将延胡索炒至深黄，用40％醋拌后，闷润2小时，70℃烘干。

2. 以延胡索水煎液中总生物碱的提取量为指数，其最佳工艺为醋烘法：醋烘的条件为：用醋量17.30％±1.85％，闷润时间3.69±0.11小时，烘制温度126.50±2.55℃。

3. 根据中药材减压软化法的提示，采用正交试验设计方法，探讨了醋制延胡索的炮制工艺。最佳工艺为：取颗粒度为8～14目的延胡索，置于普遍烘箱内80℃烘至深黄色，升温至100℃后加热10分钟，取出立即趁热拌入20％的食醋闷润4小时，70℃烘干。

4. 将延胡索先加醋拌匀，闷润过夜，再加米汤煮，然后晒至7～8成干后，坛内闷润。醋拌闷润时间还可延长，使其含有的游离生物碱与醋酸反应充分，结合生成易溶于水的醋酸盐，增加在水中的溶解度，使其有效成分易于煎出，从而加强止痛作用。加米汤煮，借米汤中的淀粉受热糊化而成稠厚的胶体溶液，延胡索受浆收敛，组织结构紧密，切片时不易破碎。而且，米汤煮还可以制约延胡索的燥性。将煮的延胡索晒至7～8成干，可散发一部分水份，再置坛内进行闷润，使其内外湿度均匀，软硬一致，便于切制饮片成型。本法将饮片切圆形薄片，不仅饮片平坦光滑，鲜艳美观，而且保持一定的形态，既有利于药材鉴别，也便于中药配方时的核对和检查。

5. 选用不同浓度的醋，对延胡索进行醋蒸、醋煮炮制，并测定各炮制品的总生物碱含量。实验结果表明，延胡索的炮制以醋蒸方法较为适宜，选用10%～20%浓度的醋较理想。用10%或20%的醋蒸制延胡索，其生物碱含量分别是0.54%和0.53%，高于同一方法的任何一个浓度的收得率，既增加得率，又降低成本。

6. 炮制延胡索用醋量、闷润时间以及烘干温度对延胡索水煎出液中总生物碱含量都有很大影响。延胡索烘制的最佳方案是每100千克延胡索用醋量为20千克，闷润45小时，在120℃时进行烘干，延胡索煎出液中的总生物碱含量最高。此法比传统炮制方法操作简单，也有利于炮制品质量标准的制定。

三、延胡索产地醋制法

延胡索传统的炮制工艺均为二步法，先经产地采集加工成药材后，再经过炮制。这种传统的方法比较烦琐，实际应用时费时费力，并且还会造成有效成分的过多流失。延胡索产地醋制法是将二步的传统方法并为一步，直接在产地将收获的新鲜延胡索经过醋制后干燥，减少了中间环节，省工省时，并减少了有效成分的流失，提高了药材的质量。

方法：取鲜延胡索，除杂洗净，置沸醋中，烫至内部恰无白心时，捞出晒干，醋量以淹过延胡索为度，约为每千克延胡索加醋1 000毫升。

§2.2.16 延胡索怎么样贮藏好？

干燥后的延胡索用麻袋包装。本品易虫蛀，发霉变色，应置干燥通风处保存。当年起土的新货只要晒得燥，当年不会虫蛀。防虫蛀可用硫黄熏杀处理。体松质次者，虫蛀更甚。

第八节 延胡索的中国药典质量标准

§2.2.17《中国药典》2010年版延胡索标准是怎样制定的？

拼音：Yanhusuo

英文：CORYDALIS RHIZOMA

本品为罂粟科植物延胡索 *Corydalis yanhusuo* W. T. Wang 的干燥块茎。夏初茎叶枯萎时采挖，除去须根，洗净，置沸水中煮至恰无白心时，取出，晒干。

【性状】本品呈不规则的扁球形，直径0.5～1.5厘米。表面黄色或黄褐色，有不规则网状皱纹。顶端有略凹陷的茎痕，底部常有疙瘩状突起。质硬而脆，断面黄色，角质样，有蜡样光泽。气微，味苦。

【鉴别】（1）本品粉末绿黄色。糊化淀粉粒团块淡黄色或近无色。下皮厚壁细胞绿黄色，细胞多角形、类方形或长条形，壁稍弯曲，木化，有的成连珠状增厚，纹孔细密。螺纹导管直径16～32微米。

（2）取本品粉末1克，加甲醇50毫升，超声处理30分钟，滤过，滤液蒸干，残渣加水10毫升使溶解，加浓氨试液调至碱性，用乙醚振摇提取3次，每次10毫升，合并乙醚液，蒸干，残渣加甲醇1毫升使溶解，作为供试品溶液。另取延胡索对照药材1克，同法制成对照药材溶液。再取延胡索乙素对照品，加甲醇制成每1毫升含0.5毫克的溶液，作为对照品溶液。照薄层色谱法（附录Ⅵ B）试验，吸取上述三种溶液各2～3微升，分别点于同一用1%氢氧化钠溶液制备的硅胶G薄层板上，以甲苯—丙酮（9：2）为展开剂，展开，取出，晾干，置碘缸中约3分钟后取出，挥尽板上吸附的碘后，置紫外光灯（365纳米）下检视。供试品色谱中，在与对照药材色谱和对照品色谱相应的位置上，显相同颜色的荧光斑点。

【检查】水分 不得过15.0%（附录Ⅸ H第一法）。

总灰分 不得过4.0%（附录Ⅸ K）。

【浸出物】照醇溶性浸出物测定法（附录Ⅹ A）项下的热浸法测定，用稀乙醇作溶剂，不得少于13.0%。

【含量测定】照高效液相色谱法（附录Ⅵ D）测定。

色谱条件与系统适用性试验 以十八烷基硅烷键合硅胶为填充剂；以甲醇-0.1%磷酸溶液（三乙胺调pH值至6.0）（55：45）为流动相；检测波长为280纳米。理论板数按延胡索乙素峰计算应不低于3 000。

对照品溶液的制备 取延胡索乙素对照品适量，精密称定，加甲醇制成每1毫升含46微克的溶液，即得。

供试品溶液的制备 取本品粉末（过三号筛）约0.5克，糟密称定，置平底烧瓶中，精密加入浓氨试液—甲醇（1：20）混合溶液50毫升，称定重量，冷浸1小时后加热回流1小时，放冷，再称定重量，用浓氨试液甲醇（1：20）混合溶液补足减失的重量，摇匀，滤过。精密量取续滤液25毫升，蒸干，残渣加甲醇溶解，转移至5毫升量瓶中，并稀释至刻度，摇匀，滤过，取续滤液，即得。

测定法 分别精密吸取对照品溶液与供试品溶液各10微升，注入液相色谱仪，测定，即得。

本品按干燥品计算，含延胡索乙素（$C_{21}H_{25}NO_4$）不得少于0.050%。

饮片

【炮制】延胡索 除去杂质，洗净，干燥，切厚片或用时捣碎。

本品呈不规则的圆形厚片。外表皮黄色或黄褐色，有不规则细皱纹。切面黄色，角质样，具蜡样光泽。气微，味苦。

【含量测定】同药材，含延胡索乙素（$C_{21}H_{25}NO_4$）不得少于0.040%。

【鉴别】【检查】【浸出物】同药材。

醋延胡索 取净延胡索，照醋炙法（附录Ⅱ D）炒干，或照醋煮法（附录Ⅱ D）煮至醋吸尽，切厚片或用时捣碎。

本品形如延胡索或片，表面和切面黄褐色，质较硬。微具醋香气。

【含量测定】同药材，含延胡索乙素（$C_{21}H_{25}NO_4$）不得少于0.040%。

【鉴别】【检查】【浸出物】同药材。

【性味与归经】辛、苦，温。归肝、脾经。

【功能与主治】活血，行气，止痛。用于胸胁、脘腹疼痛，胸痹心痛，经闭痛经，产后瘀阻，跌扑肿痛。

【用法与用量】3～10克；研末吞服，一次1.5～3克。

【贮藏】置干燥处，防蛀。

第九节 延胡索的市场与营销

§2.2.18 近几年来延胡索的产供销状况如何？

一、延胡索产区状况

延胡索商品来源于家种，近年来由市场调节产销。由于它的生产工艺简单，生长适应性强，生长周期短，生产潜力大，很容易扩展种植区域。延胡索本是著名的“浙八味”之一，曾经占全国80%以上的商品由浙江产区提供。近年，随着我国对农村产业种植结构的调整，以及在90年代中期出现的供应紧张，延胡索的生产区域迅速扩大，全国很多地区发展了延胡索种植。但多数发展面积有限，只有陕西汉中地区发展规模较大，到目前已占有了很大一部分市场份额，而且由于陕西汉中地区的经济水平相对浙江较低，所以生产成本相对较少，发展潜力很大。

二、延胡索为常用大宗药材品种，需要量巨大

延胡索是活血化瘀、理气止痛的要药。在药材市场上是药商最为熟悉的品种之一，延胡索片、制延胡索被广泛地应用于中医临床配方，同时也是许多中成药的生产原料，以延胡索作为原料生产的中成药主要有：延胡索止痛片、千斤止带丸、女金丸、平肝舒络丸、茴香橘核丸、安胃片、舒肝片、痛经宝颗粒、仲景胃灵丸等几十种。因此，延胡索广泛用于医疗、制药以及保健制品行业，需求量逐步增长。

三、延胡索是一味常用镇痛中药，应用广泛，价格渐长

延胡索价格近年来上涨明显：2000 年每千克延胡索 8 元左右，2005 年升到 15 元左右，2011 年到达了 35 元以上。详见表 2-2-1。

表 2-2-1　2011 年国内延胡索价格表

品　名	规格	价格（元/千克）	市　场
延胡索	统	37～38	安徽亳州
延胡索	统	37～38	河北安国

目前延胡索市场状况，野生资源基本没有，全靠人工家种，产地窄，病害多。由于延胡索生产周期短，种植难度小，产量较大，在无计划种植的情况下，生产极容易受到市场的调节，价格暴涨暴跌现象时有出现。种植者对比必须充分重视。因此，种植延胡索要注意市场信息，不能盲目发展，应根据市场动态合理安排种植面积，以取得稳定的生产效益。

第三章

姜 黄

第一节 姜黄入药品种

§2.3.1 姜黄的入药品种有哪些?

姜黄是姜黄类药材中重要的一种,为临床常用中、蒙、藏药之一。古代本草中姜黄品种复杂,且古近药用品种随时代不同而有所变迁,为了澄清这种混乱现象,对姜黄进行了本草考证。姜黄始载于《新修本草》,云:“叶根都似郁金,花春生于根,与苗并出,夏花烂,无子,根有黄、青、白三色。其作之方法与郁金同尔。”此段记载说明当时姜黄的原植物应为姜黄属多种植物,包括了根茎断面黄色的温郁金 *Curcuma wenyu* Y. H. . fin Chen et C. Ling、断面灰绿或墨绿色的莪术 *C. aeruginosa* Roxb. 和断面白色的广西莪术 *C. kwangsiensis* S. G. Lee et C. F. Liang,而不包括花从茎心抽出的姜黄 *C. longa* L.。同时还说明当时姜黄与莪术有混称现象。

宋《本草图经》曰:“姜黄旧不载所出州郡,今江、广、蜀川多有之。叶青绿,长一二尺许,阔三四寸,有斜纹如红蕉叶而小,花红白色,至中秋渐凋。春末方生,其花先生,次方生叶,不结实。根盘屈,黄色,类生姜而圆,有节。”并附“宜州(今宜昌市)姜黄”、“沣州(今湖南境内)姜黄”图。所述产地、形态特征,应指温郁金、广西莪术、川郁金 *Cureum chuanyujin* C. K. Hsieh et H. Zhang 等。到明《本草纲目》对姜黄的描述与《新修本草》记载相似，没有增加新的内容。姜黄又名宝鼎香（《本草纲目》）、黄姜（《生草药性备要》）。

《中国药典》2010 年版规定姜黄为姜科植物姜黄 *Curcuma longa* L. 的干燥根茎。

第二节 道地姜黄资源和产地分布

§2.3.2 道地姜黄的原始产地和分布在什么地方?

道地姜黄主要分布于四川、福建、江西等地。此外，广西、湖北、陕西、台湾、云南等地也产。姜黄销往全国，并有出口。此外，温郁金 *Curcuma wenyujin* Y. H. Chen et C. Ling 的侧根茎，药材称为片姜黄，在浙江也作姜黄使用，并销往山西、陕西、河南、江苏等地。川郁金 *Curcuma sichuanensis* X. X. Chen 的侧根茎在四川部分地区亦作为姜黄使用。

§2.3.3 姜黄、片姜黄、郁金有什么不同?

姜黄为姜黄的根茎，片姜黄为温郁金的根茎，郁金为植物郁金、姜黄的块根，三药的植物来源关系密切，为同科属植物；药性功效也相类似，均有活血行气之功。其不同之处在于姜黄之药性功效较郁金强，故又有“破血下气”之谓；又郁金性寒，而姜黄、片姜黄则性温；郁金凉血清心，利胆退黄之功较优，姜黄、片姜黄则温通经脉，治风湿痹痛较优。姜黄与片姜黄之别在于片姜黄以入肩臂治肩臂痹痛为特点，姜黄则治心胸胁腹气血瘀滞诸痛为优。

第三节 姜黄的植物形态

§2.3.4 姜黄是什么样子的？

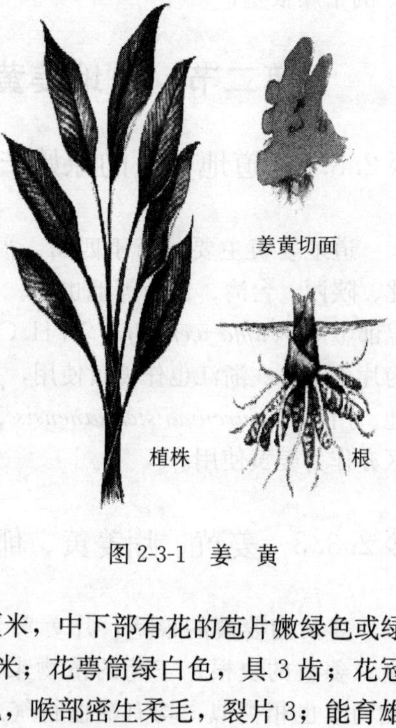

图 2-3-1 姜 黄

姜黄为姜黄 *Curcuma longa* L. 的根茎（图 2-3-1）。多年生草本，高 1.0～1.5 米。根茎发达，成丛，分枝呈椭圆形或圆柱状，橙黄色，极香；根粗壮，末端膨大成块根。叶基生，5～7 片，2 列，叶柄长 20～45 厘米，叶片长圆形或窄椭圆形，长20～50 厘米，宽 5～15 厘米，先端渐尖，基部楔形，下延至叶柄，上面黄绿色，下面浅绿色，无毛。花葶由叶鞘中抽出，总花梗长 12～20 厘米，穗状花序圆柱状，长 12～18 厘米，上部无花的苞片粉红色或淡红紫色，长椭圆形，长 4～6 厘米，宽 1～1.5 厘米，中下部有花的苞片嫩绿色或绿白色，卵形至近圆形，长 3～4 厘米；花萼筒绿白色，具 3 齿；花冠管漏斗形，长约 1.5 厘米，淡黄色，喉部密生柔毛，裂片 3；能育雄蕊 1 枚，花丝短而扁平，花药长圆形，基部有距；子房下位，外被柔毛，花柱细长，基部有 2 个棒状腺体，柱头稍膨大，略呈唇形。花期 8 月。

第四节 姜黄的生态条件

§2.3.5 姜黄适宜于在什么地方和条件下生长?

姜黄为亚热带植物，原产于亚洲南部热带和亚热带地区。喜温暖的气候，怕严寒霜冻。气温－3℃以下，姜黄根就易冻死，地上部分耐寒能力更差。姜黄在四川省海拔800米以下的低山、丘陵、平坝，只要全年无霜期在300天左右便可栽植。姜黄主产区为年均气温17.9℃，无霜期341天。姜黄喜湿润的气候。应选择雨量充沛而且分布较均匀的地区栽培，四川主产区年降雨量均在1 000毫米以上。干旱对植株及块根的生长不利，特别是苗期应使土壤保持一定湿度，否则易造成缺株。喜稍荫蔽的环境。强光，植株生长势弱，栽培多与高秆作物套种，或选稍阴的环境栽培。

姜黄宜选择土壤肥沃、含腐殖质多、排水良好的土壤。

第五节 姜黄的生物特性

§2.3.6 姜黄的生长有哪些规律?

姜黄开花很少，种子多不充实，栽培上用根茎繁殖，称为“种姜”，种姜栽种下去后就成为“母姜”，当年生出的新根茎称为“子姜”或“芽姜”。子姜长成后的母姜，称为“二母姜”，再作种称“老母姜”。子姜及老母姜的生长势差，二母姜繁殖力强，植株生长健壮，萌芽早。在4月底至5月中旬就会出苗，但是块根到8～9月才会大量形成，10月后是块根充实肥大阶段。栽种早，萌芽出苗早，生长期长，植株发育旺，但须根长，致使块根入土很深，难采挖。栽种期迟者，生长期短，株矮，块根入土短，易采挖。

姜黄的生长期约为220～240天，出苗期4月中、下旬，花期8～

11 月，枯苗期 11 月下旬至 12 月中下旬。

第六节 姜黄的栽培技术

§2.3.7 如何整理栽培姜黄的耕地？

姜黄的前作有小麦、油菜、胡萝卜、马铃薯等作物，前作收获后距栽种还有一段时间，为了充分利用土地，提高复种指数，多以玉米间作，间作时先种玉米，栽姜黄时不再耕地，只在行间除草后，按穴栽种。如系净作或休闲地种姜黄，应翻地一次，深 20～25 厘米左右，耙细整平，一般不作畦。

§2.3.8 怎样进行姜黄繁殖和播种？

一、根茎的选择

以根茎繁殖。收获时，选择根茎肥大、体实无病虫害的作种，堆贮于室内干燥通风处，厚 30～40 厘米，防日光照射，并翻动 1～2 次，避免发芽，或抖去附土稍晾后立即下窖，或用沙藏于室内，姜黄不能用老母姜作种。春季栽种前取出，除去须根，把子姜与姜芽分开，便于先后栽种。如芽姜过小就不分开，因为种姜过小，植株生长不良，产量低。

二、栽种期

姜黄的收获期为根茎，以 4 月初栽种最好，其中芽姜应比子姜早栽 10 天左右，因芽姜发芽慢，子姜发芽早。混栽则生长不整齐，不利于植株发育和管理，须分期分别栽种。

三、栽种方法

姜黄行距 33 厘米，穴深 13 厘米，口大底平，穴内土块要细，每穴栽已萌芽的种姜 1 个，芽朝上，将种姜按一下，使其与土壤密接，覆盖细土厚 3～4 厘米。每 667 米^2 施肥1 000～1 500千克腐熟人粪尿，用种量一般为 200～300 千克。

§2.3.9 如何对姜黄进行田间管理？如何科学施肥？

一、中耕除草

姜黄一般进行 3 次中耕除草，间作与净作的，第 1 次在 5 月初苗高 10 厘米左右，间作也可与玉米中耕除草同时进行，第 2 次在 6 月底 7 月初，第 3 次在 8 月初左右，此时间作的玉米已经收获，应注意除净杂草。如套种，第 1 次中耕除草多在小麦收获后进行，第 2、3 次的时间与间作的相同。中耕宜浅，因姜的根横向生长入土不深，中耕过深，易伤根系。

二、追肥

姜黄结合每次中耕进行追肥，肥料以腐熟人畜粪尿为主，也可施堆肥、饼肥等。第 1 次每 667 米^2 追1 000～1 500千克人粪尿，第 2、3 次每 667 米^2 追施腐熟人粪尿1 500～2 000千克，最末 1 次不迟于 8 月底，过迟，植株近枯苗，肥效不能充分发挥。土壤肥沃也可酌情减少施肥量。

三、灌溉

7～8 月气温很高，如久不下雨，应在早上或傍晚用浇淋（水内掺少量的人粪尿），使土壤保持湿润。

四、间套作

姜黄与玉米间作。在姜黄栽后就播种玉米或两种作物同时播种，玉米行株距 1 米×1 米，纵横每隔 3 穴姜黄，就在行间播 1 穴玉米。与小麦套作，小麦行距为 33 厘米，条播小麦行距为 36～40 厘米，姜黄穴距为33厘米，广州是与早稻逐年轮作。此外，姜黄还可与豆、芋、蔬菜混种。

§2.3.10 姜黄的病虫害如何防治？

一、病害

（一）根结线虫

本病发生于7～11月，引起生长发育不良，叶色退绿变白，根上形成瘤状结节；可选用抗病品种，实行水旱轮作进行防治。

（二）叶斑病

本病发生于叶片，可清除病叶烧毁，或用50％托布津500倍液防治。

二、虫害

（一）二化螟

二化螟钻入株心为害，可用90％敌百虫500倍液灌心防治。

（二）台湾大蓑蛾

台湾大蓑蛾于9～10月咬食叶片。人工捕杀，或用90％敌百虫800～1 000倍液喷雾防治。

（三）地老虎

成虫白天躲在阴暗的地方，晚上出来活动，卵期7～13天，一年中常发生数代，4龄以后的地老虎食量很大，吸断嫩茎，造成倒伏。防治方法：人工捕杀，经常检查发现倒伏苗，扒土捕杀幼虫；加强管理，发现植株被害，可在畦周围约3～5厘米撒入毒饵诱杀，毒饵的配制方法如下：麦麸炒香，用90％晶体敌百虫30倍液，将饵拌湿，或将50千克鲜草切成3～4厘米长，直接用50％辛硫磷乳油0.5千克拌湿，傍晚置于畦周围诱杀。

（四）蛴螬

蛴螬又名白地蚕，是金龟子的幼虫，在4月中旬为害根状茎，夏季最盛，被害的根状茎成星点状或凹凸不平的空洞状，成虫在5月中旬出现，傍晚活动，卵产于较湿润的土中，喜在未腐熟的厩肥上产卵。防治方法：冬季清除杂草，深翻土地，消灭越冬成虫；施用腐熟的厩肥、堆肥，并覆盖肥料，减少成虫产卵；点灯诱杀成虫；用米或麦麸炒后制成毒饵，于傍晚时撒在畦面上诱杀；下种前半月，每667米^{2}施50～60千克石灰，撒于土面后翻入，以杀死幼虫；用土农药大蒜鳞茎进行防治，结合施肥，将大蒜鳞茎洗净捣碎，每担粪放3.5～4.0千克大蒜浸出液进行浇治；严重发生时，用90%晶体敌百虫1 000～1 500倍浇注根部周围土壤。

第七节　姜黄的采收、加工（炮制）与贮存

§2.3.11　姜黄什么时间采收？怎样加工姜黄？

实践表明，在12月采收的姜黄根茎挥发油含量为0.69，块根挥发油含量为0.24，而次年3月采收的姜黄，根茎的挥发油含量为0.63，块根的挥发油含量为0.23，所以采收姜黄宜在12月下旬，此时茎叶逐渐枯萎，块根已经生长充实，即可收获。选择晴天干燥时，将地上叶苗割去，用长锄等工具深挖45～67厘米，一行一行地挖出地下部分，去掉泥土和茎秆，选出种根，将根茎水洗干净，放入锅内煮或蒸至透心，而且经上述处理姜黄根茎及块根，挥发油含量未发生明显变化，且经蒸后姜黄更容易干燥，不易发霉变质，蒸后捞起略晾干水分，可上炕烘干，烘干后在撞笼中撞去粗皮，即得外表深黄色的干姜黄；摇撞时喷些清水，同时撒些姜黄细末，再摇撞，可使姜黄变为金黄色，色泽更鲜艳。也可将根茎切成0.7厘米厚的薄片，晒干。

§2.3.12　如何炮制姜黄？

取原药材，除去杂质，大小分开，洗净，润透，切成厚片或薄

片，晒干。

炮制品的鉴别：饮片为圆形的薄片或厚片，表面棕黄色或金黄色，角质样，有蜡样光泽，内皮层环纹明显，维管束点状散在，周边灰黄色或深黄色，粗糙有纵皱纹，质坚硬，气特异，味苦，辛，嚼后能染唾液为黄色。

§2.3.13 姜黄怎么样贮藏好？

以篓、筐或麻袋包装，置通风干燥处，防蛀。夏季为防蛀，可用硫黄熏之。密闭，置阴凉干燥处。安全水分11%～14%，相对湿度75%～78%。

第八节 姜黄的中国药典质量标准

§2.3.14 《中国药典》2010年版姜黄标准是怎样制定的？

拼音：Jianghuang

英文：CURCUMAE LONGAE RHIZOMA

本品为姜科植物姜黄 *Curcuma longa* L. 的干燥根茎。冬季茎叶枯萎时采挖，洗净，煮或蒸至透心，晒干，除去须根。

【性状】本品呈不规则卵圆形、圆柱形或纺锤形，常弯曲，有的具短叉状分枝，长2～5厘米，直径1～3厘米。表面深黄色，粗糙，有皱缩纹理和明显环节，并有圆形分枝痕及须根痕。质坚实，不易折断，断面棕黄色至金黄色，角质样，有蜡样光泽，内皮层环纹明显，维管束呈点状散在。气香特异，味苦、辛。

【鉴别】(1) 本品横切面：表皮细胞扁平，壁薄。皮层宽广，有叶迹维管束；外侧近表皮处有6～8列木栓细胞，扁平；内皮层细胞凯氏点明显。中柱鞘为1～2列薄壁细胞；维管束外韧型，散在，近中柱鞘处较多，向内渐减少。薄壁细胞含油滴、淀粉粒及红棕色色素。

(2) 取本品粉末0.2克，加无水乙醇20毫升，振摇，放置30分钟，滤过，滤液蒸干，残渣加无水乙醇2毫升使溶解，作为供试品溶液。另取姜黄对照药材，同法制成对照药材溶液。再取姜黄素对照品，加无水乙醇制成每1毫升含0.5毫克的溶液，作为对照品溶液。照薄层色谱法（附录Ⅵ B）试验，吸取上述三种溶液各4微升，分别点于同一硅胶G薄层板上，以三氯甲烷-甲醇-甲酸（96∶4∶0.7）为展开剂，展开，取出，晾干，分别置日光下及紫外光灯（365纳米）下检视。供试品色谱中，在与对照药材色谱及对照品色谱相应的位置上，分别显相同颜色的斑点和荧光斑点。

【检查】水分 不得过16.0%（附录Ⅸ H第二法）。

总灰分 不得过7.0%（附录Ⅸ K）。

【浸出物】照醇溶性浸出物测定法（附录Ⅹ A）项下的热浸法测定，用稀乙醇作溶剂，不得少于12.0%。

【含量测定】挥发油 照挥发油测定法（附录Ⅹ D）测定。

本品含挥发油不得少于7.0%（毫升/克）。

姜黄素 照高效液相色谱法（附录Ⅵ D）测定。

色谱条件与系统适用性试验 以十八烷基硅烷键合硅胶为填充剂；以乙腈-4%冰醋酸溶液（48∶52）为流动相；检测波长为430纳米。理论板数按姜黄素峰计算应不低于4 000。

对照品溶液的制备 取姜黄素对照品适量，精密称定，加甲醇制成每1毫升含10微克的溶液，即得。

供试品溶液的制备 取本品细粉约0.2克，精密称定，置具塞锥形瓶中，精密加入甲醇10毫升，称定重量，加热回流30分钟，放冷，再称定重量，用甲醇补足减失的重量，摇匀，离心，精密量取上清液1毫升，置20毫升量瓶中，加甲醇稀释至刻度，摇匀，即得。

测定法 分别精密吸取对照品溶液与供试品溶液各5微升，注入液相色谱仪，测定，即得。

本品按干燥品计算，含姜黄素（$C_{21}H_{20}O_6$）不得少于1.0%。

饮片

【炮制】除去杂质，略泡，洗净，润透，切厚片，干燥。

本品为不规则或类圆形的厚片。外表皮深黄色，有时可见环节。切面棕黄色至金黄色，角质样，内皮层环纹明显，纤维束呈点状散在。气香特异，味微苦、辛。

【检查】水分 同药材，不得过13.0%。

【含量测定】同药材，含挥发油不得少于5.0%（毫升/克）；含姜黄素（$C_{21}H_{20}O_6$）不得少于0.90%。

【鉴别】【检查】（总灰分）【浸出物】 同药材。

【性味与归经】辛、苦，温。归脾、肝经。

【功能与主治】破血行气，痛经止痛。用于胸胁刺痛，胸痹心痛，痛经经闭，癥瘕，风湿肩臂疼痛，跌扑肿痛。

【用法与用量】3～10克。外用适量。

【贮藏】置阴凉干燥处。

第九节 姜黄的市场与营销

§2.3.15 姜黄的市场概况如何？

姜黄作为食品香料、食品调味剂、防腐剂、着色剂（为咖喱粉的主要色素）、美容品、健胃剂、止痛剂、利胆剂、利尿剂和含有姜黄素的外科线（主用于治疗瘘管），已经大量出口到东南亚和欧美等国家，具有良好市场需求。目前我国姜黄只占全球市场的10%，还有巨大的发展前景。

姜黄自古以来就是活血祛瘀的良药，市场上亦有以姜黄为主药的中成药，如：如意金黄散、樟姜膏，显示出很好的市场前景。现代药效学证明，姜黄素可以作为抗氧化剂而阻止脂质过氧化，起到保护机体组织、延缓器官衰老的作用，因而可用于保健食品的开发；姜黄在治疗心血管疾病方面也有很好的效果，姜黄素类似物为睾丸-5α 还原酶抑制剂，可预防和治疗前列腺肥大，特别是近来又发现姜黄素具有抗 HIV 病毒的作用，可用于 AIDS 患者和 HIV 感染者的治疗，而姜黄又是提取姜黄素的主要原料，具有广阔的开发前景。目前我国姜黄年出口约 700 万千克，创汇 400 多万美元。但主要以原料药和姜黄为主。因而按中药材 GAP 要求建立姜黄的绿色药材基地，使姜黄原药材在农药残留量、重金属、主要化学成分符合国际标准，并大力开发姜黄的系列产品，如保健食品、药品、化妆美容品，提高姜黄产品的附加值，具有广阔的市场前景。2011 年姜黄的市场价达到每千克 15～19 元。

第四章

莪 术

第一节 莪术入药品种

§2.4.1 莪术的入药品种有哪些？

莪术古名蓬莪茂（图 2-4-1），始载于唐·甄权《药性论》。关于原植物自古以来各家说法不一。唐·陈藏器《本草拾遗》谓：“一名蓬莪，黑色，二名，黄色，三名波杀，味甘有大毒。”按照《中国药典》2010 年版规定，中药莪术为姜科植物蓬莪术 *Curcuma phaeocaulis* Val.、广西莪术 *Curcuma kwangsiensis* S. G. Lee et C. F. Liang 或温郁金 *Curcuma wenyujin* Y. H. Chen et C. Ling 的干燥根茎。

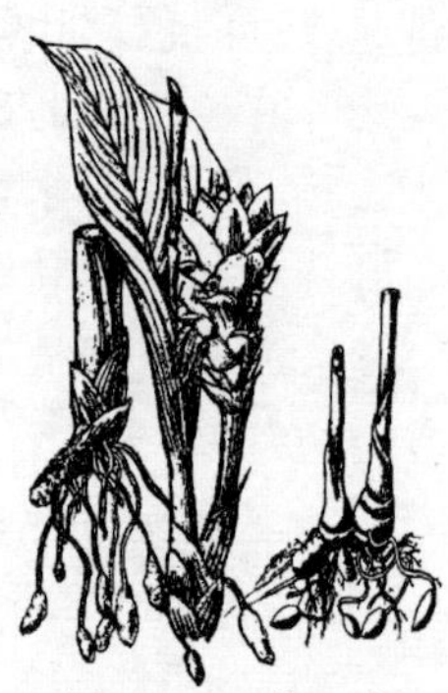

图 2-4-1 莪 术

第二节 道地莪术资源和产地分布

§2.4.2 道地莪术分布在什么地方？

蓬莪术分布于福建、四川、广东、广西、云南、山东、台湾、浙江、湖南等地，销西南及西北地区。广西莪术（桂莪术）分布于广西的上思、贵县、横县、大新、邕宁及云南等地，销华北、华南和国内其他地区，并有部分出口。温郁金（温莪术）主产于浙江温州的瑞安。销江苏、浙江及京津等地区。目前莪术的主流道地商品为桂莪术，其次为温莪术及蓬莪术。

第三节 莪术的植物形态

§2.4.3 莪术是什么样子的？

一、蓬莪术

蓬莪术为多年生草本，高 80～150 厘米。主根茎卵圆形，侧根茎指状，内面黄绿色，或有时灰蓝色，须根末端膨大成肉质纺锤形，内面黄绿或近白色。叶鞘下段常为褐紫色。叶基生，4～7 片叶；叶柄短，为叶片长度的 1/3～1/2 或更短；叶片长圆状椭圆形，长 20～50 厘米，宽 8～20 厘米，先端渐尖至短尾尖，基部下延成柄，两面无毛，叶片上面沿中脉两侧有 1～2 厘米宽的紫色晕。花葶从根茎中抽出，先叶而出，穗状花序阔椭圆形，长 12～20 厘米，直径 4～7 厘米，有苞片 20 多枚，上部苞片长椭圆形，长 4～6 厘米，宽 1.5～2 厘米，粉红至紫红色；中下部苞片近圆形，淡绿色至白色；花萼白色，花冠管长 2～2.5 厘米，裂片 3 枚，矩圆形，上面一片较大，顶端一片略呈兜状，长 1.5～2 厘米，黄色；侧生退化雄蕊比唇瓣小，唇瓣黄色，近倒卵形，长约 2 厘米，顶端微缺，花药基部具叉状的距。蒴果卵状三角形，光滑。种子长圆形，具假种皮。花期 3～5 月。

二、桂莪术（广西莪术）

桂莪术为多年生草本，高 50～110 厘米。主根茎卵圆形，侧根茎圆柱状，断面白色或微黄色。须根末端常膨大成纺锤形块根，断面白色。叶基生，叶柄为叶片长度的1/4，被短柔毛；叶鞘长10～33厘米，被短柔毛，叶2～5片，直立，叶片长椭圆形，长14～39厘米，宽4.5～7（9.5）厘米，先端短尖至渐尖，基部渐狭，下延，两面密被粗柔毛，有的类型沿中脉两侧有紫晕。穗状花序从根茎中抽出，圆柱形，先叶或与叶同时抽出，长约15厘米，直径约7厘米，花序下的苞片阔卵形，淡绿色，上部的苞片长圆形，淡红色；花萼白色，长约1厘米，一侧裂至中部，先端有3钝齿；花冠近漏斗状，长2～2.5厘米，花瓣3，粉红色，长圆形，后方的1片较宽，先端略成兜状；侧生退化雄蕊花瓣状，淡黄色，唇瓣近圆形，淡黄色，先端3浅圆裂，花药基部有距；子房被长柔毛，花柱丝状，柱头头状，有毛。花期5～7月。

三、温莪术（同温郁金）

温莪术别名温郁金，为多年生草本，高80～160厘米。块根纺锤状、断面白色。主根茎陀螺状，侧根茎指状，肉质、断面柠檬黄色。叶4～7，2列，叶柄长不及叶片之半；叶片宽椭圆形，无毛，长35～75厘米，宽14～22厘米，先端渐尖或短尾状渐尖，基部楔形，下延至叶柄。穗状花序圆柱状，先叶于根茎处抽出，长20～30厘米，径4～6厘米；缨部苞片长椭圆形，长5～7厘米，宽1.5～2.5厘米，蔷薇红色，腋内无花；中下部苞片宽卵形，长3～5厘米，宽2～4厘米，绿白色，先端钝或微尖，腋内有花数朵，但通常只有1～2朵花开放；花外侧有小苞片数枚，白膜质；花萼筒白色，先端具不等的3齿；花冠白色，裂片3，膜质，长椭圆形，上方1枚稍大，先端略成兜状，近顶端处具粗糙毛；侧生退化雄蕊花瓣状，黄色；唇瓣倒卵形，外折，黄色，先端微凹；能育雄蕊1，花丝短而扁，花药基部有距；子房下位，密被长柔毛；花柱细长。花期4～6月。

第四节 莪术的生态条件

§2.4.4 莪术适宜于在什么地方和条件下生长?

喜温暖湿润气候、阳光充足、雨量充沛的环境，怕严寒霜冻，怕干旱积水。野生于山谷、溪旁、田边及林缘等地，宜在土层肥沃深厚，上层疏松，下层较紧密的沙质壤土栽培；黏土、盐碱地不宜种植。忌连作，栽培多与高秆作物套种。

蓬莪术于广东、广西、四川、云南、福建、湖南等地栽培，生于山野、村旁半阴湿的肥沃土壤上；广西莪术于广西的上思、贵县、横县、大新等地栽培，生于山坡草丛及灌木丛中；温郁金于浙江瑞安栽培，多栽于浙江南部雨量充沛、霜雪较少的地方。

第五节 莪术的生物特性

§2.4.5 莪术的生长有哪些规律?

莪术开花很少，种子多不充实，栽培上用根茎繁殖，称为“种姜”。种姜栽种下去后，在 4 月底至 5 月中旬就会出苗，但是块根到 8～9 月才会大量形成，10 月后是块根充实肥大阶段。栽种早，萌芽出苗早，生长期长，植株发育旺，但须根长，致使块根入土很深，难采挖。栽种期迟者，生长期短，株矮，块根入土浅，易采挖。

莪术没有明显的发育阶段，根据莪术各器官生长的主次，将莪术的个体发育分为 4 个时期，即：苗期、叶丛期、块根膨大期和干物质积累期。

一、苗期

从幼芽出苗到根系发育基本完成的一段时期称为苗期，历时 40

天左右。本期主要以新叶的产生，根系的发生与发育为生长中心，苗株平均每天伸长0.75厘米。本期末，须根长度可达30厘米，贮藏根已开始发育。本期叶面积增长速度较慢，单株叶面积平均日增量为6厘米^2，叶片光合作用合成的有机物质主要供新叶的生长、根的发生与发育，干物质积累速度较低，干物质的分配主要以叶部为主。

二、叶丛期

植株新叶产生至功能叶片数达6～8片的一段时期称叶丛期，历时40天左右。本期光合产物主要用于叶片生长，叶面积迅速扩展达峰值1 190厘米^2/株。根系在基本形成的基础上继续生长，贮藏根开始积累光合产物并在先端形成膨大的块根。本期末，根茎发育基本完成，并积累一定的挥发油和姜黄素。苗高已达70厘米，平均日伸长0.96厘米。叶丛期，叶和根茎均处于迅速生长阶段，生长率几乎呈线性上升，但叶的生长率明显地高于根茎的生长率。

三、块根膨大期

植株功能叶片数达6～8片后，逐渐进入块根膨大期，这一时期，光合产物主要用于块根的结构生长。具有锥形的块根迅速膨大加粗，体积增加较快，挥发油和总姜黄素含量迅速上升。叶面积增长速度减慢并稳定在一定水平，下部黄叶逐渐增加，而根茎的生长率则持续上升，产生了郁金生育进程中第一次生长中心的转移，即光合产物的分配已由地上部的叶片转移到地下部的根茎。此时，叶的干物质比率显著下降，而地下部的干物质比率迅速上升。随着块根的不断膨大，挥发油及姜黄素的含量迅速增加。

四、干物质积累期

本期叶片逐渐枯死，光合产物迅速而大量地向地下部运转，出现第二次生长中心的转移，此时，块根成为植株的生长中心，块根重量增加较快，干物质积累速度达到顶峰。挥发油和总姜黄素积累仍在增加，但其速度远不及块根干物质的增长速度，故含量相对降低，本期末为块根的采收期。

莪术在生长发育的不同时期分别形成了三个生长中心，并出现两次生长中心的转变。因此，在莪术的栽培中，应遵循这一规律进行生育调控，尽快地促成生长中心由地上部分向地下部分的转移并使之及早地进入块根的生长中心，才有利于达到高产的目的。

第六节 莪术的栽培技术

§2.4.6 如何整理栽培莪术的耕地？

莪术对生态环境要求比较严格，适宜种植区域狭窄。土壤以土层深厚、排水良好、上层疏松肥沃、下层紧密的壤土或沙壤土为好，涝洼地不宜种植。温郁金（温莪术）宜选阳光充足、土地湿润、肥沃疏松的冲积土、沙质土为好，黏土不宜种植。土壤要求上层疏松，下层紧密，避免块根入土过深，采挖不便。菜园地肥沃疏松，选这种土地种植较为适宜，其次，麦地也可种植。

选好地块后每 667 米^2 施腐熟厩肥或堆肥3 000～4 000千克、饼肥 45 千克。耕翻 25～30 厘米，耕细整平，做成宽 1.4 米、高 25 厘米的高畦，畦沟宽 40 厘米；或做成高 15 厘米、宽 60 厘米的小高畦，畦沟宽 30 厘米左右。莪术和玉米地套种，不另整地，在休闲地及麦茬地上栽种时，在 4 月上旬或收后耕地 30 厘米，耙细整平，作 1.5 米宽畦，畦沟 45 厘米，畦高 32 厘米。

温莪术（温郁金）不宜深耕，忌连作，前作多为芋头、胡萝卜、油菜、马铃薯、白芷、大麦、小麦等。一般翻地 25 厘米，再翻掘一次，使表土疏松，下层紧密，不使郁金下钻，以便收获。作畦可分狭畦、阔畦两种：狭畦畦面宽 67 厘米，种 1 行；阔畦畦面宽 1 米，种 2 行。沟宽均约 33 厘米，深约 20 厘米，畦面平整，沟底平直，有利排水。

§2.4.7 怎样进行莪术播种?

一、根茎的选择

冬季收获时选择健壮饱满的当年新生根茎贮藏做种。栽植前将种栽取出晒1～2天，除去须根，大小分开。大的纵切数块，每块有芽1～2个，切后稍晾使伤口愈合，或用草木灰涂抹伤口。

二、栽种期

栽植时期因品种和地区不同而异。温莪术（温郁金）为4月上中旬，莪术于5～6月中下旬为宜。

三、栽种方法

在整好的畦内按行株距30厘米×23厘米挖穴，穴深8厘米，每穴内大根茎放1块，小根茎放2块，芽头向上栽入穴内。栽后覆土6厘米并稍加镇压，每667米^{2}用种根茎100千克左右。另外，为提高土地效益，主产区多采用与玉米、大豆等间套作的方式。玉米和大豆可于3月末、4月初穴播于畦沟内或畦上，行株距应适当加大，6月中下旬将莪术间套种于玉米行间和株间，行距33厘米，挖7厘米深穴，呈三角形排列，每穴放种5块，四角及中央各1块，芽头向上，上面用细土或堆肥覆盖，每667米^{2}需种根茎150千克左右，将温莪术（温郁金）根茎分成老头、大头、二头、三头、奶头、小奶头等六类。老头即是母种第一次生出来的根茎；大头是生在老头上的根茎；二头是生在大头上的根茎；三头是生在二头上的根茎；奶头、小奶头依次类推。除老头不能作种外，其余均可采用。但大头作种，用量大，成本高；小奶头个小，生长弱。故这两类在生产中不作种用。一般应选健壮，芽饱满，形粗短的二头、三头作种，作种用的根茎愈短愈好。于清明前后下种。狭畦株距33厘米，种一单行；阔畦按株行距各 50 厘米，以三角形开穴种二行。穴大 18 厘米，深约 8 厘米，穴底要平，切忌过深而底尖，过深块根分散，采收费工而不易收净。每穴倾斜放根芽一个，芽向上。覆土 5 厘米。每 667 米^2 用根茎 130 千克。

§2.4.8　如何对莪术进行田间管理?

一、除草及灌溉

莪术出苗前保持土壤湿润，出苗后遇旱及时向沟内浇水，结合杂草情况，浇水后要及时松土除草。幼苗期要浅锄，保持土壤湿润、疏松、无杂草。中后期需水较多，遇旱应及时浇水。雨季应注意及时排水防涝，防止积水烂根。

温莪术下种后常年松土除草 3～4 次，与施肥结合进行。齐苗后全面松土除草一次，隔半月再松土一次，植株封行后停止进行。温郁金生长期一般宜湿润，特别在 7～9 月生长盛期，需要水分较多，在干旱时，要灌水抗旱。灌溉宜在早晨或傍晚灌跑马水。10 月后一般不再灌水，保持田间干燥，利于收获。

二、间作

温莪术（温郁金）下种后，空隙大，为充分利用土地，可间作玉米、豆类等作物，间作物应在 7 月中下旬采收，不影响温郁金生长。如种玉米，以种早玉米为好，种于畦两边，每隔 3 穴种 1 穴玉米，这样对温郁金无多大影响。

§2.4.9　道地优质莪术如何科学施肥?

莪术生长期间每年追肥 2～3 次，第 1 次于幼苗期，当苗高 10 厘米左右时，每 667 米^2 追施腐熟人畜粪尿1 000千克、硫酸铵 8～10 千克、过磷酸钙 30～50 千克，以促进根系和叶片的生长与发育。40～50 天后追第 2 次肥，每 667 米^2 追施腐熟人畜粪尿1 500千克、草木灰 100～200 千克以促进块根的膨大。再过 30～40 天追第 3 次肥，每 667 米^2 追施腐熟人畜粪尿1 000～1 500千克和适量磷钾肥以延长叶片寿命，维持叶片光合作用，加速有机物在块根中的积累。

温莪术（温郁金）吸肥力强，需肥量多，要施足基肥。基肥用焦泥灰和腐熟的栏肥，在下种时施。方法是下种穴中放好根茎后，盖上焦泥灰每 667 米^2 数十担，再在其上盖腐熟栏肥每 667 米^2 1 500～2 500千克。追肥每年 3 次。第 1 次于 5 月下旬至 6 月上旬齐苗后施入，每 667 米^2 施厩肥、鸡窝垃圾等1 500千克，硫酸铵 7.5～10 千克，结合除草松土，把厩肥施于株旁，并提沟培土 7 厘米厚；第 2 次于 7 月下旬，每 667 米^2 施腐熟人粪尿1 500千克、过磷酸钙 25 千克；第 3 次于 8 月底，每 667 米^2 施入腐熟人粪尿1 500千克，草木灰 100～150 千克，施后提沟培土 7～10 厘米厚。

§2.4.10 莪术的病虫害如何防治？

一、病害

（一）根腐病

1. 症状 本病多发生在 6～7 月或 12 月至次年 1 月。发病初期侧根呈水渍状，后黑褐腐烂，并向上蔓延导致地上部分茎叶发黄，最后全株萎死。

2. 防治方法

①雨季注意加强田间排水，保持地内无积水；②将病株挖起烧毁，病穴撒上生石灰粉消毒；③植株在 11～12 月自然枯萎时及时采挖，防治块根腐烂造成损失；④发病期灌浇 50%退菌特可湿性粉剂 1 000倍液。

（二）黑斑病

1. 症状 本病由一种真菌引起，病原菌为 *Alternaria* sp.。病害初发在 5 月下旬，6～8 月较重，受病叶产生椭圆形向背面稍凹陷的淡灰色的病斑，有时产生同心轮纹，大小直径为 3～10 毫米，引起叶子枯焦。

2. 防治方法

①在冬季清除病残叶烧毁；②喷 1∶1∶100 的波尔多液防治。

（三）根结线虫

1. 症状 本病学名为 *Meloidogyne* sp.，7～11 月发生，为害须根，形成根结，药农称为“猫爪爪”，严重者地下块根无收。被害初期，心叶退绿失色，中期叶片由下而上逐渐变黄，边缘焦枯，后期严重者则提前倒苗，药农称为“地火”。四川省主产区发病率为 62.4%。

2. 防治方法 实行 1～2 年轮作，不与茄子、海椒等蔬菜间作；选择健壮无病虫根茎作种，加强管理，增施磷钾肥。

二、虫害

（一）蛴螬、地老虎

1. 症状 幼苗期咬食植物须根，使块根不能形成，减低产量。

2. 防治方法 每 667 米^2 用 25%敌百虫粉剂 2 千克，拌细土 15 千克，撒于植株周围，结合中耕，使毒土混入土内；或每 667 米^2 用 90%晶体敌百虫 100 克与炒香的菜籽饼 5 千克做成毒饵，撒在田间诱杀；清晨用人工捕捉幼虫。

（二）姜弄蝶

1. 症状 姜弄蝶又名苞叶虫，属鳞翅目弄蝶科，学名 *Udaspes folus* Cramer。是为害郁金的主要害虫。以幼虫为害叶片，先将叶片作成卷筒状的叶苞，后在叶苞中取食，使叶片呈缺刻或孔洞状。成虫体长 20 毫米，体及翅均呈黑色，胸部具黄褐色绒毛，触角末端有钩，前翅有 9 个大小不同的乳黄斑，后翅有 6 个大小不同并列的乳黄斑，后翅边缘有乳黄绒毛。卵直径 0.6～0.7 毫米，淡黄色，半球形。幼虫初孵时淡黄色，头大而黑，略带紫色；成长幼虫长约 35 毫米，呈紫黑色，体扁，中间部分较肥大，呈黄绿色，尾部扁平，腹部 5～7 节处背面表皮下可见明显的两个对称黄色颗粒状物。蛹长 32 毫米左右，淡黄色，头部有一尖突，尾部较细，将要羽化时变为紫黑色。1 年发生 4 代，以幼虫在地表枯枝落叶上越冬。4月上中旬出现第一代成虫。

2. 防治方法

①冬季清洁田园，烧毁枯落枝叶，消灭越冬幼虫；②人工摘除虫苞或用手捏杀；③幼虫发生初期用 90%敌百虫 800～1 000倍液喷雾，每隔 5～7 天一次，连续喷 2～3 次。

第七节 莪术的采收、加工（炮制）与贮存

§2.4.11 莪术什么时间采收？怎样加工莪术？

12 月中下旬，地上部分枯萎时，挖掘根部，除去根茎上的泥土，洗净，置锅里蒸或煮约 15 分钟，晒干或烘干，撞去须根即成。也可将根茎放入清水中浸泡，捞起，沥干水，润透，切薄片，晒干或烘干。收获时，选取根茎中健壮结实、形状短粗、无病无害、无伤疤的二头、三头、奶头留作种用，将无芽的根茎剔除。选好宜日晒，可堆放于向阳的屋檐下，高约 0.7～1 米，上盖郁金的叶、茎或稻草即可；天气寒冷地方要用泥土堆盖，保暖防冻。

§2.4.12 如何炮制莪术？

一、莪术

取原药材，除去杂质，大小个分开，洗净，润透或置笼屉内蒸软后切薄片，干燥。生品行气止痛，破血祛瘀力甚。

二、醋莪术

取净莪术置锅中，加米醋与适量水浸没，煮至醋液被吸尽，切开无白心时，取出稍晾，切厚片，干燥。每莪术 100 千克，用米醋 20

千克。醋炙后主入肝经血分，增强散瘀止痛的作用。

三、饮片性状

莪术为类圆形或椭圆形薄片，表面黄绿色或棕褐色，有黄白色的内皮层环纹及淡黄棕色的点状维管束。周边灰黄色或棕黄色。气微香，味微苦而辛。醋莪术形如莪术片，色泽较黯，微黄色，偶有焦斑，角质状，具蜡样光泽，质坚脆，略有醋气。

§2.4.13 莪术怎么样贮藏好?

以篓、筐或麻袋包装，置通风干燥处，防蛀。夏季为防蛀，可用硫黄熏之。醋莪术、酒莪术密闭，置阴凉干燥处。

第八节 莪术的中国药典质量标准

§2.4.14 《中国药典》2010年版莪术标准是怎样制定的?

拼音：Ezhu

英文：CURCUMAE RHIZOMA

本品为姜科植物蓬莪术 *Curcuma phaeocaulis* Val.、广西莪术 *Curcuma kwangsiensis* S. G. Lee et C. F. Liang 或温郁金 *Curcuma wenyujin* Y. H. Chen et C. Ling 的干燥根茎。后者习称“温莪术”。冬季茎叶枯萎后采挖，洗净，蒸或煮至透心，晒干或低温干燥后除去须根和杂质。

【性状】蓬莪术 呈卵圆形、长卵形、圆锥形或长纺锤形，顶端多钝尖，基部钝圆，长2～8厘米，直径1.5～4厘米。表面灰黄色至灰棕色，上部环节突起，有圆形微凹的须根痕或残留的须根，有的两侧各有1列下陷的芽痕和类圆形的侧生根茎痕，有的可见刀削痕。体重，质坚实，断面灰褐色至蓝褐色，蜡样，常附有灰棕色粉末，皮层与中柱易分离，内皮层环纹棕褐色。气微香，味微苦而辛。

广西莪术 环节稍突起，断面黄棕色至棕色，常附有淡黄色粉末，内皮层环纹黄白色。

温莪术 断面黄棕色至棕褐色，常附有淡黄色至黄棕色粉末。气香或微香。

【鉴别】(1) 本品横切面：木栓细胞数列，有时已除去。皮层散有叶迹维管束；内皮层明显。中柱较宽，维管束外韧型，散在，沿中柱鞘部位的维管束较小，排列较密。薄壁细胞充满糊化的淀粉粒团块，薄壁组织中有含金黄色油状物的细胞散在。

粉末黄色或棕黄色。油细胞多破碎，完整者直径62～110微米，内含黄色油状分泌物。导管多为螺纹导管、梯纹导管，直径20～65微米。纤维孔沟明显，直径15～35微米。淀粉粒大多糊化。

(2) 取本品粉末0.5克，置具塞离心管中，加石油醚（30～60℃）10毫升，超声处理20分钟，滤过，滤液挥干，残渣加无水乙醇1毫升使溶解，作为供试品溶液。另取吉马酮对照品，加无水乙醇制成每1毫升含0.4毫克的溶液，作为对照品溶液。照薄层色谱法（附录Ⅵ B）试验，吸取上述两种溶液各10微升，分别点于同一硅胶G薄层板上，以石油醚（30～60℃）-丙酮-乙酸乙酯（94∶5∶1）为展开剂，展开，取出，晾干，喷以1%香草醛硫酸溶液，在105℃加热至斑点显色清晰。供试品色谱中，在与对照品色谱相应的位置上，显相同颜色的斑点。

【检查】吸光度 取本品中粉30毫克，精密称定，置具塞锥形瓶中，加三氯甲烷10毫升，超声处理40分钟或浸泡24小时，滤过，滤液转移至10毫升量瓶中，加三氯甲烷至刻度，摇匀，照紫外-可见分光光度法（附录Ⅴ A）测定，在242纳米波长处有最大吸收，吸光度不得低于0.45。

水分 不得过14.0%（附录Ⅸ H第二法）。

总灰分 不得过7.0%（附录Ⅸ K）。

酸不溶性灰分 不得过2.0%（附录Ⅸ K）。

【浸出物】照醇溶性浸出物测定法（附录Ⅹ A）项下的热浸法测定，用稀乙醇作溶剂，不得少于7.0%。

【含量测定】照挥发油测定法（附录Ⅹ D）测定。

本品含挥发油不得少于1.5%（毫升/克）。

饮片

【炮制】莪术 除去杂质，略泡，洗净，蒸软，切厚片，干燥。

本品呈类圆形或椭圆形的厚片。外表皮灰黄色或灰棕色，有时可见环节或须根痕。切面黄绿色、黄棕色或棕褐色，内皮层环纹明显，散在“筋脉”小点。气微香，味微苦而辛。

【含量测定】同药材，含挥发油不得少于1.0%（毫升/克）。

【鉴别】（除横切面外）【检查】【浸出物】 同药材。

醋莪术 取净莪术，照醋煮法（附录Ⅱ D）煮至透心，取出，稍凉，切厚片，干燥。

本品形如莪术片，色泽加深，角质样，微有醋香气。

【含量测定】同药材，含挥发油不得少于1.0%（毫升/克）。

【鉴别】（除横切面外）【检查】【浸出物】 同药材。

【性味与归经】辛、苦，温。归肝、脾经。

【功能与主治】行气破血，消积止痛。用于癥瘕痞块，瘀血经闭，胸痹心痛，食积胀痛。

【用法与用量】6～9克。

【注意】孕妇禁用。

【贮藏】置干燥处，防蛀。

第九节 莪术的市场与营销

§2.4.15 莪术的市场概况如何?

莪术用于治疗血气心痛，饮食积滞，脘腹胀痛，血滞经闭，痛经，癥瘕瘤痞块，跌打损伤。现代研究证明，莪术还有以下作用：①抗肿瘤作用：莪术油制剂在体外对小鼠艾氏腹水癌细胞、615 纯系小鼠的 L615 白血病及腹水型肝癌细胞等多种瘤株的生长有明显抑制和破坏作用。莪术醇及莪术二酮对艾氏腹水癌细胞有明显破坏作用，能使其变性坏死。不同浓度的莪术油注射液对瘤细胞均有明显的直接破坏作用，有作用快而强的特点，瘤细胞数越多，杀灭 90%的瘤细胞所需的药液浓度就越大。莪术抗癌作用的原理，莪术油除能直接杀瘤作用外，还能增强瘤细胞免疫原性，从而诱发或促进机体对肿瘤的免疫排斥反应，保护正常机体功能。②抗菌作用：莪术挥发油试管内能抑制金黄色葡萄球菌。β-溶血性链球菌、大肠埃希菌、伤寒杆菌、霍乱弧菌等的生长。③抗早孕作用：一般于受孕 2～5 天给药，即出现胚胎死亡，吸收或阻止胚胞着床。而受孕 7～10 天给药则引起流产或死胎，挥发油经皮下、腹腔、阴道给药均有一定止孕效果，只是药物起效快慢有所不同，腹腔注射起效快，阴道给药起效慢，腹腔给药量小于阴道给药量 5 倍。④此外莪术还有提高白细胞，抗炎，保肝护肝，改善胃肠平滑肌功能，缓解急性肾功能衰竭和治疗心血管疾病等的作用。

因此，莪术及其莪术制剂在女性肿瘤、妇科感染和相关传染病、泌尿系统疾病等妇科病方面是令人瞩目的药物。其代表性品种分别是复方中药保妇康栓剂、复方中西药莪术油栓剂。此外，保妇康还有泡沫剂、凝胶剂、泡腾片和洗液等。随着社会经济水平的提高和科学的进步，人们自我保健与防护意识的日益增强，妇科用药已成为医药市场中的重要组成部分。新药的不断问世和产品结构的调整，使妇科治疗领域日臻完善，从而带动了妇科用药市场的迅猛发展。2008 年，全球女性用药市场已达到 900 多亿美元的市场规模，预计在未来几年内将保持 16.6%的年增长率。目前，女性用药市场上活跃着近千种药物，这些药物对女性的身心健康起到了保驾护航的作用。其中，莪术及其莪术制剂独树一帜，有广阔的发展前景。2011 年每千克莪术在 10 元左右，见表 2-4-1。

表 2-4-1　2011 年国内莪术价格表

品名	规格	分类	国内市场（元/千克）			
			亳州市场	安国市场	成都市场	玉林市场
莪术	统	根茎类	7～8	8～9	10～11	7～8

第五章

郁 金

第一节 郁金入药品种

§2.5.1 郁金的入药品种有哪些？

郁金别名：日金、玉金、黄郁等（图 2-5-1）。清光绪三年《崇庆州志物产》记载："郁金，姜黄根所结子，可以入药，可以和羹。州

图 2-5-1 郁 金

东三江场一带种者最多。”《中国药典》2010 年版规定郁金为姜科植物温郁金 *Curcuma wenyujin* Y，H. Chenet C. Ling、姜黄 *Curcuma longa* L.、广西莪术 *Curcuma kwangsiensis* S. G. Lee et C. F. Liang 或蓬莪术 *Curcuma phaeocaulis* Val. 的干燥块根。

第二节 道地郁金资源和产地分布

§2.5.2 道地郁金的原始产地和分布在什么地方？

郁金始载于唐·甄权《药性论》（公元 627—649）和唐·苏敬《唐本草》（公元 659）。郁金之名出于唐代《药性论》。元·朱丹溪曰《丹溪全书》：“郁金无香……性轻扬能致达酒气于高远也……因轻扬之性古人用治郁遏不能散者，恐命名因于此始。”但在此以前，郁金在我国已广为流传，如汉朱公叔、晋左公嫔和传玄都有郁金赋就是佐证，至今约有 2000 年历史。

郁金主产于浙江、四川、广西，广东、云南、福建、台湾，江西亦有分布，有栽培。温郁金主产于浙江，以温州地区最有名，为道地药材，故有“温郁金”之称。此外，浙江平阳、温岭也有少量种植。川郁金主要分布在四川崇庆、双流、沭川等地，温江附近、广西南宁也有栽培。

第三节 郁金的植物形态

§2.5.3 郁金是什么样子的？

一、温郁金

温郁金（*Curcuma wenyujin* Y. H Chen et C. Ling）为多年生草本，高 80～160 厘米。块根纺锤状、断面白色。主根茎陀螺状，侧根茎指状，肉质、断面柠檬黄色。叶 4～7，2 列，叶柄长不及叶片之半；叶片宽椭圆形，无毛，长35～75厘米，宽14～22厘米，先端渐尖或短尾状渐尖，基部楔形，下延至叶柄。穗状花序圆柱状，先叶于根茎处抽出，长20～30厘米，径4～6厘米；缨部苞片长椭圆形，长5～7厘米，宽1.5～2.5厘米，蔷薇红色，腋内无花；中下部苞片宽卵形，长3～5厘米，宽2～4厘米，绿白色，先端钝或微尖，腋内有花数朵，但通常只有1～2朵花开放；花外侧有小苞片数枚，白膜质；花萼筒白色，先端具不等的3齿；花冠白色，裂片3，膜质，长椭圆形，上方1枚稍大，先端略成兜状，近顶端处具粗糙毛；侧生退化雄蕊花瓣状，黄色；唇瓣倒卵形，外折，黄色，先端微凹；能育雄蕊1，花丝短而扁，花药基部有距；子房下位，密被长柔毛；花柱细长。花期4～6月。

二、川郁金

川郁金（*Curcuma sichuanensis* X. X. Chen），多年生草本，高70～140厘米。块根纺锤形，外面黄白色，切面淡黄或近白色。根茎切面柠檬黄色或近白色。叶片4～7，2列，叶柄短，为叶片的1/4～1/3；叶片长圆形，无毛，长50～85厘米，宽13～21厘米，先端渐尖至细尾状，基部楔形，下延至叶柄，叶两面有糠秕状细点，尤以叶背为多。穗状花序秋季从叶鞘中央抽出，长15～20厘米，径约8厘米，总梗约15厘米，缨部不孕苞片长圆形，长约7厘米，宽约3厘米，先端红紫色，中下部白色；中下部苞绿白色，宽卵形，长4.5厘米，宽3.2厘米，内有花1至数朵；小苞片白色；花萼白色；花冠裂片3，淡黄色，上方1枚较宽，先端呈兜状；唇瓣卵形，黄色；侧生退化雄蕊花瓣状，淡黄色，倒卵形；花丝扁平，药室基部有距，蒴果球形。种子小，外有白色撕裂状假种皮。花期8月。

第四节 郁金的生态条件

§2.5.4 郁金适宜于在什么地方和条件下生长?

郁金为亚热带植物，原产于亚洲南部热带和亚热带地区。喜温暖的气候，怕严寒霜冻。如四川省，在海拔800米以下的低山、丘陵、平坝，只要全年无霜期在300天左右的地区就可栽培。四川主产区崇庆年平均气温为14℃左右，全年无霜期275天左右。

宜湿润的土壤与气候。应选择雨量充沛而且分布均匀的地区栽培，四川主产区年降雨量均在1 000毫米以上。干旱对植株及块根的生长不利，特别是苗期应使土壤保持一定湿度，否则易造成缺株。喜稍荫蔽的环境。光强，植株生长势弱，栽培多与高秆作物套种，或选稍阴的环境栽培。郁金的块根入土很深，须栽种在土层深厚的地方，最好是上层疏松、下层较紧密的土壤栽种。温郁金忌连作，前作多为油菜、小麦等。

温郁金（*Curcuma wenyujin* Y. H. Chen et C. Ling）多栽于浙江省旧温州府属的瑞安、永嘉两县，尤以前者为主。而瑞安一县之中又多产在荆谷、马屿等乡镇。瑞安县位于浙江省南部瓯江、飞云江所成的冲积平原上，而荆谷、马屿两地则在飞云江畔，雨量充沛，气候温和，极宜于郁金的生长。郁金类植物在四川栽培已有一千多年历史，尤以崇庆、双流为主产区，那里气候适宜，且种植于沙质土壤中，块根生长好，易挖取，有利于郁金的生产，品种主要为川郁金（*Curcuma sichuanensis* X. X. Chen）。广西产区的商品郁金为植物广西莪术（*Curcuma kwangsinensis* S. G. Lee et C. F. Liang），本种的栽培品变异较大，分布于南宁地区各县，主产于横县、贵县。横县为桂郁金的主产区，占广西全区产量的一半以上，也是最早栽培地之一。此外广东、云南等省区也有少量郁金栽培。以下主要介绍温郁金及川郁金的栽培。

第五节 郁金的生物特性

§2.5.5 郁金的生长发育有哪些规律?

郁金开花很少，种子多不充实，栽培上用根茎繁殖，称为“种姜”。种姜栽种下去后，在4月底至5月中旬就会出苗，但是块根到8～9月才会大量形成，10月后是块根充实肥大阶段。栽种早，萌芽出苗早，生长期长，植株发育旺，但须根长，致使块根入土很深，难采挖。栽种期迟者，生长期短，株矮，块根入土浅，易采挖。

郁金没有明显的发育阶段，以郁金各器官生长的主次，将郁金的个体发育分为4个时期，即：苗期、叶丛期、块根膨大期和干物质积累期。

一、苗期

从幼芽出苗到根系发育基本完成的一段时期称为苗期，历时40天左右。本期主要以新叶的产生，根系的发生与发育为生长中心，苗株平均每天伸长0.75厘米。本期末，须根长度可达30厘米，贮藏根已开始发育。本期叶面积增长速度较慢，单株叶面积平均日增量为6厘米^2，叶片光合作用合成的有机物质主要供新叶的生长、根的发生与发育，干物质积累速度较低，干物质的分配主要以叶部为主。

二、叶丛期

植株新叶产生至功能叶片数达6～8片的一段时期称叶丛期，历时40天左右。本期光合产物主要用于叶片生长，叶面积迅速扩展达峰值1 190厘米^2/株。根系在基本形成的基础上继续生长，贮藏根开始积累光合产物并在先端形成膨大的块根。本期末，根茎发育基本完成，并积累一定的挥发油和姜黄素。苗高已达70厘米，平均日伸长0.96厘米。叶丛期，叶和根茎均处于迅速生长阶段，生长率几乎呈线性上升，但叶的生长率明显地高于根茎的生长率。

三、块根膨大期

植株功能叶片数达 6～8 片后，逐渐进入块根膨大期，这一时期，光合产物主要用于块根的结构生长。具有雏形的块根迅速膨大加粗，体积增加较快，挥发油和总姜黄素含量迅速上升。叶面积增长速度减慢并稳定在一定水平，下部黄叶逐渐增加，而根茎的生长率则持续上升，产生了郁金生育进程中第一次生长中心的转移，即光合产物的分配已由地上部的叶片转移到地下部的根茎。此时，叶的干物质比率显著下降，而地下部的干物质比率迅速上升。随着块根的不断膨大，挥发油及姜黄素的含量迅速增加。

四、干物质积累期

本期叶片逐渐枯死，光合产物迅速而大量地向地下部运转，出现第二次生长中心的转移，此时，块根成为植株的生长中心，块根重量增加较快，干物质积累速度达到顶峰。挥发油和总姜黄素积累仍在增加，但其速度远不及块根干物质的增长速度，故含量相对降低，本期末为块根的采收期。

郁金在生长发育的不同时期分别形成了三个生长中心，并出现两次生长中心的转变。因此，在郁金的栽培中，应遵循这一规律进行生育调控，尽快地促成生长中心由地上部分向地下部分的转移并使之及早地进入块根的生长中心，才有利于达到高产的目的。

第六节　郁金的栽培技术

§2.5.6　如何整理栽培郁金的耕地？

温郁金忌连作，前作多为芋头、胡萝卜、油菜、马铃薯、白芷、大麦、小麦等。不宜深耕，一般翻地 25 厘米，再翻掘一次，使表土疏松，下层紧密，不使郁金下钻，以便收获。作畦可分狭畦、阔畦两种：狭畦畦面宽 65 厘米，种 1 行；阔畦畦面宽 1 米，种 2 行。沟宽均约 33 厘米，深约 20 厘米，畦面平整，沟底平直，有利于排水。

川郁金地宜选阳光充足、土地湿润、肥沃疏松的冲积土、沙质壤土为好，沙土次之。黏性土不宜种植。土壤要求上层疏松，下层紧密，避免块根入土过深，采挖不便。芋艿菜园地肥沃疏松，选这种土地种植郁金较适宜。其次，麦地也可种植。川郁金的前作物多为小麦、油菜、胡萝卜、洋芋、大麻、白芷及秋播荆芥等作物。前作物收后距栽郁金还有一段时间，为了充分利用土地，通常多为玉米间作，不另整地。在休闲地及麦茬地上栽种时，在 4 月上旬或麦收后耕地 30 厘米，耙细整平，作 1.5 米宽畦，畦沟 45 厘米，畦高 32 厘米。

§2.5.7 怎样进行郁金繁殖和栽种?

郁金开花很少，种子多不充实，栽培上用根茎繁殖。

一、根茎的选择

通常在收挖时选择种姜，即收获后，将根状茎中的原先作种姜的根状茎（称为母姜或老头），与当年形成的根状茎（称为子姜）分开，因母姜或老头不能作种，选健壮、饱满、无病虫害的子姜根状茎作种。种根茎置室内干燥通风处堆放贮藏过冬，春季栽培时取出。栽种前将大的根茎，纵切若干小块，每小块上留 1～2 个芽，由于顶端和基部芽分布不均匀，而且基部芽生活力不强，故必须纵切。为了防止种根茎腐烂，待切面稍晾干后下种，也可边切边沾上石灰或草木灰后，立即栽种。

二、栽种方法

温郁金于清明前后下种，狭畦株距33厘米，种一单行，宽畦行株距各50厘米，以三角形开穴种两行，下种时开穴宽18厘米，深约8厘米，穴底平，切忌过深而底尖，每穴倾斜种1根状茎，芽向上，覆土3～7厘米，每667米^{2}用根状茎130千克。

川郁金于5月中旬至6月下旬栽种，此时玉米顶端抽出雄穗，在玉米行间按株距27～33厘米，行距33厘米，挖7厘米深穴，呈三角形排列，每穴放小姜块5块，四角及中央各1块，芽头向上，上面用细土或堆肥覆盖，每667米^{2}需种姜150千克左右，栽种后10天左右幼苗即可出土，出苗前如遇雨水使表土板结时，应予松土以利出苗。

§2.5.8 如何对郁金进行田间管理?

一、灌水

温郁金生长期一般宜湿润，特别在7～9月生长盛期，需要水分较多，在干旱时，要灌水抗旱。灌溉宜在早晨或傍晚灌跑马水。干旱有利郁金膨大，10月后一般不再灌水，保持田间干燥，利于收获。

川郁金幼苗生长时，7～8月气温很高，如土壤水分不足，则幼苗生长不良，甚至枯死。如久不下雨，应在早晨或傍晚用水浇淋（水内参少量人畜粪水），使土壤保持湿润。

二、中耕除草

温郁金常年松土除草3～4次，与施肥结合进行。齐苗后全面松土除草一次，隔半月再松土一次，植株封行后停止进行。

川郁金中耕除草通常3次。第一次在立秋前后，这时间种的玉米已收获，郁金苗高10～15厘米。如土壤疏松，可以扯草而不松土；

如表土板结，则应浅锄。此后，每隔半月，即处暑前后，各中耕除草1次。如不间种玉米，在7月上、中旬郁金出苗之后，还应当扯草1～2次，以利幼苗生长，由于郁金栽种不深，而且根茎横走，故中耕宜浅，只浅锄表土3～4厘米。

§2.5.9 道地优质郁金如何科学施肥？

温郁金吸肥力强，需肥量多。要施足基肥。基肥用焦泥灰和腐熟的栏肥，在下种时施。方法是下种穴中放好根茎后，盖上焦泥灰每667米^{2}数千千克，再在其上盖腐熟栏肥每667米^2 1 500～2 500千克。追肥每年3次。在5月下旬至6月上旬齐苗时，每667米^{2}施腐熟厩肥、腐熟鸡粪、垃圾等1 500千克，硫酸铵7.5～10千克，并清沟培土7厘米；第2次于7月下旬，每667米^{2}施腐熟人粪尿1 500千克，过磷酸钙25千克；第3次于8月底每667米^{2}施腐熟人粪尿1 500千克，草木灰100～150千克，施后清沟培土7～10厘米。

川郁金生长期不长，需要追施充足的速效肥料，才能提高产量。但应适当控制氮肥用量，否则茎叶徒长，块根不多。块根的生长和充实，主要在秋分以后，故最后一次追肥以处暑前后为宜，不要迟过秋分。川郁金需肥较多，除施基肥外，仍需追肥2～3次，一般都在中耕除草后施追肥。郁金下种后40天左右，苗高10厘米左右，每667米^{2}施腐熟猪粪尿1 000千克，过一月后，苗高27～30厘米时，每667米^{2}撒施草木灰250千克，混入研细腐熟饼肥50～75千克于根周围，用土覆盖后，再施腐熟猪粪尿1 250千克。

§2.5.10 郁金的病虫害如何防治？

一、病害

（一）根腐病

1. 症状 根腐病多发生在6～7月或12月至次年1月。发病初期侧根呈水渍状，后黑褐腐烂，并向上蔓延导致地上部分茎叶发黄，最后全株萎死。

2. 防治方法

（1）雨季注意加强田间排水，保持地内无积水。

（2）将病株挖起烧毁，病穴撒上生石灰粉消毒。

（3）植株在 11～12 月自然枯萎时及时采挖，防治块根腐烂造成损失。

（4）发病期灌浇 50%退菌特可湿性粉剂1 000倍液。

（二）黑斑病

1. 症状 黑斑病由一种真菌引起，病原菌为 *Alternaria* sp.。病害初发在 5 月下旬，6～8 月较重，受病叶产生椭圆形向背面稍凹陷的淡灰色的病斑，有时产生同心轮纹，大小直径为 3～10 毫米，引起叶子枯焦。

2. 防治方法

（1）在冬季清除病残叶烧毁。

（2）喷 1∶1∶100 的波尔多液防治。

（三）根结线虫

1. 症状 根结线虫学名为 *Meloidogyne* sp.，7～11 月发生，为害须根，形成根结，药农称为“猫爪爪”，严重者地下块根无收。被害初期，心叶退绿失色，中期叶片由下而上逐渐变黄，边缘焦枯，后期严重者则提前倒苗，药农称为“地火”。

2. 防治方法 实行 1～2 年轮作，不与茄子、海椒等蔬菜间作；选择健壮无病虫根茎作种，加强管理，增施磷钾肥。

二、虫害

（一）根结线虫

1. 症状 根结线虫又名苞叶虫，属鳞翅目弄蝶科，学名 *Udaspes folus* Cramer。是为害郁金的主要害虫。以幼虫为害叶片，先将叶片作成卷筒状的叶苞，后在叶苞中取食，使叶片呈缺刻或孔洞状。

成虫体长20毫米，体及翅均呈黑色，胸部具黄褐色绒毛，触角末端有钩，前翅有9个大小不同的乳黄斑，后翅有6个大小不同并列的乳黄斑，后翅边缘有乳黄绒毛。卵直径0.6～0.7毫米，淡黄色，半球形。幼虫初孵时淡黄色，头大而黑，略带紫色；成长幼虫长约35毫米，呈紫黑色，体扁，中间部分较肥大，呈黄绿色，尾部扁平，腹部5～7节处背面表皮下可见明显的两个对称黄色颗粒状物。蛹长32毫米左右，淡黄色，头部有一尖突，尾部较细，将要羽化时变为紫黑色。

1年发生4代，以幼虫在地表枯枝落叶上越冬。4月上中旬出现第一代成虫，7～8月为发生盛期。卵散产于寄主嫩叶上，孵化后吐丝缀叶做苞于其中为害。

2. 防治方法

（1）冬季清洁田园，烧毁枯落枝叶，消灭越冬幼虫。

（2）人工摘除虫苞或用手捏杀。

（3）幼虫发生初期用90%敌百虫800～1 000倍液喷雾，每隔5～7天一次，连续喷2～3次。

（二）地老虎、蛴螬

1. 症状 幼苗期咬食植物须根，使块根不能形成，减低产量。

2. 防治方法 每667米^{2}用25%敌百虫粉剂2千克，拌细土15千克，撒于植株周围，结合中耕，使毒土混入土内；或每667米^{2}用90%晶体敌百虫100克与炒香的菜籽饼5千克做成毒饵，撒在田间诱杀；清晨用人工捕捉幼虫。

（三）玉米螟

1. 症状 玉米螟学名为*Ostrinia furnacalis* Guenee，第3、4代为害植株，7月下旬到8月上旬产卵于叶片上，初孵幼虫从茎的基部钻孔蛀入，蛀食为害茎，造成顶部萎蔫干枯，幼虫具转株为害习性。

2. 防治方法

（1）每 667 米^2 用 200～300 克 Bt 乳剂喷幼苗和心叶。

（2）80％的敌百虫 200 倍液灌心叶。

（3）用 50％杀螟松乳油 1 000 倍液喷雾淋心。

（4）种植玉米诱集带，降低植株受害率。在 6 月下旬至 7 月上旬在田间周围或田边每 667 米^2 种上 100 株玉米，诱成虫产卵，集中消灭。

第七节 郁金的采收、加工（炮制）与贮存

§2.5.11 郁金什么时间采收?

郁金地上叶枯萎后，地下块根内部的营养物质继续发生转化，促使块根继续膨大，经济产量积累增多。如收获过早，块根不充实，折干率低，影响产量质量。收获过迟，郁金水分增多，挖时须根易断，费工大，同时挖后干燥也较困难，加工容易起泡。温郁金一般在 12 月中、下旬为采收适期。川郁金 12 月下旬可以收获，当地认为 2 月上旬最好，2 月以后产量逐渐减少，同时大田生产期延长，因此，收获期不宜过分延长。

采收方法：选晴天干燥时，将地上苗叶割去，用镐或齿耙挖至 55 厘米左右，将地下部全部挖起，抖去泥土，摘下块根，摘时略带须根，否则加工时容易腐烂。因块根入土较深，并系散布在土层内，故收挖工作要细致，尽量不挖断须根，并勤加翻检，不使块根遗留土中，以免浪费。根状茎除作种姜外，郁金的黄姜或绿姜以及温郁金的根状茎等，干燥后均可药用。只有郁金的黄白姜根状茎不作药用。

§2.5.12 怎样加工郁金?

块根取下后，装入竹筐内，放于流水或水塘中洗去泥土，四川多用

铁锅煮，浙江用蒸笼蒸，蒸或煮至透心。蒸煮时须盖好，用旺火把水烧沸，直至蒸汽弥漫四周，约15分钟，用指甲试切块根，不出水，无响声，闻之无生气后，表示块根已熟，即可拿出，摊放于篾席（晒垫）上晾晒，直至全干（一般约需40天），再用竹制撞笼撞去须根，即成干郁金。因郁金加工时天气转冷，不易干燥，且常遇阴雨，使块根发粘，出水，起霉烂等。为此，遇到此种天气时，可用草木灰混拌，每50千克块根加草木灰约5千克，使其粘在块根上，可防止发粘、出水和霉烂，并能加速块根的干燥。如数量大而又有腐烂征象时，可用火烘烤，避免损失；但烤干的外皮皱缩较大，香气较淡，品质较低。每6～8千克鲜块根，可加工成1千克干郁金。以身干，似卵圆形或条圆形，皮有细皱纹，呈灰黄色或呈黄色，内黄褐色或灰白色，无须根、杂质、虫蛀、霉变为合格。以质坚实，外皮皱纹细，断面色黄的为佳。

§2.5.13 如何炮制郁金？

一、古代炮制

宋代有火炮、煮制、浆水生姜皂荚煮后麸炒、皂荚水浸后煮（《总录》）等炮制方法。明代增加了炒制、防风皂荚巴豆河水煮（《普济方》）、烧炭存性（《蒙筌》）、焙制、醋煮（《入门》）、湿纸包煨（《保元》）、磨汁（《大法》）等方法。清代又增加了甘草水煮（《握灵》）、水煮（《大成》）、酒炒（《本草述》）、酒浸（《切用》）、醋炒（《傅青主》）等炮制方法。

（一）郁金

《新修本草》："取四畔子根，去皮，火干之。"《品汇精要》："锉碎或碾末用。"《得配本草》："捣末用或磨汁用。"

（二）炒郁金

《普济方》："去皮，切，炒。"

（三）醋郁金

《医学入门·本草》："醋煮。"《傅青主女科》："醋炒。"

（四）酒制郁金

《本草述》："酒炒。"《成方切用》："酒浸。"

二、现代炮制

（一）郁金

取原药材，除去杂质，大小分开，洗净泥沙，闷润至透，切 0.5 厘米厚横片或斜片，干燥。筛去碎屑。饮片性状：郁金为横或斜薄片，表面浅灰黄或灰褐色，角质样，有光泽，中部有较浅色的内皮层环纹。周边灰黄棕色至灰褐色，具纵直或杂乱皱纹，纵纹隆起处色较浅。气微，味淡。

（二）炒郁金

取净郁金片，置锅内用文火加热，炒至深黄色。炒郁金形如郁金，表面深黄色，带焦斑。

（三）醋郁金

醋炒：取净郁金片加米醋拌匀，闷透，至米醋被吸尽，置锅内用文火加热炒至带火色时，取出放凉。郁金片每 1 千克，用米醋 100 克。醋煮：取净郁金，用清水洗净，泡透，捞出，移入锅内，加醋、水同煮至水尽，取出，晾至半干时，切斜片，晒干。郁金每 1 千克，用醋 250 克。醋蒸：取净郁金，加醋 10%及水适量，浸约 2 日，常翻拌，吸透后，入甑内用武火蒸 2～3 小时，取出切 2 毫米厚顺片，干燥。醋郁金形如郁金，表面黄褐色，略有醋气。

（四）酒制郁金

取净郁金片与黄酒拌匀，置锅内用文火炒至微干，取出晾干。郁金每1千克，用黄酒120克。酒郁金形如郁金，色泽加深，略有酒气。

§2.5.14　郁金怎么样贮藏好？

本品易虫蛀。置通风干燥处贮藏，安全储存水分范围为 11%～14%，相对湿度为 75%～78%。

第八节 郁金的中国药典质量标准

§2.5.15 《中国药典》2010年版郁金标准是怎样制定的?

拼音：Yujin

英文：CURCUMAE RADIX

本品为姜科植物温郁金 *Curcuma rcenyujin* Y，H. Chenet C. Ling、姜黄 *Curcuma longa* L.、广西莪术 *Curcumakwangsiensis* S. G. Lee et C. F. Liang 或蓬莪术 *Curcuma pha eocaulis* Val. 的干燥块根。前两者分别习称“温郁金”和“黄丝郁金”，其余按性状不同习称“桂郁金”或“绿丝郁金”。冬季茎叶枯萎后采挖，除去泥沙和细根，蒸或煮至透心，干燥。

【性状】温郁金 呈长圆形或卵圆形，稍扁，有的微弯曲，两端渐尖，长3.5～7厘米，直径1.2～2.5厘米。表面灰褐色或灰棕色，具不规则的纵皱纹，纵纹隆起处色较浅。质坚实，断面灰棕色，角质样；内皮层环明显。气微香，味微苦。

黄丝郁金 呈纺锤形，有的一端细长，长2.5～4.5厘米，直径1～1.5厘米。表面棕灰色或灰黄色，具细皱纹。断面橙黄色，外周棕黄色至棕红色。气芳香，味辛辣。

桂郁金 呈长圆锥形或长圆形，长2～6.5厘米，直径1～1.8厘米。表面具疏浅纵纹或较粗糙网状皱纹。气微，味微辛苦。

绿丝郁金 呈长椭圆形，较粗壮，长1.5～3.5厘米，直径1～1.2厘米。气微，味淡。

【鉴别】(1) 本品横切面：温郁金表皮细胞有时残存，外壁稍厚。根被狭窄，为4～8列细胞，壁薄，略呈波状，排列整齐。皮层宽约为根直径的1/2，油细胞难察见，内皮层明显。中柱韧皮部束与木质部束各40～55个，间隔排列；木质部束导管2～4个，并有微木化的纤维，导管多角形，壁薄，直径20～90微米。薄壁细胞中可见糊化淀粉粒。

黄丝郁金 根被最内层细胞壁增厚。中柱韧皮部束与木质部束各22～29个，间隔排列；有的木质部导管与纤维连接成环。油细胞众多。薄壁组织中随处散有色素细胞。

桂郁金 根被细胞偶有增厚，根被内方有1～2列厚壁细胞，成环，层纹明显。中柱韧皮部束与木质部束各42～48个，间隔排列；导管类圆形，直径可达160微米。

绿丝郁金 根被细胞无增厚。中柱外侧的皮层处常有色素细胞。韧皮部皱缩，木质部束64～72个，导管扁圆形。

(2) 取本品粉末2克，加无水乙醇25毫克，超声处理30分钟，滤过，滤液蒸干，残渣加乙醇1毫升便溶解，作为供试品溶液。另取郁金对照药材2克，同法制成对照药材溶液。照薄层色谱法（附录Ⅵ B）试验，吸取上述两种溶液各5微升，分别点于同一硅胶G薄层板上，以正已烷-乙酸乙酯（17∶3）为展开剂，预饱和30分钟，展开，取出，晾干，喷以10%硫酸乙醇溶液，在105℃加热至斑点显色清晰。置日光和紫外光灯（365纳米）下检视。供试品色谱中，在与对照药材色谱相应的位置上，显相同颜色的主斑点或荧光斑点。

【检查】水分 不得过15.0%（附录Ⅸ H第二法）。

总灰分 不得过9.0%（附录Ⅸ K）。

饮片

【炮制】洗净，润透，切薄片，干燥。

本品呈椭圆形或长条形薄片。外表皮灰黄色、灰褐色至灰棕色，具不规则的纵皱纹。切面灰棕色、橙黄色至灰黑色。角质样，内皮层环明显。

【鉴别】（除横切面外）【检查】 同药材。

【性味与归经】辛、苦，寒。归肝、心、肺经。

【功能与主治】活血止痛，行气解郁，清心凉血，利胆退黄。用于胸胁刺痛，胸痹心痛，经闭痛经，乳房胀痛，热病神昏，癫痫发狂，血热吐衄，黄疸尿赤。

【用法与用量】3～10克。

【注意】不宜与丁香、母丁香同用。

【贮藏】置干燥处，防蛀。

第九节　郁金的市场与营销

§2.5.16　郁金的市场概况如何？

20世纪50年代郁金产不足销，供应偏紧。1957年全国收购近30万千克，其中四川黄郁金23万千克。60年代，由于3年自然灾害，农业减产，种植郁金与粮食用地产生矛盾。而且收购价格又偏低，生产下降。1960年郁金收购25万千克，比1957年下降20%，而销售却呈上升趋势。产销差距较大，市场供应较长时期没有缓解。在此期间，国家为了缓解粮药争地的矛盾，于1961—1965年对郁金实行奖售粮食政策，以扶持生产。70年代后，随着整个国民经济的好转，特别是农村生产责任制的实行，粮药矛盾和农民温饱问题得到解决，郁金生产迅速发展。1980年后改由市场调节产销。四川、浙江是郁金主产区，担负供应全国和出口的任务。

进入21世纪后，郁金国内市场年需求量200万～250万千克，国际市场年需求量70万～80万千克。2000年下半年至2001年，郁金处于热销中，价格不断高攀，由4～5元/千克升到8～9元/千克。近两年来由于温郁金可提炼成莪术油供药厂生产抗痉药用，市场走势较好。2011年郁金价格攀升到16～20元/千克，见表2-5-1。

今后，在郁金产销基本平衡的情况下，应巩固发展老产区，建立生产基地，稳定生产面积；种植地道的温郁金、川郁金为主，以扩大郁金的使用部位，加强郁金生产计划指导，充分利用信息和价值规律的作用，调节生产。

表 2-5-1 2011 年国内郁金价格表

品 名	规 格	价格（元/千克）	市 场
郁 金	广 统	16	安徽亳州
郁 金	广 统	17～18	广西玉林
郁 金	广 统	20	河北安国

第六章

桔　梗

第一节　桔梗入药品种

§3.6.1　桔梗有多少个品种？入药品种有哪些？

桔梗始载于《神农本草经》，列为下品，为常用中药。李时珍在《本草纲目》中释其名曰："此草之根结实而梗直，故名桔梗。"桔梗花期较晚，约于7～9月在茎顶端着生一朵或数朵蓝色或蓝紫色的花，虽是山野自生的闲花野草，但花大而美丽，非常惹人注目。花冠钟状，先端五裂，倒垂时很像我国古代的钟，所以又名钟形花。常见异名有：符蔰、白药、利如、梗草、卢如（《吴普本草》），房图、荠苨（《名医别录》），苦梗（《丹溪心法》），苦桔梗（《本草纲目》），大药（《江苏植物药志》），苦菜根（河北）。见图2-6-1。

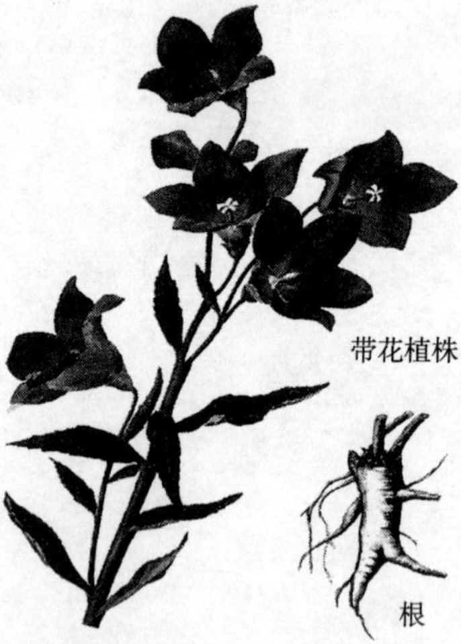

图 2-6-1　桔　梗

桔梗科桔梗属植物全世界仅 1 种 1 变种。桔梗除我国外，在东亚、前苏联远东地区、朝鲜半岛、日本列岛均有分布。《中国药典》2010 年版规定桔梗为桔梗科植物桔梗 *Platycodon grandiflorum* (Jacq.) A. Dc. 的干燥根。

第二节 道地桔梗资源和产地分布

§3.6.2 道地桔梗的原始产地和分布在什么地方?

桔梗在我国大部分省区均有分布，其范围约在北纬 20°～55°、东经 100°～145°之间。道地桔梗主要分布于安徽、河南、湖北、辽宁、吉林、浙江、河北、江苏、四川、贵州、山东、内蒙古、黑龙江；湖南、陕西、山西、福建、江西、广东、广西、云南亦有分布；在西北仅分布于其东部。

野生桔梗主产于内蒙古莫力达瓦旗、扎兰屯、牙克石、鄂伦春旗、科尔沁右翼前旗、扎鲁特旗；吉林龙井、汪清、辉南、永吉、通化、梅河口、桦甸、东丰；黑龙江同江、宁安、海林、穆棱、伊春、林口、依兰、齐齐哈尔；辽宁岫岩、凤城、义县、西丰、宽甸；安徽怀宁、岳西、桐城；河北宽城、抚宁；贵州清镇、都匀、榕江。

§3.6.3 栽培桔梗的分布地域?

栽培桔梗主产于安徽太和、滁县、六安、阜阳、安庆、巢湖；河南桐柏、鹿邑、南阳、信阳、新县、商城、灵宝；四川梓潼、巴中、中江、阆中；湖北蕲春、罗田、大悟、英山、孝感；山东泗水；辽宁辽阳、凤城、岫岩；江苏盱眙、连云港、宜兴；浙江磐安、嵊县、新昌、东阳；河北定兴、易县、安国；吉林东丰、辉南、通化、和龙、安图、汪清、龙井。商品药材以东北和华北产量大，以华东地区品质好。

第三节 桔梗的植物形态

§3.6.4 桔梗是什么样子的?

桔梗为多年生草本植物，全株有白色乳汁。主根纺锤形，长10～15 厘米，几无侧根；外皮浅黄色，易剥离。茎直立，高约 30～120 厘米，光滑无毛，通常不分枝或上部稍分枝。叶 3～4 片轮生、对生或互生，无柄或柄极短；叶片卵形至披针形，长 2～7 厘米，宽0.5～3 厘米，先端渐尖，边缘具锐锯齿，基部楔形，下面被白粉。花单生于茎顶或几朵集成疏总状花序；花萼钟状，先端 5 裂；花冠阔钟状，蓝色或蓝紫色，直径 4～6 厘米，裂片 5，三角形；雄蕊 5，花丝基部变宽，密生细毛；子房下位，花柱5裂。蒴果倒卵圆形，熟时顶部 5 瓣裂。种子多数，卵形，有 3 棱，褐色。花期 7～9 月，果期 8～10 月。

桔梗的品种有时亦有变化，其花有单瓣、重瓣之分，色有紫白之别。重瓣桔梗往往系栽培中所发生的变化。《本草纲目启蒙》曰："寻常多单瓣，青紫色，亦有作双层、千瓣、团扁等形，与深蓝、黄白相间诸色者。双层者有紫二重桔梗、白二重桔梗、二重仙台桔梗、牡丹桔梗等。千瓣者亦有紫白二种，扁者名折扇桔梗，有深蓝、淡蓝二种，千瓣形扁，茎亦带扁。黄色者，名浅黄桔梗。间色者，有白花紫点桔梗、仙台桔梗、南京桔梗。更有单瓣不作筒状者，名纹桔梗。此数种皆艺花家所重者，入药以常品为良。"《大和本草》说："秋开碧花，或放白花，其花瓣有多至八层者，殊美观。入药以碧花之根，冬日及正二月采者为良。小根性薄，大者合用。"目前药用多为单瓣者。

第四节 桔梗的生态条件

§3.6.5 桔梗适宜于在什么地方和条件下生长？

一、群落类型

桔梗为耐干旱的植物，多生长在砂石质的向阳山坡、草地、稀疏灌丛及林缘。据调查，桔梗常在的群落有稀疏的蒙古栎林、槲栎林、榛灌丛、中华绣线菊灌丛和连翘灌丛等。蒙古栎林是比较耐寒的栎树林，广泛分布于我国东北东部山区及内蒙古和华北地区。其中乔木层以蒙古栎（*Quercus mongolica*）为优势种，伴生树种有黑桦（*Betula dahurica*）、白桦（*Betula platypnylla*）、紫椴（*Tilia amurensis*）、色木（*Acer mono*）、山杨（*Populusda vidiana*）等；灌木层有榛（*Corylus heterophylla*）、胡枝子（*Lespedeza bicolor*）、兴安杜鹃（*Rodondedron dahurica*）、毛榛（*Corylus mandshurica*）等；草本层种类繁多，常见的有大油芒（*Spodiopogon sibiricus*）、铁杆蒿（*Artemisia gmelinii*）、东北牡蒿（*Artemisia japonica* var. *mandshurica*）、土三七（*Sedum aizoon*）、黄花败酱（*Patrinia scabiosaefolia*）和桔梗等。榛灌丛见于东北大、小兴安岭，多分布于海拔 50～300 米的林缘和林间隙地。砍伐后的森林地带，也常有大片榛灌丛。其建群种为榛树，高一般约 1.5 米，伴生灌木有胡枝子等，草本植物有铁杆蒿、大野豌豆（*Vicia gigantea*）、地榆（*Sanguisorba officinalis*）、轮叶沙参（*Adenophora verticillata*）、委陵菜（*Pontetilla chinensis*）、土三七、多种唐松草（*Thalictrum* spp.）、石竹（*Dianthus chinensis*）、远志（*Polygala tenuifolia*）和桔梗等。

二、生长环境

桔梗喜温，喜光，耐寒，怕积水，忌大风。适宜生长的温度范围是10～20℃，最适温度为20℃，能忍受零下20℃低温。在土壤深厚、疏松肥沃、排水良好的沙质壤土中植株生长良好。土壤水分过多或积水易引起根部腐烂。

第五节 桔梗的生物特性

§3.6.6 桔梗的生长有哪些规律？

桔梗主要用种子繁殖，春播、秋播或冬播均可。桔梗为直根系，种子萌发后，胚根当年主要为伸长生长，一年生苗的根茎只有1个顶芽，二年生苗可萌发2～4个侧芽。主根第1年伸长最快，可达15～30厘米，第2年缓慢，但明显增粗。

桔梗在浙江的生长发育情况为：桔梗的生长发育情况为：3月中下旬出苗，随着气温升高而抽茎展叶，5～6月为营养生长盛期，7月下旬至9月上旬为花期，9月为果期，10月地上茎叶枯萎。

桔梗在东北的生长发育情况为：4月下旬至5月上旬，当日平均气温超过10℃时，其更新芽即萌动生长，露出地面。5～8月为营养生长期，8月中旬为盛花期，9～10月果熟，10月后地上茎叶枯萎。

第六节 桔梗的栽培技术

§3.6.7 桔梗种子有什么特征？

桔梗的繁殖方法有种子繁殖、根头部（根茎或芦头）繁殖等。目前以种子繁殖为主，其在生产上有直播和育苗移栽两种方式，因直播产量高于移栽，且根直分叉少，便于刮皮加工，质量好，生产上多用。

一、种子形态

桔梗蒴果倒卵圆形，顶部裂为5瓣，熟时棕褐色，种子多数。种子倒卵形或长倒卵形，一侧具翼，全长 2.0～2.6 毫米，宽 1.2～1.6 毫米，厚 0.6～0.8 毫米，表面棕色或棕褐色，有光泽，解剖镜下可见深色纵行短线纹。种脐位于基部，小凹窝状，种翼宽 0.2～0.4 毫米，颜色常稍浅。胚乳白色半透明，含油分，胚细小，直生，子叶 2 枚。千粒重 0.93～1.4 克。

二、贮藏与寿命

桔梗用种子繁殖，必须用当年新产种子，新籽发芽快，发芽率高，长出的苗均匀，健壮，利于管理，隔年陈种子发芽率低。据试验，新种子放鸡心瓶内，藏于室温下，17 和 30 个月测定发芽率，分别为 68.35%和 33.6%。据报道，在南京 1960 年秋季采收的种子，放牛皮纸袋内藏于室温，1962 年春播种已无发芽力。

三、种子萌发

桔梗种子萌发对温度的要求不严格，从 15～30℃都能萌发，萌发适温为 15～25℃。另外，据试验，赤霉素对桔梗种子的萌发有促进作用，浓度范围为 50～200 毫克/升。据西安植物园试验，用超声波电功率 250 瓦，频率20 000赫处理 13 分钟，发芽率比对照提高 2.1 倍。

四、选购桔梗种子注意事项

1. 分清是陈种子还是新种子。桔梗种子寿命 1～2 年，饱满新种子发芽率为 70%左右，贮存 1 年以上的种子发芽率很低，播种前可测定发芽率。另外，新种子表面油润，有光泽，陈种子表面发干，光泽暗。

2. 注意不要买“娃娃种”，即一年生植株结的种子。“娃娃种”瘦小而瘪，颜色浅，出苗率低，幼苗细弱。栽培桔梗最好用二年生植株新产的种子，大而饱满，颜色油黑，发亮，播种后出苗率高。单产可比“娃娃种”高 30%以上。

§3.6.8 如何整理栽培桔梗的耕地?

一、选地

桔梗从长江流域到华北、东北均可栽培。通常选在海拔1 200米以下的丘陵地带，华南亚热带气候地区宜选择在海拔800米以上的山区。桔梗为深根性植物，应选向阳、背风的缓坡或平地，要求土层深厚、肥沃、疏松、地下水位低、排灌方便和富含腐殖质的沙质壤土作种植地。前茬作物以豆科、禾本科作物为宜。黏性土壤，低洼盐碱地不宜种植。

二、整地

种植前的头年冬天，深耕30厘米左右，使土壤风化，并拣净石块，除净草根等杂物。种植当年，每667米^{2}施圈肥、草木灰、堆肥等混合肥2 500～3 000千克，过磷酸钙25千克，施后犁耙1次，整平耙细，做畦或打垄。畦高18厘米，宽120厘米，作业道35厘米，畦长根据灌溉条件和地形而定。小垄宽25厘米，大垄宽55厘米。整平畦面或垄面。地干旱时，先向畦内浇水或淋泼稀粪水，待水渗下，表土稍松散时再播种。如用肥沃土地种植，头年可在畦埂上间种玉米。

若无适宜地块，需在黏性土壤上种植，则必须对土质进行改造，否则桔梗生长不良。具体方法是：在秋末冬初之际，深翻土地30厘米，在翻出的黏土内掺入已过筛的细沙，用量约为黏土量的1/3，然后用牛、马粪作基肥，一层牛马粪一层拌好沙子的土，分次各铺两层，耙平作畦。改良土质是桔梗生长的基础，黏性土壤经改良后，桔梗可正常生长。

§3.6.9 怎样进行桔梗播种?

一、种子播种

桔梗直播可春播、秋播或冬播，以秋播为好。秋播当年出苗，生长期长，产量和质量高于春播。

秋播于10月中旬以前，冬播于11月初（北京地区常采用冬播，即11月初土壤封冻前播种），春播在3月下旬至4月中旬（东北地区约在4月上旬至5月下旬）。生产上多采用条播，按行距20～25厘米开浅沟，沟深约2～3厘米，将种子均匀播于沟内；也可将种子拌细沙（按1∶10）均匀撒入沟内（可节省种子用量，且易播撒均匀）。播后覆细土盖平，稍加镇压，四川产区常盖一层火灰，干旱地区播后要浇水保湿，或在畦面盖草保温保湿。每667米^{2}用种子0.5～0.8千克。秋播约2周出苗。

为促进提早出苗，可用温汤浸种催芽处理，将种子放在50℃温水中搅拌至水凉后，再浸8小时捞出，种子用湿布包上，放置于25～30℃的地方，上面用湿麻袋片盖好，每天早晚用温水浇1次，约4～5天种子萌动即可播种。播种前亦可将种子用0.3%～0.5%高锰酸钾溶液浸24小时，取出冲洗去药液，晾干播种，以提高发芽率。

二、根头部（根茎或芦头）繁殖

可春栽或秋栽，均在收获桔梗时进行，以秋栽较好。

秋季在收获桔梗时，选择个体发育良好、无病虫害的植株，从芦头以下1厘米处切下芦头，用细火灰拌一下，即可进行栽种，这样既可防止感染腐烂，又可刺激断面细胞产生愈伤组织，使栽后容易发根。选择土壤肥沃、阳光充足、排水良好的沙壤土，先深翻30～40厘米，将土耙细整平，以1.5米开畦，要求畦高20～25厘米，以利排水，在畦面上以20～25厘米开横沟，沟深10厘米左右，以株距10厘米放芦头一个。每沟施入人畜粪水2～3千克，覆土，以盖没芦头为度，不宜盖得太厚，最后在种沟内撒一层经腐熟后的圈肥，每667米^2 3 000千克左右，它不仅可以防冻、保湿，也是开春出苗后桔梗前期生长所需的肥源。第二年开春出土，平均每株可有2～3个芽。

§3.6.10 如何对桔梗进行田间管理?

一、育苗

每年3月播种，育苗地选向阳、避风的地方，施足基肥，耕耙整平，作120厘米宽、15～20厘米高的苗床，长度不限，畦土要松软细碎。按行距15厘米开2.5厘米深的浅沟条播。播种前种子按直播方法进行处理和催芽。种子与草木灰加适量人畜粪水拌均，均匀撒入沟内，覆盖肥土0.5～1.0厘米，最后盖草保温保湿，防止雨水冲刷。

春播后10～15天出苗，这时应及时把盖草揭除，苗高1.5厘米时，进行间苗，拔除过密苗和细弱苗，苗高3厘米时，按株距3～4厘米定苗，以后加强管理，注意拔除杂草，天旱时浇水保持畦土湿润，以利幼苗生长，并适当施肥，待秋后或春季发芽前，出圃栽种。此法便于苗期管理，省工省地，但主根不明显。

二、移栽

桔梗分秋栽与春栽两种。秋栽在地上部分枯萎后，即10月中、下旬至地冻前进行。春栽一般在每年3月中旬至4月下旬栽种。栽前将种根挖起，按大、中、小分成三级，分开栽种。栽时在畦上按行距15～20厘米开横沟，深20厘米，株距6厘米，将苗斜放于沟内，根头抬起，根梢伸直，注意不要伤其须根，否则易生侧根，影响质量。栽后覆细土高于根头，稍压即可，淋足定根水。

三、苗期管理

(1) 秋播出苗后及时扒去盖草，然后浇一遍腐熟稀薄粪水，苗高3～5厘米时浅松土，拔净杂草。11月下旬幼苗经霜枯萎后立即浇一层掺水人畜粪，上盖一层土杂肥，保护苗根安全越冬，次春2月底3月初扒开覆盖肥，以利出苗，以后管理和冬播、春播相同。

冬播、春播幼苗管理。4月份苗齐后，勤松土除草，苗情太差可结合追肥浇水，保持土壤湿润。苗高3～5厘米时，进行1～2次间苗，疏去过密的苗，苗高10～12厘米时进行定苗，按株距6～10厘米留壮苗1株，拔除小苗、弱苗、病苗。栽种地若有缺苗，则宜选择阴雨天进行补苗。

(2) 中耕除草 幼苗期宜勤除草松土，苗小时宜用手拔除杂草，以免伤害小苗，每次间苗应结合除草1次。定植以后适时中耕、除草、松土，保持土壤疏松无杂草，松土宜浅，以免伤根。中耕宜在土壤干湿度适中时进行。植株长大封垄后不宜再进行中耕除草。

四、疏花疏果与防倒伏

桔梗开花结果要消耗大量养分，影响根部生长。除留种田外，疏花疏果可提高根的产量和质量，生产上多采用人工摘除花蕾。但是，桔梗花期长达3个月，而且有较强的顶端优势，摘除花蕾以后，便迅速萌发侧枝，形成新的花蕾，这样必须每15天进行1次摘蕾，整个花期需摘5～6次，很费工，且易损伤枝叶，可以利用0.075%～0.1%的植物激素乙烯利，在盛花期喷洒花蕾，以花朵沾满药液为度，每667米^{2}用药液75～100千克，可以达到除花蕾效果。此法效率高，成本低，使用安全，宜推广应用。

二年生桔梗植株高达60～90厘米，一般在开花前易倒伏，可在入冬后，结合施肥，做好培土工作；翌年春季不宜多施氮肥，以控制茎秆生长；在4月或5月喷施500倍液矮壮素，可使植株增粗，减少倒伏。

五、岔根防治

桔梗商品以顺直、坚实、少岔根为佳。栽培的桔梗常有许多岔根，影响商品质量。据安徽李道济先生的观察：无论是直播或移栽的桔梗，如果一株多苗就有岔根，苗越茂盛主根的生长就越受到影响。

反之一株一苗则无岔根、支根。看来解决桔梗岔根问题很简单，栽培的桔梗只要做到一株一苗，则无（或少）岔根、支根。因此，管理中应随时剔除多余苗头，尤其是第2年春返青时最易出现多苗，此时要特别注意，把多余的苗头除掉，保持一株一苗。同时多施磷肥，少施氮钾肥，防止地上部分徒长，必要时打顶，减少养分消耗，促使根部正常生长。

§3.6.11 道地优质桔梗如何科学施肥？

桔梗除在整地时施足基肥外，在生长期还要进行多次追肥，以满足其生长的需要。定苗后应及时追施1次腐熟的人畜粪水；在苗高约15厘米时，再施1次，或每667米^{2}追施过磷酸钙20千克，硫酸铵12千克，在行间开沟施入，施后松土，天旱时浇水；6～7月开花时，为使植株充分生长，可追施腐熟人畜粪水1次；入冬地上植株枯萎后，可结合清沟培土，加施草木灰或土杂肥。第二年开春齐苗后，施1次稀的人畜粪水，以加速植株返青生长；6～7月开花前，再追施1次，或施尿素10千克，过磷酸钙25千克，进一步促进茎叶生长，开花结籽，并为后期的根茎生长提供足够的养料。

§3.6.12 桔梗种子如何的采收与贮藏？

一、桔梗种子的采收

当年播种的桔梗开花较少，所结种子瘦小而瘪，称为“娃娃种”，其发芽率为15%～20%左右，质量差，活力低，长出的幼苗细弱，不宜使用。因此栽培桔梗最好用二年生植株新产的种子。桔梗花期长，达3个月左右，其先从上部抽薹开花，果实也由上部先成熟。在北方后期开花结果的种子，常因气候影响而不成熟。为了培育优良的种子，可在6～7月剪去小侧枝和顶端部的花序，促使果实成熟，使种子饱满，提高种子质量。

9～10 月间桔梗蒴果由绿转黄，果柄由青变黑，种子变黑色成熟时，带果梗割下，放通风干燥的室内后熟 3～4 天，然后晒干，脱粒，除去杂质。应注意及时采收，否则蒴果干裂，种子散落，难以收集。

二、桔梗种子的贮藏

采好的种子晒干后，每 100 千克种子拌生石灰 1 千克，装入细布袋和木箱中保存。忌与盐、油、化肥等物接近，以免影响发芽率。

§3.6.13 桔梗的病虫害如何防治?

一、根腐病

(一) 症状

根腐病是由真菌中半知菌类镰刀菌引起的一种根部病害。发病期 6～8 月，初期根局部呈黄褐色而腐烂，以后逐渐扩大，发病严重时，地上部分枯萎而死亡。

(二) 防治方法

1. 注意轮作，及时排除积水。在低洼地或多雨地区种植，应作高畦。

2. 整地时每 667 米^2 用 5 千克多菌灵进行土壤消毒。

3. 及时拔除病株，病穴用石灰消毒。

4. 发病初期用 50%退菌特可湿性粉剂 500 倍液灌注，每 15 天 1 次，连续用 3～4 次。

二、轮纹病

(一) 症状

轮纹病是由真菌中的半知菌类壳针孢属菌引起的病害。主要危害叶部，6 月开始发病，7～8 月发病严重，和密度大、高温多湿有关。受害叶片病斑近圆形，直径 5～10 毫米，褐色，具同心轮纹，上生小黑点，严重时不断扩大成片，使叶片由下而上枯萎。

（二）防治方法

1. 冬季清园，将田间枯枝、病叶及杂草集中烧毁。

2. 夏季高温发病季节，加强田间排水，降低田间湿度，以减轻发病。

3. 发病初期用 1∶1∶100 的波尔多液，或 65%代森锌 600 倍液，或 50%多菌灵、退菌特1 000倍液喷洒。

三、斑枯病

（一）症状

斑枯病是由真菌中半知菌类壳针孢属菌引起的一种叶部病害。受害病叶两面有病斑，圆形或近圆形，直径 2～5 毫米，白色，常被叶脉限制，上生小黑点。严重时，病斑汇合，叶片枯死。

（二）防治方法

1. 冬季清园，将田间枯枝、病叶及杂草集中烧毁。

2. 夏季高温发病季节，加强田间排水，降低田间湿度，以减轻发病。

3. 发病初期用 1∶1∶100 的波尔多液，或 65%代森锌 600 倍液，或 50%多菌灵、退菌特1 000倍液喷洒。

四、紫纹羽病

（一）症状

紫纹羽病是由真菌中的一种担子菌引起的病害。危害根部，先由须根开始发病，再延至主根；病部初呈黄白色，可看到白色菌索，后变为紫褐色，病根由外向内腐烂，外表菌索交织成菌丝膜，破裂时流出糜渣。地上病株自下而上逐渐发黄枯萎，最后死亡。

（二）防治方法

1. 实行轮作，及时拔除病株烧毁。病区用 10%石灰水消毒，控制蔓延。

2. 多施基肥，改良土壤，增强植株抗病力，山地每 667 米^2 施石灰粉 50～100 千克，可减轻危害。

五、炭疽病

（一）症状

炭疽病主要危害茎秆基部。此病发生后，蔓延迅速，常成片倒伏、死亡。

（二）防治方法

1. 出苗前，喷洒 70％退菌特 500 倍液。

2. 发病期喷 1∶1∶100 波尔多液，每 10～15 天喷 1 次，连续喷 3～4 次。

六、蚜虫

（一）形态特征

无翅胎生蚜体褐色至黑色，复眼浓褐色，触角比体长，第 3 节有 60～70 个感觉圈，第 6 节的鞭部比基部长 6 倍。有翅胎生蚜体褐色至黑色，头幅比头长，额瘤显著外倾；触角比体长，第 3 节有突出的 90 个以上的感觉圈，第 4 节比第 5 节长，第 6 节鞭节比基部约长 5 倍；尾片有 7 对毛。

（二）危害症状

蚜虫等在桔梗嫩叶、新梢上吸取汁液，致使桔梗叶片发黄，植株萎缩，生长不良。

（三）生活习性

4～6 月为害最烈，6 月以后气温升高，雨水增多，蚜虫量减少，至 8 月虫口增加，随后因气候条件不适，产生有翅胎生蚜，迁飞到其他植物寄主上越冬。

（四）防治方法

1. 清除田间杂草，减少越冬虫口密度。

2. 喷洒 50％敌敌畏1 000～1 500倍液，或 40％乐果1 500～2 000倍液。

七、小地老虎

(一) 形态特征

成虫体长16～25毫米，褐色。翅上有3条不明显的曲折横纹，把翅分成3段，中段有肾状纹、环状纹和短棒状纹。卵馒头形，表面有纵横隆纹。老熟幼虫体长37～47毫米，色暗，背线明显。蛹长18～24毫米，赤褐色，有光泽，上有粗大刻点。

(二) 危害症状

常从地面咬断幼苗并拖入洞内继续咬食，或咬食未出土的幼芽，造成断苗缺株。当桔梗植株基部硬化或天气潮湿时也能咬食分枝的幼嫩枝叶。

(三) 生活习性

1年发生4代，以老熟幼虫和蛹在土内越冬。成虫白天潜伏在土缝、枯叶下、杂草里，晚上外出活动，有强烈趋光性。卵散产于土缝、落叶、杂草等处。幼虫共6龄，少数有7～8龄，有假死性，在食料不足时能迁移，幼虫3龄后白天潜伏在表土下，夜间活动为害。第1代幼虫4月下旬至5月上旬发生，苗期桔梗受害较重。

(四) 防治方法

1. 3～4月间清除田间周围杂草和枯枝落叶，消灭越冬幼虫和蛹。

2. 清晨日出之前，检查田间，发现新被害苗附近土面有小孔，立即挖土捕杀幼虫。

3. 4～5月，小地老虎开始为害时，用50%甲胺磷乳剂1 000倍液拌成毒土或毒沙撒施300～375千克/公顷，防治效果较好。也可用90%敌百虫1 000倍液浇穴。

八、红蜘蛛

(一) 形态特征

红蜘蛛属蜘蛛纲，蜱螨目，叶螨科。以成虫、若虫群集于叶背吸食汁液，并拉丝结网，危害叶片和嫩梢，使叶片变黄，最后脱落；花果受害后造成萎缩、干瘪，蔓延迅速，危害严重，以秋季天旱时为甚。

（二）防治方法

1. 冬季清园，拾净枯枝落叶，并集中烧毁。清园后喷波美1～2度石硫合剂。

2. 4月开始喷波美0.2～0.3度石硫合剂，或50%杀螟松1 000～2 000倍液。每周1次，连续数次。

九、大青叶蝉

大青叶蝉又名大青叶跳蝉。分布很广，国内各省（区）皆有分布，成虫、若虫主要危害叶片。

（一）形态特征

成虫体长7.2～10.1毫米，青绿色，其中头冠、前胸背板与小盾片淡黄绿色。头冠中域有1对不规则黑斑，颜面侧区亦具黑色的斑纹。前翅绿色，雌虫绿中带蓝，颜色较雄虫深，前缘淡白，端部透明。卵白色微黄，香蕉形，长1.6毫米，宽0.4毫米，中部稍弯曲，表面光滑。若虫1、2龄体色灰白而微带黄绿色，头冠部皆有黑色斑点，3龄若虫胸腹部背面出现4条暗褐色纵纹，并出现翅芽，4、5龄若虫翅芽较长，并出现生殖节片。

（二）生活习性

在长江流域每年可发生3～5代。以卵在其寄主枝条或杂草茎秆组织中越冬。第2年4月中旬至5月初，越冬卵孵化为若虫，并取食为害，但一般数量较少，危害较轻。6月上中旬以后数量增殖较快，此阶段，江南桔梗产区开始受害。接着7月、8月、9月3个月为严重为害期，10月份以后产卵越冬。

大青叶蝉成虫趋光性强，善跳跃，成虫羽化后经20天开始产卵，卵产于叶背主脉及茎秆组织中，卵痕半月形，卵块状，每块卵约7～8粒，每只雌虫可产卵6～8块。若虫性喜群集，常栖息、活动于叶背和嫩茎上。

(三) 防治方法

1. 利用黑光灯诱杀成虫。

2. 清除药材园内及周围杂草，减少越冬虫源基数。

3. 药剂防治：可用20%杀灭菊酯3 000倍液，或50%杀螟松1 000～1 500倍液，或50%敌敌畏1 000倍液，或40%乐果乳油1 000倍液进行叶面喷雾。

十、根结线虫

根结线虫主要危害根部，以侧根和须根受害较重。在侧根和须根上形成许多大小不等的瘤状物，即虫瘿。剖开虫瘿，可以看到无色透明的小粒——雌线虫。由于根部受害，影响吸收机能，地上部生长发育遭受阻碍，表现为生长衰弱或黄化，引起早衰，遇干旱易死亡。桔梗受根结线虫危害之后，往往又引起根腐生菌的侵染，使根瘤部位出现腐烂。严重时可以发展成整个根系腐烂，造成病株死亡。

(一) 形态特征

桔梗根结线虫（*Meloidoyne incognite*）属线形动物门异皮科根结线虫属。雌雄异型。雌成虫头尖腹圆，呈鸭梨形，内藏大量虫卵或幼虫，不形成坚硬胞囊。生殖孔位于虫体末端，每个雌虫可以产卵300～600粒。雄成虫细长呈蠕虫状，尾稍圆，无色透明。卵长椭圆形,少数为肾脏形。幼虫无色透明,形如雄虫，但比雄虫体形要小得多。

(二) 生活习性

根结线虫以病根或卵囊团留存于土壤中越冬，病土是病害的主要侵染来源。春季破卵而出的2龄幼虫侵入幼根，固定内寄生，刺激寄主细胞过度分裂形成瘤肿。幼虫经过第4次蜕皮发育成形态各异的成虫。雌虫交配或不经交配产卵，卵可以直接孵化或越冬后春天孵化，孵化出的幼虫，迁移到邻近的根上，又引起新的侵染。在适宜的温度(27～30℃）下，完成1代只要17天左右，1年可发生好几代。病土的转运，包括雨水、灌溉水、农具和人畜等的携带以及病苗的移栽是线虫传播的主要途径。

根结线虫为好气性动物。根结线虫的虫瘿大多分布在土壤的表层，尤以表层3～10厘米处最多，凡地势高，干燥，结构疏松，含盐量低，呈中性反应的沙质土壤，适合其幼虫活动，因而发病重。连作有利于根结线虫危害，年限愈长，发病愈重。肥料不足，长势差，遇干旱地上部病状表现加快。

（三）防治方法

1. 与水稻或其他水生作物轮作，或土地冬灌。

2. 移栽无病种苗；病地栽苗时施5%克线磷颗粒剂60千克/公顷～75千克/公顷。也可在栽种前1个月用D-D混剂（450千克/公顷～600千克/公顷），80%棉隆可湿性粉剂（22.5千克/公顷）或80%二溴氯丙烷乳油（15千克/公顷～22.5千克/公顷）等药剂处理土壤。

第七节　桔梗的采收、加工（炮制）与贮存

§3.6.14　桔梗什么时间采收？

种植桔梗因地区和播种期不同，收获年限也不同。北方播后2年～3年收获；南方春播的1～2年收获，秋播的于次年收获。采收期可在秋季9月～10月或次年春桔梗萌芽前进行。以秋季采者体重质实，质量较好。一般在地上茎叶枯萎时采挖，过早采挖根部尚未充实，折干率低，影响产量；收获过迟不易剥皮。起挖时，要深挖，防止挖断主根或碰破外皮，影响桔梗品质。

§3.6.15　怎样加工桔梗？

鲜根挖出后，去净泥土、芦头，浸水中用竹刀、木棱、瓷片等刮去栓皮，洗净，晒干或烘干。皮要趁鲜刮净，时间长了，根皮就很难

刮了。刮皮后应及时晒干，否则易发霉变质和生黄色水锈。

桔梗收回太多，加工不完，可用沙埋起来，防止外皮干燥收缩，不易刮去。刮皮时不要伤破中皮，以免内心黄水流出影响质量。晒干时经常翻动，到近干时堆起来发汗一天，使内部水分转移到体外，再晒至全干。阴雨天可用无烟煤炕烘，烘至桔梗出水时出炕摊晾，待回润后再烘，反复至干。

§3.6.16 桔梗怎么样贮藏好?

桔梗用麻袋包装，每件 30 千克，或压缩打包件，每件 50 千克。桔梗应贮于干燥通风处，温度在 30℃以下，相对湿度 70%～75%，商品安全水分为 11%～13%。本品易虫蛀、发霉、变色、泛油。商品久存颜色易变深，严重时表面有油状物溢出，欲称泛油；吸潮品表面常见霉斑。害虫多藏匿内部蛀蚀。贮藏期间应定期检查，发现吸潮或轻度霉变、虫蛀，要及时晾晒，或用磷化铝熏杀。有条件的地方可密封抽氧充氮养护，效果更佳。

第八节 桔梗的中国药典质量标准

§3.6.17《中国药典》2010 年版桔梗标准是怎样制定的?

拼音：Jiegeng

英文：PLATYCODONIS RADIX

本品为桔梗科植物桔梗 *Platycodon grandiflorum* (Jacq.) A. Dc. 的干燥根。春、秋二季采挖，洗净，除去须根，趁鲜剥去外皮或不去外皮，干燥。

【性状】本品呈圆柱形或略呈纺锤形，下部渐细，有的有分枝，略扭曲，长 7～20 厘米，直径 0.7～2 厘米。表面白色或淡黄白色，不去外皮者表面黄棕色至灰棕色，具纵扭皱沟，并有横长的皮孔样斑痕及支根痕，上部有横纹。有的顶端有较短的根茎或不明显，其上有数个半月形茎痕。质脆，断面不平坦，形成层环棕色，皮部类白色，有裂隙，木部淡黄白色。气微，味微甜后苦。

【鉴别】(1) 本品横切面：木栓细胞有时残存，不去外皮者有木栓层，细胞中含草酸钙小棱晶。栓内层窄。韧皮部乳管群散在，乳管壁略厚，内含微细颗粒状黄棕色物。形成层成环。木质部导管单个散在或数个相聚，呈放射状排列。薄壁细胞含菊糖。

(2) 取本品，切片，用稀甘油装片，置显微镜下观察，可见扇形或类圆形的菊糖结晶。

(3) 取本品粉末 1 克，加 7%硫酸乙醇-水（1∶3）混合溶液 20 毫升，加热回流 3 小时，放冷，用三氯甲烷振摇提取 2 次，每次 20 毫升，合并三氯甲烷液，加水洗涤 2 次，每次 30 毫升，弃去洗液，三氯甲烷液用无水硫酸钠脱水，滤过，滤液蒸干，残渣加甲醇 1 毫升使溶解，作为供试品溶液。另取桔梗对照药材 1 克，同法制成对照药材溶液。照薄层色谱法（附录Ⅵ B）试验，吸取上述两种溶液各 10 微升，分别点于同一硅胶 G 薄层板上，以三氯甲烷-乙醚（2∶1）为展开剂，展开，取出，晾干，喷以 10%硫酸乙醇溶液，在 105℃加热至斑点显色清晰。供试品色谱中，在与对照药材色谱相应的位置上，显相同颜色的斑点。

【检查】水分 不得过 15.0%（Ⅸ H 第一法）。

总灰分 不得过 6.0%（附录Ⅸ K）。

【浸出物】照醇溶性浸出物测定法（附录Ⅹ A）项下的热浸法测定，用乙醇作溶剂，不得少于 17.0%。

【含量测定】照高效液相色谱法（附录Ⅵ B）测定。

色谱条件与系统适用性试验 以十八烷基硅烷键合硅胶为填充剂；以乙腈-水（25∶75）为流动相；蒸发光散射检测器检测。理论板数按桔梗皂苷 D 峰计算应不低于3 000。

对照品溶液的制备 取桔梗皂苷 D 对照品适量，精密称定，加甲醇制成每1毫升含0.5毫克的溶液，即得。

供试品溶液的制备 取本品粉末（过二号筛）约2克，精密称定，精密加入50%甲醇50毫升，称定重量，超声处理（功率250瓦，频率40千赫）30分钟，放冷，再称定重量，用50%甲醇补足减失的重量；摇匀，滤过，精密量取续滤液25毫升，置水浴上蒸干，残渣加水20毫升，微热使溶解，用水饱和的正丁醇振摇提取3次，每次20毫升，合并正丁醇液，用氨试液50毫升洗涤，弃去氨液，再用正丁醇饱和的水50毫升洗涤，弃去水液，正丁醇液蒸干，残渣加甲醇3毫升使溶解，加硅胶0.5克拌匀，置水浴上蒸干，加于硅胶柱[100～120目，10克，内径为2厘米，用三氯甲烷-甲醇（9∶1）混合溶液湿法装柱]上，以三氯甲烷-甲醇（9∶1）混合溶液50毫升洗脱，弃去洗脱液，再用三氯甲烷-甲醇-水（60∶20∶3）混合溶液100毫升洗脱，弃去洗脱液，继用三氯甲烷-甲醇-水（60∶29∶6）混合溶液100毫升洗脱，收集洗脱液，蒸干，残渣加甲醇溶解，转移至5毫升量瓶中，加甲醇至刻度，摇匀，滤过，即得。

测定法 分别精密吸取对照品溶液5微升、10微升，供试品溶液10～15微升，注入液相色谱仪，测定，用外标两点法对数方程计算，即得。

本品按干燥品计算，含桔梗皂苷D（$C_{57}H_{92}O_{28}$）不得少于0.10%。

饮片

【炮制】除去杂质，洗净，润透，切厚片，干燥。

本品呈椭圆形或不规则厚片。外皮多已除去或偶有残留。切面皮部类白色，较窄；形成层环纹明显，棕色；木部宽，有较多裂隙。气微，味微甜后苦。

【检查】水分 不得过12.0%（附录Ⅸ H第一法）。

总灰分 不得过5.0%（附录Ⅸ K）。

【鉴别】（除横切面外）【浸出物】【含量测定】 同药材。

【性味与归经】苦、辛，平。归肺经。

【功能与主治】宣肺，利咽，祛痰，排脓。用于咳嗽痰多，胸闷不畅，咽痛音哑，肺痈吐脓。

【用法与用量】3～10 克。

【贮藏】置通风干燥处，防蛀。

第九节 桔梗的市场与营销

§3.6.18 桔梗的市场概况如何?

桔梗是一种常用中药材，具有去痰止咳，消肿排浓的功效，用来做药的是桔梗的根部，除了可以用来做药以外，在我国东北地区以及韩国、日本等地，鲜桔梗还被端上饭桌，成为人们日常生活中的美味佳肴。桔梗还是传统出口商品，大量出口韩国、日本等国，市场上的需求量非常大。正常年份我国桔梗（干货）市场的总需求量是1 000万千克，其中内需 500 万千克，外需 500 万千克。

桔梗在新中国成立后，于 1963 年和 1977—1980 年列为计划管理品种，1980 年后由市场调节产销。1970 年前，商品主要来源于野生资源，1970 年后野生转家种实验成功，扩大了种植面积，以栽培桔梗进入市场，成为商品的来源之一。1995 年桔梗出口量大增，价格逐步升到每千克 7～8 元，1996 年为 10～15 元，1997 年 16～20 元。1997 年后，由于受亚洲金融危机的影响，桔梗的主要出口国韩国、日本大大减少了对我国桔梗的进口，导致桔梗的价格大副下滑，每千克降到 9～10 元，1998 年的价格更是持续下猾，降到每千克 6～8 元钱，1999—2000 年，桔梗的价格降到了最谷底，每千克仅为 2～3 元。之后桔梗产供销逐步回升，2009 年达到每千克 18～20 元。2011 年桔梗的价格上升到每千克 35～50 元。

值得一提的是近年来，桔梗在药物、食品、保健品等许多领域开发出了许多新产品，比如作为食品，桔梗含有 14 种氨基酸，22 种微量元素，用它加工制成的酱菜甘甜爽脆，很受欢迎，所以桔梗丝、桔梗果脯等产品销路扩展到了北京、武汉、广州等地。从药用价值来说，提取桔梗粉，制成中药饮片在我国还属于前沿的药材深加工，可以说还有相当大的市场空间，随着国内外需求量的增大和桔梗价格的稳步回升，桔梗正逐渐步入高价期，为桔梗种植业发展提供了优越的条件。

第七章

款 冬 花

第一节 款冬花入药品种

§2.7.1 款冬花的入药品种有哪些?

款冬花别名冬花、款冬、看灯花、九九花、艾冬花。见图 2-7-1。款冬花最早见于春秋战国时期的《楚辞》,在汉初著作《尔雅》中称为菟奚、颗冻。药用始载于东汉《神农本草经》,列为中品。记有“主咳逆上气善喘,喉痹,诸惊痫,寒热邪气”。以后历代本草均有记载。宋·苏颂《本草图经》载:“款冬花,今关中亦有之。”款冬花性温,味辛、微苦,归肺经。具有润肺下气,止咳化痰等功能,用于新久咳嗽,喘咳痰多,劳嗽咳血。因此,款冬花在全国广泛地被种植。

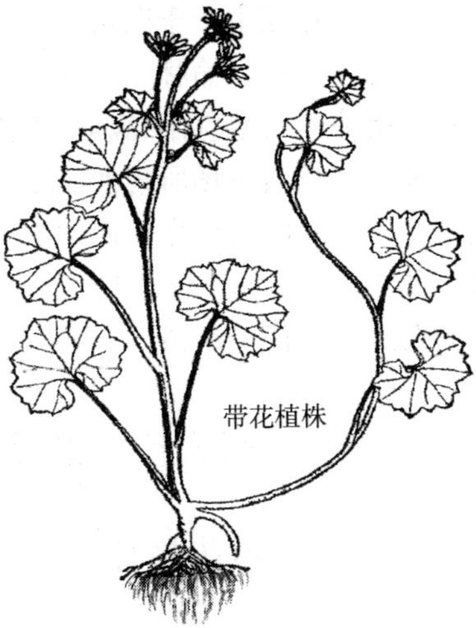

图 2-7-1 款冬花

《中国药典》2010 年版款冬花规定为菊科植物款冬 *Tussilago farfara* L. 的干燥花蕾。

第二节 道地款冬花资源和产地分布

§2.7.2 道地款冬花的原始产地和分布在什么地方？

《本草经集注》记载：款冬花“第一出河北，其形如宿，未舒者佳”。宋代《本草衍义》载：“百草中，惟此不顾冰雪，最先春也，春时人采以代蔬，入药则微见花者良。如已芬芳，则都无气力。今人多使如筋头，恐未有花尔。”明代《本草纲目》列为草部隰草类，对其形态、生境、产区、性味、功能等均有较详细的记述。

款冬花家野兼有。野生资源主要分布于甘肃、山西、宁夏、新疆；陕西、四川、内蒙古、河北等省亦有分布。主要分布于甘肃天水、庆阳、环县、临潭、徽县、礼县、灵台、泾川、两当、正宁、宁县；山西静乐、临县；宁夏隆德、固原、海原、彭阳、泾源；新疆新源、裕民；陕西府谷；内蒙古准格尔旗。

家种款冬花栽培于四川、陕西、山西、湖北、河南，河北亦有栽培。道地款冬花主产于四川广元、南江、城口、巫江；陕西府谷、子长、镇巴、宁强、榆林、神木、风县；山西娄烦、忻州、静乐；湖北郧县、南漳；河南宜阳、嵩县、卢氏、栾川。以河南产量多，甘肃质量优。

款冬花目前市场所售商品多来自家种提供，野生品已很少。家种款冬花产地常因市价变化而增减或转移。目前主要栽培于山西大同地区，如广灵县的加斗乡、阳原县的化梢营镇；河北张家口地区，如蔚县的白乐镇和代王城镇。

第三节 款冬花的植物形态

§2.7.3 款冬花是什么样子的？

款冬花为多年生草本，高10～25厘米。根状茎横生，叶基生，具长柄；叶片圆心形或肾心形，长 7～10 厘米，宽 10～15 厘米，先端近圆形或钝尖，基部心形，边缘有波状疏齿，上面暗绿色，光滑无毛，下面密生白色茸毛，具掌状网脉。花冬季先叶开放，花葶数枝，高 5～10 厘米，被茸毛；苞叶椭圆形，淡紫褐色，10 余片，密接互生于花葶上；头状花序单一顶生，总苞片 20～30 片，排列成 1～2 层，被茸毛；边花舌状，雌性，雌蕊 1 个，子房下位；中央花管状，雄性，花冠先端 5 裂，雄蕊 5 个。瘦果长椭圆形，有明显纵棱，具冠毛。

第四节　款冬花的生态条件

§2.7.4　款冬花适宜于在什么地方和条件下生长?

款冬花喜凉爽，耐寒、怕热、怕旱、怕涝。野生于河边、沙滩、山谷、沟边等比较潮湿地带，宜栽培于海拔 800 米以上的山区半阴坡地。海拔1 800米以上的高山区也可以栽种，但冬季封冻较早，不便于采收花蕾。土壤宜为土质疏松、肥沃、湿润、腐殖质较丰富的微酸性沙质壤土或红壤。忌连作。款冬在气温 9℃以上就能出苗，16～24℃时苗叶生长迅速，35℃以下生长良好，超过 36℃就会枯萎死亡。

第五节　款冬花的生物特性

§2.7.5　款冬花的生长有哪些规律?

款冬花自出苗至开花结子，可分为 5 个时期，幼苗期：3～5 月，从出苗至 5 片叶时，此时幼苗生长缓慢；盛叶期：6～8 月，从 6 片叶开始至到叶丛出齐，直至外叶分散呈平伏状态时，此时根系发达，根横向伸展 30～70 厘米，地上茎叶生长迅速；花芽分化期：9～10

月，地上部分逐渐停止生长，除心叶外，一般茎叶下垂平伏，变为黄褐色；孕蕾期：10 月至翌年 2 月，花芽逐渐形成花蕾；开花结果期：2～4 月，从茎中央抽出花梗，长出紫红色花蕾，逐渐开放，头状花呈黄色，花谢结子。

第六节 款冬花的栽培技术

§2.7.6 如何整理栽培款冬花的耕地？

一般低山区多选择阴坡地，高中山区选择阳坡低地。款冬对土壤的适应性较强，以土质疏松肥沃、排水良好的沙质壤上为佳。山地以东南坡向最适宜生长，黏重土壤或低洼易积水地不宜种植，以免雨季积水而引起烂根。于冬季土壤结冻前或春季土壤解冻后进行深耕、整平、耙细，并结合耕翻施足基肥，每 667 米^2 施腐熟厩肥或堆肥2 000千克左右、均匀撒于土表，然后耕深 20 厘米，把肥料翻入土中，再耙细整平作畦。根据当地气候和地势高低作平畦或高畦，并开出排水沟。

§2.7.7 怎样进行款冬花播种？

一般以根茎繁殖。种子繁殖因种子成熟度差，栽培年限长故生产上很少采用，在秋末冬初时节，选择粗壮多花、颜色较白、没有病虫害的根茎做种栽，较老的根茎或过于细长的根茎都不适作种栽，栽种分春栽、冬栽两种方法。

春栽于 2 月上旬至 3 月下旬，冬栽于 10 月上旬至 11 月上旬进行。春栽的种苗可于上年冬季收花时将做种栽的根壮茎就地埋于土中贮藏，也可在室内堆藏或窖藏，堆藏应于地面上先铺一层湿润的细砂，然后放一层根壮茎再铺一层细砂，如此堆放至 33 厘米高，其上盖草席或茅草即可，窖藏时要窖口高出地面；冬栽可与收花相结合，随挖收随栽。将挖起的植株，先把花蕾摘下，再把健壮无病虫害的根茎掰下，集中在一起待栽。栽前把根茎剪成 10 厘米左右的节段，每段有 2～3 节，摊开使伤口晾干水气即可栽种。可条栽或穴栽，条栽按行距 27～33 厘米开 8～10 厘米深的沟，每隔 15 厘米左右放冬花根茎 1 小段，再覆土 5～6 厘米。穴栽按 30 厘米左右见方挖穴，每穴按 3 角形放 3 小段，同样盖土，干旱地区栽后需及时浇水。垄栽者可在垄的两侧开穴载种，一般栽后 15～20 天出苗，每 667 米^2 需用根茎 25～30 千克。

§2.7.8 如何对款冬花进行田间管理?

一、补苗

幼苗出土后，应经常检查，及时补苗。补苗后立即施以稀粪水，促苗成活。

二、间苗

间苗于 4 月底至 5 月初进行，视苗情留壮去弱，留大去小。

三、中耕除草

出苗后至植株封垄前要进行中耕除草 3～4 次，第 1 次于 4 月上旬出苗展叶后，结合补苗进行，此时苗根生长缓慢，应浅松土，避免伤根，第 2 次在 6～7 月，苗叶已出齐，根系亦生长发育良好，中耕可适当加深，最后一次（8 月）中耕除草时可适当培土于植株基部、以免花蕾露出地面，变成绿色，影响质量。培土不宜太厚，土太厚会使地里的花葶伸长、变细，而影响花蕾的质量和产量。

四、疏叶

款冬花在 6～8 月为盛叶期，此时高温多湿，叶片过密，会造成通风透光不良而影响花芽分化和招致病虫危害，要及时剪去基部枯黄的叶片和病烂叶片，疏叶时用剪刀从叶基部剪下，切勿用手掰扯以免伤害主茎。

五、灌溉排水

款冬花喜湿润但怕涝，春季苗出全后，如地不太干旱，不必浇水，如栽在高燥地，天气干旱应适当浇水，以保成活。“立秋”以后要适时浇水，经常保持湿润，夏季阴雨季节应注意排水防涝，如湿度太大易生病烂根。

§2.7.9 道地优质款冬花如何科学施肥?

生长前期一般不追肥，以免生长过旺，易罹病害。如土质较差的可于苗出齐后追施1次稀腐熟人畜粪尿600～800千克或尿素10千克等，4～5月份再追施1次磷铵复合肥25～30千克，生长后期要加强肥水管理：9月上旬，每667米^{2}追施灶灰或堆肥1 000千克；10月上旬，每667米^{2}再追施腐熟堆肥1 200千克与过磷酸钙15千克，于株旁开沟或挖穴施入，施后用畦沟土盖肥。

§2.7.10 款冬花的病虫害如何防治?

一、病害及其防治

(一) 款冬褐斑病

1. 症状 叶面病斑圆形，近圆形，直径5～20毫米，中心部褐色，边缘紫红色，不整齐，其上生褐色小点，即病原菌的分生孢子器。

2. 病原 款冬褐斑病病原为 *Stagonospora tusslaginis* Died。属半知菌亚门、腔孢纲、球壳孢目、球壳孢科、壳多孢属真菌。分生孢子器叶面生，散生，初埋生，后突破表皮，近球形；器壁淡褐色，膜质，孔口周围的细胞褐色，稍厚，直径212～376微米。分生孢子近梭形、棒形，初无色，最终微呈淡榄色，顶端钝圆，基部略尖，3 个隔膜，隔膜处稍缢缩，大小为 30～52×4～6 微米。

3. 发病规律 病原菌在病叶残体上越冬，7～8 月发生。雨后突然天晴，温度升高，湿度过大以及积水的地块，有利发病。

4. 防治措施

（1）清除病残组织，减少越冬菌源。

（2）注意排水，降低田间湿度，减轻发病。

（3）发病初期，喷洒波尔多液（1∶1∶100）或 65%代森锌可湿性粉剂 500～600 倍液或 50%多菌灵 800～1 000倍液。

（二）款冬菌核病

1. 症状 发病初期，病株地上部分无明显症状，后出现白色菌丝逐渐向主茎上延，叶面呈现褐色病斑。植株地下部逐渐发黄腐烂，闻有酸气，末期根部黑褐色，植株枯萎。

2. 病原 款冬菌核病病原为 *Sclerotinia* sp.。属子囊菌亚门、盘菌纲、柔膜菌目、核盘菌科、核盘菌属真菌。子囊盘从菌核或子座化部分上长出来，肉质、有柄。

3. 发病规律 以菌核在病残体及土壤中越冬，成为翌年的初次侵染源。翌年，菌核上抽生子囊盘，产生子囊孢子，借风雨传播，扩大为害。6～8 月高温多湿的条件下发生。

4. 防治措施

（1）轮作，宜与禾本科作物如水稻等轮作。

（2）雨后及时疏沟排水，降低田间湿度，减轻发病。

（3）发现中心病株，及时拔除，并铲除其植株周围表土，控制蔓延。

（4）出苗后，喷 5%氯硝铵粉剂，每 667 米^{2}2 千克，发病后喷波尔多液（1∶1∶130）或 65%代森锌可湿性粉剂 500～600 倍液。

（三）萎缩性叶枯病

1. 症状 病斑由叶缘向内延伸，黑褐色不规则，致使局部或全叶枯干，严重时可蔓延至叶柄。

2. 病原 萎缩性叶枯病由真菌中一种半知菌引起。

3. 发病规律 病菌以分生孢子器在病叶上越冬。来年分生孢子借风雨传播，使植株下部叶片最先发病，逐渐向上蔓延到全株。分生孢子在250℃经6小时就发芽侵入叶组织，潜育期随气温升高而缩短。高温多湿容易发病。

4. 防治措施

（1）收获时要清除残叶病株，深埋或烧掉。

（2）及时开汤排水，降低田间湿度。

（3）发病初期，先剪除病枯叶然后喷洒50%多菌灵800倍液，7～10天1次，连喷4～5次。

二、虫害及其防治

（一）蚜虫

蚜虫5～6月易发生。密集于嫩梢、叶背吸取汁液，使叶片皱缩，造成危害。

防治方法：（1）清除田间周围菊科植物等越冬寄主，消灭越冬卵；（2）冬季清园，将残株深埋或烧掉；（3）发生期用40%乐果乳油1 500～2 000倍液，每隔7～10天喷1次，连续喷2～3次。

（二）银纹夜蛾

1. 银纹夜蛾为害状 幼虫咬食紫菀叶片成孔洞或缺刻，严重时叶片被吃光，只留叶脉。

2. 形态特征

（1）成虫 体长12～15毫米，翅展28～30毫米，体灰褐色。胸部背面有三丛簇生，腹面黄褐色。前翅中央有一横“U”形白纹，后方有一近似三角形的银白色小斑纹。后翅暗褐色，缘毛灰褐色，有金属光泽。

（2）卵 乳白色，馒头形，有格子纹。

（3）幼虫 老熟幼虫体长约30毫米，体绿色，头黄绿色。头小尾粗，体背有白色细纵线数条，第一和第二对腹足退化，行动像尺蠖。

（4）蛹　长约18毫米，淡绿色蛹背前几节略带紫红色，尾端有子根弯曲尾刺，中间两对最长。

3. 生活习性　1年发生3代，以蛹越冬。翌年6月羽化，3代均能为害，成虫多在夜间活动，晚上8～10时活动最盛，有趋光性。初龄幼虫常群集心叶背面，咬食叶下 及叶肉。有假死性，抗药性强，7～8月为害严重。

4. 防治措施

（1）利用幼虫假死性，人工捕捉幼虫。

（2）用90%敌百虫800～1 000倍液，或25%亚胺硫磷600～800倍液或50%杀螟松乳剂1 000倍液喷洒。每隔7天一次，连续2～3次。

（三）蛴螬

1. 蛴螬为害状　蛴螬是金龟子的幼虫，土名叫"白字虫"，"白地蚕"属鞘翅目、金龟科。种类很多为害紫菀的蛴螬种类较多，其中以东北大黑鳃金龟、暗褐鳃金龟、铜绿丽金龟、黑绒金龟子等发生最为普遍，为害状，咬食紫菀幼苗和根茎，使植株倒伏而死。

2. 形态特征

（1）成虫　东北大黑鳃金龟身体长约16～21毫米，黑褐色，有光泽。翅鞘每侧各有4条明显的纵隆纹，小盾片无点刻。前足胫节有3个锐齿，臀板光滑。暗黑鳃金龟身体长18～22毫米，黑褐色，无光泽。小盾片有点刻，前足胫节有3个钝齿，臀板有棱边。铜绿丽金龟身体长18～21毫米，铜绿色，有光泽，腹面黄褐色。黑绒鳃金龟体长8～10毫米，黑褐色或黑紫色，体上密披绒毛，鞘翅短，每鞘翅上有十列刻点。

（2）卵　乳白色，一般椭圆形。

（3）幼虫　体污白色，头部橙黄色或黄褐色，常弯曲呈马蹄形。东北大黑鳃金龟老熟幼虫身体长约35毫米，头部前顶刚毛每侧3根。肛门3裂，腹毛区散生钩状刚毛。暗黑鳃金龟老熟幼虫与东北大黑鳃金龟大小相似，头部前顶刚毛 1 根。腹毛区刚毛较东北大黑鳃金龟稀疏。铜绿丽金龟肛门 1 横裂，有尖刺列，针毛每列 10～20 根。黑线鳃金龟幼虫肛门纵裂，前方横列-排弧形刚毛。

(4) 蛹 裸蛹淡黄色，椭圆形。

3. 生活习性 东北大黑鳃金龟二年 1 代，以成虫和幼虫交替越冬。第二年 4 月间越冬成虫开始出现，5 月中旬至 7 月下旬为盛发期，8 月上旬逐渐减少，10 月上旬绝迹。越冬成虫 5 月中旬开始产卵，盛期为 6 月上旬至 7 月下旬，产卵期长达 2～3 个月。每头雌虫平均产卵 190 余粒，卵经 2 星期左右孵化为幼虫，孵化盛期约在 6 月下旬至 7 月中旬。10～11 月以 2、3 龄幼虫越冬。越冬幼虫第二年 4 月中旬开始上升到耕作层危害中药材等作物。6 月上旬化蛹，6 月下旬开始羽化为成虫。当年羽化的成虫不出土。在原化蛹处越冬。成虫寿命很长，白天潜伏在土内，黄昏出土活动。有假死性，雌成虫没有趋光性，雄成虫有趋光性。成虫取食林木、果树及多种农作物的叶片，并在低矮植物上交尾，产卵于土中。

暗黑鳃金龟一年 1 代，以 3 龄幼虫及少数成虫越冬。故成虫出土较晚。一般 6 月上旬见卵，7 月中旬为产卵盛期。6 月下旬开始出现幼虫，危害地下根茎。9 月间幼虫发育至 3 龄，陆续到土壤深处越冬。成虫飞翔力强，有趋光性、假死性。成虫有群集取食习性。

铜绿畸金龟 1 年发生 1 代，以幼虫越冬。危害盛期为 5 月下旬至 6 月中旬。6 月中、下旬化蛹、羽化。成虫出现盛期为 6 月下旬至 7 月上、中旬，7 月中旬出现新 1 代幼虫，10 月上旬开始下降，准备越冬。成虫通常昼伏夜出，趋光性很强，对黑光灯尤为敏感。

黑绒鳃金龟每年完成 1 个世代，以成虫在浅土层或覆盖物下越冬，成虫于傍晚 17～18 时出土。温度、降雨、大风均能影响其出土，雨后常是出土高峰日，出土早晚常和温度有关。成虫出土初期雄多于雌，一出土即进行取食、飞翔、交尾，黑绒鳃金龟喜在干旱地块生存，因此干旱地区发生较多。

蛴螬长期生活在土中，常受土壤温度的影响而作季节性的上下移动。冬季在土壤较深处越冬（最深可达110厘米），春季3月底4月初，随着气温的回升，开始上升到土壤浅层危害。夏季高温时又向深层移动，秋凉时又上升危害。

4. 防治措施

（1）冬季深翻土地，清除杂草，消灭越冬虫口。

（2）辛硫磷处理土壤。播种前结合整地，每667米^{2}用50%辛硫磷乳油0.5千克，加水配成800倍液，喷洒地面。洒药后要及时把表层的药土翻入土中。或用辛硫磷乳油0.5千克，加水25千克，再兑干细土150千克，配成毒土撒施。或每667米^{2}用辛硫磷乳油0.25千克，加10千克炉渣颗粒，再兑干细土15千克，配成颗粒剂，撒于播种沟内，然后覆土。应注意，辛硫磷见光易分解，喷药应在日落后，或日出前进行。

（3）辛硫磷拌种。用50%辛硫磷乳油0.5千克，加水15～25千克，拌250千克种子，对防治蛴螬效果好。方法是：用喷雾器将药液喷在种子堆上，边喷边拌，喷后闷3～4小时，再摊开晾至7～8成干，然后播种。

（4）药液灌根。紫菀生长期发生蛴螬危害时，用80%敌敌畏乳油0.5千克，加水600千克，或50%辛硫磷乳油0.5千克，加水500千克，或90%敌百虫100倍液，或50%西维因可湿性粉剂1 000倍液灌根。也可每667米^{2}用5%辛硫磷颗粒剂3千克，兑细土20～30千克，混合均匀后，撒于地面。

第七节 款冬花的采收、加工（炮制）与贮存

§2.7.11 款冬花什么时间采收?

一般在栽培当年秋末冬初地冻前（立冬前后），花蕾未出土、苞

片呈紫红色时采收。高海拔地区，亦可推迟至翌年2月。不宜过早也不要太晚，过早挖收，花蕾小、产量低；采收太晚，花蕾已出土开放，质量降低。有的产区分多次采收，采收时把株旁表土扒开，采大留小，采2～3次，花蕾质量好、产量高，但比较费工，多数产区，在蕾期每年只采收一次，比较省工。采收时挖出全部根状茎，仔细摘下花蕾，去净花梗和泥土，放筐里运回，防止挤压揉搓，亦不可用水洗，若花蕾上带泥，待干后自掉，防止受雨、露、霜、雪淋湿，造成花蕾干后变黑，影响质量。

§2.7.12 怎样加工款冬花？

将摘下的花蕾薄薄地摊在席上，置通风干燥处晾干，在晾晒时勿用手翻动，可用木耙或木棍翻动，晚上，或遇阴雨天收于室内，防止受潮变色或霉烂。晒干后轻轻过筛，筛去泥土即可供药用。如遇连续阴天，可用木炭或无烟煤以文火烘干，温度控制在40～50℃之间。烘时花蕾摊放不宜太厚，约5～7厘米即可。烘干时间不宜过长，干透即止。干燥时不宜过多翻动，尤其是即将干燥的花蕾，否则，外层苞片易破损，影响药材质量。烘干的款冬花，色泽鲜艳，质量好，折干率高。

§2.7.13 款冬花怎么样贮藏好？

本品易受潮引起发霉变色。发霉后，表面出现不同颜色霉斑，严重时，萌发大量菌丝并结成块引起发热，由紫红色或淡红色变得黯淡灰黄。本品亦是最易虫蛀的花类药材。虫蛀时常结成串状，为害的仓虫有印度各螟、一点各蛾、咖啡豆象、鳞毛粉蠹、双齿各盗、日本蛛甲等20余种。

款冬花一般用内衬防潮纸的风楞纸箱包装，每件15千克左右，宜贮存于阴凉通风干燥处，温度28℃以下，安全相对湿度65%～75%，商品安全水分10%～13%，贮存期不宜过长，坚持“先进先出，易变先出”的原则，定期测量商品温度，若受潮发热，应迅速晾晒或置通风处降湿。忌曝晒，否则色变深，吐丝露蕊，影响质量。高温多雨季节，宜用薄膜袋小件密封抽氧充氮保存。或用薄膜将货垛密封，虫害严重时，用磷化铝或溴甲烷熏蒸，时间不宜过长。

第八节 款冬花的中国药典质量标准

§2.7.14 《中国药典》2010年版款冬花标准是怎样制定的?

拼音：Kuandonghua

英文：FARFARAE FLOS

本品为菊科植物款冬 *Tussilago farfara* L. 的干燥花蕾。12月或地冻前当花尚未出土时采挖，除去花梗和泥沙，阴干。

【性状】本品呈长圆棒状。单生或2～3个基部连生，长1～2.5厘米，直径0.5～1厘米。上端较粗，下端渐细或带有短梗，外面被有多数鱼鳞状苞片。苞片外表面紫红色或淡红色，内表面密被白色絮状茸毛。体轻，撕开后可见白色茸毛。气香，味微苦而辛。

【鉴别】取本品粉末1克，加乙醇20毫升，超声处理1小时，滤过，滤液蒸干，残渣加乙酸乙酯1毫升使溶解，作为供试品溶液。另取款冬花对照药材1克，同法制成对照药材溶液。另取款冬酮对照品，加乙酸乙酯制成每1毫升含1毫克的溶液，作为对照品溶液。照薄层色谱法（附录Ⅵ B）试验，吸取供试品溶液和对照药材溶液各2～5微升、对照品溶液2微升，分别点于同一硅胶 GF_{254} 薄层板上，以石油醚（60～90℃）-丙酮（6：1）为展开剂，展开，取出，晾干，再以同一展开剂展开，取出，晾干，置紫外光灯（254纳米）下检视。供试品色谱中，在与对照药材色谱和对照品色谱相应的位置上，显相同颜色的斑点。

【浸出物】照醇溶性浸出物测定法（附录Ⅴ A）项下的热浸法测定，用乙醇作溶剂，不得少于20.0%。

【含量测定】照高效液相色谱法（附录Ⅵ D）测定。

色谱条件与系统适用性试验 以十八烷基硅烷键合硅胶为填充剂；以甲醇水（85∶15）为流动相；检测波长为220纳米。理论板数按款冬酮峰计算应不低于5 000。

对照品溶液的制备 取款冬酮对照品适量，精密称定，加流动相制成每1毫升含50微克的溶液，即得。

供试品溶液的制备 取本品粉末（过四号筛）约1克，精密称定，置具塞锥形瓶中，精密加入乙醇20毫升，称定重量，超声处理（功率200瓦，频率40千赫）1小时，放冷，再称定重量，用乙醇补足减失的重量，摇匀，滤过，取续滤液，即得。

测定法 分别精密吸取对照品溶液与供试品溶液各20微升，注入液相色谱仪，测定，即得。

本品按干燥品计算，含款冬酮（$C_{23}H_{34}O_5$）不得少于0.070%。

饮片

【炮制】款冬花 除去杂质及残梗。

【性状】【鉴别】【浸出物】【含量测定】 同药材。

蜜款冬花 取净款冬花，照蜜炙法（附录Ⅱ D）用蜜水炒至不粘手。

本品形如款冬花，表面棕黄色或棕褐色，稍带黏性。具蜜香气，味微甜。

【浸出物】同药材，不得少于22.0%。

【鉴别】【含量测定】 同药材。

【性味与归经】辛、微苦，温。归肺经。

【功能与主治】润肺下气，止咳化痰。用于新久咳嗽，喘咳痰多，劳嗽咳血。

【用法与用量】5～10克。

【贮藏】置干燥处，防潮，防蛀。

第九节 款冬花的市场与营销

§2.7.15 款冬花市场现状情况如何?

一、款冬花的药用价值在扩大

款冬花味辛、微苦、性温，具有润肺下气，止咳化痰等功效，对治疗新久咳嗽，喘咳痰多、劳嗽咳血等症有较好疗效。现代医学研究证明，款冬花含生物碱、款冬花酮、冬花素脂黄酮甙、款冬二醇、挥发油及鞣质等，临床应用于哮喘、镇咳祛痰、慢性气管炎等，效果明显。由于款冬花的药用价值较高，应用范围较广，颇受我国几千家制药厂的青睐，用其开发了几千个品种的新药、特药和中成药，其中不少新药投入市场后成为抢手俏货。与此同时，我国几万家医疗单位大量用于处方药，用其治疗止咳祛痰。在中成药生产中，又是通宣理肺丸、百花定喘丸、止咳青果丸、气管炎丸、半夏止咳片、复方冬花咳片、川贝雪梨膏、款冬止咳糖浆等几十种中成药的重要原料。剂型有蜜丸、水丸、片剂、煎膏剂、浓缩丸等 20 种类型。

二、款冬花的野生资源在减少

野生款冬花分布于我国河北、河南、湖北、四川、山西、陕西、甘肃、宁夏、内蒙古、新疆、青海、西藏等省区，主产于陕西、甘肃、宁夏、青海、四川等地。在上个世纪 80 年代之前，主产区野生款冬花资源蕴藏量还有一定的量。进入 90 年代之后，由于各地连年无序地滥采滥摘，只挖不种，野生资源每况愈下；进入 21 世纪后，产区采煤、采金、采油、采气，开矿、修路、毁林造田等一系列行为，严重地破坏了款冬花的生长环境，导致产量呈逐年大幅下滑之势。多年来主产区与次产区经常发生自然灾害，诸如：干旱、暴雨、大风、沙尘暴、水土流失……也使野生产量大幅减产。此外，近几年大批农民进城务工，产区少有壮劳力出外采药。上述诸多因素导致款冬花野生资源大幅下滑，几近枯竭，使市场供应缺口逐年加大，后市难以为继。

三、款冬花的需求逐年在增加

款冬花在临床应用于哮喘、镇咳祛痰、慢性气管炎等，效果明显。款冬花的药用价值较高，应用范围较广，颇受我国几千家制药厂的青睐，用其开发了几千个品种的新药、特药和中成药，其中不少新药投入市场后成为抢手俏货。与此同时，医疗单位大量用于处方药，用其治疗止咳祛痰。据对市场调查，我国药厂、药企、药市、医院（诊所）等用户每年需求量从21世纪起均呈逐年增长之势，这是由于我国医药行业的异军突起及医药产品的科技创新，药厂以款冬花为主要原料生产的新药、特药和中成药每年以2倍的数量递增，款冬花顿时成为众矢之的，但因资源匮乏，供应凸显紧张，缺口加大，供需矛盾日益尖锐，迅即由买方市场转向卖方市场。

四、款冬花的价格在逐年攀升

款冬花需求逐年增长，供需矛盾较为尖锐。上个世纪90年代之前，款冬花在我国药材市场上用量不大，不足30万千克，供需关系稳定，销量与价格少有波动，不为药厂、药企、药市和药农所关注。20世纪90年代，款冬花是个三类小品种，市场需求很少，也仅为30万千克左右，价格低迷不前，每千克售价只有5～6元。但进入21世纪后，我国医药行业蓬勃发展，不少药企以该品为主要原料生产了大量的新药、特药，产量每年成倍递增，因而带动市场，对其需求量由年30万千克上升至130万千克，该品也因此进入二类品种行列。通过对全国17家大型中药材市场2001—2011年款冬花价格走势调查显示，款冬花统货和选装货每千克的价格2004—2006年分别上涨至28～38元和40～50元，2007—2008年再分别上涨至34～43元和45～52元；进入2009年后，款冬花价格连涨，12 月份涨至 85～95 元和 110～150 元；2011 年又达到 120～140 元和 180～250 元的高价。与此同时，产地收购价、批发价以及全国各地的药材公司、药店、医院、饮片加工企业及农贸市场上的价格均在成倍上涨。

第八章

紫　苏

第一节　紫苏入药品种

§2.8.1　紫苏的入药品种有哪些？

紫苏原产中国，中国两千年前解释词义的专著《尔雅》中就有紫苏的记载。西汉扬雄《方言》（公元前1世纪）记有："苏……其小者谓之"。据宋代地方志《赤诚志》卷三十六《物产蔬之属》记载：台州常见上市的蔬菜有苏（紫苏、花苏、板苏）等。而西汉枚乘在其名赋《七发》中即开列了"鲤鱼片缀紫苏"等佳肴。李时珍说"紫苏嫩时有叶，和蔬茹之；或盐及梅卤作菹食甚香，夏日做熟汤饮之"。紫苏子原名苏，始载于《名医别录》，列为中品。《本草纲目》引苏颂说："苏，紫苏也，处处有之，以背面皆紫者佳。夏采茎叶，秋采子"。又称："紫苏、白苏皆以二三月下种，

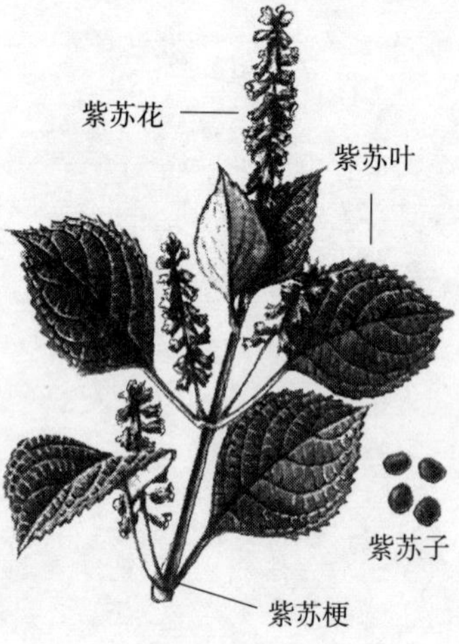

图2-8-1　紫　苏

或宿子在地自生。其茎方，其叶团而有尖，四围有巨齿；肥地者面背皆紫，瘠地者面青背紫，其面背皆白者即白苏，乃荏也。紫苏嫩时采叶，和蔬茹之……八月开细紫花，成穗作房，如荆芥穗。九月半枯时收子，予细如芥子而色黄赤。”以上形态描述，为唇形科紫苏属植物白苏和紫苏。但《本草纲目》和《植物名实图考》所附原植物图甚为粗糙，近似紫苏。

《中国药典》2010 年版规定紫苏为唇形科植物紫苏 *Perilla frutescens*（L.）Britt. 的干燥果实、叶子和茎。

第二节 道地紫苏资源和产地分布

§2.8.2 紫苏的产地分布在什么地方?

紫苏原产中国，在中国种植应用约有近 2 000 年的历史，主要用于药用、油用、香料、食用等方面，其叶（苏叶）、梗（苏梗）、果（苏子）均可入药，嫩叶可生食、作汤，茎叶可淹渍。长江以南各省都野生紫苏，常于村边或路旁。全国各地广泛栽培，特别是华中、西南、华南等大部分地更为道地的生产区。

近些年来，紫苏因其特有的活性物质及营养成分，成为一种倍受世界关注的多用途植物，经济价值很高。俄罗斯、日本、韩国、美国、加拿大等国对紫苏属植物进行了大量的商业性栽种。

第三节 紫苏的植物形态

§2.8.3 紫苏是什么样子的?

紫苏为一年生草本，高 30～100 厘米，有香气。茎四棱形，紫色或紫绿色，多分枝，有紫色或白色长柔毛。叶对生；叶柄长 3～5 厘米；叶片皱，卵形至宽卵形，长 4～11 厘米，宽 2.5～9 厘米，先端突尖或渐尖，基部近圆形，边缘有粗圆齿，两面紫色或上面绿下面紫，两面均疏生柔毛，沿脉较密，下面有细油点。轮伞花序组成偏向一侧的顶生及腋生总状花序；苞片卵状三角形，具缘毛；萼钟形，先端5裂，外面下部密生柔毛；花冠二唇形，紫红色或淡红色；雄蕊4，2强；子房4裂，花柱基底着生，柱头2浅裂，小坚果倒卵形，灰棕色或灰褐色，果萼增大。花期7～8月，果期8～9月。

种子形态小坚果宽倒卵形，略扁，长1.8～2.6厘米，宽1.6～2.4厘米，厚1.2～2.0毫米，表面棕灰色、黄棕色或暗褐色，解剖镜下观察具略突起的网纹；基部具一突起的白色或浅棕色果脐，果皮厚约0.2毫米，内含种子1枚。种子宽倒卵形或圆形，表面白色或淡棕黄色，腹面具一白色、淡棕色或棕色种脊，种皮膜质。胚直生，白色，含油分，胚根短小，子叶2枚，肥厚，圆形或宽倒卵形，基部深心形。千粒重1.2克。

第四节 紫苏的生态条件

§2.8.4 紫苏适宜于在什么地方和条件下生长？

紫苏对气候条件适应性较强，但在温暖湿润的环境下生长旺盛，产量较高。土壤以疏松、肥沃、排灌方便为好。在性黏或干燥、瘠薄的沙土上生长不良。前茬以小麦、蔬菜为好。紫苏需要充足的阳光，因此可在田边地角或垄埂上种植，以充分利用土地和光照。种子发芽的最适温度为25℃左右，在湿度适宜的条件下，3～4天可发芽。白苏种子发芽所需温度较低，15～18℃即可发芽。紫苏属短命种子，常温下贮藏1～2年后发芽率骤减，因此种子采收后宜在低温处存放。紫苏生长要求较高的温度，因此前期生长缓慢，6月以后气温高，光照强，生长旺盛。当株高15～20厘米时，基部第一对叶子的腋间萌发幼芽，开始了侧枝的生长。7月底以后陆续开花。从开花到种子成熟约需 1 个月。花期 7～8 月，果期 8～9 月。

第五节　紫苏的生物特性

§2.8.5　紫苏的生长有哪些规律?

光对紫苏的生长发育有着更大的影响。紫苏在可见光中生长，红外线（波长 700 纳米～1 200纳米）可刺激它的光合作用，而红外线照射后，用红光照射会减少光合作用，之后再用红外线照射，又会刺激光合作用。在这些条件下呼吸作用的过氧化氢酶及过氧化物酶的活性会随着光合作用的增强而减弱。不同的光对植物叶的颜色有影响。有根植株叶的光合作用强度是无根植株叶的 3 倍。光合成、水分、温度之间存在着一定关系。而光周期的变化与紫苏开花、光合成率、呼吸作用和植物体内氮的积累有一定的关系。在紫苏悬浮液培养中，光照射对花青甙的产生有影响，其中最适宜光强度为 27.2 瓦/米^2，紫苏中主要成分紫苏醛在不同条件下可发生不同光化学反应。400 瓦高压水银灯照射下，在甲醇中和氮气流下，紫苏醛能变成两个氧化了的化合物。紫苏醛在氮气流下的正己烷中相对稳定。光照射对紫苏高分子化合物的含量有影响。

季节变化及植物品系不同，紫苏中花青甙的含量也不同，一般 6 月分枝前及 8 月初分枝后含量较高。

第六节　紫苏的栽培技术

§2.8.6　如何整理栽培紫苏的耕地?

种植紫苏选阳光充足、排灌方便、疏松肥沃的壤土。4 月上旬整地，每 667 米^2 施腐熟厩肥或堆肥2 000～3 000千克作基肥，耕翻土地深 25 厘米左右，整细耙平。

§2.8.7 怎样进行紫苏播种?

紫苏用种子繁殖，直播和育苗移栽均可。直播生长快，收获早，并可节省移栽劳力，但要注意及时间苗，掌握好株行距，过稀过密都影响产量。移栽紫苏可利用油菜或麦茬地，也可栽于未成熟的玉米行间，只要加强管理，产量也高。

一、直播

播种期北方在 4 月中下旬，南方在 3 月下旬。条播、穴播均可，条播按行距 50 厘米，开 0.5～1.0 厘米浅沟，播后覆薄土并稍压实，有利于出苗。每 667 米^2 用种子 0.75 千克左右。穴播按株行距 30 厘米×50 厘米挖穴，播后覆薄土。南方播后在穴内施稀薄腐熟人畜粪尿，每 667 米^{2}1 500 千克左右。或每 667 米^2 用种子约 150 克，草本灰 150 千克及腐熟人畜粪尿 30～40 千克，拌成种子与灰粪的混合物，播种时每穴施一把混合物，不必覆土，保持土壤湿润。紫苏出苗快慢与温度有关，播种早温度低出苗慢，反之则快。在适温（约 25℃）下 5 天左右可出苗。

二、育苗移栽

在干旱地区没有灌溉条件或种子缺乏，或前茬作物尚未收获等，都可用育苗移栽法。苗床宜选向阳温暖的地方，床土要施足厩肥或堆肥，并加入适量的过磷酸钙或草木灰。育苗期南方在 3 月北方在 4 月。播前先浇透水，待适耕时再翻土作苗床，将种子均匀撒于床面，盖细土 0.5 厘米即可，保持床面湿润，一般 7～8 天可出苗。早春气温低，可在苗床上贴地覆盖塑料薄膜，待幼苗顶土后再揭去薄膜，采取如此措施，5 月上旬即可移栽。苗高 15～20 厘米时可选阴雨天或晴天下午移栽。挖苗前一天，将苗床浇透，以保证挖苗时不伤根。苗子要随挖随栽。在整好的地上，先按 50 厘米行距开沟，深约15厘米，将苗按30厘米的株距排列在沟内一侧，然后覆土，浇水。1～2天后松土保墒，干旱时浇2～3水即可成活。以后减少浇水，使根系入土较深，有利于吸收深层肥水，促进生长发育。

§2.8.8 如何对紫苏进行田间管理?

一、间苗补苗

条播应在苗高15厘米左右时按30厘米株距定苗；穴播者，每穴留苗2～3株，如有缺株应补上。育苗移栽者，栽后1周左右，如有死亡，也应及时补栽。

二、中耕除草

植株封垄前必须勤锄，特别是直播后容易滋生杂草，做到有草即除。浇水或雨后土壤易板结，应及时松土，但不宜过深，以防伤根，也可将中耕与施肥培土结合进行。

三、排灌

紫苏在幼苗和花期需水较多，干旱时应及时浇水，雨季应注意排涝，以免烂根死亡。

§2.8.9 道地优质紫苏如何科学施肥?

紫苏施肥量大则枝叶繁茂，如果土壤贫瘠或未施底肥，出苗后可隔周施一次化肥，每次每667米^{2}施13～20千克磷酸二铵，全生育期用量100～130千克，应氮、磷、钾俱全，按成分计算全生育期需氮10千克，磷10千克，钾6.7千克。若用腐熟人畜粪尿追施，6～8月每月1次，每次每667米^2 1 500千克左右，第1次由于苗嫩施肥宜淡，最后1次追肥后要培土。

§2.8.10 紫苏的病虫害如何防治?

一、紫苏的病害及其防治

（一）紫苏斑枯病（*Septoriae miyake*）

该病 6 月以后开始发生，初期叶面出现褐色或黑褐色小斑点，逐渐扩大成为近圆形大病斑，病斑干枯后形成穿孔。高温多湿或种植过密，透光和通风不良易染此病。防治方法：不要种植过密，雨季注意排水，不用病株种子，发病初期用代森锰锌 70%胶悬剂干粉喷粉防治，每隔 1 周 1 次，连喷 2～3 次；也可用 1∶1∶200 波尔多液防治，采收前 20 天停止用药。

（二）锈病

7 月以后发生。开始时植株基部的叶背发生黄色斑点，湿度越大传播越快，严重时病叶枯黄反卷脱落。防治方法：注意排水，栽种密度适宜；发病初期可用 25%粉锈宁1 000倍液喷雾防治。

二、紫苏的虫害及其防治

（一）小地老虎（*Agrotis ypsilon* Rottemberg）

1. 形态特征

（1）成虫　体长 17～23 毫米，灰褐色，前翅黄褐色或黑褐色，有肾状纹和环状纹，肾状纹外缘有一个黑色三角斑。后翅灰白色，雌虫触角呈丝状，雄虫触角呈羽毛状圆形，初产卵为乳白色，渐变黄色，孵化前为蓝紫色，直径 0.6 毫米左右。

（2）幼虫　长筒形，深灰色，头黑褐色。表皮粗糙，密布大小明显不同的小黑点。腹部末节板呈淡黄色，有两条黑线。老熟幼虫体长 37～47 毫米。

（3）蛹　红褐色，气门黑色，腹部 4～7 节，前端有一列黑点，末端有两根尾刺。体长 18～24 毫米，宽 8～9 毫米。

2. 生活习性　小地老虎每年发生数代，随各地气候不同而别。

春季5～6月出现第一代成虫，白天躲在阴暗地方，夜间出来活动，取食，交尾，在残株和土块上产卵，成虫有较强的趋光性。卵一般7～13天孵化成幼虫，幼虫期为21～25天，五龄脱皮，六龄老熟。6月末7月上旬在5厘米土层中作室化蛹，7月下旬至8月上旬羽化成二代成虫，8月中、下旬二代幼虫发生。3龄前幼虫食量小，4龄后食量剧增，危害性大。

3. 防治方法

（1）人工捕杀：要做到经常检查，发现植株倒伏，扒土检查捕杀幼虫。

（2）加强田间管理，及时清除枯枝杂草，集中深埋或烧毁，使害虫无藏身之地。

（3）发现畦内植株被害，可在畦周围约3～5厘米深开沟撒入毒饵诱杀。毒饵配制方法是将麦麸炒香，用90%晶体敌百虫30倍液，将饵料拌潮或将50千克鲜草切3～4厘米长，直接用50%辛硫磷乳油0.5千克湿拌，于傍晚撒在畦周围诱杀。

（二）黑点银纹夜蛾（*Plusia nigrisigna*）

1. 形态 幼虫 黑点银纹夜蛾幼虫具有金翅夜蛾亚科幼虫典型特征。体型中等，前端略细小，后端宽大；第1～3腹节常弯曲，第1～2对腹足完全退化，呈尺蠖状。身体浅绿色，背线及亚背线均暗绿色；在背线两侧与各亚背线间，分别有3条白色波状纵纹；气门线白色。腹足及臀足均浅绿色。

2. 生活习性

（1）幼虫 普遍具有假死性，稍有惊动即从植株上坠地，卷缩不动，片刻后再度爬行；初龄幼虫则吐丝悬坠。在食料缺乏情况下，有较强的迁移能力。5月底豌豆受害末期观察，邻近被害严重的豌豆地地埂、路旁、沟边，甚至呈垂直角度的陡坡，均有大量3～5龄幼虫向邻近地块迁移。其食性极为杂乱，据5～7月间调查，有豌豆、苜蓿、草苜蓿、玉米、高粱、棉花、甘蓝、白菜、苍耳、车前、泽漆、艾蒿等植物，达17种之多。但始终未发现其为害小豆和黄豆等作物。

取食时间多在傍晚及夜间，阴雨天白天亦常取食。

(2) 蛹 第一代老熟幼虫常将植株叶片卷裹，吐丝作灰白色薄茧，潜居其中化蛹。当植株严重受害无叶片时，则纷纷迁向地边艾蒿或其他杂草上，吐丝卷裹叶片作茧。

(3) 成虫 室内观察，第一代成虫的羽化时间大都在白天，尤以午后至傍晚以前为最多。白天不如夜间活跃，仅在惊扰后始作短距离飞翔，旋即静止不动。但糖浆盆内从未诱获到成虫，而普通小型马灯却能诱来成虫。

3. 发生规律

(1) 幼虫的分布 5月中下旬黑点银纹夜蛾为害盛期调查，幼虫普遍发生，均以植株茂密和避光的田块内虫数最多。

(2) 形态变异与幼虫密度的关系 同一时期内不同地势的田块，虫口密度悬殊，各类型幼虫所占比率亦呈明显差异。田间虫口密度愈小，第Ⅰ类型幼虫比率愈大；虫口密度大的田间，则以第Ⅲ、Ⅳ类型幼虫数量居多。

(3) 大发生的气候特征 降雨量大幅度增加，恰值黑点银纹夜蛾越冬代成虫产卵之际，多雨能促进卵量的增加和幼虫存活率的提高。

4. 田间防治

7～9月幼虫咬食苏叶，可用90%晶体敌百虫100倍液喷雾防治。

(三) 银纹夜蛾

1. 形态

(1) 成虫 体长12～15毫米，翅展32～35毫米，黄褐色。前翅有蓝紫色闪光，翅中央有一银白色近三角形斑纹和一秤钩形斑纹，两者靠近但不连在一起。

(2) 卵 半球形，直径0.4～0.5毫米，初为乳白色，后变浅黄色至紫色，从顶端向四周放射出隆起纹若干条。

(3) 幼虫 老熟幼虫体长25～32毫米，淡黄绿色，头部有花纹。胸足淡绿色，腹足2对。胴部第8节背面肥大，4龄后此节上有2个淡黄色圆斑的为雄虫，无斑的为雌虫。

（4）蛹 体长 18～20 毫米，纺锤形，尾端有 6 根尾刺，第 1～5 腹节背面前缘灰黑色。

2. 生活史 发生代别因地区而异，一般一年发生 5 代。

3. 生活习性 银纹夜蛾又叫造桥虫，紫苏上几种造桥虫成虫多昼伏夜出，以夜晚 9～10 时活动最盛，趋光性（特别是黑光灯）较强，成虫多趋向于植株茂密的田内产卵，卵多产在植株上和中部叶片的背面，卵期一般 3～6 天。

初孵化幼虫，不吃卵壳，到处爬行，并能吐丝下垂随风传播。初龄幼虫多在荫蔽的叶背面剥食叶肉，被害叶片呈箩底状；3 龄后主要为害上部嫩叶造成孔洞。幼虫多在夜间为害，白天不大活动。幼虫活动性较差，老熟后在叶背结茧化蛹，蛹期 7～11 天，其他种类多在根际附近土层中作茧化蛹，入土深度 1～2 厘米。

幼虫 5～6 龄，3 龄前食量很小，仅占一生总食量的 6.2%～11.3%，4 龄食量突增，占总食量的 14.1%～21.1%，5 龄进入暴食阶段，占总食量的 70%左右。田间药剂防治试验证明，4～5 龄的幼虫抗药力显著增强，因此，防治关键时期应掌握在 2～3 龄阶段。

4. 发生规律

（1）与栽培措施的关系 与播种期有密切关系。如墒情较好，适合于造桥虫的产卵，虫口密度就会随之增加。

（2）与作物的长势也有一定的关系，凡水肥条件好，植株生长茂盛着卵量高，虫口密度大，发生重；反之，水肥条件差，长势弱的田块，发生则轻。

（3）与虫源的关系 第一代发生轻的原因，主要受虫源数量的限制。

（4）气候因素与发生的关系 ①温度：温度对成虫发育和产卵的影响比较明显，当温度低于 20℃时，成虫不产卵。②降水量：降水量的多少和强度与造桥虫的发生关系也很密切。尤其在卵孵化盛期和低龄幼虫阶段，相对湿度在 46%～47%时，卵的孵化率仅 11.1%～12.1%；湿度在 52%时，孵化率为 27%。初龄幼虫在湿度 60%以下时，成活率只有20%～30%。但如在卵和初孵幼虫期下暴雨，则对其发生亦属不利。

（5）天敌　造桥虫的天敌有小茧蜂、多胚寄生蜂、白僵菌、绿僵菌，以及扑食性的瓢虫、蜘蛛、蜻蜓等，对造桥虫的发生特别是对3代幼虫的虫口密度起着一定的抑制作用。

5. 防治方法

（1）防治指标　田间测定证明，百株有虫50头以上时防治为宜。

（2）药剂防治　以2.5%敌百虫粉或2%西维因粉剂喷粉，每667米^{2}2～2.5千克，对3龄以下幼虫的杀伤效果可达95%以上，但对3龄以上幼虫效果较差。用50%杀螟松作超低量喷雾，每667米^{2}用原液150～200毫升，对各龄幼虫杀伤率均达90%以上。

（四）旋心异跗萤叶甲（*Apophylia flavovirens*）

1. 形态　旋心异跗萤叶甲体长形，全身被短毛。头的后半部及小盾片黑色；触角第1～3节黄褐色，4～11节及上唇黑褐色；头前半部、前胸和足黄褐色，中、后胸腹板和腹部黑褐色至黑色；鞘翅金绿色，有时带蓝紫色。

旋心异跗萤叶甲头顶平，额唇基明显隆突。雄虫触角长，几乎达翅端，第3节约为第2节长的2倍，第4节约等于第2节加第3节长；雌虫触角短，达鞘翅中部，第3节稍长于第2节。前胸背板倒梯形，前、后缘微凹，盘区具细、密刻点；两侧各一较深的凹窝。小盾片舌形，密布细刻点和毛。鞘翅两侧平行，翅面刻点极密，较头顶刻点为小。后胸腹板中部明显隆突，雄虫更甚。雄虫腹部末端钟形凹缺。

体长：4.6～6毫米；体宽：2.5～3.5毫米。

2. 发生规律　成虫食性杂，可取食几种不同植物，7月上中旬是为害盛期。幼虫从近地面的茎部或地下茎部钻入，虫孔褐色。幼苗受害严重者即行死亡，造成缺苗断垄现象，一般使心叶枯萎，影响发育，造成减产。7月中、下旬幼虫老熟入土1～2厘米深作土茧化蛹，蛹期4～7天，7月下旬成虫陆续羽化，多集中于田间野蓟上为害。

3. 防治 在虫口密度较大时，应及时喷药。可用2.5%的敌百虫粉防治，667米^{2}用量2.5千克。越冬前清除田间植株落叶，以降低虫口越冬成活率。

(五) 紫苏野螟（*Pyrausta phoenicealis*）

紫苏野螟又名紫苏红粉野螟、紫苏卷叶虫等，属鳞翅目螟蛾科，是危害紫苏等多种唇形科药用植物的重要害虫。株害率可高达50%以上，百株虫数可多至688头。被害株卷叶和枝头被咬折断，影响紫苏植株生长。

1. 形态特征

(1) 成虫 体长6毫米，翅展13～15毫米。头部橘黄色，两侧有白色条纹。触角黄褐色。下唇须向前平伸，背面黄褐色，腹面白色。胸腹部背面黄褐色，腹面及足白色。前、后翅橙黄色，前翅有两条朱红色带；后翅顶角深红褐色，从前缘至臀角上侧有一斜线。

(2) 卵 0.5毫米×0.38毫米，长圆形，扁平，初孵灰白色，后变为淡黄色。

(3) 幼虫 体长16～18毫米，体有紫红和青绿两种色型，沿背中线和气门下线两侧有断续的白色带。头部浅褐色，有深褐色点状花纹，中区有一"八"字纹，单眼区有黑色和白色斑。前胸背板两侧和后缘黑色，从中胸至腹部第8节背面各有黑色毛疣3对。气门黄色，气门筛黑色，腹足5对。

(4) 蛹 长8～9毫米，黄棕色，近纺锤形，红褐色至黑褐色。臂棘黑褐色，铲型，端部有8根白色刚毛。

2. 分布及寄主 紫苏野螟国内分布于北京、河北、江苏、浙江、福建、台湾等地。其寄生植物有紫苏、糙苏、泽兰 、大麻叶泽兰、丹参、南欧丹参、留兰香、薄荷，尤以紫苏、泽兰受害较重。

3. 习性和生活史 成虫喜在叶背阴暗处栖息。产卵期约3天。卵散产在叶背小叶脉旁，大多单产，偶有2粒产在一起者。幼虫吐丝卷叶成筒状巢并隐藏其中，剥食叶片。幼虫极活跃，一触即前后快速爬行，有吐丝下垂现象。老龄幼虫常出巢活动，并能咬折嫩枝及叶柄，使其垂挂于植株上，渐渐干枯脱落。幼虫 4 龄，以老熟幼虫在被害叶中或其他适合场所如土缝中结薄丝茧化蛹。

4. 防治方法

（1）清园　处理残株落叶，减少越冬虫数。

（2）收获后　冬季耕翻土地，消灭部分在土缝中越冬的幼虫。

（3）轮作　忌与唇形科作物连茬或套作。

（4）药剂防治　施药应掌握在幼虫盛孵期，可用 20%杀灭菊酯乳油2 000～3 000倍液、80%敌百虫可湿性粉剂1 000倍液喷雾。

第七节　紫苏的采收、加工（炮制）与贮存

§2.8.11　紫苏什么时间采收？

紫苏的采收期因用途及气候不同而异。一般认为枝叶繁茂时挥发油含量高，即花穗刚抽出 1.5～3 厘米时含油量最高，因此上海一带，蒸馏紫苏油的紫苏全草，在 8～9 月花序初现时收割。作药用的苏叶、苏梗多在枝叶繁茂时采收。南方 7～8 月，北方 8～9 月。苏叶、苏梗、苏子兼用的全苏一般在 9～10 月份，等种子部分成熟后选晴天全株割下运回加工。

§2.8.12　怎样加工紫苏？

紫苏收回后，摊在地上或悬挂通风处阴干，干后连叶捆好，称全苏；如摘下叶子，拣出碎枝、杂物，则为苏叶；抖出种子即为苏子；其余茎秆枝条即为苏梗。有的地区紫苏开花前收获净叶或带叶的嫩枝时，将全株割下，用其下部粗梗入药，称为嫩苏梗；紫苏子收获后，

植株下部无叶粗梗入药，称为老苏梗。全草收割以后，去掉无叶粗梗，将枝叶摊晒一天即入锅蒸馏，晒过一天的枝叶 125 千克一般可出紫苏油 0.2～0.25 千克。

§2.8.13 如何炮制紫苏？怎么样贮藏好？

一、紫苏

（一）净制，除去杂质及老梗。

（二）切制，喷淋清水，切碎，干燥。

二、紫苏梗

（一）净制，除去杂质。

（二）切制、稍浸，润透，切厚片，干燥。

（三）炮炙

1. 醋制，将紫苏梗与醋拌匀，焖润至醋尽时，置锅内用文火炒至黄色或焦黄色为度，取出，放凉。每紫苏梗 500 克用醋 60 克。

2. 蜜制，取紫苏梗片，用炼蜜 35％拌炒至蜜汁吸尽。

三、紫苏子的炮制

（一）净制，除去杂质，洗净，干燥。

（二）炮炙

1. 炒制，取净紫苏子，置锅内用文火炒至有爆裂声时，取出，放凉。

2. 蜜制，取炼蜜，用适量开水稀释后加入净苏子拌匀，稍焖，置锅内，用文火加热，炒至深棕色，不粘手为度，取出，放凉。每紫苏子 100 千克，用炼蜜 10 千克。

3. 制霜，净苏子研碎，加热，用布或吸油纸包裹，压榨去油，研细。

最后，将紫苏子、紫苏叶、紫苏梗置通风干燥处贮藏，注意防蛀。

第八节 紫苏的中国药典质量标准

§2.8.14 《中国药典》2010年版紫苏标准是怎样制定的?

紫苏的药部分有紫苏子、紫苏叶、紫苏梗。

一、紫苏子

拼音：Zisuzi

英文：PERILLAE FRUCTUS

本品为唇形科植物紫苏 *Perilla frutescens*（L.）Britt. 的干燥成熟果实。秋季果实成熟时采收，除去杂质，晒干。

【性状】本品呈卵圆形或类球形，直径约1.5毫米。表面灰棕色或灰褐色，有微隆起的暗紫色网纹，基部稍尖，有灰白色点状果梗痕。果皮薄而脆，易压碎。种子黄白色，种皮膜质，子叶2，类白色，有油性。压碎有香气，味微辛。

【鉴别】(1) 本品粉末灰棕色。种皮表皮细胞断面观细胞极扁平，具沟状增厚壁；表面观呈类椭圆形，壁具致密雕花钩纹状增厚。外果皮细胞黄棕色，断面观细胞扁平，外壁呈乳突状；表面观呈类圆形，壁稍弯曲，表面具角质细纹理。内果皮组织断面观主为异型石细胞，呈不规则形；顶面观呈类多角形，细胞间界限不分明，胞腔星状。内胚乳细胞大小不一，含脂肪油滴；有的含细小草酸钙方晶。子叶细胞呈类长方形，充满脂肪油滴。

(2) 取本品粉末1克，加甲醇25毫升，超声处理30分钟，滤过，滤液蒸干，残渣加甲醇1毫升使溶解，作为供试品溶液。另取紫苏子对照药材，同法制成对照药材溶液。照薄层色谱法（附录Ⅵ B）试验，吸取上述两种溶液各2微升，分别点于同一硅胶G薄层板上，以正己烷-甲苯-乙酸乙酯-甲酸（2∶5∶2.5∶0.5）为展开剂，展开，取出，晾干，喷以三氯化铝试液，置紫外光灯（365 纳米）下检视。供试品色谱中，与对照药材色谱相应的位置上，显相同颜色的斑点。

【检查】水分 不得过 8.0%（附录Ⅸ H 第一法）。

【含量测定】照高效液相色谱法（附录Ⅵ D）测定。

色谱条件与系统适用性试验 以十八烷基硅烷键合硅胶为填充剂；以甲醇-0.1%甲酸溶液（40∶60）为流动相；检测波长为 330 纳米。理论板数按迷迭香酸峰计算应不低于3 000。

对照品溶液的制备 取迷迭香酸对照品适量，精密称定，加甲醇制成每 1 毫升含 80 微克的溶液，即得。

供试品溶液的制备 取本品粉末（过二号筛）约 0.5 克，精密称定，置具塞锥形瓶中，精密加入 80%甲醇 50 毫升，密塞，称定重量，加热回流 2 小时，放冷，再称定重量，用 80%甲醇补足减失的重量，摇匀，滤过。精密量取续滤液，即得。

测定法 分别精密吸取对照品溶液 10 微升与供试品溶液 20 微升，注入液相色谱仪，测定，即得。

本品按干燥品计算，含迷迭香酸（$C_{18}H_{16}O_8$）不得少于 0.25%。

饮片

【炮制】紫苏子除去杂质，洗净，干燥。

【性状】【鉴别】【检查】【含量测定】 同药材。

炒紫苏子 取净紫苏子，照清炒法（附录Ⅱ D）炒至有爆声。

本品形如紫苏子，表面灰褐色，有细裂口，有焦香气。

【检查】水分 同药材，不得过 2.0%。

【含量测定】同药材，含迷迭香酸（$C_{18}H_{16}O_8$）不得少于 0.20%。

【鉴别】同药材。

【性味与归经】辛，温。归肺经。

【功能与主治】降气化痰，止咳平喘，润肠通便。用于痰壅气逆，咳嗽气喘，肠燥便秘。

【用法与用量】3～10克。

【贮藏】置通风干燥处，防蛀

二、紫苏叶

拼音：Zisuye

英文：PERILLAE FOLIUM

本品为唇形科植物紫苏 *Perilla frutescens*（L.）Britt 的干燥叶（或带嫩枝）。夏季枝叶茂盛时采收，除去杂质，晒干。

【性状】本品叶片多皱缩卷曲、碎破，完整者展平后呈卵圆形，长4～11厘米，宽2.5～9厘米。先端长尖或急尖，基部圆形或宽楔形，边缘具圆锯齿。两面紫色或上表面绿色，下表面紫色，疏生灰白色毛，下表面有多数凹点状的腺鳞。叶柄长2～7厘米，紫色或紫绿色。质脆。带嫩枝者，枝的直径2～5毫米，紫绿色，断面中部有髓。气清香，味微辛。

【鉴别】（1）本品叶的表面制片：表皮细胞中某些细胞内含有紫色素，滴加10%盐酸溶液，立即显红色；或滴加5%氢氧化钾溶液，即显鲜绿色，后变为黄绿色。

（2）取［含量测定］项下的挥发油，加正己烷制成每毫升含10微升的溶液，作为供试品溶液。另取紫苏醛对照品，加正已烷制成每1毫升含10微升的溶液，作为对照品溶液。照薄层色谱法（附录Ⅵ B）试验，吸取上述两种溶液各2微升，分别点于同一硅胶G薄层板上，以正己烷-乙酸乙酯（15∶1）为展开剂，展开，取出，晾干，喷以二硝基苯肼乙醇试液。供试品色谱中，与对照品色谱相应的位置上，显相同颜色的斑点。

（3）取本品粗粉0.5克，加甲醇25毫升，超声处理30分钟，滤过，滤液浓缩至干，加甲醇2毫升使溶解，作为供试品溶液。另取紫苏叶对照药材0.5克，同法制成对照药材溶液。照薄层色谱法（附录Ⅵ B）试验，吸取上述两种溶液各3微升，分别点于同一硅胶G薄层板上，以乙酸乙酯-甲醇-甲酸-水（9∶0.5∶1∶0.5）为展开剂，展开，取出，晾干，喷以10%硫酸乙醇试液，在105℃加热至斑点显色清晰，置紫外光灯（365纳米）下检视。供试品色谱中，与对照药材色谱相应的位置上，显相同颜色的荧光斑点。

【检查】水分 不得过12.0%（附录Ⅸ H第二法）。

【含量测定】照挥发油测定法（附录Ⅹ D）测定，保持微沸2.5小时。

本品含挥发油不得少于0.40%（毫升/克）。

饮片

【炮制】除去杂质，稍浸，润透，切厚片，干燥。

本品呈不规则的段或未切叶。叶多皱缩卷曲、破碎，完整者展平后呈卵圆形，边缘具圆锯齿。两面紫色或上表面绿色，下表面紫色，疏生灰白色毛。叶柄紫色或紫绿色。带嫩枝者，枝的直径2～5毫米，紫绿色，切面中部有髓。气清香，味微辛。

【含量测定】同药材。

【性味与归经】辛，温。归肺、脾经。

【功能与主治】解表散寒，行气和胃。用于风寒感冒，咳嗽呕恶，妊娠呕吐，鱼蟹中毒。

【用法与用量】5～10克。

【贮藏】置阴凉干燥处。

三、紫苏梗

拼音：Zisugeng

英文：PERILLAE CAULIS

本品为唇形科植物紫苏 *Perilla frutescens*（L.）Britt. 的干燥茎。秋季果实成熟后采割，除去杂质，晒干，或趁鲜切片，晒干。

【性状】本品呈方柱形，四棱钝圆，长短不一，直径0.5～1.5厘米。表面紫棕色或暗紫色，四面有纵沟及细纵纹，节部稍膨大，有对生的枝痕和叶痕。体轻，质硬，断面裂片状。切片厚2～5毫米，常呈斜长方形，木部黄白色，射线细密，呈放射状，髓部白色，疏松或脱落。气微香，味淡。

【鉴别】取本品粉末1克，加甲醇25毫升，超声处理30分钟，滤过，滤液浓缩至干，残渣加甲醇1毫升使溶解，作为供试品溶液。另取迷迭香酸对照品，加甲醇制成每1毫升含0.2毫克的溶液，作为对照品溶液。照薄层色谱法（附录Ⅵ B）试验，吸取上述两种溶液各2微升，分别点于同一硅胶克薄层板上，以环己烷-乙酸乙酯-甲酸（3∶3∶0.2）为展开剂，展开，取出，晾干，置紫外光灯（365纳米）下检视。供试品色谱中，在与对照品色谱相应的位置上，显相同的荧光斑点。

【检查】水分 不得过9.0%（附录Ⅸ H第一法）。

总灰分 不得过5.0%（附录Ⅸ K）。

【含量测定】避光操作。照高效液相色谱法（附录Ⅵ D）测定。

色谱条件与系统适用性试验 以十八烷基硅烷键合硅胶为填充剂；以甲醇-0.1%甲酸溶液（38∶62）为流动相；检测波长为330纳米。理论板数按迷迭香酸峰计算应不低于3000。

对照品溶液的制备 取迷迭香酸对照品适量，精密称定，加60%丙酮制成每1毫升含40微克的溶液，即得。

供试品溶液的制备 取本品粉末（过三号筛）约0.5克，精密称定，置具塞锥形瓶中，精密加入60%丙酮25毫升，密塞，称定重量，超声处理（功率250瓦，频率40千赫）30分钟，再称定重量，用60%丙酮补足减失的重量，摇匀，滤过。精密量取续滤液，即得。

测定法 分别精密吸取对照品溶液10微升与供试品溶液5～20微升，注入液相色谱仪，测定，即得。

本品按干燥品计算，含迷迭香酸（$C_{18}H_{16}O_8$）不得少于0.10%。

饮片

【炮制】除去杂质，稍浸，润透，切厚片，干燥。

本品呈类方形的厚片。表面紫棕色或暗紫色，有的可见对生的枝痕和叶痕。切面木部黄白色，有细密的放射状纹理，髓部白色，疏松或脱落。气微香，味淡。

【鉴别】【检查】 同药材。

【性味与归经】辛，温。归肺、脾经。

【功能与主治】理气宽中，止痛，安胎。用于胸膈痞闷，胃脘疼痛，嗳气呕吐，胎动不安。

【用法与用量】5～10 克。

【贮藏】置干燥处。

第九节 紫苏的市场与营销

§2.8.15 紫苏的药食价值如何?

紫苏叶、茎、花、种子和根，均有很高的营养价值，是很好的野生蔬菜；而且含有紫苏醇、芳樟醇、薄荷醇、紫苏酮、柠檬烯、丁香酚等化学物质，具有特殊芳香和杀菌防腐等多种作用，其根、茎、叶、花和种子等均可入药，为常用中药。

一、紫苏的药用价值

紫苏叶内含异戊基-3-呋喃甲酮、紫苏醛、α-及 β-蒎烯、d-柠檬烯、l-芳樟醇、莰烯、薄荷醇、薄荷酮、紫苏醇、二氢紫苏醇、丁香油酚。性味辛，温，无毒。入肺、脾经。具有发表，散寒，理气，和营的作用。主治感冒风寒，恶寒发热，咳嗽，气喘，胸腹胀满，胎动不安。

紫苏子性味辛，温，无毒。入肺、大肠经。具有下气，清痰，润肺，宽肠的功效。主治咳逆，痰喘，气滞，便秘。治冷气及腰脚中湿风结气。《日华子本草》：主调中，益五脏，下气，止霍乱、呕吐、反胃，补虚劳，肥健人，利大小便，破症结，消五膈，止咳，润心肺，消痰气。

紫苏梗性味辛甘，微温，无毒。入脾、胃、肺三经。具有理气，舒郁，止痛，安胎的功效。主治气郁，食滞，胸膈痞闷，脘腹疼痛，胎气不和。治噎膈反胃，止心腹痛。《得配本草》：疏肝，利肺，理气，和血，解郁，止痛，定嗽，安胎。

紫苏全株谓之全草，有散寒解表、理气宽中功效，主治风寒感冒、头痛、咳嗽、胸腹胀满等症。

最新研究发现紫苏是世界上α-亚麻酸含量最高的植物资源。美国心脏协会官方网站显示：α-亚麻酸具有：调节血压；调节血脂；抑制肿瘤；抑制血小板聚集，防止血栓形成；对视觉功能和学习行为活动起促进作用。营养科学最新成果显示：紫苏醇、柠檬烯（紫苏的成分之一）是一种被发现具有抗癌特性的天然化合物。美国威士康星大学 Micheal N. Gould 博士认为："已表明柠檬烯、紫苏醇等单萜可防止乳腺癌、肝癌、肺癌以及其它癌症"。据《加拿大—中国商会论坛》研究文章介绍：紫苏的提取物——迷迭香酸（Rosemarinic Acid），具有非常好的祛除自由基抗炎效果，其性能：已获得美国 FDA 认可为公众安全食品原料；其功能具有：抗氧化性、抗病毒活性、抗炎作用、抗血栓、抗血小板聚集、抗菌等。

二、紫苏的食品价值

紫苏全株均有很高的营养价值，它具有低糖、高纤维、高胡萝小时素、高矿质元素等。在嫩叶中每 100 克含还原糖 0.68～1.26 克，蛋白质 3.84 克，纤维素 3.49～6.96 克，脂肪 1.3 克，胡萝卜素 7.94～9.09 毫克，维生素 B_1 0.02 毫克，维生素 B_2 0.35 毫克，尼克酸 1.3 毫克，维生素 C 55～68 毫克，钾 522 毫克，钠 4.24 毫克，钙 217 毫克，镁 70.4 毫克，磷 65.6 毫克，铜 0.34 毫克，铁 20.7 毫克，锌 1.21 毫克，锰 1.25 毫克，锶 1.50 毫克，硒 3.24～4.23 微克，挥发油中含紫苏醛、紫苏醇、薄荷酮、薄荷醇、丁香油酚、白苏烯酮等。抗衰老素 SOD 在每毫克苏叶中含量高达 106.2 微克。

紫苏种子中含大量油脂，出油率高达 45%左右，油中含亚麻酸 62.73%、亚油酸 15.43%、油酸 12.01%。种子中蛋白质含量占

25%，内含18种氨基酸，其中赖安酸、蛋氨酸的含量均高于高蛋白植物籽粒苋。此外还有谷维素、维生素E、维生素B_1、缁醇、磷脂等。

§2.8.16 紫苏的市场状况如何？

紫苏种子、叶、茎不仅可入药而且还可以食用。前些年由于价格低，仅为药用，农民种植较少。近几年国内，由于人们保健意识增强，大型制药集团大量用紫苏子开发新药、特药和中成药，鲜食紫苏叶、炒食紫苏子的人越来越多，使其用量直线上升；国际上，日本、韩国、欧美及东南亚等国需求量亦猛增。其中，国际市场每年需从我国进口紫苏子50吨左右，国内市场中药材及食品市场年需紫苏子120吨以上，但由于产量低，国际国内两个市场每年只能供应50～60吨，缺口达60%以上。紫苏产品的严重缺口已导致其价格连年大幅上涨。国内中药材市场紫苏子售价也由往年的4元～5元/千克上涨至2011年的9～12元/千克左右，而且后市仍有上涨空间，详见表2-8-1。

表2-8-1　2011年紫苏统货的国内市场价格表

品　名	规　格	价格（元/千克）	市　场
紫　苏	苏　叶	13～14	广西玉林
紫　苏	苏　梗	3.5	广西玉林
紫　苏	紫苏子	9～12	河北安国

第九章

紫　　菀

第一节　紫菀入药品种

§2.9.1　紫菀的入药品种有哪些?

紫菀是秋季观赏花卉，多用于布置花境，花地及庭院，别名青菀、返魂草根、夜牵牛、紫菀茸、小辫儿、驴耳朵菜、夹权菜、软紫菀。具有润肺下气、消痰止咳的功能。《中国药典》

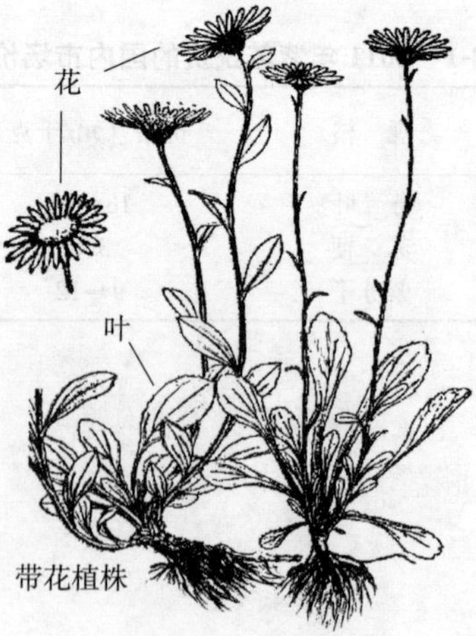

图 2-9-1　紫　菀

2010年版规定紫菀为菊科植物紫菀 *Aster tataricus* L. f. 的干燥根及根茎。

第二节 道地紫菀资源和产地分布

§2.9.2 道地紫菀的原始产地和分布在什么地方?

紫菀始见于东汉《神农本草经》，列为中品。明代《本草纲目》载:“返魂草，夜牵牛。其根色紫而柔宛，故名。”《本草经集注》:“近道处处有，生布地，花亦紫，本有白毛，根甚柔细。”宋代《本草衍义》载:“紫菀用根，其根甚柔细，紫色，益肺气。”《名医别录》载:“一名紫茜，一名青苑。生房陵（今湖北房县）及真定（今河北正定县）、邯郸（今河北邯郸市），二月三月采根阴干……疗咳唾脓血，止喘悸、五劳体虚，补不足。”紫菀喜温暖湿润的环境，野生于山坡、草地、沟边、路旁等处或栽培于丘陵、山地。野生紫菀主要分布于黑龙江、吉林、辽宁、内蒙古、陕西、甘肃、青海、云南、四川、贵州、湖北、湖南等省区。

§2.9.3 紫菀栽培地域在哪里?

家种紫菀主于河北安国、安平、定州、沙河、望都、深泽、藁城、晋县、永年、内丘、宁晋；安徽亳州、满阳、利辛、皂阳；河南商丘、鹿邑、睢县、虞城、拓城、永城、宁陵。浙江、江苏两省亦有栽培。尤以安徽涡阳及河北安国紫菀产量大、质量好、素有“瓣紫菀”之称。销全国并出口。野生以黑龙江伊春、木兰、密山、林甸和吉林临江、八道江、旺清等地及内蒙古扎兰屯、额尔古纳、宁城等地资源较丰富。

第三节　紫菀的植物形态

§2.9.4 紫菀是什么样子的?

紫菀为多年生草本，根茎短，密生多数须根，茎直立，粗壮，通常不分枝，被糙毛。基生叶丛生，有长柄，叶片椭圆状匙形；茎生叶互生，无柄，叶片长椭圆形或披针形，表面粗糙。头状花序多数，伞房状排列，花序有长柄，柄上被短刚毛；总苞半球形，总苞片 3 列；花序边缘为舌状花，雌性，蓝紫色；管状花，两性，黄色；雄蕊 5，子房下位，柱头 2 分叉，冠毛白色，瘦果白色或淡褐色。花期 7～9 月，果期 9～10 月。

第四节　紫菀的生态条件

§2.9.5　紫菀适宜于在什么地方和条件下生长?

紫菀野生于我国温带及暖温带地区，喜温暖湿润环境，耐寒力强，地下根茎能露地越冬。紫菀怕干旱，尤其是 6～7 月营养生长盛期若遇干旱，会造成大幅度减产。在地势较高，没有灌溉条件的地方栽培，生长较差。对土壤要求不严，人工栽培以土层深厚、土质疏松、肥沃、排水良好的沙质土壤为好。土质过黏或过沙以及盐碱之地，均不宜种植。土壤 pH 值以中性至微碱性为宜。紫菀喜湿润，在地势平坦、不积水的土地上栽培，紫菀长势好，与其他根类药材相比，紫菀比较耐涝，遇短时间浸水后，仍能正常生长。紫菀耐寒，东北地区可露天越冬。喜光和通风良好，对土壤要求不严，但在肥沃土壤上生长良好，开花繁茂。生长期 1～2 周施一次追肥，入冬前灌冻水。2～3 年分栽一次，除去老根。可用修剪调节花期和株高。园林中常用于花坛、花境及路边，还可作切花和盆栽。

第五节 紫菀的生物特性

§2.9.6 紫菀的生长有哪些规律?

紫菀为菊科多年生宿根耐寒草本，原产北美，中国及各温带国家常见栽培。通常用分株或扦插法繁殖，有的品种分蘖力极强，栽植蘖苗极易成活；夏季嫩枝扦插，温度18℃，7～10天可生根。冬季将种栽下后，先发芽，后生根。第二年惊蛰种栽芽已萌动，长0.5～2.5厘米，白色，但未生根。春分开始出苗。随着气温回升，生长加快，谷雨以后迅速发棵，至5月底，叶子已长达20～30厘米，往后继续增大。霜降后紫菀叶子逐渐枯黄，至小雪叶子完全枯黄。

第六节 紫菀的栽培技术

§2.9.7 如何整理栽培紫菀的耕地?

宜选择地势平坦、土层深厚、土质疏松肥活、排灌方便的沙质壤土、沙黏壤土为好。排水不良的洼地及土质较黏重的土地不宜栽培。先将土地深翻30厘米以上，每667米^{2}施入2 000～2 500千克腐熟厩肥或150千克饼肥，翻入土中作基肥，于栽种前再浅耕1遍，泥土耙细后作平畦或高垄，宽1.3米，畦沟宽40厘米，沟深16.6～20厘米，四周开好排水沟。

§2.9.8 怎样进行紫菀播种?

多采用根状茎繁殖，春栽于4月上旬；秋栽于10月下旬。南方以秋栽为佳。北方寒冷地区宜春栽。

一、选择种栽

10月下旬当叶片萎黄时,刨挖地下根茎,选粗壮节密、色白较嫩显紫红色、无病虫害伤斑、近地面生长的根茎做种栽:切除下端幼嫩部分及上端芦头部分。上端芦头部分栽后易抽薹开花，影响质量、取其中段，并将其截成6～10厘米的小段，每段有两或三个芽眼，秋栽宜随挖随栽，成活率高。若春栽，需将根茎与湿沙层积贮藏至立春栽种。

二、栽种方法

下种时，按行距25～30厘米开横沟，深5～7厘米，将种栽顺着条沟排放，每隔15～17厘米（株距）放入1～2段，即覆盖拌有腐熟人畜粪水的灶土，厚2～3厘米，再盖细土与畦面齐平。每667米^{2}的需种栽10～15千克，栽后稍加压紧，浇水湿润，一般栽后15天左右即可出苗，出苗前注意保墒保苗。

§2.9.9 如何对紫菀进行田间管理?

一、中耕除草

苗出齐后，要及时中耕除草。为防止伤根，苗初期中耕宜浅，宜勤,使土壤既疏松又不板结,以提高地湿,达到蹲苗的目的,从齐苗到封垄，一般结合追肥，中耕除草3次，封垄以后只能拔草不宜深锄。

二、追肥

除基肥外，还要根据紫菀生长期间生育情况，土壤肥力进行追肥，尤其是6～8月，紫菀根系处于生长发育高峰期，合理追肥可起到增产优质的作用，追肥以腐熟人粪尿、饼肥等农家肥为主，第一次在齐苗后，除草后每667米^{2}施入腐熟人畜粪水1 000～1 500千克，第二次在立夏前后，每667米^{2}再施入腐熟人畜粪水1 500千克；第三次在夏至植株封行前进行，中耕除草后每667米^{2}施用腐熟堆肥300

千克，加饼肥50千克混合堆积后，于株旁开沟施入，施后盖土。

三、灌排水

紫菀生长喜湿润怕干旱。特别是6～7月为枝叶生长繁茂时期，需要消耗大量水分，高温干旱时宜进行沟灌，灌水最好在早、晚进行，当水量渗透畦面后，立即将沟水排净，雨后要注意疏沟排水，以防烂根。

四、剪除花薹

除留种外，8～9月如发现植株抽薹，要及时剪除，以促进根部生长。

§2.9.10 如何进行紫菀留种?

紫菀收获时，必须做好选种工作，选粗壮、紫红色、有芽的根状茎作种栽。种用的根状茎不宜过早翻挖，因为根状茎是当年新生，先熟期比较晚。达10月中、下旬根状茎一般长度只有3.3～6.7厘米，仍为白色或黄白色，很嫩。随着根状茎逐渐老化，颜色渐渐转红。立冬叶枯黄时，根状茎尚未完全变成紫红色，枯黄后颜色继续在加深。大多数根状茎，要到大雪以后才老熟，呈紫红色。因此，留种田块宜适当推迟采挖时间。紫菀根部掘起后，要立即选出符合种栽标准的根状茎，种栽极易失水干瘪，不要风吹日晒，最好在收获时当即趁鲜下种；如不能及时下种，可以在室内用细土包埋保种，泥土的干湿度以用手“捏得紧、撒得开”为好。

§2.9.11 紫菀的病虫害如何防治?

一、病害及其防治

（一）紫菀根腐病

1. 症状　发病初期，根和根茎局部变褐，腐烂；叶柄基部发生褐色，梭形或椭圆形的烂斑。最后，叶柄基部烂尽，叶子枯死，根茎腐烂。

2. 病原 紫菀根腐病病原为 *Sclerotium rolfsii* Sacc，属半知菌亚门、丝胞纲、无孢目、小菌核属真菌（详见白术白绢病）；*Rhizoctonia solani* Kuehn 属半知菌亚门、丝孢纲、无孢目、丝核菌属真菌。菌核颗粒状，扁平，生于基物表面，内外颜色一致，有细丝与基物相联。菌丝体多为直角分枝。菌核之间有菌丝相连。*Pythium* sp. 属鞭毛菌亚门、卵菌纲、霜霉目、腐霉科、腐霉属真菌。孢子囊萌发时产生泡囊（vesicle）。原生质转入泡囊，在泡囊内分裂为游动孢子，孢子囊丝状或球形；若为丝状，则与菌丝相似。孢子囊少有乳头突起，很少脱落。孢子囊梗与菌丝分化不显著；雄器与藏卵器为侧面接触结合；寄主性较弱，多为水生或土生。

3. 发病规律 在根茎顶部及其周围地面上，带有白色棉絮状菌丝体及大量乳白色、黄褐色至黑褐色的菌核。一般 6～10 月发生。高温湿润有利发病。

4. 防治措施

（1）无病田里留种。

（2）雨后开沟排水，降低田间湿度。

（3）发病初期 50％多菌灵可湿性粉剂1 000倍液；50％托布津可湿性粉剂1 000倍液；50％氯硝胺可湿性粉剂 200 倍液。喷洒在植株基部及周围地面。

（二）紫菀黑斑病

1. 症状 病害常发生在植株外围叶片上。叶两面生圆形或椭圆形病斑，暗褐色，直径 5～25 毫米，微具轮纹，周缘明显。叶柄受害时，病斑梭形，暗褐色。后期，病斑上生极细小的黑色霉状物，即病原菌的子实体。叶病斑发生多时，不断扩大汇合，叶片局部或整叶枯死。

2. 病原 *Alternaria ulternata*（Fr.）Keissler 属半知菌亚门、丝孢纲、丛梗孢目、黑色菌科、交链孢属真菌。分生孢子梗 4～10 根束生，少数单生。分生孢子单生，倒棒形，孢身 4～13 个横隔膜，0～4 个纵隔膜，隔膜处有缢缩。

3. 发病规律 病原菌在病残体上越冬，成为翌年的初次侵染源。生长期产生分生孢子借风雨传播，进行再次侵染，扩大为害。5～10 月发生，高湿、高湿有利发病。

4. 防治措施

（1）选用无病种子。

（2）及时开沟排水，降低田间湿度。

（3）发病初期，喷洒 50%退菌特可湿性粉剂 800 倍液；80%代森锌可湿性粉剂 600 倍液，每隔 7 天喷 1 次，交替使用，连续喷 3～4 次。

（三）紫菀斑枯病

1. 症状 叶上病斑圆形，2～4 毫米，中心部分灰白色，边缘较深；后期，病斑上生小黑点，即病原菌的分生孢子器。

2. 病原 紫菀斑枯病病原为 *Septoria taarica* Syd.，属半知菌亚门、腔孢纲、球壳孢目、壳针孢属真菌。分生孢子器叶面生、埋生，孔口突破表皮外露，器壁膜质，黑褐色。分生孢子长针状，多隔膜，无色。发病规律：病菌以分生孢子器在病株线体上越冬。翌春，分生孢子随气流传播，引起侵染。在东北 7～8 月发生。

3. 防治措施

（1）发病初期前喷施波尔多液（1∶1∶120）或 40%代森铵1 000 倍液，每 7～10 天 1 次，连续 2 或 3 次。

（2）认真清洁园地，烧掉病株残体。

（四）紫菀叶锈病

1. 症状 叶片正面出现褪黄色斑，叶背可见枯黄色至淡黄色粉堆；发病严重时，夏孢子堆布满整个叶背面，病叶卷曲干枯。

2. 病原 紫菀叶锈病病原为 *Coleosporium asterum*（oiet.）Syd.（*Coleosporium solidaginies*）（Schw. Thüm），属真菌担子菌亚门，锈菌同鞘锈菌属，紫菀鞘锈菌。转主寄生。夏孢子堆多生于叶

背，散生至群生，直径0.3～0.6毫米。夏孢子近球形至椭圆形，有棱角，22.8～31.2（35.0）微米×15.6～23.4微米，表面有小疣，橘黄色，干后颜色变淡，壁厚1.5～2微米，芽孔不明显。冬孢子堆近圆形，橘红色至锈黄色，直径0.25～0.5毫米。冬孢子圆柱形，50～90微米×16～25微米，顶端圆，明显增厚，25～35微米，侧面相互结合成一层，萌发时冬孢子分为4个细胞，成为内生担子，上生小梗和担孢子。性孢子和锈孢子阶段发生在马尾松针叶上；性孢子器散生叶的两面，锈孢子堆散生于叶两面的斑点中，舌形，直径约1毫米。此外，*Puccinia extensicola* Plowr（短孢苔柄锈菌）也为害紫菀。

3. 发病规律 紫菀锈病于5月上旬开始发生，出现发病中心，夏孢子借风雨传播扩大侵染。6～7月发生严重，高温高湿条件有利病害的发生于蔓延。

4. 防治措施

（1）注意田间清洁，收集病残体，集中烧毁。

（2）防止田间积水，要做到雨停沟干。

（3）发病早期，发现病株立即清除，并喷1∶1∶300～400倍的波尔多液；也可喷97%敌锈钠1∶300～400倍液每隔7～10天喷1次，连续喷2～3次。

（五）紫菀白绢病

1. 症状 植株近地面茎基部和根茎芦头部分，出现水渍状黄褐色斑，多在短缩基生叶处蔓延扩展，上有明显白色绢状菌丝和大量油菜籽大小的菌核；后期叶柄、根茎腐烂，植株萎蔫枯死。有时近地面叶片亦受害。

2. 病原 紫菀白绢病病原为*Scleaotium rolfsii* Sacc，属真菌半知菌亚门，无孢目，小核菌属，齐整小核菌。此外，*Rhizoctonia solani* Kühm（立枯丝核菌）、*Phythium* sp.（腐霉）也能引起紫菀根茎腐烂。病田土壤是病害的侵染来源。

3. 发病规律 病原菌以菌丝或菌核在植株病部和土壤中越冬。

成为初次侵染源。菌核在高温高湿下很容易萌发，水流和株间接触引起再次侵染，扩大为害，夏季高温多湿有利于发病，一般6～9月发生。

4. 防治措施

（1）实行水旱轮作，宜与禾本科作物轮种。

（2）加强田间管理，雨季及时排水，避免土壤湿度过大。

（3）选用无病健栽作种，并用50%退菌特（1∶1 000倍液）浸栽3～5分钟，晾干后下种，及时挖除病株及周围病土，用石灰消毒。

（4）发病初期可于植株茎基部及其周围土壤洒施70%甲基托布津或50%多菌灵1 000倍液，以抑制病害蔓延。在第一次施药后，隔7～10天要再洒施一次。

二、虫害及其防治

（一）银纹夜蛾

1. 银纹夜蛾为害状 幼虫咬食紫菀叶片成孔洞或缺刻，严重时叶片被吃光，只留叶脉。

2. 形态特征

（1）成虫 体长12～15毫米，翅展28～30毫米，体灰褐色。胸部背面有三丛簇生，腹面黄褐色。前翅中央有一横“U”形白纹，后方有一近似三角形的银白色小斑纹。后翅暗褐色，缘毛灰褐色，有金属光泽。

（2）卵 乳白色，馒头形，有格子纹。

（3）幼虫 老熟幼虫体长约30毫米，体绿色，头黄绿色。头小尾粗，体背有白色细纵线数条，第一和第二对腹足退化，行动像尺蠖。

（4）蛹 长约18毫米，淡绿色，蛹背前几节略带紫红色，尾端有子根弯曲尾刺，中间两对最长。

3. 生活习性 1年发生3代，以蛹越冬。翌年6月羽化，3代均能为害，成虫多在夜间活动，晚上8～10时活动最盛，有趋光性。初龄幼虫常群集心叶背面，咬食叶下 及叶肉。有假死性，抗药性强，7～8 月为害严重。

4. 防治措施

（1）利用幼虫假死性，人工捕捉幼虫。

（2）用 90%敌百虫 800～1 000倍液，或 25%亚胺硫磷 600～800 倍液或 50%杀螟松乳剂1 000倍液喷洒。每隔 7 天一次，连续 2～3次。

（二）蛴螬

蛴螬是金龟子的幼虫，土名叫“白字虫”，“白地蚕”属鞘翅目、金龟科。种类很多为害紫菀的蛴螬种类较多，其中以东北大黑鳃金龟、暗褐鳃金龟、铜绿丽金龟、黑绒金龟子等发生最为普遍，为害状，咬食紫菀幼苗和根茎，使植株倒伏而死。

1. 形态特征

（1）成虫 东北大黑鳃金龟身体长约 16～21 毫米，黑褐色，有光泽。翅鞘每侧各有 4 条明显的纵隆纹，小盾片无点刻。前足胫节有 3 个锐齿，臀板光滑。暗黑鳃金龟身体长 18～22 毫米，黑褐色，无光泽。小盾片有点刻，前足胫节有 3 个钝齿，臀板有棱边。铜绿丽金龟身体长 18～21 毫米，铜绿色，有光泽，腹面黄褐色。黑绒鳃金龟体长 8～10 毫米，黑褐色或黑紫色，体上密披绒毛，鞘翅短，每鞘翅上有十列刻点。

（2）卵 乳白色，一般椭圆形。

（3）幼虫 体污白色，头部橙黄色或黄褐色，常弯曲呈马蹄形。东北大黑鳃金龟老熟幼虫身体长约 35 毫米，头部前顶刚毛每侧 3 根。肛门 3 裂，腹毛区散生钩状刚毛。暗黑鳃金龟老熟幼虫与东北大黑鳃金龟大小相似，头部前顶刚毛 1 根。腹毛区刚毛较东北大黑鳃金龟稀疏。铜绿丽金龟肛门 1 横裂，有尖刺列，针毛每列 10～20 根。黑线鳃金龟幼虫肛门纵裂，前方横列一排弧形刚毛。

2. 型生活习性 东北大黑鳃金龟二年 1 代，以成虫和幼虫交替越冬。第二年 4 月间越冬成虫开始出现，5 月中旬至 7 月下旬为盛发期，8月上旬逐渐减少，10月上旬绝迹。越冬成虫5月中旬开始产卵，盛期为6月上旬至7月下旬，产卵期长达2～3个月。每头雌虫平均产卵190余粒，卵经2星期左右孵化为幼虫，孵化盛期约在6月下旬至7月中旬。10～11月以2、3龄幼虫越冬。越冬幼虫第二年4月中旬开始上升到耕作层危害中药材等作物。6月上旬化蛹，6月下旬开始羽化为成虫。当年羽化的成虫不出土。在原化蛹处越冬。成虫寿命很长，白天潜伏在土内，黄昏出土活动。有假死性，雌成虫没有趋光性，雄成虫有趋光性。成虫取食林木、果树及多种农作物的叶片，并在低矮植物上交尾，产卵于土中。

暗黑鳃金龟一年1代，以3龄幼虫及少数成虫越冬。故成虫出土较晚。一般6月上旬见卵，7月中旬为产卵盛期。6月下旬开始出现幼虫，危害地下根茎。9月间幼虫发育至3龄，陆续到土壤深处越冬。成虫飞翔力强，有趋光性、假死性。成虫有群集取食习性。

铜绿畸金龟1年发生1代，以幼虫越冬。危害盛期为5月下旬至6月中旬。6月中、下旬化蛹、羽化。成虫出现盛期为6月下旬至7月上、中旬，7月中旬出现新一代幼虫，10月上旬开始下降，准备越冬。成虫通常昼伏夜出，趋光性很强，对黑光灯尤为敏感。

黑绒鳃金龟每年完成一个世代，以成虫在浅土层或覆盖物下越冬，成虫于傍晚17～18时出土。温度、降雨、大风均能影响其出土，雨后常是出土高峰日，出土早晚常和温度有关。成虫出土初期雄多于雌，一出土即进行取食、飞翔、交尾，黑绒鳃金龟喜在干旱地块生存，因此干旱地区发生较多。

蛴螬长期生活在土中，常受土壤温度的影响而作季节性的上下移动。冬季在土壤较深处越冬（最深可达110厘米），春季3月底4月初，随着气温的回升，开始上升到土壤浅层危害。夏季高温时又向深层移动，秋凉时又上升危害。

3. 防治措施

（1）冬季深翻土地，清除杂草，消灭越冬虫口。

（2）辛硫磷处理土壤。播种前结合整地，每667米^{2}用50%辛硫磷乳油 0.5 千克，加水配成 800 倍液，喷洒地面。洒药后要及时把表层的药土翻入土中。或用辛硫磷乳油 0.5 千克，加水 25 千克，再兑干细土 150 千克，配成毒土撒施。或每 667 米^2 用辛硫磷乳油 0.25 千克，加 10 千克炉渣颗粒，再兑干细土 15 千克，配成颗粒剂，撒于播种沟内，然后覆土。应注意，辛硫磷见光易分解，喷药应在日落后，或日出前进行。

（3）辛硫磷拌种。用 50%辛硫磷乳油 0.5 千克，加水 15～25 千克，拌 250 千克种子，对防治蛴螬效果好。方法是：用喷雾器将药液喷在种子堆上，边喷边拌，喷后闷 3～4 小时，再摊开晾至 7～8 成干，然后播种。

（4）药液灌根。紫菀生长期发生蛴螬危害时，用 80%敌敌畏乳油 0.5 千克，加水 600 千克，或 50%辛硫磷乳油 0.5 千克，加水 500 千克，或 90%敌百虫 100 倍液，或 50%西维因可湿性粉剂1 000倍液灌根。也可每 667 米^2 用 5%辛硫磷颗粒剂 3 千克，兑细土 20～30 千克，混合均匀后，撒于地面。

第七节 紫菀的采收、加工（炮制）与贮存

§2.9.12 紫菀什么时间采收？

于栽后 1 年采挖，秋季霜降前后或至翌年早春 2 月萌发前均可进行。先割去地上茎叶，稍浇水温润土壤，使其疏松、然后小心挖出根和根茎，抖净泥土。

§2.9.13 怎样加工紫菀？

去掉残差，进行晾晒。当根须晾至半干，柔软又不易折断时编辫，然后晒至全干。

§2.9.14 紫菀怎么样贮藏好？

紫菀易吸潮生霉、泛油、较少虫蛀。贮阴凉干燥处，安全相对湿度70%～75%，适宜温度30℃以下。商品安全水分9%～14%，霉变多发生在根茎及根须尾部，泛油品表面不明显，但断面有油样物和霉腐气味。为害的包虫主要有锯各盗、米煸虫、地中海粉螟等。贮藏期间应定期检查，保持环境干燥，及时清除商品中碎屑、沙土，保持清洁。发现吸潮变软，要及时晾晒，或将商品密封后抽氧充氮养护。仓虫危害严重时可用溴甲烷熏杀。

第八节 紫菀的中国药典质量标准

§2.9.15 《中国药典》2010年版紫菀标准是怎样制定的？

拼音：Ziwan

英文：RADIX ET RHIZOMA ASTERIS

本品为菊科植物紫菀 *Aster tataricus* L. f. 的干燥根及根茎。春、秋二季采挖，除去有节的根茎（习称“母根”）和泥沙，编成辫状晒干，或直接晒干。

【性状】本品根茎呈不规则块状，大小不一，顶端有茎、叶的残基；质稍硬。根茎簇生多数细根，长3～15厘米，直径0.1～0.3厘米，多编成辫状；表面紫红色或灰红色，有纵皱纹；质较柔韧。气微香，味甜、微苦。

【鉴别】(1) 本品根横切面：表皮细胞多萎缩或有时脱落，内含紫红色色素。下皮细胞1列，略切向延长，侧壁及内壁稍厚，有的含紫红色色素。皮层宽广，有细胞间隙；分泌道4～6个，位于皮层内侧；内皮层明显。中柱小，木质部略呈多角形；韧皮部束位于木质部弧角间；中央通常有髓。

根茎表皮有腺毛，皮层散有石细胞及厚壁细胞。根和根茎薄壁细胞含菊糖，有的含草酸钙簇晶。

(2) 取本品粉末1克，加甲醇25毫升，超声处理30分钟，滤过，滤液挥干，残渣加乙酸乙酯1毫升使溶解，作为供试品溶液。另取紫菀酮对照品，加乙酸乙酯制成每1毫升含1毫克的溶液，作为对照品溶液。照薄层色谱法（附录Ⅵ B）试验，吸取上述两种溶液各3微升，分别点于同一硅胶G薄层板上，以石油醚（60～90℃）-乙酸乙酯（9∶1）为展开剂，展开，取出，晾干，喷以10%硫酸乙醇试液，在105℃加热至斑点显色清晰，分别置日光和紫外光灯（365纳米）下检视。供试品色谱中，在与对照品色谱相应的位置上，显相同颜色的斑点或荧光斑点。

【检查】水分 不得过15.0%（附录Ⅸ H）。

总灰分 不得过15.0%（附录Ⅸ K）。

酸不溶性灰分 不得过8.0%（附录Ⅸ K）。

【浸出物】照水溶性浸出物测定法（附录Ⅹ A）项下的热浸法测定，不得少于45.0%。

【含量测定】照高效液相色谱法（附录Ⅵ D）测定。

色谱条件与系统适用性试验 以十八烷基硅烷键合硅胶为填充剂；以乙腈-水（96∶4）为流动相；检测波长为200纳米。柱温40℃。理论板数按紫菀酮峰计算应不低于3 500。

对照品溶液的制备 精密称取紫菀酮对照品适量，加乙腈制成每1毫升含0.1毫克的溶液，即得。

供试品溶液的制备 取本品粉末（过三号筛）约1克，精密称定，置具塞锥形瓶中，精密加入甲醇20毫升，称定重量，40℃温浸1小时，超声处理（功率250瓦，频率40千赫）15分钟，取出，放冷，再称定重量，用甲醇补足减失的重量，摇匀，滤过，取续滤液，即得。

测定法 分别精密吸取对照品溶液与供试品溶液各20微升，注入液相色谱仪，测定，即得。

本品按干燥品计算，含紫菀酮（$C_{30}H_{50}O$）不得少于 0.15%。

饮片

【炮制】紫菀 除去杂质，洗净，稍润，切厚片或段，干燥。

本品呈不规则的厚片或段。根外表皮紫红色或灰红色，有纵皱纹。切面淡棕色，中心具棕黄色的木心。气微香，味甜，微苦。

【鉴别】【检查】【浸出物】【含量测定】同药材。

蜜紫菀 取紫菀片，照蜜炙法（附录Ⅱ D）炒至不粘手。

本品形如紫菀片（段），表面棕褐色或紫棕色。有蜜香气，味甜。

【检查】水分 同药材，不得过 16.%。

【含量测定】同药材，含紫菀酮（$C_{30}H_{50}O$）不得少于 0.10%。

【鉴别】同药材。

【性味与归经】辛、苦，温。归肺经。

【功能与主治】润肺下气，消痰止咳。用于痰多喘咳，新久咳嗽，劳嗽咳血。

【用法与用量】5～10 克。

【贮藏】置阴凉干燥处，防潮。

第九节 紫菀的市场与营销

§2.9.16 紫菀的市场概况如何?

紫菀为我国常用中药材，早年间河北安国、安徽亳州等地就有栽培。安国产的紫菀质量好，在国内外有很高的名气。紫菀主要成分含紫菀皂苷、紫菀酮、另含脂肪酸、芳香族酸、琥珀酸等。主要药煎剂及提取物有祛痰、镇咳、抗菌作用，是中成药的重要原料。近代研究又发现它具有抗癌效果，因用途范围不断扩大，需求量有逐年增加之势。20 世纪 60 年代以前，主要依靠野生资源，以后主要靠栽培提供。新中国成立后，列为三类品种，由市场调节产销，1957 年产 55

万千克，60年代主产区安徽，河南大面积种植。1965年产154万千克，1970年139万千克，1978年产164万千克，产大于销，商品积压。进入80年代购销基本平衡，属于可以满足需要的品种。紫菀是镇咳、祛痰、抗菌的重要药品，又是中成药的重要原料。近来研究又发现它还具有抗癌作用，因而药用范围将会不断扩大，需要量必将逐步增加，产销存在的主要问题是：家种单产不高，地方习用野生品种比较复杂，需要加强研究，野生资源较丰富，但生产波动较大。鉴于上述情况，首先要协调家种和野生的关系，以家种为主，野生为辅，家野互补；其决是建立紫菀生产基地，培育优质高产品种，加强优质高产栽培技术的研究；加强市场预测，稳定生产。目前，根据市场的需要，家种紫菀每年收购110万～120万千克；价格在每千克10～16元，详见表2-9-1。

表2-9-1 2011年国内紫菀价格表

品 名	规格	价格（元/千克）	市 场
紫 菀	统	10	河北安国
紫 菀	水洗	14～15	河北安国
紫 菀	统	16	安徽亳州

第十章

山　楂

第一节　山楂入药品种

§2.10.1　山楂有多少个品种?入药品种有哪些?

山楂的药用，我们的祖先早有认识，古书中也有较多的记述。公元四世纪郭璞注《尔雅》一书中即说山楂果“但云可食，尚未标以为果，而入药则盛于近世”。见图 2-10-1。明代李时珍在《本草纲目》(1578) 一书中，称山楂可“煮汁服，止水痢”，“治疮痒”，“治腰痛”，“消食积，补脾，治小肠气，发小儿疮疹”，“治妇人产后儿枕痛，恶露不尽，煎汁入砂糖服之，立效”等等。到了近代，山楂仍是一味重要的中草药。中药里“焦三仙”（焦神曲、焦麦芽、焦山楂）中，就有一味是山楂。保和丸、山楂丸、至宝锭等中成药，山楂也是重要原料。

图 2-10-1　山楂果

山楂在植物分类学中属于蔷薇科山楂属 *Crataegus oxyacantha* L.，为落叶乔木或灌木，很少有半常绿者。该属植物广泛分地北半球，以北美洲最多。据文献报道，当在千种以上。本属的模式种为原产欧洲之锐刺山楂 *Crataegus oxyacantha* L.。

我国有 17 种山楂属植物。《中国药典》2010 年版规定山楂为蔷薇科植物山里红 *Crataegus pinnatiida* Bge. var. *major*N. E. Br. 或山楂 *Crataegus pinnatifida* Bge. 的干燥成熟果实。

第二节 道地山楂资源和产地分布

§2.10.2 山楂栽培历史及其分布地域?

山楂是我国原产果树之一。早在3 000年前，我们的祖先就在古籍中对山楂有过描述，它耐粗放管理，结果早、寿命长、耐贮运，对自然条件有较强的适应性。我国劳动人民在长期的生产实践中，选出了很多优良的栽培品种和类型，使山楂成为我国栽培果树中独具特色的树种。

根据全国各地的生态条件和山楂种与品种的适应区域，将全国划分为五个山楂栽培区。

一、寒地栽培区

本产区是横跨东北、华北、西北三区北部的一条狭长地带，年平均温度在 2.5～7.0℃之间，按气候类型还可进一步划分三个亚区：

Ⅰ亚区　年平均气温 2.5～3.6℃，≥10℃年积温 2 300～2 500℃，极端最低气温－42℃以内。主栽品种为左伏 1、左伏 2、左伏 3 等果实生产期短的伏山楂类型，并可试栽大旺和秋金星。

Ⅱ亚区　年平均气温 3.6～5.6℃，≥10℃年积温 2 500～2 800℃，极端最低气温－40℃以内。可栽种大旺、秋金星等抗寒品种。

Ⅲ亚区　年平均气温 5.6～7℃，≥10℃积温2 800～3 100℃，极

端最低气温－39℃以内。可栽种太平、叶赫、紫玉、燕瓤红、大旺、秋金星等品种。

二、辽宁、冀北、京津栽培区

本产区东起吉林省南部，辽宁省铁岭以南，向西经冀北燕山南北麓，至京、津周围地区（但不包括冀辽两省北部年平均气温低于6.5℃，≥10℃年积温不足2 800℃的寒冷地区）。这一栽培区山楂产量约占全国的1/4～1/3，全国已知的红肉系优种多数产自本区。主栽品种有燕瓤红、辽红、

三、冀豫晋栽培区

本产区包括河北省中南部和山西、河南全省，并正在向湖北省西北部、陕西省中南部、甘肃东部、宁夏南部一带扩展。本区气候类型包括中温带、暖温带和亚热带北缘的山地，是我国山楂重点产区之一。主栽品种有豫北红、泽州江、绛县粉口等。

四、山东、苏北栽培区

本产区包括山东全省和江苏宿迁以北地区。本区气候温暖、雨量充足、冬无严寒。山楂产量约占全国一半。主栽品种有红瓤绵、白瓤绵、敞口、大金星、大货。本区现有品种果实多缺少红色素，且较华北、东北所产山楂耐贮性差。

五、云贵高原栽培区

本产区包括云南、贵州两省的高海拔山区和广西百色地区的山区。本区气候温暖、湿润、雨量充沛、无霜期长，土壤微酸性、较肥活，有发展山楂生产的优越自然条件。栽培较多的有起源于云南山楂的大湾山楂、鸡油山楂、大白果、雄关山楂等。近几年由山东引种到云南玉溪地区的敞口山楂，无论单果重、果肉颜色和风味都优于原产地山东。该区除应开发利用现有山楂资源外，还宜积极引进红肉系优

种，以提高市场竞争能力。

第三节 山楂的植物形态

§2.10.3 山楂有哪些品种?它们是什么样子的?

山楂的栽培品种都是在长期生产实践中逐步选择产生出来的，下面介绍的是起源于山楂的有代表性的栽培品种或类型。

一、西丰红

本品种树势强，树姿半开张。主要产地为辽宁省铁岭地区的西丰、开原等县和抚顺地区。一年生枝紫褐色，二、三年生枝烟灰色。叶片大，广卵圆形，分裂较浅，叶基宽楔形，锯齿粗锐，叶面无茸毛，叶背有髯毛。果实近扁方形，百果重900克以上，果皮紫红色。果点较大，密而显著，黄白色。萼片较厚，果肉较多，深红色或紫红色，肉质硬，味酸浓郁，品质上等。可食率85.92%，维生素C 100克果肉含量为72.14毫克，总黄酮含量0.45%。果枝连续结果能力较强，比较抗寒和丰产，耐贮藏，适于加工各种山楂制品。宜在辽宁、冀北、京津栽培区发展。果实10月初成熟。本品种色泽鲜艳，品质好，产量高，为我国红肉系中的名优品种。

二、滦红

本品种产于河北省滦平县。树姿开张，树势中等。一年生枝红褐色或紫褐色，二年生枝棕黄色。叶片广卵圆形，叶基宽楔形，裂度中等，裂片先端渐尖，锯齿粗锐，多单锯齿，叶背主侧脉上密布短茸毛。果实近圆形，有五棱，果皮鲜紫红色，有光泽，果点灰白色，大而稀，百果重900～1 170克。萼片宿存，反卷，褐绿色，基部呈红色，半开张。开食率85.28%，果肉深红色，近果皮及果核处呈紫红色，肉质致密，酸甜适口，维生素C 100克果肉含量为104.9毫克。

本品种色泽艳丽，果肉深红，颇适加工，为红肉系优种，适于在年平均温度7℃以南地区栽培。

三、艳果红（又名粉口山楂）

本品种主要产地是山西省绛县、闻喜、夏县、垣曲等县。树势强，树姿开张。一年生枝红褐色，二、三年生枝灰褐色。叶片大，卵形，分裂深，叶基截形，叶尖急尖，锯齿粗锐，叶面无茸毛，叶背有髯毛。果实长圆形，百果重870克。果皮浅紫红色；光滑，有光泽，果点明显，呈灰褐色。萼片开张，反卷。果肉粉红至深红色，酸甜适口，品质上等。可食率79.3%，维生素C 100克果肉含量60.93%毫克，总黄酮含量0.50%。果枝连续结果能力强，易获早期丰产，产量稳定，较耐贮藏，适于加工各种山楂制品。宜在我国北方较温暖地区栽培。本品种色艳、美观，为山西省名贵优种。

四、辽红

本品种主要产地为辽宁省辽阳、鞍山、沈阳、本溪、抚顺等地。树势强，树姿开张。一年生枝棕黄色，二、三年生枝灰褐色。叶片较大，卵圆形，分裂较浅，叶基近圆形，叶尖渐尖，锯齿粗锐，叶面无茸毛，叶背有髯毛。果实长圆形，果皮深红，有光泽，果点多而突起，黄白色，百果重769克。萼片宿存，闭合。果肉较厚，肉质致密，深粉红至紫红色，味酸稍甜。山楂风味浓郁，品质上等。可食率84.4%，维生素C 100克果肉含量82.1毫克，总黄酮含量0.77%。果枝连续结果能力强，较丰产、抗寒、耐贮藏，适于加工和鲜食。本品种色泽艳丽，果形正，产量高，为北方有名的红肉系优种，10月上旬成熟。

五、大旺

本品种产于吉林省吉林市郊区和盘石县。树势强，树姿开张。一年生枝棕褐色，二、三年生枝条灰色。叶片大，广卵圆形，分裂较浅，叶基近圆形，叶尖渐尖，锯齿粗锐，叶面无茸毛，叶背有髯毛。果实阔卵形，百果重625克以上，果皮深红色，果点较稀疏，果面有残毛。萼片宿存、开张、反卷。果肉较松软，粉白至粉红色，味酸甜，品质中上。果实九月下旬成熟，可食率80.1%，维生素C100克果肉含量66.23毫克，总黄酮0.41%，较耐贮藏，适于鲜食和加工。果枝连续结果能力较强，丰产性中等，极耐寒。在年平均温度>3℃、≥10℃积温2 600℃以上地区果实能充分成熟，在冬季最低气温−41℃地区枝条无冻害。本品种为大山楂中最适于在高寒地区栽培的良种。

六、集安紫肉

本品种主产地是吉林省集安县。较抗寒、丰产。果实近圆形，果皮紫红色，有光泽，果点黄白色较大，密而显著。果肉较厚，质硬，果肉深红至紫红色，酸味浓郁。果实较大，百果重900克以上，品质上等，10月初成熟。本品种较耐贮藏，适于加工。

七、燕瓤红

本品种又名红口山楂或粉红肉山楂。本品种是河北省保定和承德市主要栽培品种之一，在涞水、易县、涞源、兴隆、隆化、滦平等县栽培最多。树势强，树姿半开张。一年生枝红褐色，二、三年生枝灰褐色。叶片中等大，广卵圆形，分裂较浅，叶基近圆形，叶尖渐尖，锯齿粗锐，叶面无茸毛，叶背有髯毛。果实倒卵圆形，百果重768克以上，果皮深红色有光泽，果点较小，黄褐色，稍突起。萼片宿存，半开张。果肉较厚，致密细腻，粉红至深红色，味甜酸，品质上等。可食率88.65%，维生素C 100克果肉含量61.69毫克，果枝连续结果能力较强，较抗寒、抗旱，较丰产稳定，耐贮藏。果肉颜色较鲜艳，适于加工食品和饮料。果实10月上旬成熟。该品种适应性强，是河北省的优良品种，宜在年平均温度6℃以上≥10℃积温2 800℃以上地区发展。

八、金星（小金星）

本品种主要产地是北京市怀柔、密云、平谷、延庆，河北省兴隆等县和保定地区。树势中等，树姿半开张。一年生枝红褐色，二、三年生枝紫褐色。叶片大，卵圆形，分裂中深，叶基宽楔形，叶尖渐尖，锯齿粗锐，叶面无茸毛，叶背有髯毛。果实近圆形，百果重980克，果皮鲜红有光泽，果点金黄色，小而匀称。果肉较厚，细腻，粉白至浅粉红色，甜酸可口，品质上等。可食率86%，维生素C 100克果肉含量72.69毫克，总黄酮0.38%。果枝连续结果能力强，丰产、稳产，较耐贮藏，适于加工和鲜食。果实10月初成熟。本品种在北京、河北承德市栽培面积较广，色泽艳丽，果形美观，为北方红肉系良种。

九、大金星（大麻星）

本品种主产地为北京市房山县及门头沟区，河北省保定地区和兴隆等县。树势较强，树姿半开张。一年生枝红褐色，二、三年生枝灰褐色。叶片较大，卵圆形，分裂中深，叶基宽楔形，叶尖急尖，锯齿粗锐，叶面无茸毛，叶背有髯毛。果实倒卵圆形，百重769克，果皮深红色，果点较大而多，黄褐色，近果顶部果点渐小而密挤，几乎隐没果皮之红色；果实胴部的果点大而突出，触之手感明显，因此有“大麻星”之称。果梗与梗洼接触处有瘤状物。萼片半开张或反卷。果肉较厚，绿白色或粉白色，品质中上等。可食率84.8%，维生素C 100克果肉含量87.83毫克，总黄酮0.78%。果肉较硬，果枝连续结果能力较强，较丰产、稳产，耐贮藏，适于加工、鲜食和入药。果实10月上旬成熟。本品种色泽艳丽，产量高，为北方之良种。

十、面楂

本品种主要产地为天津市蓟县与河北省遵化、卢龙、昌黎、抚宁、廊坊等县（市）。树势强、树姿开张。一年生枝紫褐色，二、三年生枝红棕色。叶片大，卵圆形，分裂中深，叶基近圆形，叶尖急尖，锯齿粗锐，叶面无茸毛，叶背有短毛。果实阔倒卵圆形，百果重830克。果皮大红色，有果粉，果点灰白色，小而不显著。萼片宿存，闭合。果梗近梗洼处有肉瘤。果肉厚，肉质细而松软，黄白色，味微酸稍甜，品质中上等。可食率84.8%，维生素C 100克果肉含量87.83毫克，总黄酮0.78%，适于鲜食和入药。果枝连续结果能力强，丰产、稳产，因其不甚耐贮，果肉松软和缺少红色素，故不甚适于食品加工。该品种适应性强，分布较广，惟不甚抗寒。本品种产量较高，适于鲜食和入药。

十一、大金星（山东大金星）

本品种主要产地是山东省临沂、泰安、平度、掖县和江苏省干榆县等地。树势强、树姿开张。一年生枝红褐色，二、三年生枝红棕色。叶片大，广卵圆形，分裂较浅，叶基近圆形，叶尖渐尖，锯齿稀、钝，叶面无茸毛，叶背和短毛。果实扁圆，又似阔倒卵圆形，百果重可达1 600克以上。果皮深红色，果点黄褐色，特大，突出果面，萼片开张或反卷，果肉厚，粉白色，甜酸适口，并有芳香，品质上等。可食率90%以上，总糖11.35%，总酸4%，维生素C 100克果肉含量57.7毫克，果胶2.7%，总黄酮含量0.42%。较耐贮，适于生食或加工。本品种为大果型良种，果枝连续结果能力较强，大小年不明显，适于在较暖地区发展。

十二、敞口

本品种主产地为鲁中山区的益都、临邑等县，为当地主栽品种。树势强，树姿开张。一年生枝紫褐色，二、三年生枝红棕色。叶片大，广卵圆形，分裂较浅，7或9裂，叶基近圆形，叶尖急尖，锯齿稀钝，叶面无茸毛，叶背有短毛。果实扁圆形，百果重1 000克。果皮深红色，果点中大，黄白色，密集，果皮较粗糙，无光泽。萼筒深而广，萼片开张或反卷，并有部分萼片脱落，故名“敞口”。果肉厚，粉白色，果肉沿果实纵方向有青筋（维管束），肉质致密，味酸稍甜，具芳香味，品质上等。可食率 90%，总糖 11.07%，总酸 3.78%，果胶 2.92%，维生素 C 100 克果肉含量 48.1 毫克。适于生食、加工食品或入药。果实 10 月下旬成熟。本品种结果早，果枝连续结果能力强，抗旱、耐盐碱、丰产、稳产，且树体矮小，适于密植，惟耐贮性差，宜在较暖地区发展。

第四节 山楂的生态条件

§2.10.4 山楂适宜于在什么地方和条件下生长?

山楂对环境条件的适应性较强，抗寒，较耐瘠薄，适宜我国大部分地区栽培。影响山楂栽培的生态条件，主要是气温、降水和日照，土壤类型也对其有一定的影响。从目前山楂的主产区来看，适于山楂栽培的年平均温度为 6～14℃，≥10℃积温为2 300～4 250℃，无霜期 130～200 天，年降水量 367～1 023毫米。上述生态条件只就我国山楂的主产区而言，而在我国北部吉林省和黑龙江省牡丹江、齐齐哈尔一带，以至西南云贵高原，也都有山楂栽培，而且生长良好，说明山楂不同种类品种对生态条件的适应能力存在很大差异。例如大旺、叶赫、秋金星、伏山楂等抗寒品种的出现，已把我国山楂原有栽培区域向北大大推进；在中原栽培区，有豫北红、艳果红、泽州红以及山东敞口、大货等品种的分布，湖南、湖北也在引进北方山楂品种并获得成功。这说明，我国山楂生产向北、向南推进还有很大潜力。

山楂根系生长与地温关系密切。春季，随着土壤温度的升高，吸收根增多并加长，地温在 10℃左右时为根系的生长适温。早春地温高于 3℃时，山楂根系即开始生长；当地温升高到 15℃时，根系生长较慢；地温高于 18℃或低于 3℃时，根系生长缓慢或停止生长。

山楂对土壤的要求不甚严格。土层深度 60 厘米以上，无论山地、沙滩、黏土、沙土，只要加强土壤管理，山楂都能正常生长。适于山楂生长的土壤酸碱度为微酸性到微碱性；但是，碱性土壤上栽种山楂，易发生缺铁性黄叶病。

第五节 山楂的生物特性

§2.10.5 山楂的生长有哪些规律？

山楂树具有结果早、寿命长、适应性强等特点。随着树龄的增长，在器官形态、树体结构和生理机能等方面都发生相应变化。在年周期中，生长发育有规律的变化与季节性的气候变化密切相关。只有正确认识并顺应山楂的生长发育特点，才能正确运用农业技术，实现山楂优质高产。山楂栽植第一年为缓苗期：苗木质量好，管理也好，第二年进入速长期；三、四年开始结果，很快进入盛果期，并长期保持高产稳定。生长与结果特性因年龄和管理水平的不同而发生明显的变化。据此，将山楂的一生划分为幼树期、初果期、盛果期和衰老更新期四个阶段。每个时期到来的早晚，持续时间的长短，取决于品种、土地条件和栽培管理水平。管理好的，开始结果早，盛果期到来的早，而且盛果期持续时间也长；反之，开始结果和进入盛果期较晚，盛果期持续的年限也短。

一、幼树期

由苗木定植到开始结果为幼树期。这段时间长约 3～4 年，是山楂一生中生长最快的时期。立地条件好，管理水平高的山楂园，幼树一年生枝长度可达 1 米以上。在管理上除通过土、肥、水管理和整形修剪以加强营养生长、培养牢固的树枝骨架外，对营养枝应采取拉枝、摘心、刻伤等增枝、促花措施，使营养生长向生殖生长转化，为早结果、早丰产创造条件。

二、初果期

从开始结果到大量结果之前的这段时间为初果期。这一时期的树生长旺盛，树冠继续迅速扩大，分枝大量增加，树体结构基本形成，产量逐年增加。但直到这一时期的末期，树冠和单株产量都还没有达到最大。这一时期的变化是由以生长为主、结果为辅逐渐演变到结果为主、生长为辅。初果期树在栽培管理上的主要任务是增枝促花，在完成骨干枝培养任务的前提下不断提高产量，培养好结果母枝，使山楂树顺利地进入盛果期。

三、盛果期

生长正常的山楂树，盛果期的年限一般可维持数十年至上百年。盛果期的前半期，生长健壮，产量稳定，随着大量结果，生长势由缓而变弱；到盛果期的后半期，枝条下垂，结果部位外移，坐果率下降，大枝中后部秃裸，内膛空虚，肥水不足和负载量失去控制的山楂园会出现大小年现象。盛果期树应加强肥水管理，合理留枝，并注意枝组更新和骨干枝的复壮修剪。盛果期树管理的任务，主要是保持其旺盛的结果能力。为了防止树势变衰和大小年的出现，除保证充足的肥水供应外，要通过修剪调节各类枝的组成，使长、中、短枝保持一定比例；并根据树势和管理水平确定留花量，以期高产、稳产，延长盛果期年限。

四、衰老更新期

产量明显下降，外围枝先端开始干枯，小枝乃至大枝局部死亡是衰老期山楂枝的特点。这一时期新生枝数量显著减少，结果枝大量衰老死亡，骨干枝光秃带加大，树冠体积缩小，小枝稀疏，坐果率低，果实个头小，全树呈现衰老状态。衰老期的出现，并不完全取决于树龄；管理粗放的树，常出现未老先衰。

对于衰老树的更新复壮，关键在于加强土、肥、水管理。急于求成，企图单钝依靠重回缩来促生更新枝的做法，往往适得其反。山楂自然更新复壮能力较强，只要加强土、肥、水管理，控制留花量，就能保持旺盛的生长力。在此基础上，逐年适度回缩，能够促使老树恢复生机，延长其结果年限。一但通过上述管理措施也难于恢复树势时，就应采用局部或全园定植新株的办法来取代无法复壮的老树。

第六节 山楂的栽培技术

§2.10.6 山楂种子怎样检验和处理？

一、采种

野生山楂 *C. pinnatifida* Bgc. 种子含仁率一般在40%～75%之间，含仁率不足40%的种子不宜作用。山楂种子应从生长健壮、无病虫害的树上采集。取种时，先碾碎果实，或堆积发酵，待果肉腐烂后，用水漂洗，除去果肉和杂质，并立即进行处理。

二、种子质量的检验

宜在沙藏或播种前对种子生活力进行检验，以便鉴别种子优劣。

（一）目测法

取一定数量的种子，肉眼观察种子内、外部，以识别其优劣。优质种子籽粒饱满，大小均匀，有光泽，种胚白色、不透明、无霉味，含仁率50%以上；劣质种子，种皮皱缩或开裂，无光泽，大小不均匀，种胚淡黄色、半透明、有霉味，含仁率不足40%。

（二）染色法

首先将山楂种子打破种壳，剥去种皮，放入0.2%～0.5%靛蓝胭脂红的水溶液中浸染2～4小时，再取出种子用清水冲洗，种胚全部染色的，即失去了生活能力；部分染色的，为生活能力较差的；未被染色的，为有生活能力的种子。统计有生活能力的种子所占比例及含仁率，可做为确定播种量的参考依据。

（三）种子处理

由于山楂种壳坚硬，缝合线严密，不易透水。因此种壳不易开裂，种子发芽困难，播种前需进行低温层积沙藏处理。果胶粘合种壳缝合线并以不溶性状态存在，需要先被微生物分泌的原果胶酶分解为可溶性果胶，然后在果胶酶作用下溶解，种壳才易开裂。再经低温层积处理，种胚后熟，生长抑制物质减少，种子即可萌发。分泌原果胶酶的微生物，在25～37℃、含水量为最大持水量的80%、通气良好的条件下活动最盛。根据山楂种子的特点，采取适当方法进行种子处理，才能正常发芽。

1. 两冬一夏沙藏法 这是一种传统的层积方法，虽然处理时间较长，但方法可靠，如连年沙藏种子，则每年都有种子用于播种。沙藏时要选地势高燥、不易积水、背风阴凉的地方挖沟。沟深60～80厘米，宽40～50厘米，长度视种子多少而定。沟底铺5厘米厚的湿沙，再将1份种子与3份湿沙混匀放入沟内，至离地面15厘米为止；其上覆土高出地面30厘米，以防积存雨雪；中间竖秫秸把，以便通气。第二年6～7月份将种子上下翻动一次，并保持一定湿度，第三年春即可播种。

2. 采种沙藏法 这种方法处理得当，经一冬沙藏即可播种。据观察，山楂果实在半青半红、种壳尚未坚硬时，种仁已基本具备了发芽能力，这时可采集果实，将果肉压碎，放入缸内浸泡7～10天，隔日换水，然后漂净果肉，取出种子，趁湿进行沙藏（沙藏方法同前）。第二年春季化冻后即可播种。

3. 变温处理沙藏法 将纯净的山楂种子浸泡10天（隔日换水）后，再用两开兑凉的热水浸泡一昼夜，经几次换水，捞出并在苇席上摊开，白天晒，夜间用冷水浸泡。如此夜浸日晒，反复4～6次，直至种壳开裂，再混入4倍湿沙，在沙藏沟底堆25厘米厚，沟上用秫秸盖严，再培土8～10厘米。沟的两头各留一个通气小孔，翌年早春随时检查萌芽情况，芽长0.2～0.3厘米即应播种。

上述经一冬处理的种子，一但不萌芽时，可继续沙藏一年，再播种。

§2.10.7 怎样进行山楂苗圃的选择和整地？

苗圃地的好坏是决定苗木质量的先决条件。要选择地势平坦、有灌溉条件、向阳、肥沃而疏松的壤土或沙壤土建苗圃。这样的苗圃，能培育出根系发达、生长健壮的苗木；不宜在涝洼地、排水不良的黏重土壤和土层薄的沙土地育苗，更不适宜在偏碱的土壤上育苗。育苗地切忌连作，以免引起某些矿物质营养的匮乏和根癌病、立枯病的加重。

苗圃地确定后，宜在秋季进行深翻细耙，达到疏松、细碎、平整、无石块和杂草。秋翻深度 30 厘米以上，有利于土壤改良、蓄水保墒和根系生长。春旱地区，秋季翻地效果更好，随翻随耙，可减少水分蒸发，保蓄冬春季的雨雪。如果来不及秋翻，要在春季化冻后立即春翻，翻后耙耢、镇压。在深翻整地的同时，结合作畦每 667 米^{2}施入优质腐熟农家肥3 000～4 000千克。

§2.10.8 如何进行山楂播种？

一、播种时间

分秋播和春播。经过一冬沙藏的种子，可在春季芽萌动时，将已萌发的种子挑出，集中点播；进行两冬一夏沙藏的，可在已贮一冬一夏后进行秋播。春播时，时间越早越好，河北省长城以南以 3 月中下旬为宜，长城以北宜在 4 月上旬播种；秋播在土壤结冻前进行。秋播后因冬季蒸发量大，春季化冻前又不能灌水，应在细致整地的基础上采用播后盖薄膜的方法防止蒸发（地膜的四周要用土埋严，以防被风吹掉），春季在种子开始出土时撤掉薄膜。畦面干旱时要用喷壶淋水或用洒水车洒水，也可用喷灌机进行喷灌。总之，发芽前和砧苗幼小时不可大水漫灌。

二、播种量

要根据播种方法、种子质量、含仁率、千粒重、发芽率来决定。一般野生山楂种子每千克 1.2 万～1.4 万粒，采用条播法每 667 米^2 约用种 15～20 千克；点播 8～10 千克，撒播 30～40 千克。

三、播种方法

播前 2～3 天在整好地、作好畦的圃地浇一次透水，水渗下后便于操作时播种。常用的播种方法有条播、点播和撒播三种。

（一）条播

在 1 米宽的平畦内可播四行，采用带状条播（即大小垄），带内距 15 厘米，带间距 50 厘米，边行距畦埂 10 厘米。这样可经济利用土地，有利于松土、锄草和嫁接。播种沟深 3～4 厘米，宽 4～5 厘米。开沟后搂平沟底，翻出的土块要耙碎，将混有湿沙的种子均匀地播入沟内，然后用钉耙封沟耙平，覆细土 1.5～2 厘米，多余的土及土块杂物等搂出畦外。覆土后，最好采用地膜覆盖。为节约地膜，可用宽于带内距的地膜顺垄覆盖其上，两侧用土压实。地膜覆盖既保温又保湿，可提早出苗。

（二）点播

为节省种子，或有一部分种子先出芽而又生长较长时，可进行点播。在开好沟并浇足水的播种沟里，按株距 10 厘米进行点播。每穴点播 3 粒，播后覆土 1.5 厘米左右。为了保墒和防止土壤板结，覆土后盖 1 厘米厚的细沙，或覆盖地膜。

点播虽费工，但节省种子，且出苗整齐，在种子少的情况下，可采用此法。

（三）撒播

采用撒播出苗多，便于集中管理，每 667 米^2 约产砧木苗 10 万株以上。撒播的方法是：在浇足水的畦面上均匀撒上混沙种子，而后覆一层细沙土，厚度 2～3 厘米，再用木板刮匀并轻轻镇压。

§2.10.9 如何进行山楂砧木苗管理?

一、捅破地膜

采用地膜覆盖的苗畦，当幼苗出土后，要及时捅破或撕开地膜，使幼苗及早露出（膜上打孔的除外）。其方法是：那里出苗，那里捅破，出苗较齐的，可于傍晚或阴雨天一次揭除。撒播覆盖地膜的，当幼苗出土后，要多次捅破地膜，或多孔透风后一次去掉地膜。这项工作宜早不宜晚，过晚易造成幼苗弯曲，生长缓慢，甚至由于气温增高将幼苗灼伤。

二、砧苗移栽

播种培育砧木苗时，幼苗期一定要进行移栽，以促使砧木苗多生侧根。不经移栽的实生苗，垂直根发达而侧根少且细，起苗时易断根，影响栽植成活率并延长缓苗过程。

砧苗移栽的方法是在实生苗 2～4 片真叶时，用移苗铲将小苗带土坨座水移到开好沟的畦中，待水渗下后封垄。

三、灌水和中耕除草

播种前应浇足底水，出苗前不浇蒙头水，以免土壤板结和降低地温，影响种子发芽出土。天旱时宜用喷淋法小水勤浇，以保证种子破土出苗。在苗期要求土松草净，特别是移栽的幼苗，要及时松土保墒。一般要求在幼苗出现出现五、六片真叶以前进行蹲苗，土壤在不很干旱的情况下，不要浇水，多中耕保墒，促其发生侧根，使幼苗粗壮。砧苗旺盛生长期形成大量叶片后，需水量大，应适当增加浇水次数，并及时中耕除草。雨后注意排水，经常保持土壤疏松、湿润。生长后期要控制浇水和追肥，以防贪青徒长，不利越冬。

四、追肥

苗期追肥，前期以氮肥为主，后期需增加磷、钾肥。当幼苗高度15厘米左右时，每667米^{2}施尿素7～10千克，并结合浇水。此后，可再追一、二次肥（间隔30天左右），后期每667米^{2}施复合肥8～12千克。另外，可结合喷药进行根外追肥，使苗木生长健壮，提高嫁接率。

五、摘心

砧苗摘心能使植株加粗生长，一般在苗高30厘米左右时进行，并尽早通过抹芽除去苗木基部10厘米以下发出的分枝，以利芽接。

六、防治苗期病虫害

山楂苗期易发生根腐病、立枯病、白粉病和大灰象甲等，要及时进行防治。

§2.10.10 如何进行山楂根蘖归圃与扦插繁殖?

一、根蘖归圃育苗

一般根蘖苗根系不发达，栽植成活率较低，应选取须根量大，枝干白嫩的健壮幼苗入圃，并延长在圃地的培育时间，以使根群发达，苗木健壮。刨取根蘖苗，通常在秋季落叶后或春季发芽前。秋季刨苗移栽成活率高，翌年生长好：春季刨苗移栽成活率低，根系恢复慢，一般不宜采用。归圃育苗不宜刨取粗大的根蘖苗，因大苗须根少，生根困难，成活后生长势弱。如在栽植前以10毫克/升的萘乙酸溶液将根蘖苗浸泡12小时，将会显著提高根蘖苗的栽植成活率。栽植形式有畦栽、大垄或大小垄栽植。畦宽1米，长10～20米，埂宽30～40厘米，每畦栽两行，株距10～12厘米。大小垄栽植的株行距一般为12～15厘米×30～50厘米，每667米^{2}可栽根蘖苗1.1万～1.8万株。根蘖苗要随刨随栽，并按苗木大小、须根多少分级栽植，以便管理。归圃方法可分为：

（一）平茬植苗法

选用苗干较粗（粗度1.5厘米以上）、须根较多的大苗栽后平茬，当年芽接，二年出圃。

（二）矮桩植苗法

适于苗干较粗而根系较少的根蘖苗，栽后留干10厘米左右，缓苗后嫁接。

（三）全株植苗法

适于须根多的一年生健壮苗木，春栽的，当年秋季大部分可进行芽接。

根蘖苗栽植后，用脚踏实，浇足水，水渗下后覆土。秋栽的要多覆土，翌春萌芽后，要及早掰芽定枝，并及早追肥、浇水、中耕除草、松土保墒、防治病虫害，促其加粗生长，以利当年芽接。

二、野生山楂硬枝扦插

扦插时期为11月中旬。将野生山楂苗上半部剪下，并剪成长10～20厘米的小段；将枝段斜插或直插在沟里，覆土深度为沟深的2/3。浇足水，隔两天后再浇一次小水，待水渗下后，再用表土将地上部分覆盖，略露于地面；越冬期培土防寒。春天解冻后浇1～2次水，萌芽后留一个健壮芽，其余抹掉。

据调查，直插的比斜插的成活率高，一年生插条比二年生以上的成活率高，插条长15厘米左右的易生根。在适宜的温、湿度条件下，野生山楂硬枝扦插能获得较好的成活率，且侧根发达，须根多。

§2.10.11 如何进行山楂嫁接苗的培育？

一、接穗的采集

良种壮苗是丰产的基础。采集接穗必须从健壮植株上选取发育充实、芽子饱满的营养枝，而内膛徒长枝、细弱枝不宜选做接重穗。芽接接穗要从当年生的外围新梢上选取，剪下后立即摘除叶片，保留0.5厘米的叶柄，以免失水皱缩枯干。最好随采随接，一时用不完的要把接穗下部暂时浸入水中，或吊放在深井中，使接穗接近水面；也可用湿沙埋于窑内，但存放时间不宜过长。枝接可结合冬季修剪，选取生长充实、芽子孢满的一年生枝条做接穗；放入窖内，在低温下用湿沙埋藏，待春季枝接时随时取用。远距离采集接穗时要妥善包装，全穗或接穗两头蘸蜡，然后用湿草包好，用草袋或塑料薄膜打包运输。但是，夏季不可用塑料薄膜包严。

二、嫁接时间

芽接由7月中旬开始，枝接在春季砧木树液流动后进行。

三、嫁接方法

在苗圃中培育山楂苗多采用芽接和切接，若砧木较粗，可采用劈接或腹接法。芽接法节省接穗，操作简便，成活率高，故大量繁殖苗本多用芽接法。

（一）“丁”字形芽接

在芽上方0.5厘米处横切一刀，深达木质部，再在芽下方1厘米处向上斜削一刀，捏下盾状芽片。在砧木距地面3～6厘米处，选光滑的一面横切一刀，长约1厘米，在横口中间向下切1厘米的切口，成“丁”字形。然后用刀尖左右一拔，撬起两边皮层，随即插入芽片，并使接芽上切口与砧木横切口密接，用塑料条绑好。

（二）嵌芽接（带木质部芽接）

山楂“丁”字形芽接时间较短，若芽接时间较晚，砧木已难于离皮时，将影响芽接成活率，此时可采用嵌芽接方法。采用嵌芽接，在长城以南，嫁接时间可延长到9月份；在长城以北，也可接到8月底。嵌芽接的方法是选健壮的接穗，在芽上方1厘米处向下向内斜削一刀，达到芽的下方1厘米处，然后在芽下方0.5厘米处向下向内斜切到第一刀削面的底部，取下芽片。在砧木距地面3～5厘米平滑处，用削取接穗芽片的同一方法，削成与带木质部芽片等大的切口，将砧木上被削掉的部分取下，把接芽"嵌"进去，使接芽与砧木切口对齐，然后用塑料条绑紧。

（三）切接

适用于较细的砧木。切接时先将砧木从距地面5厘米处剪断，将保留2～3个芽的接穗下端削成长2.5厘米的斜面（大削面），另一侧削成1厘米长的小削面，削面要光滑平整。然后在砧木横断面上约1/3～1/4处垂直切下，深度稍小于接穗的大削面长度，迅速将接穗大削面对向砧木的大切面，插入切口，并使接穗与砧木一侧的形成层对齐，然后用塑料条绑紧绑严，再用潮湿的细土埋好。待接穗成活后扒开土堆，以利植株生长。

（四）劈接

砧木较粗时常用劈接法。劈接时先将砧木截去上部，正中劈开；然后选取5～6厘米的接穗（带有2～4饱满芽），下面削成两面等长的平滑楔形斜面，削面长3～4厘米。一般情况下，接穗的削面在芽的两侧向下削。劈口时，不要用力过猛，要手握刀背轻轻往下按；较粗砧木，可以把劈接刀放在劈口部位，轻轻地敲打刀背。劈口深2～3厘米，用劈接刀背尖端或竹木签字插入砧木劈口作支撑物，然后将削好的接穗插入劈口缝内，使砧木形成层和接穗形成层对准，用塑料条把接口绑紧绑严，这是保证成活的一项重要措施。

砧木较粗的，切口两侧可各插一个接穗，既保成活，又有利于伤口愈合。

（五）腹接

腹接操作简单，容易成活，用锋利的修枝剪或切接刀都可完成。在4～5月间树液开始活动时嫁接，把接穗用剪了或切接刀削成大面长3～4厘米，小面长1.3厘米左右，然后在砧木距地面5～10厘米处斜切成30度角的切口，撬开切口，插入接穗，大削面向里，使一面形成层对准。距接口0.5厘米处剪砧，用塑料条绑紧绑严。提高枝接成活率的关键在于贮藏好接穗。要求不失水、不萌动，在保持接穗新鲜和不萌动的前提下，嫁接时间越晚，成活率越高。

§2.10.12 如何进行山楂嫁接苗的管理?

嫁接后管理的好坏,是关系到成活率高低和苗木质量的关键环节。

一、补接

芽接1周后观察，凡接芽新鲜未皱缩，叶柄已落或一触即落的，表明已经成活；如接芽变黑、叶片皱缩、叶柄僵死在芽上的即未成活，应进行补接。

二、防寒

秋季芽接的，在北方寒冷地区，应在土壤结冻前培土防寒。培土要高出芽接部位，确保接芽安全越冬。

三、解除包扎

枝接的一般在夏季解除绑缚，如解缚过早，接口处大量蒸发水分，易引起接穗死亡；过晚容易勒出缢痕。芽接的翌春萌芽前解除绑缚物以免影响苗木加粗生长。

四、剪砧

秋季芽接的，待翌春树液流动后接芽萌发前，在接芽上方0.5厘米处一次剪砧，一般在3月下旬至4月上旬进行。剪口要从接芽对侧由下向上稍倾斜，以利剪口愈合。剪口高出接芽过多时，不仅剪口不易愈合，且接芽萌发后易斜生。

五、除萌蘖

嫁接后破坏了地上部与地下部的平衡，这样不仅促使接穗发出旺盛的新梢，还会从砧木各部位萌发大量萌蘖。凡砧木发出的萌蘖都要及时除掉，保证接芽萌发后迅速生长。除萌蘖要连续进行大量萌蘖。凡砧木发出的萌蘖都要及时除掉，保证接芽萌发后迅速生长。除萌蘖要连续进行多次，经常检查，随时除掉。

六、加强土壤管理

嫁接苗速长期的5～7月份追肥两次，第一次每667米^{2}施尿素10千克，第二次每667米^{2}施复合肥12千克。每次追肥都要结合浇水，并结合喷药加入300倍尿素或磷酸二氢钾。8月份以后停止追肥，以防贪青徒长，影响越冬。同时要注意中耕除草，保持土壤疏松、无杂草，以保证苗木生长充实健壮，提高苗木的越冬能力。

七、苗木的标准和出圃

（一）苗木规格

苗木是建园的物质基础，必须保证质量。苗木质量直接影响到建园后的经济效益，应当严格要求。

1. 一级苗 应具有生长正常、分布均匀的根系，主根长度在15厘米以上；侧根4条以上，基径0.3厘米以上。苗高100厘米以上，距接口10厘米处直径应大于1厘米。在整形带内有8个以上饱满芽。接口处愈合良好，无病虫害。

2. 二级苗 应有分布均匀的根系，主根长15厘米以上，并应具备3条以上基粗超过0.3厘米、长度超过10厘米的侧根。苗高80～100厘米，距接口10厘米处直径达到0.7厘米以上。在整形带内有5个以上的饱满芽，接口处愈合良好，无病虫害。

不符合上述规格的弱苗，应在圃内继续培养一年。

（二）苗木出圃

嫁接后经过一年培育，成苗一般于秋季落叶后出圃。准备春栽的，可于次年春季起苗。为了便于起苗和保持苗木有足够的水分，在出圃前一周应灌一次透水，起苗时应注意保护根系，做到少伤根和不伤骨干根。切忌苗木未落叶急于出圃，因此时养分未全部回流，苗木不充实，影响栽植成活率。

自育自栽的苗木，可随栽随起；外运苗木，应在秋季起苗调运或挖沟贮藏。苗圃中的半成苗可一起挖出，将其集中假植，翌春再做畦栽植，继续培育一年。起苗时除注意保护根系外，还要避免损伤枝干和芽子。对根系受伤的，可进行轻度修剪，以利愈合。最好能做到随起苗、随分级、随栽植，以提高栽植成活率。

§2.10.13 如何建设山楂园?

山楂是多年生果树，建园前要做好果园的规划设计。否则，定植以后因事先考虑不周而带来的弊病就难以克服，给以后的管理造成困难。果园规划设计是否合理，是否因地制宜和兼顾了当前生产水平和未来的技术进步，都是必须予以考虑的。

一、园地的选择

建立山楂园可充分利用山区丘陵地、山坡地、梯田地、沙滩地，但要求土壤排水、通气良好，保水保肥力强。南方选择园址要求气候冷凉：北方要求气候温和，昼夜温差较大，雨量适中。山楂树对土壤条件的要求不严，一般质地的土壤都可栽培，但最为适宜的土壤是土层深厚、质地疏松、排水良好的沙壤土。涝洼滩地和地下水位较高的地方、偏碱地，以及土质坚硬、土层太浅、坡度过陡的瘠薄山地不宜建山楂园。山坡地建园以坡度不超过 15 度为宜，坡度过陡不便修筑水土保持工程，有碍山楂生长。严重干旱的瘠薄山地，也可在阴坡或半阴坡地上栽植。阴坡一般土壤含水量相对较充足，植被覆盖率较高，水土流失少，土壤有机质含量较高，通过综合管理，也可以获得可观的产量。

二、园地规划

园地规划设计，要本着“因地制宜、合理布局、适地适树、配套合理”的原则进行，充分考虑当地的气候、土壤、人力、物力、交通等自然条件和社会条件，制定切实可行的发展规划。园地规划设计的主要内容，通常包括防护林的配置、栽植区域的划分、排灌系统、道路设计等。

（一）小区的划分

为了管理方便，较大面积的山楂园可以划分一定数量的小区。划分栽植区时，要本着因地制宜的原则，务求在一个栽植区内使地形、坡向、土壤等尽可能一致。小区的大小，可按地形、地势和自然地块大小划分，平地可大些，山地可小些。山丘地山楂园的栽植区，可按水分岭、沟谷和等高线等自然地形来确定，一般为20 000～26 680米^2。平地栽植区以40 000～66 700米^{2}为宜，小区的界线可与道路、排灌系统的设置结合起来。

（二）防护林的配置

营造防护林是山楂园的一项基本建设。防护林能防风固沙，减少风害对开花和坐果的影响，对保证山楂正常生长结果有显著作用。防护林应选择适合当地风土条件、生长速度快和有一定经济价值的树种，通常采用上乔下灌、针阔混交的基干林带。乔木树种如油松和杨树、柳树等速生树种，暖温地区也可用泡桐作防护林的主林带。灌木树种如紫穗槐、花椒等。大面积山楂园配置防风固沙林时，每隔150～300米设一条主林带，方向与主风方向垂直或稍倾斜，宽度15～20米。为防止侧向风的侵袭，在与主林带垂直的方向，每隔400～500米设一条副林带，宽度约6米，在主、副林带构成的方格内栽植果树。

山区的山楂园防护林，可在山楂园四周、沟谷两边或分水岭上设置林带，并应在与当地风向垂直的迎风面设置主林带。

防护林的营造，宜在栽植山楂以前进行。一般乔木树种的株行距1米×2米，灌木为0.5米×1米。防护林距果树至少10米，以免影响山楂树的生长发育。林带与果树间的空地，可用来种植绿肥、设置道路或排灌系统。

（三）排灌系统的设置

排灌系统是果园的重要工程设施，特别是大型山楂园，应搞好设计，统一安排。利用水库、水塘、畜水池、河水等地上水灌溉的，平原可结合小区划分设计，山地可按等高线修建灌溉渠道；利用深井灌溉的，最好能修建大型水池，由地下抽上来的水经过晾晒再浇树，以免水温过低影响树体的生长。也可以在山上建蓄水池，利用其自然高程自流灌溉，或进行喷灌、滴灌。山地果园，要修筑永久性渠道，以免因灌溉造成人为的土壤冲刷。渠道可设置在梯田内侧，无梯田的，可在行间挖成水平沟。由上往下流的灌水渠，要修好跌水口，以免冲刷损坏梯田壁。

降雨量多的地区，或土壤过于粘重以及地势低洼的果园，应在园内开挖排水沟，也可利用灌溉渠道兼作排水沟，但应在雨前打开放水闸门，使积水顺利排出。

（四）道路系统的规划

道路的设置常与防护林、栽植区相结合，大区间以大路为界，小区间以小路为界，山地果园应根据地形修筑道路。顺坡的勿使坡度太陡；山坡较陡时，道路宜盘山而上。道路宽度，以节约用地和方便运输为原则，主道应能行驶卡车，副路以能行驶带拖车的小型拖拉机为宜。

此外，在果园规划中，根据需要还要考虑在交通方便的地方修建库房和临时贮果场，在果园中有水源和土场的地方建养猪场和积肥场。同时在果园四周或沟旁种植紫穗槐及紫花苜蓿、草木樨等豆科牧草或绿肥作物，以就地解决编筐条材和绿肥、饲料。

三、沙滩地土壤改良

河滩建果园虽经垫土，但多数土层浅，保水保肥力差。因此，在沙滩地栽培果树时，必须先整地后栽树。沙地改良的方法，下层有黏土层的进行深翻改良，把下层土翻上来，使土、沙混合，无底土的宜进行客土改良。无力全面改土的，可挖土皮客土栽植，以后再逐年扩穴换土，熟化土壤。已在沙滩地栽树，但因土层太薄，影响山楂树生长的，可在秋季施基肥时进行深翻客土，也叫抽沙换土。沙地深翻客土，对改善土壤状况和促进山楂树生长将起显著作用。这种作用的大小，又常因深翻的深度、面积和客土肥沃与否而表现明显差异。在土层瘠薄的果园深翻换土的重要性，甚至超过施肥。深翻的时间，在落叶后结冻前进行为好，客土要结合灌冻水，以利土壤下沉。经过深翻改良或客土改良的，沙地土壤结构得到一定程度的改善，但土壤有机质仍较缺乏，肥力仍然很低。如无力大量施用有机肥，可在果园行间连续种植几年绿肥作物，每年耕翻，以培肥地力。

四、坡地的水土保持工程

荒山和坡地水土流失严重，修建水土保持工程是山地建园的一项重要基本建设任务。可根据坡度的大小，测量好等高线，修成条田或梯田。梯田要修成外蹶嘴里流水，以防冲刷。一时来不及修梯田的，可按行距测定等高线，按株距定点，挖大鱼鳞坑，先栽树而后逐渐改成梯田。土梯田的外沿要种紫穗或多年生深根性豆科牧草，以利于保护梯田坡埂。为了防止急流冲刷果园，可在距果园上方 5 米左右处挖一条拦水沟，一般沟深 1 米，宽 1～1.5 米。

五、苗木定值

建园时，要提前整地，确定栽植形式，选好适宜的良种壮苗，采用适宜的栽植方法。这是构成山楂丰产群体结构的基础。

（一）栽植密度

合理密植可以增加单位面积上的株数，是果园早期增收的有效措施，大面积生产园宜推广的栽植密度为每 667 米^2 33 株（4 米×5 米）或 55 株（3 米×4 米）。

（二）选用良种壮苗

实现良种化，是提高产量的重要途径。应该依据当地的气候条件，以发展当地已发掘的优种为主，适当引进一些气候相近的地方优种，逐步实现品种区域化。在今后的发展中，必须考虑良种化和区域化问题。要实现良种化，就必须抓好育苗环节，培育优质苗木，提倡用实生砧木嫁接育苗，做到育苗基地化、专业化、良种化，并制定苗木的规格标准。要逐步实行育苗许可证制度，保证苗木的质量和品种纯度。经过长途运输的苗木或由根蘖嫁接的苗木成活率较低，即使成活，也生长缓慢。由此可见，山楂苗木质量好坏与建园成败关系极为密切。应提倡就地育苗，就地栽植。

（三）栽植技术

备好优质苗木后，栽植技术主要是确定栽植时间、方法和栽植密度。

1. 挖定植穴 栽植前先在定植点上挖好栽植穴。挖穴时间宜早，以便底层土壤能有足够时间熟化。秋栽的最好夏季挖穴，春栽的最好前一年秋季挖穴。定植穴要大，一般一米见方。若土质坚硬或有砾石层，定植穴更应加大。栽植穴的上下大小要一致，要把表土和心土分开，将表土与农家肥 30～50 千克混拌均匀填入坑内，填到距地面 20 厘米时将土踏实，以备栽植。心土留做填土之用。土壤质地差的，除挖大坑外，还应用肥沃的山皮土或熟土填充，以改善土壤结构。

2. 栽植时期 根据当地气候条件确定。除北部寒冷地区外，我国大部分地区都适宜秋栽。栽植时间在苗木落叶到土壤封冻前。秋栽苗木经过一个冬季，根系与土壤密接，根系伤口愈合早，并能较早地生出新根，土壤解冻后便能吸收水分、养分供给苗木生长。因此，秋栽成活率高，缓苗快，长得好。春栽一般在化冻后到发芽前进行，越早越好。

3. 苗木准备和整理 选择根系发达，枝干充实，芽子饱满，品种纯正的优质壮苗。苗木出圃时，要就地分级，并对苗木加以修整。残次苗应再培养一年，达到质量标准再出圃。一块地里栽的苗要整齐一致。一般按 50～70 厘米高度定干，果求剪口下 20 厘米整形带内有 6～8 个饱满芽。

六、新栽幼树的保护

秋季栽植的，要在树干周围培一个土堆，高50厘米为宜，以利保墒、防寒和防止风吹摇动，并可防止家畜野兽啃伤幼树。在没有灌溉条件的山楂园还应于降雪后在树下堆雪保墒。到春季土壤解冻后及时扒开土堆，土堆扒开过晚影响地温回升。扒开土堆后立即修成水盆，并补浇一次水。有条件的要及时用杂草或地膜覆盖保墒。萌芽前后，随时检查成活情况，枝条抽干的要剪掉抽干部分，促使发枝。栽后苗木死亡的要在当年秋季用同龄苗木补齐。早春发芽后易出现象鼻虫、金龟子等为害嫩芽，要随时检查，注意防治。栽植当年，由于根系尚不发达，可以不追施化肥，但要保证充足的土壤水分，天旱时随时灌水，并中耕除草保墒。

§2.10.14　怎样进行山楂园的管理?

山楂树在生长发育过程中，根系不断地从土壤中吸收养分和水分，供应山楂树生长和结果的需要。必须创造有利于根系生长的土壤环境，及时供应山楂树需要的养分和水分。因此，要达到山楂树高产、稳产、优质的目的，必须加强土、肥、水管理，改良土壤，加深土层，提高肥力，为山楂树的生长发育创造有利的条件。同时还要合理耕作，科学使用植物生长调节剂，并注意做好自然灾害的预防。

一、坡地山楂园水土保持工程的维修

（一）梯田的维修

梯田的维修，一般每年进行两次，第一次多结合冬春刨地，第二次在雨季前进行。主要是进行梯田埂坍塌部分的修补加固，清理竹节坑、沉淤坑，以及蓄水池中沉积的淤泥，使水土保持设施发挥良好作用。

（二）旧式梯田的改造

旧式梯田，是指田面不平整或里高外低、无竹节坑及坚固的梯田梗，水土保持效果差的简易梯田。这种梯田水土流失严重，土壤肥力很低，果树粗根外露，树势衰弱，产量难于提高。旧式梯田的改造，主要包括加高地堰，整平地面，修筑蓄排结合的竹节坑和蓄水坑。由于梯田上已栽植山楂树，改造时，要以既搞好水土保持，又不伤害果树为原则。地形复杂或坡度较大的山地果园，梯田面不等高，可以在小面积内整平地面，改造为复式梯田。一般不要大起大落，以免造成高处根系外露，低处埋干过深，影响树的生长。

二、山楂园的深翻改土

对土层厚度不足50厘米的瘠薄山地，或30～40厘米以下有不透水黏土层的沙地，以及漏肥漏水的河滩地，深翻改土的增产效果都很明显。土壤瘠薄的平地山楂园，栽后应逐年进行深翻改土。通过扩穴改土，有利于根系生长和树冠迅速扩大，并能延长盛果期的年限。山地山楂园，一般土层浅、肥力低、保肥保水力和抗旱能力差。耕作层以下是半风化的母质或岩石的，根系向深层生长困难，不利于山楂树生长和结果。必须在山楂幼树期株间根系尚未交接前，抓紧进行深翻改土，加速土壤熟化过程。

（一）深翻改土的作用

深翻改土的作用首先是改良土壤的机械组成，改善土壤通透性。经过深翻改土，能增加土壤孔隙度，降低容重，提高土壤的保水、保肥力和透水透气性。深翻改土常结合施入有机肥或换入肥沃土壤。由于改土使土壤的水、肥、气、热状态都得以改善，就可以促使土壤微生物数量增加，从而加速土壤内有机物的腐烂和分解，增加土壤中腐殖质含量，使得土壤结构进一步改善，可给态矿质营养大量增多，随之也就能促进根系和地上部的生长。这是因为随着土壤的改良，首先能加深根系分布深度，增加根量，相应地提高根系对水肥的吸收能力，促进枝条的生长和枝量的增加。由于深翻是水、肥、气热等理化性状的综合改善，因此，深翻改土的增产效果显著而持久。

（二）深翻改土的方式

深翻改土的方式很多，常用的有以下几种：

1. 扩穴深翻 在山楂幼树定植后的头几年，结合深翻施基肥，从栽植穴的外缘开始，每年或隔年逐渐向外深翻，直到山楂株间的土壤全部翻完为止。

扩穴深翻，一次用工较少，在山楂园面积较大、劳力较少的情况下，比较适用。但一次翻动的土壤面积较小，一般需要数年才能完成。

2. 里半部深翻 在山坡较陡、梯田较窄的山楂园，可以采用这种方法。深翻时，从梯田的里侧翻起，两端向外弯成月牙形，一直翻到原栽植坑边缘为止。这种方法比全面深翻省工，又能把梯田里半部的硬土层一次翻松。因为梯田里侧生土多，根系少，因而这种深翻方法根系损伤较少。通过深翻，换出生土，换入表土和有机肥，能增加梯田里侧的根系数量，扩大吸收面积。

3. 平地隔行或隔株深翻 隔行深翻是隔一行在行间深翻：另一半在行间在下一次进行，分两次完成。在只能栽植一行果树的窄面梯田上，可以每次隔一株深翻一株，分两次完成树下深翻。这种方法，适用于初结果的山楂园。

三、深翻改土的时期和方法

山楂园的深翻时期，只要方法得当，春、夏、秋三季都可进行，以夏、秋两季深翻为好。夏季深翻正值雨季，气温高、雨水充足，有利于根系的恢复。夏季野草、青棵和绿肥作物生长繁茂，深翻改土和树下压肥可同时进行。秋翻在果实采收后至落叶前完成。秋季正是根系生长时期，被深翻所切断的根系容易愈合，并促生新根。秋季深翻可以和果园秋施基肥相结合。春季正值地上部旺盛生长和开花座果时，因此深翻切断根系，对地上的生长和开花座果不利。必须在春季深翻改土时，一定要在翻地后充分灌水，并在春季适当重剪或疏掉一部分花果。

深翻改土的深度，以超过 80 厘米为宜。深翻时要保护好树根，要从原定植穴边缘向外翻起。遇有树根时，要先把树根下面的土壤挖空，然后再从树根上面仔细翻土，使树根生长部位的土壤，掉落到下面挖空的地方，并把翻出的表土和心土分别堆放。当天翻不完的，要把已露的树根用土就地埋好（秋冬深翻时覆土要厚，以免树根受冻）。深翻完毕后，因深翻而损伤的粗根，要剪平伤口，以促使其愈合并多生新根。发现根上有病时，应随即刮治。然后，把根沿着原来的生长方向，从里到外逐渐向下倾斜地放回原处。放根的位置，要深于原来的生长深度，一般宜在地表下 30 厘米左右。放好后，即行覆土。覆土时，要砸碎土块，把表土填在底层或树根附近，心土铺在上面，以促使其风化。覆土后踏实，使根土密接。

四、山楂园土壤管理

（一）清耕休闲法

即山楂园土壤全年保持清耕休闲无杂草状态。这种管理制度在生长季节内可使土壤通气良好，有利于土壤微生物活动，加速土壤有机物和矿质营养的转化，增加土壤的有效养分的含量。中耕除草时切断土壤的毛细管，可减少土壤水分的蒸发消耗，提高土壤的含水量。但是，长期采用清耕法，会使土壤有机质迅速消耗减少，使土壤结构遭到破坏，降低土壤肥力，影响果树的生长发育。为了克服清耕法的缺点，清耕的果园应多施有机肥。

山地果园主要通过刨树盘和不断除草来保持树下土壤的休闲状态。春季刨树盘在 3 月上旬至 4 月初，即大地解冻 20 厘米深时进行。树根周围要刨得浅些，以免伤害骨干根，向外渐加深，最深达 20 厘米左右，刨后整平保墒。秋季在采收以后结合施基肥再进行翻穴，可减少冬季的土壤蒸发量，保蓄雨雪，并可消灭一部分在土壤中越冬的害虫。全年中耕除草 3～4 次。春季山楂树展叶以后，天气干旱，春风较大。为减少土壤水分蒸发，应在灌水后进行松土保墒。进入雨季以后，更应不失时机地除草灭荒。此后，中耕除草时间和次数，可视杂草的生长和降雨情况随时进行。

（二）果粮间作

在幼龄的稀植山楂园内，可以利用行间种植农作物。山楂园行间种植间作物，不仅能对果园土壤起到覆盖作用，提高土地利用率，还能减轻砂地果园在高温季节出现的果实口灼。通过对间作物的中耕除草，也能减少杂草为害。

随着树龄增长、树冠扩大，要逐渐缩小间作面积。在树冠开始交接前，停止种植间作用。不论树龄大小，也不论采用哪种间作方式，凡是种植间作物的，都要留足够的树盘，以免影响果树的生长结果。适宜种植的间作物种类有豆类、小麦、马铃薯、甘薯、花生等。不宜种植高粱、玉米等高秆作物以及蔬菜等，以免影响通风透光，或因种菜灌水过多引起果树旺长，而抑制花芽分化。

（三）果园种植绿肥

山楂园种植绿肥是经济利用土地、增加肥源、改良土壤、提高土壤肥力、减轻土壤侵蚀的一种有效措施，绿肥作物大多根系发达、生长迅速，翻入土中能增加土壤有机质，其残根腐烂后也可肥田。豆科绿肥植物根部还伴生有根瘤菌，可吸收、固定大气中的氮素。山地果园种植绿肥还能有效地减轻水土流失。

割取绿肥的时期，应在鲜草产量和氮素含量最高时进行，以初花期为宜。收割后的绿肥可以就地在树下压肥，也可以和其他有机肥（主要是家畜粪便）混合发酵后施用。

（四）覆盖法

把树盘用作物秸秆、杂草、绿肥等有机物质覆盖，厚约10～25厘米。在干旱地区，地面覆盖能减少地面水分蒸发；在盐碱地上覆盖，可以减少盐碱上升；还可减少水土流失，增加水分渗入土壤中的数量，抑制杂草生长。覆盖物腐烂后，能增加土壤有机质含量，提高土壤肥力，使土壤疏松，不板结。在树下覆盖地膜，能提高早春的地温，促使根系的发生与生长，新梢生长旺盛。

（五）免耕法

在整个山楂园内，除利用除草剂防除杂草外，高度密植园，土壤不能进行耕作，可采用免耕法。它具有保持土壤自然结构，节省中耕除草劳动力，降低果园管理成本等优点。实行免耕法后，土壤的容重、孔隙度、有机质含量、酸碱度和土壤的承压强度，以及根系的分布等都将发生显著变化。果园无杂草，减少水分消耗。土壤有机质含量比清耕法高，比生草法低。

§2.10.15 如何对山楂进行修剪?

一、整形修剪的意义

山楂树一般生产旺盛，树姿开张，层性明显，易形成偏冠和多主枝的自然疏散分层形。顶端优势强，一年生新梢先端的 2～3 个侧芽比较饱满，多抽生为强枝。在自然生长情况下，外围枝条容易郁闭，造成冠内光照不足，内膛小枝枯死，光秃带往往在 1/2 以上。

通过整形修剪可以培养合理的树体结构，调节生长与结果的平衡关系，调节营养物质的分配与运转，改善光照条件，提高光合效能，达到高产优质目的。实践证明，单纯地依靠修剪，开始时有效果，以后逐渐加重修剪程度，则会造成树势衰弱，产量降低。修剪只能调节生长与结果的关系；要实现山楂的高产稳产，关键还在于加强树下管理。根据山楂的生物学特性，正确运用农业综合技术措施，才能达到预期目的。

由于立地条件和管理形式的不同，整形修剪的措施也应有所不同。在土壤瘠薄的果园，整形时要少留主枝，宜采用低干矮冠的中冠形，如开心形。载在肥活土壤上的树和稀植的果园，一般生长旺盛，整形时树干应适当高些，可采用大冠形，主枝数量和层次可适当增多，如疏散分层形等。密植园除选用肥沃土壤并加强肥水管理外，永久株整形时应做到少主多侧多级次；临时株则采取增枝促花措施，不求有形，但求有产。做好山楂树的整形修剪，必须掌握好“困树修剪，随枝作形”这一原则，不可强求划一，机械造形。

二、基本的修剪方法及修剪反应

山楂树的基本修剪方法有：短截、疏枝、缓放、回缩、拉枝、摘心、刻伤和曲枝等。山楂整形、枝组培养和促发分枝、促进花芽分化，以及老树更新等，均为上述方法的综合应用。现将各项修剪的基本方法分述如下：

（一）短截

凡一年生枝剪去一部分的修剪方法叫短截。短截因程度、时间、芽质和基础不同，其反应有较大差异。根据短截的程度，又分为轻截、中截、重截和极重截。

1. 轻截 剪去一年生枝条的1/4以下或只剪顶芽。此法可以削弱枝条顶端优势，提高中下部萌芽率，防止抽生长枝，缓和枝条生长势，形成中短枝，促进花芽分化。

2. 中截 在春梢中上部饱满芽处剪截，一般约剪去枝条的1/3～1/2。因剪截较重，抽生中、长枝较多，新梢生长健壮，是培养骨干枝或大型枝组时应用较多的一种方法。

3. 重截 于一年生枝梢中下部剪截，约剪去枝条的1/2～2/3。虽然剪截较重，但因芽少且质差，一般多用于培养结果枝组、更新复壮和控制徒长枝、竞争枝。

4. 极重截 在一年生枝基部一、二个瘪芽处剪截。一般剪后发枝嫌而少，可降低枝位，改造枝类，多用于竞争枝的处理。在花量少的年份，应尽量少短截。因为某些发育中庸的枝可形成混合芽的结果，短截即把花芽剪掉，影响当的产量。

（二）疏枝

把一年生枝和多年生枝从基部剪除叫疏枝。主要用于蔬除过密、过弱、干枯、焦梢和交叉枝、下垂枝，以创造良好的通风透光条件，提高叶片光合效能。盛果期大树，多以蔬枝为主，短截为辅，这对提高座果率、枝组复壮、母枝增粗、花芽形成等都有良好作用。

（三）缓放

对一年生枝不剪截而任期自然生长叫缓放，此法主要用于幼树的辅养枝。通过缓放，有利于营养物质的积累和形成花芽。但对直立枝缓放，必须配合拉枝和芽上部刻伤，使其顶端优势减弱，促进中部或中下部芽萌发新梢。

（四）回缩

将枝条短截到二年生枝或多年生枝部位的修剪方法叫回缩。多用于较弱的延长枝、细弱冗长的下垂枝、过强的辅养枝和结果枝组复壮更新等。盛果期大树上多年生枝回缩时，更在有较强的分枝或有带头枝处进行回缩，不能在弱枝处回缩，以防削弱生长势。回缩得当，对后部枝条有促进作用，回缩过急，将对全树或局部起削弱作用。

（五）拉枝

将树冠中直立大枝或外围长旺枝，人为地拉成水平状或斜生状叫拉枝。拉枝可以削弱枝条的顶端优势，促使中部或中下部的芽萌发新梢，增加分枝量和成花能力，并改善树冠的通风透光条件及调节树的长势。拉枝与芽刻伤结合进行效果更好，多用于幼树的增枝促花。

（六）摘心

在新梢旺盛生长时，将顶端嫩尖摘除叫摘心，主要适用于幼树和初结果树。在气候温暖、无霜期长的地区，可利用摘心促使萌发二次枝，增加分枝数量。在山楂开花前几天对营养枝摘心，可促使萌发的二次枝形成花芽。

（七）环剥、环割和刻伤

在树干或枝条上剥掉较窄的一圈皮层，深达木质部，以阻断营养物质向下运送，从而促进成花的措施叫环剥。环剥带的宽度一般不超过 0.5 厘米，太宽不易愈合，环剥技术只在密植园中生长壮旺的幼树上进行。在枝干上用刀环状割断皮层叫环割，其作用与环剥相同，但对树势的削弱作用不如环剥明显。环割除能促进成花外，在花期进行环割可提高座果率，环割宜在较细的辅养枝上进行。

花期环剥、环割可提高坐果率，6 月中下旬环剥，环割可促进成花。萌芽前于芽上方 0.5 厘米处用刀刻伤，深达木质部，以利芽萌发，叫做刻伤。

(八) 曲枝

曲枝就是改变枝梢的生长方向，多数是向下弯曲加大枝条角度，以缓和生长势，促进萌发短枝，有利于成花座果。

§2.10.16 如何对山楂进行整形？

山楂树体结构的确定，主要在于栽植形式、自然条件和管理水平等。一般多采用疏散分层形和自然开心形。

一、疏散分层形

树高 4～5 米，树干较低，分 2～3 层，留 5～6 个主枝。第一层主枝 3 个，第二层主枝 1～2 个，第三层主枝 1 个。第一、二层的层间距 100～120 厘米，第二、三层的层间距 60～80 厘米。第一层每个主枝配备 2～3 个侧枝。此树形符合山楂的生长习性，主枝数适宜，造形容易，结构牢固，为目前山楂产区常用的一种树形。为了改善盛果期树冠内光照条件，常在盛果期落头。由于树体较大，主枝较多，进入结果期不如自然开心形早，在稀植果园和无变化密植多采用此树形。

二、自然开心形

树高 3～3.5 米，干高 30～40 厘米，主枝 3～4 个，错落排开。在主枝侧外方培养侧枝，基部侧枝应大力培养，使其尽量向外伸展，树冠中心仍保持空虚。此树形主枝结合牢固，树冠开心，侧面分层，进入结果期早，结果面积大。由于山楂寿命大大超过核果类果树，为防止开心形因主枝角度过大和没有中心干而带来的树势过早衰弱现象，主枝开张角度以 30 度左右为宜。这样，既不致削弱树势，不能通风透光、立体结果。

§2.10.17 如何对不同年龄时期的山楂进行整形修剪?

依照山楂生命周期中的不同年龄阶段的长势、发枝特点和整形修剪任务，同时考虑到栽植形式和不同树形，山楂树不同阶段整形修剪的基本方法如下：

一、幼树期的整形修剪

幼树期的年限为定植后3～4年。此时期的主要任务是培养牢固的骨架和增加枝量，在快长树的基础上实现早结果。

（一）定干

按照立地条件、栽植形式和整形的要求，定干高度45～60厘米，山薄地和计划密植园定干可矮些。在一定高度处短截，剪口下要保留一定数目的饱满芽，待其萌发后从中选留主枝。苗木定干后，经过一年的生长，一般可抽生2～3个长枝，在整形带内选留方位合适的旺枝做预留主枝。

（二）主枝的选留

栽后第一年是缓苗阶段，生长势较弱。第二年开始旺长，根据树形的要求，选留方位、角度合适的健壮枝条做为主枝，冬剪时，剪留长度40～60厘米。长度不足40厘米者，宜实行中截修剪，以刺激其加长生长，翌年达到预留主枝要求的长度。在选主枝的同时，注意中心干的选留培养。山楂树定植后头一、二年往往生长量小，一般达不到选留主枝要求的长度。所以，枝条虽短也要进行中、短截、不经短截容易发枝细短，不利于下一年主枝选留。不留作主枝的其他枝条，要尽量保留，通过缓放、拉平、夏剪等方法，增加枝叶量，为早果早丰打下良好的基础。

（三）侧枝的选留

在主枝上选留距中心干50～60厘米处同一侧的枝条，作各主枝的第一侧枝，并逐年进行二、三侧枝的选留。各侧枝间0～50厘米，均匀地配备在主枝上，侧枝的剪留长度为30～50厘米。其他小枝一般缓放不剪，促其转化为结果母枝以提早结果。

（四）辅养枝的培养和增枝促花措施

实现山楂的早果早丰，主要是增加前期枝量，并在此基础上采取成花措施，促进成花。修剪时除对骨干枝适度短截外，其它枝条应尽量做为辅养枝来处理，采取拉枝、刻伤等办法促使其发出短枝，实现增枝增花。待辅养枝影响骨干生长时，再逐年回缩或疏除。山楂幼树枝条一般较直立，在冬剪或夏剪时，应将其拉成40～50度角。其余壮旺枝拉平，并在预期发枝部位的芽上方0.5厘米处进行刻伤，深达木质部，促使芽萌发，增加枝叶量。

二、初结果树的整形修剪

这个时期修剪的主要任务是继续培养牢固的树体骨架，迅速扩大树冠，选留与培养健壮的枝组，充分利用辅养枝结果，并注意调节营养生长与生殖生长的平衡关系，在保持各级骨干枝优势的情况下，应采取多种措施，使初果期树向盛果期过渡。

（一）先缓后缩法

初结果树的一年生枝，除徒长枝外，一般顶芽和以下2～5个腋芽都能形成花芽。所以除了对各级延长枝继续适度短截，促使萌发强壮的营养枝，继续扩大树冠外，对树膛内部和外围长度小于30厘米的一年生枝，一般不剪，缓和其生长势，形成结果枝组。三、四年后视空间大小和枝条长势，再适度回缩更新。

（二）先截后缓法

对树冠内的直立枝、内向枝、角度小的斜生枝、竞争枝、徒长枝以及着生在主枝上的旺枝，可视空间大小和枝条长势，进行不同程度的短截，枝条长度在40厘米以上和有空间时可进行中截或生截。截后一般先端萌发一强枝，后部可萌发一、二个中短枝，多数能形成花芽，下年缓放处理，培养成结果枝粗。

（三）营养枝花前摘心培养结果枝组法

初结果树，树冠内往往发生较多的营养枝。可在开花前5～7天进行摘心处理，促发分枝，培养结果枝组。

（四）拉枝、刻伤培养结果枝组法

在未大量结果之前，一般枝条较直立，旺枝较多。除对骨干枝开张角度外，对二年以上的辅养枝，用绳索牵引拉成较骨干枝大的角度，缓和生长势，培养成大结果枝组，并要上下错落排开，使其通风透光良好。这样，既有利于早期丰产，又能加速树冠扩大。

（五）辅养枝环割法

对初结果的辅养枝于萌芽后在基部进行环割，培养结果枝组，同时还能促使辅养枝向生殖生长转化。7月中旬环割可促进花芽分化。

初期结果树的整形修剪主要是增枝、促花。在增枝的同时结合进行促花，并注意保持营养枝与结果母枝的适当比例，以结果母枝不超过30%为好，达到结果、长树两不误。

三、盛果期树的修剪

现有盛果期大树，多数在幼树阶段没有整形修剪基础。又因立地条件和管理水平不同而树势差别较大，树形姿态各异。因此，修剪方法不能强求划一，宜采取因树修剪，随枝做形，区加别对待的方法。

放任生长的山楂大树，往往骨干枝过多，枝条紊乱，树冠郁闭，内腔空虚，枝条细弱，结果部位外移。大年开花满树，坐果稀疏。近年来，通过改造而形成的树形，大体也是疏散分层形和自然开心形两种。从多年生产实践看，以疏散分层形为好。这种树形，主枝错落排开，易于调整叶幕结构，充实内膛，枝量较大，有利于创高产。自然开心形，枝量较疏散分层形少，但通风透光条件好，因而内膛结果枝较多，产量较稳定，果实质量也好。所以，在瘠薄山地和阴坡、半阳坡栽培的山楂大树，宜采用自然开心形。

原有放任生长的山楂大树，大体存在以下几个问题：第一是骨干枝多，一般有大枝八、九个，甚至十几个；基部主枝密挤轮生，内膛小枝枯死，光秃带大，结果面积小。第二是多年不修剪，树下管理差，树势衰弱；外围枝条密挤，树冠郁闭，内膛空虚，结果部位外移；花开满树，座果不多，产量低，质量差。第三是修剪过重，回缩过急，树势弱，枝量少，产量低。第四是枝条密挤，无效枝多，叶幕无层次，影响叶片的光合效能，隔年结果现象严重。针对上述问题，对原有放任生长的低产山楂大树应采取如下措施：

（一）调整树体结构疏除过密大枝

多年来未修剪或只进行一此小枝疏剪的大树，可按疏散分层形成或自然开心形的要求，有计划地在二、三年内疏除过密大枝。但不要操之过急，更不大拉大砍，以免一次修剪过重，影响树势和当年产量。立地条件好、树势强的，主枝可适当多留，但要注意随时改善通风透光条件。

（二）调整叶幕结构充实内膛

树冠郁闭对产量影响很大。放任生条山楂大树，在疏除过密大枝以后，要尽快提高整个树冠的有效结果面积。首先要调整好叶幕结构，引光入膛。叶幕层间距应保持在 50～70 厘米，叶幕厚度保持在 30 厘米以上，要求结果母枝间距保持 10 厘米左右。叶面积系数保持在 3 左右。为了充实内膛，还必须打开层间，疏除过密枝条，改善内膛通风透光条件，促进内膛枝条生长和结果。对多年生延长的弱枝头，应在较旺分枝处或有带头枝处进行适当回缩，以抬高枝条角度，增台其生长势，并利用内膛徒长枝培养结果枝组。培养枝组的方法，主要是按所占空间大小，采取中截或生截的方法，下一年对所萌发的分枝放缩结合，以利结果和增加枝组。

对全树来说，修剪程度是指剪截的枝量多少；对一个枝来说，则指剪截量的长短。修剪程度对生长所起到的刺激或抑制作用，与树龄、树势、剪截部位和肥水管理条件等有关。在肥水充足的情况下，修剪的反应则不明显。若一次回缩过重，抑制作用加强，不但不能复壮，反而会全面削弱树势或造成枝条死亡。因此，必须在加强肥水管理的基础上，采取以疏枝为主，逐年回缩为辅的修剪方法，才能达到更新复壮、尽快提高产量的目的。

从枝量来看，枝量多的树产量高而且树势也旺。每年花量的不同，应采取不同程度的修剪，小年宜轻剪。修剪有基础和树势较强的树，在花量少的小年可极轻修剪或不修剪，昼保留花芽结果。

（三）增强树势提高枝芽质量

枝芽质量是山楂树体生长和结果的基础，培养健壮的结果母枝，是增产的重要措施。在结果母枝组成中，一般树以中结果母枝为最多，并且座果良好。花量多的年份，在冬季修剪时可适当短截一部分结果母枝。也就是将一般较弱的结果母枝换成下年健壮的结果母枝，以调节负载量，缩小大小年差别，使整个树体枝芽质量得到提高。

四、衰老更新期的修剪

这一时期的划分主要是按树龄和树势而言，又依立地条件和管理水平而有差异。进入衰老期的主要表现是树势明显衰弱，骨干枝开始下垂，内膛秃裸，枝条细弱而顶端焦梢，结果部位外移。大年时开花满树，座果稀疏，隔年结果现象严重。对这类树的修剪应着重更新复壮，恢复树势，逐年改造，延长期结果年限。有计划地在二、三年内疏除过多骨干枝或进行重回缩，培养大型结果枝组。树冠高大的应予落头，引光入膛，利用徒长枝培养新的结果枝组。回缩交叉枝，疏除密挤枝、冗弱枝、并生枝、重叠枝及枯干枝，以利恢复树势，使生长和结果达到相对平衡。

衰老期树，在条件适宜时易形成大量花芽，但座果率低，果实质量差，小年则很少有花。这样年复一年，树势越来越弱。为缩小大小年产量幅度，必须在大年时适当多疏间，以减少花芽和坐果量，节约树体营养。在能识别花时，可进行花前复剪，剪掉一部分花芽，保持合理负载，以平衡结果与生长之间的关系。在小年时轻剪、少短截，尽量保留花芽。

§2.10.18 道地优质山楂如何科学施肥?

山楂树正常生长结果，需要多种多样的矿质营养，既需要氮、磷、钾、钙、镁、硫等大量元素，也需要硼、锌、锰、铜等微量元素。

一、主要营养元素及其功能

氮是合成氨基酸的主要成分。氮素能促进营养生长，提高光全效能，有利于营养物质的积累；可以促进幼树生长，提早成形，有利于花芽分化及开花座果，加速果实膨大，提高产量。氮素不足，根系不发达，树体衰弱，新梢生长不良，叶面积小，叶色发黄，落花落果严重，对病虫害及不良环境的抵抗能力减弱；但氮素过多，则促使枝条徒长，花芽不能正常分化。生长过旺，将消耗过多的营养物质而引起落花落果，延迟进入休眠期，在寒冷地区还易出现“灼条”现象。

磷主要存在于细胞的原生质、质膜和细胞核中，是细胞核、磷脂酶、维生素等物质的重要组成部分。磷参与糖类的代谢，能促进细胞分裂，促进组织成熟、花芽分化、果实发育，还能提高根系的根收能力，促进新根的发生和新梢的成熟，增强抗寒、护旱能力。缺磷时，根系和新梢生长减弱，叶片变小，果实发育不良，产量降低。磷在树体中的分布基本上和氮相同，凡是生命活动强烈的部分，磷的含量就较多。如嫩梢、幼叶，比老叶、老枝含量多，幼树含量比老树多。所以要获得幼树早期丰产，增施磷肥是很重要的。

钾与树体的新陈代谢、碳水化合物的合成及其移动、运转，有密切关系。钾能促进新梢成熟，改善果实品质，提高抗寒、抗旱、抗高温和抗病能力。钾肥不足时，会影响根和枝的加粗生长。

硼是山楂树必需的微量元素，它能和细胞原生质的若干组成部分形成复杂的化合物，促进根系对阴离子的吸收，提高肥料的效应。硼能够和醇类、碳水化合物，以及其他有机物质化合，形成过氧化物，改善根部氧的供应，促进根系发育。它还能促进叶绿素的形成，提高对光能的利用率，促进光合作用。硼还能促进蛋白质的合成，促进碳水化合物的转化和运输。含硼化合物与糖类结合，会使细胞液和组织的反应变为酸性，有利一预防细菌的寄生。在石灰质土壤上，硼还能消除石灰过多造成的毒害。

在山楂树的开花结果中，硼的主要作用是促进花粉发芽和花粉管伸长，有利于开花、授精和结实，提高座果率、果品产量和果实品质。缺硼时，会引起碳水化合物和蛋白质代谢的破坏，造成糖和氨态氮的积累，呈现出各种病态。

锌也是山楂树必需的微量元素。锌在树体内的主要作用，是作为碳酸酐酶的组成成分，参与二氧化碳和水的可逆反应，形成色氨酸，促进树体正常生长。缺锌时，枝梢生长量小，萌芽晚，叶片小，树势衰退，影响产量和品质。

二、肥料种类

肥料分为有机肥料和无机肥料。常用的有机肥有圈肥、人粪尿、堆肥、绿肥、饼肥（豆饼、棉籽饼、花生饼、菜籽饼、麻油饼等）和作物秸杆等。因有机肥含有氮、磷、钾等多种营养元素，所以是完全肥料。它可供给山楂生长发育所需要的多种营养，能改良土壤，提高土壤保水、保肥能力，肥产持久，肥分不易流失。有机肥料在分解过程中所产生的有机酸，能把土壤中难溶性养份转化成可溶性养份，供根系吸收，分解出的二氧化碳还可以促进光合作用。有机肥料中含有大量的机质，在微生物的作用下会转化为腐殖质。腐殖质是土壤胶体的基础，由于腐殖质含量的增加，土壤中就会出现团粒结构，大大改善土壤的保水保肥能力和透气性、热容性等综合理化性状，因而提高土壤的肥力。尤其深翻结合施用大量有机肥料，可以熟化下层土壤，给根系生长创造良好条件。

无机肥料大部分是速效性肥料，作用快、肥效高、容易被根系吸收，也易于随水流失，通常作为追肥施用。化肥成分比较单纯，含营养元素较少，其中含有一种营养成分的较多。商品化肥根据其营养成分可分为氮肥、磷肥、钾肥与复合肥。

化肥所含营养元素深度很高，大量施用会使土壤深度突然增高，容易造成生理毒害和土壤板结，所以应分次适量施入，并及时灌水。

三、施肥时期和施肥量

山楂树的施肥，一般分作基肥和追肥两种。

基肥是山楂树在生长期需要的基础肥料，以有机肥料为主。为了充分发挥基肥的肥效，常将猪圈粪、人粪尿和过磷酸钙（骨粉）等掺匀堆积腐熟后施用。

除在建园前结合深翻整地施足基肥外，可在深翻改土时施基肥和秋季采果后结合果园深翻施基肥。最好在根系第三次生长高峰之前25～30天施入。这时枝条停长，果实采收，施入的基肥被吸收后通过提高光合效率所制造的营养物质，会提高树体营养物质的贮备水平，为花芽分化和翌年生长、开花座果打下物质基础。

山楂树的追肥，主要包括土壤追肥和根外追两种方式。可按照山楂树生长发育不同时期对矿质营养的要求，采用不同种类的肥料适时追肥。一般山楂园一年最少追肥三次：第一次在萌芽后到开花前（4月上旬到5月中旬），这次追肥的主要作用，是对秋施基肥数量少和树体贮藏养分不足的补救。对于缩短第一个营养转换期，提高座果率，和促进枝叶生长、幼果发育都有一定作用。秋放基肥少，树体贮藏营养水平低、树势弱、花质差的，应适当早施，多施速效氮肥。秋施基肥充足，树体贮藏营养水平高、树势壮、花质好，特别是花量大的大年树，除适量疏花外，应提早春季追肥，可在发芽前土地化冻时立即追施速效氮肥。

第二次追肥在7月中下旬，应以氮肥和磷钾肥配合使用。主要目的是促进花芽分化和果实生长。

第三次追肥也叫秋季追肥，从8月中旬到果实采收前后，增施氮磷钾肥料，并结合灌水，保证充足的营养和水分，促进叶片进行旺盛的光合作用。积累贮藏营养物质，增加果实的单果重，并创造有利于花芽分化和提高翌年座果率的营养条件。

在幼树阶段，通过施肥、扩穴改土，可以为根系发育创造良好条件，同时也为今后的高产、稳产创造物质基础。特别是栽植在山坡薄地上的山楂树，更应从幼树阶段就注意施肥和扩穴改土。山楂幼树应根据树冠和根系大小，每株每年施入厩肥 20～100 千克，全年施化肥（纯氮）0.2～0.5 千克。盛果期大树应适当多施有机肥，一般每年每株不少于 200 千克，追尿素 2～3 千克或碳酸氢铵 5～8 千克。

四、施肥方法

山楂园土壤施肥方法分全园施肥和局部施肥。局部施肥根据施肥的方式不同又有环状沟施、施射状沟施、条状沟施、穴施、叶面喷施等。现分述如下：

环状沟施是在树冠投影外缘或株间挖深 40～60 厘米，宽 50～60 厘米的环状沟，将有机肥和表土混合后填入沟内，然后回填底土。施入化肥时，宜在吸收根集中分布区挖环状沟，放射状沟或肥穴，施肥深度 15～20 厘米，将肥料均匀撒入沟内，然后埋土并烧水。如没有浇水条件，应在雨后追肥。

放射状沟施是在树冠下，距干 0.5 米左右，向外挖放射状沟，沟宽 15～30 厘米，沟深 15～20 厘米，里浅外深，里窄外宽。放射沟要逐年变换位置。

施用液体肥料，如人粪尿、氨水等可以采用穴施。基方法是在树冠下挖 10～15 个穴，以多为好，穴深 30 厘米左右，倒入肥液、然后覆土。追氨水必须用 20 倍水稀释，方可倒入穴内。

条状沟施适用于栽植密度较大的成龄果园和高密度栽植的幼年果园施基肥。施肥前，沿行向挖肥沟，沟深 60～70 厘米，沟宽 50～60 厘米。施肥时，将基肥与表土拌匀，施在根群主要分布层的深度，然后，将底土填在施肥沟的表层。

叶面喷肥也叫根外追肥。应注意向叶背喷施，可结合喷药进行。

春季展叶后每半月喷一次0.3%～0.5%尿素，或喷1～3次250倍叶肥1号。7月份开始每半月喷一次磷酸二氢钾，浓度为0.3%～0.4%，随着气温的降低可提高使用浓度。喷肥最适温度为18～25℃，喷布时间应错开中午高温期，以上午10点以前和下午4点以后无风的天气进行为宜。

上述施肥方法中，放射状沟施、环状沟施以及行间深沟施肥等三种方法，施肥集中,部位较深,有利于根系向下生长。特别是行间深沟施肥，施肥量大，肥效期长，有利于长期维持树势和高产。灌水条件差的山楂园，应在春季化冻后至萌芽前早施并适量灌水，以防伤根。

全园施肥，适于盛果期大树和密植园根系布满全园，采用其他方法伤根严重的果园、方法是全园撒肥，然后翻入20厘米深的土中。这种方法各部位根系都能吸收到肥料，效果较好。

五、果园压绿肥

树下直接压肥，最好在7月份进行，这时气温高，雨水多，绿肥易腐烂，因压肥被切断的根系也易于愈合。为了提高肥效，应提倡大坑沤制绿肥，而后施用。也可割取山间野草，铡碎后覆盖在树盆内，厚度约25～30厘米。这样既可保水防旱，有利于土壤养分转化，而且覆草经一夏淋晒后，至秋可大部腐烂，秋后翻入土内，既可作基肥用。覆草法应在杂草种子成熟前进行，以防造成果园杂草蔓延。

§2.10.19 如何科学合理地进行山楂园的灌水？

山楂树从土壤中吸收水分，同时将大量溶于水的土壤养分输送到地上部分，供其吸收利用。水分也用于构成植物的躯体，关通过叶面对水分的蒸腾来维持植物的生命活动。此外，土壤微生物的活动也离不开水分。水分对调节树体的温度也有重要的作用。土壤水分不足或过多，将严重影响树体生长，甚至造成死亡。据测定，山楂园的土壤持水量完全范围为9.5%～11.5%，萎焉范围为7.0%～9.0%，致死范围为5.8%～8.6%。年降水量700毫米以上，土壤含水量维持在15%以上的地区，便能生长发育较好；年降水量低于700毫米的地区，栽培山楂树要及时灌溉。

山楂树的生长发育在一年中有三个需水关键时期。从萌芽到开花前，是第一次需水高峰时期。据调查，花前灌水，花朵座果率比对照（不灌水）提高42.4%；第二个需水高峰期是落花后到生理落果前，这次结合追肥灌水，对减少落花落果、满足第一次果实生长高峰对水分的需求有显著效果；第三个需水高峰期是果实着色后到采收前。8月中下旬，在果实生长最后一次高峰前灌水，对加速果实膨大作用明显。经测定，灌水后5天果实横径、单果重显著增加。据河北省隆化县调查，7年生山楂园（山地）浇水的667米^{2}产500千克，不浇水的667米^{2}产338.7千克，相差46.4%。另据山东费县调查，果实着色前浇水的，其果实横径显著大于对照树。灌水方法越境影响果树的生长发育，正确的方法是做到按需供水，灌水均匀，节省用水，保证土壤有较好的水气状态。灌水过多易造成土壤肥水流失，影响树体生长和产量。

灌水量的确定是，在当土壤绝对含水量小于8%时，危及山楂的正常生理活动，此时必须立即灌水。适宜的灌水量，应是使根系集中分布区在灌水后，土壤能达到田间最大持水量的70%～80%。也就是灌水后土壤手握在团，指缝处有水挤出但是不致滴落，土团落地即散为宜。

§2.10.20 山楂的病虫害如何防治？

一、山楂病害

（一）山楂白粉病 *Podosphaera oxyacanthae*（DC）de

1. 被害状 为害嫩芽、新梢、叶片、花蕾和果实。嫩叶被害后，初期发生淡紫色或黄褐色病斑，以后叶片两面均生出白粉。以叶背为多，严重时叶片扭曲纵卷。至6月上旬后白粉收缩，病斑转为紫褐色，6月中旬开始出现小黑粒（子囊壳）。较大的叶片被害后，病斑圆形，直径为8～9毫米，病部向叶背突出，生有大量白粉。新梢受害后布满白粉，生长柔弱，节间缩短，质硬而脆，受害严重时新梢枯死。花蕾期受害多发病在花梗上，发病部位密生白粉，花梗畸形肿大，使花蕾向一侧弯曲。被害轻时仍可开花座果，但最终自被害部位脱落。花瓣受害后变狭长扭曲，纵横不齐，萎缩不能座果。幼果多在落花后开始发病，病斑常在近果柄处，受害重的果实向一侧弯曲，常断落。果实受害后病斑硬化龟裂，果形不正，着色差，后期受害，果面生褐色粗糙病斑，降低商品价值。

2. 病原 山楂白粉病是由子囊菌亚门叉丝单囊壳属真菌 *Podosphaera oxyacanthae* 侵染引起发病的。该菌闭囊壳聚生，黑褐色，球形，直径72～96微米；顶部生有8～14根附属丝，暗褐色，上部颜色较淡，顶端做2～3次二叉式分枝；壳底部还有短而弯曲的丝状附属丝，闭囊壳内只生一个子囊，无色无柄，椭圆形。子囊孢子无色，单胞，椭圆形，大小为20～32微米×12～18微米。

3. 发病规律 山楂白粉病以闭囊壳在病叶、病果上越冬，翌年春季遇雨后释放出子囊孢子，进行初次侵染。并产生大量的分生孢子，分生孢子借气流传播，进行多次再侵染。5～6月新梢迅速生长期和幼果期，病害迅速扩展蔓延，导致病害流行。7月以后病害发展缓慢，至10月份病停止扩展。山楂白粉病在春季较干旱的年份，或栽培管理差，肥力不足，树势较弱的情况下发病严重，以实生苗、根蘖苗发病最重。

4. 防治方法 加强管理，铲除病源。晚秋彻底清扫落叶落果，结合秋施基肥将其埋入地下，也可集中在一起焚烧，以减少越冬病源菌。多施有机肥，增强树势，以提高树体抗病力，可减轻发病。及时刨除树下根蘖，也可减轻发病。药剂防治可在发芽前喷一次皮美3～5度的石硫合剂（重点喷布根蘖苗和实生砧）。花蕾期和落花前后各喷一次50%可湿性托布津或甲基托布当800～1 000倍液，也可喷布

0.3～0.5 波美度石硫合剂。经试验证明，托布津、敌硫酮、福美砷对山楂白粉病的防治效果优于石硫合剂，25%粉锈宁乳剂1 500～2 000倍液喷雾，其效果又优于托布津。

（二）山楂缺铁性黄叶病

本病属于生理性病害，或者叫缺素症，是一种非侵染性病害。

1. 症状 叶片的叶肉部分失绿，而主侧脉仍为绿色，严重时叶片变白色，叶脉也失去绿色，并伴之以叶片边缘干枯，叶片黄化部分的枝条不易木质化，芽生长不充实。正常树上所结果实果皮暗红色，而黄叶病树上所结果实果皮为鲜红色。

2. 病因 本病因土壤中缺少二价铁所引起。铁离子参与叶绿素的形成，当植物体内缺少可供植物吸收利用的二价铁时，叶绿素的形成受阻就表现黄叶症状。

3. 发病规律 土壤溶液呈碱性时，可供植物吸收利用的二价铁转化为不能利用的三价铁，当土壤 pH 值超过 8.0 时，黄叶症状明显。在这种情况下，春季展叶时，土壤中或植物体内尚有部分残留的二价铁（Fe^{++}）可供利用，枝条下部先发出的叶片颜色正常。随着叶片生长，对铁的需要量增加，枝条中上部，特别是叶片先端表现出明显的缺铁症状，而且越是枝条先端的叶片失绿越严重。长、短枝条的失绿程度是不一样的，因为长枝加长生长比中短枝停止的晚，其叶片建造时间较长，对土壤缺铁更为敏感。因此，长发育枝的先端叶片，往往是缺铁性黄叶病的主要受害部位。

4. 防治方法 深翻换土，增施有机肥，改良土壤结构，创造良好的根系生长条件，黄叶症状将减轻或消失。因缺铁而严重黄化的山楂树，发芽前喷布或浇灌硫酸亚铁 200 倍液，也可将硫磺粉掺入硫酸亚铁粉内，结合改土或施基肥均匀掺入土壤，这样可维持较长的有效期。

二、山楂虫害

（一）白小食心虫 *Cpilonota prognathana* Snellen

此虫主要为害山楂、苹果，还为害梨 、桃、杏、李、海棠等。

1. 被害状 幼虫为害叶片及果实，果实被害后，蛀孔处有用丝粘结在一起的成堆颗粒状虫粪。

2. 形态特性 成虫体长约7毫米，翅展约14毫米，体灰白色。前翅灰白，近外缘有并列黑纹4个，中央部分有蓝色带有珍珠光泽的斑纹两个。卵乳白色，孵化前呈淡红色，扁圆形，表面有皱纹。老熟幼虫体长10～12毫米，红褐色或淡褐色。头、前胸背板、胸足、臀板均黑色。臀栉6～7齿。蛹长约7毫米，黄褐色。腥部各节背面有两排短刺，末端四周有数根短刚毛和8个细长的钩状毛。

3. 发生规律和生活习性 一年发生2代，以幼虫在枝干的粗皮裂缝内及树下杂草内结薄茧越冬，以树下越冬者居多。4月下旬开始出蛰，咬食幼芽、嫩叶，并叶丝将叶片缀起，在其中食害。越冬代幼虫老熟后即在卷叶中作茧化蛹，肾期7天左右。越冬代成虫发生期为6月上旬至7月上旬，产卵在叶片和果实上。幼虫孵化后，多从果实萼洼处蛀入果内。常有吐丝把数果连结在一起者，幼虫老熟后即在果内被害处化蛹。7月下旬至8月下旬当年第1代成虫出现，羽化时常将蛹皮带出果实外面，多产卵在果面上，孵化后继续蛀果为害，取食一段时间后脱果越冬。

4. 防治方法 秋冬季或早春彻底刮除老皮销毁，可消灭一部分越冬幼虫；果实采收后清扫树下落叶、杂草，集中烧毁，亦可消灭一批在树下越冬的幼虫。

抓住早春幼虫出蛰期和各代产卵盛期进行药剂防治，根据卵量各喷1～2次药。用药种类为50%杀螟松乳剂1 000倍液、25%可湿性西维因400倍液，或2.5%的溴氰菊酯3 000倍液。在幼虫脱果越冬前，在树干或主枝粗皮的上部绑草诱集幼虫越冬，并聚而杀之，可减低次年的虫密度。

（二）桃小食心虫 *Carposina niponensis* waisingham

幼虫为害枣、桃、苹果、粒、山楂、沙果、海棠、杏、李等果实。

1. 被害状 为害山楂果实的桃小幼虫，萼洼处没有粪团，易以白小区别。入果孔为针眼大的小孔，暗灰色，孔的四周稍凹隐。被害严重的果实，果肉蛀食成为不规则的隧道。由于此虫的蛀食限制了果肉的发展，因而果实常成为表面凹凸不平的畸形果。脱果孔香头粗细。

2. 形态特征 成虫体长7～8毫米，翅展14～16毫米。体灰白色。前翅靠近中央处有倒三角形蓝黑色大斑一块，后翅灰色；卵略呈椭圆形，初产时黄红色，后变橙红色，卵壳由顶端至基部有纵横条纹，将卵壳表面分割成网格状。卵第一把手有白色“Y”形刺二、三圈。初孵化幼虫体长1毫米，头部黑褐色，胨部粉红色。蛀果后胨部变为乳白色。老熟幼虫体长12～15毫米，胨部桔红色或桃红色，头部黄褐色，前胸背板两边深褐色，中央色淡，尾部有褐色臀板。蛹长约7毫米，初化蛹黄白色，接近羽化时灰黑色，复眼红色。越冬茧扁圆形，长径6约毫米，内层丝质，外面附着土粒。化蛹茧长纺锤形，长约13毫米，丝质较薄，外附土粒。

3. 发生规律及生活习性 每年发生1～2代，越冬幼虫于5月中下旬开始咬破扁圆形冬茧爬出地面，在土块、石块、草根等隐蔽处吐丝做纺锤形夏茧，并在其中化蛹。蛹经9～15天左右羽化，2～3天后产卵于苊洼处，卵经6～7天孵化后约在果内蛀食20天，然后脱果。幼虫脱果后，入土做纺锤形茧化蛹，或仔扁远行茧越冬。越冬幼虫出土做为蛹茧时期的早晚和数量多少，与当年春季降雨频度关系密切。如雨量适中，越冬幼虫出土盛期多出现在6月上旬。春雨充足，越冬幼虫出土早，可出现一年两代。春旱可推迟出土，如土壤持水量不足5%，幼虫则不能出土。

4. 防治方法 结合秋季翻树盘将越冬幼虫翻出地面，冬季低温和冬春两季的干旱，可杀死大部分越冬幼虫。

越冬幼虫出土前，在距树干1米范围内撒施25%西维因粉剂(每667米^{2}4～5千克)，撒后来回耙几次，深度达10厘米，使药、图掺和，可杀死大部分土中幼虫和少数破茧出土的幼虫。也可在幼虫连续出土1周左右，在距树干1米范围内培土，厚度10厘米左右，可闷死刚羽化的成虫。

树上喷药防治幼虫蛀果。适于防治桃小食心虫的有效药剂有杀螟松、溴氰菊酯、速灭杀丁和四维因等。50%杀螟松乳剂1 000倍和2.5%溴氰菊酯2 500～3 000倍液，对桃小卵和初孵化幼虫都有效，但残效期短，宜根据虫情测报，在产卵盛期，杀螟松与50%可湿性西维因400倍液混用效果更好。喷药要细致周到，要使整个果面不满药滴，且每次喷药宜在4～5天内完成，不可把喷药时间拖长，以免错过最佳防治期。

摘除虫果。幼虫脱果前，收集树上及罗地虫果深埋或煮烂喂助，可消灭果内的桃小及白小幼虫。

（三）山楂红蜘蛛 *Tetranychus viennensis* Zacher

1. 被害状 成若虫在开绽的幼芽、嫩梢和叶片上刺吸汁液。叶片被害部位呈灰黄色斑点，以后逐渐扩大，致叶片枯焦脱落，严重影响果实产量和质量。

2. 形态特征 雌成虫椭圆形，前部较候补宽，体背隆起，有皱纹。上有刚毛26根，分成6排。有少8只，吻及足淡黄色。雌成虫幼冬夏型之分，夏型体大，长约0.6毫米，初为红色，后变暗红色。冬型虫体较小，长约0.4毫米，朱红色。雄成虫较雌成虫全型略小，长约0.4毫米，不越冬，无冬、夏型之分。体背稍隆起，有明显浅沟。尾部尖而突出。体淡黄或淡绿色，背部两侧有墨绿色斑纹各一条。卵球形，表面光滑，有光泽、早春和晚秋初产之卵为橙黄色，后变橙红色；夏季卵初产时乳白半透明，渐变为黄白色。幼虫初孵化时为乳白色，圆形。有足3对。开始取食后，体呈卵圆形，体背两侧出现暗绿色长形斑纹。若虫幼足4对，后期呈翠绿色，已能分出雌雄。雌若虫体背隆起，肥大，尾端较雄虫钝。而雄若虫体背稍见隆起，体瘦小，尾端尖，较雌虫行动敏捷。若虫在脱皮变为橙虫的过程中，不食不动，静伏蛛网上，体表似有蜡质，体色暗灰绿色。

3. 发生规律和生活习性 一年发生 6～9 代，以受精雌成虫在树干、主枝和侧枝的粗皮缝隙、枝杈处和数干附近的土缝内越冬。发生严重的果园，在树下土块、落叶、草根及果实萼、梗挖等处都有越冬雌成虫分布。越冬成虫多在次年花芽膨大时开始活动，待花芽开绽、花序伸出时，大部移到张开的鳞片里或花丛间、花柄、花萼等幼嫩组织处为害。成虫喜在叶背为害，被害叶片发黄。成虫多产卵于叶背主脉两侧。卵期春季约 10 天，夏季约 5 天。此虫的发生有世代和虫态的准重叠现象，特别是不同虫态的同时出现，给防治带来一定困难。高温干旱有利于此虫的发生，狂风暴雨对其有明显的抑制作用。越冬雌成虫的出现期与气温、营养条件有关，寄生植物被害严重，食物条件恶化时，可提早越冬。

4. 防治方法 越冬代出蛰期和第一代幼虫孵化期，虫态比较整齐，而且栖息场所比较集中。在这两个时期进行细致周到的喷药，对于控制 5～8 月份的为害至关重要。在出蛰盛期末可喷 0.3～0.5 波美度石硫合剂，越冬代开始产卵至幼虫孵化期可喷 20%三氯杀满醇 1 000倍液，也可喷 40%水胺硫磷1 000倍液。

在夏秋季防治红蜘蛛，应注意多种农药的轮换使用，特别不要连续使用有机磷农药，并要喷药周到细致，以防治或减少抗药性红蜘蛛的出现。石硫合剂（不杀卵，需连续使用）、三氯杀螨醇是防治红蜘蛛的较好农药。硫合剂的使用浓度，开花前用 0.3～0.5 度，花后用 0.1～0.2 度，夏季高温期用 0.02～0.03 度。卵和成幼虫同时出现时，可喷 20%可湿螨卵酯 800～1 000倍液。

在树干、主枝上绑草把诱集越冬雌成虫，入冬后解下草把焚烧，可杀死一部分越冬虫。

（四）山楂粉蝶 *Aporia cratxogi* L.

1. 被害状 山楂粉蝶以幼虫咬食叶片，并拉丝将不要叶片缀合成巢，以中龄幼虫在巢内越冬。

2. 形态特征 成虫体长 22～25 毫米，翅展 60～76 毫米，体黑色，被灰白色细毛。触角黑色，末端淡黄褐色。前后翅白色，翅脉黑色，前翅外缘除臀脉外，各翅末端均有一个燕黑色三角形斑纹。卵淡黄色至金黄色，柱状，先端细，高1.5毫米，表面有纵棱起12～14条，卵排列成块。老熟幼虫体长约40毫米，体背面有3条洪恩综线，其件夹有黄褐色纵带两条，体侧和腹面黑色，头部、胸足前端、前胸背板、气门环均黑色，全身有许多小黑点，并生有黄白色细毛。蛹长约25毫米，初化蛹时黄色，以后渐变为橙黄色。蛹上触角、胸足、翅芽边远以及中胸脊起均为黑色。全体分布黑色斑点。蛹的腑面有一款大的黑色纵带，体末端有两个突起。

3. 发生规律与生活习性 一年发生1代，以203龄幼虫用丝粘结叶片为巢越冬。越冬幼虫于春季出蛰后群居屈辱食芽、花蕾、花瓣及叶片。先在越冬巢穴不远处取食，夜间或不利天气便躲入巢中，有虫长大后分散为害。5月上中旬越冬代虫老熟入巢中，幼虫老熟开始在树枝、树干、叶柄以及屋墙、篱笆及柴堆等处化蛹。蛹的颜色随化蛹场所而异，在树干上化蛹者多为灰黑色，在树枝和叶柄上的蛹多为绿白色。一般蛹均以末端固定于附着物上。头部用一根丝缠绕与附着处，头向后仰。蛹期14～19天，5月下旬开始羽化出成虫。成虫在天气好时喜飞于树间哦开花的灌木丛间取食花蜜。不久便产卵。一雌蝶可产卵200～500粒。卵成堆产于叶片上，每堆数十粒至数百粒不等，卵期10～12天。初孵幼虫成群咬食叶片，经1～2次蜕皮后，即开始拉丝不咬片缀合，幼虫群居巢被越冬而不易被风吹落。一巢数十头至数百头幼虫。

此蝶幼虫被黄绒茧蜂的寄生率很高，可达70%；此外尚有一种细菌性软化病，可导致此虫腐烂发臭而死亡。

4. 防治方法 于冬剪及时收集越冬加以焚烧，有寄生蜂者靠等蜂羽化飞出后再做处理。被细菌感染腐烂的虫体，可收集晾干后碾碎做成浮液直接喷洒。也可喷布其他微生物农药。但此类农药发挥药效慢，应提早喷洒。早春幼虫活动为害时可喷布200倍砒酸铅液，幼虫缀叶后可改喷50%敌敌畏乳油800倍液。

第七节 山楂的采收、加工（炮制）与贮存

§2.10.21 山楂什么时间采收?

山楂的采收期与产量和贮藏性能有密切关系。首先，山楂应在充分成熟，且具备了本品种固有的外形、色泽、营养成分、药用成分，而且单果重达到最大时，才能采收。采收过早，果实未充分，降低商品价值，影响产量，并且不耐贮藏。采收过晚，会造成落果，在我国北方还会遇到冻害，也会造成经济损失。

我国山楂的适宜采收期,依栽培区气候条件和品种不同而有差异。山东苏北栽培区的主要栽培品种,多在10月中下旬采收;河北燕山山楂产区,采收期多在9月中、下旬至10月上旬;据河北省兴隆县林业局调查,9月15日采收的“燕瓤青”比10月8日采收的减少24%;隆化县林业局调查,9月25日采摘的果实,单果重比9月30日采摘的减少0.56克。可见,山楂在成熟前单果增重很快,提前采收会造成减产。

山楂是小型果，有些地方为了采收时省工省事，采取击落、摇落法采收山楂。这样采收的山楂，虽然外观上与手摘果无明显差异，但这样的果实不仅不耐贮藏，而且加工成罐头后果肉颜色发暗，果肉变硬，降低成品的商品价值。因此，采收山楂应提倡手摘。

§2.10.22 怎样加工山楂?

一、山楂的简易加工品种和加工方法

(一) 山楂干片

山楂干片用于很广，除供做饮料和加工其他食品外，还可以供药用。制作山楂干片简便易行，又便于运输。我国山楂生产区都有晒制山楂片的习惯。用切片机或手工切片刀切成厚度约 0.3～0.4 厘米的

薄片，每个果可切成4～6片。利用屋顶或空地铺上苇席，将切好的山楂片摊在苇席上曝晒，4～5天即可得到干制的山楂片。山楂片较多的，可用烘房烘干。

山楂制干虽便于运输和贮藏，但由于维生素C见光面和遇热易于分解，致使维生素C含量较低，这是制山楂干片的不足之处。

（二）山楂糖葫芦

山楂糖葫芦是我国一种传统的山楂加工制品。山楂糖葫内绵外脆，别具风味，更重要的是，糖葫芦是“蘸”出来的，不经过蒸煮、烘烤等高温处理，维生素几乎完全没有受到破坏，是一种科学的食用方法，选择个头均匀病虫害的山楂果实，洗净后用刀横切开成半个联状，将核挖出，或用工具将核桶出，然后用小木棍或竹签穿成串。

按水与糖1∶2的比例配成浓糖液，用文火加热熬制。熬糖要掌握好火候，一般煮沸20分钟左右，见糖液出现较均匀的小泡并有小响动时，沾一滴糖浸冷水后不沾牙时即可食用。将串好的果在沸腾的糖液中滚动一下，立即拿出往事先准备好的洒过冷水的光滑椴木板上轻轻一摔，稍往后一拉，使底面出现一薄层“糖翅”，浸入冷水后立即拿出便成。

（三）山楂冻

基本工艺如下：

原料分选—水洗—反复水煮—加糖—煮沸—装瓶—冷却。

选新鲜无病虫的山楂果，洗净后倒入锅内，加水至浸没果实，用旺火煮沸，再用中火煮3～5分钟。水呈红色时将山楂水倒出待用，加水再煮。如此3次，煮至果实红色褪尽即可。然后将3次煮山楂果的水合在一起，用旺火煮沸再用文火煮（不盖锅盖），使大部分水蒸发。剩下的山楂水约相当于原山楂果重。加入同等重量的白砂糖再与山楂水同煮。煮沸后用小火煮10～20分钟，取少许浓缩汁液，滴入冷水中，如果不散开，说明已煮好。将煮好的山楂汁倒入广口玻璃瓶内，待冷却即凝成山楂冻。其上撒一层糖，盖紧瓶盖，放在荫凉处可贮存数月。

（四）山楂糕

山楂糕是传统的风味食品，好、次山楂果均可制作。将洗净的山楂果放入相当于果实重量50%的清水中煮沸5分钟，或将山楂蒸软，将果捣烂，经马尾罗中擦出果溺（山楂浆）加糖和明矾。三者比例为50∶40∶1，先将糖加水溶化，再将明矾加热溶解，趁热倒入山楂浆（溺）中搅拌均匀。倒入备好的盘中，厚3～4厘米，冷却后即凝为块状。如果可溶性物质稍高，多加些糖，不加明矾也能成冻。明矾不能加得过多，否则有苦涩味。

（五）山楂酱

制作山楂酱对原料要求不严格，不腐烂变质的残次果均可利用。用去核器对准山楂果柄捅去核并去净果柄，或一切两半，挖去核，用清水洗干净。将去核山楂放入与锅内，与果同量的水煮沸10～15分钟，制成果溺。然后加入与果溺重量相等的白糖，用文火煮，煮制汤汁稠浓，快收干时停火，冷却后食用。或装入消毒的瓶中，旋紧瓶盖，长期贮存。

§2.10.23 山楂怎么样贮藏好？

一、山楂入窖前的临时预贮和简易贮藏法

（一）山楂采收后的临时预贮

临时贮藏场所要选在地势高燥、通风背阴处，以利果实下树后果实田间热的发散。因此，临床贮果场不要选在背风向阳处。临时贮果场所要事先搭好荫棚，切忌将果实堆积在向阳不通风的库房内，或受太阳直射的地方。如果临时贮果场风速过大或空气干燥，还应通过向地面喷水来降温补湿。

（二）地沟贮藏法

沟深0.6～0.8米，宽0.4～0.6米，长短依果实数量而定。沟底垫一层松柏叶，沟内堆山楂，上面盖秫秸或山楂叶，沟面盖石板、秫秸等物。寒冷地区除加大沟的深度外，沟的上面再盖一层土，土厚

0.3～0.6米，口以不透风为宜。用沟藏法贮藏山楂可贮到翌年清明节。用此法贮果可充分利用冬季的自然冷源，和沟内土壤的温度，保鲜效果好。

（三）缸藏法

在冷凉的室内少量贮存山楂可用缸藏。在大缸底部扣一个盆，中间立一束秫秸（4～6根），以便果实换气排热。将选好的山楂装入缸中，在距缸沿15厘米处以上，铺一层次果（厚6～9厘米，不要病虫果、破损果）。口然后用软草等物铺平缸面，经2～3周果实即可冷却。11口月以后天气变冷时，用成文纸、毛头纸或牛皮纸糊严缸口，也可用泥将缸口抹上。只要室内不过冷（不低于－3℃）、过热即可。

（四）塑料袋包装贮藏法

山楂采后经过预冷，到11月中旬，将经过挑选的山楂放在铺塑料袋的木箱内，塑料袋不扎口，只将袋口挽上，放在0℃左右的室内或窖内贮藏。如需将木箱码高，塑料袋内装果高度不可超过箱口，将袋口折好放倒即可。用此法保鲜的山楂，贮到交年6～7月。如采收后先将山楂放入冷藏库内预冷，然后装入塑料袋，放在－3℃的库内贮藏，则效果更佳。

二、土窖贮藏

土窖贮果的特点是节省建筑材料和费用、工时、容易建造，管理技术也不复杂。

土窖多利用冬季的自然冷源、又多半建在地下，利用土层的隔热性，能够使土窖在存贮过程中保持一个较稳定的低温环境。土窖建在地下，窖内有较高的空气湿度，可不必人工补湿。

下面介绍的简易永久窖，是河北省燕山果区农民广泛采用的一种窖型。其特点是就地取材，建造容易，坚固耐久，贮果效果好。一个宽2.7米、深3.3米、长17米的简易永久窖，可贮山楂30～35吨。根据地势和贮果多少，窖的宽度、深度不变、长度可长可短。

（一）土窖的建造

窖址要选在冷空气不易沉积、地势平坦、土质不太坚硬而便于施工的背风向阳处。先按此窖的长、口宽各大出 1.5 米的规格挖好窖坑，然后石彻四壁，壁厚 0.5～0.75 米。如果石块较大且形状比较整齐，可以干砌，这样的好处是省料、省工、保湿效果好。如果石块较小且不规则，最好以水泥沙浆砌，以防窖壁坍塌。当窖壁砌到顶定高度时，开始砌窖项。先用木架打好支撑，然后用长方形石块或石片浆砌成拱形窖顶。窖顶砌好后，用土向窖顶和窖壁外回填，使窖顶土层厚度达到 1 米。另外，砌窖顶时，每隔 2 米远，在窖身延长方向的中线上砌一个长宽各 0.25 米的方形气眼。气眼的上口要高出窖顶，以防止夏季雨水灌入窖内。窖口留在窖顶的中央，大小仅容一件果筐进出。

窖口立木梯，供果筐入窖出窖和人员出入检查用。如果窖大贮果多，应在窖口处立支架用滑轮起吊果筐。

（二）果实入窖后的管理

土窖内因场地狭窄，只要果实采收装筐时把住质量关，不使病虫果、破损果装入果筐，整个贮藏过程中一律不倒筐。因此，果实贮藏过程中的管理工作主要是控制温度。

土窖贮果，最适宜的窖温应控制在 3～－3℃。由于土窖密封性差，且利用的是土、石等天然保渐材料，尽管窖温昼夜变化较小，但不可避免地要受到季节和地理位置的影响。随着果实呼吸放热和外界温度变化，窖温也会出现起落。土窖在没有现代化保温材料和人工制冷设备的条件下贮果，只采取导入天然冷空气、防止外界热空气侵入和及时排出呼吸热的方法，使窖内稳定地维持一个低温环境，达到达抑制果实呼吸、延长贮藏期的目的。

1. 入窖初期的管理 果产采收当时往往带有大量的田间热，需临时放在冷凉处预冷，然后再入窖。利用这段时间，夜间打开窖门和通气孔，导入外界冷空气进行降温。白天还要关闭窖门和通气孔，导入外界冷空气进行降温。白天还要关闭窖门和通气孔，严防热空气入窖。果实入窖后，初期的窖温一般较高，达不到预想的低温，这时的通气孔和窖门应多开。永久性土窖在河北兴隆一带仅在冬季有寒流到来时才短时间的关闭，寒流过后要立即打开窖门和通气孔。这是由于窖内果筐密挤（码四层筐，筐间垫秫秸把，窖内不留通道），冷天也要注意通风散热。为了便于散热，窖贮过程中果筐一律不封盖，仅对接近窖口处的果筐加以苫盖。

2. 冬季管理 冬季要适当通风，防热防冻。在果实不致受冻的前提下，继续通过放风降低窖温，以加大低温土层的厚度，延续春季窖温的回升。最冷的日子要在白天放风，层的厚度，延缓春季窖温的回升。最冷的日子要在白天放风，以外界气温不低于−6℃时放风比较安全，通风量也不要过大。外温太低时，白天也不要开放通风孔。

3. 春季管理 春季外界气温回升后，白天要封严窖门和气孔，防止外界热空气的侵入；并利用晚间开启气孔和窖门降温，以延长贮藏期。

第八节 山楂的中国药典质量标准

§2.10.24 《中国药典》2010年版山楂标准是怎样制定的？

拼音：Shanzha

英文：CRATAEGI FRUCTUS

本品为蔷薇科植物山里红 *Crataegus pinnatiida* Bge. var. *major* N. E. Br. 或山楂 *Crataegus pinnatifida* Bge. 的干燥成熟果实。秋季果实成熟时采收，切片，干燥。

【性状】本品为圆形片，皱缩不平，直径1～2.5厘米，厚0.2～0.4厘米。外皮红色，具皱纹，有灰白色小斑点。果肉深黄色至浅棕色。中部横切片具5粒浅黄色果核，但核多脱落而中空。有的片上可见短而细的果梗或花萼残迹。气微清香，味酸、微甜。

【鉴别】取（$C_6H_8O_7$）本品粉末1克，加乙酸乙酯4毫升，超声处理15分钟，滤过，取滤液作为供试品溶液。另取熊果酸对照品，加甲醇制成每1毫升含1毫克的溶液，作为对照品溶液。照薄层色谱法（附录Ⅵ B）试验，吸取上述两种溶液各4微升，分别点于同一硅胶G薄层板上，以甲苯-乙酸乙酯-甲酸（20：4：0.5）为展开剂，展开，取出，晾干，喷以硫酸乙醇溶液（3→10），在80℃加热至斑点显色清晰。供试品色谱中，在与对照品色谱相应的位置上，显相同的紫红色斑点；置紫外光灯（365纳米）下检视，显相同的橙黄色荧光斑点。

【检查】水分 不得过12.0%（附录Ⅸ H第一法）。

总灰分 不得过3.0%（附录Ⅸ K）。

重金属及有害元素 照铅、镉、砷、汞、铜测定法（附录Ⅸ B原子吸收分光光度法或电感耦合等离子体质谱法）测定，铅不得过百万分之五；镉不得过千万分之三；砷不得过百万分之二；汞不得过千万分之二；铜不得过百万分之二十。

【浸出物】照醇溶性浸出物测定法（附录Ⅹ A）项下的热浸法测定，用乙醇作溶剂，不得少于21.0%。

【含量测定】取本品细粉约1克，精密称定，精密加入水100毫升，室温下浸泡4小时，时时振摇，滤过。精密量取续滤液25毫升，加水50毫升，加酚酞指示液2滴，用氢氧化钠滴定液（0.1摩尔/升）滴定，即得。每1毫升氢氧化钠滴定液（0.1摩尔/升）相当于6.404毫克的枸橼酸（$C_6H_8O_7$）。

本品按干燥品计算，含有机酸以枸橼酸（$C_6H_8O_7$）计，不得少于5.0%。

饮片

【炮制】净山楂 除去杂质及脱落的核。

炒山楂 取净山楂，照清炒法（附录Ⅱ D）炒至色变深。

本品形如山楂片，果肉黄褐色，偶见焦斑。气清香，味酸、微甜。

【含量测定】同药材，含有机酸以枸橼酸（$C_6H_8O_7$）计，不得少于4.0％。

【鉴别】同药材。

焦山楂 取净山楂，照清炒法（附录Ⅱ D）炒至表面焦褐色，内部黄褐色。

本品形如山楂片，表面焦褐色，内部黄褐色。有焦香气。

【含量测定】同药材，含有机酸以枸橼酸（$C_6H_8O_7$）计，不得少于4.0％。

【鉴别】同药材。

【性味与归经】酸、甘，微温。归脾、胃、肝经。

【功能与主治】消食健胃，行气散瘀，化浊降脂。用于肉食积滞，胃脘胀满，泻痢腹痛，瘀血经闭，产后瘀阻，心腹刺痛，胸痹心痛，疝气疼痛，高脂血症。焦山楂消食导滞作用增强。用于肉食积滞，泻痢不爽。

【用法与用量】9～12 克。

【贮藏】置通风干燥处，防蛀。

第九节 山楂的市场与营销

§2.10.25 山楂的产供销概况如何？

我国栽培利用山楂虽然历史久远，但是直到20世纪60年代末期，山楂还是被视为难登大雅之堂的小杂果。到了70年代初，随着国内外对山楂药用成分和药理作用的进一步研究，山楂作为药用植物与保健食品原料，不断被人重视与推崇，一跃而成为稀珍果品。据1996年底的粗略统计，全国栽培山楂已达2.4亿株，年产山楂2.25亿千克左右，山楂在果品总产量中的比重还不到2％。这对于一个13多亿人口的大国来说，还是远远不相适应的；在一个相当长的时间里，山楂生产仍将保持较快的发展势头。随着我国人民生活水平的提高，城乡市场对山楂制品的需求，无论就数量或质量来说，都会提出更高的要求。目前我国山楂品种良莠不齐，不少地区山楂园还没有实现品种化，品种混杂不清。根据人们的消费习惯，以北山楂为原料的山楂食品，其外观应以诱人的红色为特色，而那些黄白肉、绿白肉山楂在加工食品时，往往要掺入不受消费者欢迎的人工红色素。人工色素的掺用，不仅受到食品法的限制，也给山楂制品销往国际市场带来困难。在今后山楂选种育种工作中，除要求入选品种（株系）应丰产、耐贮和营养成分、药用成分高于常规品种外，还应注意发现和选育那些果肉富含红色素的品种和株系。几年来，全国已选出了滦红、西丰红、辽红、艳果红、秋金星等十几个第一流的红肉系山楂和燕瓤红等一大批优良品种。在吉林省发现的大旺山楂，秆株能耐－41℃的低温，这一珍贵品种的发现使大山楂栽培的北界向北推移了300多千米。在吉林省长白山区发现的伏山楂、抗寒、早熟、丰产，是适于寒冷地区栽培并用来加工或育种的宝贵资源。分布于苏北、山东一带的大金星，每千克60个左右，可食率96%，是全国稀有的大果、厚肉品种。此外，在阿尔泰山楂、云南山楂、野山楂、湖北山楂中都发现了有价值的黄肉株系，有希望成为黄色型食品和果汁的原料。

2011年山楂价格每千克在4～7之间，详见表2-10-1。

表2-10-1 2011年国内山楂价格表

品 名	规 格	价格（元/千克）	市 场
山 楂	南山楂	7	河北安国
山 楂	统 片	6	河北安国
山 楂	北山楂	4.5～5.5	广西玉林
山 楂	南山楂	7	广西玉林

第三篇

DISAN PIAN

优质高效祛邪类中药生产与营销

第一章

浙贝母

第一节　浙贝母入药品种

§3.1.1　浙贝母的入药品种有哪些？

浙贝母为百合科多年生草本植物是大宗常用中药材，在国内外享有盛誉。野生较少，主要来源于栽培，是浙江的道地药材，也是全国著名的“浙八味”之一。见图3-1-1。浙贝母味苦，性寒，是止咳化痰的主要药材，临床应用广泛：常用于风热、燥恶、疮毒、心胸郁闷等症。《国家药典》2010年版规定浙贝母为百合科植物浙贝母 *Fritillara thunbergii* Miq. 的干燥鳞茎。浙贝母药材于初夏植株枯萎时采挖，洗净、大小分开。大者除去芯芽，习称“大贝”；小者不去芯芽，习称“珠贝”（直径在3.5厘米以下）。分别撞擦，除去外皮，拌以煅过的贝壳粉，吸去擦出的浆汁，干燥，或取鳞茎，

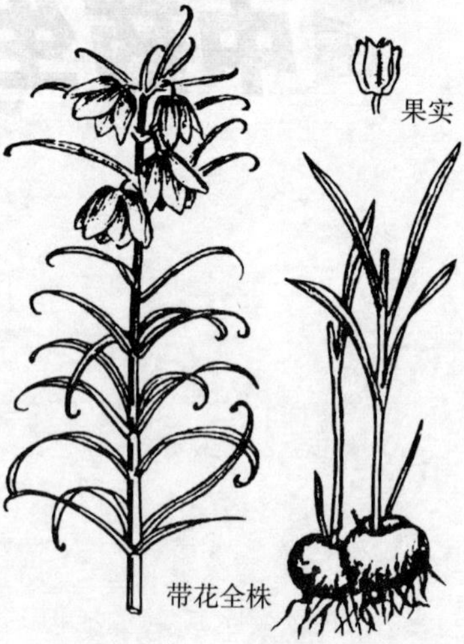

图3-1-1　浙贝母

大小分开，洗净，除去芯芽，趁鲜切成厚片，洗净，干燥，习称“浙贝母片”。

第二节 道地浙贝母资源和产地分布

§3.1.2 道地浙贝母的原始产地和分布在什么地方？

浙贝母又名大贝、象贝、元宝贝，是大宗常用中药材、著名的“浙八味”之一，在国内外享有盛誉。贝母始载于东汉《神农本草经》，列入中品。《本草纲目》收载于草部、山草类。浙贝母始载于清代《本草纲目拾遗》，据引《百草镜》云：“浙贝母出象山，俗呼象贝母。”

浙贝母 *Fritillaria thunbergii* Miq. 产江苏（南部）、浙江（北部）和湖南。生于海拔较低的山丘荫蔽处或竹林下。也分布于日本。本种是药材“浙贝母”的来源。浙贝母野生的数量较少，分布于浙江省宁波一带。家种的主要栽培于浙江、江苏、上海；湖南、安徽、福建也有少量种植。主产于浙江鄞县、杭州市郊、余姚；上海县；江苏大丰、南通、海门、如东。此外，浙江的磐安、东阳、缙云、永康等地还有东贝母栽培。以浙江鄞县所产浙贝母的品质为优良，古今驰名。

第三节 浙贝母的植物形态

§3.1.3 浙贝母是什么样子的？

浙贝母是多年生草本。地下鳞茎呈球形或扁球形，横径 2～6 厘米，纵径 2～4 厘米，由 2～3 瓣（少数 4 瓣）肉质鳞片组成，鳞茎基盘下部着生数条至数十条须根。一个鳞茎一般具有两个心芽，鳞茎和心芽着生在鳞茎基盘上。茎直立，圆柱形，茎高 30～100 厘米，光滑无毛，上有蜡质；一般具2个主茎，主茎基部附生1～2个侧芽。叶片线状披针形，长6～15厘米，宽0.3～2厘米，全缘无柄；顶端叶渐尖或成卷须状，茎上叶散生，叶尖卷曲，中部叶轮生或散生，基部叶较宽，对生、轮生或散生。花单生，总状排列，3～7朵，初开时花冠呈钟形；花被6片，两轮，淡黄绿色，外有绿色条纹，内有紫色轮纹，交织成网状；雄蕊6枚，长约为花被片的1/2；雌蕊1枚，较雄蕊稍长；柱头3裂，子房上位，呈三角状圆柱形，3室，每室具有多数胚珠。蒴果卵圆形，成熟后淡棕色，并从室背开裂，散出多数种子。种子扁平，近半圆形，边缘具翼，质轻，淡棕色。

浙贝母产区在长期的栽培实线中，经过选种，培育出以下几个主要农家品种：

一、细叶种

茎高可达73厘米，茎下部直径约0.6厘米。叶对生或互生，叶片狭长，尖端有较明显的卷曲，深绿色，叶面具蜡质。每株多为鳞茎2个，鳞片2枚。

二、轮叶种

茎高可达75厘米，下部直径约0.68厘米。叶轮生；叶片宽长，尖端微卷曲，绿色。2茎数量少，每株鳞茎2个，鳞片3枚。

三、大叶种

茎高可达68厘米。粗壮，下部直径约0.76厘米。叶茂盛，茎上部对生或互生，中下部轮生；叶片宽而挺直，尖端卷曲不明显，淡绿色，无蜡质。2茎数量少，每株鳞茎2个以上，鳞片2枚。

四、小立子

茎高可达37厘米，下部直径约0.38厘米，株形矮小，多茎率在45%左右。叶对生或轮生；叶片狭长，尖端稍卷曲，色绿而略具蜡质。每株鳞茎2或3个，鳞片2枚。

五、多子种

多茎且偏细，3茎以上占80%。叶对生或互生；叶片狭长，尖端稍有卷曲，绿色，具蜡质。每株鳞茎3个以上，鳞片2枚。

第四节 浙贝母的生态条件

§3.1.4 浙贝母适宜于在什么地方和条件下生长？

浙贝母多生长于土层深厚、肥沃疏松、排水良好的冲积土及沙质壤土上；土壤呈微酸性或近中性。喜阳光充足而又凉爽、湿润的气候，但怕高温、干旱和积水。具体生态条件要求如下：

一、温度

浙贝母喜温暖气候。根的生长要求7～25℃，以15℃左右较适宜，25℃以上抑制根生长。在休眠期不发根主要是高温的影响。试验表明，在6～7月休眠期把浙贝母置于22℃条件下，也能发出根来。出苗要求平均地温在6～7℃，持续7～10天。浙贝母地上部生长发育的温度范围在4～30℃。在这个范围内气温越高，生长速度越快。气温在4℃时，植株几乎停止增长；在零下3℃时，植株受冻，叶片萎缩；气温到30℃以上时，植株顶部有枯黄现象发生。地下鳞茎在土面下5厘米日平均地温10～25℃时能正常膨大，高于25℃导致鳞茎进入休眠状态。在零下6℃的情况下鳞茎受冻死亡。50℃时鳞茎灼死。开花的适宜气温在22℃左右，但在6～28℃时也能开花。

二、水分

浙贝母要求土壤湿润。当土壤含水量降至6%时，植株死亡。发根的最低含水量要在10%以上，以20%～25%时发根较好，35%以上会使根系腐烂。整个植株生长以土壤含水量25%较好，但各生育期要求有所不同，其中以出苗后到植株增高停止这段时间需水量最多，此时缺水对产量影响较大。

三、光

浙贝母生长要求充足的阳光。阳光不足，对产量有较大影响。据试验，有芦帘搭棚遮阴的与正常生长的相比，产量下降30%～50%。

四、土壤

浙贝母对土壤的要求比较严格，宜生长在透水性好、含砂量80%左右的沙质壤土上。黏性土壤不宜种植浙贝母，特别是浙贝母的种子地（鳞茎在土中过夏的地），如土壤黏性大，容易积水，不但生长不好，而且容易造成鳞茎腐烂。浙贝母的商品地，因初夏起土，土壤质地可比种子田略差些。浙贝母虽要求沙质土壤，但含沙量超过90%以上时，保肥保水能力差，也不适宜种植。浙贝母地的土层深度宜在40～50厘米以上，土层过浅，生长不良，或提早枯萎。浙贝母要求微酸性或近中性的土壤。据试验，以pH5.5～7的土壤环境生长较好；pH在3以下时，根就停止生长。

第五节 浙贝母的生物特性

§3.1.5 浙贝母的生长有哪些规律？

一、生育期及各器官的形成

浙贝母完成一个生长周期，约需一年时间，分为生长活动期与鳞茎休眠期。从根和芽开始萌动，经出苗、生长到第二年5月中下旬地上部枯萎为止，为生长活动期；从地上部枯萎后，地下鳞茎过夏到根和芽开始萌动的这段时间，为鳞茎休眠期。

（一）芽的分化

鳞茎休眠时，芽在生理上发生了复杂的变化。如后熟作用及芽（生长点突起）的分化等，但最初变化十分缓慢。到 9 月间，芽的分化显著加快，到 10 月上旬，生长点上可以明显看到许多突起。到 11 月中旬在芽的内部花蕾和几片叶子已分化完成，到 12 月中旬，在芽中已可看到雄蕊，如果用手剥开幼芽，肉眼也可看到芽中的花蕾。芽内部不断分化的同时，其外表也不断伸长，但开始伸长比较缓慢，到 12 月中旬芽的长度还不到 2 厘米，要到 12 月下旬以后，芽才迅速伸长。

（二）根的生长

鳞茎在 4 个月的休眠时间内并不发根。在进入生长活动期后，就不断发根。这与当时气温转凉有密切关系。浙江一般在 9 月下旬到 10 月上旬下种，一周后开始发根，到第二年 3 月中下旬达到最高峰。4 月以后停止增长，但仍保持吸肥能力，直到枯萎。

（三）出苗

般在 2 月上旬（立春前后）出苗；较为寒冷的年份，推迟到 2 月中旬出苗；在比较温暖的年份可在 2 月初，或提早到 1 月底出苗。在鳞茎小、下种浅、地势向阳等条件下能提早出苗，而下种迟早对出苗没有多大影响。

浙贝母从初苗（10%植株出苗）到齐苗（90%植株出苗）大约需要 10 天时间。

（四）茎叶生长

浙贝母出苗以后，茎就不断生长，到 3 月下旬或 4 月上旬茎长到最高点，以后就不再长高。一般以 3 月中下旬增长最快。出苗以后主秆的增高主要是节间拉长，节数不变。节数多少早在未出土前已分化完成。

二秆（从地下分出的分枝）在 2 月底至 3 月初出土，比主秆出苗迟三星期左右，二秆在出土后的 10 天内生长速度最快，前后增长期需一个月左右，到4月上、中旬二秆生长终止。浙贝母生长的好坏，与二秆的生长关系很大。老产区药农认为；二秆生长旺盛，其高度赶上或超过主秆，地下的鳞茎就大；如二秆长得矮小或没有二秆，鳞茎就小。浙贝母出土时叶互相裹在一起，以后逐渐展开，增加叶面积，不增加叶数。

浙贝母地上部的生长期是在2月上旬到4月上旬。其中以3月中、下旬生长最快。因此在这段时间内必须加强田间管理，促进茎叶的生长，使鳞茎迅速膨大。

（五）鳞茎的形成

鳞茎的膨大可以分为两个时期：第一个时期是在年内浙贝母出土之前的11月间或12月上旬，在这个时期中可以看到心芽基部的鳞片有些肥厚，但膨大不显著，占不到整个鳞茎5%，以后因进入寒冷季节基本上停止膨大。这一时期的养分是由母鳞茎供应的。第二个时期是在2月下旬到5月中下旬，这是鳞茎膨大的主要时期，占整个鳞茎的95%以上。其中尤以3月下旬到5月上旬膨大最快。到地上部开始枯萎时，鳞茎继续膨大，一直到地上部全枯为止。

（六）开花结籽

花梗最初直立，到花将要开时，花梗便向下弯曲，花蕾下垂，然后花瓣开放。开花的顺序是由下而上依次开放。一般3月中旬花蕾下垂，3月下旬开放，3月底或4月初凋谢。一朵花从下垂到开放约需要3～10天；从花开到花谢一般需要5～7天。大田从花开到花谢约需两星期左右。

由于长期无性繁殖的结果，浙贝母的结籽率很低。凡结果的，花梗又向上，果实朝天。种子在花开放后40天左右，即植株枯萎时成熟。

（七）枯萎

从顶端开始，逐渐向下至全株枯黄。大田植株一般于4月下旬至5月上旬开始黄枯，到5月中、下旬全株枯萎。但也因气温、种鳞茎质量、病虫害等影响而有所迟早。如初夏高温（气温30℃以上）来得早，种鳞茎小，病虫为害，根系生长差，天旱缺水，多年重茬土地肥力不足，植株未打花去顶等，都能使浙贝母提早枯萎。浙贝母出苗、开花等各个物候期，常因各地气候条件不同而有所差异。如在南京栽种，相应的物候期约比杭州推迟 10 天左右。

二、主要化学成分积累动态

（一）浙贝母各生育期氮磷钾吸收特性及生物碱含量的变化

浙贝母各生育期氮磷钾吸收特性及生物碱含量的变化的研究初步揭示了浙贝母不同生育期吸收氮磷钾规律及在体内的分布积累状况，结果认为浙贝母前期吸氮钾为主；中后期则以吸钾为主，吸磷上升，吸氮减弱，且体内钾磷含量上升与干物重增加呈平行关系，后期氮磷向鳞茎转运明显。生物碱含量在花期出现高峰，后期在鳞茎中较高，在浙贝母栽培中可根据土壤肥力、肥料状况及下种鳞茎大小等估算合理的需肥量，做到合理施肥，创造高产。

（二）各种因素对浙贝母产量的影响

1. 地膜覆盖对浙贝母产量的影响 地膜覆盖栽培浙贝母能比不覆膜提早出苗 4～6 天，生育期延长 2～4 天，植株矮化，而叶片增大，具有一定增产和增植效果。

2. 塑料棚栽培对浙贝母产量的影响 浙贝母塑料棚栽培，棚内温度提高，相对湿度增大，光照强度下降，出苗期、开花期提早，生长期延长。二秆生长旺盛，叶面积大，光合积累丰富，新鳞茎形成期早，生长大，可提高鳞茎产量。

3. 土壤条件对浙贝母产量的影响 据调查分析，浙贝母主产区的形成主要同与种子过夏关系较大的土壤性状有关，从土壤的成土环境看，浙贝母主要分布于沿溪两岸的老河漫滩及一二级阶地上。种浙贝母地形的主要特点是地表不渍水，洼沟畅通，常年地下水位在 1.5～3.0 米左右，土体有较好的内外排水性。从土壤剖面看，0.6～1.0 米土层以下一般有不同厚度的砾石层。另外合理轮作有利于高产贝母地土壤的发育。从土壤的物理性状看，浙贝母要求土壤呈酸性，养分含量高，土壤物理性状质地以轻壤、中壤较为适宜，耕作层土壤容重为1.15～1.27克/厘米^{3}的土壤浙贝母生长发育良好，土壤的通气孔度和毛管孔度应为10%～13.2%和37.5%～41%，土壤坚实度宜在1.2克/厘米^{3}以下，种子过夏期间在2.0克/厘米^{3}左右。从营养与施肥效应看，浙贝母以中低氮水平，分1月5日左右、齐苗期、现蕾期3次施入，增产显著。

4. 植物生长素对浙贝母产量的影响 使用植物生长素石油核苷酸、赤霉素、矮壮素和增产灵处理浙贝母，都有不同程度的增产作用，其中以石油核苷酸增产效果最好，可增产19%～29%。说明石油核苷酸对浙贝母增产是有效的。

5. 施锌对浙贝母产量的影响 不同生育期施锌效果有较大差异，苗期每667米^{2}施1～2千克硫酸锌能使浙贝母叶面积增大，株高、二秆数增加，枯萎延迟、干物质、生物碱含量也略有提高，明显增加产量（达0.01显著水平），效益可观。

6. 氮钾配施对浙贝母产量的影响 对浙贝母氮、钾营养特性及不同氮、钾配施效益研究表明，浙贝母不同生育期对氮反应比较敏感，以中低氮（15～25千克尿素）分1月5日左右、齐苗期、现蕾期三次施入，效果较为显著。若一次用量超过20千克，会抑制主芽（主秆）的生长和侧芽（二秆）的萌发。浙贝母需钾最为敏感时期在现蕾开花期，此时每667米^{2}施10千克硫酸钾增产效应比较明显。采用氮钾配比，是以中低氮（7～11.5千克氮）与低钾（5.5千克K_2O）相配施效果较佳。

7. 施氮对浙贝母产量及化学成分的影响 不同施氮量对浙贝母吸磷有明显影响。施氮能使鳞茎中生物碱含量提高，高氮（74.96克/米^2）和缺氮（不施氮）对浙贝母生育有一定阻碍，鳞茎、叶片的含氮量随氮肥的增施而增加。施氮37.48克/米^{2}处理长势较好，又能促进对钾的吸收，干物质、吸氮积累量增加，有明显的增产效果。

第六节 浙贝母的栽培技术

§3.1.6 如何整理栽培浙贝母的耕地？

从各地引种浙贝母情况来看，土壤条件的好坏是浙贝母能不能“安家落户”的基本条件。山脚大溪两侧的平坦冲积地，用来种植浙贝母比较适宜。海拔稍高的山地，只要是土质疏松、腐殖质多的沙土，也可以种植。

浙贝母以轮作为好。轮作有利于生长并减少病虫害。浙江老产区种子地面积大，土地较少，不能轮作，因而常常发生病害。由于条件限制不能轮作的，重茬最多不能超过 3 年，否则病害严重。

浙贝母的前作一般有芋艿、玉米、黄豆、甘薯等。老产区商品地的前作大多是芋艿，其原因除作物茬口能够前后搭配外，种过芋艿的地肥沃，土质疏松，有利于浙贝母生长。商品地在 5 月收获后，还可种甘薯、豆类等，有的还赶得上种早稻。

浙贝母的根系大多分布在 20～30 厘米的耕作层内，耕地深度约 20～23.3 厘米。整地要有利于排水，操作方便，要求土壤疏松。老产区的种子地因透水性好，畦做成宽 2.3 米左右，高 13.3～16.65 厘米，畦面呈龟背形，两边开出水沟，沟宽 33 厘米左右，两头的出水路畅通。如黏性略大的土地，畦面应该窄些，以 1.65 米左右为宜，中间要略高些，沟要加深，以利排水。

§3.1.7 浙贝母是怎样繁殖的？

一、种子繁殖

浙贝母用种子繁殖要比鳞茎繁殖的系数约大 10 倍，是扩大生产的有效途径。从贝母种子长至供药用的商品鳞茎大小约需 4～5 年，在其生长过程中，每年植株形态变化各有特征。在播种育苗时，籽贝幼苗生长弱，要求精细管理。

浙贝母具有自交不亲和的特性，自然结实率低，采用人工授粉可提高结实率，一般667米^{2}产种子10～15千克，最高可达25千克。

种子繁殖的播种期为9月下旬至10月中旬。撒播和条播均可，但多采用撒播，即将种子均匀地撒于畦面，种子间距约0.5厘米，播后进行浅覆土和盖草，经常保持土壤湿润并及时拔除杂草；每667米^{2}播种量为7.5～10千克。一般在翌年1月中旬出苗，第1年实生苗细弱，采取勤浇水薄施肥的原则，从2月中旬开始，每10～15天追施1次稀薄粪水，结合进行浇水。随着苗龄的增长，施肥量可逐渐增加，其他管理方法可参照鳞茎繁殖。

二、鳞片繁殖

用无芽鳞片繁殖，用种量大而成本高，鳞茎长成商品的周期又长，故生产价值不大。用有芽鳞片繁殖，在增施肥料和加强管理的情况下，产量可达到下种量的1.8倍左右，但由于生产周期长，实践中亦极少采用。具体播种方法可参照鳞茎繁殖。

三、鳞茎繁殖

目前浙贝母生产主要采用这一繁殖方法，下面是基本步骤。

起种：产区为保证种栽质量，普遍建立种子田。通常于9月或10月起种。

选种：浙贝母种子起收后，进行分档，一般分为五档，即1号贝（即大贝），每千克30个以下；2号贝，每千克30～40个；3号贝，每千克40～60个；4号贝，每千克60～80个；脚货。选择的鳞茎应是抱合紧的，不向外开张，没有破损、虫疤，一般二个芽，横径为4～5厘米。一般2号贝作种子田的种栽，其他作商品田的种栽。若2号贝作种不够时可选用三号贝。

浸种：将种鳞茎用50%的多菌灵100克或60%的辛硫磷乳油50～100克，加25千克的水混匀，浸10分钟，稍晾干后种植。

栽种：9 月下旬至 10 月上旬，最迟不超过 10 月下旬，先栽种子田，后种商品田。按行、株距要求，开沟下种，覆土后拉平畦面，盖草，防寒并保湿。

§3.1.8 如何对浙贝母进行田间管理?

一、中耕除草

要做到“早”，重点要放在浙贝母未出土前和植株生长的前期进行。中耕除草大都与施肥结合进行。在施肥前先中耕除草，使土壤疏松，容易吸收肥料，增加保肥保水能力。种子地，在套种的蔬菜收获后，要将菜根除净。雨水后削草，不要削伤将要出土的二秆。这时削草要浅，防止削伤地下鳞茎。到植株已经高大，茎叶茂盛后，不再削草，必要时用手拨草。

二、灌溉排水

从浙贝母不同生长发育阶段来看，从出苗到植株高度增长终止时(2 月初至 4 月初)，这段时间里需要水分最多，如这时缺水，茎叶生长不良，直接影响鳞茎的膨大。浙江省一般在此时期雨量充沛，不需要灌溉。遇干旱年份，才适当灌溉。灌溉方法因水利条件而定。如放水灌溉，可先将水放至畦面。当土壤被水渗透后，就立即放水，一般只能灌几小时。田块浸水时间不能过长，如浸水两天以上，就会导致茎叶枯黄，鳞茎腐烂或植株死亡。此外，也可担水泼浇抗旱。雨后，尤在暴雨后要及时疏沟排水，否则会影响生长，甚至使鳞茎腐烂。

三、摘花打顶

浙贝母摘花，一可减少开花结籽时消耗养分；二可促进二秆的生长，增加光合作用面积。浙江一般在 3 月中下旬摘花。药农经验是在植株有 1～2 朵花开放时进行，过早因植株顶端节间还未完全伸长，往往把花下部的叶片也同时摘除去，减少了光合作用面积；过迟，易消耗养分。摘花是将花连同6.7～10厘米长的顶梢部分一起除去，所以又称打顶。摘花宜在晴天进行，以免雨水渗入伤口，引起腐烂。打下的花梢经晒干也可作药用，如制贝母流浸膏等。667米^{2}种子地的花梢晒干后约有10千克左右。

四、过夏

浙贝母植株在5月上旬枯萎，到9月下旬前后再发根生长，这段时期称休眠期，也称过夏。此期很易造成鳞茎损失。过夏期鳞茎要求天气凉爽、湿度适宜、土壤含水量恰当，因此要设法降低地温，使鳞茎处于凉爽状态。种子田要套种花生、豆类、瓜类、蔬菜、玉米等遮阴作物，确保浙贝母鳞茎安全过夏。套种作物要掌握好收获期，应使作物在浙贝母栽种前收获。

（一）大地过夏

1. 大地过夏的特点 大地过夏就是浙贝母枯苗后，鳞茎在原地渡过休眠期。老产区土质疏松，排水良好，浙贝母大地过夏基本上能保证鳞茎安全过夏。许多新产区根据当地情况采用这一方法，也有较好的效果。大地过夏的特点是：①可以满足浙贝母大面积生产留种的需要。②适用于渗水性能好的沙质壤土，以及半山区、丘陵地。③节省劳动力，种鳞茎不需要起土、搬运、贮藏。只要在畦上套种作物，加强田间管理就可以。④大地过夏的鳞茎新鲜，下种后发根和生长好。

2. 大地过夏的要求

（1）选地 大地过夏选择土地很重要，早在浙贝母下种时就应该考虑。应选择高燥、利水的含砂量在80%左右的沙壤土，或排水好的坡地来种植，这样鳞茎就地过夏把握较大。

（2）套种 在浙贝母过夏期间，为了充分利用土地，增加收入，可在贝母地上套种作物。套种有遮阴、降低地温和调节水分的作用，有利于鳞茎在土下过夏。事实证明，过夏期间没有套种的浙贝母损失极大。套种的作物应选择：①在整个过夏期间遮阴度大，遮阴时间较长，又能使地表通气，在9月中旬以前能收获的。②根部病虫害少，对土壤肥力影响不太大的作物。老产区认为以大豆、棉花、甘薯较好。大豆要选择9月份成熟的品种，棉花要通过整枝等措施，争取早点收获，以免和浙贝母起土季节发生矛盾，大豆、棉花、甘薯都应在浙贝母未枯前套种下去，以便跟上季节。有的新引种地区根据当地土地高燥及夏季少雨的特点，认为套种茎叶较多的低矮作物比高秆作物为好。

（3）种植深度　大地过夏的浙贝母应适当种深一些，防止鳞茎被雨水冲出地面；更重要的是鳞茎在土下较深处，可减少温度和雨水变化的影响，保持阴凉的环境，减少病虫为害。在过夏时要适当培土。据老产区经验，如过夏时在畦面铺一层柴梢，既有利于过夏，又能增加肥力，改良土壤。

（二）移地过夏

1. 移地过夏的特点　在土壤条件比较差，不适宜大地过夏的地方，可以试验把鳞茎放在地窖内。地窖过夏的特点是：①地窖内阴凉，湿度变化不大，不会因外界气候的突然变化而变动很大。②节省土地，一般选用河边或池塘边排水好的零星土地。③贮藏量较大，可以满足生产的需要。一般长4米，宽1.5米的窖，可贮藏300～400千克。但这一方法较费事，又不大容易掌握，搞不好鳞茎损失较多。

2. 具体要求

（1）选地　选择高燥利水的土地，最好是河边或池塘边的斜坡地，或地势高、渗水好的土地。

（2）窖的大小　可根据具体情况而定。生产队所建的窖一般长4米，宽1.5米，深30～50厘米。窖内放一层浙贝母（一只或两只厚），加一层土，可放3～4层，最上层覆土厚约16.65～23.3厘米。有的根据本队地势低、地下水位高的特点，在地面上建窖，或在地面上加高5寸左右的土层后再建窖。

（3）适时起土　植株枯黄后，鳞茎在土下还有一个后熟过程。在小满以前起土的，鳞茎幼嫩多汁，不利贮藏。要等到浙贝母全部倒苗，茎秆与鳞茎分开，并且根部干枯后才能起土；这时鳞茎表皮老结，颜色黄亮，含水量有所降低，容易贮藏。曾有一生产队提前在5月13日起土，此时苗还青，贮藏过程中腐烂损失达50%。杭州地区一般5月底、6月初起土较好。

(4) 短期摊晾 刚起土的鳞茎，含水量仍然较高，呼吸旺盛，在入窖贮藏前必须进行摊晾。这样可以降低含水量和呼吸强度，促进伤口愈合，并可减少病虫为害。摊晾过程中，鳞茎由于失水，重量很快减轻。经测定在通气情况下，摊晾7天，减轻重量近10%。一般摊晾3～7天即可。

(5) 搭棚 搭棚的目的在于遮阴防雨，降低温度，控制温度，草棚最好高1人左右，既通风，又便于检查。草棚边可以种些爬藤作物，如冬瓜。要经常检查，防止草棚漏水。

(6) 排水沟 窖的两边要挖排水沟，防止雨后积水，渗入窖内。沟的深度要低于最下层的浙贝母。

移地过夏比较费事，要花一定劳力。近年来采用大地过夏的方法较多。

§3.1.9 道地优质浙贝母如何科学施肥？

浙贝母是耐肥作物。对氮肥需要量最大，对钾肥的需要也较多，对磷肥需要很少。氮肥缺乏会使叶片窄小，向上竖直，植株矮小，茎秆呈“硬性”，鳞茎瘦小。试验表明：氮肥对鳞茎产量影响最大，增施草木灰等可提高鳞茎产量。浙贝母的施肥，可分基肥、冬肥、苗肥、花肥等。

一、基肥

基肥以经无害化处理的垃圾、栏肥等迟效性肥料或灰肥等为宜，施用量每667米^{2}数十担，在翻地时施入。目前有些地区每年下种浙贝母时都要在种鳞茎上盖放焦泥灰每667米^{2}数十担。灰肥如果用草木灰时，用量不宜过多，一般以每 667 米^{2}250～500 千克为宜，如每 667 米^2 超过1 000千克，或把过多的草木灰直接施在种子上，都会因碱性过大，影响生长。

二、冬肥

在 12 月下旬施。这次肥料是浙贝母几次施肥中最重要、用量最大的一次。浙贝母地上部生长只 3 个月左右，肥料需要期较集中，单是出苗后追肥还不能满足其需要，而冬肥却能在整个生长期中源源不断地提供养分。因此，冬肥应以迟效性肥料为主，一般用栏肥、垃圾、饼肥等；适当地搭配一些速效性肥料，如人粪等。

施用方法：用三角耙在畦面上开直的浅沟（也可开横沟，以免人踏在畦上压实土壤），沟深约 3.33 厘米，过深会损坏芽头。沟与沟之间距离 20～23.3 厘米，在沟内施入腐熟人粪尿，每 667 米^{2}750～1 000千克，再施入打碎饼肥 75～100 千克，用土盖没沟孔，最后在畦面铺上栏肥或垃圾等每 667 米^2 约1 500～2 500千克，栏肥及垃圾一定要扯碎后再施，不能有结块，否则会影响出苗。如果肥源许可，冬肥用量增大，有显著的增产作用。

三、苗肥

在立春后苗已基本出齐时施。从浙贝母出苗到茎叶停止生长仅一个多月时间。出苗时需肥量已逐渐开始增大，必须满足幼苗所需的养分，所以要及时施用苗肥，使叶面积增大，二秆迅速生长，保证浙贝母生长有良好的营养条件。这次苗肥要施得早，苗一出齐马上施下，并以速效性氮肥为主。一般用腐熟人粪尿每 667 米^{2}750～1 500千克，或硫酸铵每 667 米^{2}10～15 千克。可一次施，也可分两次施。据生产队经验，同样数量的苗肥分两次薄施，比集中一次施效果好。出苗后每 667 米^2 增施草木灰 250～300 千克（撒施），有增产效果。草木灰不要与腐熟人粪尿一起施下，前后要相隔 2～3 天，以防肥效损失。

四、花肥

在3月下旬摘花以后进行。其作用是进一步促进茎叶生长，延迟枯萎期，并为后期的鳞茎膨大提供足够养料。花肥要施速效肥。肥料的种类和数量与苗肥相似。这次肥料的施用要看浙贝母生长状况。如种植密度高、生长茂盛的种子地，氮肥过多会引起灰霉病的发生，造成迅速枯死而减产，因此花肥可少施或不施。老产区有“清明断料”的说法，即肥料要求在清明前全部施好。

§3.1.10 浙贝母的病虫害如何防治？

浙贝母在整个生长过程中和鳞茎过夏期间都有病虫为害，不仅影响当年浙贝母的产量，而且影响种用鳞茎的数量和质量。

一、病害

（一）浙贝母干腐病

浙贝母干腐病在浙贝母新老产区普遍发生，是影响浙贝母过夏保种的一种重要病害。

1. 症状 浙贝母干腐病有二种，一种是被害鳞茎呈“蜂窝状”，被害鳞片褐色皱折状，俗称“蛀屁眼”；另一种是被害鳞茎基部青黑色，俗称“青屁股”。鳞片腐烂成空洞或形成黑褐色、青色大小不等的斑状空洞。鳞茎维管束被害，横切鳞片可见褐色小点。

2. 病原 浙贝母干腐病由真菌中的一种半知菌引起。

3. 发生特点 浙贝母干腐病的病原菌在土内越冬。除冬季外都可侵染浙贝母，6～8月较重。浙贝母地面套作物不适当或起土过早，鳞茎含水量高的发病较多。大地过夏的鳞茎一般在伏季干旱的年份，土壤过于干燥时发病较重；室内贮藏的浙贝母鳞茎在覆盖土含水量较低、鳞茎失水干瘪的情况下易发病。

4. 防治方法 ①选择排水良好的沙质壤土作种子地；无病虫伤

疤的种茎作种；合理套作，为浙贝母大地过夏创造阴凉、通风、干燥的环境。②在土壤条件不适宜于大地过夏的情况下可因地制宜地采取移地窖藏或室内贮藏过夏等多种方法确保安全过夏。③室内贮藏或移地过夏的浙贝母鳞茎起土后应挑选分档，适当摊晾，待降低鳞茎的呼吸强度和含水量后贮藏。④种茎贮藏前或下种前可用20%三氯杀螨砜1 000～1 500倍液浸种10～15分钟，减轻腐烂。⑤浙贝母种子地要注意防治蛴螬等地下害虫，减少鳞茎伤口，减轻病害发生。

（二）浙贝母软腐病

浙贝母软腐病也是影响浙贝母过夏保种的一种重要病害，一般常与干腐病交替发生，防治方法基本相似。本病是由一种病原细菌引起的。症状：被害鳞茎初为褐色水渍状，后呈“豆腐渣”状或“浆糊”状软腐发臭。空气湿度降低后鳞茎干缩仅剩空壳。大地过夏的鳞茎一般在梅雨季节（5月中旬至6月中旬）和伏季（8月）多暴雨，加上地势低洼积水、土壤通气性差的情况下容易发生软腐；室内或移地过夏的种茎在贮藏前未经摊晾、伤口虫疤未经愈合或贮藏环境湿度大等都容易发病。

（三）浙贝母黑斑病

浙贝母黑斑病是浙贝母的一种叶部病害。

1. 症状 本病从叶尖开始发病，渐向叶基部蔓延，被害部病斑褐色水渍状，病部和健部有较明显的界限，接近健部有一晕圈，在潮湿的情况下，病斑上生有淡褐色的霉状物，这就是病原菌的子实体。

2. 病原 本病由真菌中的一种半知菌引起。

3. 发生特点 本病以菌丝随病残组织遗落在土中越冬。来年4月上旬开始发生，直至地上部分枯死都能为害。如4月上旬前后雨水连绵，发病更重。

4. 防治方法

①浙贝母收获后，清除残株病叶，减少越冬菌源。②轮作。③加强田间管理，增施磷、钾肥，增强浙贝母的抗病力。④雨后及时开沟排水，降低田间湿度，减轻黑斑病为害。⑤4月上旬开始，结合防治

灰霉病，喷1∶1∶100的波尔多液，每隔10～14天一次，连续3～4次，可控制浙贝母黑斑病的发展。

（四）浙贝母灰霉病

浙贝母灰霉病土名叫“早枯”、“青腐塌”，是浙贝母常见的病害。浙贝母产区发生普遍，为害严重。

1. 症状 本病叶片上病斑淡褐色，长椭圆形或不规则形。边缘有明显的水渍状环。湿度较大时，病斑上生有灰色的霉状物，这就是病原菌的子实体。茎部病斑灰色；花被害后干缩不能开放；幼果被害呈暗绿色干枯；果实的果皮及果翼上有深褐色病斑，湿度较大时，也生有灰色霉状物。

2. 病原 本病由真菌中的一种半知菌引起。

3. 发生特点 本病主要以菌核和菌丝随病残组织遗落在土中越冬。来年4月初开始发病，4月下旬较重。春季多雨年份发病重。种植密度高，田间湿度大，生长嫩弱有利于发病。

4. 防治方法

①产区药农有“地越熟，塌性越大”的经验，因此，有条件的地区，应实行轮作。一般轮作以3～4年较好。②在浙贝母生长过程中，应多施有机肥和焦泥灰等磷钾肥，少施氮肥，季节上要做到“清明断料”，促使浙贝母生长健壮，减轻灰霉病的发生。③从3月下旬开始喷1∶1∶100的波尔多液，每隔10～14天一次，连续3～4次。

（五）病毒病与炭疽病

1. 病毒病 病毒病由一种病毒引起的病害，植株染病后叶片呈褐色，变薄，有不明显的斑点。防治方法：选用健壮鳞茎或选育抗病力强的品种；冬、春季清除残株及杂草，加强田间管理；增施磷钾肥，增强植株抗病力。

2. 炭疽病 炭疽病发病时叶片上先出现浅褐色的晕点，逐渐扩大呈棕色圆形或狭长形略有下陷的斑，并有明显的褐色边缘；后期病斑上生有小黑点（分生孢子盘）。危害基部时，在基部和近叶腋处产生棕色纵向条斑；后期病斑缢缩，直至萎缩干枯。4月中旬发生，4

月下旬、5 月上旬严重。防治方法：清除病株残体、杂草；发病期用 50%多菌灵每 667 米^{2}100 克，加中性皂 100 克，加水 120～150 千克喷雾，每 7～10 天 1 次，连续 3 次。

二、虫害

（一）蛴螬（金龟子幼虫）

蛴螬为害浙贝母鳞茎，4 月中旬开始，过夏期间为害最盛。防治方法：进行水旱轮作；冬季清除杂草，深翻土地；用灯光诱杀成虫。

（二）豆芫箐

豆芫箐又名“红豆娘”，以成虫咬噬浙贝母叶片，严重时成片植株叶片被吃光。防治方法：利用成虫的群集性，及时用网捕捉；用 90%晶体敌百虫 0.5 千克，加水 750 千克喷雾，或用 40%乐果乳剂 800～1 500倍液喷雾。

（三）葱螨

葱螨为害浙贝母鳞茎，主要发生于过夏期间。防治方法：严格选种，把腐烂有螨的鳞茎挑出；鳞茎起收后在室内贮藏摊放 7～10 天，使螨在干燥环境下死亡或离开鳞茎；播种前用杀螨杀虫剂与杀菌剂混合浸种，其方法同防治干腐病、软腐病。

第七节　浙贝母的采收、加工（炮制）与贮存

§3.1.11　浙贝母什么时间采收？

一、采收时间

一般是在 5 月上中旬（立夏后），地上部分枯萎时，择晴天将鳞茎挖起，按大小分别进行加工。有的地区为了在浙贝母收后能及时种上早稻，往往在地上部分还未完全枯萎时即提前收获，其实此时地下鳞茎还在继续增长。过迟采收也有不利影响，鳞茎皮较厚，加工时折

干率有所下降。东贝母于立夏至芒种间采收。

二、采收方法

鳞茎起土与下种在老产区有一些专门的工具。其中最主要的是种耙，形状似短柄的锄头，种耙面长约16.7厘米，阔约10厘米，耙面与柄约成70°角。此外，篮是盛2号鳞茎用的；筛子是起土时盛商品地种子用的，因筛子有弹性，放下时不易碰坏鳞茎；土箕在起土时用来盛草根、石子等。

大地过夏的浙贝母下种前先把鳞茎起土，再分档下种。起土前先要清理套种作物与田间杂草，使起土工作方便。起土时手拿种耙，人坐在小凳上，一行行把浙贝母掘出。掘时为了避免掘破种子，可以先在畦边试掘，弄清下种时行距的顺序和位置。种耙要在两行之间落下，且要与地面成直角，这样不易掘破种子。

老产区的下种方法有二：一是用种耙下种，另一种是用长柄锄头下种。种耙下种的方法是：人坐在小凳上，手持种耙，两人一畦，并排操作，按行距要求每行开一条下种沟。开沟时要注意：①沟要开得直，使两人开的沟成一直线。如沟开得不直，明年浙贝母起土时容易掘碎。②沟与沟之间距离要均匀，这样才能使行距一致，若行距大小不一致也容易在起土时掘碎。③沟底要平，以保证种植时深浅一致，每行的两头略开深点，以防止边土流失而使鳞茎暴露在土外，又可防止削草时削伤鳞茎。下种沟不要与畦边的排水沟开通，这样既整齐又容易检查行距。沟开好后将种子按株距放在沟内，芽头要朝上，一行中较小的种子要放在沟边，使其受到充分光照并能吸收较多肥料。种子放好后，接着按行距开第二条下种沟，并将沟内挖出的土覆在已放好种子的沟内，这样依次前进。长柄锄头下种方法是：两人合作进行，一人站着开横沟，一人蹲着放种子，种子放好后再开另一沟，将此沟的土覆在前一沟内。依次前进。注意事项与前一种方法相同。老产区是砂性土壤，以种耙下种为多数。但如土壤砂性不重，种耙下种人坐在畦上容易压实土壤，还是以长柄锄头下种为好。新产区的下种方法，除参考老产区外，应根据当地耕作习惯进行下种。目前有的新产区在做畦时畦沟开得很浅，先用锄头及其他削草工具在畦上开横向下种沟，等鳞茎全部放好后，再将畦沟中的土提到畦面上盖没鳞茎，然后再将畦面整理好。

种用鳞茎收获时应选晴天，如果起土后连日阴雨，则鳞茎容易腐烂、造成损失。收获后自然干燥，室温贮藏。

§3.1.12 怎样加工浙贝母?

浙贝母因加工方法不同，可分为“元宝贝”、“脱水片”两种商品。

一、元宝贝

采用传统浙贝母加工方法制成，即将起收鳞茎按大小分开，置于竹箩，洗去泥土，大个的挖去心蒂，加工成元宝贝；小的不去心蒂，加工成珠贝。先用木制擦桶推撞，使鳞茎互相磨擦，直至浆液渗出为止。然后，按鲜贝母500克加石灰或蛎壳灰2.5千克的配比继续推撞，待鳞茎全部涂上石灰或蛎壳灰时，倒出晒干或烘干。一般曝晒5～7天，阴晾1～2天，再晒1～2天，至表里干透，即为商品。如果起收后遇连续阴天，可把鳞茎薄摊于通风处；若摊的时间过长，不但加工擦皮时间要长一些，而且要少放石灰。加工后如继续阴雨，应用炭火烘焙，但烘焙时要经常上下翻动，以免烘熟变成“僵个”，或者烘的时间过长变成“松块”。

二、脱水片

用近年试行的加工方法制成，即将鲜贝除芯，清洗后切成厚约4毫米的片；鲜片置于摊匾，上架后推入烘房，温度保持在65～76℃，约经8小时烘至干燥，凉后包装。用此法加工，浙贝母带有外皮，表面不平滑。

§3.1.13 浙贝母怎么样贮藏好？

浙贝母一般用麻袋包装，每件40千克左右。贮于干燥阴凉处，温度28℃以下，相对湿度65%～70%。商品安全水分12%～13%。

本品易虫蛀，吸潮后发霉，久存变色。危害的仓虫有药材甲、烟草甲、玉米象、赤拟谷盗、咖啡豆象、大理窃蠹、锯谷盗等。蛀蚀品表面可见蛀孔及蛀粉，砸开后可见活虫潜匿。

贮藏期间应定期检查，以“先进先出”为原则，防止贮存过久。平时保持环境整洁、干燥，发现吸潮及轻度霉变、虫蛀，要及时晾晒，严重时可用磷化铝、溴甲烷熏杀。高温高湿季节采用密封抽氧充氮养护，效果较佳。

第八节 浙贝母的中国药典质量标准

§3.1.14 《中国药典》2010年版浙贝母的标准是怎样制定的？

拼音：Zhebeimu

英文：FRITILLARIAE THUNBERGII BULBUS

本品为百合科植物浙贝母 *Fritillara thunbergii* Miq. 的干燥鳞茎。初夏植株枯萎时采挖，洗净。大小分开，大者除去芯芽，习称“大贝”；小者不去芯芽，习称“珠贝”。分别撞擦，除去外皮，拌以煅过的贝壳粉，吸去擦出的浆汁，干燥；或取鳞茎，大小分开，洗净，除去芯芽，趁鲜切成厚片，洗净，干燥，习称“浙贝片”。

【性状】大贝 为鳞茎外层的单瓣鳞叶，略呈新月形，高1～2厘米，直径2～3.5厘米。外表面类白色至淡黄色，内表面白色或淡棕色，被有白色粉末。质硬而脆，易折断，断面白色至黄白色，富粉性。气微，味微苦。

珠贝　为完整的鳞茎，呈扁圆形，高1～1.5厘米，直径1～2.5厘米。表面类白色，外层鳞叶2瓣，肥厚，略似肾形，互相抱合，内有小鳞叶2～3枚和干缩的残茎。

浙贝片　为鳞茎外层的单瓣鳞叶切成的片。椭圆形或类圆形，直径1～2厘米，边缘表面淡黄色，切面平坦，粉白色。质脆，易折断，断面粉白色，富粉性。

【鉴别】(1) 本品粉末淡黄白色。淀粉粒甚多，单粒卵形、广卵形或椭圆形，直径6～56微米，层纹不明显。表皮细胞类多角形或长方形，垂周壁连珠状增厚；气孔少见，副卫细胞4～5个。草酸钙结晶少见，细小，多呈颗粒状，有的呈梭形、方形或细杆状。导管多为螺纹，直径至18微米。

(2) 取本品粉末5克，加浓氨试液2毫升与三氯甲烷20毫升，放置过夜，滤过，取滤液8毫升，蒸干，残渣加三氯甲烷1毫升使溶解，作为供试品溶液。另取贝母素甲对照品、贝母素乙对照品，加三氯甲烷制成每1毫升各含2毫克的混合溶液，作为对照品溶液。照薄层色谱法（附录Ⅵ　B）试验，吸取供试品溶液10～20微升、对照品溶液10微升，分别点于同一硅胶G薄层板上，以乙酸乙酯甲醇一浓氨试液（17：2：1）为展开剂，展开，取出，晾干，喷以稀碘化铋钾试液。供试品色谱中，在与对照品色谱相应的位置上，显相同颜色的斑点。

【检查】水分　不得过18.0%（附录Ⅸ　H第一法）。

总灰分　不得过6.0%（附录Ⅸ　K）。

【浸出物】照醇溶性浸出物测定法（附录Ⅹ　A）项下的热浸法测定，用稀乙醇作溶剂，不得少于8.0%。

【含量测定】照高效液相色谱法（附录Ⅵ　B）测定。

色谱条件与系统适用性试验　以十八烷基硅烷键合硅胶为填充剂；以乙腈水-二乙胺（70：30：0.03）为流动相；蒸发光散射检测器检测。理论板数按贝母素甲峰计算应不低于2 000。

对照品溶液的制备取贝母素甲对照品、贝母素乙对照品适量，精密称定，加甲醇制成每 1 毫升含贝母素甲 0.2 毫克、贝母素乙 0.15 毫克的混合溶液，即得。

供试品溶液的制备　取本品粉末（过四号筛）约 2 克，精密称定，置烧瓶中，加浓氨试液 4 毫升浸润 1 小时，精密加入三氯甲烷-甲醇（4∶1）的混合溶液 40 毫升，称定重量，混匀，置 80℃水浴中加热回流 2 小时，放冷，再称定重量，加上述混合溶液补足减失的重量，滤过。精密量取续滤液 10 毫升，置蒸发皿中蒸干，残渣加甲醇使溶解并转移至 2 毫升量瓶中，加甲醇至刻度，摇匀，即得。

测定法　分别精密吸取对照品溶液 10 微升、20 微升，供试品溶液 5～15 微升，注入液相色谱仪，测定，用外标两点法对数方程分别计算贝母素甲、贝母素乙的含量，即得。

本品按干燥品计算，含贝母素甲（$C_{27}H_{45}NO_3$）和贝母素乙（$C_{27}H_{43}NO_3$）的总量，不得少于 0.080%。

饮片

【炮制】除去杂质，洗净，润透，切厚片，干燥；或打成碎块。

【性味与归经】苦，寒。归肺、心经。

【功能与主治】清热化痰止咳，解毒散结消痈。用于风热咳嗽，痰火咳嗽，肺痈，乳痈，瘰疬，疮毒。

【用法与用量】5～10 克。

【注意】不宜与川乌、制川乌、草乌、制草乌、附子同用。

【贮藏】置干燥处，防蛀。

第九节　浙贝母的市场与营销

§3.1.15　浙贝母的市场概况如何？

浙贝母为浙江的地道药材，是全国著名的“浙八味”之一。浙贝母是止咳化痰的主要药材，临床应用广泛，传统中成药二母宁嗽丸、养阴清肺丸、通宣理肺丸、羚羊清肺丸、橘红丸、清肺止咳丸等均以浙贝母为主要原料。在国内市场有较大潜力。同时，浙贝母还是较为重要的出口品种，出口区分别为日本、韩国、东南亚、港台及部分欧美华人聚居区，具备一定的国际市场开发潜力。

为了发展生产，浙江省提出了“巩固提高老产区，有计划地发展新产区”的工作方针，采取了加强技术指导、增加投入等措施，种植面积不断扩大。20 世纪 50 年代中期，浙贝母年产量已达 35 万～39 万千克，比 50 年代初期增长了 90%。国家为发展浙贝母生产，1961—1974 年对浙贝母实行粮食奖售的政策，在化肥、农药、资金等方面给予大力扶持，并在巩固提高老产区、建立种子基地、扩大生产的基础上，根据浙贝母的生长习性和对环境条件的要求，积极发展新产区，从 1965 年起浙江余姚、杭州市郊、镇海、象山、定海等县（市）相继引种浙贝母并获成功。特别是农村实行联产承包责任制后，浙贝母承包到户，调动了药农的生产积极性，种植面积迅速扩大，同时加强了田间管理，产量逐年增加。70 年代中期至 80 年代初期，浙贝母每年收购在 35 万千克左右，市场供应逐步缓和。同时，上海、江苏两地也引种试种成功。1985 年江苏省种植面积达 2 600 公顷，收购浙贝母 4 万千克；1986 年种植 3 300 公顷，收购量达 10 万千克，成为浙贝母第二产区。90 年代后期供不应求，浙江、江苏等各地开始家种，但种植面积极少，估算为 65 公顷以上，产量也只有 15 万～20 万千克上下。进入 21 世纪后，市场对浙贝的需求量逐年增加，2000 年初时浙贝价格每千克才 20 多元，之后价格一路走高。2003 年因为非典，具有清热解毒功效的浙贝成为新宠，价格潜能不断爆发，从 2003 年初的每千克 140 元攀升到 2003 年底每千克 280 元，极大地刺激了产区群众一哄而上，盲目发展，2004 年价格开始暴跌，当年跌到每千克 30 元，2005 年最低跌到了 20 元每千克，之后基本上长期维持这一价格，偶尔略有波动。目前，浙江种植面积已超过2 000 公顷，加上其它产区的面积，总面积估算在2 667公顷左右，浙贝的总产量约为 400 万千克左右。2011 年浙贝价格每千克在 90～100 元之间。详见表 3-1-1。

表 3-1-1 2011 年国内浙贝母市场价格表

品名	规格	分类	类别	市场（元/千克）			
				亳州	安国	成都	玉林
浙贝母	统	根茎类	药食两用类	90～93	91～92	90～100	90

第二章

川 贝 母

第一节　川贝母入药品种

§3.2.1　川贝母的入药品种有哪些?

川贝母为百合科贝母属的种植物的干燥鳞茎，具清热润肺、化痰止咳功能。《滇南本草》始名“川贝母”。1624 年，倪朱谟在《本草汇言》中首次提出贝母以“川者为妙”。清代《本草从新》载云：“川产开瓣、圆正底平者良，浙产形大，亦能化痰散产迥别。”始将川贝母与其他贝母分开，谓川贝母味苦而补，虚寒咳嗽以川贝母为宜。此后，川贝母作为一个贝母大类药用。见图 3-2-1。

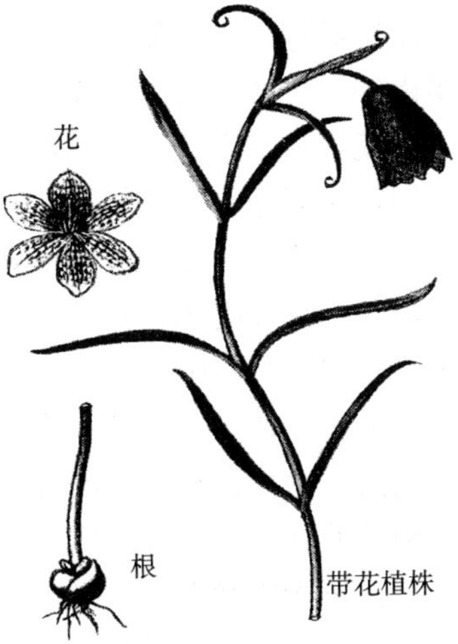

图 3-2-1　川贝母

《中国药典》2010 年版规定川贝母为百合科植物川贝母 *FritiLlaria cirrhosa* D. Don、暗紫贝母 *Fritillaria unibracteata* Hsiao et K. C. Hsia、甘肃贝母 *Fritillaria przewalskii* Maxim.、

梭砂贝母 *Fritillaria delavayi* Franch.、太白贝母 *Fritillaria taipaiensis* P. Y. Li 或瓦布贝母 *Fritillaria unibracteata* Hsiao et K. C. Hsia var. *wabuensis* (S Y. Tang et S C. Yue) Z. D. Liu, S. Wanget S. C. Chen 的干燥鳞茎。前三者按性状不同分别习称“松贝”和“青贝”，后者习称“炉贝”。夏、秋二季或积雪融化时采挖，除去须根、粗皮及泥沙，晒干或低温干燥。

第二节 道地川贝母资源和产地分布

§3.2.2 道地川贝母分布在什么地方？

川贝母：为商品青贝母主流种之一，分布于四川西部及西南部、云南西北部、西藏南部及东部；主产于四川康定、雅江、九龙、丹巴、稻城、得荣、乡城、小金、金川；西藏芒康、贡觉、江达、察雅、左克、察隅；云南德钦、贡山、中甸、宁莨、丽江、维西、福贡、碧江。

暗紫贝母：为商品松贝之主流种，分布于四川西部、青海南部及甘肃南部；主产于四川红原、若尔盖、松潘、南坪、茂纹、黑水、理县、平武、马尔康；青海班玛、久治、达日、甘达、玛泌、玛多、河南、同仁、同德。

甘肃贝母：为商品青贝母主流种之一，分布于四川西部、青海东部及南部、甘肃南部；主产于四川康定、雅江、九龙、丹巴、壤塘、小金、金川、马尔康、汶川、茂汶、理县、黑水、南坪；甘肃陇南、岷县、洋县、甘谷、文县、武都、舟曲、宕昌、迭部、曲玛；青海班玛、久治、达日、甘德、玛泌、玛多、河南、同仁、同德。

梭砂贝母：为商品炉贝主流种，分布四川西部、云南西北部、青海南部、西藏东南部；主产于四川石渠、德格、甘孜、色达、白玉、新龙、炉霍、道孚、理塘、阿坝、壤塘、宝兴、芦山；西藏芒康、贡觉、江达、左贡、察雅、昌都、丁青、巴青、聂荣、安多；青海玉树、称多、杂多、治多、囊谦；云南德钦、贡山、福贡、碧江、中甸、宁蒗、维西、丽江。

第三节 川贝母的植物形态

§3.2.3 川贝母是什么样子的？

一、川贝母

川贝母是多年生草本，形态变异较大。鳞茎卵圆形。叶通常对生，少数在中部兼有互生或轮生，先端不卷曲或稍卷曲。花单生茎顶，紫红色，有浅绿色的小方格斑纹。花紫色逐渐过渡到淡黄绿色，具紫色斑纹；叶状苞片 3，先端稍卷曲；花被片 6，外轮 3 片，内轮 3 片，蜜腺窝在背面明显凸出；蒴果棱上具宽 1～1.5 毫米的窄翅。

二、暗紫贝母

暗紫贝母是多年生草本，高 15～25 厘米。鳞茎球形或圆锥形，由 2 枚鳞片对合而成，直径 6～8 毫米。茎直立，单一，无毛。叶在下面的 1～2 对为对生，无柄，上部的 1～2 枚散生或对生，条形或条状披针形，长 3.6～6.5 厘米，宽 3～7 毫米，先端急尖，不卷曲。花单生于茎顶，深紫色，有黄褐色小方格，叶状苞片 1 枚，先端不卷曲；花被片 6，2 轮，长 2.5～2.7 厘米，内 3 片倒卵状长圆形，宽约 1 厘米，外 3 片近长圆形，宽约 6 毫米；蜜腺窝稍凸出或不很明显；雄蕊 6，花药近基着生，花丝具或不具小乳突；子房上位，3 室，柱头 3 裂，裂片短而外展。蒴果长圆形，具 6 棱。花期 6 月，果期8 月。

三、甘肃贝母

甘肃贝母为多年生草本，高 20～45 厘米。鳞茎圆锥形。茎最下部的 2 片叶通常对生，向上渐为互生；叶线形，先端通常不卷曲。单花顶生（稀为 2 花），浅黄色，有黑紫色斑点；叶状苞片 1，先端卷曲或不卷曲；花被生6；蜜腺窝不很明显；雄蕊6；蒴果棱上具宽约1毫米的窄翅。

四、梭砂贝母

梭砂贝母多年生草本。鳞茎粗1.5～2厘米，由3～4枚肥厚的鳞茎瓣组成。茎高20～30厘米，近中部以上具叶。叶3～5枚，下部的互生，最上部2枚有时对生，卵形至卵状披针形，顶端钝头，基部抱茎，长3～6厘米，宽1.5～2厘米，上部的比下部的短而窄，有时长2厘米，宽0.7厘米，单花顶生，略俯垂，花被宽钟状；花被片6，较厚，长倒卵形至倒卵状长矩圆形，长3～5厘米，宽1～2厘米，外轮短而窄，绿黄色，具深色的平行脉纹和紫红色斑点，基部上方具长6～10毫米，宽约2毫米的蜜腺凹穴；雄蕊6，长约花被片1/2；花柱远比子房长，连同子房略比雄蕊长；柱头3裂，裂片长约1毫米。

第四节 川贝母的生态条件

§3.2.4 川贝母适宜于在什么地方和条件下生长？

川贝母喜冷凉气候条件，具有耐寒、喜湿、怕高温、喜荫蔽的特性。气温达到30℃或地温超过25℃，植株就会枯萎；海拔低、气温高的地区不能生存。在完全无荫蔽条件下种植，幼苗易成片晒死；日照过强会促使植株水分蒸发和呼吸作用加强，易导致鳞茎干燥率低，贝母色稍黄，加工后易成“油子”、“黄子”或“软子”。

川贝母生长于温带高山、高原地带的针阔叶混交林、针叶林、高山灌丛中。土壤为山地棕壤、暗棕壤和高山草甸土等。当地年降水量为650～750毫米左右，相对湿度为65％～70％，无霜期约100天。由于种类不同，生长环境各有差异。暗紫贝母野生于海拔3 000～4 600米，阳光充足、腐殖质丰富、土壤疏松之草原上。川贝母野生于海拔3 500～4 700米高寒地区、土壤比较湿润的向阳草坡。甘肃贝母野生于海拔2 700～4 500米高寒山地之灌丛或草地间。梭砂贝母野生于海拔4 300～4 700米高寒地带流石滩之岩石缝隙中。太白贝母野生或栽培于海拔1 500～2 000米山地。

第五节 川贝母的生物特性

§3.2.5 川贝母的生长发育特性是什么?

川贝母从种子萌发到开花结果一般要 4～5 年时间，通常秋季种子下土后，次年春天发出一片针状的叶，叶枯萎后地下留有一个直径 3.5 毫米左右的鳞茎；第 2 年从小鳞茎发出 1～2 片披针形的叶子，鳞茎继续膨大，直径达大于 7 毫米；第 3 年一般能长出几片更大的基生叶，少数还有主茎，地下的鳞茎多为一个，少数为两个，直径可达 1.6 厘米左右；第 4 年一般都有主茎并具花蕾或能开花，但不结果，地下鳞茎萎烂，重新生成两个新鳞茎；第 5 年则大多数都能开花结果，地下生成的两个新鳞茎都比较大，可供药用。完全长成的鳞茎，通常在次年能发出两个主茎，地上部分枯萎后旧鳞茎也逐渐萎烂，留下两个新鳞茎。

川贝母种子具有后熟特性，保持一定湿度和温度在 5～25℃，胚继续分化。播种出苗的第 1 年，植株纤细，仅 1 匹叶；叶大如针，称针叶。第 2 年具单叶 1～3 片，叶面展开，称飘带叶，第 3 年抽茎不开花，称树兜子。第 4 年抽茎开花，花期称灯笼，果期称果实为八卦锤。在生长期中，如外界环境条件变化，生长规律即相应变化，进入树兜子、灯笼花的植株可能会退回双飘带、一匹叶阶段。

在幼苗期即开始生长鳞茎，仅米粒大，以后每年随植株发育而增大。当越冬鳞茎更新芽长大出土时，消耗了大量养分，鳞片逐渐萎缩成膜壳，俗称“水壳”或“龙衣”。随着地上茎叶的生长发育，新鳞茎体积、体重也不断增长并逐渐超过越冬老鳞茎。但如果养分和阳光不足，新鳞茎亦可能比老鳞茎小而不饱满。部分品种鳞茎可形成1个以上的更新芽，产生几个新的鳞茎；也有的在走茎或地上茎产生新的鳞茎。暗紫贝母抽生走茎1～4枚，长5～14厘米，中间或末端长出新鳞茎或在茎基上下长出两个鳞茎，如连株状，以至老植株周围形成大量的一匹叶、双飘带新株。

川贝母植株年生长期约110天左右。生长期长，鳞茎生长大，干物质积累多，越冬保苗率高。1年中，春季出苗后，地上部分生长迅速；5～6月进入花期，8月下旬至9月初果实成熟；9月中旬以后，植株迅速枯萎、倒苗，进入休眠期。

第六节 川贝母的栽培技术

§3.2.6 如何整理栽培川贝母的耕地？

一、川贝母

（一）选地

选背风的阴山或半阴山为宜，并远离麦类作物，防止锈病感染；以土层深厚、质地疏松、富含腐殖质的壤土或油沙土为好。生荒地可选种1季大麻，以净化杂草，熟化土地，改良土壤结构并增加有机质。

（二）整地

结冻前整地。清除地面杂草，深耕细耙，作1.3米宽的畦。每667米^{2}用堆肥和厩肥1500千克、过磷酸钙50千克、油饼100千克，堆沤腐熟后撒于畦面并浅翻；畦面做成弓形。

§3.2.7 川贝母栽培种如何繁殖？

一、川贝母种子的繁殖

川贝母以种子繁殖为主。播种种子优点是繁殖系数大，产苗多、发展面积快。播种后第四年收获。

（一）培育种子

6～7 月采挖贝母时，选直径 1 厘米以上、无病、无损伤鳞茎作种。鳞茎按大、中、小分别栽种，做到边挖边栽。每 667 米^2 用鳞茎 100 千克。也可穴栽，栽后第 2 年起，每年 3 月出苗前，喷镇草宁；4 月上旬出苗后，及时拔除杂草，并施稀人畜粪水。4 月下旬至 5 月上旬，再施 1 次追肥。7～8 月，待果实饱满膨胀，果壳黄褐色或褐色，种子已干浆时剪下果实，趁鲜脱粒或带果壳进行后熟处理。

（二）种子后熟处理

带壳的种子，用过筛的细腐殖土（含水量低于 10%），一层果实一层土，装入透气木箱内，放阴凉、潮湿处。脱粒的种子，按 1∶4（种子∶腐殖土）混合，储藏于室内或透气的木箱内。储藏期间，保持土壤湿润、果皮（种皮）膨胀。约 40 天左右，胚长度可超过种子纵轴 2/3；胚先端呈有细弯曲形。种子完成胚形态后熟后即可播种。

（三）播种

9～10 月下雪前播种。条播、撒播或用蒴果分瓣点播均可。

1. 条播 在畦面开横沟，深 1.5～2 厘米；将拌有细土或草木灰的种子均匀撒于沟中。覆盖筛细腐殖土 3 厘米，并用山草或无叶树枝皮覆盖畦面。每 667 米^2 用种子 2～2.5 千克。

2. 撒播 将种子均匀撒于畦面，以每平方米3 000～5 000粒种子为宜。覆盖同条播。

3. 点播 趁果实未干时进行。将未干果实分成 3 瓣，于畦面按 5～6 厘米株行距开穴，每穴 1 瓣。覆土 3 厘米。此法较费工，但出苗率高。播前作畦，宽 105～110 厘米，高 10～15 厘米，畦间步道宽 40 厘米，畦面撒施过磷酸钙，播后上覆厚 1.5～2 厘米腐殖质土，再盖上山草，以减少土壤水分蒸发。

（四）种子播种后管理

种子播种第一二年需生长季枯苗后培土，第二生长季出苗追施厩肥或堆肥，出苗 6～7 周和 9～10 周时，根外追施磷、钾肥。在秋雨高温季节，杂草萌生、贝母枯苗后鳞茎埋于地下时，耙除几次杂草芽，以减少除草次数。注意防旱、防涝、防溅泥污染。播种完毕均应立即盖上小树枝、小竹梢、或柳条以遮荫保湿、保温，促进种子次年早萌动。播种时若土壤较干，可在的播种完成后，覆盖枝叶后适当洒水，保持土壤水分至冻土时止。翌年土壤解冻后，还要注意土壤是否缺水，适时洒水，防止春旱。次年春，土地解冻后，取去覆盖枝条，搭低阴棚，棚高约15～20厘米，或适当取去部分覆盖枝条，保持荫蔽度在50%～70%左右。并注意苗床土壤不能干燥和积水。苗床发现有杂草，要及时拔除。

夏季倒苗后取掉荫蔽物，并以腐殖土、农家肥的混合腐熟肥覆盖3厘米，然后盖上树枝竹梢等覆盖物越冬。次年春季减少部分荫蔽，荫蔽度为50%左右，保持苗床不旱及无杂草。第二三年田间管理大致与第一年相同。唯第三年荫蔽度为30%，第四年不荫蔽。

二、川贝母鳞茎的繁殖

7月（小暑至大暑）地上部倒苗后挖出鳞茎，选择发育健壮的作种用。按株距6～15厘米，行距24厘米栽种，覆土4.5～6厘米，次年3～4月出苗。

§3.2.8 如何对川贝母进行田间管理？

一、搭棚

川贝母生长期需适当荫蔽。播种后，春季出苗前，揭去畦面覆盖物，分畦搭棚遮荫。搭矮棚，高15～20厘米，第1年荫蔽度50%～70%，第2年降为50%，第3年为30%；收获当年不再遮荫。搭高棚，高约1米，荫蔽度50%。最好是晴天荫蔽，阴、雨天亮棚练苗。

二、除草

川贝母幼苗纤弱，应勤除杂草，不伤幼苗。除草时带出的小贝母随即栽入土中。每年春季出苗前、秋季倒苗后各用镇草宁除草1次。

三、追肥

秋季倒苗后每667米^{2}用腐殖土、农家肥，加25千克过磷酸钙混合后覆盖畦面3厘米厚，然后用搭棚树枝、竹梢等覆盖畦面，保护贝母越冬。有条件的每年追肥3次。

四、排灌

1年和2年生贝母最怕干旱，特别是春季久晴不雨，应及时洒水，保持土壤湿润，久雨或暴雨后注意排水防涝。冰雹多发区，还应采取防雹措施，以免打坏花茎、果实。

§3.2.9 川贝种子的采收贮藏?

川贝母种子因生长的自然环境不一，成熟时间不一致，必须根据果实成熟度适时采收，过早过晚采得种子难以得到量大质高的种子。当贝母果实饱满鼓胀、完全变枇杷黄不存绿色采收为好。采得果实当天，最好以藓类植物分层覆盖，装竹筐，保持通气、不干，以促进母种胚的分化，提早成胚时间。

§3.2.10 川贝母的病虫害如何防治?

一、病害

(一) 锈病

锈病为川贝母主要病害，病源多来自麦类作物，多发生于5～6月。防治方法：选离麦类作物较远，或不易被上河风侵袭的地块栽种；整地时清除病残组织，减少越冬病源；增施磷钾肥或降低田间湿度，增强抗病能力；发病初期喷0.2波美度石硫合剂或97%敌锈钠300倍液或粉锈宁1 000倍液，每隔2～3周一次，亦可用代森铵或退菌特防治。

(二) 立枯病

立枯病危害幼苗,发生于麦季多雨季节。防治方法:注意排水、调节荫蔽度,以及阴雨天揭棚盖;发病前后用1∶1∶100的波尔多液喷洒。

(三) 根腐病

本病 5～6 月发生，根发黄腐烂。50％多菌灵 500 倍液浇灌病区。防治方法：注意排水，降低土壤湿度，拔除病株；用 5％石灰水淋灌，防止扩散。

二、虫害

(一) 金针虫、蛴螬

金针虫、蛴螬 4～6 月为害植株。防止方法：用烟叶熬水淋灌（每 667 米^2 用烟叶 2.5 千克，熬成 75 千克原液，用时每千克原液加水 30 千克）；或每 667 米^2 用 50％氯丹乳油 0.5～1 千克，于整地时拌土或出苗后掺水 500 千克灌土防治。

(二) 地老虎

地老虎咬食茎叶。防治方法：早晚捕捉或用 90％晶体敌百虫拌毒诱杀。

(三) 蚂蚁

一年生贝母苗遭蚂蚁伤害时，可用 0.5％敌百虫液加入少许红糖，浸纸片或玉米蕊片，置贝母地四周或地内诱食毒杀。老鼠、野禽危害时，可用磷化锌或敌鼠钠制备毒谷、毒饵进行诱杀，或人工捕杀效果较好。

第七节 川贝母的采收、加工（炮制）与贮存

§3.2.11 川贝母鳞茎什么时间采收?

川贝母家种、野生均于 6～7 月采收。家种贝母，用种子繁殖的，

播后第3年或第4年收获。鳞茎繁殖的，播种第2年6～7月倒苗后收获。选晴天挖起鳞茎，清除残茎、泥土；挖时勿伤鳞茎。

采挖野生贝母，用特制的乌喙状弯形挖药锄轻轻插入土中，往上搬动，贝母鳞茎即露出土面。出土的贝母不能长时捏在手中，以免变成“油子”。

§3.2.12 怎样加工和炮制川贝母?

川贝母忌水洗，挖出后要及时摊放晒席上；以1天能晒至半干，次日能晒至全干为好；切勿在石坝、三合土或铁器上晾晒。切忌堆沤，否则泛油变黄。如遇雨天，可将贝母鳞茎窖于水分少的沙土内，待晴天抓紧晒干。鳞茎鲜重在3克以下的，盛于网袋中，扎紧袋口，撞至残根脱落及鳞茎表皮略有擦伤为度，晾干，摊于竹席上，盖以黑布，曝晒呈粉白色。如遇天气不好，撞后摊于筛板上，用无烟热源或烘房于40～50℃烘干。温度过高，贝母变成“油子”，质量降低。在干燥（晒或炕）过程中，贝母外皮未呈粉白色时，不宜翻动，以防变黄。翻动用竹、木器而不用手，以免变成“油手”或“黄子”。鲜重3克以上者，撞后以硫黄烟熏至断面加碘液不变蓝色，再烘干。不用硫黄熏，干燥困难。

§3.2.13 川贝母怎么样贮藏好?

川贝母应贮藏应置干燥通风处，防霉、防蛀。

川贝母一般为机制麻袋包装，每件40千克。贮存于低温、干燥处；温度25℃以下，相对湿度70%～75%。商品安全水分12%～13%。本品易虫蛀，受潮后发霉、变色。受潮品潮软，颜色变深、手感潮软，松开时声不响亮；有的显霉斑。为害的仓虫有药材甲、烟草甲、大理窃蠹、咖啡豆象、玉米象、赤拟谷盗、锯谷盗、印度谷螟等。蛀蚀品表面出现针眼状细小蛀孔，严重时内部蛀成碎粉。

贮藏期间应保持干燥。如果商品含水量高或仓库湿度过大，可选晴天摊晾。亦可用生石灰、无水氯化钙等吸潮剂吸潮去湿。有条件的地方应选15℃以下低温、干燥库房贮藏，或用密封抽氧充氮进行养护。虫情严重时，可用磷化铝熏杀；忌用硫黄。

第八节 川贝母的中国药典质量标准

§3.2.14《中国药典》2010年版川贝母标准是怎样制定的?

拼音：Chuanbeimu

英文：FRITILLARIAE CIRRHOSAE BULBUS

本品为百合科植物川贝母 *Fritillaria cirrhosa* D.Don、暗紫贝母 *Fritillaria unibracteata* Hsiao et K.C.Hsia、甘肃贝母 *Fritillaria przewalskii* Maxim.、梭砂贝母 *Fritillaria delavayi* Franch.、太白贝母 *Fritillaria taipaiensis* P.Y.Li 或瓦布贝母 *Fritillaria unibracteata* Hsiao et K.C.Hsia var. *wabuensis*（S Y.Tang et S C.Yue）Z.D.Liu，S.Wanget S.C.Chen 的干燥鳞茎。按性状不同分别习称“松贝”、“青贝”、“炉贝”和“栽培品”。夏、秋二季或积雪融化后采挖，除去须根、粗皮及泥沙，晒干或低温干燥。

【性状】松贝 呈类圆锥形或近球形，高0.3～0.8厘米，直径0.3～0.9厘米。表面类白色。外层鳞叶2瓣，大小悬殊，大瓣紧抱小瓣，未抱部分呈新月形，习称“怀中抱月”；顶部闭合，内有类圆柱形、顶端稍尖的心芽和小鳞叶1～2枚；先端钝圆或稍尖，底部平。微凹人，中心有1灰褐色的鳞茎盘，偶有残存须根。质硬而脆，断面白色，富粉性。气微，味微苦。

青贝 呈类扁球形，高0.4～1.4厘米，直径0.4～1.6厘米。外层鳞叶2瓣，大小相近，相对抱合，顶部开裂，内有心芽和小鳞叶

2～3 枚及细圆柱形的残茎。

炉贝　呈长圜锥形，高 0.7～2.5 厘米，直径 0.5～2.5 厘米。表面类白色或浅棕黄色，有的具棕色斑点。外层鳞叶 2 瓣，大小相近，顶部开裂而略尖，基部稍尖或较钝。

栽培品呈类扁球形或短圆柱形，高 0.5～2 厘米，直径 1～2.5 厘米。表面类白色或浅棕黄色，稍粗糙，有的具浅黄色斑点。外层鳞叶 2 瓣，大小相近，顶部多开裂而较平。

【鉴别】（1）本品粉末类白色或浅黄色。

松贝、青贝及栽培品　淀粉粒甚多，广卵形、长圆形或不规则圆形，有的边缘不平整或略作分枝状，直径 5～64 微米，脐点短缝状、点状、人字状或马蹄状，层纹隐约可见。表皮细胞类长方形，垂周壁微波状弯曲，偶见不定式气孔，圆形或扁圆形。螺纹导管直径 5～26 微米。

炉贝　淀粉粒广卵形、贝壳形、肾形或椭圆形，直径约至 60 微米，脐点人字状、星状或点状，层纹明显。螺纹导管和网纹导管直径可达 64 微米。

（2）取本品粉末 10 克，加浓氨试液 10 毫升，密塞，浸泡 1 小时，加二氯甲烷 40 毫升，超声处理 1 小时，滤过，滤液蒸干，残渣加甲醇 0.5 毫升使溶解，作为供试品溶液。另取贝母辛对照品、贝母素乙对照品，分别加甲醇制成每 1 毫升各含 1 毫克的溶液，作为对照品溶液。照薄层色谱法（附录Ⅵ　B）试验，吸取供试品溶液 1N6 肚 1、对照品溶液各 2 微升，分别点于同一硅胶 G 薄层板上，以乙酸乙酯-甲醇-浓氨试液-水（18∶2∶1∶0.1）为展开剂，展开，取出，晾干，依次喷以稀碘化铋钾试液和亚硝酸钠乙醇试液。供试品色谱中，在与对照品色谱相应的位置上，显相同颜色的斑点。

【检查】水分　不得过 15.0%（附录Ⅸ　H 第一法）。

总灰分　不得过 5.0%（附录Ⅸ　K）。

【浸出物】照醇溶性浸出物测定法（附录Ⅹ　A）项下的热浸法测定，用稀乙醇作溶剂，不得少于 9.0%。

【含量测定】对照品溶液的制备 取西贝母碱对照品适量，精密称定，加三氯甲烷制成每1毫升含0.2毫克的溶液，即得。

标准曲线的制备 精密量取对照品溶液0.1毫升、0.2毫升、0.4毫升、0.6毫升、1.0毫升，置25毫升具塞试管中，分别补加三氯甲烷至10.0毫升，精密加水10毫升、再精密加0.05%溴甲酚绿缓冲液（取溴甲酚绿0.05克，用0.2摩尔/升氢氧化钠溶液6毫升使溶解，加磷酸二氢钾1克，加水使溶解并稀释至100毫升，即得）2毫升，密塞，剧烈振摇，转移至分液漏斗中，放置30分钟。取三氯甲烷液，用干燥滤纸滤过，取续滤液，以相应的试剂为空白，照紫外—可见分光光度法（附录Ⅴ A），在415纳米的波长处测定吸光度，以吸光度为纵坐标，浓度为横坐标，绘制标准曲线。

测定法 取本品粉末（过3号筛）约2克，精密称定，置具塞锥形瓶中，加浓氨试液3毫升，浸润1小时，加三氯甲烷甲醇（4∶1）混合溶液40毫升，置80℃水浴加热回流2小时，放冷，滤过，滤液置50毫升量瓶中，用适量三氯早烷—甲醇（4∶1）混合溶液洗涤药渣2～3次，洗液并入同一量瓶中，加三氯甲烷—甲醇（4∶1）混合溶液至刻度，摇匀。精密量取2～5毫升，置25毫升具塞试管中，水浴上蒸干，精密加入三氯甲烷10毫升使溶解，照标准曲线的制备项下的方法，自“精密加水5毫升”起，依法测定吸光度，从标准曲线上读出供试品溶液中西贝母碱的重量（毫克），计算，即得。

本品按干燥品计算，含总生物碱以西贝母碱（$C_{27}H_{13}NO$）计，不得少于0.050%。

【性味与归经】苦、甘，微寒。归肺、心经。

【功能与主治】清热润肺，化痰止咳，散结消痈。用于肺热燥咳，干咳少痰，阴虚劳嗽，痰中带血，瘰疬，乳痈．肺痈。

【用法与用量】3～10克；研粉冲服，一次1～2克。

【注意】不宜与川乌、制川乌、草乌、制革乌、附子同用。

【贮藏】置通风干燥处，防蛀。

第九节 川贝母的市场与营销

§3.2.15 川贝母的市场概况如何?

川贝母商品主要来源于野生资源，是止咳化痰的良药，中医用量较大。以川贝母为原料生产的中成药以川贝枇杷露、川贝止咳糖浆、蛇胆川贝液等比较受欢迎。川贝母也是重要的出口商品，创汇率较高。20 世纪 50 年代中期，由于川贝母野生资源较多，收购增长较快，这个时期是供大于求。60 年代初期，受三年自然灾害的影响，收购与销售均有所下降。60 年代中期，随着农、副业生产的恢复及发展，川贝的购、销迅速增长，达到历史最高水平（年产 30 多万千克、销 30 万千克）。70 年代至 80 年代，资源缺少的问题就较为明显，收购与销售均有较大幅度下降。80 年代末，受当时初期市场经济过热的影响，川贝母量少，价格上升。1989 年后随着市场经济的逐步完善，市场的调整力度加强，川贝母的价格也就大幅度下跌。受川贝母价低的影响，贝母采挖和收购量都有大幅度减少，主产地四川的收购量 1989 年比 1988 年减少 9%，1990 年又比 1989 年减少 11%。由于川贝母价格较低，药农的积极性受到挫伤，因此川贝母产量逐年萎缩。但是经过 1991—1995 年市场的调整，1996 年川贝母出口畅销，价格随着市场的变化而上涨，1997 年川贝母的主要消费地东南亚地区爆发金融危机，对于贝母的消费大大萎缩，川贝母的出口受到重创，又出现供大于求的局面。随着东南亚经济的复苏，川贝母的价格又经过了 1997 年、1998 年、1999 年几年的平稳过渡后，到 2000 年产新前，价格开始上扬。进入 2002 年以后，川贝母库存薄弱，其价格虽有短期振荡，但总体上一直在稳步大幅上涨。从 2004 年至 2009 年，川贝母的价格经历了一个类似波浪形的升降，大趋势缓慢上升。2010 年顶级川贝母每千克的价格在 930 元左右，2011 年直线上升到 2000 元以上，详见表 3-2-1。

表 3-2-1 2011 年国内川贝母价格表

品 名	规 格	价格（元/千克）	市 场
松 贝	川贝	2 100～2 300	河北安国
松 贝	统	2 480～2 500	河北安国
松 贝	统	2 800～3 200	三棵树

川贝母商品主要来源于野生资源，而且由于《中国药典》收载的川贝母 4 个品种均为国家三级重点保护野生药材物种，目前人工栽培尚未形成大规模生产能力，所以市场供应比较紧缺，属于不能满足需求的品种。我们将家种川贝母栽培技术在此隆重推出，希望在有关部门的重视与积极扶植下，做好技术推广和指导工作，尽快形成商品生产能力，增加药源，以适应医疗市场需要。

第三章

半　夏

第一节　半夏入药品种

§3.3.1　半夏有多少个品种？入药品种有哪些？

半夏药用历史悠久，早在汉代，张仲景在《金匮玉函经》中就写到："不㕮咀，以汤洗十数度，令水清滑尽，洗不熟有毒也"。这说明当时人们就已经认识到了半夏的毒性，到了宋代各种医书对半夏入药内服都有"去其毒"的注释。《刘涓子鬼遗方》中将半夏"汤洗七遍，生姜浸一宿，熬过"之说，是最早姜制半夏的记载。见图3-3-1。总之，历代对半夏内服的使用都要求制其毒。此后由于各朝代的发展，对半夏的加工工艺、加工方法、辅料等的不断创新，保证了半夏加工品的质量。生半夏历来被视为剧毒药物，但近些年来有不少医

图3-3-1　半　夏

家通过药理实验和临床观察发现：半夏生用，入汤煎服，非但无毒，而且药性浑全，奏效甚捷。

半夏属植物全世界约 8 种，中国产 7 种，其中 6 种为中国特有。但因半夏资源日益减少或因部分地区药用习惯，目前各地至少有同科 3 属 11 种植物充作半夏使用，如水半夏、狗爪半夏等。《中国药典》2010 年版规定半夏为天南星科植物半夏 *Pinellia ternata*（Thunb.）Breit. 的干燥块茎。夏、秋二季采挖，洗净，除去外皮和须根，晒干。

第二节　道地半夏资源和产地分布

§3.3.2　道地半夏的原始产地和分布在什么地方？

半夏是一种常用中药，我国人民使用其治病的历史至少已有 2000 多年，至今仍被广泛使用。半夏之名始见于《礼记·月令》："五月半夏生，盖当夏之半，故为名也"。《名医别录》最早记载半夏"生槐里川谷"，槐里即今陕西南郑县。而《本草经集注》则曰："槐里属扶风，今第一出青州，吴中亦有"，扶风即今陕西关中一带，青州为古九洲之一，即今山东济南胶东一带，吴即今苏南一带。在《千金翼方》中则认为道地药材应为今湖北谷城、江苏镇江、安徽宜城所产。宋《图经本草》载："在处有之，以齐州者为佳"（齐州即今山东省历城县）。后《药物出产辨》则认为"产湖北荆州为最"（荆州即今湖北江陵一带）。《中国道地药材》认为"半夏历史上以齐州、湖北所产为地道，近代以河南、山东、江苏等省所产为地道"。综上所述，半夏在唐代以前，以陕西关中一带为主产区，后来逐渐移至山东，宋、明则以山东的"齐州半夏"为地道，明代以后又扩展为河南、山东、江苏所产的为地道。随着用药经验的积累，道地药材的主产地经历了一个由西至东，又由东至西的历史变迁过程。

§3.3.3 半夏的分布地域及其栽培状况?

我国半夏资源虽然分布较广，国内除内蒙古、新疆、青海、西藏未见野生外，其余各省区均有分布。主产于四川、湖北、河南、贵州、安徽等省，其次是江苏、山东、江西、浙江、湖南、云南等省区。但由于其传播方式单一，往往种子和珠芽就落在母株附近，生长区域局限，容易相互倾轧或被“满门抄斩”。加之人们过度采挖和耕作制度或栽培作物的改变，使半夏生态环境发生了很大变化，特别是旱地变水田，结果是半夏的个体逐渐被逐出原来的分布区，取代的则是另一类与水田环境相适合的植物种。总之，半夏资源的减少，虽与半夏本身的生物学特性有关，但更重要的是受人为干扰的结果。

第三节 半夏的植物形态

§3.3.4 半夏是什么样子的?

半夏 *Pinellia ternata*（Thunb.）Breit. 为天南星科多年生草本植物。高 15～35 厘米，块茎近球形，直径 0.5～3.0 厘米，基生叶 1～4 枚，叶出自块茎顶端，叶柄长 5～25 厘米，叶柄下部有一白色或棕色珠芽，直径 3～8 厘米，偶见叶片基部亦具一白色或棕色小珠芽，直径 2～4 毫米。实生苗和珠芽繁殖的幼苗叶片为全缘单叶，卵状心形，长 2～4 厘米，宽 1.5～3 厘米；成株叶 3 全裂，裂叶片卵状椭圆形、披针形至条形，中裂片长 3～15 厘米，宽 1～4 厘米，基部楔形，先端稍尖，全缘或稍具浅波状，圆齿，两面光滑无毛，叶脉为羽状网脉，肉穗花序顶生，花序梗常较叶柄长；佛焰苞绿色，边缘多见紫绿色，长 6～7 厘米；内侧上部常有紫色斑条纹。花单性，花序轴下着生雌花，无花被，有雌蕊 20～70 个，花柱短，雌雄同株；雄花位于花序轴上部，白色，无被，雄蕊密集成圆筒形，与雌花间隔3～7毫米，其间佛焰苞合围处有一直径为1毫米的小孔，连通上下，花序末端尾状，伸出佛焰苞，绿色或表紫色，直立，或呈"S"形弯曲。浆果卵状形，绿色或绿白色，长4～5毫米，直径2～3毫米，内有种子1枚，椭圆形，灰白色，长2～3毫米，宽1.5～3毫米，千粒重（鲜）9.88克。花期5～9月，花葶高出于叶，长约30厘米，花粉粒球形，无孔沟，电镜下可见花粉粒表面具刺状纹饰，刺基部宽，末端锐尖。果期6～10月，浆果多数，成熟时红色，果内有种子1粒。

第四节 半夏的生态条件

§3.3.5 半夏适宜于在什么地方和条件下生长？

半夏根浅，喜温和、湿润气候，怕干旱，忌高温。夏季宜在半阴半阳中生长，畏强光；在阳光直射或水分不足条件下，易发生倒苗。耐阴，耐寒，块茎能自然越冬。要求土壤湿润、肥沃、深厚，土壤含水量在20%～30%、pH值6～7呈中性反应的沙质壤土较为适宜。一般对土壤要求不严，除盐碱土、砾土、过沙、过黏以及易积水之地不宜种植外，其他土壤基本均可，但以疏松肥沃沙质壤土为好。野生于山坡、溪边阴湿的草丛中或林下。

半夏在我国分布广，海拔2 500米以下都能生长，常见于玉米、小麦地、草坡、田边和树林下。朝鲜、日本也有分布。这就意味着半夏对温度和水分变化有较大的适应性，而这种适应性正是杂草所必需的先决条件。我国长江流域各省以及东北、华北等地区均可种植，主产区为四川、湖北、安徽、江苏、河南、浙江等地。半夏可与果树或高秆作物间作。

半夏为多年生田间杂草性植物，一般于8～10℃萌动生长，13℃开始出苗，随着温度升高出苗加快，并出现珠芽，15～26℃最适宜半夏生长，30℃以上生长缓慢，超过35℃而又缺水时开始出现倒苗，秋后低于13℃以下出现枯叶。

冬播或早春种植的块茎，当1～5厘米的表土地温达10～13℃时，叶柄发出，此时如遇地表气温又持续数天低于2℃以下，叶柄即在土中开始横生，横生一段并可长出一代珠芽。地、气温差持续时间越长，叶柄在土中横生越长，地下珠芽长的越大。当气温升至10～13℃时，叶柄直立长出土外。

用块茎繁殖，块茎越大，不仅叶柄粗，珠芽结的大，而且珠芽在叶柄上着生的位置也越高；块茎越小，叶柄细，珠芽也小，珠芽在叶柄上着生的位置越低。半夏当年出苗为心形的单叶，第二至第三年开花结果，有2或3裂叶生出，一年内多次出苗。出苗期：每年平均三次，第一次为3月下旬至4月上旬，第二次在6月上、中旬，第三次在9月上、中旬。珠芽期：萌生初期在4月初，萌生高峰期为4月中旬，成熟期为4月下旬至5月上旬。花期：5～7月。果期：6～9月。倒苗期：3月下旬至6月上旬、8月下旬、11月下旬共三次倒苗。生育期：出苗至倒苗的日数，春季为50～60天，夏季为50～60天，秋季为45～60天。

半夏在适宜的条件下（半阴半阳、土壤疏松湿润）具有多次出苗生长、倒苗的现象。两年以后，开花结实，种子可以进行有性繁殖。在叶柄近地面的位置或其叶上，生长有珠芽，它能再生出半夏小植株。地下茎极短，在茎上能产生1～2个块根及大量须根，较大的块根的根尖部常腐烂掉。块根也可进行繁殖。

根据半夏一年内有多次出苗的习性，有人设计了春、秋、冬季的播种期试验。试验材料用直径1.5～2厘米，重3～5克的半夏作种，小区播种量为168～189克，小区面积1米×1米，拉丁方排列，重复三次。结果表明，随半夏在地时间的增长，单位面积产量逐渐增加，冬、春季播种较秋季播种增产。

半夏的生育过程与温度、光照、水分等生态因子密切相关。通过试验和野外考察得出如下结论。

一、半夏生育过程中的温度条件

一般旬平均气温在10℃左右时，各类型半夏顺利萌发出苗，这一温度为半夏的生物学起点温度。在旬平均气温达15～27℃时，半夏生长最茂盛。在我国部分地区，7月中旬开始，随着梅雨季节的结束，气温上升，最高温度经常超过35℃，半夏生长受到严重影响，没有遮阴条件的半夏地上部分相继死亡，形成夏季大倒苗。秋后，9月上旬温度又降到27℃以下，半夏地下块茎陆续出苗，形成秋季生长期，直到11月上中旬，气温经常降至10℃以下，开始倒苗越冬。由于秋季温、光、水综合条件，对于半夏来说，远不如春季适宜，所以，秋季长势弱，667米^{2}总苗数仅约10万，而春季667米^{2}达18万以上。半夏生长的适宜温度为23～29℃。

二、半夏生育过程中的湿度条件

半夏不耐旱，喜爱在湿度较高的土壤中生长。有人曾调查了丰县沙河桥一块半夏高产田，平均块茎单产达1 500千克。其品种为丰县半夏，全年几乎没有明显倒苗过程，即使在盛夏季节，生长也十分旺盛。栽培中最突出的措施之一就是针对当地气候干燥，土壤缺水的特点，夏季坚持每天傍晚用井水沟灌1次，既保持土壤湿润，又降低了土温，一举两得。我国长江流域一般年份6月上旬至7月上旬半夏生长尤其旺盛，主要原因之一是这段时间正是梅雨季节，阴雨绵绵，不但减少了强烈光照，降低了夏季高温影响，更重要的是提高了土壤和空气湿度，保证半夏生长有足够的水分。当然，土壤湿度也并非越大越好，半夏既喜水又怕水，当土壤湿度超出一定的限度，反而生长不良，造成烂根、烂茎、倒苗死亡，块茎产量下降。例如，每天浇水8千克/米^{2}的处理，地上部分生长过旺，氮素代谢过旺，消耗了大量碳水化合物，营养积累减少，产量降低。江苏盛产半夏的“三泰”地区，自从实行水旱轮作制后，农田中的半夏已经绝迹，正是因为半夏怕水的缘故。

三、半夏生育过程中的光照条件

半夏是耐阴而不是喜阴植物，在适度遮光条件下，能生长繁茂。但是，若光照过强，如高达9万勒克斯，半夏会100%倒苗；若光照在3 000勒克斯以下，半夏也难以生存。在半荫环境为宜，珠芽增加数和母块茎增重均比向阳和荫蔽区为好，半荫区形成的珠芽比向阳区多14.5%，比荫蔽区多48.0%；母块茎增重比向阳区多52.0%，比荫蔽区多63.0%。

在野生半夏群落里与之伴生的植物种类各地差异很大，但大多属喜阴湿植物。

第五节 半夏的生物特性

§3.3.6 半夏的生长有哪些规律?

半夏是一种杂草性很强的植物。半夏的杂草性具体表现为：①具有多种繁殖方式。它既可营块茎和珠芽无性繁殖，又可营种子繁殖，从而使半夏可以避开许多不利因素，如严冬、酷夏、干旱、水涝以及传粉媒介缺乏等情况，保证种质的延续和更新。②具有较强的耐受性。人们从事农事操作必定要对杂草进行有意或无意的刈割和践踏。试验表明，对半夏而言，这种伤害只能损伤半夏的地上部分，地下部分依然可以在适当时候再抽叶生长，正是由于这些原因使半夏能够在旱地上生生不息，代代相传。③具有较宽的生态幅。凡是杂草大多具较大的耐受性，表现有较宽的生态幅和分布区。更重要的是，无论是野生群体还是栽培群体，在生长过程中，当环境条件如温度、湿度、光照强度等发生较大变化时，半夏都会以地上部分逐渐枯黄、倒伏(俗称“倒苗”)，以地下块茎度过不良环境。倒苗次数的报道有多有少，有的认为只有一次，有的认为2～3次，也有人认为倒苗次数并不是固定不变的，它与外界环境有着极密切的关系。外界条件较好时，倒苗次数可以减少；反之，次数或许增多。当环境条件适宜时，又可继续出苗生长。在倒苗之前，其叶上的珠芽大多已经成熟，所以，倒苗一方面是对不良环境的适应，另一方面同时进行了一次无性繁殖。具较大块茎的植株，在倒苗之前还往往有佛焰苞产生，内藏单性的雄花序和雌花序，可以进行同株异花授粉和受精，并产生种子和果实。不难看出，一次倒苗可以扩大群体的个数。环境恶劣时，杂草用各种办法来增加其后代数量是必然的，因为这涉及到种质能否衍生下去的大问题。但倒苗会影响半夏块茎的产量。

半夏虽具有明显的杂草性，但繁殖系数较低，其一次能结出的种子数和长出珠芽数并不多。有人曾计数了每一植株所获得的种子数，平均每株有种子 7.7 颗，即使这 7.7 颗种子全部萌发，当年也不能长佛焰苞，仅长珠芽。以每株长出 3 张叶计，每一叶有一个珠芽，一般珠芽当年也不长佛焰苞，按一年倒苗三次（最多）计算，一个植株在一年中仅得到 7.7 颗种子和 131.4 个珠芽，大小块茎 54.5 个，总共个体数为 193.6 个。当然，这仅为理论计算值，没有考虑动物和微生物啃食和寄生，实际上达不到这一数字。由此可见，半夏就其产生后裔的能力远远抵不上其它杂草。另外，这些种子和珠芽大多落在母珠附近，并无特殊传播方式，常常局限在有限的生态环境里群集，这就容易相互倾轧或被人们“满门抄斩”。故半夏在生存竞争中处于某种守势，不能成为一种开拓性杂草。

第六节 半夏的栽培技术

§3.3.7 如何整理栽培半夏的耕地?

一、选地

宜选湿润肥沃、保水保肥力较强、质地疏松、排灌良好、呈中性反应的沙质壤土或壤地种植，亦可选择半阴半阳的缓坡山地。前茬选豆科作物为宜，可连作 2～3 年。涝洼盐碱地不宜种植。可于玉米地、油菜地、麦地、果木林进行套种。具体方法是在头一年播种小麦时，将麦垄加宽至30厘米，预留半夏播种行，第二年春分时节，在预留播种行中，开深8～9厘米的沟（太深出苗迟，影响产量，浅则易旱死），以2～3厘米的株距，撒播半夏种茎。小麦收获后及时点玉米，同时在半夏苗垄中，撒约3～5厘米厚麦糠并浇水，保湿降温，防止半夏倒苗，秋季玉米收获后，于白露至秋分时收获半夏。

也可采用适宜于半夏生长的人造土，施以营养液并予光照条件，结合半夏生长习性等相应栽培措施，一次播种后每年可从每平方米人造土中收获0.5公斤。人造土原料易得，又不用占用耕地，收获方法简便，可以节省大量劳力，适宜于产业化生产，可获得较高的经济效益。其具体方法系将人造土铺设在水泥地、三合板或农膜上，厚度控制在6～8厘米，使半夏翻收后留在土中的小块茎的珠芽都易于长出土面，从而又可解决后续种源问题。

（一）半夏人造土的制备

人造土可由锯木屑、腐殖土、生活垃圾（除去塑料、玻璃、金属）、中药渣、堆肥、谷壳、兔屎、草木灰、河沙等为原料，按不同比例配置。其较好的配比为：腐殖土50%，锯木屑30%，河沙20%；腐殖土40%，草木灰5%，锯木屑30%，河沙25%；堆肥40%，煤灰40%，谷壳10%，兔屎10%；或中药渣50%，煤灰30%，细沙土20%等。

（二）营养液的配制

营养液应含有N、P、K、Ca、Mg、S、Fe、Na、Zn、Cu、Mo、Mn、B等元素，既根施也叶面施用。

二、整地

地选好后，于10～11月间，深翻土地20厘米左右，除去石砾及杂草，使其风化熟化。半夏生长期短，基肥对其有着重要的作用，结合整地，每667米^{2}施入腐熟厩肥或堆肥2 000千克，过磷酸钙50千克，翻入土中作基肥。于播前，再耕翻一次，然后整细耙平，起宽

1.3 米的高畦，畦沟宽 40 厘米。或浅耕后做成 0.8～1.2 米宽的平畦，畦埂宽、高为 30 厘米和 15 厘米。畦埂要踏实整平，以便进行春播催芽和苗期地膜覆盖栽培。催芽栽种并加盖地膜不仅使半夏早出苗，增加了 20 余天的生育期，而且还能保持土壤整地时的疏松状态，促进根系生长，使半夏的根粗长，根系扩大，增强抗旱防倒苗能力。

§3.3.8 半夏栽培种如何繁殖？

半夏的繁殖方法以采用块茎和珠芽繁殖为主，亦可种子繁殖，但种子发芽率不高，生产周期长，一般不采用。

一、块茎繁殖

不同半夏的种质材料、生长发育习性及性状有差异。有人曾依叶中裂片形状，将 13 种半夏种材，归纳为狭叶形、阔叶形和椭圆形，研究了不同叶形的半夏种材的产量，结果表明，狭叶形较优，阔叶形次之。其中尤以狭叶形种材长势旺盛，叶数多，叶片大而厚，抗性强，珠芽多，块茎多而个体大，产量高。

半夏栽培 2～3 年，可于每年 6、8、10 月倒苗后挖取地下块茎。选横径粗 0.5～1 厘米、生长健壮、无病虫害的中、小块茎作种用。小种茎作种优于大种茎，这是因为小种茎主要是一些珠茎和小块茎，大多是新生组织，生命力强，出苗后，生长势旺，其本身迅速膨大发育成块珠，同时不断抽出新叶形成新的珠芽，故无论在个体数量上还是在个体重量上都有了很大的增加。而大种茎都是大块茎，它们均由珠芽或小块茎发育而来，生理年龄较长，组织已趋于老化，生命力弱，抽叶率低，个体重量增长缓慢或停止，收获时种茎大多皱缩腐烂，除少数块茎能偶然产生小块茎外，一般均无小块茎产生，即块茎繁殖并不增加新的块茎个体，而只是通过抽叶，形成珠芽来增加其群体内的个体数量。同时中、小块茎作种，栽种后增重比、个数比都好于大块茎作种。

种茎选好后，将其拌以干湿适中的细沙土，贮藏于通风阴凉处，于当年冬季或翌年春季取出栽种，以春栽为好，秋冬栽种产量低。春栽，宜早不宜迟，一般早春5厘米地温稳定的6～8℃时，即可用温床或火炕进行种茎催芽。催芽温度保持在20℃左右时，15天左右芽便能萌动。2月底至3月初，雨水至惊蛰间，当5厘米地温达8～10℃时，催芽种茎的芽鞘发白时即可栽种（不催芽的也应该在这时栽种）。适时早播，可使半夏叶柄在土中横生并长出珠芽，在土中形成的珠芽个大，并能很快生根发芽，形成一棵新植株，并且产量高。

在整细耙平的畦面上开横沟条播。按行距12～15厘米，株距5～10厘米，开沟宽10厘米，深5厘米左右，在每条沟内交错排列两行，芽向上摆入沟内。栽后，上面施一层混合肥土（由腐熟堆肥和厩肥加入畜肥、草土灰等混拌均匀而成）。栽后立即盖上地膜，所用地膜可以是普通农用地膜（厚0.014毫米），也可以用高密度地膜（0.008毫米）。地膜宽度视畦的宽窄而选。盖膜3人一组，先从畦的两埂外侧各开一条8厘米左右深的沟，深浅一致，一人展膜，二人同时在两侧拉紧地膜，平整后用土将膜边压在沟内，均匀用力，使膜平整紧贴畦埂上，用土压实，做到紧、平、严。

每667米^{2}用量2 000千克左右。然后，将沟土提上覆盖，厚约5～7厘米。每667米^{2}需种栽100千克左右，适当密植半夏，苗势生长才均匀且产量高。过密，幼苗生长纤弱，且除草困难；过稀，苗少草多，产量低。覆土也要适中，过厚，出苗困难，将来珠芽虽大，但往往在土内形成，不易采摘；过薄，种茎则容易干缩而不能发芽。栽后遇干旱天气，要及时浇水，始终要保持土壤湿润。

清明至谷雨，当气温稳定在15～18℃，出苗达50%左右时，应揭去地膜，以防膜内高温烤伤小苗。去膜前，应先进行炼苗。方法是中午从畦两头揭开通风散热，傍晚封上，连续几天后再全部揭去。采用早春催芽和苗期地膜覆盖的半夏，不仅比不采用本栽培措施的半夏早出苗20余天，而且还能保持土壤整地时的疏松状态，促进根系生长，同时可增产83%左右。

二、珠芽繁殖

半夏每个茎叶上长有一珠芽，数量充足，且发芽可靠，成熟期早，是主要的繁殖材料。夏秋间，当老叶将要枯萎时，珠芽已成熟，即可采取叶柄下成熟的珠芽，进行条栽，行距10～15厘米，株距6～9厘米，栽后覆以细土及草木灰，稍加压实。也可按行株距10厘米×8厘米挖穴点播，每穴种2～3粒。亦可在原地盖土繁殖，即每倒苗一批，盖土一次，以不露珠芽为度。同时施入适量的混合肥，既可促进珠芽萌发生长，又能为母块茎增施肥料，一举两得，有利增产。

三、种子繁殖

2年生以上的半夏，从初夏至秋冬，能陆续开花结果。当佛焰苞萎黄下垂时，采收种子，湿沙贮藏。于翌年3～4月上旬，在苗床上按行距5～7厘米，开浅沟条播，播后覆盖1厘米厚的细土，浇水湿润，并盖草保温保湿，半个月左右即可出苗，苗高6～10厘米时，即可移植。此种方法出苗率较低，生产上一般不采用。

§3.3.9 如何对半夏进行田间管理?

谷雨前后气温达18～20℃，苗高2～3厘米时，应及时“破膜放苗”，或苗出齐后揭去地膜，以防膜内温度过高，烤伤小苗，以后应及时浇水，追肥培土，遮荫保墒，防止夏季倒苗。

一、中耕除草

半夏植株矮小，在生长期间要经常松土除草，避免草荒。中耕深度不超过5厘米，避免伤根。因半夏的根生长在块茎周围，其根系集中分布在12～15厘米的表土层，故中耕宜浅不宜深，做到除早、除小、除了。半夏早春栽种，地膜覆盖，在其出苗的同时，狗尾草、马唐草、牛筋草、画眉草、香附草、苋菜、小旋花、灰灰菜，马齿苋、车前草等十余种杂草也随之出土，且数量多，往往造成揭膜后出苗困难，影响半夏的产量。因此可选用乙草胺防除半夏芽前杂草。乙草胺是一种旱田作物低毒性选择性芽前除草剂，主要用于作物出土前防除一年生禾本科杂草。早春地面喷洒再盖上地膜，对多种杂草有很好的防除效果（具体用法用量按药品说明书中规定）。除此之外，在人工栽培半夏中，根据季节不同还可选用不同的除草剂，如春播半夏的除草剂宜选择稳杀特，秋播选用稳杀特和乙草胺均可，除草剂稳杀特和乙草胺均可在播种覆土后喷药，稳杀特还可在杂草出苗初期施药。

二、摘花蕾

为了使养分集中于地下块茎，促进块茎的生长，有利增产，除留种外，应于5月抽花葶时分批摘除花蕾。此外半夏繁殖力强，往往成为后茬作物的顽强杂草，不易清除，因此必须经常摘除花蕾。

三、水肥管理

半夏喜湿怕旱，无论采用哪一种繁殖方法，在播前都应浇1次透水，以利出苗。出苗前后不宜再浇，以免降低地温。立夏前后，天气渐热，半夏生长加快，干旱无雨时，可根据墒情适当浇水。浇后及时松土。夏至前后，气温逐渐升高，干旱时可7～10天浇水一次。处暑后，气温渐低，应逐渐减少浇水量。经常保持栽培环境阴凉而又湿润，可延长半夏生长期，推迟倒苗，有利光合作用，多积累干物质。因此，加强水肥管理，是半夏增产的关键。除施足基肥外，生长期追肥4次。第一次于4月上旬齐苗后，每667米^{2}施入1∶3的腐熟人畜粪水1 000千克；第二次在5月下旬珠芽形成期，每667米^{2}施用腐熟人畜粪水2 000千克；第三次于8月倒苗后，当子半夏露出新芽，母半夏脱壳重新长出新根时，用1∶10的腐熟粪水泼浇，每半月一次，至秋后逐渐出苗；第四次于9月上旬，半夏全苗齐苗时，每667米^{2}施入腐熟饼肥25千克，过磷酸钙20千克，尿素10千克，与沟泥混拌均匀，撒于土表，起到培土和有利灌浆的作用。经常泼浇稀薄人畜粪水，有利保持土壤湿润，促进半夏生长，起到增产的作用。每次可施用腐熟的人畜粪水和过磷酸钙。若遇久晴不雨，应及时灌水，若雨水过多，应及时排水，避免因田间积水，造成块茎腐烂。

四、培土

珠芽在土中才能生根发芽，在6～8月间，有成熟的珠芽和种子陆续落于地上，此时要进行培土，从畦沟取细土均匀地撒在畦面上，厚约1～2厘米。追肥培土后无雨，应及时浇水。一般应在芒种至小暑时培土二次，使萌发新株。二次培土后行间即成小沟，应经常松土保墒。半夏生长中后期，每10天根外喷施一次0.2％磷酸二氢钾，有一定的增产效果。

五、其它

喷施亚硫酸钠液可使半夏增产。因为半夏在夏季气温持续高达30℃时，由于高温和强光照，使半夏的呼吸作用过强，过强的呼吸作用，消耗的物质超过光合作用所积累的物质，导致细胞原生质结构的破坏而“倒苗”。“倒苗”是半夏抗御高温、强光照的一种适应性，对保存和延续半夏的生命起着积极作用。但就半夏生产而言，“倒苗”缩短了半夏的生长期，严重影响半夏的产量。因此，在生产中，采取措施延迟或减少半夏的夏季“倒苗”，是实现半夏高产优质的重要条件。在栽培中除采取适当的蔽荫和喷灌水以降低光照强度、气温和地温外，还可喷施植物呼吸抑制剂亚硫酸氢钠（0.01％）溶液，也可喷施0.01％亚硫酸氢钠和0.2％尿素及2％过磷酸钙混合液，以抑制半夏的呼吸作用，减少光合产物的消耗，从而延迟和减少“倒苗”，取得明显的增产效益。

§3.3.10 半夏的病虫害如何防治?

一、叶斑病

初夏发生。病叶上出现紫褐色斑点，轮廓不清，为不规则形，由淡绿变为黄绿，后变为淡褐色，后期病斑上生有许多小黑点，发病严重时，病斑布满全叶，使叶片卷曲焦枯而死。该病常在高温多雨季节发生。

防治方法：①发病初期喷 1∶1∶120 波尔多液或 65%代森锌 500 倍液，或 50%多菌灵 800～1 000倍液，或托布津1 000倍液喷洒，每 7～10 天一次，连续 2～3 次。②用大蒜 1 千克加水 20～25 千克喷洒。③拔除病株烧毁。

二、病毒病

多在夏季发生。为全株性病害，发病时，叶片上产生黄色不规则的斑，使叶片变为花叶症状，叶片变形、皱缩、卷曲，直至枯死；植株生长不良，地下块根畸形瘦小，质地变劣。当蚜虫大发生时，容易发生该病。该病可使半夏在贮藏期间及运输途中造成鲜种茎大量腐烂，受害半夏块茎加工成商品后，往往质量差，品级低。

防治方法：①选无病植株留种，避免从发病地区引种及发病地留种，控制人为传播，并进行轮作。②施足有机肥料，适当追施磷钾肥，增强抗病力；及时喷药消灭蚜虫等传毒昆虫。③出苗后在苗地喷洒一次 40%乐果 2000 倍液或 80%敌敌畏1 500倍液，每隔 5～7 天一次，连续 2～3 次。④发现病株，立即拔除，集中烧毁深埋，病穴用 5%石灰乳浇灌，以防蔓延。⑤应用组织培养方法，培养无毒种苗。

三、腐烂病

这是半夏最常见的病害，多在高温多湿季节发生，危害地下块茎，造成腐烂，随即地上部分枯黄倒苗死亡。

防治方法：①选用无病种栽，种前用5%的草木灰溶液或50%的多菌灵1000倍液浸种。雨季及大雨后及时疏沟排水。②发病初期，拔除病株后在穴处用5%石灰乳淋穴，防止蔓延。③及时防治地下害虫，可减轻危害。

四、红天蛾

夏季发生。幼虫咬食叶片，食量很大，发生严重时，可将叶片食光。

防治方法：用90%晶体敌百虫800～1 000倍液喷洒，每5～7天一次，连续2～3次。

第七节 半夏的采收、加工（炮制）与贮存

§3.3.11 半夏什么时间采收？

种子播种的于第3、4年，块茎繁殖的于当年或第2年采收。一般于夏、秋季茎叶枯萎倒苗后来挖。但以夏季芒种至夏至间采收为好。因此时半夏水分少，粉性足，质坚硬，色泽洁白，药材质量好，产量高。其方法是：从半夏地的一端起始，用爪钩顺垄挖12～20厘米深的沟，逐一将半夏挖出，起挖时选晴天小心挖取，避免损伤。

§3.3.12 如何炮制半夏？

半夏的炮制从古至今积累了丰富的经验，历代有关炮制的书有170余种，其中有145种记载了半夏的各种炮制品。从汉代的汤洗、糠灰炮（加热），发展到加辅料，如姜制、醋制、麸炒、矾制、萝卜制等。从加单一辅料到加多种辅料，如石灰甘草制、皂角白矾生姜制等。到了明清时代，半夏炮制方法繁多，种类各异，如仙半

夏、半夏曲等，已经成为含有半夏的一个复方，形成半夏炮制各地各法，一地多法，炮制时间有的多达三个多月。其炮制方法主要有以下几种：

一、清半夏

用 8%白矾水溶液浸泡，至内无干心，口尝微有麻舌感，取出，洗净，切厚片。半夏每 100 千克，用白矾 20 千克。

二、姜半夏

新工艺为：取净半夏，用清水浸泡至内无干心时，加生姜汁、白矾共煮透，取出，切薄片。半夏每 100 千克用生姜 15 千克，白矾 8 千克。煮制时间为 2～3 小时，汁被吸尽为佳。此工艺的辅料比药典法少，成本低，并较大程度地保留了内在成分，降低了半夏的刺激性，保证了炮制品的质量。另也有采用 70℃热白矾液浸泡的方法，此可提高温度，有利于半夏吸收及溶液渗透，加快炮制速度，减少炮制时间。此法白矾、生姜均比原方法少 1/3 左右，最后加姜汁，经白矾液处理后的半夏对姜汁吸收也较完全，从而增加了临床疗效。

三、法半夏

除药典规定的传统炮制方法外，新工艺为：取净半夏，用清水浸泡至内无干心，取出，加入甘草（半夏每 100 千克用甘草 15 千克，水煎煮 2 次，合并煎液，浓缩到 150 毫升）、生石灰 10 千克浸泡 6 天为宜，保持 pH 值 12 以上，口尝微有麻舌感，切面黄色均匀为度，取出，洗净、晒干。

四、半夏熏制法

可用除砷的硫黄熏制，其目的是防止半夏腐烂霉变，增加表面洁白度，提高质量。实验表明：经硫黄熏制与未熏制的半夏中几种重金属元素的含量无明显变化，都远远低于毒性限量以下。

五、高压法

用0.127～0.147兆帕的高压蒸2小时可消除麻辣味。另有将半夏水浸透后，经115℃、150分钟或127℃、100分钟高压后，制粉口尝无刺激感。还有将生半夏粉于120℃焙2～3小时，可除去催吐成分而不损害其镇吐作用等。

§3.3.13 半夏怎么样贮藏好？

半夏在贮存过程中常见虫蛀、腐烂、发霉等现象，应常晾晒，必要时可烘烤。也可用去砷硫黄熏蒸防其腐烂，同时可用磷化铝、溴甲烷治虫。生霉者可擦洗处理。在整个贮存过程中应气调养护。

第八节 半夏的中国药典质量标准

§3.3.14 《中国药典》2010年版半夏标准是怎样制定的？

拼音：Banxia

英文：PINELLIAE RHIZOMA

本品为天南星科植物半夏 *Pinellia ternata*（Thunb.）Breit. 的干燥块茎。夏、秋二季采挖，洗净，除去外皮和须根，晒干。

【性状】本品呈类球形，有的稍偏斜，直径1～1.5厘米。表面白色或浅黄色，顶端有凹陷的茎痕，周围密布麻点状根痕；下面钝圆，较光滑。质坚实，断面洁白，富粉性。气微，味辛辣、麻舌而刺喉。

【鉴别】(1) 本品粉末类白色。淀粉粒甚多，单粒类圆形、半圆形或圆多角形，直径2～20微米，脐点裂缝状、人字状或星状；复粒由2～6分粒组成。草酸钙针晶束存在于椭圆形黏液细胞中，或随处散在，针晶长20～144微米。螺纹导管直径10～24微米。

(2) 取本品粉末1克，加甲醇10毫升，加热回流30分钟，滤过，滤液挥至0.5毫升，作为供试品溶液。另取精氨酸对照品、丙氨酸对照品、缬氨酸对照品、亮氨酸对照品，加70%甲醇制成每1毫升各含1毫克的混合溶液，作为对照品溶液。照薄层色谱法（附录Ⅵ B）试验，吸取供试品溶液5皮升、对照品溶液1微升，分别点于同一硅胶G薄层板上，以正丁醇冰醋酸水（8∶3∶1）为展开剂，展开，取出，晾干，喷以茚三酮试液，在105℃加热至斑点显色清晰。供试品色谱中，在与对照品色谱相应的位置上，显相同颜色的斑点。

(3) 取本品粉末1克，加乙醇10毫升，加热回流1小时，滤过，滤液浓缩至0.5毫升，作为供试品溶液。另取半夏对照药材1克，同法制成对照药材溶液。照薄层色谱法（附录Ⅵ B）试验，吸取上述两种溶液各5微升，分别点于同一硅胶G薄层板上，以石油醚（60～90℃）-乙酸乙酯-丙酮-甲酸（30∶6∶4∶0.5）为展开剂，展开，取出，晾干，喷以10%硫酸乙醇溶液，在105℃加热至斑点显色清晰。佚试品色谱中，在与对照药材色谱相应的位置上，显相同颜色的斑点。

【检查】水分 不得过14.0%（附录Ⅸ H第一法）。

总灰分 不得过4.0%（附录Ⅸ K）。

【浸出物】照水溶性浸出物测定法（附录Ⅹ A）项下的冷浸法测定，不得少于9.0%。

【含量测定】取本品粉末（过4号筛）约5克，精密称定，置锥形瓶中，加乙醇50毫升，加热回流1小时，同上操作，再重复提取2次，放冷，滤过，合并滤液，蒸干，残渣精密加入氢氧化钠滴定液（0.1摩尔/升）10毫升，超声处理（功率500瓦，频率40千赫）30分钟，转移至50毫升量瓶中，加新沸过的冷水至刻度，摇匀，精密量取25毫升，照电位滴定法（附录Ⅷ A）测定，用盐酸滴定液（0.1摩尔/升）滴定，并将滴定的结果用空白实验校正。

每1毫升氢氧化钠滴定液（0.1摩尔/升）相当于5.904毫克的琥珀酸（$C_4H_6O_4$）。

本品按干燥品计算，含总酸以琥珀酸（$C_4H_6O_4$）计，不得少于0.25%。

饮片

【炮制】生半夏 用时捣碎。

【性味与归经】辛、温；有毒。归脾、胃、肺经。

【功能与主治】燥湿化痰，降逆止呕，消痞散结。用于湿痰寒痰，咳喘痰多，痰饮眩悸，风痰眩晕，痰厥头痛，呕吐反胃，胸脘痞闷，梅核气；外治痈肿痰核。

【用法与用量】内服一般炮制后使用，3～9克。外用适量，磨汁涂或研末以酒调敷患处。

【注意】不宜与川乌、制川乌、草乌、制草乌、附子同用；生品内服宜慎。

【贮藏】置通风干燥处，防蛀。

第九节 半夏的市场与营销

§3.3.15 半夏的资源和生产概况如何？

一、野生资源近于枯竭

半夏野生资源分布零星分散并匮乏，家种半夏滞后。据全国中药资源普查统计，全国半夏野生资源蕴藏量为1400万千克（1983—1988年）；60～70年代湖北省平均收购量20多万千克；80年代下降到7万千克。同期浙江、江苏、安徽、云南等省平均收购量30万千克；到80年代平均收购仅6.5万千克；贵州省由23万千克下降到3万千克左右；1987—1989年全国收购量（野生加家种）仅能满足需求量的三分之一。半夏野生于山坡、溪边阴湿的草丛或疏林下，另外，农田中亦有生长，但随著深耕细作和化肥、化学农药、除草剂的广泛使用，农田中的半夏已基本绝迹。山坡、溪边、林下由于垦荒种地、伐林等环境变化和连年无序大量采挖，其资源逐渐减少，目前濒临枯竭。全国不少野生半夏基地已几乎名存实亡。

二、人工栽培发展缓慢

自上世纪70年代由野生变家种虽然获得成功，鉴于当时对半夏的生物学特性不甚了解和实践经验不够，产量低而不稳，当时667米^{2}产商品仅60～100千克，加之该品种投入高（需高水肥、种母贵、种、管、收、创费工多）发展缓慢。大多数中药品种的发展规律是供不应求涨价，价高刺激生产，甚至盲目发展。供大于求时跌价，造成积压烂市使生产萎缩。而半夏则与之恰恰相反，即愈紧缺涨价，而生产愈萎缩。其原因主要是与半夏的繁殖方法有关。其繁殖方法有四种，即种子繁殖、珠芽繁殖、块茎繁殖和组织培养繁殖。用种子繁殖周期长，需要三年才能加工商品且产量低；用珠芽繁殖采收挑选不易。至目前，基本都采用块茎繁殖。商品愈紧缺，价格愈高，块茎大部分加工成商品，种源就严重减少。种子价愈高，风险愈大，种植者就愈少。假如商品每千克30元，种母每千克就需10元左右。如用块茎直径在2厘米以上的大种母，每667米^{2}用种量200千克以上；直径在1.5左右的中等种母，667米^{2}用种量在100千克左右；直径在1厘米以下的小种母，每667米^{2}用种量50～60千克。如此高的投入，风险大对于尚未种过半夏的农户，绝大多数都不敢贸然试种。已经种过的农户，再扩大种植的也不多，因半夏连作重茬明显减产。每户的土地都有限，轮作换茬有困难，重茬病虫害严重。如遇到干旱年份常出现叶斑病，严重倒苗；若遇上涝天渍水便杂草丛生，芽虫传播病毒病，并易出现摔倒病、根腐病等病害，导致严重减产或绝收。另外投工大，种、管、浇水、打药、拔草、培土、摘花蕾、收创等每667米^{2}需投70至80个工。所以目前人工栽培发展依然缓慢，需要大力发展。

§3.3.16 半夏的市场概况如何？

半夏作为药用，在我国已有二千多年的历史，是一味应用十分普及、疗效比较确切的常用中药。随着人们对半夏认识的不断深入，其应用范围正日益扩大，其市场前景广阔。

一、半夏的应用范围

半夏具有燥湿化痰，降逆止呕，消痞散结的功效，常用于咳喘、痰饮、呕吐和痞证等。从其治病的机理可以发现，半夏主要是作用于致病因素中的“湿邪”和“痰饮”，根据中医“异病同治”的原则，半夏应用范围除目前用于呕吐，咳嗽，疟疾，急性乳腺炎，鸡眼，牙痛，急慢性中耳炎，矽肺，顽固失眠，慢性咽炎，心肌梗塞，复发性口疮，痢疾，血管性头痛，美尼尔氏综合征，宫颈糜烂，外伤出血等外，还可用于肿瘤等一些疑难杂症的治疗。因为半夏的生物碱已有实验证明其在体外有一定的抑制肿瘤的作用，在用于肿瘤这方面通过更进一步的摸索后，将其用于临床应该是可能的。同时，由于社会竞争日益激烈，人们的生活节奏大大加快，生活的压力也越来越大，在我国乃至全世界范围内精神方面疾病的发病率逐年上升，中医对精神方面疾病的认识有“痰火扰心”、“痰迷心窍”、“痰气郁结”、“气滞痰郁”及“怪病多痰”等说法，半夏在这方面的应用可以进行一些尝试。另外，从半夏中分离得到的半夏蛋白可作为避孕药来开发。

二、半夏的市场需求

半夏为我国传统大宗药材之一，是药材市场上的主流品种，更是我国出口创汇的重要商品之一，历年来为药厂、药企、药商和药农所重视。自本世纪初至今，半夏产不足需，缺口继续加大，价格连续10年上涨。由2001年每千克20元上涨至2009年的70元，2011年又上涨至150元左右，见表3-3-1。

表 3-3-1 2011 年国内半夏价格表

名称	规格	分类	市场（元/千克）			
			亳 州	安 国	成 都	玉 林
旱半夏	川统	根茎类			145～155	
旱半夏	统	根茎类	145～155	150～160	145～155	130～140

半夏 10 年间价格升已引起国内外医药市场广泛反响和多商关注。国内市场，据不完全统计，有 500 余家厂家生产中成药6 000余种，全国县以上的中医院有1 800余所，有病床 15 万余张，据 558 个处方的微机分析结果，半夏在处方中出现的频率位于第 22 位，这些都需要大量的半夏供应。国际市场，据外贸出口部门公布的一项统计资料显示，我国半夏出口正以年增 29%的速度上升，出口数量已由加入 WTO 之前的 50 万千克左右上升至加入 WTO 以后的 80 万～100 万千克，其中仅日本就占出口总量的 50%左右，并在日本的 210 个汉药制剂中有半夏配方的约 50 个，同时，日本还用半夏加工药粥、药饮料等保健食品。因此，半夏应用范围广泛，国内外两个市场的需求量连年增长，有关统计资料表明，2001 年市场需求量为 100 万千克左右，2005 年增长至 300 万千克，2009—2011 年再增长至 500 万千克左右。

第四章

天 南 星

第一节 天南星入药品种

§3.4.1 天南星的入药品种有哪些?

天南星为应用历史悠久的中药之一，能化痰散结、祛风定惊、解毒消肿，主治面神经麻痹、半身不遂、小儿惊风、破伤风、癫痫。外用治疗疮肿毒、毒蛇咬伤等。“天南星”之名，最早出现于唐代。宋代苏颂在《图经本草》(1062年) 天南星条目中说:“古方多用虎掌，不言天南星。天南星近出唐世，中风痰毒方中多用之。”明代李时珍在《本草纲目》(1596年) 中亦说“古方多用虎掌，不言天南星，南星近出唐人，中风痰毒方中用之，乃后人采用”。见图 3-4-1。

图 3-4-1 天南星

《中国药典》2010 年版规定天南星为天南星科植物天南星 *Arisaema erubescens* (Wall.)

Schott、异叶天南星 *Arisaema heterophyllum* Bl. 或东北天南星 *Arisaema amurense* Maxlm. 的干燥块茎。

第二节 道地天南星资源和产地分布

§3.4.2 道地天南星的原始产地和分布在什么地方?

天南星除内蒙古、东北三省、新疆、山东、江苏外，我国各省、自治区都有分布。生于山地林下、灌丛或草坡较阴湿处。

异叶天南星分布：吉林、辽宁、山东、陕西、华东、华中、华南、西南、台湾，朝鲜及日本亦有分布。生于山区林下、灌丛或草地较湿润的地方。

东北天南星分布：主产东北至华北（黑龙江、吉林、辽宁、内蒙古、北京、河北、陕西、宁夏、山西、山东、河南等省），安徽、江苏（云台山、宝华山等地）亦有分布，朝鲜、日本、俄罗斯远东地区也有。生于海拔1 200米以下林下或沟旁，一般生阴坡阴湿处。

第三节 天南星的植物形态

§3.4.3 天南星是什么样子的?

一、天南星

天南星植株高 40～80 厘米。块茎扁球形，直径 2～12 厘米，表皮黄色，有时淡红紫色。鳞叶 2～3 枚，草质，长 10～25 厘米，绿白色、粉红色，有紫褐色斑纹。叶单 1（稀 2），叶柄长 40～80 厘米，中部以下具鞘，鞘部粉绿色，上部绿色，有时具有褐色斑块。叶片放射状分裂，裂片 7～24 枚，常 1 枚上举，余放射状平展，披针形、长圆形到椭圆形，全缘，无柄，长（6～）8～24 厘米，宽 6～35 毫米，长渐尖，具线状长尾（可长达 7 厘米）或否。花序柄比叶柄短，直立，果时下弯或否。佛焰苞绿色，或淡紫色至深紫色而无条纹，背面有清晰的白色条纹，管部圆筒形，长 4～8 厘米，粗 9～20 毫米；喉部边缘截形或稍外卷；檐部通常颜色较深，三角状卵形至长圆状卵形，有时为倒卵形，长 4～7 厘米，宽 2.2～6 厘米，先端渐狭，略往下弯，有长 5～15 厘米的线形尾尖。肉穗花序单性（雌雄异株），雄花序长 2～2.5 厘米，花密；雌花序长约 2 厘米，粗 6～7 毫米；附属器棒状、圆柱形，直立，长 2～4.5 厘米，中部稍膨大，2.5～5 毫米，先端钝，光滑，基部渐狭；雄花序的附属器下部光滑或有少数中性花，雌花序上的具多数中性花。果序柄下弯或直立，浆果红色。

二、异叶天南星

异叶天南星块茎扁球形，直径 2～4 厘米，顶部扁平，周围生根，常有若干侧生芽眼，鳞叶 4～5，膜质。叶单 1，叶柄圆柱形，粉绿色，长30～50 厘米，下部 3/4 鞘筒状。叶片鸟足状分裂，裂片 13～19，有时更多或更少，全缘，暗绿色，中裂片无柄或具 15 毫米的短柄，一般为侧生裂片长度的 1/2，侧裂片长 7～24（～31）厘米，宽（0.7～）2～6.5 厘米，向外渐小，排列成蝎尾状，间距 0.5～1.5 厘米。花序从叶柄鞘筒内抽出，佛焰苞管部圆筒形或稍呈漏斗状，长 3.2～8 厘米，粗 1～2.5 厘米，粉绿色；喉部截形，外缘稍外卷；檐部卵形或卵状披针形，宽 2.5～8 厘米，长 4～9 厘米，向前几弯成盔状，先端骤狭渐尖。肉穗花序两性（雌雄同序）或雄花序单性。两性花序：下部雌花序长 1～2.2 厘米，上部雄花序长 1.5～3.2 厘米，此中雄花，大部分不育，有的是退化为钻形的中性花。单性雄花序长 3～5 厘米，粗 3～5 毫米。附属器基部粗 5～11 毫米，苍白色，向上细狭，长 10～20 厘米，伸出佛焰苞喉部以外呈“之”字形上升。浆果成熟时红色、黄红色。

三、东北天南星

东北天南星块茎近球形，较小，直径1～2厘米。鳞叶2，线状披针形，锐尖，膜质，内面的长9～15厘米。叶1，叶柄长17～30厘米，下部1/3具鞘，紫色；叶片鸟足状分裂，裂片5，倒卵形、倒卵状披针形或椭圆形，先端短渐尖或锐尖，基部楔形，中裂片具长0.2～2厘米的柄，长7～11厘米，宽4～7厘米，侧裂片具长0.5～1厘米共同的柄，与中裂片近等大；侧脉在边缘集合，距边缘3～6毫米，全缘。花序柄短于叶柄，长9～15厘米。佛焰苞长约10厘米，管部漏斗状，白绿色，长5厘米，上部粗2厘米，喉部边缘斜截形，略外卷；檐部直立，卵状披针形，渐尖，长5～6厘米，宽3～4厘米，绿色或紫色肯白色条纹。肉穗花序单性，雄花序长约2厘米，上部渐狭，花疏；雌花序短圆锥形，长1厘米，基部粗5毫米；附属器具短柄，棒状，长2.5～3.5厘米，基部截形，粗4～5毫米，向上略细，先端钝圆，粗约2毫米。浆果熟时红色。

第四节　天南星的生态条件

§3.4.4　天南星适宜于在什么地方和条件下生长?

野生天南星一般生长于阴凉、湿润、腐殖质土层较厚的森林环境，不耐强光和高温，可归于阴生植物类群，所以，在亚热带地区森林植被欠佳的丘陵地和平原地区，难见天南星的踪迹，这一点与半夏不同，半夏可生于低海拔的旱地、荒地，亦可在山地疏林下生长。天南星多生长在山的阴坡，在保存较好的常绿阔叶林林缘、溪沟边草丛、稀疏灌丛、常绿落叶混交林下、落叶阔叶林下，以及竹林下，均可生长，海拔自几十米至3 000多米不等，在西南山区可分布至较高海拔。人工栽培时，宜在阴凉、湿润的山区进行，可栽培于阴坡的旱地，山坡的疏林下，亦可结合经济林木栽培，进行套种，如在竹林下、杜仲林下、水果林下，既可节约土地，中耕、除草、施肥可相互兼顾。在低丘地或平原地区种植天南星则需要创造相似的环境，如多施有机肥、搭建荫棚、架设喷水设施等。

第五节 天南星的生物特性

§3.4.5 天南星的生长有哪些规律?

(一) 块茎

天南星地下膨大部分称块茎，也就是用作药材的部分；天南星真正的根是指从块茎周围长出的须状物，多呈肉质。块茎是鉴定天南星类植物的重要的性状特征。

(二) 叶

天南星类地上部分无茎（茎为地下部分的块茎），所见部分为叶和花序。每年春季从块茎的芽眼处首先长出的“幼苗”，由1～4枚相互组合成管状的鳞叶组成。天南星属的鳞叶一般较长，半夏属的鳞叶一般较短，或不出土，如半夏、虎掌的地上部分是看不到鳞叶的。然后从鳞叶管中长出1～2叶和单一的花序。所以，地上看似“茎”的部分实际上由鳞叶、鞘状叶柄和花序梗组成。鳞叶、叶柄、花序上常具各色斑纹。叶柄顶端的叶片常分裂，称裂片。幼苗期植株的叶片一般不分裂（仅1枚），随着年龄的增加，地下块茎的增粗，叶的裂片会越来越多，但也有的种类，如半夏属和犁头尖属中的部分种类，到开花结实的年龄也只有1枚叶片（不裂）。需要特别指出的是，在描述天南星具几叶时，是指从鳞叶管中长出的叶柄的多少，且不加量词，而不是指叶柄顶端叶裂片的多少，如大家熟知的魔芋，描述为叶1。

天南星类叶柄顶端的叶片的分裂形式一般有三种：3全裂：自叶柄顶端长出3枚叶裂片，叶裂片无柄或中间1枚有短柄，如象头花 *Arisaema franchetianum*、螃蟹七 *A. fargesii* 等。鸟足状全裂：叶裂片一般5枚以上，中裂片位于叶柄顶端，两侧的侧裂片（2枚以上）从次级叶柄上长出，如东北天南星 *A. amurense*、异叶天南星 *A. heterophyllum*、虎掌 *Pinellia pedatisecta*。天南星的侧裂片较多，次级叶柄弧曲而呈蝎尾状。放射状全裂：自叶柄顶端放射状伸出多数（4 枚以上）的叶裂片，似伞形，如一把伞南星 *Arisaema erubescens*。

（三）花序及花、果实

天南星类的花序称为佛焰苞花序，花序外为佛焰苞，佛焰苞为叶状（常有条纹）或花瓣状，管部席卷，圆筒形或喉部以上开阔（开口），喉部边缘有时具耳，檐部拱形、盔形、舟形，常长渐尖。佛焰苞内有一肉穗花序（肉质花序梗上着生多数小花）。花两性或单性。花单性时雌雄同株：雌、雄花着生于同一花序上，花序上部着生雄花群，下部着生雌花群；或雌雄异株：雌花和雄花分别生长于不同的植株上。肉穗花序的顶端（着生小花的上方）有海绵质附属器，附属器长线形（长鞭状）、棒状、圆锥状或纺锤状，伸出或不伸出佛焰苞之外，裸秃或稀具不育中性花残余。

果序棒状、球形，直立或下弯。浆果成熟时红色或黄。

第六节 天南星的栽培技术

§3.4.6 如何整理栽培天南星的耕地？

选好地后于秋季将土壤深翻 20～25 厘米，结合整地每 677 米^2 施入腐熟厩肥或堆肥3 000～5 000千克，翻入土内作基肥。栽种前，再浅耕 1 遍。然后，整细耙平做成宽 1.2 米的高畦或平畦，四周开好排水沟，畦面呈龟背形。

§3.4.7 如何进行天南星的繁殖和幼苗移栽？

一、天南星种子形态

天南星种子为浆果，近圆球形，密集形如玉米，熟时红色，内有种子一粒。种子圆形，长3.5～4毫米，径3～3.6毫米，表面有皱纹，成泡囊状，橘黄色间淡红色小斑点，少数种子腹面压扁，顶端微凹或不凹，中间常有小突起。种脐着生种子基部，近圆形，穴状，中央有一黑色宿存之种柄。胚乳丰富，乳黄色，胚小，子叶1枚，宽线形。千粒重34.2克。东北天南星种子除比天南星的大外，其形态及表面颜色与上种相似。异叶天南星种子形态也与天南星相似，唯种子略扁小。鲜种子千粒重26.6克。

二、天南星种子采集

天南星南方于6～8月，北方于9～10月采种。异叶天南星花期6～8月，果期8～12月。当浆果呈鲜红色时采集，浸水揉搓，洗去果肉，捞出沉底种子洗净，及时播种，或用稍湿润的细沙混合贮藏，第二年3～4月筛出播种。

三、天南星种子贮藏与寿命

采集天南星种子，阴干后放牛皮纸袋藏于室温，一般一年多便无发芽力。但若将采集的种子用湿沙贮藏，则一年多后仍有一定的发芽力。采异叶天南星种子放室温下贮藏，一年后几乎也已无发芽力。故天南星及异叶天南星种子为短命种子，适宜随采随播，或不能迟于第二年春季播种。

四、天南星种子萌发

天南星种子不休眠，萌发需要较低温度，发芽适宜温度为15℃。有人曾在10月下旬将天南星种子播于树荫下，旬平均土温为10.5℃，迅即降至8.2℃及以下，种子不能出苗，延至第二年5月中旬，旬平均土温16.5℃时出苗54%～64%，以后又出6%～9%。异叶天南星种子容易萌发，在10～20℃温度下发芽率均很高。生产上可采后即播，8月上旬播种；或用稍湿润细沙混合贮藏，至第二年3～4月播种育苗，整成1.3米宽苗床，按20厘米沟距横向开沟，深

6～10 厘米，每沟播种子 50～60 粒，覆土与畦面平，保持苗床湿润，20～40 天出苗。

五、天南星繁殖

（一）块茎繁殖

9～10 月收获天南星块茎后，选择生长健壮、完整无损、无病虫害的中、小块茎，晾干后置地窖内贮藏作种栽。挖窖深 1.5 米左右，大小视种栽多少而定，窖内温度保持在 5～10℃左右为宜。低于 5℃，种栽易受冻害；高于 10℃，则容易提早发芽。一般于翌年春季取出栽种，亦可于封冻前进行秋栽。春栽，于 3 月下旬至 4 月上旬，在整好的畦面上，按行距 20～25 厘米，株距 14～16 厘米挖穴，穴深 4～6 厘米。然后，将芽头向上，放入穴内，每穴 1 块。栽后覆盖土杂肥和细土，若天旱浇一次透水。约半个月左右即可出苗。大块茎作种栽，可以纵切两块或数块，只要每块有一个健壮的芽头，都能作种栽用。但切后要及时将伤口抹以草木灰，避免腐烂。块茎切后种植的，小块茎，覆土要浅，大块茎宜深。每 677 米^2 需大种栽 45 千克左右，小种栽 20 千克左右。

（二）种子繁殖

天南星种子于 8 月上旬成熟，红色浆果采集后，置于清水中搓洗去果肉，捞出种子，立即进行秋播。在整好的苗床上，按行距 15～20 厘米挖浅沟，将种子均匀地播入沟内，覆土与畦面齐平。播后浇一次透水，以后经常保持苗床湿润，10 天左右即可出苗。冬季用厩肥覆盖畦面，保温保湿，助幼苗越冬。翌年春季幼苗出土后，将厩肥压入苗床作肥料，当苗高 6～9 厘米时，按株距 12～15 厘米定苗。多余的幼苗可另行移栽。

六、天南星幼苗的移栽

春季 4～5 月上旬，当幼苗高达 6～9 厘米时，选择阴天，将生长健壮的小苗，稍带土团，按行株距 20 厘米×15 厘米移植于大田。栽后浇一次定根水，以利成话。

§3.4.8 如何对天南星进行田间管理？

一、松土除草、追肥

苗高6～9厘米，进行第一次松土除草，宜浅不宜深，只要耙松表土层即可。锄后随即追施1次稀薄的腐熟人畜粪水，每677米^2 1 000～1 500千克；第二次于6月中、下旬，松土可适当加深，并结合追肥一次，量同前次；第三次于7月下旬，正值天南星生长旺盛时期，结合除草松土，每677米^{2}追施粪肥1 500～2 000千克，在行间开沟施入，施后覆土盖肥；第四次于8月下旬，结合松土除草，每677米^{2}追施尿素10～20千克，兑水施入，另增施饼肥50千克和适量磷、钾肥，以利增产。

二、排灌水

天南星喜湿，栽后经常保持土壤湿润，要勤浇水；雨季要注意排水，防止田间积水。水分过多，易使苗叶发黄，影响生长。

三、摘花薹

5～6月天南星肉穗状花序从鞘状苞内抽出时，除留种地外，应及时剪除，以减少养分的无谓消耗，有利增产。

四、间套作

天南星栽后，前两年生长较缓慢，在畦埂上按株距30厘米间作玉米或豆类，或其它药材，既可为天南星遮荫，又可增加经济效益。

§3.4.9 天南星的病虫害如何防治?

一、病毒病

为全株性病害。发病时，南星叶片上产生黄色不规则的斑驳，使叶片变为花叶症状，同时发生叶片变形、皱缩、卷曲，变成畸形状，使植株生长不良，后期叶片枯死。防治方法：①选择抗病品种栽种，如在田间选择无病单株留种；②增施磷、钾肥，增强植株抗病力；③及时喷药，消灭传毒害虫。

二、红天蛾

幼虫危害叶片，咬成缺刻和空洞，7～8 月发生严重时，把天南星叶子吃光。防治方法：①在幼虫低龄时，喷 90%敌百虫 800 倍液杀灭；②忌连作，也忌与同科药用植物如半夏、魔芋等间作。

三、蛴螬

蛴螬 4～6 月为害植株。防止方法：用烟叶熬水淋灌（每 667 米^2 用烟叶 2.5 千克，熬成 75 千克原液，用时每公斤原液加水 30 千克）；或每 667 米^2 用 50%氯丹乳油 0.5～1 千克，于整地时拌土或出苗后掺水 500 千克灌土防治。

第七节 天南星的采收、加工（炮制）与贮存

§3.4.10 天南星什么时间采收?

天南星于 9 月下旬至 10 月上旬收获。过迟，南星块茎难去表皮。采挖时，选晴天挖起块茎，去掉泥土、残茎及须根，然后，装入筐内，置于流水中，用大竹扫帚反复刷洗去外皮。洗净杂质。未去净的

块茎，可用竹刀刮净外表皮。一般 677 米^2 产干货 250～350 千克。折干率为 30%。挖出后，可用硫黄熏蒸：每 100 千克鲜南星块茎，需硫黄 0.5 千克。以熏透心为度，再取出晒干，即成商品。经硫黄熏制后，块茎可保持色白，不易发霉和变质。

§3.4.11 如何炮制天南星？

天南星生品有较强的毒性及刺激性，炮制后可“去其毒”。因而，从古至今对天南星的炮制都比较重视，其炮制方法也多种多样，古代沿用至今的主要有以下几种：

一、姜制

首见于唐代，为用“姜汁浸焙”。宋代又出现了“生姜汁拌，炒令黄；姜汁煮略存性。”并沿用了姜汁浸制法。元代沿用了姜汁浸制。明清沿用了姜汁炒制、浸制等方法。现代只有个别地区用姜汁浸蒸法。

二、白矾制

始见于宋代，为“先用白矾汤洗七次，然后水煮软”，“白矾水煮软”及“以白矾汤浸一宿，焙干”。元代沿用了白矾水浸制，“用白矾末五两，水浸一二日”。明代沿用了白矾煮制及白矾水浸制法，如“以白矾汤泡去毒水五七次”，“矾汤浸三日夜，日日换水，曝干”。清代仅沿用了白矾浸制的方法。现在全国有 4 个省市使用白矾煮制法。白矾为最常用的辅料，全国有二十四个省市使用白矾或白矾加其他辅料炮制天南星。

三、姜矾共制

始于明代，有煮制法：“用生姜汁、白矾煮至中心白点。”浸炒法：“用白矾水浸一宿，晒干，再用生姜水浸一宿，晒干，再炒。”目前国家药典及全国 18 个省市均采用姜矾共制法。

四、胆汁制

南星以胆汁制为胆南星，始见于宋代，为牛胆中酿制、羊胆制。其中牛胆中酿制法一直沿用至清代。羊胆制仅明代有沿用。明代新增加了牛胆南星炒制及牛胆内煮制等方法。清代增加了胆南星酒蒸法等方法。现在胆南星多作为加工类中药单独收载，全国绝大多数地区均有应用。以牛、羊、猪胆汁拌制、蒸制或发酵制胆南星，其中一半省市使用生南星炮制胆南星，生产周期为 1 月至 3 年不等，另一半省市使用制南星炮制胆南，生产周期较短，多为 1～2 天。天南星经胆汁制后，既减低毒副作用，又使其药性由温变凉，变温化寒痰药为清化热痰、熄风定惊之品。胆南星中的胆汁，具有抗惊厥和中枢抑制及调节心血管系统的作用，因而，胆南星中加入的胆汁量越多，质量越好。古代认为年久者佳，但传统制法时间长，经发酵等方法处理后，易发霉变质，有腥臭气味。近年来，人们对胆南星的炮制工艺做了一些改进研究，采用浓缩胆汁与白酒等拌制或蒸制、烘干的方法，时间可缩短至 4～6 天，方法简便，又可去除腥臭气味，并保证了胆汁中胆汁酸的含量，值得进一步推广应用。

自古至今天南星的炮制标准均以口尝无麻味为度。强心甙为其麻辣味的主要成分，其含量控制在 1.6%以内，即无麻辣味。长时间的水处理对麻辣味的去除影响不大，但可明显降低糖、有机酸、氨基酸等成分的含量。天南星全株有毒，加工块茎时要戴橡胶手套和口罩，避免接触皮肤，以免中毒。

§3.4.12 天南星怎么样贮藏好?

按照天南星的大小规格选好，大的放在一起，小的放在一起；用带有塑料薄膜袋子盛装，内放木香、八角茴香等药物各 50 克以防虫蛀、霉变；置于通风干燥处，随售随取。

第八节 天南星的中国药典质量标准

§3.4.13 《国家药典》2010年版天南星标准是怎样制定的？

拼音：Tiannanxing

英文：ARISAEMATIS RHIZOMA

本品为天南星科植物天南星 *Arisaema erubescens*（Wall.）Schott、异叶天南星 *Arisaema heterophμllum* Bl. 或东北天南星 *Arisaema amurense* Maxlm. 的干燥块茎。秋、冬二季茎叶枯萎时采挖，除去须根及外皮，干燥。

【性状】本品呈扁球形，高1～2厘米，直径1.5～6.5厘米。表面类白色或淡棕色，较光滑，顶端有凹陷的茎痕，周围有麻点状根痕，有的块茎周边有小扁球状侧芽。质坚硬，不易破碎，断面不平坦，白色，粉性。气微辛，味麻辣。

【鉴别】(1) 本品粉末类白色。淀粉粒以单粒为主，圆球形或长圆形，直径2～17微米，脐点点状、裂缝状，大粒层纹隐约可见；复粒少数，由2～12分粒组成。草酸钙针晶散在或成束存在于黏液细胞中，长63～131微米。草酸钙方晶多见于导管旁的薄壁细胞中，直径3～201微米。

(2) 取本品粉末5克，加60%乙醇50毫升，超声处理45分钟，滤过，滤液置水浴上挥尽乙醇，加于AB-8型大孔吸附树脂柱（内径为1厘米，柱高为10厘米）上，以水50毫升洗脱，弃去水液，再用30%乙醇50毫升洗脱，收集洗脱液，蒸干，残渣加乙醇1毫升使溶解，离心，取上清液作为供试品溶液。另取天南星对照药材5克，同法制成对照药材溶液。照薄层色谱法（附录Ⅵ B）试验，吸取上述两种溶液各6微升，分别点于同一硅胶G薄层板上，以乙醇-吡啶-浓氨试液-水（8∶3∶3∶2）为展开剂，展开，取出，晾干，喷以5%氢氧化钾甲醇溶液，分别置日光和紫外光灯（365纳米）下检视。供试品色谱中，在与对照药材色谱相应的位置上，显相同颜色的斑点。

【检查】水分　不得过15.0%（附泵Ⅸ　H第一法）。

总灰分　不得过5.0%（附录Ⅸ　K）。

【浸出物】照醇溶性浸出物测定法（附录Ⅹ　A）项下的热浸法测定，用稀乙醇作溶剂，不得少于9.0%。

【含量测定】对照品溶液的制备　取芹菜素对照品适量，精密称定，加60%乙醇制成每1毫升含12微克的溶液，即得。

标准曲线的制备　精密量取对照品溶液1毫升、2毫升、3毫升、4毫升、5毫升，分别置10ml量瓶中，各加60%乙醇至5毫升，加1%三乙胺溶液至刻度，摇匀，以相应的试剂为空白，照紫外一可见分光光度法（附录Ⅴ　A），在400纳米的波长处测定吸光度，以吸光度为纵坐标，浓度为横坐标，绘制标准曲线。

测定法　取本品粉末（过4号筛）约0.6克，精密称定，置具塞锥形瓶中，精密加入60%乙醇50毫升，密塞，称定重量，超声处理（功率250瓦，频率40千赫）45分钟，放冷，再称定重量，用60%乙醇补足减失的重量，摇匀，滤过。精密量取续滤液5毫升，置10毫升量瓶中，照标准曲线的制备项下的方法，自“加1%三乙胺溶液”起，依法测定吸光度，从标准曲线上读出供试品溶液中含芹菜素的重量，计算，即得。

本品按干燥品计算，含总黄酮以芹菜素（$C_{15}H_{10}O_5$）计，不得少于0.050%。

饮片

【炮制】生天南星　除去杂质，洗净、干燥。

【性状】【鉴别】【检查】【浸出物】【含量测定】同药材。

【性味与归经】苦、辛，温；有毒。归肺、肝、脾经。

【功能与主治】散结消肿。外用治痈肿，蛇虫咬伤。

【用法与用量】外用生品适量，研末以醋或酒调敷患处。

【注意】孕妇慎用；生品内服宜慎。

【贮藏】置通风干燥处，防霉、防蛀。

第九节 天南星的市场与营销

§3.4.14 天南星的市场概况如何？

天南星以球状块茎供药用，具有祛风定惊、化痰散结的功能，主治半身不遂、中风偏瘫、神经麻痹、小儿惊风、破伤风、癫痫、子宫颈癌等症，也是多种中成药不可缺少的原料。天南星野生资源少，用量较大。从20世纪90年代至今，天南星的价格经过了3次大起大落，分别在1992、1997、2003年涨到每千克14元左右。2004年，“非典”得到控制以后，天南星价格迅速回落到每千克7元左右；2005年，由于市场上货源较少，价格开始回升，天南星的价格上升到每千克15元左右。近几年来，由于野生资源越来越少，人工栽培未形成规模，市场供应不足，市价一路攀升。2011年小统货每千克价格55～60元，大统品20～30元。由于各地天南星种植面积不大，产量有限，供需矛盾加剧，天南星行情后势看好，详见表3-4-1。

表3-4-1 2011年国内天南星价格表

品名	规格	价格（元/千克）	市场
天南星	大统	22～28	河北安国
天南星	小	55～60	三棵树
天南星	大统	25～30	三棵树

第五章

苍 术

第一节 苍术入药品种

§3.5.1 苍术有多少个品种？入药品种有哪些？

苍术为常用中药。宋代以前本草无苍术一名，《神农本草经》收载“术”，列为上品，一名山蓟，梁代陶弘景将术分为赤术和白术，至宋代《本草衍义》始有苍术之名。历代苍术的异名有：马蓟（《说文系传》）、青术（《水南翰记》）、茅山苍术和削苍术（《普济方》）、茅山术（《先醒斋广笔记》）、南苍术（《医宗金鉴》）、漂苍术（《幼幼集成》）、茅术（《霍乱论》）。《本草蒙筌》曰：“又种色苍，出茅山，乃名苍术。”见图 3-5-1。

图 3-5-1 苍 术

菊科苍术属（*Atractylodes*）植物全世界约 8 种，分布于中国和日本。我国产 5 种，即鄂西苍术、茅苍术、朝鲜苍术、白术和关苍术。《中国药典》2010 年版规定苍术为菊科植物茅苍术 *Atractylodes lancea*（Thunb.）DC. 或北苍术 *Atractylodes chinensis*（DC.）Koidz. 的干燥根茎。

第二节 道地苍术资源和产地分布

§3.5.2 道地苍术的原始产地和分布在什么地方？

苍术的产地，《神农本草经》载“生山谷”，描述得很含糊。《名医别录》谓：“生郑山山谷，汉中南郑（今陕西南郑），二月三月八月九月采根曝干。”陶弘景云：“郑山即南郑，今处处有，以蒋山（今南京紫金山）、白山（今江苏江宁县青龙山一带）、茅山者为胜。”宋代苏颂谓：“术生郑山山谷，汉中南郑，今处处有之，以蒿山（今河南登封县北）、茅山者为佳。”可见宋代认为河南、江苏产者为佳。根据产地，可推断宋代除药用河南、江苏、安徽、湖北产的茅苍术外，山西、陕西产的北苍术亦入药。明代《本草品汇精要》记载苍术的“道地”产地为“茅山、蒋山、嵩山者为胜”。现代《中药志》记载：“茅苍术主产于湖北、江苏及河南，北苍术主产于河北、陕西、山西”。

§3.5.3 苍术主要产地分布地域？

茅苍术主要分布于长江流域：江苏、安徽、四川、湖北、江西、河南、山东、浙江等省。主产于江苏句容、江宁、南京城郊及金坛、溧阳、溧水、丹徒；安徽涂县；浙江寿昌（建德县）；四川巫山；河南三门峡市、灵宝、陕县、渑池等。

北苍术主要分布于东北三省的山区以及河北、内蒙古、河南、山东、天津、北京、山西、陕西、宁夏、甘肃等地。主产于黑龙江龙江、讷河、杜蒙、甘南、林甸、依安、富裕、泰来、齐齐哈尔；辽宁朝阳、建平、凌原；河北玉田、遵化、宣化；河南信阳、新县；山东崂山、淄川；北京怀柔；天津蓟县；山西沁原、晋城、长治；河南林县、辉县等。

第三节 苍术的植物形态

§3.5.4 苍术是什么样子的?

一、茅苍术

茅苍术又名茅术、南苍术（《浙江药用植物志》），茅山苍术（江苏），多年生草本，高30～80厘米。根茎横走，结节状，茎直立，有纵棱，下部木质化，上部分枝（幼时不分枝），枝较坚韧，无毛或稍有细毛。叶互生，稍革质，椭圆状披针形或倒卵状披针形，长3～8厘米，宽1～3厘米，基部渐狭，先端渐尖，边缘有刺状细锯齿，上面深绿色，下面浅绿色，下部叶不裂或3～5裂，顶裂片大，无柄或稍有柄，常于开花前凋落，中部叶全缘或3～7羽状浅裂，无柄，上部叶较小，全缘，无柄。头状花序顶生，长约2厘米，直径约1.5厘米，下部有鱼骨形叶状苞片一轮；总苞圆柱形，苞片披针形至长卵形，5～7列复瓦状排列；花托平坦，着生多数两性或单性管状花，白色或带淡紫色，冠筒细长，上部略膨大，先端5裂；雄蕊5，药合生，花丝线形，在花冠喉部以下与冠筒合生；子房下位，椭圆形，密被白色细柔毛，上端有羽状冠毛1～3列，花柱细长，柱头2浅裂；单性花一般均为雌花。瘦果长圆形，被白毛，羽状冠毛长约0.8厘米。花期8～10月，果期9～11月。

二、北苍术

北苍术又名华苍术（《辽宁药材》），辽宁苍术（东北），枪头草（东北、西北、内蒙古），山刺儿菜（河北、陕西、宁夏、青海），山苍术（陕西、甘肃、宁夏、青海），大七七菜（烟台），多年生草本，高30～50厘米。根状茎肥大，呈结节状，茎直立，不分枝或上部稍分枝。叶革质，无柄，倒卵形或长卵形，长4～7厘米，宽1.5～2.5厘米，一般羽状5深裂；茎上部叶3～5羽裂，浅裂或不裂，顶端短尖，基部楔形至圆形，边缘有不规则的刺状锯齿，上部叶披针形或狭长椭圆形。头状花序顶生，直径约1厘米，长约1.5厘米，基部的叶状苞片披针形，与头状花序几等长，羽状苞片刺状；总苞杯状；总苞片5～6层，有微毛，外层长卵形，中层长圆形，内层长圆状披针形；花筒状，白色，退化雄蕊先端圆，不卷曲。瘦果密生银白色柔毛，冠毛长6～7毫米。花期7～8月，果期8～9月。

第四节 苍术的生态条件

§3.5.5 苍术适宜于在什么地方和条件下生长？

茅苍术多生长在丘陵、杂草或树林中，喜凉爽、温和、湿润的气候，耐寒力较强，但怕强光和高温高湿；北苍术多生长在森林草原地带的阳坡、半阴坡灌丛群落中，耐寒性强，喜冷凉、光照充足、昼夜温差较大的气候条件。生长期要求温度15～25℃。土壤多为表土层疏松、肥沃、渗透性良好的暗棕壤或沙壤土。

第五节 苍术的生物特性

§3.5.6 苍术的生长有哪些规律？

目前国内药用苍术多以茅苍术为主，因此，苍术栽培品种也主要是茅苍术。茅苍术的生长发育情况如下：

一、生长周期

茅苍术在11月中下旬秋播者，到来年春季气温高于10℃时（3

月下旬）可出苗，3月底春播者，4月下旬出苗。一年生苗生长缓慢，一般不抽茎，仅有基生叶。个别抽茎开花者，茎高10～20厘米，不能形成种子。根状茎在2片真叶期形成，圆锥形，产生少数细小须根。随着植株的生长，基生叶逐渐增多，7～8月基生叶数不再增加。9～10月形成越冬芽，生长减慢，叶片变黄枯萎，进入休眠期。秋播者，经过一个生长季，根茎平均重量、基生叶数均高于春播者。二年生植株地上部分多为一个直立茎，分枝较少，1～5个。地下根茎呈扁椭圆形，其上可形成1～9个芽，须根多而粗。三年生苍术在3月下旬至4月上旬即可见到越冬芽露出地面，初为紫色，此时日均温度高于10℃。随着气温和地温的逐渐升高，开始展叶和转绿，返青时间约为15天。4月中旬至6月中旬抽茎，植株迅速长高，叶面积增大，分枝增多，6月中旬株高可达50厘米左右，分枝多达10个。此时苍术已进入营养生长盛期。7月上旬，气温升至20℃以上，开始现蕾，标志着由营养生长向生殖生长过渡。此后，植株生长速度减缓以至株高不再增长，分枝不再增加。7月中旬至9月上旬为开花期，8月中旬为盛花期。苍术为有限花序，主茎顶端的花先开，侧枝的花后开。在此期间，苍术根状茎上的更新芽也相继形成，靠近基部的少数芽可当年出土，形成以基生叶为主的苗，不能抽茎开花，多数不能出土，为越冬的休眠芽，翌年春季萌发出土，形成多个地上茎（可用根状茎进行无性繁殖）。花开后约4～5天进入果期，9月中旬开始成熟，果期一直延续到地上部分枯萎为止。若在8月下旬以后开花者，果实便不能成熟。10月下旬，随着气温下降，地上部分开始枯萎，为果实成熟采收期，地下部分进入休眠期。

二、植株生长发育

（一）根茎与根系

茅苍术为多年生宿根草本。根茎横生，呈条形结节状，根系发达，根茎通常重叠或分开生长，形成节和节间。种子育苗，真叶2

枚，下胚轴膨大，逐渐形成根茎，其生长呈直线上升，其中8～9月生长最快，成龄株在孕蕾期根茎生长迅速，开花后期生长缓慢，10月下旬停止生长，次年1月中下旬根茎次生芽形成。

（二）茎

茅苍术主茎直立，坚硬而脆，无毛或稍有毛，高30～80厘米，直径0.3～0.5厘米，圆而有纵棱。3～6月平均气温10.2～24℃植株生长迅速，7月平均气温28℃植株停止生长，此时分枝发育齐全，完成花芽分化。茅苍术茎高和分枝随株龄变化，一龄苗通常不抽茎或极少抽茎，二龄苗茎高约43厘米，直径约0.2厘米，分枝3～6条，长约7厘米，三龄苗茎高约46厘米，直径0.3～0.4厘米，分枝4～8条，长9～12厘米。成龄株5～6月形成一级侧枝，秋季少见二次分枝，二次分枝一般不能开花或开花不结实。茅苍术顶端优势很强，打顶能促进分枝增多。

（三）叶

茅苍术子叶正面淡绿色，背面红紫色，长椭圆形，真叶2枚时子叶脱落，叶厚纸质，边缘刺状细齿，椭圆形，略抱茎，随叶片增多，逐渐形成长匙形或椭圆状披针形，宽1～3厘米，长3～8厘米，基生叶形成莲座状。据观察，一龄苗叶片数与大小和根茎大小有关，因此，加强幼苗管理是促进苍术栽培产量的关键措施。茅苍术成龄株叶革质，叶数和叶形变幅较大，主茎中部以上叶片常不分裂，下部通常3～5羽裂，或少数不分裂，全株叶片以中部最大，分枝叶片自上而下依次变

（四）花

茅苍术头状花序顶生，全株花序由主茎后侧枝自上而下开放，主茎花蕾最大，花蕾直径1～2厘米，全为管状花，白色或淡红紫色，两性花与单性花常异株，定株观察，开花至凋谢需11天。初花期约10%花序开放，多为主茎花序，开放约8天。盛花期约12天，约75%花序开放，多为上部分枝花序，其中有部分主茎花序。末花期约15%花序开放，多为下部分枝，开放约9天。茅苍术有效花序达

86%，一龄苗极少抽茎开花，二龄和三龄发育正常的植株均能开花结实。

(五) 果实

茅苍术果实为瘦果。从授精到发育成熟约 40 天，11 月中旬冠毛变黄白色时采收种子。

第六节 苍术的栽培技术

§3.5.7 如何整理栽培苍术的耕地?

育苗地宜选海拔偏高的通风、凉爽、土质深厚肥活疏松的土壤，有一定坡度或排水良好的地块、疏林、林缘荒坡或者以玉米等禾本科植物为前茬的田块。

移栽地选择海拔 500～1 000米的山坡地、带状地或梯地，宜东晒避西晒，生荒地、抛荒地好于熟地，最低海拔高度不宜低于 300 米。海拔 300～500 米高度的种植地宜选阴面；海拔 500 米以上地区逐渐向阳，700 米以上宜选阳坡，山峡两边坡地，通风好的山坡地有利防病。土质以含腐殖质多的沙质壤土为好。大面积的坡地应开厢成 1.3 米左右宽的地块，以利于排水和管理。打垄种植，垄宽 30厘米，沟深 15～20 厘米，沟宽 20 厘米。垄向南北最好，通风透光，但不是绝对的，要依据地势而定。带状地、梯地均应在靠上一块崖面处开沟，过长的带状地应在适当的地方横向开沟，以利排水。秋冬播种与移栽的田块，应及早翻秋坑；春播、春栽，宜早冬耕地，以利疏松土壤和减少病虫害。播种或移栽前再翻耕 1 次。

苍术是喜肥植物，施足底肥是保证苍术高产的重要措施之一。底肥以腐熟的土渣肥为主，厩肥、草木灰等均可，施 15～30 吨/公顷，一般结合整地时施下。土渣肥特别要注意腐熟透，杀灭虫卵、病原菌、杂草种子。

§3.5.8 苍术如何繁殖与播种？

一、种子繁殖

（一）种子形态

茅苍术种子为瘦果，棕褐色，椭圆形，有的微弯，种子长径0.5～0.75厘米，短径0.15～0.3厘米，外被白毛，羽状冠毛长约0.8厘米，顶端平截。种脐位于基部，萌发时胚根从此顶破种皮。种子具2片子叶，无胚乳，胚直径与种子的长轴平行。种子含水量为10%～11%，吸水力为210%～280%，粗脂肪油含量为24%。

（二）种子特性

1. 萌发温度 茅苍术种子的萌发随温度的升高呈规律性变化，在5～10℃范围内，温度升高发芽率迅速增长，10℃达到最高值。超过10℃时，发芽率逐渐下降，40℃处理者不发芽。发芽势也随温度升高而上升，15℃达到最大值。在发芽期间，种子的霉烂率与温度呈正相关，45℃种子霉烂率高达100%，低于15℃霉烂率低。由此可见，苍术种子萌发的最佳温度为10～15℃。

2. 萌发过程 湿度充足，温度在5～15℃时，开始发芽，胚根首先突破种（果）皮，初露时呈鸟啄状，子叶肥厚，涨破种皮渐次脱出，胚根继续向下伸延时，初生叶自子叶间直接出现，自中肋背向折叠，其上胚轴不发达，仅初生叶叶柄强烈伸延，下胚轴也不十分发达，故子叶属于半留土状态，而以初生叶挺出土面，当其叶面展平的同时，主根下部发生多数侧根，然后后生叶由初生叶之叶鞘伸出，其时下胚轴膨大成纺锤形根茎，并发生多数须根，进而子叶枯萎脱落。

3. 种子寿命 通过种子活力、发芽率测定，茅苍术种子为短命型，寿命只有半年，隔年种子在自然条件下保存不能使用。低温保存可延长种子寿命，茅苍术种子保存在低温下（0～4℃），发芽率可保持在80%以上。

（三）播种

春播以3月中旬至4月上旬为宜。每667米^{2}播种量4～5千克。撒播：于畦面均匀撒上种子，覆细土2～3厘米；条播：于畦面横向开沟，沟距20～25厘米，沟深3厘米左右，将种子均匀播于沟中，然后覆细土。播后上盖一层稻草或树枝，经常浇水保持土壤湿度，以利于种子萌发，出苗后去掉盖草或树枝。

秋播可在11月中下旬进行。利用秋末三年生植株采集的种子，用种量667米^{2}4千克。秋播优于春播。秋播时间10月底至11月初，气温仍在10℃左右，种子可萌发生根，翌春气温回升达10℃即可出苗，且出苗整齐一致。比春播2月底至3月播种的可提前出苗25天以上，且出苗率高，比春播出苗率增加1/3。条播为主。株行距15～20厘米，播幅5～10厘米，开2～3厘米深的浅沟，沟底宜平整，种子均匀撒入沟内，覆盖1层火土，以淹没种子为度，施入充分腐熟的土杂肥或复合肥料，再行覆土。上盖茅草、稻草遮阴，保温保湿，提高出苗率。为防止伏旱、阳光曝晒，可以沟边植玉米遮阴。

（四）苗床管理

出苗后及时揭去盖草，拔除杂草，间去过密苗、弱苗、病苗，当苗高2～3片真叶时，地下根茎开始形成，按株距3厘米定苗，保证幼苗生长迅速，平衡健壮。及早进行第1次速效肥料的追施。幼苗期，如遇干旱，早、晚用清洁水浇灌。既要保持土壤湿润，又要防止水分过多。根据苗情，在7～8月再进行第2次追肥，注意不能过量施用氮肥，以免造成生长过旺，提早抽薹，若有抽薹者应及时摘除。遇干旱、日照过强干燥气候，没有遮荫植物的，可以在厢面用遮阳布或树枝等材料遮荫，遮荫能明显提高出苗率和成苗率。

（五）种苗冬季管理

在地上部分枯萎后，挖起根茎，剪去茎蒂及须根，剔除病株，置于室内通气阴凉处摊晾3～5天，然后置于阴凉干燥室内。在地面上先铺1层清洁的3～5厘米厚的砂，整齐放上种苗，厚约15厘米，盖上1层薄砂，再铺种苗，如此层层堆放，高不超过50厘米为宜。最后盖上5～10厘米厚细砂。堆积前，按照种苗一定级别，分别堆放，以利分别移栽和堆积过程中经常检查。如果堆积面积过大，可在堆中间插上几束草把，通气散热，防止种苗霉烂。种苗耐寒性较强，可以田间越冬。越冬前，应清除地上部分残枝落叶和杂草，适当培土，保护根芽。翌年2月下旬，种芽开始萌动，3月上旬边起苗边移栽，安全方便。操作时，务必不要挖伤、碰伤种芽。栽种时，按种苗级别种植。

（六）育苗移栽

当苗长到高3厘米左右时进行间苗，苗高10厘米左右即可移栽定植。阴雨天或午后定植容易成活。行株距30厘米×15厘米，栽后覆土压紧，浇水。

二、分株繁殖

在4月份，芽刚要萌发时，将老苗连根挖出，去掉泥土，将根茎切成若干小块，每小块带1～3个根芽，然后栽于大田。

§3.5.9 如何对苍术进行田间管理？

一、中耕除草

5～7月杂草丛生，应及早除草松土，先深后浅，不要伤及根部，靠苗周围边杂草用手拔除。植株封行后，浅锄除草，适当培土。

二、摘蕾

孕蕾开花，消耗养分。在植株现蕾尚未开花之前，选择晴天，分期分批摘蕾。摘蕾时防止摘去叶片和摇动根系，宜一手握茎，一手摘蕾。除留下顶端2～3朵花蕾外，其余均应摘掉。

§3.5.10 道地优质苍术如何科学施肥？

一般每年追肥3次，结合培土，防止倒伏。第一次追肥在5月施腐熟清粪水，每 667 米^2 用大约1 000千克；第二次在 6 月苗生长盛期时施入腐熟人粪尿，每 667 米^2 用约1 250千克，也可以每 667 米^2 施用 5 千克硫铵肥；第三次追肥则应在 8 月开花前，植株进入生殖生长阶段，地下根茎迅速膨大增加，这段时期是苍术需肥量最大的时候，主要施钾肥，要注意控制氮肥用量，如施用过多，则植株生长过旺，降低植株抗病能力，每 667 米^2 用人粪尿1 000～1 500千克，开花结果期，进行根外施肥，可用 1%～2%磷酸二氢钾或过磷酸钙，延长叶片的功能期，增加干物质的积累，对根茎膨大十分有利。

§3.5.11 苍术的病虫害如何防治?

一、病害

（一）黑斑病

1. 病原及症状 病原菌为半知菌纲交链孢菌 *Altenaria* sp.。发病初期由基部叶片开始，病斑圆形或不规则形，两面都能生出黑色霉层，多数从叶尖或叶缘发生，扩展较快；后期病斑连片，呈灰褐色，并逐渐向上蔓延，最后全株叶片枯死脱落。

2. 发病规律 病菌在枯死的茅苍术残体上越冬，次年产生分生孢子，随风雨或昆虫传播。一般在 5 月中下旬，平均温度 20℃左右，相对湿度 85%时开始发病；平均气温 28℃左右，相对湿度 92%时发病严重。梅雨季节是黑斑病发病高峰期。直到 9 月下旬停止侵染。

（二）轮纹病

1. 病原及症状 病原菌为半知菌纲壳二孢属真菌 *Ascochyta* sp.。该病菌主要危害术苗。发病初期在叶脉两侧形成小黑点，随病情加重，病斑扩大，形成黄色或褐色的轮纹斑。几个病株斑连接，使叶片干枯，枯死叶片不脱落。

2. 发病规律 以菌丝体在病残体上越冬，次年产生分生孢子，先侵染术苗下部叶片，然后病部产生分生孢子，再向上部和周围植株蔓延。一般在 5 月下旬开始发病，6～8 月平均气温在 28℃左右，相对湿度 90%时发病严重。

(三) 枯萎病

1. 病原及症状 病原菌为半知菌纲茄病镰刀菌 *Fusarium solani* 和木贼镰刀菌 *Fusarium eguiseti*。病株最初是下部叶片失绿，然后逐渐向上蔓延，使整株叶片发黄枯死，叶片不脱落。有时植株的个别枝条半边出现黄叶症状，以后发展到全株。剖视病株基部，维管束变褐色。

2. 发病规律 病菌在土壤和病株根茎上越冬。次年病菌从近地面的伤口或根部侵入，5 月下旬开始发病，一直危害到 9 月下旬。

(四) 软腐病

1. 病原及症状 病原菌为细菌 *Erwinia carotouora* (Tones) Holland.。腐烂根茎呈浆糊状，有酸臭味。初期从根须发病，病根变褐腐烂，随病情加重，逐步蔓延到主根，并向根颈和地上部扩展，使维管束变褐。发病初期地上植株并不表现症状，随病情加重，维管束被破坏，失去输水功能。开始叶片呈水渍状萎蔫，以后逐渐枯死。

2. 发病规律 病菌在土壤中和病株残体上越冬，也能在术苗上越冬。一般 5 月下旬开始发病，当平均气温 27℃，相对湿度为 90%时发病严重。直到 9 月下旬，在降雨量较少的情况下病害逐渐减轻。

(五) 白绢病

1. 病原及症状 病原菌为半知菌纲齐整小菌核菌 *Sclerotium rolfsii*。危害茅苍术根茎和根颈部。成株和术苗均能被侵染而发病。发病部位变褐腐烂成乱麻状，上面长满白色菌丝，湿度大时菌丝穿透土面，在病株的基部和病株周围的土表生长，并形成油菜籽状褐色菌核。地上部症状同软腐病。

2. 发病规律 病菌主要以菌核在土壤越冬，也能以菌丝体在种栽或病残体上存活。在适宜条件下，菌核产生菌丝体，直接侵害近地面茎基和根茎。病菌同寄主一旦建立寄生关系，则很快扩展，产生菌丝体和形成菌核。以后菌丝沿土隙缝或地面蔓延，为害邻近植株。菌核随水流、病土移动传播，带病的种苗栽植后也继续引起发病。病菌喜高温（30～35℃）、多湿及通气低氮的沙壤土。因此，在6月上旬至8月上旬，当天气时晴时雨，土面干干湿湿，苍术生长封行郁闭时，最有利于病害的发生发展。

二、病害防治方法

苍术病害的防治主要依靠耕作制度和栽培方法的改进，配合施用一些药剂。

（一）耕作措施

收获后，深翻土壤并灌水，与水稻轮作，可加速菌核的死腐。切忌同感病的药材或茄科、豆科及瓜类等植物连作。

（二）种苗处理

选用无病健壮的种苗，并经药剂消毒处理。

（三）药物控制

发现病株，应带土移出田外销毁，病穴撒施石灰消毒，四周植株喷浇70%甲基托布津或50%多菌灵500～1 000倍液，抑制其蔓延为害。

（四）可以应用哈氏木霉（*Trichoderma hamalum*）生物制品，在苍术栽种、育苗阶段和病害发生初期，施入土壤防病。

三、虫害

（一）蚜虫

1. 形态特征 蚜虫无翅胎生蚜体褐色至黑色，复眼浓褐色，触角比体长，第3节有60～70个感觉圈，第6节的鞭部约为基部的6倍长。有翅胎生蚜体褐色至黑色，头幅比头长，额瘤显著外倾，触角比体长，第3节有突出的90个以上的感觉圈，第4节比第5节长，第6节鞭节比基部约长5倍，尾片有7对毛。

2. 危害症状 蚜虫等在苍术嫩叶、新梢上吸取汁液，致使苍术叶片发黄，植株萎缩，生长不良。

3. 生活习性 以无翅蚜在菊科植物上越冬。3月以后产生有翅蚜，迁飞到苍术上产生无翅蚜为害。4～6月发生为害最烈，6月以后气温升高，雨水增多，蚜虫量减少，至8月虫口增加，随后因气候条件不适，产生有翅胎生蚜，迁飞到其他菊科植物寄主上越冬。

4. 防治方法

(1) 清除田间杂草，减少越冬虫口密度。

(2) 喷洒50%敌敌畏1 000～1 500倍液或40%乐果1 500～2 000倍液。

(二) 小地老虎

1. 形态特征 成虫体长16～25毫米，褐色。翅上有3条不明显的曲折横纹，把翅分成3段，中段有肾状、环状和短棒状纹。卵馒头形，表面有纵横隆纹。老熟幼虫体长37～47毫米，暗色，背线明显。蛹长18～24毫米，赤褐色，有光泽，上有粗大刻点。

2. 危害症状 常从地面咬断幼苗并拖入洞内继续咬食，或咬食未出土的幼芽，造成断苗缺株。当苍术植株基部硬化或天气潮湿时也能咬食分枝的幼嫩枝叶。

3. 生活习性 1年发生4代，以老熟幼虫和蛹在土内越冬。成虫白天潜伏在土缝、枯叶下、杂草里，晚上外出活动，有强烈趋光性。卵散产于土缝、落叶、杂草等处。幼虫共6龄，少数有7～8龄，有假死性，在食料不足时能迁移。幼虫3龄后白天潜伏在表土下，夜间活动为害。第1代幼虫4月下旬至5月上旬发生，苗期苍术受害较重。

4. 防治方法

(1) 3～4月间清除田间周围杂草和枯枝落叶，消灭越冬幼虫和蛹。

(2) 清晨日出之前检查田间，发现新被害苗附近土面有小孔时，立即挖土捕杀幼虫。

(3) 4～5月，小地老虎开始为害时，用50%甲胺磷乳剂1 000

倍液拌成毒土或毒砂撒施 300～375 千克/公顷，防治效果较好。也可用 90%敌百虫 1 000 倍液浇穴。

(三) 茅苍术根结线虫病

1. 形态特征 病原为南方根结线虫 *Moloidogyne lncognita* Chitwood，雌虫梨形，雄虫线形，卵椭圆形，棕褐色。

2. 危害症状 病株根茎的须根上长满大小不等的瘤状物，一般每条须根上有 1～3 个根瘤，圆形或长椭圆形，表面光滑，被害严重的须根上布满瘤瘿，直径 0.2～0.5 厘米，剖视根瘤，肉眼可见棕褐色颗粒（雌虫体内虫卵）。由于须根受根结线虫病的危害，根瘤内变成棕褐色的腐烂空洞，后期根瘤腐烂脱落，须根损伤。根茎芽苞瘦小，病株地上部，一龄苗基部叶片有规律地一次枯死 2～3 片，幼苗生长缓慢，植株畸形，严重病株叶变淡黄色，并逐渐萎缩枯死。成龄植株叶片变小，叶色变黄，植株明显矮小，花蕾不能正常发育，不结实或籽粒干瘪，严重病株茎中部以下叶片下垂，花蕾枯萎，轻病株地上部症状不甚明显。

3. 生活习性 茅苍术根结线虫可以卵及雌虫在土壤中或病组织上越冬。4 月中下旬，当地温升至 13℃左右时，卵孵化成幼虫，1 龄幼虫在卵壳内，2 龄幼虫破卵壳到土壤中活动，一般多以雌虫钻入茅苍术须根内为害。由于受线虫病的刺激，茅苍术须根形成瘤瘿。茅苍术根结线虫病春秋季节发病较多，7～8 月土温较高，土壤含水率在 10%以下时，土壤中线虫明显减少。茅苍术根结线虫病活动范围较小，多数以术苗、农具或流水传播，造成大面积发病。开荒地种植茅苍术未见根结线虫病的危害，而前作为花生和马铃薯的均有不同程度的发病。苗龄与发病率也有关系，一龄苗比成龄苗易发病。

4. 防治方法

(1) 选地时适宜开荒地种植，前作花生和马铃薯的地块不宜种植。

(2) 每 667 $米^2$ 施克线磷 500 克（有效成分），有较好效果。

第七节 苍术的采收、加工（炮制）与贮存

§3.5.12 苍术什么时间采收？

野生茅苍术春季、夏季、秋季均可采挖，以8月采挖的质量最佳。栽培的苍术需生长2～3年后起收，茅苍术多在秋季采挖，北苍术春、秋两季均可采挖，但以秋后至春初苗未出土前采挖质量较好。

§3.5.13 怎样加工和炮制苍术？

茅苍术挖出后，去掉地上部分和抖掉根茎上的泥沙，晒干后撞去须根，或晒至九成干时用微火燎掉须根即可。北苍术挖出后，除去茎叶和泥土，晒至四五成干时装入筐内，撞掉部分须根，表皮呈黑褐色；晒至六七成干时，再撞1次，以去掉全部老皮；晒至全干时再撞1次，使表皮呈黄褐色，即成商品。

一、炮制目的

苍术性味辛、苦，温。归脾经、胃经、肝经。具有燥湿健脾、祛风散寒、明目的功能。用于脘腹胀满，泄泻，水肿，脚气痿弱，风湿痹痛，风寒感冒，雀目夜盲等。

苍术生品温燥而辛烈，燥湿、祛风、散寒力强。用于风湿痹痛，肌肤麻木不仁，脚膝疼痛，风寒感冒，肢体疼痛，湿温发热，肢节酸痛等。制苍术功同生品，但经米泔水浸泡后能缓和燥性，降低辛烈温燥的副作用，有和胃的作用。麸炒后辛性减弱，燥性缓和，气变芳香，增强了健脾和胃的作用。用于脾胃不和，痰饮停滞，脘腹痞满，青盲，雀目等。焦苍术辛燥之性大减，以固肠止泻为主，用于脾虚泄泻，久痢，或妇女的淋带白浊等。

二、古代炮制

唐代有米汁浸炒、醋煮（《仙授理伤续断秘方》）等方法。

宋代的炮制方法有：炒黄（《太平圣惠方》）；米汁浸后麸炒（《本草衍义》）；米泔浸后醋炒，皂荚煮后盐水炒（《圣济总录》）；米泔水浸后葱白罨再炒黄（《太平惠民和剂局方》）；米泔浸后盐炒（《小儿卫生总微论方》）；米泔浸后大麻浸，再用川椒葱白煮制或蒸制（《三因极一病证方论》）；土炒（《校注妇人良方》）；木瓜好酒煮，木瓜入盐煮，木瓜好醋煮，木瓜川椒煮（《类编朱氏集验方》）等。

金元时代增加了用多种辅料制："米泔水浸，椒炒，盐炒，醋煮，酒煮"（《儒门事亲》）；茴香炒，茱萸炒，猪苓炒，米泔浸后酒炒，童便浸，东流水浸焙（《世医得效方》）；"粟米泔浸，童便浸再酒浸"，米泔浸后乌头、川楝子同炒焦黄，川椒、破故纸、陈皮酒浸后炒，川椒炒，茴香、青盐、食盐同炒，酒、醋浸炒（《瑞竹堂经验方》）等。

明代在辅料制方面又增加了许多方法：油葱炒，米泔浸后用生葱白加盐炒，"一斤苍术分作四份酒浸、米泔浸、醋浸、青盐浸后再如数分作四份用椒炒、破故纸炒、黑牵牛炒、茴香炒，除去拌药，只留苍术为末"，"苍术四两分作四份用茴香炒、青盐炒、茱萸炒、猪苓炒，各炒令黄，取末用"，"苍术一斤分四处，酒浸、童便浸、米泔水浸、盐水浸"，"一斤苍术分四份，酒浸、米泔浸、盐浸、醋浸后合苍术日晒夜露"，酒煮（《普济方》）；火炮（《奇效良方》）；姜汁炒（《仁术便览》）；八两苍术分四份用盐水浸、米泔浸、醋浸、葱白炒（《增补万病回春》）；酒浸炒，桑椹取汁拌制（《景岳全书》）；米泔浸后牡蛎粉炒（《济阴纲目》）；米泔浸后黑豆蒸，又拌蜜酒蒸，又拌人乳透（《炮炙大法》）；蜜酒拌蒸，人乳汁炒（《先醒斋广笔记》）；米泔浸后蒸、糠炒（《医宗必读》）；米泔浸后芝麻拌蒸（《本草通玄》）；米泔浸后土水浸，再用芝麻拌炒，更用粳米糠拌炒（《本草乘雅半偈》）等。

清代还增加了米泔浸后麻油拌炒（《温热暑疫全书》）、九蒸九晒（《医方集解》）、蜜水拌饭上蒸（《本经逢原》）、炒焦（《外科证治全生集》)、烘制(《医方丛话》)等各类炮制方法。

三、现代炮制

(一) 苍术

取原药材,除去杂质,用水浸泡,洗净,润透,切厚片,干燥。筛去碎屑。

(二) 制苍术

取苍术片,用米泔水浸泡数小时,取出,置炒制容器内,用文火加热,炒干。筛去碎屑。

(三) 麸炒苍术

先将锅烧热,撒入麦麸,用中火加热,待冒烟时投入苍术片,不断翻炒,炒至深黄色时,取出,筛去麦麸,放凉。苍术片每 100 千克用麦麸 10 千克。

(四) 焦苍术

取苍术片,置炒制容器内,用中火加热,炒至褐色时,喷淋少许清水,再用文火炒干,取出放凉。筛去碎屑。

四、饮片性状

苍术为不规则的厚片,边缘不整齐,周边灰棕色,有皱纹、横曲纹,片面黄白色或灰白色,散有多数橙黄色或棕红色的油点(俗称"朱砂点"),以及析出白毛状结晶(习称"起霜")。质坚实。气香特异,味微甘、辛、苦。制苍术表面黄色或土黄色。麸炒苍术表面黄色或焦黄色,香气较生品浓。焦苍术表面焦褐色,有焦香气。

§3.5.14 苍术怎么样贮藏好?

苍术一般用麻袋包装,每件 50 千克左右,亦有用瓦楞纸箱装的。应贮于阴凉干燥处,温度 30℃以下,相对湿度 70%~75%。商品安全水分 12%~14%。炮制品应贮于干燥容器内,制苍术、焦苍术、麸炒苍术、土炒苍术、盐苍术等均宜密闭，置阴凉干燥处，防潮，防泛油。

本品香气较浓，虫蛀较少见，但若贮存时间较长或温度过高，易散味；受潮则生霉、泛油。染霉品表面可见白色毛状物，但应注意与断面有时出现的白色细针状结晶（油室析出的苍术醇，俗称起霜）有所鉴别。泛油时表面不明显，内部颜色加深，有油状物，须剖开后观察。贮藏期间要严格控制库房温湿度；定期检查，发现吸潮或轻度霉变、虫蛀，应及时晾晒；虫情严重时，可用磷化铝熏蒸。每年应进行一次密封抽氧充氮养护。

第八节　苍术的中国药典质量标准

§3.5.15　《中国药典》2010年版苍术标准是怎样制定的?

拼音：Cangzhu

英文：ATRACTLODIS RHIZOMA

本品为菊科植物茅苍术 *Atractylodes lancea* （Thunb.）DC. 或北苍术 *Atractylodes chinensis* （DC.）Koidz. 的干燥根茎。春、秋二季采挖，除去泥沙，晒干，撞去须根。

【性状】茅苍术　呈不规则连珠状或结节状圆柱形，略弯曲，偶有分枝，长3～10厘米，直径1～2厘米。表面灰棕色，有皱纹、横曲纹及残留须根，顶端具茎痕或残留茎基。质坚实，断面黄白色或灰白色，散有多数橙黄色或棕红色油室，暴露稍久，可析出白色细针状结晶。气香特异，味微甘、辛、苦。

北苍术　呈疙瘩块状或结节状圆柱形，长4～9厘米，直径1～4厘米。表面黑棕色，除去外皮者黄棕色。质较疏松，断面散有黄棕色油室。香气较淡，味辛、苦。

【鉴别】(1) 本品粉末棕色。草酸钙针晶细小，长5～30微米，不规则地充塞于薄壁细胞中。纤维大多成束，长梭形，直径约至40微米，壁甚厚，木化。石细胞甚多，有时与木栓细胞连结，多角形、类圆形或类长方形，直径20～80微米，壁极厚。菊糖多见，表面呈放射状纹理。

(2) 取本品粉末0.8克，加甲醇10毫升，超声处理15分钟，滤过，取滤液作为供试品溶液。另取苍术对照药材0.8克，同法制成对照药材溶液。再取苍术素对照品，加甲醇制成每1毫升含0.2毫克的溶液，作为对照品溶液。照薄层色谱法（附录Ⅵ　B）试验，吸取供试品溶液和对照药材溶液各6微升、对照品溶液2微升，分别点于同一硅胶G薄层板上，以石油醚（60～90℃）-丙酮（9∶2）为展开剂，展开，取出，晾干，喷以10%硫酸乙醇溶液，加热至斑点显色清晰。供试品色谱中，在与对照药材色谱和对照品色谱相应的位置上，显相同颜色的斑点。

【检查】水分　不得过13.0%（附录Ⅸ　H第二法）。

总灰分　不得过7.0%（附录Ⅸ　K）。

【含量测定】避光操作。照高效液相色谱法（附录Ⅵ　D）测定。

色谱条件与系统适用性试验　以十八烷基硅烷键合硅胶为填充剂；以甲醇-水（79∶21）为流动相；检测波长为340纳米。理论板数按苍术素峰计算应不低于5000。

对照品溶液的制备　取苍术素对照品适量，精密称定，加甲醇制成每1毫升含20微升的溶液，即得。

供试品溶液制备　取本品粉末（过三号筛）约0.2克，精密称定，置具塞锥形瓶中，精密加入甲醇50毫升，密塞，称定重量，超声处理（功率250瓦，频率40千赫）1小时，放冷，再称定重量，用甲醇补足减失的重量，摇匀，滤过，取续滤液，即得。

测定法　分别精密吸取对照品溶液与供试品溶液各10μl，注入液相色谱仪，测定，即得。

本品按干燥品计算，含苍术素（$C_{13}H_{10}O$）不得少于0.30%。

饮片

【炮制】苍术 除去杂质，洗净，润透，切厚片，干燥。

本品呈不规则类圆形或条形厚片。外表皮灰棕色至黄棕色，有皱纹，有时可见根痕。切面黄白色或灰白色，散有多数橙黄色或棕红色油室，有的可析出白色细针状结晶。气香特异，味微甘、辛、苦。

【检查】水分 同药材，不得过11.0%。

总灰分 同药材，不得过5.0%。

【鉴别】【含量测定】同药材。

麸炒苍术 取苍术片，照麸炒法（附录Ⅱ D）炒至表面深黄色。

本品形如苍术片，表面深黄色，散有多数棕褐色油室。有焦香气。

【检查】水分 同药材，不得过10.0%。

总灰分 同药材，不得过5.0%。

【含量测定】同药材，含苍术素（$C_{13}H_{10}O$）不得少于0.20%。

【鉴别】（除显微粉末外） 同药材。

【性味与归经】辛、苦，温。归脾、胃、肝经。

【功能与主治】燥湿健脾，祛风散寒，明目。用于湿阻中焦，脘腹胀满，泄泻，水肿，脚气痿躄，风湿痹痛，风寒感冒，夜盲，眼目昏涩。

【用法与用量】3～9克。

【贮藏】置阴凉干燥处。

第九节 苍术的市场与营销

§3.5.16 药用价值拓宽、价格不断上升

苍术按商品可分为南苍术、北苍术、白苍术三大类，是常用大宗品种之一，供应市场的货源主要是依靠野生北苍术。苍术药用历史悠久，当在2000年之上。我国历代医学著作，如《本草纲目》、《本

经》、《证类本草》、《本草正义》、《仁斋直指方》等对苍术的药用价值均有很高的评价。苍术性温、味辛、苦，入脾、胃经，有健脾、燥湿、明目、解郁、祛风、避秽等功效，主治温盛困脾、倦怠嗜卧、脘痞腹胀、食欲不振、呕吐、泄泻、痢疾、水肿、时气感冒、头痛、风寒湿痹等症。现代医学药理研究及临床实验证明，苍术根茎含挥发油约在5%～9%，油中主要成分为苍术醇、茅术醇、桉叶醇等，对肝癌有一定疗效。目前，我国各大制药厂用其作为主要原料开发的各种药物多达数十种之多，还广泛应用于各种临床药方的配伍中，属于常用大宗药材之一。随着医学领域科技的不断进步和创新，现代医学研究还发现，苍术根茎含挥发油约在5%～9%左右，油的主要成分为苍术醇、茅术醇、桉叶醇等，在临床上对肝癌有一定的疗效，功不可没。随着人们生活水平的提高，饲养业也得到相继的发展，苍术适用范围拓宽，还可作为牲畜饲料、兽药，其用量加大，价格必然上涨。根据我们的调查，1988—2011年全国药材市场苍术价格走势，1988—1995年半撞皮每千克为2～3元，1999—2004年半撞皮每千克上涨至4～6元，2005—2006年半撞皮每千克再涨至7.5～9元，2007—2008年又涨至10～11元，2009年10月1日攀升至13～15元，其中统货去皮苍术价格高达15.5～18元，2010年9月（半去皮）22～25元，去皮统货30元，双双创下历史新高。2011年半撞皮每千克25～30元，统货每千克达到30～35元。

§3.5.17 野生资源枯竭，市场需量增加

苍术资源主要来自于野生，少有家种。主产于内蒙古的兴安盟、呼伦贝尔盟、江苏、安徽、四川、湖北、江西、河南、山东、河北、山西、陕西以及东北三省，北京怀柔、天津蓟县也有一定产出，内蒙古的兴安盟、呼伦贝尔盟是我国主要产区，市场销售的产品80%都是来自于内蒙古，该产区平均年产量在300万千克以上，占全国总产量的3/5。由于近年来的高价的刺激使产区大部分闲散人员成群结队

进山疯狂似的采挖，严重的破坏了野生资源，原本就以20%的速度递减的野生资源产量更加稀少。近几年，国家又加强了对自然环境的保护力度，退耕还林、还草还木、封山育林、保护水土流失等政策的贯彻和落实，严禁进山滥采滥挖。此举更使市场货源紧张，供求矛盾日益尖锐，大货难以组织。另一方面我国的数千家医药集团（厂）以苍术为主要原料研发生产了新药、特药和中成药约300种（规格）左右，主要品种有：三妙丸、纯阳正气丸、小儿白寿丸、前列舒丸、祛风舒筋丸、二妙丸、九圣散、藿香正气水、九味羌活丸、中华跌打丸、国公酒、狗皮膏、颈复康颗粒……。同时，我国约500余家中药饮片企业还加工生产了多种类型（规格）的小包装苍术饮片，投放市场后颇受欢迎。据不完全统计，我国生产中成药、中药饮片每年所需用的苍术在300万千克以上。我国数百家兽药厂、千余家饲料添加剂厂还以苍术为主料生产了几百种兽药和动物饲料添加剂，年用苍术已超过千吨；再加之，苍术还是我国出口创汇的重要商品之一，主要出口到日本、韩国、东南亚各国及东北亚各国以及俄罗斯等国家，出口数量每年递增10%左右，此外我国港澳台市场每年也大量从内地采购苍术，采购量由10万～20万千克增长至40万～50万千克左右。此外还有我国数以千计的中医院（所）用药配方以及城乡居民自用偏方、验方治疗所用苍术每年也逾百吨。由于苍术用途的拓宽和市场份额的增加，我国各类市场对苍术的需用量呈逐年上升之势，据不完全统计，2000—2002年约为100万～200万千克，2003—2005年增加至300万～400万千克，2006—2007年再增至450万～500万千克，2008—2011年将增至550万～600万千克左右。

第六章

厚　朴

第一节　厚朴入药品种

§3.6.1　厚朴的入药品种有哪些？

按照《中国药典》2010 年版的规定，我国厚朴入药的品种主要

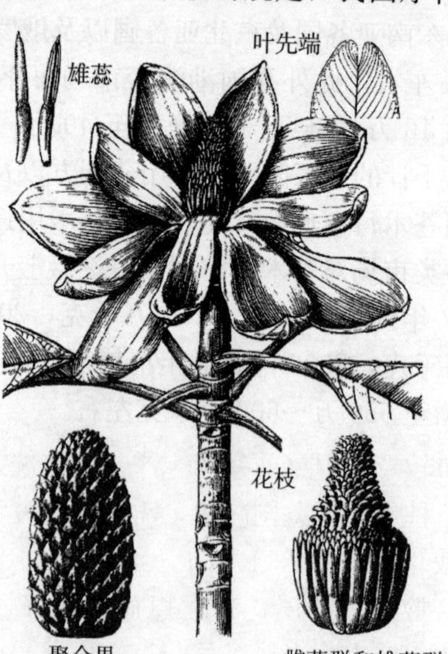

图 3-6-1　凹叶厚朴

是两种，为木兰科植物厚朴 *Magnolia officinalis* Rehd. et Wils. 或凹叶厚朴 *Magnolia officinalis* Rehd. et Wils. var. *biloba* Rehd. et Wils. 的干燥干皮、根皮及枝皮。

第二节 道地厚朴资源和产地分布

§3.6.2 道地厚朴的原始产地和分布在什么地方？

据本草考证与文献记载，厚朴始载于《神农本草经》，以后本草多有记载，古今产地变化较大。如梁代《名医别录》载："厚朴生交趾（越南）、冤句（山东荷泽）。"据文献和宋氏等调查，均未发现山东产厚朴，也未采得原植物，恐系一时之误载。陶弘景曰："厚朴出建平、宜都（四川东部、湖北西部），极厚，肉紫色为好，壳薄而白者不佳。"现湖北、四川仍生产厚朴，药材色紫油润，通称紫油厚朴或川朴，为现在用的正品道地厚朴。宋代《图经本草》厚朴项下除摘引《名医别录》产地外，另加入"今洛阳、陕西、江淮、湖南、蜀川山谷往往有之，而以梓州（四川三台）、龙州（四川江油）为上，木高三四丈，径一二尺，春生叶如槲叶，四季不凋，红花而青实，皮极鳞皱而厚，紫色多润者佳，薄而白者不堪"的记载。

§3.6.3 厚朴栽培历史及其分布地域？

厚朴资源分布较广，但目前几个主产地的情况，据调查表明，野生资源濒于枯竭，种质资源急剧减少，需要积极发展人工栽培。目前厚朴商品主要为栽培品，主产于四川开县、城口、巫溪、通江、万源、西阳、高县、黔江、纳溪，湖北恩施、鹤泽、宣恩、巴东、建始、长阳、神农架、咸丰、来凤、秭归、兴山，贵州开阳、黔西、遵义、桐梓、赫章。凹叶厚朴主产于福建浦城、福安、尤溪、政和、沙县、松溪、崇安、大田、建瓯，浙江龙泉、景宁、云和、松阳、庆元、遂昌，湖南安化、资兴、东安、慈利、桃源，广西贺县、资源、龙胜、兴安、全州、富川。

第三节 厚朴的植物形态

§3.6.4 厚朴是什么样子的？

一、厚朴 *Magnolia officinalis* Rehd. et Wils.

厚朴树高 7～15m，皮紫褐色。冬芽由托叶包被，开放后托叶脱落。单叶互生，密集小枝顶端，叶片椭圆状倒卵形，长 15～20 厘米，宽 10～25 厘米，革质，先端钝圆或短尖，基部楔形或圆形，全缘或微波状；叶面光滑，有 20～40 对显著叶脉，背面脉为网纹状，被灰色短绒毛。初夏时花与叶同时开放。花单生枝顶，白色，有香气，直径约 15 厘米；花梗粗壮，被棕色毛；花被片 9～12 枚，雄蕊多数，雌蕊红色，心皮多数，排列于延长的花托上。果实为聚合果，每个小果实为椭圆形的蓇葖果，木质；每室具种子常一枚，种子三角状倒卵形，外皮鲜红，内皮黑色。花期 4～5 月，果期 9～10 月。

二、凹叶厚朴 *Magnolia officinalis* Rehd. et Wils. var. *bilota* Rehd et Wils.（又名庐山厚朴、温朴）

凹叶厚朴为木兰科落叶乔木，高达 15 米，胸径达 40 厘米。树皮灰白色或淡褐色，有凸起圆形皮孔。枝粗壮，有圆环形托叶痕及椭圆形叶痕。叶互生，常生于枝鞘，倒卵形，全缘，顶端有凹缺，成二钝圆浅裂片或成倒心形（幼苗或幼树之叶顶端圆或微凸尖），基部楔形，侧脉 15～25 对，上面绿色，下面密被淡灰色毛，微具白粉；叶柄长 2.5～5 厘米。花与叶同时抽出，两性，单生枝顶，直径约 15 厘米；花被 9～13 片，有芳香，最外轮 3 片，淡绿色，外有紫色斑点，内面的花被片乳黄色，短圆形、倒卵状椭圆形或匙形，大小不等；雄蕊多数，花药线形，花丝短，上部乳黄色，基部红色；雌蕊离生心皮多数，柱头细尖而稍弯；雌蕊群与雄蕊群螺旋状着生于花托上下部。聚合果长 11～16 厘米；木质，有短尖头，内含种子 1～2 粒，种皮鲜红色。

第四节 厚朴的生态条件

§3.6.5 厚朴适宜于在什么地方和条件下生长?

厚朴生于海拔 300～1 700米的土壤肥沃、土深厚的向阳山坡、林缘处。喜疏松、肥沃、排水良好、含腐殖质较多的酸性至中性土壤。一般在山地土壤、黄红壤地均能生长。

厚朴为喜光树种，喜凉爽湿润、光照充足，怕严寒、酷暑、积水。生育期要求年平均气温 16～17℃，最低温度不低于－8℃，年降水量 800～1 400毫米，相对湿度 70%以上。

种子的种皮厚硬，含油脂、蜡质，所以水分不易渗入。发芽所需时间长，发芽率较低，故播种育苗时应进行脱脂处理，否则播种后不能及时发芽，甚至 1 年后才会发芽，而且出苗也极不整齐。因此，对种子进行脱脂处理是育苗工作的一个重要环节。

第五节 厚朴的生物特性

§3.6.6 厚朴的生长有哪些规律?

不同种源的厚朴苗木生长过程基本一致，可划分为出苗期、生长初期、速生期和生长后期四个阶段。

一、出苗期

从冬季播种，种子吸收水分开始，至翌年 3 月上中旬种壳开裂，

5月中旬90%以上的幼苗出土，并能独立进行营养生长为止，持续4～5个月。此期要求精耕细作，两耕三耙，床面要平整，基肥要施足，播种前要处理好种子，播种沟深3～4厘米，最好用焦泥灰覆土。播种后，要防止鸟兽、老鼠挖食种子，定期散放毒饵，并防止牲畜进入圃地。在种壳开裂至幼苗露出地面期间可用化学除草，安全、省工。用草甘磷10%水剂100克，兑水25千克，在晴天露水干后喷雾，效果较好。可加入少量洗衣粉，增加药水附着力，能提高除草效果。

二、生长初期

从5月中下旬幼苗地上部分出现真叶，地下部分出现侧根始，到6月下旬8～10片叶生成，幼苗的生长最大幅度上升时为止，持续期30～40天。幼苗在这一时期生长比较缓慢，苗高只有年生长量的15%左右，根系30%～50%。生长初期的前期应做好苗木移栽工作，从过密的地方移到缺苗或过疏的地方，移栽成活率达95%以上，且生长量不会受到影响。此期正值梅雨季节，圃地积水，易发生猝倒病、立枯病和根腐病，因此要做好清沟排水、防病治虫工作。

三、速生期

从7月上旬开始，到9月中旬为止，持续80天左右。此期气候适宜，苗木根系发达，叶片增加至16～20片，整个圃地几乎都被叶子覆盖，已形成完整的营养器官，杂草已失去竞争力，所以此期苗木生长量最大，幼苗的生长高峰出现在7月中旬。速生期是决定苗木质量的关键时期，基肥的用量对速生期有明显的影响。用足基肥的圃地，速生期一般不需追肥。此期易发生根腐病，应严格控制水分，防止圃地积水，提高苗木抗病能力，发现病苗及时清除。

四、生长后期

从9月下旬苗木生长逐渐缓慢开始，到11月中旬叶子脱落，停止生长为止，持续期 50 天左右。此期苗木生长量最小。生长后期的主要任务是促进苗木木质化，防止徒长，提高苗木的抗冻能力。要停止一切促进高生长的措施。

一年生厚朴从播种、出苗到停止生长进入休眠状态约 1 周年，其中 11 月至翌年 5 月中旬为出苗期，持续 4～5 个月；5 月下旬至 6 月下旬为生长初期，持续 30～40 天；7 月上旬至 9 月中旬为速生期，持续 80 天左右，苗高生长占全年 80%以上；9 月下旬至 11 月中旬为生长后期，持续期约 50 天，此期生长量不到全年的 5%。

第六节 厚朴的栽培技术

§3.6.7 如何整理栽培厚朴的耕地？

一、选地

选向阳、避风地带，疏松、肥沃、排水良好、含腐殖质较多的酸性至中性土壤。一般在山地黄壤、黄红壤地上均能生长，屋前房后和道路两旁均可种植。

育苗地应选择海拔 250～500 米以下，坡度 10～15 度，坡向朝东的新开荒地或土质肥沃的稻田为宜，菜地或地瓜地不宜种植。

在浙江景宁设立厚朴育苗试验地。该地东经 119.6°，北纬 27.9°，海拔 500 米，年均气温 17.5℃，年降水量 1.661 毫米，有排灌条件，肥力较好，前作水稻。11 月初翻耕，11 月中旬每 667 米^{2}施腐熟栏肥1 000千克，复合肥 40 千克，并进行第 2 次翻耕。

二、整地

新垦荒地多采取“三翻三耙”作床方法。清除杂草后，深翻30～40 厘米，耙平，除去草木等杂物。1 周后再翻 1 次，并施石灰每 667 米^2 50～100 千克，腐熟堆肥或草木灰1 000～1 500千克。3 周后进行第 3 次翻地，耙细整平后按东西方向作畦，畦宽 1 米，高 25 厘米，长度按地形而定。畦床作好后撒少量石灰消毒，覆盖1厘米厚的黄泥土，稍压平。

造林地应选择土壤肥沃、土层深厚、质地疏松的向阳山坡地。于白露后挖穴种植，一般穴长为30厘米，宽为60厘米，深30厘米，或30厘米×60厘米×50厘米。

§3.6.8 厚朴如何繁殖？

一、种子繁殖

（一）播前处理

选择15～20年生皮厚油多的优良母树留种。一般选籽粒饱满、无病虫害、成熟的种子。厚朴种子外皮富含蜡质，水分难以渗入，不易发芽，必须进行脱脂处理。常用的方法有：

1. 乘鲜处理 9～10月采摘成熟的红色果实，浸入浅水中，脚踩、手搓至种子红色蜡质全部去掉后摊开晾干。

2. 砂埋法 将采收的种子与砂按1∶3比例混合埋入湿土中，次年春天播种。也有混合后用棕片包好埋入湿土中的。

3. 温水浸泡法 将种子放入30℃的温水中浸泡7～10天，待水分渗入种皮内部变软后置阳光下晒10分钟，种皮自然裂开，再行播种。浸泡必须严格控制水温，高于30℃会烫坏种子，低于30℃催芽作用不明显。可将适宜的温水倒入暖水瓶中浸泡种子。

4. 茶水处理 用浓茶水浸泡种子1～2天，把蜡质层全部搓掉，取出晾干。

需要注意的是，如种子暂不使用，便不要进行脱脂处理。

（二）新采的种子及时冬播出苗率高，要注意以下几方面内容

1. 适时采种 混砂贮藏，做好种子处理工作，厚朴种子场圃发芽率可达60%以上。

2. 用温水浸种时，将沉籽与浮籽分开播种 10千克沉籽发芽率75.1%，2.5千克浮籽发芽率4.2%。

3. 采用海拔过高的厚朴，种子发育未成熟，影响发芽率 海拔1 700米以上的厚朴种子常不成熟，如四川峨嵋山的厚朴，凡在1 700米以上，就难得到成熟的种子。

4. 种子处理不当，则发芽率极低 种子贮藏运输不当，也影响种子发芽率，甚至丧失发芽力。

（三）播种

播种时间：厚朴在浙江进行冬播，下种期为 10 月中旬至 12 月，但以立冬前后为好。播种：采用条播，行距 15～30 厘米，株距 6 厘米左右播种 1 粒，每 667 米^2 播种量 5～6 千克，覆土 1.5 厘米，再盖以薄层稻草，保持土壤湿度。约 20～30 天出苗。

（四）厚朴的鲜种条播

种育苗移栽或直播。由于种皮坚硬，富含油脂质，妨碍透水，同时种孔较小，吸水困难，播后不易发芽。虽经过机械损伤种皮处理，但出苗率仍然不高，一般为 60%。近年来，陕西省安康地区采用成熟鲜果，剥取鲜种直播育苗，或湿砂贮藏，待到下年春季播种，收到好的效果，出苗率达 90%以上。

1. 固定采种树 选择健旺无病，树龄在 10 年以上，生长在海拔1 000～1 200米的树作采种树。4 月中旬花将开放时，每株采种树留花 5 朵，余者花蕾采摘入药。该法留种，果大，种子饱满，大小均匀，发芽率高。9～10 月（白露至寒露之间），果皮呈紫红色，果皮微裂，露出红色种子（种皮呈鲜红色）时，采下果实，若过迟采收种子容易脱落。采摘的果实，不要剥出种子，因种子易干，影响发芽能力。

2. 鲜种的播种和贮藏 数量不多的鲜种，可随采随播。采取条播，出苗整齐，成活率高，便于田间管理，行距以 33 厘米为宜。开沟时沟底要平，深约 3 厘米。每 667 米^2 需种子 12 千克。播后覆盖细泥土，再盖以稻草或树枝，保持经常潮湿，次年 5 月即可出苗。

3. 鲜种的湿砂贮藏按砂 3 份种子 1 份的比例，一层砂子（厚约 3 厘米）一层种子，或砂种混合。少的（5 千克以下）可采用废旧木箱贮放；多者可用土坑贮藏。坑选在室内或山林下荫凉处，长 200 厘米，宽 120 厘米，深 25 厘米，一层砂一层种子，只可铺放 3 层种子，砂和种子的总厚度不得超过 5 厘米，太厚会影响最底层种子的呼吸。温度控制在 3～4℃，保持湿润，翌年 3 月下旬、4 月均可下种（春分至清明）。

趁鲜播种，种子内含有水分，避免了种皮不透水的障碍。鲜种的种孔（是水分和空气的通道，种子萌发多由种孔吸收水分，胚根也常从这里伸出来，又称萌发孔）比干种的种孔大，鲜种贮存在湿砂里，种子内始终含一定量水分。水分、空气、温度是种子萌发必备的条件，适宜的温度起主导作用。虽然厚朴鲜种有湿润环境，水分和空气条件具备，但如果主要因素温度不适合，种子还是不能萌发。春季气温上升，温度达到 15～20℃时播种，种子就容易萌发。

二、厚朴的压条繁殖

生长 10 年以上的厚朴树，树干基部常长出枝条，在 11 月上旬或早春选长 67 毫米以上枝条，挖开母树基部的泥土，从枝条与主干连接处的外侧用刀横割一半，握住枝条中下部，向切口相反方向扳压，使树苗从切口裂开，裂口不宜太长（约 67 毫米左右），然后在裂缝中放一小石块，并把土堆盖在老树根和枝条周围，高出土面 17～20 毫米，稍加压紧，施人畜粪，以促进发根生长。到秋季落叶后或第二年早春，把培土挖开，如枝条裂片上长出新根，形成幼株，即可用快刀从幼苗与母树基部连接处切开，即可定植。由上法所得幼苗，在定植时斜栽土中，使基干与地面呈 40 度角，到次年或第三年则可从基部垂直生出许多幼枝来，在枝高 33～67 厘米时，按上法压条（留一健壮的枝不压），到了当年秋季，幼苗新的根系又已形成，次年春天又可进行分栽。未压的一株，则留着不动，同时将最初斜插的老株齐地剪去，以促进新株更茁壮成长。在采收厚朴时，只砍去树干，不挖树桩，冬季盖土，第二年也可长出小苗，苗高 67 厘米时，同样进行压条。

幼苗需斜栽于土中，与地面呈40度角。移栽1～3年后的植株基部又会长出许多幼苗，当苗高30～70厘米时，早春季节可再行压条。这次压条应保留一株健壮幼苗不压，待所压的幼苗全部移栽后，将老株齐地剪去，使未压的幼苗茁壮成长。

也可在采收厚朴时，在树蔸上培上细土，这样，第二年在蔸部即有大量幼苗萌发，可用以进行压条。与种子繁殖相比，压条所得的数量是有限的，优点是苗木生长快。种子繁殖便于运输，繁殖系数大，所以多为产区采用。

三、厚朴的分蘖繁殖

立冬前或早春1～2月，选高0.6～1米、基部粗3～5厘米的萌蘖，挖开母树根基部的泥土，沿萌蘖与主干连接处的外侧，用利刀以35度角左右斜割萌蘖至髓心，握住萌蘖中下部，向切口相反的一面施加压力，使苗木切口处向上纵裂，裂口长5～7厘米，然后插入一小石块，将萌条固定于主干，随即培土至萌蘖割口上15～20厘米处，稍加压实，施入人畜粪3～5千克，促进生根。培育1年后，将苗木从母树蔸部割下移栽。此外，还可以在采收厚朴时留下树蔸，冬季覆土，第2年春天即长出萌蘖苗，连同母株根部劈开挖起移栽或在苗圃继续培育，即所谓“劈马蹄”。

§3.6.9　如何对厚朴进行田间管理?

一、苗期管理

翌年清明节后出苗，揭去盖草，或在出苗前用火烧去盖草，这样能增高土温，出苗齐。苗期要经常拔草，干旱天常洒水（早晨或傍晚），保持土壤湿润。施肥要做到“少施多次”，苗期追肥3～5次，第1次以苗长出两片真叶，苗高约5厘米时施为宜，以后可看苗施肥，一般是间隔1个月左右。方法是：拔去杂草，松土后，将肥撒施于苗间，盖细土，再洒上水。第1次每667米^{2}用肥1～2千克（折合纯氮），第 2 次起可用至 3 千克以上，同时适当加些钾肥。厚朴留苗密度控制在 667 米^{2}2 万株左右是比较合理的。此密度按厚朴种子场圃发芽率 60%，种子干粒重 140～180 克计算，每 667 米^2 播种量控制在 4.7～6.0 千克，然后根据实际发芽情况及时移栽。

二、地膜育苗

用地膜育苗技术，取得了早出苗、出壮苗和提高发芽率的好结果。

（一）播种时间与方法

本地传统厚朴育苗多在清明节前后，采用地膜覆盖育苗，可提前到立春前播种。已往育苗多为撒播或条播，采用地膜育苗，则按株行距 15 厘米×15 厘米单粒点播，播深 3 厘米，每 667 米^2 播种 2.2 万粒。播后苗床面覆盖火烧土 1～2 厘米，再铺干稻草 2 厘米，然后放火把盖在畦面的稻草烧掉，盖上地膜，保持土温，以防春寒袭击。

（二）苗圃管理

1. 检查地温和去酸 地膜覆盖的苗床，3 天后土温可升至 15～20℃，若超过 25℃，可揭开苗床两头地膜通风降温，还可去除酸性。通常 18～20℃种子开始萌动。

2. 炼苗 播种后 25～30 天厚朴幼苗根长 4～5 厘米，35～40 天有 50%～70%幼苗出土，长成高 3～4 厘米的二叶包心苗。齐苗后白天要揭去地膜炼苗，晚上盖上地膜保温，反复 4～6 天，即可揭去地膜。

3. 中耕除草 揭去地膜后，要及时除草，以后见草就拔。除草后要立即撒上一层火烧土，以保护幼苗根部，促进生长。同时注意春雨季节的排水管理，以免积水烂根。

4. 追肥 待厚朴苗长到五叶包心，地上部分完全木质化时，每 667 米^2 用 5 千克尿素在晚间或雨天直接撒施，如苗地肥力较好可视幼苗生长情况适时撒施。

5. 地膜覆盖效果 使用地膜覆盖育苗，出苗时间缩短 15 天，且比较一致，苗木整齐。幼苗生长比没有地膜覆盖的提早 1 个月，所以生长期长，苗木健壮，当年即有 90%的厚朴苗高 100～120 厘米，成苗率提高 20%以上。

另外，由于成苗率提高，只需用点播方式，比不用地膜的撒播和条播节省种子 30%以上，因此值得推广应用。

三、厚朴的移栽

据药农经验，移栽厚朴以选朝南向阳的坡地为好。朝南的坡地可使根部生长旺盛，根皮产量高，质量好，筒朴少。朝东或朝西的次之。朝北坡地生长不好。背阳山地种植，根生长差，根皮少，筒朴多，质量差。

以选择土层深厚、土壤疏松肥沃、排水良好、呈中性或微酸性反应、含腐殖质丰富的山地夹沙壤土为好。凡是黏重、易板结、土层薄的坡地，均不宜栽培。

移栽一般在秋末落叶后进行，成活率较高。成片造林要进行开山，深翻 33 厘米，清除树桩、树根、石块、草根等，然后按株行距 3 米×3 米开穴，穴宽 67 厘米，深 33 厘米，每穴种苗木 1 株，每株苗木留根 3～5 条，过多的根应剪去。先将苗木放直栽入穴内，使根向不同方向平展，不使弯曲，然后分层次将土放入穴内压紧，水浇透后，再盖上一层松土即可。

也可在苗木出圃后，切除主根，根部充分蘸足泥浆，栽于预先开好的穴内，入土深度较原来旧土痕深 3～8 厘米。回表土于穴内，手执苗木根茎，稍上提抖动，使根系自然伸展，填土适度，踏实，并盖上一些松土，以减少土壤水分蒸发。干旱的地方要浇定根水，再盖上一些松土。

§3.6.10　厚朴的速丰生产技术有哪些?

厚朴喜在气候凉爽、土层深厚、肥沃湿润的坡面上生长，不宜在土层浅薄干燥的迎风坡面上生长。

有人提出，集约经营生产是速丰生产的关键，其主要措施是增施肥料。具体做法是：在整地挖穴的基础上，每穴内施长效三元复合肥料250克作基肥，然后按160厘米×200厘米株行距进行造林。此法与粗放经营（即在同一条件下未经整地、挖穴、施基肥）对比试验表明，厚朴林生长快速，产量增加。

任何一个良种，只有在适生的土壤和良好的肥力条件下才能发挥优势。

一、间套作

厚朴生长前期发育较慢，林间空隙大，为充分合理地利用土地，可采用厚朴乔木与灌木或草本植物如禾本科类、豆类、观赏植物等间作，既可增加收益，又利于树木的管理。据报道，厚朴与针叶树杉木类植物混合造林，对木材生长有明显的促进作用，并能减少病虫害，做到林药兼顾。必须注意的是，混合造林的行株距离视树种不同而异，其行株距宜比厚朴纯林适当加长加宽，一般以2.5米×2.5米左右为宜，每间隔1行杉木或2～3行杉木定植1行厚朴。根据实地勘察，凹叶厚朴常散生于杉木林中或混交林中。杉木是厚朴的伴生树种之一。针叶树与阔叶树混合造林是符合植物生态群落学的理论的。据观察报道，在大面积人工厚朴纯林中，厚朴叶枯病和金龟子的危害相当严重，但厚朴、杉木混合林中，却很少发生病虫危害。从某县的十年生和五年生纯林与混合林中厚朴、杉木的生长情况调查中可见，混合林对厚朴和杉木的生长均有明显的促进作用。

混合林的厚朴平均比纯林中的厚朴高90～110厘米，胸高直径平均比纯林的厚朴粗0.77～2.17厘米。混合林对杉木的生长也有促进作用，特别是高度，混合林中的杉木平均比纯林中的杉木高40～100厘米。

厚朴、杉木分别属于阔叶树和针叶树，各自叶片的界面层不同，其叶片在解剖学上有差异，因而它们彼此在水分蒸腾、能量交换、呼吸作用等生理功能方面亦有差异，对外界条件的需求和利用也不同，从而能更有效、更协调地利用自然界的生态条件。这是它们彼此能够结合为伴生树种的内在因素。鉴于厚朴、杉木两者的生长速度相近，采作年限相仿（20～30 年），杉木是主要用材林，厚朴除采剥树皮药用之外，树干也是有用之材。由此可见，两者混合造林，林药兼顾。

二、间套作管理

幼林郁蔽前可以适当套种豆类、花生、苡米，对套种作物进行除草、松土、施肥等耕作，可促进厚朴幼树生长。未套种的林地，头 3 年内除草、松土。对郁蔽的厚朴林，每隔 1～2 年，在夏、秋季节杂草生长旺盛期，要中耕培土 1 次，并除去基部的萌蘖苗，中耕深度约 10 厘米，过深易伤根系。结合中耕培土，对种子林每隔 2～3 年每 667 米^2 施过磷酸钙 50 千克，以保证花多、果大、种子饱满。

厚朴成林后，修剪弱枝、下垂枝和过密的枝条，以利于养分集中供应主干和主枝。15～20 年以上厚朴如树皮较薄，可在春季用刀将树皮倾斜地割 2～3 刀，使养分积聚，促进树皮增厚。凡过于郁闭的林冠，都要进行间伐。

§3.6.11 厚朴种子如何采收?

厚朴移栽后 8 年左右就能开花和结果，但留种的以选择 15 年以上的树为好。在 4 月初花时，每株留 4～5 朵花，其余的花均采摘入药。这样留种，果大，种子饱满。白露至寒露间，当厚朴果皮发紫红色，果皮微裂，露出红色种子时，即可采下果实。过迟收，种子容易脱落。果实采下后，不要马上剥出种子（否则种子容易干燥，影响发芽），应将果实堆放在室内干燥的地方，待 10 月下种时，再剥出红色种子，经脱脂后下种。如不能立即下种，可与湿砂混合贮藏。

§3.6.12 厚朴的病虫害如何防治?

一、病害

(一)厚朴立枯病

1. 症状 在苗期发生，幼苗出土不久，靠近地面的植株茎基部缢缩腐烂，呈暗褐色，形成黑色的凹陷斑，幼苗折倒死亡。

2. 病原 厚朴立枯病病原为 *Rhizoctonia* sp.，属半知菌亚门、丝孢纲、无孢目、无孢科、丝孢菌属真菌。菌核组织较疏松，表里色泽一致，菌丝近直角分枝，分枝处缢缩。

3. 发病规律 病原菌以菌丝体或菌核在土壤中或病残组织中越冬。在土壤粘性过重、阴雨天等情况下发生严重。

4. 防治措施

(1)选择排水良好的沙质壤土种植。

(2)雨后及时清沟排水，降低田间湿度。

(3)发病初期，用5%石灰液浇注，每隔7天1次，连续浇注3~4次；在病株周围喷50%甲基托布津1 000倍液。

(二)厚朴叶枯病

1. 症状 叶面病斑黑褐色，圆形，直径2~5毫米，后逐渐扩大密布全叶，病斑呈灰白色。在潮湿时，病斑上生有黑色小点，即病原菌的分生孢子器。后期，病叶干枯死亡。

2. 病原 厚朴叶枯病病原为 *Septoria* sp.，属半知菌亚门、腔孢纲、球壳孢目、球壳孢科、壳针孢属真菌。分生孢子器叶两面生，散生，初埋生，后突破表皮，球形至扁球形；器壁褐色，膜质，直径60~120微米。分生孢子线形或针形，无色透明，正直或微弯，基部钝圆形，顶端略尖，1~3个隔膜，大小为15~32微米×2~2.5微米。

3. 发病规律 病原菌以分生孢子器附着在寄主病残叶上越冬，成为翌年的初次侵染来源。生长期，分生孢子借风雨传播，引起再次侵染，扩大为害。

4. 防治措施

(1) 及时摘除病叶，烧毁或深埋。

(2) 每隔 7～8 天喷 1 次 1∶1∶120 波尔多液或 50%退菌特 800 倍液，连续 2～3 次。

(三) 厚朴根腐病

1. 症状 幼苗期发生，根部首先变褐色，逐渐扩大呈水渍状；后期，病部发黑腐烂，苗木死亡。

2. 病原 厚朴根腐病病原 *Fusarium* sp.，属半知菌亚门、丝孢纲、丛梗孢目、瘤痤菌科、镰孢属真菌。分生孢子镰刀形，多胞，有隔，无色；有时还形成卵圆形的小型分生孢子，单胞，无色。

3. 发病规律 病原菌以分生孢子在土壤或病残组织中越冬。生长期，一旦有适宜条件即可发病。天气时晴时雨、土壤积水、幼苗生长不良等促使发病。

4. 防治措施

(1) 生长期应及时疏沟排水，降低田间湿度，同时要防止土壤板结，增强植株抵抗力。

(2) 发病初期，用 50%退菌特 500～1 000倍液或 40%克瘟散 1 000倍液，每隔 15 天喷 1 次，连续喷 3～4 次。

二、虫害

(一) 褐天牛

初孵化幼虫蛀入树皮在皮下蛀食，约经 6 周向木质部蛀入。

防治方法：夏季检查树干，用钢丝钩杀初孵化幼虫；5～7 月成虫盛发期，在清晨检查有洞孔的树干，捕杀成虫。

(二) 金龟子

越冬成虫在来年 6～7 月夜间出动咬食厚朴叶片，造成缺刻或光杆，闷热无风的晚上更为严重。

防治方法：冬季清除杂草，深翻土地，消灭越冬虫口；施用腐熟的有机肥，施后覆土，减少产卵量；用锌硫磷1.5千克拌土15千克，撒于地面翻入土中，杀死幼虫；危害期用90%敌百虫1 000～1 500倍液喷杀。在金龟子危害较严重的林区，可设置40瓦黑光灯诱杀其成虫。

(三) 白蚁

危害根部。

防治方法：寻找白蚁主道后，放药发烟；在不损坏树木的情况下，采用挖巢灭蚁的方法。

三、地下害虫综合防治方法

对地下害虫只有加强各项田间管理技术和药剂防治相结合的综合防治措施，才能收到很好的防治效果。第一，土地须经多次耕翻，播种或用地前1年秋翻，把害虫的卵、蛹、幼虫翻到土表或深埋土中，改变其生活环境而致死。第二，中耕除草：在害虫产卵期、蛹期，适当增加松土次数，可将害虫的卵、蛹暴露在土地表面或深埋于土中，使其得不到孵化、羽化条件而死亡。第三，人工捕捉：在翻地、碎土等作业中，发现害虫立即捕捉消灭。第四，清理田园，搞好田间卫生：田间、田边的杂草、枯枝、落叶、残株等常是害虫的产卵场所，亦是各种病原菌寄生之处，一定要彻底清除，并将其深埋或烧毁。保持田园卫生，能减轻病虫害的发生。第五，灯光诱杀成虫：成虫发生时期，设置黑光灯、马灯、电灯诱杀成虫，灯下放置一个内装适量水和煤油的容器或糖蜜诱杀器，效果更佳。第六，毒饵诱杀：用敌百虫0.5千克拌入10千克炒香麦麸或豆饼中，加适量水配制成毒饵，傍晚撒于田间或畦面上诱杀，或在畦帮上开沟，把毒饵撒入沟内覆上土，诱杀效果更好。

第七节　厚朴的采收、加工(炮制)与贮存

§3.6.13　厚朴什么时间采收？

一、采收时间

一般栽种 15～20 年左右收获。树龄愈长皮愈厚，油性愈重，产

量高，质量也好。收获期为 5～6 月。此时形成层细胞分裂较快，薄壁细胞富含水分，皮部组织发育旺盛，皮部与木质部之间疏松，易剥离。收获过早，树皮内油分差，皮薄，质量不好。

二、采收方法

（一）伐树剥皮法

采收时将厚朴树连根挖起，分段剥取茎皮、树皮和根皮。此法对资源破坏严重。

（二）环剥方法

5 月中旬至 6 月下旬，选择树干直、生长势强、胸径达 20 厘米以上的树，于阴天（相对湿度最好为 70%～80%）进行环剥。先在离地面 6～7 厘米处，向上取一段 30～35 厘米长的树干，在上下两端用环剥刀绕树干横切，上面的刀口略向下，下面的刀口略向上，深度以接近形成层为度。然后呈丁字形纵割 1 刀，在纵割处将树皮撬起，慢慢剥下。长势好的树，一次可以同时剥 2～3 段。被剥处用透明塑料薄膜包裹，保护幼嫩的形成层。包裹时上紧下松，要尽量减少薄膜与木质部的接触面积。整个环剥操作过程中手指切勿触到形成层，避免形成层可能因此而坏死。剥后 25～35 天，被剥皮部位新皮生长，即可逐渐去掉塑料薄膜。第 2 年，又可按上法在树干其他部位剥皮。此法不用砍树取皮，保护了资源，也保护了生态环境。

三、采割部位

（一）蔸朴

在树基部 3～5 厘米处由此向上量 45～75 厘米，用利刀环切树皮至形成层处，再纵切 1 刀，剥下树皮，近根部的一端展开如喇叭口，习称“靴筒朴”。其外表面灰棕色，粗糙，有突起的皮孔及纵皱；内表面紫棕色。其断面外侧颗粒状；内侧纤维状。可成层剥离。气香，味辛辣、微苦。

(二) 筒朴（也称干朴）

在树干上从下至上依次量约 70 厘米长，将树皮一段段地切割、剥皮，自然卷成筒形，以大套小，平放于容器内，以免树液从切口处流失。一般呈卷筒状或双卷筒状。

(三) 根朴

指树根的皮。多呈单筒状或不规则块片，有的弯曲似鸡肠，习称“鸡肠朴”。较易折断。如不准备压条繁殖，可挖起全根，把根皮剥下。

(四) 枝朴

指树枝的皮。采割方法同干朴。一般呈筒状，易折断。

(五) 脑朴

在离地面 60 厘米高处横向锯断，再向地下挖 3～6 厘米，从该处将树皮横向锯断，再纵割 1 刀，剥下树皮。

§3.6.14 怎样加工厚朴？

一、厚朴的加工

(一) 川朴加工方法

1. 筒朴 将筒朴夹住置大锅开水中，用瓢舀开水烫淋，到厚朴柔软时取出，用青草塞住两端，直立放屋角或大木桶内，上盖湿草或破棉絮“发汗”24 小时后，树皮横断面成紫褐色或棕褐色，有油润光泽。取出套筒，分成单张，用竹片或木棒撑开晒干，再用甑子蒸软后，即行卷筒。大的两人相对用力卷起，使成两卷，小的一人卷成单卷。卷好后用稻草捆紧两端，把两端用刀截齐，晒干。晒时晚上收回后要架成“井”字形，使其易通风。

2. 蔸朴 水烫和“发汗”方法与筒朴一样，只是卷筒时卷成单卷，卷后用稻草捆住中部，再行晒干即成。

3. 根朴 可不经“发汗”，晒干即成。

(二) 浙江厚朴加工方法

厚朴运回后，在通风的屋内或草棚内，离地 33 厘米高搭一架或用楼板，将脑朴、筒朴、根朴分别堆放风干。对脑朴或较大的筒朴要斜立于架上，其余则横放。风干期间要经常上下内外翻动，加速风干，切忌阳光曝晒或堆放在地上。阳光曝晒，油分香味走失易破裂，堆放地上易还潮生霉，而室内阴干则油足，味香，质好。一般过三伏天后树皮干燥，即可进行分类，打成捆出售。

精加工：按特殊要求或出口规格进行的加工分五步进行。①选料：挑选外观完整、卷紧实未破裂、皮质厚、长度符合要求的筒朴、根朴或脑朴。②刮皮：用刮皮刀刮去表面的地衣及栓皮层，要求下刀轻重适度，刮皮均匀，刮净。③浸润：刮好的厚朴竖放在 5 厘米深的水中，一头浸软后调头再浸，浸软后取出。④修头：用月形修头刀将浸润的厚朴两头修平整，然后用红丝线捆紧两头。⑤干燥：将修好的厚朴横放堆在阴凉干燥通风处自然干燥。这种阴干的厚朴油性足，味香，比晒干的质量好。

§3.6.15　如何炮制厚朴？

现代厚朴的炮制，多以姜汁制，但各地具体操作不同。

一、姜厚朴

（一）姜汁浸

厚朴 5 千克，姜 0.5 千克（山西）或 0.5～1 千克（西安、苏州、湖北、成都）。

1. 取捆好的厚朴，竖立盆中，从两端反复淋润热姜汁，至润透，闷 1 天，卷紧成筒状（成都）。

2. 先将生姜熬水，将厚朴浸润透，切1.7～3.3毫米厚的片，阴干。

3. 取原药材洗净蒸透，切 1.7 毫米厚的片晒干，另取生姜打烂加水去渣，拌入厚朴片内，至吸干为度（苏州）。

（二）姜汁炒

厚朴 50 千克，姜 1.5～2.5 千克（黑龙江、云南、山东、福州）

或5～7.5千克（吉林、长沙、厦门）。

1. 取生姜加水捣汁，与厚朴拌匀，用微火炒至姜汁干即可。

2. 取厚朴片炒热或炒至微焦，喷入姜汁拌匀，再炒干即可（黑龙江、福州、厦门、贵州）。

3. 姜汁蒸 厚朴500克，老生姜100克（广东）。

取生姜磨汁，拌厚朴蒸透，切片，焙至八成干，用瓦缸封固6～10个月（可以减去辛辣味）即可。

4. 姜汤煮 厚朴5千克，姜275克（保定）或250克（旅大）或500克（辽宁、北京、天津、山东、重庆）。

取厚朴用姜汤煮至水干，放冷闷润后切丝晒干。

二、制厚朴

（一）紫苏、生姜炒

厚朴500克，紫苏50克，姜汁50～100克（南京）。

取紫苏加水750克，煎取600克，与厚朴拌匀，待汁尽，再以鲜生姜自然汁同拌，使吸尽，再用微火炒焙，至略焦黄为度。

（二）紫苏、生姜煮

厚朴500克，苏叶400克，生姜80克（上海），或苏叶50克，生姜100克（浙江）。

1. 取原药材，加清水浸3～6小时，放铜锅内加苏叶、生姜，加水漫过各药，煮8小时，用余火闷16小时取出，刮去粗皮切片，再取滤去苏叶、生姜后的药汁，浇拌厚朴片，待吸干后晒干（上海）。

2. 取厚朴加苏叶、生姜及水共煮8小时，闷1夜，取出摊冷，纵截成33毫米长条，再横切3.3毫米宽丝即可（浙江）。

§3.6.16 厚朴怎么样贮藏好？

厚朴一般为外套麻布的压缩打包件。贮于阴凉、避风处。商品安全水分9%～14%。本品易失润、散味。干枯失润品，无辛香气味，指甲划刻痕迹无油质。贮藏期间，应保持环境干燥阴凉，整洁卫生。高温高湿季节前，可按垛密封保藏，减少不利影响。

第八节　厚朴的中国药典质量标准

§3.6.17 《国家药典》2010年版厚朴标准是怎样制定的?

拼音：Houpo

英文：MAGNOLIAE OFFIcm ALIS CORTEX

本品为木兰科植物厚朴 *Magnolia officinalis* Rehd. et Wils. 或凹叶厚朴 *Magnolia offinalis* Rehd. et Wils. var. *biloba* Rehd. et Wils. 的干燥干皮、根皮及枝皮。4～6月剥取，根皮和枝皮直接阴干；干皮置沸水中微煮后，堆置阴湿处，“发汗”至内表面变紫褐色或棕褐色时，蒸软，取出，卷成筒状，干燥。

【性状】干皮　呈卷筒状或双卷筒状，长30～35厘米，厚0.2～0.7厘米，习称“筒朴”；近根部的干皮一端展开如喇叭口，长13～25厘米，厚0.3～0.8厘米，习称“靴筒朴”。外表面灰棕色或灰褐色，粗糙，有时呈鳞片状，较易剥落，有明显椭圆形皮孔和纵皱纹，刮去粗皮者显黄棕色。内表面紫棕色或深紫褐色，较平滑，具细密纵纹，划之显油痕。质坚硬，不易折断，断面颗粒性，外层灰棕色，内层紫褐色或棕色，有油性，有的可见多数小亮星。气香，味辛辣、微苦。

根皮（根朴）呈单筒状或不规则块片；有的弯曲似鸡肠，习称“鸡肠朴”。质硬，较易折断，断面纤维性。

枝皮（枝朴）呈单筒状，长10～20厘米，厚0.1～0.2厘米。质脆，易折断，断面纤维性。

【鉴别】(1) 本品横切面：木栓层为10余列细胞；有的可见落皮层。皮层外侧有石细胞环带，内侧散有多数油细胞和石细胞群。韧皮部射线宽1～3列细胞；纤维多数个成束；亦有油细胞散在。

粉末棕色。纤维甚多，直径15～32微米，壁甚厚，有的呈波浪形或一边呈锯齿状，木化，孔沟不明显。石细胞类方形、椭圆形、卵圆形或不规则分枝状，直径11～65微米，有时可见层纹。油细胞椭圆形或类圆形，直径50～85微米，含黄棕色油状物。

（2）取本品粉末0.5克，加甲醇5毫升，密塞，振摇30分钟，滤过，取滤液作为供试品溶液。另取厚朴酚对照品、和厚朴酚对照品，加甲醇制成每1毫升各含1毫克的混合溶液，作为对照品溶液。照薄层色谱法（附录Ⅵ B）试验，吸取上述两种溶液各5微升，分别点于同一硅胶G薄层板上，以甲苯—甲醇（17：1）为展开剂，展开，取出，晾干，喷以1%香草醛硫酸溶液，在100℃加热至斑点显色清晰。供试品色谱中，在与对照品色谱相应的位置上，显相同颜色的斑点。

【检查】水分 不得过15.0%（附录Ⅸ H第二法）。

总灰分 不得过7.0%（附录Ⅸ K）。

酸不溶性灰分 不得过3.0%（附录Ⅸ K）。

【含量测定】照高效液相色谱法（附录Ⅵ D）测定。

色谱条件与系统适用性试验 以十八烷基硅烷键合硅胶为填充剂；以甲醇-水（78：22）为流动相；检测波长为294纳米。理论板数按厚朴酚峰计算应不低于3 800。

对照品溶液的制备 取厚朴酚对照品和厚朴酚对照品适量，精密称定，加甲醇分别制成每1毫升含厚朴酚40微克、和厚朴酚24微克的溶液，即得。

供试品溶液的制备 取本品粉末（过三号筛）约0.2克，精密称定，置具塞锥形瓶中，精密加入甲醇25毫升，摇匀，密塞，浸渍24小时，滤过，精密量取续滤液5毫升，置25毫升量瓶中，加甲醇至刻度，摇匀，即得。

测定法 分别精密吸取上述两种对照品溶液各4微升与供试品溶液3～5微升，注入液相色谱仪，测定，即得。

本品按干燥品计算，含厚朴酚（$C_{18}H_{18}O_2$）与和厚朴酚（$C_{18}H_{18}O_2$）

的总量不得少于 2.0%。

饮片

【炮制】厚朴　刮去粗皮，洗净，润透，切丝，干燥。

本品呈弯曲的丝条状或单、双卷筒状。外表面灰褐色，有时可见椭圆形皮孔或纵皱纹。内表面紫棕色或深紫褐色，较平滑，具细密纵纹，划之显油痕。切面颗粒性，有油性，有的可见小亮星。气香，味辛辣、微苦。

【检查】水分　同药材，不得过 10.0%。

总灰分　同药材，不得过 5.0%。

【鉴别】(除横切面外)【检查】(酸不溶性灰分)【含量测定】　同药材。

姜厚朴　取厚朴丝，照姜汁炙法（附录Ⅱ　D）炒干。

本品形如厚朴丝，表面灰褐色，偶见焦斑。略有姜辣气。

【检查】水分　同药材，不得过 10.0%。

总灰分　同药材，不得过 5.0%。

【含量测定】同药材，含厚朴酚（$C_{18}H_{18}O_2$）与和厚朴酚（$C_{18}H_{18}O_2$）的总量不得少于 1.6%。

【鉴别】(除横切面外)【检查】(酸不溶性灰分)　同药材。

【性味与归经】苦、辛，温。归脾、胃、肺、大肠经。

【功能与主治】燥湿消痰，下气除满。用于湿滞伤中，脘痞吐泻，食积气滞，腹胀便秘，痰饮喘咳。

【用法与用量】3～10 克。

【贮藏】置通风干燥处。

第九节　厚朴的市场与营销

§3.6.18　厚朴的市场概况如何？

厚朴商品主要由福建、四川、浙江、湖北等省提供。历史上均靠采集野生资源。随着人口的增加和医疗卫生事业的发展，需要量不断增加，厚朴资源自然增长跟不上需求的增长。1958 年开始进行人工种植，20 世纪 80 年代初期，人工种植的厚朴进入成龄期，成为厚朴商品的主要来源。厚朴生长周期一般要求生长 15 年以上的树皮才适合药用要求。质佳的厚朴要 25～30 年的树龄，况且厚朴生命力不是很强，生长 40 年后便自然衰退。但尽管厚朴造林面积不断扩大，市场供应仍时紧时松，属于产销基本平衡略有不足的品种。

据全国中药资源普查统计，厚朴野生资源蕴藏量约1 400万千克，现有家种资源成龄树约 300 万千克。当前出口量也不断增加，特别是南韩搞提取批量要货，厚朴国内年需求量保守估计也在 300 万千克以上。因此，厚朴后备资源不足。

鉴于以上情况，对已有的厚朴林要有计划地开发利用，同时，在厚朴生长适宜区，特别是传统产区四川、浙江、福建、湖北、湖南等省，大量营造厚朴林，从根本上解决资源不足的问题。在造林过程中，要认真贯彻执行《森林法》和《野生药材资源保护管理条例》，协调好种植、护养、采收等方面的工作。厚朴生长慢，比其他树种经济收益低，国家要在政策上给予适当的扶持。在技术方面，应着力于进行优质、速生的研究，推广生长速度快、产量高、质量好的优良品种，建立科学的间伐、轮伐制度，大力推广环状剥皮再生技术，使我国厚朴生产有一个较大的发展。

厚朴自 1989 年统货跌到每千克 8～9 元，直到 2004 年持续了 16 年漫长的阶段；2005 年涨到了每千克 12 元；2006 年又涨到了 13～14 元，选装货达到了 16 元；2011 年统货一直稳定在 13～14 元。

第七章

广 藿 香

第一节 广藿香入药品种

§3.7.1 广藿香有多少个品种？入药品种有哪些？

广藿香别名藿香、枝香，为唇形科多年生草本。见图 3-7-1。《中国药典》2010 年版规定广藿香品为唇形科植物广藿香 *Pogostemon*

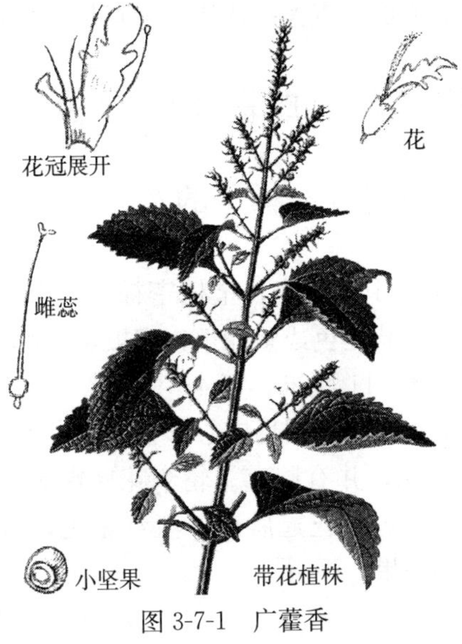

图 3-7-1 广藿香

cablin(Blanco) Benth. 的干燥地上部分。

第二节 道地广藿香资源和产地分布

§3.7.2 道地广藿香的原始产地和分布在什么地方?

广藿香原产菲律宾、印尼、马来西亚等热带地区，我国引种栽培已有千余年历史（自宋朝引种栽培）。之后，我国广东省广州市郊石牌、高要、肇庆，海南省万宁，云南临沧等地区均有传统栽培。清代广东省多栽培于广州市大塘、宝岗一带，以后又转移到广州石牌乡及东圃附近发展。主产于广东广州市郊（石牌）、肇庆、高要、徐闻、吴川、海康、廉江、电白及海南万宁、屯昌、琼山、琼海等。此外，四川、广西、云南亦有少量栽培。

产于广州市郊石牌、棠下等地的广藿香，加工十分考究，产品在形、色、气、味等方面一直保持优质，为道地药材。

第三节 广藿香的植物形态

§3.7.3 广藿香是什么样子的?

广藿香株高 60～150 厘米，全株密被毛，有香气。茎直立多分枝，四棱形，粗壮，紫红色或紫绿色，密被灰黄色绒毛。叶对生，卵圆形或椭圆形，长 4～11 厘米，宽 4～9 厘米，表面深绿色，背面浅绿色，先端短钝尖，基部近圆形或心形，边缘有不整齐的钝锯齿，两面密被灰白色短柔毛，并有腺点。轮伞花序密集成穗状，顶生或腋生；花萼管状，具 5 齿；花冠唇形，淡红紫色；雄蕊 4 枚；子房上位，柱头 2 裂。小坚果，平滑。

第四节 广藿香的生态条件

§3.7.4 广藿香适宜于在什么地方和条件下生长？

广藿香喜高温，年平均气温19～26℃，终年无霜或偶有霜冻地区均可种植。以年平均气温24～25℃的地区最适宜生长，月平均气温28℃以上或低于17℃时，广藿香生长缓慢或停止。植株能耐0℃短暂低温，在四川米易县绝对最低气温为－2.4℃，年平均气温为19.4℃，广藿香能正常生长，只是在冬春季节出现的短暂低温天气要采取防寒措施。广东省广州市郊年平均气温22℃，绝对最低温度为0℃，植株能安全过冬。海南省万宁县平均气温24.4℃，绝对最低气温1.5℃以上，广藿香一年四季均可生长。在海南主产区，一般10月定植，11月抽芽长叶，当年冬季就能正常生长，第二年2～5月为生长旺盛时期，也是有效成分积累最快的时期，6～7月即可收获。而在温度较低的地区，冬春季节生长缓慢。植株全年未见开花结果，只是多年生的植株偶能看到开花结果，花期4月。

广藿香喜欢雨量充沛、分布均匀、湿润的环境。要求年降雨量1 600～2 400毫米，在年降雨量低于1 600毫米的地区需加强人工灌溉。苗期喜欢较多的降雨量，成株后喜欢多雾、湿度大的环境。在干旱季节及时灌溉能使广藿香生长茂盛，提高产量。但水分过多也会造成烂根死亡，故雨季应注意及时排水。

广藿香叶茂而枝脆弱，遇台风时易折断，影响生长而减产，故在选地时应注意选用避风的环境地形。以土质疏松肥沃、微酸性、排水良好的沙壤土最适合广藿香生长。在壤土上种植的广藿香品质好，出油率比沙土的高5%以上，但壤土必须加强中耕排水，防止土壤板结。

广藿香对肥料的反应很敏感，尤其对氮肥的需要量大，应适当兼施磷、钾肥。当氮肥缺乏时植株生长缓慢，叶片变黄而小，分枝少，产量低。

第五节 广藿香的生物特性

§3.7.5 广藿香的生长有哪些规律？

广藿香全株含有广藿香油，而不同部位含油量有差异，叶片含油2.6%，茎枝含油量仅为2.0%，但叶油中广藿香醇等有效成分含量要比茎枝油低。此外，含油量也因收获季节不同而差异极大，初春（2月份）是植株抽芽萌枝期，其含油量最低，均在1.0%以下，而6月份的植株含油量高，达2.4%。因此应注意合理的采收季节，由于各地区环境气候条件不同，因而采收季节各地区也不一致。

广藿香是喜光植物，在阳光下比在荫蔽下生长粗壮，长势较强，茎组织充实，叶片较小而厚，茎叶干/鲜比荫蔽条件下高25%左右，出油率也高15%左右。但广藿香在苗期和定植初期必须有荫蔽，一旦长出新根和新叶后即去掉荫蔽。光照充足、雨水充沛的地方生长最快，产量最高。在水分跟不上、光照过强的地区广藿香停止生长或长势很差，叶片发红，枝条变硬，造成大量落叶，这种情况多在4～6月坡地栽培的广藿香园地里出现。

第六节 广藿香的栽培技术

§3.7.6 如何整理栽培广藿香的耕地？

选择靠水源的次生林地，土壤以棕色沙壤土为最好，灰棕色沙壤土或灰棕色石砾壤土也可。选土层深厚、排水良好、pH值4.5～5.5的土壤，坡度25°以下的山腰、低坡或路旁坡地。先砍除野生的杂草和树木，就地烧灰作基肥，耕翻埋入土中，碎土整平，然后起垄种植。在稻田种植须在晚稻收割后，即将水田排干，犁后日晒，使土壤得到充分的风化，然后作畦。畦的宽狭与高低要根据地势及土壤的条件决定。地势较低，应采取高畦宽面的方式；在地势较高、团粒结构好及排水性好的土壤上则采用低畦狭面的方式。畦的宽度一般为70～100 厘米，畦面以平整、土粒细碎为好。如果畦面凹陷不平，易使广藿香因积水而叶片发黄，生长慢。

§3.7.7 怎样进行广藿香播种?

以无性繁殖为主，主要采用直插法和插枝育苗移栽法两种。

一、直插法

插植期宜选在温暖多雨的季节。海南省一般在 9～10 月，选生长旺盛、粗壮节密、生长期为 4～5 个月的植株，取中部茎的侧枝，长 20～30 厘米，具 6～7 个节，下部 3～4 节褐色木栓化。用手将枝条自茎上轻轻折下，使插枝附有部分主茎的韧皮组织。切勿用刀截取，避免因损伤过多、水分消耗过大而降低成活率。采苗时一般自茎基部逐层分次向上采取，每隔 15～20 天采一次。采下的苗应置于阴凉地方，并要做到随采随种。

二、插枝育苗法

将鲜枝条插于苗床上，待长根后再移栽于大田。采枝条的方法及时间与直插法相同。插枝宜在阴天或傍晚剪取，最好边采边插边淋水。待次日才插植的枝条，应在傍晚摊放在露天下，吸收露水保鲜。枝条插后即荫蔽，早上盖棚遮荫，晚上揭开，冬季应昼夜盖棚防霜害。在海南岛则可隔两行插一行芒箕或用稻草覆盖于行间，仅露苗心，也能起到保湿、荫蔽及防寒的作用。每日早晚各浇水一次。插后 10 天左右便发根，发根后可施用 1∶8 的人粪尿水 3～4 次，20 天后除去荫蔽物，1 个月后即可定植。

留种：海南产区在广藿香大面积收获前的 4 月份取下部分枝条，移植在繁殖苗圃里，待 8～9 月再进行大量育苗供秋季种植。

§3.7.8 如何对广藿香进行田间管理？

一、定植

定植期应选在温暖湿润的季节。四川在 8～9 月，广州市郊区宜在 4 月上旬，湛江地区在 3～5 月。海南一年可在两个季节里定植，一次是在 9～11 月，也是大面积种植的季节，这时期雨水充足，气候温暖，插条发根早，分枝生长快，叶片能够较快地生长茂盛而遮地面，减少土壤水分蒸发。同时这时期台风季节已过，可免遭风害。另一次是在 7～8 月，这时正是全年气温最高、蒸发量最大的季节。如果采用直插法种植，则成活率很低，必须用插枝育苗定植才能保证成活。定植时一般采用斜插法，将苗的 3/5 斜插入土中，覆土轻压实。株行距可按 40 厘米×50 厘米的三角形种植。种植时不要损伤插条的皮层。植后随即淋水，盖草遮荫，成活率在 90％以上。

二、遮荫

为防止插苗受烈日晒伤枯死，植后应随即盖上遮荫物。遮荫材料一般用葵叶、芒箕或稻草等。遮荫时不能过低过密，以免苗株因不通气而闷死。约经20～30天后，见苗已经成活，可逐步减少荫蔽至完全除去遮荫物。

三、除草松土

苗成活后应定期进行除草松土。因插植苗须根多，入土浅，故除草时应注意勿伤根系。定植后半个月可进行第一次除草，以后每月除草一次。茎基部的草要拔除，除草后及时培土。

四、排灌

广藿香对水分反应敏感，即喜水分，又怕水浸。在定植发根前要勤浇水，每天浇水两次。旱季灌水时，灌入畦沟的水位达畦面 2/3 即可，让水分慢慢渗透到畦面。需经常保持湿润。雨天要注意及时排水，一经水浸，植株容易死亡，不死的也生长不良。

§3.7.9 道地优质广藿香如何科学施肥？

在中耕除草后结合施肥。广藿香是喜肥作物，且又是收获枝叶，应以施氮肥为主。一般植后一个月有新芽新叶长出时即行第一次追肥，以后每隔 20～30 天施一次肥，收获前一个月停止施肥。整个生长期施肥 6～7 次，施肥时要根据生长情况，采取先淡后浓、勤施薄施的原则。施肥量过大过浓易造成肥害，引起植株烂根死亡。一般前期多施腐熟人粪尿和草木灰等，后期则施硫酸铵为主，每次每 667 米^2 施肥量为 3～5 千克，整个生长期共施肥 20～30 千克。干旱季节多施水肥，以加强植株对肥料的吸收。

§3.7.10 广藿香的病虫害如何防治？

一、根腐病

本病发生在根部，地下茎根交界处发生腐烂，逐渐延至植株地上部分，皮层变褐色腐烂，萎蔫而枯死。在盛夏酷暑高温多雨季节，排水不良的地方，发病尤其严重。

防治方法：①及时挖除病株烧毁；撒施石灰消毒；暑天要种植作物遮荫，或用草覆盖；雨季要及时排除积水；不能连作。②发病后可以及时将健壮枝条压埋入土，让它萌生根系后，再把病株清除，撒上石灰消毒。③可以用 50%多菌灵 800～1 000倍液浇根部，防止病菌扩撒、蔓延。

二、角斑病

角斑病属细菌性病害，主要危害叶片，开始时呈水渍状病斑，以后逐渐扩大成为多角形褐色病斑，严重时叶片干枯脱落。此病多在高温高湿季节发生，没有荫蔽或荫蔽过小的条件下，容易发生。植株生长不良，发病更严重。

防治方法：①加强田间管理，及时排除积水，种植荫蔽作物，改善通风透光条件。②发病初期喷施1∶15∶120的波尔多液，每隔7～10天喷1次，连续2～3次。

三、地老虎

（一）形态特征

1. 成虫　体长17～23毫米，灰褐色，前翅黄褐色或黑褐色，有肾状纹和环状纹，肾状纹外缘有一个黑色三角斑。后翅灰白色，雌虫触角呈丝状，雄虫触角呈羽毛状圆形，初产卵为乳白色，渐变黄色，孵化前为蓝紫色，直径0.6毫米左右。

2. 幼虫　长筒形，深灰色，头黑褐色。表皮粗糙，密布大小明显不同的小黑点。腹部末节板呈淡黄色，有两条黑线。老熟幼虫体长37～47毫米。

3. 蛹　红褐色，气门黑色，腹部4～7节，前端有一列黑点，末端有两根尾刺。体长18～24毫米，宽8～9毫米。

（二）生活习性

小地老虎每年发生数代，随各地气候不同而别。春季5～6月出现第一代成虫，白天躲在阴暗地方，夜间出来活动，取食，交尾，在残株和土块上产卵，成虫有较强的趋光性。卵一般7～13天孵化成幼虫，幼虫期为21～25天，五龄脱皮，六龄老熟。6月末7月上旬在5厘米土层中作室化蛹，7月下旬至8月上旬羽化成二代成虫，8月中、下旬二代幼虫发生。3龄前幼虫食量小，4龄后食量剧增，危害性大。

（三）防治方法

（1）人工捕杀：要做到经常检查，发现植株倒伏，扒土检查捕杀幼虫。

(2) 加强田间管理，及时清除枯枝杂草，集中深埋或烧毁，使害虫无藏身之地。

(3) 发现畦内植株被害，可在畦周围约 3～5 厘米深开沟撒入毒饵诱杀。毒饵配制方法是将麦麸炒香，用 90%晶体敌百虫 30 倍液，将饵料拌潮或将 50 千克鲜草切 3～4 厘米长，直接用 50%辛硫磷乳油 0.5 千克湿拌，于傍晚撒在畦周围诱杀。

四、蚜虫

蚜虫又叫藿香虱，属同翅目蚜科，以成虫和若虫群集在嫩梢嫩枝上吮吸营养物质，危害叶片、嫩梢，影响生长，严重时把植株叶片，甚至连同茎秆吃光，造成减产。

防治方法：用 40%乐果，或 80%敌敌畏乳油1 200～1 500倍液喷洒，每 7～10 天一次，连喷 2～3 次；亦可用 2.5%鱼藤精乳油 800～1 000倍液喷杀；也可用烟筋骨水喷杀，效果均好，后两种属无公害农药，宜大力推广。

五、卷叶螟

危害叶片，以幼虫在幼芽、幼叶上吐丝卷叶，藏于其中咀食叶片。防治方法：用敌百虫稀释 300～400 倍喷杀。

六、红蜘蛛、光头蚱蜢

光头蚱蜢吃食叶片，红蜘蛛吐丝藏于植株生长点和叶片上，吃食叶肉，最后只剩叶脉，形成秃顶，影响光合作用，致使植株生长不良。防治方法：红蜘蛛可用 40%乐果乳油1 200～1 500倍液、或 80%敌敌畏乳油1 000～1 200倍液喷杀；光头蚱蜢可用 90%晶体敌百虫 400～500 倍液、或 50%磷胺乳油1 200～1 500倍液或用 25%滴滴涕乳剂 300～400 倍液喷杀。

第七节 广藿香的采收、加工（炮制）与贮存

§3.7.11 广藿香什么时间采收？

水田栽培6～8个月，坡地栽培8～11个月即可收获。收获的方式有两种：①选晴天连根拔起，去掉须根及泥沙，加工后即成商品。②留宿根分期收割。定植后3～6个月收割侧生分枝，以后每隔5～6个月割一次侧生枝叶，2～3年后更新；亦可在收获期将离地2～4个节以上的枝条和主秆割下，让其基部再长枝叶，第二年收获期又依此法进行，2～3年后更新。此法可节省每年定植的成本和劳力。

§3.7.12 怎样加工广藿香？

广藿香采收后，在阳光下摊晒数小时，待叶成皱缩状时即分层重叠堆积，盖上稻草用木板压紧，让其“发汗”一夜，使枝叶变黄，次日再摊开日晒，然后再堆闷一夜后再摊开曝晒至全干为止。包装后宜放在干燥阴凉处，防潮防热。久藏香气会散失，影响质量。产品以叶多肥厚、身干无霉烂且杂质少者为质优。如需加工提取藿香油则应采收后立即晒干，并尽快加工。

§3.7.13 如何炮制广藿香？

一、净制

（一）广藿香 除去残根及杂质，先抖下叶，筛净另放；茎洗净，润透，切段，晒干，再与叶混匀。

（二）藿香叶

拣净杂质，去梗取叶，筛去灰屑。

二、切制

藿香梗，用水浸泡，润透后切片，晒干。

§3.7.14　广藿香怎么样贮藏好?

广藿香按不同规格捆压成把，用竹席片或草席封装，贮存于阴凉、避风、避光、干燥处，温度28℃以下，相对湿度75%以下。商品安全水分12%～15%。本品含挥发油，易散味，吸潮生霉。较少虫蛀。染霉品，茎叶处呈现霉迹，香气淡弱，掺杂霉腐。为害的仓虫主要有印度谷蛾、药材甲、烟草甲等，多潜匿在破碎叶片或髓中蛀噬。

储藏期间，应定期检查，高温多湿季节前可密封或抽氧充氮养护。发现受潮，及时晾晒，虫害较多时，用磷化铝、溴甲烷等熏杀，不宜使用硫黄。

第八节　广藿香的中国药典质量标准

§3.7.15　《中国药典》2010年版广藿香标准是怎样制定的?

拼音：Guanghuoxiang

英文：POGOSTEMONIS HERBA

本品为唇形科植物广藿香 *Pogostemon cablin*（Blanco）Benth.的干燥地上部分。枝叶茂盛时采割，日晒夜闷，反复至干。

【性状】本品茎略呈方柱形，多分枝，枝条稍曲折，长30～60厘米，直径0.2～0.7厘米；表面被柔毛：质脆，易折断，断面中部有髓；老茎类圆柱形，直径1～1.2厘米，被灰褐色栓皮。叶对生，皱缩成团，展平后叶片呈卵形或椭圆形，长4～9厘米，宽3～7厘米；

两面均被灰白色绒毛；先端短尖或钝圆，基部楔形或钝圆，边缘具大小不规则的钝齿；叶柄细，长 2～5 厘米，被柔毛。气香特异，味微苦。

【鉴别】(1) 本品叶片粉末淡棕色。叶表皮细胞呈不规则形，气孔直轴式。非腺毛 1～6 细胞，平直或先端弯曲，长约至 590 微米，壁具疣状突起，有的胞腔含黄棕色物。腺鳞头部 8 细胞，直径 37～701 微米；柄单细胞，极短。间隙腺毛存在于叶肉组织的细胞间隙中，头部单细胞，呈不规则囊状，直径 13～50 微米，长约至 113 微米；柄短，单细胞。小腺毛头部 2 细胞；柄 1～3 细胞，甚短；草酸钙针晶细小，散在于叶肉细胞中，长约至 27 微米。

(2) 取本品粗粉适量，照挥发油测定法（附录Ⅹ D）测定，分取挥发油 0.5 毫升，加乙酸乙酯稀释至 5 毫升，作为供试品溶液。另取百秋李醇对照品，加乙酸乙酯制成每 1 毫升含 2 毫克的溶液，作为对照品溶液。照薄层色谱法（附录Ⅵ B）试验，吸取上述两种溶液各 1～2 微升，分别点于同一硅胶 G 薄层板上，以石油醚（30～60℃）-乙酸乙酯-冰醋酸（95∶5∶0.2）为展开剂，展开，取出，晾干，喷以 5%三氯化铁乙醇溶液。供试品色谱中显一黄色斑点；加热至斑点显色清晰，供试品色谱中，在与对照品色谱相应的位置上，显相同的紫蓝色斑点。

【检查】杂质 不得过 2%（附录Ⅸ A）。

水分 不得过 14.0%（附录Ⅸ H 第二法）。

总灰分 不得过 11.0%（附录Ⅸ K）。

酸不溶性灰分 不得过 4.0%（附录Ⅸ K）。

叶 不得少于 20%。

【浸出物】照醇溶性浸尚物测定法（附录Ⅹ A）项下的冷浸法测定，用乙醇作溶剂，不得少于 2.5%。

【含量测定】照气相色谱法（附录Ⅵ E）测定。

色谱条件与系统适用性试验 HP-5 毛细管柱（交联 5%苯基甲基聚硅氧烷为固定相）（柱长为 30 米，内径为 0.32 毫米，膜厚度为

0.25 微米)；程序升温：初始温度 150℃，保持 23 分钟，以每分钟 8℃的速率升温至 230℃，保持 2 分钟；进样口温度为 280℃，检测器温度为 280℃；分流比为 20∶1。理论板数按百秋李醇峰计算应不低于50 000。

校正因子测定　取正十八烷适量，精密称定，加正己烷制成每 1 毫升含 15 毫克的溶液，作为内标溶液。取百秋李醇对照品 30 毫克，精密称定，置 10 毫升量瓶中，精密加入内标溶液 1 毫升，用正己烷稀释至刻度，摇匀，取 1 微升注入气相色谱仪，计算校正因子。

测定法　取本品粗粉约 3 克，精密称定，置锥形瓶中，加三氯甲烷 50 毫升，超声处理 3 次，每次 20 分钟，滤过，合并滤液，回收溶剂至干，残渣加正己烷使溶解，转移至 5 毫升量瓶中，精密加入内标溶液 0.5 毫升，加正己烷至刻度，摇匀，吸取 1 微升，注入气相色谱仪，测定，即得。

本品按干燥品计算，含百秋李醇（$C_{15}H_{26}O$）不得少于 0.10%。

饮片

【炮制】除去残根和杂质，先抖下叶，筛净另放；茎洗净，润透，切段，晒干，再与叶混匀。

本品呈不规则的段。茎略呈方柱形，表面灰褐色、灰黄色或带红棕色，被柔毛。切面有白色髓。叶破碎或皱缩成团，完整者展平后呈卵形或椭圆形，两面均被灰白色绒毛；基部楔形或钝圆，选缘具大小不规则的钝齿；叶柄细，被柔毛。气香特异，味微苦。

【鉴别】同药材。

【性味与归经】辛，微温。归脾、胃、肺经。

【功能与主治】芳香化浊，和中止呕，发表解暑。用于湿浊中阻，脘痞呕吐，暑湿表证，湿温初起，发热倦怠，胸闷不舒，寒湿闭暑，腹痛吐泻，鼻渊头痛。

【用法与用量】3～10 克。

【贮藏】置阴凉干燥处，防潮。

第九节 广藿香的市场与营销

§3.7.16 广藿香的市场概况如何？

广藿香商品来源于栽培，主要由广东提供。海南藿香主要用于蒸油和出口。1960—1980 年列为国家计划管理品种，实行统一计划，统一收购。1980 年以后由市场调节产销。因海南岛建厂蒸馏提取广藿香油，需要量大增，影响药用，供应紧张。70 年代以来，由于广藿香油在国外市场比较畅销，广藿香用量大幅度增加，且价格较好，刺激了农民种植的积极性。目前，四川、广西、云南、贵州等省区也有种植。近几年来，广藿香年销量大约在 500 万千克以上，特别是出现疫情的时候，销量、用量更大，如功效独特的藿香正气水、藿香正气丸、藿香正气片、藿香油在全球流行，加上出口的需求，需求量逐年增加。2011 年每千克价格在 5～7 元之间，详见表 3-7-1。

表 3-7-1 2011 年国内广藿香价格

品名	规格	价格（元/千克）	市场
广藿香	统	6～6	广西玉林
广藿香	统	7	河北安国
广藿香	统	6.55	安徽亳州

第八章

柴　胡

第一节　柴胡入药品种

§3.8.1　柴胡有多少个品种？入药品种有哪些？

柴胡原名茈胡，《神农本草经》列为上品。《本草纲目》列入草部山草类。李时珍曰“茈胡生山中，嫩则可茹，老则采而为柴”故苗有茹草之名，而更名柴胡也。柴胡属（*Bupleurum* L.）是伞形科植物中的大属之一，始载于Linnaeus1737年发表的《植物属志》。见图3-8-1。目前全世界柴胡属植物在200种左右，主要分布在北半球及亚热带地区。我国现已知有柴胡属植物41种、17变种、7变型，占全世界种类的1/5以上，在西北5省区的药用种类就有21种之多。柴胡为

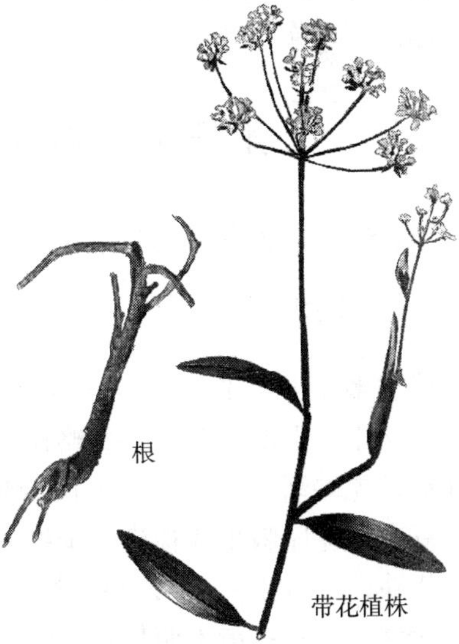

图3-8-1　柴　胡

我国传统中药，药用历史悠久。《中国药典》2010 年版规定柴胡为伞形科植物柴胡 *Bupleurum chinense* DC. 或狭叶柴胡 *Bupleurum scorzonerifolium* Willd. 的干燥根。按性状不同，分别习称“北柴胡”和“南柴胡”。

第二节 道地柴胡资源和产地分布

§3.8.2 道地柴胡的原始产地和分布在什么地方?

柴胡为我国传统大宗药材。野生于较干燥的山坡、林缘、林中隙地、草丛及为旁等处，土壤多为壤土、沙质壤土或腐殖质土，耐寒性强并能耐旱，但忌水浸。其中，柴胡 *Bupleurum chinense* DC. 在我国大部分地区均有，以河南、河北、内蒙古、北京、山西、湖北、吉林、黑龙江、辽宁、山东、陕西、青海、宁夏、新疆等地为主要分布区；狭叶柴胡 *Bupleurum scorzonerifolium* Willd. 分布于东北、华北、西北、华东、华中等地。

第三节 柴胡的植物形态

§3.8.3 柴胡是什么样子的?

一、柴胡

柴胡多年生草本，高 45～70 厘米。根直生，分枝或不分枝。茎直立，丛生，上部多分枝，并略作“之”字形变曲。叶互生；广线状披针形，先端渐尖、全缘，上面绿色，下面淡绿色，有平行脉 7～9 条。复伞形花序腋生兼顶生；伞梗 4～10 条，长 1～4 厘米，不等长；总苞片缺，或有 1～2 片；小伞梗 5～10；小总苞片 5；花小，黄色，径 1.5 毫米左右；齿不明显；花瓣 5，先端向内折曲成工齿状；雄蕊 5；雌蕊子房下位，光滑无毛，花柱 2，极短。双悬果长圆状椭圆形，左右扁平。

二、狭叶柴胡

狭叶柴胡多年生草本，高 30～65 厘米，根深长，不分枝或略分枝。外皮红褐色。茎单 1 或数枝，上部多分枝，光滑无毛。叶互生，根生叶及茎下部叶有长柄，叶片线形或线状披针形，先端渐尖，叶脉 5～7 条，近乎平行。复伞形花序，伞梗 3～15；总苞片缺，或有 2～3；小伞梗 10～20；长约 2 毫米；小总苞片 5；花小，黄色；花瓣 5，先端内折；雄蕊 5；子房下位，光滑无毛，双悬果，长圆形或长圆状卵形。

第四节 柴胡的生态条件

§3.8.4 柴胡适宜于在什么地方和条件下生长?

一、土壤

柴胡常野生于海拔1 500米以下山区、丘陵的荒坡、草丛。路边、林缘和林中隙地。适应性较强，喜稍冷凉而又湿润的气候，较能耐寒、耐旱，忌高温和涝洼积水。

二、温度

柴胡在年平均气温 11～2℃内可种植，要求年平均温度 11～13.5℃，生长最适温度 18～22℃，大于 30℃或小于－30℃生长发育受影响。春秋播均可，以春播为好，播种期（4 月上旬至中旬）要求气温 18℃左右，低于 18℃出苗缓慢，移栽期要求适温 18～20℃成活率高，8 月花期气温 20～22℃结籽率高，旺盛生长期气温 18～22℃最为适宜。年平均无霜期大于 195 天，年≥0℃积温大于4 000℃的地区生长最佳。

三、降水与湿度

柴胡生长要求年降雨量 700 毫米以上，空气相对湿度 65%～80%，最适 65%～75%，大于 80%或小于 55%生长发育受抑制，播种期需降水量大于 30 毫米，才能保证正常出苗（播后 15 天左右出苗为正常）。移栽期降水量达 25～30 毫米即可，应选晴天移栽。旺盛生长期（6～8 月）降水量大于 300 毫米为宜，7～8 月要及时摘心除蕾，防止盛花（种苗地除外）大量消耗水分，因水分不足而影响产量和品质，8 月中旬至 9 月要注意排水，防止下湿地、沟台地因浸水而影响产量。

四、光照

柴胡生长对光要求不严，在年日照时数1 500～1 700小时，日日照时数大于 6 小时的地区较为适宜，野生于山林，林间隙地，草丛及沟旁，在人工驯化栽种后，多栽种在浅山坡原区，光照条件大多能满足生长发育需要，基本不存在光照不足的矛盾。

第五节 柴胡的生物特性

§3.8.5 柴胡的生长有哪些规律？

柴胡种子有一生理后熟现象，层积处理能促进后熟，但干燥情况下，经 4～5 个月也能完成后熟过程。发芽适温为 15～25℃，发芽率可达 50%～60%。种子寿命为 1 年。植株生长的适宜温度为 20～25℃。柴胡在－40℃下能安全越冬。野生种子多不成熟，发芽率低，一般只能达到 60%。种子在 18℃开始发芽。植株生长随气温升高而加快，但升至 35℃以上生长受到抑制，以 6～9 月生长迅速。后期根的生长增快。人工栽培者，需生长发育期 2 年。花期 8 月上旬至 9 月下旬，果期 10 月上旬至 11 月下旬。

第六节 柴胡的栽培技术

§3.8.6 如何整理栽培柴胡的耕地?

柴胡原野生，近几年来由于采挖造成药源不足，故将野生家植。选择沙壤土或腐殖质土的山坡梯田栽培，不宜选择黏土和易积水的地段种植。如果是在开垦的荒地播种时，应清除田间的石块。树枝等。播前施足基肥，每公顷施腐熟圈肥22 500千克左右，过磷酸钙 75 千克，均匀撒入翻耕 25～30 厘米，而后仔细耙平，作畔宽 120 厘米的平畦或 30 厘米宽的高垄备播种。

选地育苗田要选择避风、向阳、地势平坦、灌溉方便、土层深厚的沙壤土或轻壤土地块，土壤 pH 值以 6.5～7.5 为宜。生产田要选择沙壤土，腐殖质土的山坡梯田，或旱坡地，新开垦的土地为宜。

整地育苗田要耕翻深度 25 厘米以上，清除碎石、根茬、杂草、耙平，整细，保持地平、土细、土壤墒情好。直播田要翻耕深度达 30 厘米以上，清除根茬、杂草和碎石，实现地平、土细、墒情好的要求。

§3.8.7 怎样进行柴胡播种?

用种子繁殖，直播或育苗移栽法，大面积生产多采用直播。种子发芽率约 50%，温度在 20℃左右，有足够的温度，播种后 7 天即可出苗，若温度低于 20℃，则需要十多天才能出苗。直播于冬季结冻前或春季播种。春播于 3 月下旬至 4 月上旬进行，播前应将他先烧透水，待水渗下，坡地稍平时按行距 17～20 厘米条播。沟深 1.8 厘米，均匀撒入种手，覆土 0.7～1 厘米，每公顷用种子 22.5 千克左右，经常保持土壤湿润，约 10～12 天出苗。

育苗移栽选阳畦，在 3～4 月播种，条播或均匀撒播。条播行距

10厘米，划小浅沟，将种子均匀撒入沟内，覆土盖严。稍镇压一下，用喷壶洒水，或者先向阳畦的床上灌水，待水渗下后再行播种。均匀撒完种子后，再用竹筛筛上一层细土覆盖畦面，播种畦上加盖塑料薄膜或盖上一层草帘，有利于保温保湿，可加速种子发芽出苗。待苗高7厘米时即可挖取带土块秧苗定植到大田去，行距17～20厘米，株距7～10厘米，定植后要及时浇水，定植苗生出新报，叶片开始扩展的时候，轻轻松土一次。做好保墒保苗工作是高产的关键。

§3.8.8 如何对柴胡进行田间管理？

柴胡幼苗期伯强光直射，可以和玉米、芝麻、大豆、小麦作物套种。春天或秋天，把柴胡种子撒在小麦行间或田硬上，稍加覆土，小麦收后再种玉米，秋天玉米收后，快放倒秆子，使柴胡充分生长，第二年再种上矮科植物。

出苗前保持土壤湿润，出苗后要经常锄草松土。直接在苗高3厘米时间上过密的苗。苗高7厘米时结合松土除草，按7～10厘米株距定苗。苗长到17厘米高时，每公顷追施过磷酸钙225千克，尿素75千克。在松土除草或追肥时，注意勿碰伤茎秆，以免影响产量。第一年新播的柴胡茎秆比较细弱，在雨季到来之前应中耕培土，以防止倒伏。无论直播或育苗定植的幼苗，生长第一年只生长基生叶，很少抽薹开花。第二年田间管理时，7～9月花期除留种外，植株及时打蕾。目前，野生的柴胡不易收到种子。在人工栽培的场地最好留有采种圃，注意繁殖收获种子，以利扩大种植面积。

§3.8.9 二年生柴胡管理需要注意什么？

越冬管理封冻前浇一次越冬水；严禁放牧；严禁放火。

二年生柴胡田间管理施返青肥，浇返青水。翌年春，气温达12℃以上时，浇一次返青水，同时追施返青肥，每667米^{2}施优质腐熟农家肥1 500～2 000千克，混施磷酸二铵 5～7 千克。返青苗高 3～5 厘米时中耕松土、除草防荒、追肥浇水。柴胡开花期追施尿素 667 $米^2$ 10～12 千克，追肥后浇水。遇洪涝积水及时排水。柴胡除留种外，在花蕾期进行 2～3 次摘除花蕾，以促根部发育，提高产量。家种柴胡在春末、夏末割两次苗，有利于根的膨大，苗还可以入药。7 月中旬至 8 月在根部膨大期，叶面喷施磷酸二氢钾和药材根部膨大肥能促进地上茎叶养分向地下根部转移，有利于根部膨大和高产。

§3.8.10 柴胡如何留种？

留种田管理选择柴胡植株整齐一致、生长健壮的田块留种，不摘除花蕾，反之要进行保花增粒。8～10 月是柴胡种子成熟期，种子表皮变褐，子实变硬，便可收获。柴胡抽薹开花不一致，成熟一株，收获一株，以防种子脱落。

§3.8.11 柴胡的病虫害如何防治？

一、锈病

锈病是真菌引起的，危害叶片，病叶背略呈隆起，后期破裂散出橙黄色的孢子。防治方法：采收后清园烧毁，发病初期喷 50％二硝散 200 倍液或敌锈钢 400 倍液，10 天打 1 次，连续 2～3 次。

二、根腐病

根腐病主要危害柴胡的根部，腐烂枯萎死亡。防治方法：打扫田间卫生，燃烧病株，高畦种植，注意排水。土壤消毒，拔除病株，用石灰穴位消毒。

三、斑枯病

斑枯病雨季发生，用 1∶1∶100 波尔多液喷雾防治。

四、黄凤蝶

黄凤蝶属鳞翅目凤蝶科，在6～9月份发生危害。幼虫危害叶。花蕾，吃成缺刻或仅剩花梗。防治方法：人工捕杀或用90%敌百虫800倍液，每隔5～7天喷1次，连续2～3次。用青虫菌（每克含孢子100亿）300倍液喷雾效果也很好。

五、赤条棒蟓

赤条棒蟓属半翅目刺肩椿科，6～8月发生危害。成虫和若虫吸取汁液，使植株生长不良。防治方法：人工捕杀或用90%敌百虫800倍液喷杀。

第七节 柴胡的采收、加工（炮制）与贮存

§3.8.12 柴胡什么时间采收？怎样加工柴胡？

在1～3年内，每年在“霜降”前用镰刀收割地上茎叶，晒干或晾干。一般每667米^{2}第一年可收割干茎叶150～250千克；第二年收割500～600千克；第三年根、茎叶总产仅550千克。其中南（红）柴胡的根、茎各占50%；北（黑）柴胡根都产量略高于南柴胡。根部挖出后抖去泥土，切除残茎，将整块根域切成段后洒干即成商品。再用塑膜袋扎紧防潮。

§3.8.13 柴胡怎么样贮藏好？

柴胡一般为压缩打包，每件50千克。贮存于通风干燥仓库内，温度30℃以下，相对湿度65%～75%。商品安全水分9%～12%。

本品易虫蛀，受潮生霉，有螨虫寄居。受潮品软润，有的表面现

霉斑。为害的仓虫有锯谷盗、小蕈甲、黑皮蠹、大竹蠹、烟草甲等，蛀蚀品表面现蛀粉，敲打时有活虫落下。高温高湿季节，可见螨虫活动。

贮藏期间，应保持环境整洁、干燥，并定期消毒。发现吸潮及轻度霉变、虫蛀，及时晾晒；严重时，用磷化铝或溴甲烷熏杀。有条件的地方可进行密封抽氧充氮养护。

第八节 柴胡的中国药典质量标准

§3.8.14 《中国药典》2010年版柴胡标准是怎样制定的?

拼音：Chaihu

英文：BUPLEURIRADIX

本品为伞形科植物柴胡 *Bupleurum chinense* DC. 或狭叶柴胡 *Bupleurum scorzonerifolium* Willd. 的干燥根。按性状不同，分别习称“北柴胡”和“南柴胡”。春、秋二季采挖，除去茎叶和泥沙，干燥。

【性状】北柴胡呈圆柱形或长圆锥形，长6～15厘米，直径0.3～0.8厘米。根头膨大，顶端残留3～15个茎基或短纤维状叶基，下部分枝。表面黑褐色或浅棕色，具纵皱纹、支根痕及皮孔。质硬而韧，不易折断，断面显纤维性，皮部浅棕色，木部黄白色。气微香，味微苦。南柴胡根较细，圆锥形，顶端有多数细毛状枯叶纤维，下部多不分枝或稍分枝。表面红棕色或黑棕色，靠近根头处多具细密环纹。质稍软，易折断，断面略平坦，不显纤维性。具败油气。

【鉴别】北柴胡取本品粉末0.5克，加甲醇20毫升，超声处理10分钟，滤过，滤液浓缩至5毫升，作为供试品溶液。另取北柴胡对照药材0.5克，同法制成对照药材溶液。再取柴胡皂苷a对照品、柴胡皂苷d对照品，加甲醇制成每1毫升各含0.5毫克的混合溶液，作为对照品溶液。照薄层色谱法（附录Ⅵ B）试验，吸取上述三种溶液各5微升，分别点于同一硅胶G薄层板上，以乙酸乙酯-乙醇水（8∶2∶1）为展开剂，展开，取出，晾干，喷以2%对二甲氨基苯甲醛的40%硫酸溶液，在60℃加热至斑点显色清晰，分别置日光和紫外光灯（365纳米）下检视。供试品色谱中，在与对照药材色谱和对照品色谱相应的位置上，显相同颜色的斑点或荧光斑点。

【检查】水分 不得过10.0%（附录Ⅸ H第一法）。

总灰分 不得过8.0%（附录Ⅸ K）。

酸不溶性灰分 不得过3.0%（附录Ⅸ K）。

【浸出物】照醇溶性浸出物测定法项下的热浸法（附录Ⅹ A）测定，用乙醇作溶剂，不得少于11.0%。

【含量测定】北柴胡照《高效液相色谱法检验标准操作程序》测定。

色谱条件与系统适用性试验以十八烷基硅烷键合硅胶为填充剂；以乙腈为流动相A，以水为流动相B，按下表中的规定进行梯度洗脱；检测波长为210纳米。理论板数按柴胡皂苷a峰计算应不低于10 000。

时间（分钟）	流动相A%	流动相B%
0～50	25→90	75→10
50～55	90	10

对照品溶液的制备取柴胡皂苷a对照品、柴胡皂苷d对照品适量，精密称定，加甲醇制成每1毫升含柴胡皂苷a0.4毫克、柴胡皂苷d0.5毫克的溶液，摇匀，即得。

供试品溶液的制备取本品粉末（过四号筛）约0.5克，精密称定，置具塞锥形瓶中，加入含5%浓氨试液的甲醇溶液25毫升，密塞，30℃水温超声处理（功率200瓦，频率40千赫）30分钟，滤过，用甲醇20毫升分2次洗涤容器及药渣，洗液与滤液合并，回收溶剂至干。残渣加甲醇溶解，转移至5毫升量瓶中，加甲醇至刻度，摇匀，滤过，取续滤液，即得。

测定法分别精密吸取对照品溶液20微升与供试品溶液10～20微升，注入液相色谱仪，测定，即得。

本品按干燥品计算，含柴胡皂苷a（$C_{42}H_{68}O_{13}$）和柴胡皂苷d（$C_{42}H_{68}O_{13}$）的总量不得少于0.30%。

饮片

【炮制】北柴胡除去杂质和残茎，洗净，润透，切厚片，干燥。

本品呈不规则厚片。外表皮黑褐色或浅棕色，具纵皱纹和支根痕。切面淡黄白色，纤维性。质硬。气微香，味微苦。

【鉴别】【检查】【浸出物】【含量测定】 同北柴胡。

醋北柴胡 取北柴胡片，照醋炙法（附录Ⅱ D）炒干。

本品形如北柴胡片，表面淡棕黄色，微有醋香气，味微苦。

【浸出物】照醇溶性浸出物测定法（附录Ⅹ A）项下的热浸法测定，用乙醇作溶剂，不得少于12.0%。

【鉴别】【检查】【含量测定】同北柴胡。

南柴胡 除去杂质，洗净，润透，切厚片，干燥。

本品呈类圆形或不规则片。外表皮红棕色或黑褐色。有时可见根头处具细密环纹或有细毛状枯叶纤维。切面黄白色，平坦。具败油气。

醋南柴胡取南柴胡片，照醋炙法（附录Ⅱ D）炒干。

本品形如南柴胡片，微有醋香气。

【性味与归经】辛、苦，微寒。归肝、胆、肺经。

【功能与主治】疏散退热，疏肝解郁，升举阳气。用于感冒发热，寒热往来，胸胁胀痛，月经不调，子宫脱垂，脱肛。

【用法与用量】3～10克。

【注意】大叶柴胡 *Bupleurum longiradiatum* Turcz. 的干燥根茎，表面密生环节，有毒，不可当柴胡用。

【贮藏】置通风干燥处，防蛀。

第九节 柴胡的市场与营销

§3.8.15 我国柴胡种植规模有多大？

柴胡为常用中药材，有2 000多年的药用历史，因柴胡属植物在我国的分布很广，许多种在当地均作药用，其主流商品“北柴胡”和“南柴胡”的野生资源曾经很丰富，尚能满足传统用药需求。随着对柴胡野生资源开发利用的扩大，国内外需求迅速增加，野生资源频临枯竭。

目前柴胡种植面积和在市场中影响最大的是甘肃、山西和陕西省，其次是黑龙江省，内蒙古、吉林、河南、河北、四川等省、自治区有个别县家种。甘肃省的柴胡主要种植地为定西市陇西县，于20世纪90年代初试种，发展迅速，仅陇西一个马河镇的柴胡种植面积就达1 300多公顷，每年8月的马河镇，满山遍野是开黄花的柴胡，甚为壮观。近年来陇南一带的礼县、清水县，河西地区的金昌、天祝、武威等地种植规模也在600多公顷，使甘肃的柴胡产量跃居全国之首。

山西省的柴胡种植面积仅次于甘肃，晋南的万荣县西村乡是我国柴胡野生变家种试验较早的地区之一，20世纪80年代初就试种成功，现已摸索了一套栽培柴胡的种植技术，目前仅西村乡的柴胡种植就超过1 300公顷。晋东南太行山区陵川县的柴胡种植不仅面积大，而且成为科技部柴胡GAP示范基地。其次在屯留、吕梁、大同、忻州、左权等县市也有相当规模的种植，使山西柴胡在药材市场有较大影响。

陕西省渭南、安康、略阳、商洛等地的柴胡种植面积较大，使陕西成为柴胡的主产地之一。

黑龙江省的主要种植地为明水县，除北柴胡外，有600多公顷的南柴胡，是迄今调查最大的红柴胡栽培地；大兴安岭地区的加格达奇近年开始种植北柴胡，面积也达数百公顷。

内蒙古的乌兰浩特、吉林的东丰县、河南的嵩县、四川的剑阁县、河北的安国等地也有一定面积的种植。

§3.8.16 我国的柴胡种质资源状况如何？

柴胡的野生种质混杂现象普遍，在生长地常有数种柴胡混生，商品药材也是多种柴胡混杂，尽管《中国药典》收载的正品柴胡只有伞形科植物柴胡 *Bupleurum chinense* DC.（北柴胡）或狭叶柴胡 *B. scorzonerifolium* Willd.（南柴胡）的干燥根入药，但中药材各地方标准却收载了多种可药用的柴胡，我国现已知有柴胡属植物 41 种、17 变种、7 变型，占全世界种类的 1/5 以上，在西北 5 省区的药用种类就有 21 种之多。这种来源的复杂性造成了柴胡药材及其质量的极不稳定，影响到柴胡的质量声誉。

由于《中国药典》对正品柴胡的规定，以及多篇文献报道北柴胡和南柴胡的柴胡皂苷类有效成分明显高于同属其它种，加之北柴胡的根较粗壮，产量较高，适应性强，因而栽培柴胡的种质反比野生种质单一，其主产地以北柴胡及其变型为主，几乎未混杂其它柴胡种，但因栽培环境的变化和不同产地的交叉引种（三种引种方式，来自本地山中野生柴胡种子，从药材市场购置种子，从名产地引种），在同一产地出现多个农家类型，具体调查研究将另文报道。南柴胡的大面积种植仅见于黑龙江明水县，从当地草原野生种引入，已建立成熟的栽培技术，正在进行质量评价实验工作。有关柴胡野生变家种的研究，多比较家种与野生柴胡的皂苷类成分含量、浸出物和产量，结果表明家种品中柴胡皂苷的含量以及浸出物高于或达到野生品，且产量明显提高，可替代野生品入药，故家种柴胡栽培技术因市场需求而得到迅速推广。

§3.8.17 柴胡的市场概况如何？

进入 21 世纪后，我国许多大型制药集团（厂）用柴胡开发了近千种新药、特药和中成药，所需柴胡逐年增加；我国出口到120多个国家和地区的柴胡总量每年以15%的速度递增；我国港、澳、台市场也连年向内地求货，且数量可观。目前，柴胡每年需求量已达万吨（包括野生550万千克、家种450万千克）左右。我国星罗棋布的药材市场、药材公司、药店、饮片公司、中医院、中西医结合医院、诊所等对柴胡的需求也在与日俱增。柴胡市场蕴藏商机，潜力巨大，前景广阔，后市产量与价格均有较大的上行空间，柴胡已引起药厂、药企、药商和医疗单位的广泛关注。因此，发展柴胡生产已迫在眉睫，种植柴胡是农村农业种植结构调整和农民脱贫致富奔小康的一个好品种，各地应以市场为导向，因地制宜地发展柴胡种植。

"物以稀为贵"，由于柴胡供应缺口连年加大，供需矛盾日趋尖锐，拉升柴胡价格连年上涨。据对全国17家大型中药材专业批发市场2000—2006年柴胡价格的调查显示，2000年野生柴胡（统货，下同）市场价格每千克为10～20元，2002年上涨至20～25元，2003—2004年又涨至30～40元，2005年再升至30～45元，2006年已攀升至35～50元，2011年稳步上涨至40～60元，详见表3-8-1。

表3-8-1 2011年国内柴胡价格表

品名	规格	价格（元/千克）	市场
柴胡	家柴胡统货	56	安徽亳州
柴胡	家柴胡统货	55～60	广西玉林
柴胡	家柴胡统货	55～60	河北安国
柴胡	野柴胡统货	40～45	甘肃陇西

第九章

菊　花

第一节　菊花入药品种

§3.9.1　菊花的药品种有哪些？

菊花又名九花、黄花。属菊科，菊属，是我国人民喜爱的传统花卉，是中国十大名花之一，也是目前世界四大鲜切花之一，是多年生菊科草本植物，经长期人工选择培育出的名贵观赏花卉，也称艺菊，品种已达千余种。见图3-9-1。根据菊花头状花序干燥后形状大小，舌状花的长度，可把药菊分成4大类，即白花菊、滁菊花、贡菊花和杭菊花四类。在每一类里则根据原产地取名。在白菊花类里，以产安徽亳县的亳菊品质最佳，其次如河南武陟的怀菊，四川中江的川菊，河北安国的祁菊，浙江德清的德菊等。《中国药典》2010年版规定菊花为菊科植物菊 *Chrysanthemum morifolium* Ramat. 的干燥头状

图3-9-1　菊　花

花序。

第二节 道地菊花资源和产地分布

§3.9.2 道地菊花的原始产地和分布在什么地方?

菊花在中国已有3 000多年的栽培历史，原产中国河南等地，菊花大约在唐代经朝鲜传入日本，17 世纪传欧美各国，现已成为世界著名花卉之一。中国人极爱菊花，从宋朝起民间就有一年一度的菊花盛会。古神话传说中菊花又被赋予了吉祥、长寿的含义。中国历代诗人画家，以菊花为题材吟诗作画众多，因而历代歌颂菊花的大量文学艺术作品和艺菊经验，给人们留下了许多名谱佳作，并将流传久远。

道地菊花主产于浙江、江苏、四川、安徽、河南等省。

第三节 菊花的植物形态

§3.9.3 菊花是什么样子的?

菊花多年生草本，株高 60～150 厘米，全株密被白色绒毛。茎直立，基部木质化，上都多分枝，枝略具棱。单叶互生，具叶柄，叶片卵形或窄长圆形，边缘有短刻锯齿，基部心形。头状花序顶生或腋生，一朵或数朵簇生。舌状花分为平、匙、管、畸四类筒状花为两性花，色彩丰富，有红、黄、白、墨、紫、绿、橙、粉、棕、雪青、淡绿等。筒状花发展成为具各种色彩的“托桂瓣”，花色有红、黄、白、紫、绿、粉红、复色、间色等色系。花期 9～11月，果期 10～11 月。

第四节 菊花的生态条件

§3.9.4 菊花适宜于在什么地方和条件下生长?

菊花的适应性很强，喜凉，较耐寒，生长适温 18～21℃，最高 32℃，最低 10℃，地下根茎耐低温极限一般为－10℃。但品种类型不同，其对温度感应也有所不同，总的来说，对寒、暑的适应性较强。

喜光照，但也稍耐阴。较耐干，最忌积涝。喜地势高燥、土层深厚、富含腐殖质、疏松肥沃而排水良好的沙壤土。在微酸性到中性的土中都能生长，而以 pH6.2～6.7 较好，忌连作。

第五节 菊花的生物特性

§3.9.5 菊花的生长有哪些规律?

秋菊为长夜短日性植物，在每天 14.5 小时的长日照下进行茎叶营养生长，每天 12 小时以上的黑暗与 10℃的夜温适于花芽分化。但品种不同对日照和温度的反应也不同。一般而言，在 5～6 月和秋冬 11 月至翌年 1 月开花的品种，花芽分化由短日照诱导，分化时的温度要求 15℃以上。花芽分化后，5～6 月开花的品种可在日照渐长、温度渐高的条件下开花。而 11 月～翌年 1 月开花的品种，则要求在日照渐短的条件下开花。此时若用长日照处理可延迟开花。夏菊和早秋菊的花芽分化，则与日照长短没有太大的相关性。从花芽开始分化到完全分化 10～15 天，分化后到开花的时间，随品种和温度高低而异，一般 45～60 天。

第六节 菊花的栽培技术

§3.9.6 如何整理栽培菊花的耕地?

旱地和稻田均可种植。但宜选择阳光充足、排水良好、肥沃的沙壤土种植,pH6~8,忌连作,低洼积水地不宜种植。每667米^{2}施入腐熟农家肥4000千克,过磷酸钙50千克,豆饼40千克作基肥,深翻30厘米,耙细整平,作成1.2~1.5米的高畦。供扦插用的苗床,应选地势平坦、排水良好的沙壤土,并搭好前拥,以备遮荫。

§3.9.7 菊花栽培种如何繁殖?

菊花一般用扦插繁殖,也可用嫁接和播种繁殖。种子繁殖一般用于培育新品种,嫁接多用于培养大立菊。

菊花的扦插繁殖可分为芽插、嫩枝插和叶芽插。

一、芽插

在秋冬切取植株外部脚芽扦插。选芽的标准是距植株较远,芽头丰满。芽选好后,剥去下部叶片,按株距3~4厘米,行距4~5厘米,插于温室或大棚内的花盆或插床粗沙中,保持7~8℃室温,春暖后栽于室外。

二、嫩技插

此法应用最广。多于4~5月扦插。截取嫩枝8~10厘米作为插穗,插后善加管理。在18~21℃的温度下,多数品种3周左右生根,约4周即可移苗上盆。露地插床,基质可用园土加1/3的砻糠灰。架设遮阳棚。

三、叶芽插

从枝条上剪取一张带腋芽的叶片插之。此法仅用于繁殖珍稀品种。

§3.9.8 如何对菊花进行田间管理?

一、中耕除草

菊花缓苗后，以中耕除草为主，稍深锄，使表土干松，底下稍湿润根向下扎，并控制水肥，使地上部生长缓慢，俗称“蹲苗”。入伏后根部已发达，宜浅锄，以免伤根。

二、追肥

菊花吸肥力强，需肥量大，一般追肥 2～3 次，第一次在打顶时结合培土进行，每 667 米^2 施腐熟稀人粪尿1 000千克；第二次在现蕾前，每 667 米^2 施入腐熟人粪尿2 000千克，配加过磷酸钙 15 千克，以利多开花，开大花。也可用 2%过磷酸钙水溶液进行根外追肥。

三、排灌

缓苗后要少浇水，6 月下旬后天旱要多浇水，尤其是孕蕾期前后，一定要保证有充足的水分；追肥后也要及时浇水。雨季应及时排除田间积水。

四、打顶、培土

在生长中，一般要打顶 1～3 次，促使多分枝，具体时间和次数据生长情况而定。一般第一次在 6 月初，打去 10 厘米，留 30 厘米高，第二次在 6 月底，第三次不得迟于 7 月下旬。第一次打顶后，结合中耕除草，在根际培土 15～18 厘米，增强根系，以防止倒伏。

§3.9.9 菊花盆栽技术有哪些?

一、菊花盆栽方法

在我国，栽培菊花，最普遍的形式是盆栽。栽培方法很多，大致可归纳为以下三种方式：

(一) 一段根系栽培法

在长江、珠江流域及西南地区多用此法。培养全过程约需半年，即5月扦插，6月上盆，8月上旬停头定尖，9月加肥催长，10～11月开花。由于各地条件和技术不同，栽培的方法大致有五种：①扦插后上盆栽培法；②瓦筒地植上盆法；③地植套盆法；④盆中嫁接法；⑤地植嫁接套盆法等。各有优缺点，以扦插后上盆栽培法应用最普遍，花色正、花期长，但较费工。

(二) 二段根系栽培法

此法在东北及江西、湖南等地应用。5～6月扦插，苗成活后上盆，加土至盆深的1/3～1/2。7月下旬至8月上旬停头定尖，待侧枝长出盆沿后，用竹钩固定枝条，使枝分布均匀，并用盘枝法调整植株的高度，其上加土覆盖后，枝上又生根。当枝条长到一定高度时，还可再盘枝调整一次，然后加足肥土。应用此法，菊花外形整齐美观，株矮，叶满，枝健，花大，花期也长。因盘枝上又生根，故称二段根系栽培法。

(三) 三段根系栽培法

三段根系栽培法是华北地区的先进栽培法。从冬季扦插至次年11月开花，需时一年。大致经过四个阶段：①冬存，秋末冬初栽植母本时，精选健壮脚芽扦插养苗。②春种，4月中旬分苗上盆，盆土用普通腐叶土，不加肥料。③夏定，利用摘心、剥侧芽，促进脚芽生长，至7月上中旬出土新芽长至10厘米左右高时，选其中发育健全，芽头丰满的苗进行换盆定植。④秋养，7月上中旬将选好的壮苗移入口径20～24厘米的盆中，盆土要求疏松、肥沃。换盆时将小盆中的菊苗连土坨倒出，以新芽为中心栽植，并剪除多余孽芽，加土至原苗深度压实。换盆后，新株与母株同时生长，待新株已发育苗壮后，将老株齐土剪去，并松土，填入普通培养土三成，加20%～30%的腐熟的堆肥。此时盆中已有八成满的肥土，一周后第三段新根生出，新老三段根系与菊苗迅速生长，形成具有强大根系的健壮植株。在整个栽培过程中，换一次盆，填两次土，母本和新株三度发根。其间注意摘除侧蕾和肥水管理及防治病虫害等，直至开花。

二、对盆栽菊的管理

（一）换盆

菊苗扦插成活后，要择阴天上盆。盆土宜选用肥沃的沙质土壤，先小盆后大，经2～3次换盆，到7月份可定盆，定盆可选用6份腐叶土、3份沙土和1份饼肥渣配制成混合土壤植株。浇透水后放荫凉处，待植株生长正常后逐步移至向阳处养护。

（二）浇水

要求做到适时、适量合理浇水。它的成败，直接关系到菊花的生长、开花的好坏。春季，菊苗幼小，浇水宜少，这样有利菊苗根系发育；夏季，菊苗长大，天气炎热，蒸发量大，浇水要充足，可在清晨浇一次，傍晚再补浇一次，并要用喷水壶向菊花枝叶及周围地面喷水，以增加环境湿度。立秋前，要适当控水、控肥，以防止植株窜高疯长。立秋后开花前，要加大浇水量并开始施肥，肥水逐渐加浓冬季，花枝基本停止生长，植株水分消耗量明显减少，蒸发量也小，须严格控制浇水。

此外，浇水最好用喷水壶缓缓喷洒，不可用猛水冲浇。浇水除要根据季节决定量和次数外，还要根据天气变化而变化。阴雨天要少浇或不浇；气温高蒸发量大时要多浇，反之则要少浇。一般在给花浇水时，要见盆土干时浇，不干不浇，浇则浇透，但不要使花盆汪水，否则会造成烂根、叶枯黄，引起植株死亡。

（三）施肥

在菊花植株定植时，盆中要施足底肥。以后在植株生长过程中施追肥时，不要过早过量，一般可隔10天施一次淡肥。立秋后自菊花孕蕾到现蕾时，可每周施一次稍浓一些的肥水；含苞待放时，再施一次浓肥水后，即暂停施肥。如果此时能给菊花施一次过磷酸钙或0.1%磷酸二氢钾溶液，则花可开得更鲜艳一些。每次施肥要待盆土干时再施，施肥前先松土，后要浇水。不要把肥液浇到植株和叶面上，以防叶片枯黄、发烂、最好在施肥后，用喷壶向植株喷水，冲去植株叶面上沾染上的肥液。

（四）摘心与疏蕾

当菊花植株长至10多厘米高时，即开始摘心。摘心时，只留植株基部4～5片叶，上部叶片全部摘除。待以后叶长出新枝有5～6片叶时，再将心摘去，使植株保留4～7个主枝，以后长出的枝、芽要及时摘除。俗话说“菊不盈尺”，摘心能使植株发生分枝，有效控制植株高度和株型，使其长得矮而壮。最后一次摘心时，要对菊花植株进行定型修剪，去掉过多枝、过旺枝及过弱枝，保留3～5个枝即可。9月现蕾时，要摘去植株下端的花蕾，每个分枝上只留顶端一个花蕾。这样以后每盆菊可开4～7朵花，花朵就比较大很富观赏性。

（五）花后管理

花后地上部分枝叶枯萎，但根茎处新芽出现，冬季应防寒，入冬前要略施肥料，土壤干时要浇水，促使新芽萌发，生长健壮，为春季扦插做好准备。

§3.9.10 菊花栽培中有哪些注意事项？

菊花栽培中的注意事项有四条：

第一条，菊花一般在霜降左右开放，在较低温情况下，保持水分充足，可以开放很长时间。花谢以后，如果想保留品种，首先要保存好菊根。保存的办法是，剪掉主干，但土上面要保留几厘米，原盆放在冷屋里或者背风向阳处，用防寒物品遮盖，存放前适当浇水，做到低温过冬防严寒。如果过冬温度过高，脚芽长得很快，影响第二年开花。天气转暖应该去掉防寒措施，也可防止温度高而脚芽过早发育。

第二条，清明节左右，挖脚芽栽在沙土里或其他土壤里，一般不用原来土壤。一般来说，菊花不宜早催芽和早栽种，这是因为菊花是短日照开花植物，由栽种到秋凉要六个多月，这么长的时间植株容易疯长和老化。

第三条，从清明到夏至，管理可比较粗放，少施肥，适当浇水，不让其疯长。夏至前后进行高摘心，可以保留土面上三四片叶，甚至把主干全剪掉，保留一个壮脚芽重新长。剪下来的枝条可以继续扦插，秋后同样开花，但应在夏至前十多天扦插，留出缓苗时间。在扦插时注意剪掉木质化部分，因为这部分不爱生根。夏至嫩枝插可用粗沙，生根以后可以重栽。夏天的扦插下午要注意遮阴、多浇水，促进尽快恢复生长。从夏至开始，对菊花要加强管理了，立秋以后进一步加大肥水，促其发育。因为从夏至到秋分只有三个月，是菊花重要的营养生长期，要逐步加大肥量、水量。

第四条，剪枝疏蕾。菊花爱分枝、多花蕾，因此要剪枝，但不要急于剪枝。前期分枝多可以控制高长，对矮生有利，从8月中旬可逐步去掉弱小枝，根据自己的意愿留几个主枝，一般盆栽留五枝花。疏花蕾也是逐渐进行，让营养逐渐集中到主花蕾上来。

§3.9.11　菊花的病虫害如何防治?

一、菊花病害的发生及防治方法

(一) 斑点病

1. 病害特征　斑点病有黑斑病、褐斑病、轮斑病等，都是由真菌寄生引起的。通常在高湿雨季的7月中旬出现，尤其是连日阴雨闷热、积水久湿、昼夜温差大时容易较大面积发病，其中发病最多的是褐斑病。起初在茎基部的叶片上出现暗褐色小斑点，逐渐扩大增多，变成直径3～10毫米的圆形黑斑，终致全叶干枯。病原体在土壤中长期潜伏，随雨水或喷灌溅落到叶片上，叶片水湿连续5小时，随即发病向上蔓延。

2. 防治方法

（1）加强栽培管理，植株营养生殖其间施用氮、磷、钾复合肥，防止植株徒长，加强通风、透光，盆与盆之间不要放得过密，浇水时尽量避免淋湿下部脚叶。

（2）菊花栽培场所、生长期间或冬春季节及时清除病叶并集中烧毁，以减少病源。

（3）药剂防治，8～10月份，每隔10天左右喷一次65%代森锌600倍液保护叶片。病害发生后，选用50%多菌灵或50%甲基托布津可湿性粉剂500～1 000倍液，也可喷75%百菌清可湿性粉剂800～1 000倍，每隔7～10天喷一次、连续三四次，效果较好。

（二）枯萎病

1. 病害特征 此病容易发生在雨水多的七八月份，病菌在土壤内存活传播，植株受害后，病菌分泌有毒物质，破坏组织细胞和堵塞导管，使水分供应受阻，很快萎蔫枯死。

2. 防治方法

（1）盆土消毒。用40倍福尔马林溶液或其他药剂（如高锰酸钾）消毒。

（2）合理施肥和浇水。肥要充分腐熟，并注意增施磷、钾肥。浇水要见干见湿，并做好排水工作。

（3）注意隔离。重病植株应立即拔除，远离健康植株并烧毁，轻病植株可用50%多菌灵直接浇灌根际周围土壤，连续数次。

（三）锈病

1. 病害特征 锈病有黑锈病、白锈病、褐锈病等，都是由病菌孢子传染的，天气湿润时容易发病。最早在7月初出现，而9月发病严重。其中黑锈病是危害较普遍的一种，开始时叶片表面出现苍白色的小斑点，逐渐膨大呈圆形突起，不久叶背表皮破裂生出成堆的橙黄色粉末，随风飞散大面积传染。随后叶片上生出暗黑色椭圆形斑点，叶背表皮破裂后又生出黑色粉末，严重时自下而上全株染病，导致叶片干枯。

2. 防治方法　除注意土壤消毒外，在高温、潮湿时期喷洒托布津或多菌灵，也可在发病期间，喷25%粉锈宁湿粉剂1 500倍液，能较好地控制该病的发生。

（四）白粉病

1. 病害特征　白粉病真菌传染发病。8～9月到入冬，在湿度大、光照弱、通风不良、昼夜温差在10℃左右时最易感染发病。灰白色菌丝着生在上部嫩枝新叶背面和花蕾上，形成一层粉霜，使花、叶变形，严重影响植株的正常生长和观赏效果。

2. 防治方法　8月上中旬喷洒甲基托布津或多菌灵，每半个月一次，连喷3～4次。

（五）病毒病

1. 病害特征　病毒是一类微小的寄生物，用电子显微镜才能看到。菊花受病毒侵染，顶梢和嫩叶蜷缩内抱，中上部叶片出现明暗不一的淡黄斑块，俗称花叶病。植株表现矮小，根系长势衰弱，叶片、花朵畸形，严重影响生长发育和观赏效果并遗传。病毒只在活的花卉细胞内繁衍，通过昆虫（主要是刺吸式口器昆虫，如蚜虫、蓟马、红蜘蛛等）、嫁接、机械损伤等途径传播。

2. 防治方法

（1）选留健壮、无毒的脚芽和顶梢育苗。

（2）清除杂草和病株，减少侵染源，消灭传病介体，如昆虫、线虫真菌等。

（3）选择优化的栽培管理条件，保持植物生育健壮。

（六）线虫病

1. 病害特征　线虫是一类微小的低等动物。寄生在花卉上的主要有南方根结线虫和北方根结线虫，其次是花生根结线虫。由于植物受害症状与一般病害症状很相似，故常称为线虫病。被线虫侵染的植株根部常发生大小不等的肿瘤状物，内含白色发亮的粒状物，即是线虫的虫体。其幼虫及雄虫、雌虫呈球形。植株受害后，长势衰弱，往往形成“小老苗”，叶片发黄、花朵变小，甚至茎基芽点畸形，封顶缩头，逐渐枯萎。线虫可通过带病植株经灌溉、施肥、农具、土壤等途径传播。所以要严格检疫，防其传播。

2. 防治方法

（1）实行轮作，避免重茬。

（2）土壤消毒。盆土和用过的旧花盆用20%福尔马林液熏蒸消毒。

（3）药物防治。用呋喃丹或铁灭克进行土壤消毒，一般用量为盆土的0.01%～0.02%。

（七）根腐病

1. 病害特征 根腐病为植株根部聚集大量菌丝，引起局部或全部腐烂，茎叶发黄、枯萎。发病主要原因是土质黏重，通透性不强，盆底窝水，病菌大量繁殖所致。

2. 防治方法

（1）注意盆土配制要疏松、通透，盆孔开大，盆底垫1～2厘米厚培养土筛渣作排水层，平时浇水要适量，雨天盆中不要积水。

（2）随时观察，发现菊株顶部嫩叶发黄，及时勒水，深扦松土，散湿透气，一周即可复壮。

二、菊花虫害的发生及防治方法

（一）螟虫

螟虫又叫食心虫。其幼虫灰褐色，体长3～10毫米，先从芽心顶部摄食，把嫩心吃光，9～10月间的幼虫钻入嫩蕾蛀食表面，不易察觉，上午9～10时爬出，然后再潜回蕾瓣，一旦被蛀，便失去观赏价值。防治方法：9～10月每天上午仔细检查，发现被蛀花蕾，立即摘除，必要时，可用40%氧化乐果每半个月喷一次，连喷两三次。

（二）白粉虱

白粉虱虫体细小，全身遍披白色蜡粉，繁殖迅速。该虫群集上部嫩叶背面进行危害，刺吸汁液，导致叶片发黄变形。防治方法：80％敌敌畏1 000倍液加少许洗衣粉喷洒即可除治。

（三）红蜘蛛

红蜘蛛为红色或红黄色细小螨类害虫，通常潜伏于叶背面，刺吸汁液，造成叶片干黄枯死，多发生在5～6月份。防治方法：用40％氧化乐果和80％敌敌畏800～1 000倍液，最好使用三氯杀螨醇800倍液喷洒，具有特效。

（四）蚜虫

危害菊花的蚜虫主要是茶褐色、有光泽、体型很小的长管蚜虫和青绿色蚜虫等。长管蚜虫多在芽心嫩尖危害，被害菊株发黄变形，危害花芽，使花容减色憔悴。青绿色蚜虫潜藏下部叶背，以夏、秋季危害最多，致下部叶片枯黄凋零。防治方法：用40％氧化乐果1 500倍液或80％敌敌畏1 000倍液喷洒。由于蚜虫繁殖快，1年发生多代，应随时观察，用药除治。

（五）潜叶蛾

潜叶蛾成虫为2毫米左右的白色小蛾子，5月间在叶子上产卵，幼虫孵化后即钻到叶肉里蛀食，把叶肉吃光，蛀成一条条蜿蜒曲折的干空隧道，严重时每片叶子上有四五个，导致全叶枯黄干死。1年繁殖三四代，到10月间仍有发生。防治方法：可于早期摘除被害叶片，4～5月间用氧化乐果等内吸式杀虫剂喷洒防治。

（六）菊虎

菊虎是菊类特有的一种害虫，成虫为1厘米左右的小型灰黑色天牛，5～6月间飞来，在距植株顶芽10厘米处咬破茎部产卵孵化，幼虫即钻入髓心向下蛀食，使顶部萎蔫枯死，同时蛀食嫁接菊的砧木蓬蒿，为艺菊的一大敌害。防治方法：在5～7月发生期，清早或午后成虫飞来时捕杀，并可用氧化乐果等内吸式农药喷洒防治。

（七）蛴螬

蛴螬为金龟子幼虫。虫体乳白色，柔软肥硕，头黄褐色，常弯曲成马蹄形，潜伏在根旁边土壤中咬食菊株根茎，造成全株死亡，一般一年发生一代。防治方法：各种培养土使用前掺入适量土壤杀虫剂，一旦盆中发现害虫，可用敌百虫或马拉硫磷 1 000 倍液浇灌。

（八）地老虎

地老虎俗称地蚕或夜盗虫，是菊花苗期地下害虫。虫体褐色，幼虫灰黑色，一年一代，蛹、老熟幼虫和成虫均可在地下越冬，第一代于每年 4 月危害，常在日落后至黎明前出来咬食菊苗，致菊株枯萎。防治方法：春季清除周边杂草，消灭中间寄主，晚间或黎明前人工捕捉幼虫，用 800～1 000倍液敌百虫杀灭。

（九）蚱蜢

蚱蜢虫体淡绿色，像蝗虫而略小，两端似小舟，每年 8～10 月间啮食菊花嫩头，危害严重。蚱蜢以卵产于土中越冬。防治方法：冬季深翻灭卵，人工捕捉成虫；大量出现时，可用敌敌畏1 500倍液喷杀。

第七节 菊花的采收、加工（炮制）与贮存

§3.9.12 菊花什么时间采收？怎样加工菊花？

种植当年 11 月上旬第一次采摘，约占总产量的 50%，隔 5～7 天采摘第二次，约占产量的 30%，再过 7 天采收第三次。

采花标准为：花瓣平直，有 80%的花心散开，花色洁白。通常于晴天露水干后或午后，将花头摘下。鲜花采回后，薄薄地摊晾半天，然后将晒瘪的花放入直径五厘米的小蒸笼内，厚度一般为 4 朵花高，约 1.6 厘米厚，然后放在盛水的铁锅上蒸，蒸时火力要均匀，保持笼内温度 90℃左右，蒸 3～5 分钟后取出。置竹帘上晾晒，日晒 3～4 天后翻花 1 次，然后置通风的室内排晾，经 1 周后再晒至干燥

即成。

§3.9.13 如何炮制菊花?

加工方法因各地产的药材品种而不同；阴干，适用于小面积生产，待花大部开放，选晴天，割下花枝，捆成小把，县员通风处，经30～40天，待花干燥，后摘下，略晒；晒干，将鲜菊花薄铺蒸笼内，厚度不超过3朵花，待水沸后，将蒸笼置锅上蒸3～4分钟，倒至晒具内晒干，不家翻动；烘干，将鲜菊铺于烘筛上，厚度不超过3厘米，用60℃炕干。

§3.9.14 菊花怎么样贮藏好?

菊花含挥发油，易虫蛀、发霉、变色、散味，保管不当可发生自然。若变质情况严重，则无法处理而成为废品。宜贮于阴凉、干燥、避光处，温度30℃以下，相对湿度65%～70%，商品安全水分10%～14%。商品受潮后，颜色变黯，香气散失，花序结团，甚至粘焦、霉腐。受仓虫为害后，花朵散碎，有的缠串成团。

贮藏期间，应先进先出，不宜久贮。定期检查，防止受潮；货垛发热，迅速倒垛摊晾。高温高湿季节，可小件密封，置生石灰、木炭、无水氯化钙等吸潮。有条件的地方，最好置低温仓库保藏，或抽氧充氮养护。

第八节 菊花的中国药典质量标准

§3.9.15 《中国药典》2010年版菊花标准是怎样制定的?

拼音：Juhua

英文：CHRYSANTHEMI FLOS

本品为菊科植物菊 *Chrysanthemum morifolium* Ramat. 的干燥头状花序。9～11 月花盛开时分批采收，阴干或焙干，或熏、蒸后晒干。药材按产地和加工方法不同，分为“亳菊”、“滁菊”、“贡菊”、“杭菊”。

【性状】亳菊 呈倒圆锥形或圆筒形，有时稍压扁呈扇形，直径 1.5～3 厘米，离散。总苞碟状；总苞片 3～4 层，卵形或椭圆形，草质，黄绿色或褐绿色，外面被柔毛，边缘膜质。花托半球形，无托片或托毛。舌状花数层，雌性，位于外围，类白色，劲直，上举，纵向折缩，散生金黄色腺点；管状花多数，两性，位于中央，为舌状花所隐藏，黄色，顶端 5 齿裂。瘦果不发育，无冠毛。体轻，质柔润，干时松脆。气清香，味甘、微苦。

滁菊 呈不规则球形或扁球形，直径 1.5～2.5 厘米。舌状花类白色，不规则扭曲，内卷，边缘皱缩，有时可见淡褐色腺点；管状花大多隐藏。

贡菊 呈扁球形或不规则球形，直径 1.5～2.5 厘米。舌状花白色或类白色，斜升，上部反折，边缘稍内卷而皱缩，通常无腺点；管状花少，外露。

杭菊 呈碟形或扁球形，直径 2.5～4 厘米，常数个相连成片。舌状花类白色或黄色，平展或微折叠，彼此粘连，通常无腺点；管状花多数，外露。

【鉴别】取本品 1 克，剪碎，加石油醚（30～60℃）20 毫升，超声处理 10 分钟，弃去石油醚，药渣挥干，加稀盐酸 1 毫升与乙酸乙酯 50 毫升，超声处理 30 分钟，滤过，滤液蒸干，残渣加甲醇 2 毫升使溶解，作为供试品溶液。另取菊花对照药材 1 克，同法制成对照药材溶液。再取绿原酸对照品，加乙醇制成每 1 毫升含 0.5 毫克的溶液，作为对照品溶液。照薄层色谱法（附录Ⅵ B）试验，吸取上述三种溶液各 0.5～1 微升，分别点于同一聚酰胺薄膜上，以甲苯—乙酸乙酯-甲酸-冰醋酸-水（1∶15∶1∶1∶2）的上层溶液为展开剂，展开，取出，晾干，置紫外光灯（365 纳米）下检视。供试品色谱中，在与对照药材色谱和对照品色谱相应的位置上，显相同颜色的荧光斑点。

【检查】水分 不得过 15.0%（附录Ⅸ H 第一法）。

【含量测定】照高效液相色谱法（附录Ⅵ B）测定。

色谱条件与系统适用性试验 以十八烷基硅烷键合硅胶为填充剂；以乙腈为流动相 A，以 0.1%磷酸溶液为流动相 B，按下表中的规定进行梯度洗脱；检测波长为 348 纳米。理论板数按 3，5-0-双咖啡酰基奎宁酸峰计算应不低于8 000。

时间（分钟）	流动相 A（%）	流动相 B（%）
0～11	10→18	92→82
11～30	18→20	82→80
30～40	20	80

对照晶溶液的制备 取绿原酸对照品、木犀草苷对照品、3，5-0-双咖啡酰基奎宁酸对照品适量，精密称定，置棕色量瓶中，加 70%甲醇制成每 1 毫升含绿原酸 35 微克，木犀草苷 25 微克，3，5-0-双咖啡酰基奎宁酸 8 微克的混合溶液，即得（10℃以下保存）。

供试品溶液的制备 取本品粉末（过 1 号筛）约 0.25 克，精密称定，置具塞锥形瓶中，精密加入 70%甲醇 25 毫升，密塞，称定重量，超声处理（功率 300 瓦，频率 45 千赫）40 分钟，放冷，再称定重量，用 70%甲醇补足减失的重量，摇匀，滤过，取续滤液，即得。

测定法 分别精密吸取对照品溶液与供试品溶液各 5 微升，注入液相色谱仪，测定，即得。

本品按干燥品计算，含绿原酸（$C_{16}H_{18}O_9$）不得少于 0.20%，含木犀草苷（$C_{21}H_{20}O_{11}$）不得少于 0.080%，含 3，5-0-双咖啡酰基奎宁酸（$C_{25}H_{24}O_{12}$）不得少于 0.70%。

【性味与归经】甘、苦，微寒。归肺、肝经。

【功能与主治】散风清热，平肝明目，清热解毒。用于风热感冒，头痛眩晕，目赤肿痛，眼目昏花，疮痈肿毒。

【用法与用量】5～10 克。

【贮藏】置阴凉干燥处，密闭保存，防霉，防蛀。

第九节 菊花的市场与营销

§3.9.16 菊花的市场概况如何？

菊花为大宗常用中药，产销量都很大，其中著名的安徽亳菊、浙江杭白菊、河南怀菊花、河北祁菊花为我国重要的出口中药材。菊花产量大小悬殊，多时约2 000万千克，少时仅 300 万千克，年需求量 400 万～500 万千克，供应出口 150 万～200 万千克。供需的不平衡造成了菊花价格波动较大，1993—1994 年是低价位期，每千克为 3 元左右。1995—1998 年价格相对稳定，每千克为 10 元左右。1999—2001 年市价小幅下跌，每千克为 7 元左右。2003 年由于“非典”的缘故，菊花销量大增，价格上升很快，每千克为 20～40 元。“非典”过后其价格迅速回落，2004—2005 年其价格每千克为 10～15 元。之后价格又开始上升，2011 年每千克到达 22～24 元，详见表 3-9-1。

表 3-9-1 2011 年国内菊花价格表

品名	规格	价格（元/千克）	市场
菊花	亳菊	24	安徽亳州
菊花	统货	22	安徽亳州

第十章 薄 荷

第一节 薄荷入药品种

§3.10.1 薄荷有多少个品种?入药品种有哪些?

薄荷原产于北温带，即地中海地区的埃及和亚洲的中国。见图 3-10-1。薄荷属有 30 种左右，140 多个变种，其中有 20 个变种在世界各地栽培。薄荷的分类有三种分类方法：一是按作物学；二是按原产地；三是按精油的化学成分。在作物学上薄荷可分为两大类，即亚洲薄荷和欧洲薄荷。前者为中国、日本原产，精油中游离薄荷脑含量高，化合脑、不饱和酮等的含量较欧洲薄荷低；后者为欧美原产，精油中游离薄荷脑含量少而化合脑和不饱和酮的含量较高，原油香气比亚洲薄荷为优。

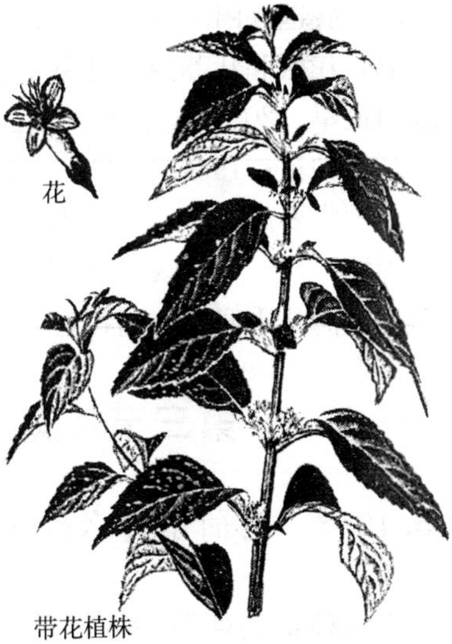

图 3-10-1 薄 荷

《中国药典》2010 年版规定

薄荷为唇形科植物薄荷 *Mentha haplocalyx* Briq. 的干燥地上部分。

第二节 道地薄荷资源和产地分布

§3.10.2 道地薄荷栽培历史及其分布地域?

我国薄荷生产的发展可追朔到三国时代（公元 220—280 年），华陀在其《丹方大全》一书中的鼻病方等多处提及薄荷入药治病；唐朝年间（公元 618—936 年），我国民间也把薄荷当药物使用；明代的医药学家和植物学家李时珍（1518—1593 年），在他的《本草纲目》一书中，曾对薄荷的特征、栽培、分布和用途作了详述："薄荷人多栽莳。二月宿根生苗，清明前后分之。方茎赤色。其叶对生。初莳形长而头圆，及长则尖。吴越川湖人多以代茶。苏州所莳者，茎小而气芳。江西者稍粗。川蜀者更粗。经冬根不死。夏秋采茎叶曝干。近世治风寒为要药。故人多莳之。"从上述记载可知，明代（1368—1644 年）时，我国江浙一带和四川已有栽植，且用来治疗多种疾病。100 多年前，江西和江苏两省已有小规模种植，尤以江西省的吉安和南昌两地为最早。20 世纪初叶，江苏省的嘉定县（现划入上海市）和太仓县开始种植；1931 年引种至南通县和海门县，并逐渐发展成为我国薄荷的主要产区；1935 年推广到崇明县；1951 年江苏省盐城地区开始种植；1962 年以来，江苏省其他地区和全国许多省市先后引种栽培，目前几乎遍及全国各地。

第三节 薄荷的植物形态

§3.10.3 薄荷是什么样子的?

我国种植的薄荷为亚洲薄荷，目前生产上栽培面积较大的品种有：

(一) 青茎圆叶

青茎圆叶又叫水晶薄荷、薄荷王、白薄荷和黄薄荷，简称青薄荷。此品种茎方形，幼苗期茎秆基部紫色，上部青色；叶片绿色，卵圆至椭圆形；叶脉淡绿色，下陷；叶面皱缩明显；叶缘锯齿密而不明显。成长植株茎秆的上部为青色，基部淡紫色；叶片为卵圆形；叶缘锯齿深裂而密；叶面深绿色，有光泽，叶片背面的颜色较淡；叶脉仍是淡绿色。衰老时，叶片颜色较深，上部叶片尖而小，先端下垂，叶身反卷，茎秆变为黄褐色。花冠为白色微蓝，雌雄蕊俱全。根系（地下根茎和须根）入土较深，暴露在地表面的匍匐茎较少，抗旱能力较强。原油含脑量（80%左右）和素油香气均不及紫茎脉品种。

(二) 紫茎紫脉薄荷

简称紫薄荷，茎秆方形，紫色，但若田间密度大，透光不良，则茎秆的下部为紫色，上部为青色，或上下部均为青色。幼苗期茎秆紫色；叶片暗绿色，椭圆形；叶脉紫色；叶面平整；叶缘锯齿浅而稀，紫色；田间群体，一眼望去一片紫色。成长植株叶片为椭圆形；顶端1～5对叶片的叶脉呈现明显的紫色，其下各层次叶片的叶脉呈淡绿色；叶缘带紫色的仅在顶端1～5对叶片明显。衰老时，顶端几对叶片尖而小，且叶面朝上反卷；田间群体颜色显然要比苗期为浅。花冠为淡紫色，雄蕊不露，能结实，花朵较青茎圆叶品种为小。根系入土较浅，暴露在地表面上的匍匐茎较多，抗旱能力较差。原油含脑量（80%～85%）和素油香气较青茎圆叶品种为优。

第四节 薄荷的生态条件

§3.10.4 薄荷适宜于在什么地方和条件下生长？

一、温度

早春当土温达2～3℃时，薄荷的地下根茎在土壤中即可发芽。

薄荷生长期最适合的温度为20～30℃之间，当气温降至－2℃左右时，植株就枯萎。薄荷地下根茎的耐寒能力很强，只要土壤保持一定水分，于－20～－30℃的地区仍可安全越冬。一般说来，昼夜温差大，有利于油、脑的的积累。

二、湿度

薄荷性喜温暖湿润。一年中的降水量分布对薄荷的生长发育有着很大的影响。薄荷生长初期和中期需要一定的降雨量，到了现蕾开花期，特别需要充足的阳光和干燥的天气。薄荷生长期雨量不足又未能及时灌溉和开花期雨水过多均不利于生长，影响产量和质量。

三、光照

绝多大数薄荷品种属长日照植物，日照较长可促进开花，且有利于提高含油量。薄荷生长期间，需要充足的光照，日照时间越长，光合作用越强，有机物质积累多，油、脑含量就越高。在光照不足的情况下，会导致植株叶片脱落增加，分枝减少，含油量和含脑量下降。尽管薄荷单个植株的叶片和分枝在茎上有着利于利用阳光的合理空间排列，但群体中植株间会互相交错遮阳，因此，在生产中必须根据品种的分枝能力和肥、水等条件，安排合理的密度。若密度过大，株间通风透光不良，易造成下部叶片的脱落，分枝节位的上升，分枝数的减少和油、脑含量的降低。

四、土壤

薄荷的适应性较强，对土壤的要求并不十分严格，一般土壤均能生长，而以沙质壤土、壤土和腐殖质土为最好，尤以地势平坦、疏松、便于灌溉、排水的土壤更有利于生长。沙质过多、过黏、过酸、过碱和排水不良的低洼地一般不适宜种植。土壤酸碱度以pH5.5～6.5较适宜。

五、养分

薄荷是需肥量较多的作物，以氮肥为主。氮肥可以促进薄荷叶片和嫩茎的生长；磷肥可促进根部发育，增强御寒抗病能力；钾肥能使茎秆粗壮，增强抗旱和抗倒能力。薄荷不同生长阶段对养分的需求是有所不同的，除了在播种前施足基肥外，还应根据土壤肥力、植株生长状况，合理地及时进行追肥。缺钾易使薄荷感染锈病，但钾过多反而有害；钙过多会使含油量下降；镁参与精油的生物合成过程。

第五节 薄荷的生物特性

§3.10.5 薄荷的生长有哪些规律?

一、根

生产上栽培的薄荷，具有真正吸收作用的是着生在地上部直立茎入土部分和地下根茎节上的数量众多的须根，这些根系入土深度30厘米左右，而以表土层15～20厘米左右最为集中；另外，在株间湿度较大的情况下，在地上部直立茎的基部节上和节间也会长出许多气生根，这种气生根在天气干燥的情况下，会自行枯死，故对薄荷的生长发育几乎不起作用。

二、茎

1. 地上茎 薄荷的地上茎又可分为两种，一种叫直立茎，方形，颜色因品种而异，有青色与紫色之分。它的主要作用是着生叶片，产生分枝，并把根和叶联系起来，把根系从土壤中吸收的水分和养分输送到叶片，同时把叶片的光合作用产物运至根部的输导通道，其上有节和节间，节上着生叶片，叶腋内长出分枝。茎的表面虽也有少量油腺，但精油含量极微（茎秆鲜品出油率为0.001%～0.004%)。另一种叫匍匐茎，它是由地上部直立茎基部节上的芽萌发后横向生长而成，其上也有节和节间，每个节上都有两个对生的芽鳞片和潜伏芽，匍匐于地面而生长，有时其顶端也钻入土中继续生长一段时间后，顶芽复又钻出土面萌发成新苗；也有的匍匐茎顶芽直接萌发展叶并向上生长成为分枝。匍匐茎的颜色、数量、长度和粗细，常因品种和生长条件的不同而变化。

2. 地下茎 又称地下根茎，外形如根，故习惯上常称为种根。通常当地上部直立茎生长至一定（8个节左右）高度时，在土壤浅层的茎基部开始长出根茎，随后逐渐生长增多。第一次收割后，这些地下根茎在水分适合的条件下又萌发出苗（即二刀苗），生长至一定阶段又再长出新的种根，即成为秋播时的材料。地下根茎上也有节和节间，节上长出须根，每一个节上也有两个对生的芽鳞片和潜伏芽，水平分布的范围可达30厘米左右，垂直入土深度较小，大部分集中在土壤表层10厘米左右的范围内。试验表明：在自然条件下，地下根茎是没有休眠期的，也就是说，在土壤温度和水分适合的情况下，一年中的任何时间，均可发芽和继续生长，长成植株。

三、叶

薄荷的叶片是以对生的方式着生在茎节上。叶片的形状、颜色、厚度以及叶面状况、叶缘锯齿的密度等因品种、生长时期、生长条件之不同而有变化。一般说来，叶片的形状有卵圆、椭圆形等；叶色有绿色、暗绿色和灰绿色等。

薄荷的叶片既是光合作用的器官，又是贮藏精油的主要场所。油腺（贮油结构）在叶片上、下表皮的分布，以下表皮为多。单位叶面积上的油腺数目因品种不同而异，同时又与植株的生育时期、叶龄、叶位有关。一定叶面积上的油腺密度越大，含油量就越高。叶片中精油的含量占全株含油总量的98%以上，但对每一个叶片来说，它的含油量高低与环境条件、栽培技术、品种、叶片所处的部位和叶龄等有密切关系。根据测定，植株上叶片中的含油量自下而上逐渐增高。

单位面积产油量的高低首先取决于单位面积上的叶片数、叶面积大小和含油量（油腺密度）的高低。因此，在生产实践中如何使叶片数增加、减少和延缓叶片的脱落，防止病虫为害，就成为薄荷增产中的一个重要环节。

四、花、果实、种子

薄荷的花朵较小。花萼基部联合成钟形，上部有五个三角形齿；花冠为淡红色、淡紫色或乳白色，四裂片基部联合；正常花朵有雄蕊四枚（有的品种雄蕊不露或仅留痕迹），着生在花冠壁上；雌蕊一枚，花柱顶端二裂，伸出花冠外面。正常花（即雌、雄蕊俱全）的花朵较大，雄蕊不露或仅留痕迹的，花朵较小。

在自然生长情况下，每年开花一次。而在人工栽培条件下，一年一般收割两次，开花两次（有的品种和某些地区例外），花期因品种和地区而异。一天中的开花高峰，常随气候条件而变化。若天气晴朗，一般在上午 6～9 时，阴天或雨天向后推迟，下午停止开放。

薄荷自花授粉一般不能结实，必须靠风或昆虫进行异花传粉方能结实。通常自现蕾至开花约需 10～15 天，一朵花自开放至种子成熟约需 20 天左右。结实率高低因品种和环境条件而异。一朵花最多能结四粒种子，贮于钟形花萼内。果实为小坚果，长圆状卵形，种子很小，淡褐色。

第六节　薄荷的栽培技术

§3.10.6　如何整理栽培薄荷的耕地?

选择种植薄荷的田块，要做到旱能灌、涝能排。土地精细耕整后，分畦（宽 2.5～3 米）并挖好排水沟，以利灌排。在条件许可的情况下，最好在播种前结合土地翻耕，施入堆、厩肥和过磷酸钙等作为基肥。

§3.10.7 怎样进行薄荷播种?

一、播种时间

在我国长江流域，宜在立冬与小雪之间播种。播得过早，气温较高，种根当年出苗，遇上寒流侵袭会被冻死，尽管来年春天仍可出苗，但因根内贮藏的养分已被消耗了一部分，从而影响幼苗的茁壮生长；倘若播得过迟，天寒地冻，播种质量难于保证，势必会影响来年出苗。在北方地区，一般在春季播种。

二、播种方法

有撒播、条播和穴播三种。条播可在已整好的畦面上按25～30厘米行距，开8～10厘米深的条沟，接着把预先准备好的种根均匀撒入沟中，随即覆土、压实。土壤水分不足时，要适当播得深一些。播种深度应力求适当，若播得过深，幼苗通过土层的距离大，养分消耗多，影响出苗和幼苗的正常生长；播得过浅，种根易失水干枯，来年出苗差。

为了保证播种质量，使来年春天早出苗（有的地区气候较温暖，当年就出苗），出全苗，播种时必须做到随挖根、随开沟、随撒根、随覆土，并在已播种完毕的畦面上压实，使种根与土壤密接，以防土壤架空而使种根失水干枯。如遇土壤特别干燥，在时间许可的情况下，宜先灌水使土壤湿润再进行播种，或者在播种后再灌水。

三、播种量

视种根质量而定。一般说来，每667米^{2}地用毛根150千克或精选白根75～100千克。土壤肥力高的地块用根量可少些，瘦地可多些；品种生长势旺、分枝能力强的用根量可少些；长势较弱、分枝能力较差的可多些；品种纯度低，用根量需适当增加，以备来年春天去杂除野后仍可保持田间的应有密度。总之，播种量应根据种根质量、品种特性、土质、施肥水平和所要求的密度等因素综合考虑而定。

§3.10.8 如何对薄荷进行田间管理?

一、定苗

薄荷田的定苗工作包括去杂除野、匀密补稀。薄荷品种纯度高低对产量、质量影响很大。尽管野薄荷长势很旺，但多数植株的含油量和含脑量要比家薄荷低得多，而且香气也很差。另外，野薄荷的繁殖力比家薄荷强得多，在生长期间往往还会压抑家薄荷的正常生长。因此，必须及时做好去杂除野工作，如若年复一年不重视此项工作，野、杂薄荷必将迅速蔓延，必然导致产量、质量大幅度降低。就植株的形态特征来看，家、野薄荷以在幼苗期（苗高15厘米）较易辨认，因此，可在这一期间拔除野、杂薄荷，如果苗稀不全，移补苗成活率高。薄荷苗的头刀密度一般为667米^{2}4万～5万株，株距10厘米左右为宜。肥地可适当稀一些，瘦地可稍密一些。如果密度过大，不利通风透光，影响光合作用，分枝数少，下部叶片脱落多；密度过小，基本苗数不足，产量受限制。

去杂除野和匀密补稀的具体做法是：先把地里的野杂薄荷植株连根挖掉，接着按所需的密度要求，把过密处的幼苗用小斜刀连土挖出栽于缺苗的地方，栽后随即浇水，促其迅速成活生长。挖苗时应从近根处挖掘，尽量减少对邻株的牵动，起苗后留下的洞穴用泥土填之，以免影响邻近苗株的正常生长。去杂除野除结合匀密补稀集中进行外，在整个生长期内，随时发现还要随时拔除，方能保证品种的纯度。

二、中耕除草

田间杂草不仅从土壤中夺去养分和水分，而且还助长病虫害的蔓延和传播，收割时混入，还会使薄荷油带上异杂气味，因此，杂草对薄荷的产量、质量影响较大。

苗期气温较低，必须抓紧时机在封行之前连续进行松土锄草2～3次。松土深度，近植株根部应浅一些，行间可深一些，以免伤及地下根茎。通过中耕除草，既可保持田间清洁，减少土壤中水分、养分的不必要消耗，又可提高土温和改善土壤通气状况，利于薄荷生长，特别是雨后土壤板结更应及时进行中耕。收割前应再拔除杂草一次，以免收割时杂草混入，影响精油质量。

三、灌溉与排水

薄荷的地下根茎和须根入土较浅，因此，耐旱性和抗涝性均较弱，在茎、叶生长期需要充足的水分，尤其是生长初期，根系尚未形成，需水更为迫切，如遇天旱，土壤干燥，应及时进行灌溉。灌水时切勿让水在地里停留时间太长，否则会影响根系的呼吸作用，导致烂根。封行后、开花前遇干旱缺水会引起植株脱叶，也应酌情及时灌水，灌水量视土壤干燥状况而定。收割前20～30天应停止灌水，防止收割前植株贪青返嫩，影响产量、质量。排水工作与灌水一样重要，尤其是霉雨季节，阴雨连绵，田间积水，不但影响生长，脱叶率增加，且易发生病害。因此，必须事先开好排水沟，做到雨停沟内无积水。

四、轮作

薄荷是一种需肥量较多的作物，对土壤肥力消耗较大，若连作时间长，不但消耗肥力大，病虫害增多，所需要的某些微量元素缺乏，影响生长，且地下根茎纵横交错，土壤结构不良，长出的苗株细弱无力，影响植株的正常生长和产量、质量。因此，宜每年调换一次茬口。连作时间最多不得超过两年。

五、摘芯

薄荷产量的高低，取决于单位面积上的植株的叶片数和叶片的含油量。在一定密度的情况下，于一定时期摘掉主茎顶芽，削弱顶端生长优势，可促使腋芽生长成为分枝，增加分枝和叶片数。根据近几年来有些栽培地区的经验：在田间密度较小的情况下，摘掉主茎顶芽对提高单位面积的产油量有一定效果。摘掉顶芽以摘掉顶上二层幼叶为度，宜在小满前后（5月中旬）进行，一天中以中午为好，因为此时气温高，空气较干燥，伤口易愈合。去掉顶芽后应追施一次速效性肥料（化肥或人畜粪），以加速萌发新芽。但在植株茂密的情况下，不宜摘芯。

六、二刀期的田间管理

二刀生长期一般较短，头刀收割后，应抓紧时间扫净地面落叶（用于提取精油），并立即进行“锄残茎”（俗称刨根），即用锋利锄头把地面上的残留茎秆、杂草和匍匐茎锄掉。“锄残茎”的深度因品种、天气条件而定，一般说来，紫茎紫脉品种的根系分布较浅，应比根系入土较深的青茎圆叶品种锄得浅些，通常为1～2厘米。天旱地干时宜浅一些，估计“锄残茎”后就要下雨或可灌溉的或土壤较潮湿的可以适当深一些。总之，所谓“锄残茎”就是以把地面上的残留物（包括残茎、匍匐茎和杂草）统统锄掉为度。

二刀出苗后，当苗高10厘米左右时，追肥一次。之后，根据苗情可再追施速效性肥料1～2次，最后一次追肥应在收割前1个月左右施下，若延后施用，会使成熟期推迟，影响产量、质量。

总而言之，为了保证二刀薄荷的产量，首先要促进早出苗，出全苗，其关键在于头刀收割后及时进行“锄残茎”和灌水；其次，由于二刀生长期短，必须及时供给足够的养分和水分，积极促进生长，使在短期内长出更多的叶片。

§3.10.9　道地优质薄荷如何科学施肥？

薄荷头刀期长达250天左右。肥料的用量、种类因地区、时期、土壤肥力等不同而异。除了播种前施足基肥外，还必须适当追肥2～

3次。施肥原则应根据薄荷本身的生长发育规律和土壤肥力，做到适时适量，达到植株生长稳健，不徒长，不早衰，分枝多，叶片多。根据产区经验，一般宜采用两头轻、中间重，即苗期和后期轻施（施肥量少），分枝期重施（施肥量多）的办法。

第一次：苗高10厘米左右时，此时苗小，根系不发达，温度又较低，植株本身的吸收能力小，结合中耕除草可用腐熟稀薄人畜粪（每667米^{2}750千克），加水施于株旁，以促进幼苗生长。

第二次：立夏前后，薄荷生长速度加快，根系发达，普遍开始分枝，叶片增多，光合作用加强，是需肥量最大的时期。每667米^{2}可施用饼肥20～25千克（土壤潮湿，可磨成粉撒施；土壤干燥，需先加水发酵后再施）或腐熟人畜粪1 000千克，以供应分枝增叶的养分需要。但必须注意：这次肥料不宜用速效性化肥猛施，若用化肥的话，应根据土壤肥力确定其用量，以免引起植株生长过快，株高猛增，茎秆细弱，分枝少，叶片薄，造成早期脱叶和后期倒伏。

第三次：芒种前后（6月上中旬），可根据植株长势再追施一次肥，每667米^{2}用硫酸铵10千克或尿素5千克。在施用时间上需特别注意，应在叶片上的露水干后进行，且撒施后用扫帚把附着在叶面上的化肥扫落下来，以免引起烧叶现象。若天气干旱，土壤干燥，可在灌水后施，以利植株吸收。这一时期如果植株长势很旺，并不表现缺肥现象，就不必追肥。另外，这次肥料的施用时期必须严格控制，一般说来，若施用速效性化肥，应在收割前25～30天进行，用长效肥应在收割前40～45天施下（头刀期与二刀期），不宜过早或过迟，因为过早施肥，后期肥力不足，容易引起早衰和脱叶；过迟施肥，会引起植株贪青返嫩，影响产量、质量。

§3.10.10 如何进行薄荷的选种与留种？

一、薄荷的选种与留种

所谓留种田就是用来繁殖良种，供应大田生产所需种根的田块。

留种田的面积与大田面积之比例要依下一年种植面积而定。据初步测试，薄荷留种田的繁殖系数约为 1∶5～10，也就是说，每 667 米^2 地的种根可种（5～10）×667 米^2。

薄荷品种和其他农作物品种一样，种植几年以后，抵抗不良环境条件的能力逐渐减弱，产量和质量逐渐降低，这就是通常所说的品种退化现象。

良种并不是一成不变的，经过一定时间后，也会发生退化，但退化的速度和程度，品种间的差异是较大的。

"好种出好苗，好苗产量高"，这是庄稼人常说的一句话。生产实践证明，"种子年年选，产量节节高"，这句话说明选种工作在增产上的作用。为了确保薄荷的产量和质量，必须把选种工作和建立留种田作为一项重要的栽培措施，这样，不但可以提高品种纯度，而且也是品种复壮（意即已经退化了的品种，需要想办法恢复它的生活力，并定期拿生活力强的种根来代替，以保持良种的高产、优质）的措施之一。对这种田块应采用先进耕作技术，合理施肥，加强管理。

供选种用的原始材料可分为两类：一类是自然的原始材料（即本地的、外地引入的和野生的）；另一类是用人工形成的原始材料（即通过杂交、引变所得到的）。这些原始材料经过选择、比较、鉴定等一系列过程，从大量材料中选出符合人们需要的新类型，即成为一个新品种。

二、薄荷现有品种的提纯方法

（一）去劣留优法（又叫去劣法）

此法适用于某一田块，其中原品种优良植株占绝对优势，只有少数劣株（野、杂植株）混入。在出苗后至收割前，趁中耕除草之时，把与该品种之形态特征不同的植株，连根挖起，带出田外。但在时间上，宜在苗高 15 厘米左右时进行，因为此时苗小，遇拔除劣株后造成局部地方密度过稀时，还可进行补苗。

（二）择优移苗法（又叫选优法）

在所栽培的优良品种中，若遇劣株在同一田块里占绝对优势时，即可在苗高15厘米左右时，将优良植株逐株带土挖起，合并移栽于另一田块，作为下年度优良纯种扩大种植之用。至于余下之劣株，可翻耕掉改种其他作物。

（三）单株选择法

生产上，薄荷是采用无性繁殖的，在一般情况下能够维持品种的固有特征、特性，但长期栽培繁殖之后，由于不同的气候、土壤、栽培措施等因素的长期作用以及植物个体不同组织器官内乃至细胞间，在遗传性上的异质性，也会产生变异（芽变现象等），这种变异个体并非全是坏的，也有好的。因此，可以根据植株的形态特征加以选择，把选得的各单株分别种成单行（行距1米左右），并与优良品种比较，根据单株（株系）的长势、含油量、含脑量、香气等，择优去劣，繁殖至一定数量（成为品系），即可进行小区试比，进而作生产性比较试验，从中选出较好的新品种。

（四）种子后代分离选择法

由于薄荷是一种高度的异质结合体，因而通过有性过程（异花传粉）所得到的种子，其后代分离很大，虽然大部分单株倾向于野化，但好的分离个体也是有的。因此，可以从中选出不同单株，然后进一步观察、比较、选择，选出新的类型。

§3.10.11 薄荷栽培种如何繁殖？

一、茎秆繁殖法

薄荷植株地上部直立主茎基部节上的对生潜伏芽，在自然生长的情况下，由于受到“顶端生长优势”的影响，一般均处于潜伏状态（不萌生），当其脱离母株，播于土中，在土壤、水分、温度等条件适合的情况下，经过一定时间就会萌芽（潜伏芽萌生）生根（节上或节间），长成植株，生长至一定阶段，在土表层的主茎基部又会长出新的根茎（种根）。

（一）播种地的选择

薄荷忌连作，作为播种用的土地，应是近二三年来未种过薄荷且便于灌溉的。播种前，土地先耕整好。

（二）播种时期

以在头刀收割时抓紧进行为宜。

（三）取材和播种量

头刀收割时，取植株下部不带叶子（自然脱落）的茎秆（每段2～3个节）作为繁殖材料。为了提高品种纯度、保持本品种的优良性状，作为取材用的薄荷田必须事先彻底拔净野杂薄荷（宜在苗高13.3～16.7厘米时结合匀苗补苗进行，头刀收割之前再拔一次）。一般来说，取材之后必须马上进行播种以免使材料失水干燥，影响出苗。若取材后，不能马上播种，则应把已取下来的材料摊放在阴凉处，并适当洒些水，绝不要堆放和受风吹日晒，以防发热和干萎。播种量，667米^{2}100～150千克。

（四）播种方法

以条播法为宜，开好沟后（沟深8～10厘米，行距20～25厘米），把茎秆小段均匀撒入沟中，随即覆土压实。由于这个时期正处炎夏，气温高，空气干燥，因此，为了确保出苗，播种时（宜在下午四点钟以后进行）应坚持随取材、随播种、随覆土，并在畦面上用薄荷渣、稻草、麦秸或其他覆盖物加以覆盖，并马上进行灌溉（傍晚进行为宜），这样约经10～14天就可出苗。

（五）田间管理措施

出苗前应特别注意土壤水分状况，及时灌水，这是此法成败的关键。当然，出苗后至收割前也应保证供给足够的水分和养分，并及时中耕除草，防治病虫害（与大田二刀期同）。

待大部分幼苗已出土时，应及时去掉覆盖物（傍晚之前进行），以免影响幼苗的正常生长。苗高10厘米左右时，中耕除草一次，并追施肥料（稀薄人粪或化肥），以后再适当施肥一次。采用此法，若管理得好，至秋天地上部仍可收得与本田同等数量的薄荷油（可以放在本田薄荷全部收蒸完毕时进行收割蒸油)。地下部每667米^{2}可得到粗壮、节间短的纯种白根750～1 000千克左右，可供大田种植(7～10)×667米^2。利用这种种根种植的薄荷，第二年出苗快，整齐，生长势旺。在种根特别缺乏的情况下，二刀收割时，植株下部无叶茎秆也可采用此法进行播种，作为来年本田薄荷，播种方法同上。但由于二刀薄荷茎秆较细，发芽能力较差，加之在土壤中停留时间长(来年春天出苗)，因此，播种量应适当加大，播种覆土完毕后把畦面压实，并灌水一次（切勿让水在田间停留时间过长），使茎秆与土壤密接，以防冷风侵袭遭冻。

二、地下根茎繁殖法

为了加快繁殖速度，头刀收割时也可把本田一部分种根翻起，播于另一块地里，播种方法、管理措施与茎秆繁殖法相同。

三、移苗繁殖法

这一方法在头、二刀均可进行。头刀宜在苗高12～15厘米左右匀密补稀时，把稠密处具有本品种形态特征的幼苗带土移植于已耕整好的另一块地里。二刀宜在苗高10～12厘米左右时进行。移植后务须及时浇水（或灌水），尤其是二刀期，正处盛夏，气温高，空气干燥，更应注意，否则会影响成活率。其他管理措施与本田相同。

四、匍匐茎繁殖法

头刀收割后，可利用锄残茎时锄下来的匍匐茎，切成10厘米左右长的根段进行播种，其方法及管理措施与茎秆繁殖法相同。节上的潜伏芽在土壤温度、水分条件适合的情况下，能萌发成苗，从节上长出不定根，形成一个新的植株。

五、地上枝条繁殖法

薄荷是一种易发根的作物，其发根能力因品种而异。据此，可在

5～9 月份（有枝条就可扦，而以五月中旬较为适宜）剪取地上部绿色枝条（长 10～13.3 厘米，基部叶子适当修掉一些），扦插于事先准备好的苗床中，扦插后应注意遮荫和供给充足的水分，以利生根。这样，约经 10～14 天就可发根，继续生长，待成活后再带土移栽于大田（直接扦插于大田虽也可以，但成活率较低），移栽后也需注意灌溉和其他管理措施。

六、种子繁殖法

目前，生产上栽培的品种主要是从野生薄荷中通过长期的人工选择选出来的，并利用无性繁殖将其优良性状逐步固定下来。但就其遗传性来看，它是一种高度的异质结合体，因而通过有性过程所得到的种子其后代分离极大，大部分表现出原来野生状态，形态特征变化较大，精油的品质也参差不一，有时尽管大部分植株生长旺盛，但含油量却很低，原油中含脑量也极少，香味都很差，故生产上不采用，仅作为育种上单株选择的材料。

茎秆繁殖法、移苗繁殖法，在生产上可作为品种复壮和提高品种纯度的有效措施。大田冬播则常采用地下根茎繁殖法。

§3.10.12 薄荷的病虫害如何防治?

一、虫害

（一）地老虎

地老虎又叫切根虫、土蚕、地蚕。地老虎的种类有十多种，其中主要的是小地老虎和黄地老虎两种。

1. 黄地老虎

（1）形态特征　成虫：体长 15～18 毫米，黄褐色或暗黑色。前翅有深褐色的肾状纹、环状纹和一个三角斑。雄虫后翅白色，触角羽毛状。雌虫后翅灰色，触角呈丝状。卵：圆形或馒头形，底部平滑，上部中间有小突起。初产的卵为乳白色，后变成黄褐色，孵化前为紫褐色，直径为0.7毫米。幼虫：筒形，浅黄色。头黑褐色，腹部共有8节，体表有脂肪光泽，腹部末节板中央有一条黄色纵纹，两侧各有一个黄褐斑，幼虫六龄老熟，头宽约3厘米，体长27～36毫米。蛹：红褐色，气门黑色，腹部5～7节各有一列黑点，腹部末端有两根尾刺。蛹长16～20毫米。

（2）生活习性　以幼虫在5～15厘米土层中越冬，春季气温升高时，幼虫升到表土层进行危害幼苗。老熟幼虫于5月上旬到表土5厘米左右处作土室化蛹，5月中、下旬为化蛹盛期，5月末至6月初羽化成虫。6月上、下旬为第一代成虫发生盛期。成虫白天潜伏在植株叶背面、残体或土块下，夜间出来活动。有较强的趋光性和趋化性。雌虫夜间交尾，产卵，将卵产于残株、土粒和杂草上。卵孵化为幼虫，经五次脱皮达六龄老熟。第一代幼虫期23～30天，于7月上旬开始在4～8厘米土层作室化蛹，7月下旬至8月上旬为第二代成虫发生盛期，并出现二代幼虫危害幼苗。

2. 小地老虎

（1）形态特征　成虫体长17～23毫米，灰褐色，前翅黄褐色或黑褐色，有肾状纹和环状纹，肾状纹外缘有一个黑色三角斑。后翅灰白色，雌虫触角呈丝状，雄虫触角呈羽毛状圆形，初产卵为乳白色，渐变黄色，孵化前为蓝紫色，直径0.6毫米左右。幼虫长筒形，深灰色，头黑褐色。表皮粗糙，密布大小明显不同的小黑点。腹部末节板呈淡黄色，有两条黑线。老熟幼虫体长37～47毫米。蛹红褐色，气门黑色，腹部4～7节，前端有一列黑点，末端有两根尾刺。体长18～24毫米，宽8～9毫米。

（2）生活习性　小地老虎每年发生数代，随各地气候不同而别。春季5～6月出现第一代成虫，白天躲在阴暗地方，夜间出来活动，取食，交尾，在残株和土块上产卵，成虫有较强的趋光性。卵一般7～13天孵化成幼虫，幼虫期为21～25天，五龄脱皮，六龄老熟。6月末7月上旬在5厘米土层中作室化蛹，7月下旬至8月上旬羽化成二代成虫，8月中、下旬二代幼虫发生。3龄前幼虫食量小，4龄后食量剧增，危害性大。

（3）防治方法

①人工捕杀：要做到经常检查，发现植株倒伏，扒土检查捕杀幼虫。②加强田间管理，及时清除枯枝杂草，集中深埋或烧毁，使害虫无藏身之地。③发现畦内植株被害，可在畦周围约3～5厘米深开沟撒入毒饵诱杀。毒饵配制方法是将麦麸炒香，用90%晶体敌百虫30倍液，将饵料拌潮或将50千克鲜草切3～4厘米长，直接用50%辛硫磷乳油0.5千克湿拌，于傍晚撒在畦周围诱杀。

（二）薄荷根蚜

为绵虫科绵蚜属的一种（*Eriosomat* sp.），为近年发现的一种危害薄荷根部的害虫，造成植株褪绿变黄，很像缺肥或病害症状。

1. 形态特征 有翅若蚜：体长1.5毫米，宽0.5毫米。体色橘黄色、淡紫色或紫黑色，腹部背面每节有6个排列整齐的蜡腺点，胸腹有白色絮状物。

无翅胎生雌蚜：体橘黄色，长1.5毫米，宽0.9毫米左右，复眼褐色，腹部背面各有6个蜡腺点。

2. 为害症状与发生情况 5～7月在头刀薄荷上就有发生，至9月中旬受害的二刀薄荷开始变黄。薄荷受害后地上部出现黄苗，严重时连成片，地表可见白色绵毛状物和根蚜，有虫株明显矮缩，顶部叶深黄，由上而下逐渐变淡黄到黄绿，叶脉绿色，最后黄叶干枯脱落，茎秆也同样由上而下褪绿变黄，叶片比健苗窄。根据田间鲜草量测定，黄苗比健苗减产35%。受害后地下部薄荷须根及其周围土壤中密布绵毛状物，根蚜附着于须根上刺吸汁液，并分泌白色绵状物包裹须根，阻碍根对水分、养分的吸收。

3. 防治 2.5%敌杀死1∶5 000倍液和40%氧化乐果1∶2 000倍液有较好的防治效果。

（三）薄荷茎线虫

1. 形态特征 薄荷上的茎线虫，成熟的雌虫和雄虫都是细长蠕虫形，雌虫一般大于雄虫。虫体前端的唇区较平，无缢缩；尾部长圆锥形，末端钝尖。虫体表面的角质膜上有细的环纹，但唇部的环纹不清楚。角质膜上有侧带，侧带上明显呈现6条纵行的侧线。雌虫的阴门大约位于虫体后部的3/4处，雄虫的抱片不包住整个尾部。

食道属垫刃型，口针较细小，长约13～14微米，有基部球。中食道球卵圆形，有瓣。食道腺很明显，近乎前窄后宽的圆锥形，它的后部常延伸覆盖在肠的前端，但有时覆盖不明显。

神经环位于食道峡部的偏后位置。颈乳突和侧尾腺口都未见到。

雌虫单卵巢，前伸，无曲折。卵巢的起点常接近于肠的前端。发育中的卵圆细胞大多排成双行。卵的大小为62.4微米×31.96微米（44.2～83.7微米×22.1～41.0微米），雌虫体宽46.4微米（37.9～60.0微米）。卵长约大于体宽，卵宽约为卵长的一半。后阴子宫囊明显，它的伸展长度一般约为阴门到肛门距离的2/3。

雄虫有一个睾丸，它的前端起始位置与卵巢相似，发育中的精原细胞排列成单行。雄虫有一对交合刺，略弯曲，后部较宽，末端尖，在每个交合刺的宽大处有两个指状突起。

2. 防治

（1）避免连作。

（2）化学药剂防治：铁灭克可以用作土壤消毒，每平方米10克，生长期可以600～800倍液灌根，可起到防治效果。

二、病害

（一）薄荷锈病

1. 症状 在叶和茎上发病，最初先在表面形成圆形或纺锤形黄色肿块，其后肥大，内有锈色粉末（锈孢子）散出。以后在表面又生有白色小斑，后呈圆形淡褐色粉末（夏孢子）。后期，在背面生有黑色粉状（冬孢子）病斑。严重时病处肥厚，变成畸形。

2. 病原 学名为*Puccinia menthae*，属担子菌亚门冬孢菌纲锈菌目柄锈菌科柄锈菌属真菌。夏孢子堆叶背面生，散生或聚生，近圆形，橙黄色，粉状，突破表皮。冬孢子堆生于叶背面、叶柄及茎上，散生或聚生，黑褐色，粉状，裸生。单元寄生，锈菌能形成性孢子、锈孢子、夏孢子和冬孢子。性孢子在性子器内，无色，单胞，椭圆形，大小为2～3微米×0.5～1.5微米。锈孢子在锈子器内，单胞球形或椭圆形，带黄色，表面有细刺，大小为20～31微米×21～27微米。夏孢子聚集成孢子堆，单胞，略呈球形，表面有细刺，带淡黄色，大小为16～31微米×20～27微米。冬孢子聚集呈孢子堆，冬孢子椭圆形，黄褐色，表面有短细刺，大小为27～42微米×19～29微米，具有一个隔膜，顶端有乳头状突起。

3. 发病规律 锈孢子生活力较弱，只能存活半个月到1个月左右。夏孢子是植物生育期重复侵染，使病害迅速发展的繁殖器官，18℃时发芽最好，25～30℃以上全不发芽。在低温下可生存187天；冬孢子在15℃以下形成，越冬后产生小孢子进行侵染。以冬孢子及夏孢子在被害部越冬。病菌常形成中间孢子，能越冬和侵染，成为翌年的初次侵染源。5～10月发生，多雨时有利于发病。

4. 防治措施

（1）清除病残体，减少越冬菌源。

（2）发病期，喷洒80%萎锈灵400倍液或50%托布津800～1 000倍液或波尔多液（1∶1∶160），每隔7～10天1次，连续喷2～3次。

（3）加强田间通风，减少株间湿度，发现病株及时拔除烧毁。

（4）在播种前用45℃热水浸泡种根10分钟，效果较好。

（5）若收割前发病严重，可适当提前收割，减少损失。

（二）薄荷斑枯病

1. 症状 叶面生有暗绿色的病斑，后逐渐扩大，呈近圆形或不规则形，直径2～4毫米，褐色，中部退色，故又称白星病。病斑上生有黑色小点，即病原菌的分生孢子器。为害严重时，病斑周围的叶组织变黄，早期落叶。

2. 病原 学名为*Septoria menthicola*，属半知菌亚门、腔孢纲、

球壳孢目、球壳孢科、壳针孢属真菌。分生孢子器叶两面生，散生或聚生突破表皮，扁球形，直径 96～108 微米；分生孢子针形，无色透明，正直或微弯，基部钝圆形，顶端较尖，2～3 个隔膜，大小为 25～40 微米×1～1.5 微米。

3. 发病规律 病原菌以菌丝体或分生孢子器在病残体上越冬。翌年，分生孢子借风雨传播，扩大为害。

4. 防治措施

(1) 实行轮作。

(2) 秋后收集残茎枯叶并烧毁，减少越冬菌源。

(3) 加强田间管理，雨后及时疏沟排水，降低田间湿度，减轻发病。

(4) 发病期可喷洒波尔多液（1∶1∶160）或 70%甲基托布津可湿性粉剂1 500～2 000倍液，每隔 7～10 天 1 次，连续喷 2～3 次。

发病植株细弱矮小，叶片小而脆，显著皱缩扭曲。严重时，病叶下垂、枯萎，逐渐脱落，甚至全株枯死。其发病原因与蚜虫为害有密切关系（蚜虫是传播媒介），因此，在防治方法上应把着眼点放在及时、彻底防治蚜虫和拔除病株的工作上，防止蔓延。

(三) 白粉病

1. 症状 发病后叶表面，甚至叶柄、茎秆上如覆白粉。受害植株生长受阻，严重时，叶片变黄枯萎、脱落，以致全株干枯。

2. 防治方法

(1) 种植薄荷的田块应尽量远离瓜、果（如南瓜、黄瓜、梨树和葡萄等）地。因为在瓜、果类植物上这种病较普遍，可能会传播到薄荷上为害。

(2) 药剂防治，可喷洒 0.1～0.3 度石硫合剂（用生石灰 5 千克，硫黄粉 10 千克，水 65 千克，先煮成原液或母液，应用时加水稀释成所要求的浓度）。

第七节 薄荷的采收、加工（炮制）与贮存

§3.10.13 薄荷什么时间采收?

薄荷在上海、江苏地区，一般每年收割两次，每一次收割（俗称头刀）在小暑后大暑前（7月中下旬），第二次（二刀）在霜降之前（10月中下旬）。

在大致的收割期范围内，还应根据当时的天时、地利、苗情加以综合考虑：一是看苗，薄荷植株体内油、脑的转化、积累，在整个生育期的各个阶段是不同的，从生长前期到后期，薄荷脑含量逐渐增加，薄荷酮含量逐渐减少。二是看天气，天气变化直接影响含油量。阴雨天，叶片光合作用强度减弱，含油量较低。因此，宜在晴天，特别是连续3～5天晴天后，气温高而风小时进行收割。雨天或刮大风的天气和早、晚不宜收割；雨后需经过2～3天晴天才能收割。三是看地，就是说要等到地面“发白”后才进行收割。这个“三看”的实践经验是互相关联的，必须密切结合，同时还必须因地制宜综合考虑（特殊情况如天气、其他农活安排等），才能做到收割适时。

根据一天中不同时间植株体内油、脑含量的变化规律，一般来说，晴天以上午10时至下午3时之间收割为好（中午12时至下午2时含油量最高）。从生产实际出发，可在上午露水干后至下午4时进行收割。在具体安排上，应根据不同田块，先割老的（成熟早的），后割嫩的（成熟晚的）。

收割用的镰刀宜磨得锋利，割时应尽量齐地面。割下的薄荷，如果天气好，可顺手摊开在地面上晒至半干以上，打成小捆或直接运至加工场蒸馏，若不能马上蒸馏，应妥善摊放，不可堆集起来，以防止堆内发热，造成油分挥发损失。万一收割后遇到下雨，在条件许可的情况下，可收进来摊成薄层（切不可成堆）；若无摊放场所，且估计

雨日较长，那还是以收进来蒸馏（装料可少些、松些）为好，否则会导致霉烂损失。

头刀收割期必须严格控制，若收得过迟，势必影响二刀苗的生长（二刀苗生长期较短），所以必须统筹兼顾，既要保证头刀的产量也要考虑到二刀是否有足够长的生长期。收割后，薄荷田地面上残留的干、鲜薄荷落叶要收集起来，做为蒸油之用。

§3.10.14 如何炮制薄荷？怎么样贮藏？

一、净制

除去老梗及杂质。

（一）薄荷叶

用萝筛去土末，拣净杂质，取用净叶。

（二）薄荷梗

将揉去叶子的净薄荷梗洗净，润透，切段，晾干。

（三）薄荷粉

取原药材晒脆，去土及梗，磨成细粉，成品称薄荷粉。

二、切制

喷淋清水，稍润，切段，晾干。

三、炮炙

（一）蜜制

先将蜜熔化，至沸腾时加入薄荷拌匀，用微火炒至微黄即可。每薄荷 500 千克，用蜂蜜 180 千克。

（二）盐制

先将薄荷叶蒸至软润倾出，放通风处稍凉；再用甘草、桔梗、浙贝三味煎汤去渣，浸泡薄荷至透，另将盐炒热研细，投入薄荷内，待吸收均匀，即成。薄荷每 100 千克，用盐 200 千克，甘草 25 千克，桔梗 12 千克，浙贝 12 千克。

四、贮藏

将薄荷置阴凉干燥处保存。

第八节 薄荷的中国药典质量标准

§3.10.15 《中国药典》2010 年版薄荷标准是怎样制定的？

拼音：Bohe

英文：MENTHAE HAPLOCALYCIS HERBA

本品为唇形科植物薄荷 *Mentha haplocalyx* Briq. 的干燥地上部分。夏、秋二季茎叶茂盛或花开至三轮时，选晴天，分次采割，晒干或阴干。

【性状】本品茎呈方柱形，有对生分枝，长 15～40 厘米，直径 0.2～0.4 厘米；表面紫棕色或淡绿色，棱角处具茸毛，节间长 2～5 厘米；质脆，断面白色，髓部中空。叶对生，有短柄；叶片皱缩卷曲，完整者展平后呈宽披针形、长椭圆形或卵形，长 2～7 厘米，宽 1～3 厘米；上表面深绿色，下表面灰绿色，稀被茸毛，有凹点状腺鳞。轮伞花序腋生，花萼钟状，先端 5 齿裂，花冠淡紫色。揉搓后有特殊清凉香气，味辛凉。

【鉴别】(1) 本品叶的表面观：腺鳞头部 8 细胞，直径约至 90 微米，柄单细胞；小腺毛头部及柄部均为单细胞。非腺毛 1～8 细胞，常弯曲，壁厚，微具疣状突起。下表皮气孔多见，直轴式。

(2) 取本品叶的粉末少量，经微量升华得油状物，加硫酸 2 滴及香草醛结晶少量，初显黄色至橙黄色，再加水 1 滴，即变紫红色。

(3) 取本品粉末 0.5 克，加石油醚（60～90℃）5 毫升，密塞，振摇数分钟，放置 30 分钟，滤过，滤液挥至 1 毫升作为供试品溶液。

另取薄荷脑对照药材0.5，同法制成对照药材溶液。再取薄荷脑对照品，加石油醚（600～900℃）制成每1毫升各含2毫克的溶液，作为对照品溶液。照薄层色谱法（附录Ⅵ B）试验，吸取供试品溶液10～20微升、对照药材溶液和对照品溶液各10微升，分别点于同一硅胶G薄层板上，以甲苯-乙酸乙酯（19∶1）为展开剂，展开，取出，晾干，喷以香草醛硫酸试液-乙醇（1∶4）的混合溶液，在1 000℃加热至斑点显色清晰。供试品色谱中，在与对照药材色谱和对照品色谱相应位置上，显相同颜色的斑点。

【检查】叶 不得少于30%。

水分 不得过15.0%（附录Ⅸ H第二法）。

总灰分 不得过11.0%（附录Ⅸ K）。

酸不溶性灰分 不得过3.0%（附录Ⅸ K）。

【含量测定】取本品约5毫米的短段适量，每100克供试品加水600毫升，照挥发油测定法（附录Ⅹ D）保持微沸3小时测定。

本品含挥发油不得少于0.80（毫升/克）。

【炮制】除去老茎及杂质，略喷清水，稍润，切短段，及时低温干燥。

本品呈不规则的段。茎方柱形，表面紫棕色或淡绿色，具纵棱线，棱角处具茸毛。切面白色，中空。叶多破碎，上表面深绿色，下表面灰绿色，稀被茸毛。轮伞花腋生，花萼钟状，先端5齿裂，花冠淡紫色。揉搓后有特殊清凉香气，味辛凉。

【含量测定】同药材，含挥发油不得少于0.40%（毫升/克）。

【鉴别】【检查】（总灰分，酸不溶性灰分） 同药材。

【性味与归经】辛，凉。归肺、肝经。

【功能与主治】疏散风热。清利头目，利咽，透疹，疏肝败坏气。用于风热感冒，风温初起，头痛，目赤，喉痹，口疮，风疹，麻疹，胸胁胀闷。

【用法与用量】3～6克，后下。

【贮藏】置阴凉干燥处。

第九节 薄荷的市场与营销

§3.10.16 薄荷的市场概况如何?

在人类生活不断提高的今天，薄荷越来越靠近人们的生活，已成为人们生活中不可缺少的物品。薄荷可以提取薄荷油、薄荷脑、薄荷素油、薄荷白油等多种薄荷制品，如今，薄荷的用途不断扩展增大，除药用不可缺少外，还广泛用于消暑、清凉饮料食品、家化、日化、香料，特别是生产牙膏、花露水、外用橡皮膏、糖果、化妆品等，用量不断扩展。例如，用薄荷为原料生产的浴盐，含有萃取于当归、薄荷油精华的天然保湿成分，能促进并保持沐浴后肌肤润滑。其蕴涵的矿物有效成分，能促进血液循环对消除疲劳及减轻肩背酸痛有良好的效果。我国研发并成功使用的薄荷型卷烟，可降低焦油含量。此外，还有用薄荷开发的薄荷矿泉水、保健薄荷茶等各种饮料以及多种薄荷糖。我国年产薄荷约 800 万千克，是薄荷生产和出口大国。近年来，由于货源短缺，造成价格上扬，2011 年每千克薄荷叶价格在 10 元左右，出口级高达 20 元以上，薄荷全草也上升到 15～17 元，具体情况见表 3-10-1。

表 3-10-1 2011 年国内薄荷价格表

品名	规格	分类	市场（元/千克）		
			安国	成都	玉林
薄荷叶	统	叶类	15～17	8	9～10

从国际市场上看，近年来印度农业科学家培育出薄荷新品种，这种薄荷不仅产量高，而且出油率是普通薄荷的 2 倍，使我国薄荷出口面临挑战。但许多国家长期以来使用相比较，中国货质量好，虽然其价格略高于印度货，但许多国家仍热衷购买中国货，使我国薄荷出口

形势好转，加上近年来薄荷的用途不断拓宽，用量加大，造成国内外薄荷市场货紧价高。应该注意的是，薄荷市场变化很快，目前除印度外，越南等国家也在发展薄荷生产，对我国出口已构成冲击，因此应密切注意市场变化，适量种植。

第十一章

白　芷

第一节　白芷入药品种

§3.11.1　白芷的入药品种有哪些？

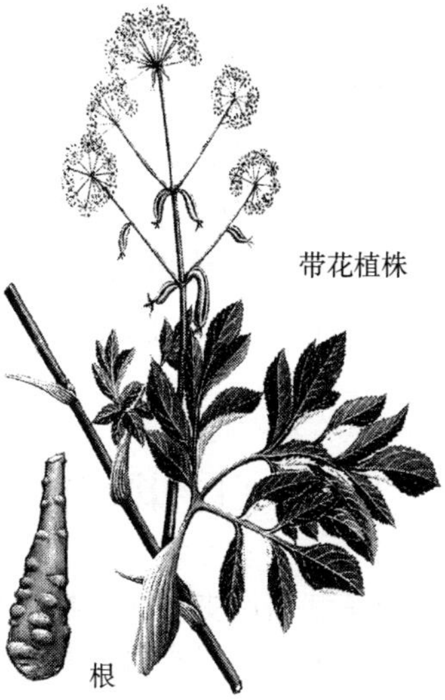

图 3-11-1　白　芷

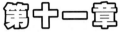

中药白芷为大宗药材，始载于东汉的《神农本草经》，列为中品。记载其“味辛，温。主女人漏下赤白，血闭阴肿，寒热，头风侵目泪出，长肌肤，润泽，可作面脂”。其后，历代本草均有收载。《图经本草》称：“白芷生河东川谷下泽，今所在有之，吴地尤多。根长尺余，粗细不等，白色，枝干去地五寸以上。春生叶，相对婆娑，紫色，阔三指许。花白微黄。入伏后结子，立秋后苗枯。二月、八月采根暴干。以黄泽者为佳。”并附有泽州（今山西晋城县）白芷图，图近伞形科当归属植物。《本草纲目》沿用了上述的记载和插图。据考证，古代所用白芷主要分布于黄河流域，多与现所用的白芷

[*Angelica dahurica*（Fisch. ex Hoffm.）Benth. et Hook. f.］符合。见图 3-11-1。

《中国药典》2010 年版规定白芷为伞形科植物白芷 *Angelica dahurica*（Fisch. exHoffm.）Benth. et Hook. f. 或杭白芷 *Angelica dahurica*（Fisch. ex Hoffm）Benth. et Hook. f. var. *formosana*（Boiss.）Shan et Yuan 的干燥根。野生家种均有，目前商品主要来源于家种。

第二节 道地白芷资源和产地分布

§3.11.2 道地白芷的原始产地和分布在什么地方？

白芷的应用历史悠久，自《神农本草经》以后，历代本草均有记载且多有补充。白芷野生分布于黑龙江、吉林、辽宁、河北、山西、内蒙古；北方省区多有栽培，商品主产于河南长葛、禹县、商丘、许昌、沁阳、博爱、柘城等地；河北安国、定州、万金、邢台、永年、晋县、深泽等地；山东莒县、定陶、济南、曲阜；辽宁盖县、海城。此外，陕西渭南、华阳、汉中、城固等地也产。河南禹县、长葛等地出产的白芷习称禹白芷、会白芷；河北安国、定州等地出产的白芷习称祁白芷，以上地区产量大、质量好，为道地药材白芷的主产区。

§3.11.3 白芷栽培历史及其分布地域？

白芷栽培历史悠久。据清代康熙《仁和县志》记载，以浙江家种为最早；据 1919 年《遂宁县志》记载：四川始于 13 世纪；据现有材料说明，四川、河南等地很早已成为白芷栽培的主产区。

我国南方地区多有栽培。商品主产于浙江余杭、永康、缙云、象山；湖南茶陵、平江、慈利、安仁、涟源；四川遂宁、达县、安岳、仪陇、崇庆、忠县、纳溪、射洪、岳池、平昌；贵州遵义、习水、湄潭、黄平；湖北蕲春、鄂州、利川、襄阳；云南洱源、弥渡、昆明、姚安；陕西汉中、渭南、城固。浙江余杭、永康等地出产的杭白芷习称浙白芷；产于四川遂宁、达县等地习称川白芷，这些地区的产量大、质量好，为地道药材杭白芷的主产区。目前，全国多个省区栽培的白芷，其种子多引自四川、浙江或河南、河北。

第三节 白芷的植物形态

§3.11.4 白芷是什么样子的?

一、白芷

白芷为多年生高大草本，高可达 2～2.5 米，根粗大，直生，近圆锥形，长 10～24 厘米，直径 2～5 厘米，外皮黄褐色，有数条支根。茎粗壮中空，近圆柱形，常带紫色，有纵沟纹，近花序处有短柔毛。茎下部叶有长柄，基部叶鞘紫色，茎上部叶有显著膨大的囊状鞘。叶为二至三回三出式羽状全裂，或近于复叶，最终裂片卵形至长卵形，边缘有不规则的白色软骨质粗锯齿，基部沿叶轴下延成翅状；复伞形花序，伞幅 18～70 不等，总苞片常缺或 1～2，呈膨大的鞘状，小总苞片 14～16，狭披针形。小花白色无萼齿。花瓣 5，先端内凹，雄蕊 5，花丝细长，伸出于花瓣外。双悬果扁平椭圆形，分果侧棱成翅状，花期 7～9 月，果期 9～10 月。

二、杭白芷

杭白芷为白芷的变种，与上形态相似，但植株相对较矮（1～2 米高），根圆锥形，上部近方形，具 4 棱。茎和叶鞘多为黄绿色，复伞形花序密生短柔毛，伞幅 10～27，小花黄绿色，花瓣

5，顶端反曲，双悬果扁平，具疏毛。花期5～6月，果期7～9月。

第四节 白芷的生态条件

§3.11.5 白芷适宜于在什么地方和条件下生长？

白芷产区属亚热带季风气候，其热量资源丰富、气候温和、雨量充沛、光照充足、四季分明，霜雪少见。我国白芷主要生长于东亚季风气候区。主产区华北平原属半湿润、半干旱大陆性季风气候，具有冬寒少雪、春季多风、夏热多雨、秋高气爽等特点。长江中下游平原和四川盆地属亚热带湿润季风气候，具温暖湿润、四季分明特点。产区海拔多在50～500米之间，宜生长于地势平坦、土层深厚、土壤肥沃、质地疏松、排水良好的沙质壤土。

白芷产区的自然条件：

一、气温

多年平均气温17.4℃，最热为7、8月，平均气温27.4℃；最冷为1月，平均气温6.4℃。该地区气温表现为春季气温回升快、秋季气温下降快的特点，从2月中旬至4月中旬，日平均气温从8℃上升到18℃，平均上升0.17℃/天，高于4月中旬至8月中旬气温日均上升0.1℃；从8月下旬至11月中旬，气温日均下降0.17℃。

二、热量资源

白芷道地产区热量资源丰富，≥10℃平均初日为03～06，平均终日为11～18，全年有268天，≥10℃的有效积累平均为5 627.1℃。多年平均无霜期为269天，年均日照时数为1 333.4小时，年均辐射总量为87.4×4.186 8千焦/厘米^3。

三、降雨

白芷产区降雨比较丰富，多年平均 993 毫米。全年降雨分布不均，但适宜白芷生长。白芷播期 9、10 月降雨量占全年的 18.50%，降雨量为 183.7 毫米，且雨日多，多年平均雨日可达 15.5～16.2 天，利于白芷种子萌发。冬季白芷生长缓慢，降雨少对白芷幼苗的生长影响不大。春季降雨量占全年降雨的 21.5%，为 213.5 毫米；白芷生长最快的 5～7 月，降雨量达 415 毫米，占全年降雨量的 41.8%。

四、土壤

种植白芷的土壤为冲积土土类，石灰性新积土亚类，灰棕潮土土属，分两个土种即沙土、油沙土。沙土离河水面 100 米左右，结构性差，保水保肥力弱，导致白芷产量不高。油沙土分布在冲积坝的中部，沿江呈带状分布，剖面 100 厘米深度未见砾石出露，土壤耕作层为微团粒或团粒结构，质地较轻，土壤孔度表层大、底层小，形成“上虚下实”，即利于种子发芽、破土，又保水保肥。土壤剖面呈微碱性。全量养分含量低，速效氮含量低，速效钾磷较为丰富。该土壤是白芷质量好、产量高的基础。

第五节　白芷的生物特性

§3.11.6　白芷的生长周期有哪些规律？

白芷一般为秋季播种，在温、湿度适宜条件下，约 15～20 天出苗，幼苗初期生长缓慢，以小苗越冬；第二年为营养生长期，4～5 月植株生长最旺，4 月下旬至 6 月根部生长最快，7 月中旬以后，植株渐变黄枯死，地上部分的养分已全部转移至地下根部，进入短暂的休眠状（此时为收获药材的最佳期）。植株 8 月下旬天气转凉时又重生新叶，继续进入第三年的生殖生长期，4 月下旬开始抽薹，5 月中旬至6月上旬陆续开花，6月下旬至7月中旬种籽依次成熟。因开花结籽消耗大量的养分，所以留种植株的根部常木质化变空甚至腐烂，不能作药用。成熟种子当年秋季发芽率为70%～80%，隔年种子发芽率很低，甚至不发芽。种植白芷为2年收根，3年收籽，不可兼收。

第六节 白芷的栽培技术

§3.11.7 如何整理栽培白芷的耕地？

白芷对前作要求不严，甚至前作白芷生长好的连作地也可选用，最好选择地势平坦、阳光充足、耕作层深厚、疏松肥沃，排水良好的沙质壤土。前茬作物收获后，每667米^{2}施腐熟堆肥或厩肥2 500～5 000千克，饼肥100千克和磷肥50千克作基肥，肥沃地也可少施。施完后进行翻耕，深度达33厘米以上为好，翻后晒土使之充分风化，晒后再翻耕一次。因白芷根部生长较深，所以整地时，要深耕细耙，并使上下土层肥力均匀，防止因表土过肥而须根多，影响产量和质量。整平耙细后作畦，畦高15～20厘米，畦宽1～2米，畦面要平坦，以利于灌水排水，表土要平整细碎以利幼苗出土。

§3.11.8 怎样进行白芷播种？

用种子繁殖，一般采用直播，不宜移栽，移栽植株根部多分叉，主根生长不良，影响产量和质量。

一、播种期

生产上对播种期要求严格，适时播种是获得高产的重要环节之一。过早播种，冬前幼苗生长过旺，第二年部分植株会提前抽薹开花，根部木质化或腐烂，不能作药用，从而影响产量。过迟则气温下降，影响发芽出苗，幼苗易受冻害，幼苗生长差，产量低。由于隔年种子发芽率低，新鲜种子发芽率高，所以生产上须选用当年收获的新鲜种子播种，一般以秋播为主，春播产量低，质量差。适宜的播种期因气候和土壤肥力而异。气温高迟播，反之则早播，土壤肥沃可适当迟播，相反则宜稍早。

秋播适宜播种期因地而宜，按各地的习惯，河南秋播在白露前后，河北于处暑至白露之间，四川于白露至秋分之间，浙江于寒露前10天进行，气温较高地区以秋分至寒露为宜。春播于3～4月间进行。

二、播种方法

条播、穴播、撒播均可，一般以条播为多。

（一）条播法

在浙江、河南、河北多采用，行距25～30厘米，开浅沟，将种子均匀播入沟内，覆盖薄薄一层细土，一般每667米^{2}用种量1～1.5千克。

（二）穴播法

四川多用。按行距30～35厘米，穴距23～27厘米开穴，穴底要平，每穴播种7～10粒，每667米^{2}用种量0.5～0.8千克。

（三）撒播法

浙江有用此法，将种子均匀撒在已耙平的畦面上，然后盖上一层薄土及稻草。但此法目前少用。

播种前可用温水浸种一夜或用沙土与种子混匀湿堆1～2天后再行播种，也有报道用2%的磷酸二氢钾水溶液喷洒在种子上，搅拌后闷种8小时，使溶液被种子充分吸收后再播，可促使提早出苗，且出苗齐、出苗率高。一般播种后15～20天均可出苗，也有报道采用地膜覆盖，可使出苗期比对照组提前10天左右，且出苗整齐一致，出苗率比对照组高4%，但如果在适宜的播种期进行播种，又无明显的反常恶劣天气，则一般无须覆盖地膜。

播后一般覆盖薄薄一层细土，略加镇压，使种子与土壤紧密接触，再均匀摊施腐熟栏肥1 000千克左右；也有的播后不覆土，随即每667米^{2}施稀腐熟人畜粪水约1 000千克，再用腐熟人畜粪水拌和的草木灰覆盖其上，不露种子，然后用木板镇压或轻踩，以利发芽。

§3.11.9 如何对白芷进行田间管理?

一、间苗和定苗

白芷幼苗生长缓慢，播种当年一般不疏苗，第二年早春返青后，苗高约5～7厘米时进行第一次间苗，间去过密的瘦弱苗子。条播每隔约5厘米留一株，穴播每穴留5～8株；第二次间苗每隔约10厘米留一株或每穴留3～5株。清明前后苗高约15厘米时定苗，株距13～15厘米或每穴留3株，呈三角形错开，以利通风透光。定苗时应将生长过旺，叶柄呈青白色的大苗拔除，以防止提早抽薹开花。间苗次数可依具体情况，采取1～3次均可。

二、中耕除草

应结合间苗和定苗同时进行。定苗前除草可用手拔或用浅锄，定苗时可边除草，边松土，边定苗，以后逐渐加深，次数依土壤干湿程度和杂草生长情况而定，松土时一定注意勿伤主根，否则容易感病。当叶片逐渐长大，畦面上封垄荫闭以后，就不必再除草了。

三、排灌

白芷喜水，但怕积水。播种后，如土壤干燥应立即浇水，以后如无雨天，每隔几天就应浇水一次，保持幼苗出土前畦面湿润，这样才利于出苗；苗期也应保持土壤湿润，以防出现黄叶，产生较多侧根；幼苗越冬前要浇透水一次，河南有“湿冻最好，干冻不易活”的经验，河北有“白芷在冬季只有干死的，没有冻死的”经验。翌年春季以后可配合追肥适时浇灌，尤其是伏天更应保持水分充足。如遇雨季，田间积水，应及时开沟排水，以防积水烂根及病害发生。

四、拔除抽薹苗

播后第二年5月会有部分植株抽薹开花，其根部不可作药用，其结出的种子亦不能作种，因其下一代会提前抽薹。故为了减少田间养料的消耗，发现抽薹的植株，应及时拔除。

五、防止白芷早期抽薹的措施

生产上常有部分白芷植株于第二年提前抽薹开花，一般为10%～20%，多者可达30%以上，严重影响产品的产量和质量。采取以下几方面措施，可使抽薹率降低到3%～5%，平均每667米^{2}增收50千克左右。

（一）合理修枝、选育良种

这是防止白芷早期抽薹的根本所在。同一植株不同部位结的种子其特性不同。主茎顶端花薹所结的种子较肥大，抽薹率最高；二、三级枝上所结的种子瘪小，质量较差，抽薹率不高，但播后出苗率和成苗率都较低；一级枝所结种子，质量最好，其出苗率和成苗率最高，抽薹率也低；过于老熟的种子也易提前抽薹开花。所以，在留种株花期，采取以下修剪方法：剪去主茎和二、三级枝上的花序，保留一级枝花序。从而保证一级枝花序的营养供给，使种胚发育成熟一致，缩小种子的个体差异，这样，播种后，出芽整齐，便于管理，植株也具有优良的性状。

（二）适时播种

播种期的早晚影响幼苗的生长。播种期过早，则苗龄长，幼苗长得快，营养充足，第二年抽薹率高。播种过迟，气温低，出苗迟，幼苗生长缓慢，致使冬前苗生长瘦弱，易受冻害。虽第二年不抽薹或少抽薹，但产量也低。故适时播种尤为重要。

（三）控制水肥，注重施法

白芷植株高大，生长快，吸肥力强，是喜肥作物，但盲目施肥，致使植株生长过旺，特别是春前苗期施肥过多，幼苗生长过旺，常易导致提前抽薹开花。故春前一定要严格控制肥水供应，一般少施或不施，至四月上中旬，定苗后，此时进入营养生长旺期，气温高，阳光足，呼吸和光合作用较强，新陈代谢快，故需吸收大量的养分和水分，以适应迅速生长的需要，此时需重施肥料。所以要平衡施用氮肥，磷钾肥一半作底肥，一半作追肥，既可获得较高产量，又可减少早期抽薹率。

（四）摘心晾根

在5～6月应采用摘心晾根来控制其长势。①当白芷茎尖形成明显的生长点时，选晴天（上午10时左右）用竹刀将茎心芽摘去（约1厘米长），以去掉顶芽为好。摘心后隔3～5天浇水追肥（不能马上浇水，以防腐烂和死亡），这样会使白芷茎节失去抽薹的条件。②深锄扒土凉根，即选有明显抽薹的白芷，先深锄一次，选晴天扒土晾根5～7天，深度为根长的1/3为好。过深易死，浅者起不到控制效果，不得伤主根或摇动幼根。然后封根浇水追肥，这样可控制植株过早地由营养生长向生殖生长转化，减少抽薹率。试验证明，晾根以6月中旬为宜，太迟因气温高，易死亡；或是花序已分化完毕，达不到防抽薹效果。

§3.11.10 道地优质白芷如何科学施肥？

白芷耐肥，但一般春前少施或不施，以防苗期长势过旺，提前抽薹开花。春后营养生长开始旺盛，可追肥3～4次。第1、第2次均在间苗、中耕后进行，第3、第4次在定苗后和封垄前进行。施肥宜选择晴天进行，见雨初晴或中耕除草后当天不宜施肥。肥料种类可选用腐熟人粪尿、腐熟饼肥、圈肥、尿素等。第一次施肥，肥料宜薄宜少，如每667米^{2}施用腐熟稀人畜粪500千克，以后可逐渐加浓加多，如1 500～2 000千克。封垄前的一次可配施磷钾肥，如过磷酸钙20～25千克，促使根部粗壮。有报道在封垄前的一次追肥中施用钙镁磷肥 25 千克，氯化钾 5 千克，施后随即培土，可防止倒伏，促进生长。

追肥次数和每次的施肥量也可依据植株的长势而定，如快要封垄时植株的叶片颜色浅绿不太旺盛，可再追肥一次，或此时叶色浓绿，生长旺盛，可不再追肥了。

§3.11.11 如何进行白芷留种？

一、留种

白芷的留种方法有原地留苗法和选苗培育法两种。

（一）原地留苗法

此法是在播种后第二年采收白芷根部的时候，于地边留出一些植株不挖，以后继续加强田间管理，到第三年 5 月以后，植株抽薹开花结出种子。但此法因对留种苗无太大的选择性，所以结出的种子质量较差，影响下一阶段的生产。

（二）选苗培育法

在第二年挖收白芷的同时，选出主根直、无分叉、粗细中等、无病虫害的根，做为培育种子的母株，另行种植。一般选出后及时移地栽植，北方也有把种根砂藏于地窖里，翌春再栽的做法。栽植时按行距 70～100 厘米，株距 40～50 厘米挖穴，每穴栽一根，斜放，覆土 5 厘米左右，加强田间管理，注意增施磷钾肥料，待下一年 5 月抽薹后培土防倒伏，6 月上旬注意合理修剪花枝，7 月份种子陆续成熟。

二、采种及贮藏

在种皮呈黄绿色时进行，此时种子的成熟度较好，不老也不嫩。采种时注意选取一级侧枝上结的种子，依成熟度分批剪下种穗，扎成小捆，挂于阴凉通风处（种子怕雨淋、日晒、烟熏），在播种之前再从小穗上把种子抖落。也有的阴干后即搓下种子，贮于布袋中，放通风干燥处存放。白芷种子不宜久藏，隔年陈种易丧失发芽力。

§3.11.12 白芷的病虫害如何防治？

一、病害

（一）斑枯病

1. 病原和症状 斑枯病又名“白斑病”，是白芷产区常年发生的一种病害。由真菌中的一种半知菌引起。主要为害叶片，对产量影响较大。叶片上病斑直径1～3毫米，初暗绿色，扩大后为灰白色，严重时，病斑汇合并受叶脉所限形成多角形大斑。病斑部硬脆，天气干燥时，常碰碎或裂碎，但病斑不穿孔。后期病叶的病斑上密生小黑点，这就是病原菌的分生孢子器。叶片局部或全部枯死。

2. 发生特点 病菌以分生孢子器在白芷病叶上或留种株上越冬，来年由此而发病，分生孢子借风、雨传播进行再次侵染。白芷斑枯病，一般5月初开始发病，直至收获均可感染。氮肥过多，植株过密，容易发病。

3. 防治方法

（1）选择健壮、无病植株留种，并选择远离发病的白芷地块种植。

（2）白芷收获后，清除病残组织。特别要将残留根挖掘干净，集中烧毁，减少越冬菌源，可收到较好的防病效果。

（3）加强田间管理，适施氮肥，增强抗病力。

（4）发病初期，摘除初期病叶，并喷1∶1∶100的波尔多液或50%退菌特800倍液，7～10天1次，连续2～3次，能有效地控制本病的发展。也可用65%代森锌可湿性粉400～500倍液喷雾防治。或用代森锰锌800倍，多抗霉素100～200单位，环枯霉1 000倍进行防治。

（二）黑斑病

常在生长后期发生，在叶片上出现黑色病斑，严重的可使植株停止发育而死亡。防治方法：摘除病叶烧毁或喷 1∶1∶120 倍的波尔多液 1～2 次。

（三）紫纹羽病

病原为一种真菌。在病株主根上常见有紫红色菌丝束缠绕，引起根表皮腐烂。在排水不良或潮湿低洼地，发病严重。防治方法：作高畦以利排水；用 70％五氯硝基苯粉剂，每 667 米^{2}2 千克加草木灰 20 千克拌匀撒施土中，并进行多次整地；亦可用 70％敌克松可湿性粉剂每 667 米^{2}2 千克，掺水2 000千克泼浇畦面，待土干后再整地播种。

（四）立枯病

此病为真菌中的一种半知菌。多发生于早春阴雨、土壤黏重、透气性较差的环境中。发病初期，染病幼苗基部出现黄褐色病斑，以后基部呈褐色环状并干缩凹陷，直至植株枯死。防治方法：选沙质壤土种植，并及时排除积水；发病初期用 5％石灰水灌注，每 7 天 1 次，连续 3 次或 4 次，或用 1∶25 的五氯硝基苯细土，撒于病株周围。

（五）根结线虫病

整个生长期间均可能发生此病。白芷被线虫寄生后，根部产生许多根瘤，根成结节状，地上部生长不良。病原是 *Meloidogyne* sp. 属根结线虫属。该线虫为内寄生，体积微小，肉眼不可见，雌雄异形，雄虫线状，雌虫近球形。该病初侵染来源主要是土壤及带线虫种根。防治方法：与禾本科作物轮作；种植前半月用滴滴混剂处理土壤，每 667 米^2 用药 40～60 千克，沟施，沟深 20～23.3 厘米，沟距 33 厘米左右，施药后立即覆土；挑选无根瘤的种根移植留种。

二、虫害

整个生长期间均可发生。

（一）黄凤蝶

黄凤蝶属鳞翅目，凤蝶科。学名 *Papilio machaon* Linne. 具咀嚼式口器，以幼虫咬食叶片，咬成缺刻或仅留叶柄。成虫为大型蝶类，幼虫初孵时黑色，三龄后变绿色，一年产生 2～3 代，以蛹附在枝条上越冬。来年 4 月上中旬羽化，成虫白天活动，产卵在叶上。幼虫孵化后，白天潜伏在叶下，夜间咬食叶片，10 月以后幼虫化蛹越冬。其防治方法；因幼虫行动缓慢，体态明显，在幼虫发生初期可进行人工捕杀；发生数量较多时也可用 90%敌百虫 1 000 倍液喷雾，每隔 5~7 天喷一次，连续喷 3 次；幼虫三龄以后，可用青虫菌（每克菌粉含孢子 100 亿）300～500 倍液喷雾进行生物防治。

（二）蚜虫

蚜虫属同翅目，蚜科，密集于植株新梢和嫩叶的叶背吸取汁液，使心叶、嫩叶变厚呈拳状卷缩，植株矮化。蚜虫以卵过冬。其防治方法：清洁田园，铲除周围杂草，减少蚜虫迁入机会和越冬虫源；蚜虫发生期可选用下列药剂防治：40%乐果1 500～2 000倍或 50%杀虫螟松1 000倍，每 5～7 天 1 次，连续 2～3 次。

此外，还有：黑咀虫：为害根部。防治方法：用 25%亚铵硫磷乳油1 000倍液，浇灌病株根部周围土壤。食心虫：咬食种子，常使种子颗粒无收。防治方法：用 90%晶体敌百虫1 000倍液喷杀。地老虎：为害植株幼茎。防治方法：用人工捕杀或毒饵诱杀。

第七节 白芷的采收、加工（炮制）与贮存

§3.11.13 白芷什么时间采收？

一、采收时期

白芷因产地和播种时间不同，收获期各异，春播白芷当年采收，秋播白芷第二年采收，一般以地上部茎叶变黄枯萎为标志。采收过早，植株尚在生长，地上部营养仍在不断向地下根部蓄积，糖分也在不断转化为淀粉，所以会使根条粉质不足，同时影响产量和质量；采收过迟，如果气候适宜，又会萌发新芽，消耗根部营养，同时淀粉也会向糖分转化，使根部粉性变差，也会影响到产量和质量。所以，适时采收很重要。一般按

各地的习惯，春播的，如河北在当年白露后，河南在霜降前后收获；秋播的，一般7～9月收获，如四川在次年的小暑至大暑之间，浙江在大暑至立秋，河南在大暑至白露，河北在处暑前后收获。

二、采收方法

宜选择晴天进行，一般割去地上茎叶，然后将根刨出，抖落泥土，或在畦旁挖沟约一尺深，由侧面取根，则不致损伤根部。去除多数须根和根头残留的茎叶。

§3.11.14 怎样加工白芷？

一、产地常用加工方法

新采收的白芷可平铺于席上置阳光下曝晒 1～2 天（也可选泥地，但不宜在水泥地上晒），再按大、中、小分级晾晒，晒时要勤翻，切忌雨淋，遭雨则易霉烂或黑心，降低产量。每晚要收回摊放，以防露水打湿。白芷含淀粉多，不易干燥，如遇连续阴雨，不能及时干燥，会引起腐烂。浙江产区：起收后，将白芷置于有水的缸内，洗去泥土及须根，捞出用清水冲洗干净，然后放在木板或光滑水泥地面上，按鲜重加入 5%左右的石灰，用铁耙推擦、搅拌，以石灰均匀粘附于白芷表面为度，再分大小置竹匾或芦席上暴晒；一般小者 8～9 天，大者约 20 天左右可晒至全干。也可以将挖出的根放在缸内加石灰搅匀，放置一周后以针刺而不入为度，再取出晒干。

二、熏硫方法和对白芷药材质量的影响

（一）收后遇阴雨，去泥即熏。

（二）晒软后遇阴雨或被雨淋湿，应立即熏。

（三）大白芷应熏透后再晒。通常用烘炕熏，入熏室时，大根装中间，中根置周围，鲜根放底层，已晒软的放上层，并用草席或麻袋盖严。每1 000千克鲜白芷，用硫黄 10 千克左右。熏时，要不断加入

硫黄，不能熄火断烟，并要少跑烟，熏透为止。一般小根熏一昼夜，大根3天即可熏透。通常取样检查，可用小刀顺切成两块，并在切口断面涂碘酒，凡呈蓝色而很快消失的，表示硫已熏透，可熄火停熏。然后，立即暴晒至干。如遇雨天，可摊凉通风干燥处，待晴天晒干或用无烟煤炕干。小量烘炕时，大根放中央，小根放四周，头部向下，尾部向上（不能横放），火力适中，半干时翻动1次，将较湿的放中央，较干的放周围，炕干为止。大量烘炕可用炕房，大根放下层，中根放中层，小根放上层，支根放顶层，每层厚约5～6厘米。烘烤温度控制在60℃左右；要防止炕焦、炕枯。每天翻动1次，6～7天全干。

（四）硫熏法对白芷药材质量的影响。硫熏法对防止白芷腐烂效果较为明显，同时硫熏后对药材也有增白作用，似乎在市场上较受欢迎。但据多方研究报道，发现此种加工方法对白芷药材的质量影响很大。比如，川白芷硫熏前香豆素总含量为0.571%，熏后下降为0.190%；杭白芷熏前香豆素总含量为0.421%，熏后下降为0.178%，说明白芷药材经硫熏后对它的有效成分之一香豆素类损失较大。另一对挥发油的含量测定结果显示，未经硫熏过的川白芷挥发油总含量为0.5%（黄棕色），经硫熏过的则下降为0.19%（黄棕色）。

§3.11.15 白芷怎么样贮藏好？

一、贮藏方法

用麻袋包装，包件45千克。应贮存于阴凉干燥处，温度不超过30℃，相对湿度70%～75%，商品安全水分12%～14%。

贮藏期间应定期检查，发现虫蛀、霉变可用微火烘烤，并筛除虫尸碎屑，放凉后密封保藏；或用塑料薄膜封垛，充氮降氧养护。若数量较大，可用磷化铝、溴甲烷熏蒸进行抑菌、杀虫。

二、白芷的防蛀贮藏

白芷收获后，去掉泥沙、茎叶，切成饮片，迅速干燥，全干后用硫黄熏 10～30 分钟，这样对白芷既防虫，又有增白作用，熏后用塑料袋分装。然后真空密封，防止受潮。

三、防止谷象蛀食白芷

用 95%乙醇约 30 毫升，置于菜碗内，放在药物上，碗周围用药塞平至边缘。容器加盖密封。24 小时后，谷象成虫多闻气而来，落入乙醇中而被杀灭。此法既可防止虫卵孵化，又可杀灭成虫，效果显著。

四、CO_2 养护对白芷物理外观的影响

经生产性试验，初步证明用 CO_2 养护过的白芷（数月至十数月）的形、色、气味、碴口等，与未经 CO_2 养护的中药材在物理外观上无明显差异，并优于常规养护的中药材。

第八节 白芷的中国药典质量标准

§3.11.16 《中国药典》2010 年版白芷标准是怎样制定的?

拼音：Baizhi

英文：ANGELICAE DAHURICAE RADIX

本品为伞形科植物白芷 *Angelica dahurica* （Fisch. exHoffm.）Benth. et Hook. f. 或杭白芷 *Angelica dahurica* （Fisch. ex Hoffm）Benth. et Hook. f. var. *formosana*（Boiss.）Shan et Yuan 的干燥根。夏、秋间叶黄时采挖，除去须根和泥沙，晒干或低温干燥。

【性状】本品呈长圆锥形，长 10～25 厘米，直径 1.5～2.5 厘米。表面灰棕色或黄棕色，根头部钝四棱形或近圆形，具纵皱纹、支根痕及皮孔样的横向突起，有的排列成四纵行。顶端有凹陷的茎痕。质坚实，断面白色或灰白色，粉性，形成层环棕色，近方形或近圆形，皮

部散有多数棕色油点。气芳香，味辛、微苦。

【鉴别】(1) 本品粉末黄白色。淀粉粒甚多，单粒圆球形、多角形、椭圆形或盔帽形，直径 3～25 微米，脐点点状、裂缝状、十字状、三叉状、星状或人字状；复粒多由 2～12 分粒组成。网纹导管、螺纹导管直径 10～85 微米。木栓细胞多角形或类长方形，淡黄棕色。油管多已破碎，含淡黄棕色分泌物。

(2) 取本品粉末 0.5 克，加乙醚 10 毫升，浸泡 1 小时，时时振摇，滤过，滤液挥干，残渣加乙酸乙酯 1 毫升使溶解，作为供试品溶液。另取白芷对照药材 0.5 克，同法制成对照药材溶液。再取欧前胡素对照品、异欧前胡素对照品，加乙酸乙酯制成每 1 毫升各含 1 毫克的混合溶液，作为对照品溶液。照薄层色谱法（附录Ⅵ B）试验，吸取上述三种溶液各 4 微升，分别点于同一硅胶 G 薄层板上，以石油醚（30～60℃）-乙醚（3∶2）为展开剂，在 25℃以下展开，取出，晾干，置紫外光灯（365 纳米）下检视。供试品色谱中，在与对照药材色谱和对照品色谱相应的位置上，显相同颜色的荧光斑点。

【检查】水分 不得过 14.0%（附录Ⅸ H 第二法）。

总灰分 不得过 6.0%（附录Ⅸ K）。

【浸出物】照醇溶性浸出物测定法（附录Ⅹ A）项下的热浸法，用稀乙醇作溶剂，不得少于 15.0%。

【含量测定】照高效液相色谱法（附录Ⅵ D）测定。

色谱条件与系统适用性试验 以十八烷基硅烷键合硅胶为填充剂；以甲醇—水（55∶45）为流动相；检测波长为 300 纳米。理论板数按欧前胡素峰计算应不低于3 000。

对照品溶液的制备 取欧前胡素对照品适量，精密称定，加甲醇制成每 1 毫升含 10 微克的溶液，即得。

供试品溶液的制备 取本品粉末（过三号筛）约 0.4 克，精密称定，置 50 毫升量瓶中，加甲醇 45 毫升，超声处理（动率 300 瓦，频率 50 千赫）1 小时，取出，放冷，加甲醇至刻度，摇匀，滤过，取续滤液，即得。

测定法　分别精密吸取对照品溶液与供试品溶液各 20 微升，注入液相色谱仪，测定，即得。

本品按干燥品计算，含欧前胡素($C_{16}H_{14}O_4$)不得少于 0.080%。

饮片

【炮制】除去杂质，大小分开，略浸，润透，切厚片，干燥。

本品呈类圆形的厚片。外表皮灰棕色或黄棕色。切面白色或灰白色，具粉性，形成层环棕色，近方形或近圆形，皮部散有多数棕色油点。气芳香，味辛、微苦。

【检查】总灰分　同药材，不得过 5.0%。

【鉴别】【检查】(水分)【浸出物】【含量测定】　同药材。

【性味与归经】辛，温。归胃、大肠、肺经。

【功能与主治】解表散寒，祛风止痛，宣通鼻窍，燥湿止带，消肿排脓。用于感冒头痛，眉棱骨痛，鼻塞流涕，鼻鼽，鼻渊，牙痛，带下，疮疡肿痛。

【用法与用量】3～10 克。

【贮藏】置阴凉干燥处，防蛀。

第九节　白芷的市场与营销

§3.11.17　白芷的市场概况如何?

白芷为我国常用大宗药材品种之一，既是多种中成药的重要原料，同时又是香料调味品种。白芷为野生，后经河南、浙江、四川等省发展为栽培，目前白芷商品主要来源于家种。新中国成立后，于 1960—1980 年列为国家计划管理品种，由中国药材公司统一管理。1980 年后，由市场调节产销。据全国中药资源普查统计，白芷年需求量约 250 万千克，有四川遂宁、安徽亳州、河北安国、河南禹州、浙江杭州 5 大产区，年栽培面积超过 5 000 多公顷。2011 年国内白芷每千克价格在 12～14 元之间，详见表 3-11-1。

表 3-11-1 2011 年国内白芷价格表

品名	规格	价格（元/千克）	市场
白芷	统货	12	安徽亳州
白芷	选货	14	安徽亳州
白芷	饮片	10～11	河北安国

白芷是祛风散湿、排脓生肌、止痛的良药，并具有明显的扩张冠状动脉的作用。除中医临床饮片配方外，以白芷作原料生产的中成药有参桂再造丸、都梁丸、上清丸、牛黄上清丸、牛黄清胃丸、清眩丸、木瓜丸等，应用历史悠久，疗效显著。白芷香气浓郁，很早就作为轻工业原料和调料，植株还可以用于提取芳香油，是日用化工产品的原料。在中药的对外贸易中远销日本、东南亚各地。

由于白芷适应性强、生长期短、繁殖快、产地广，生产不易控制，容易出现盲目性，从而造成产销失调。因此，应加强市场预测和宏观指导，稳定购销政策，巩固发展老产区的优质产品，使生产稳步发展。

第十二章

麻　黄

第一节　麻黄入药品种

§3.12.1　麻黄有多少个品种？入药品种有哪些？

麻黄，是驰名中外的一种传统药材，具有发汗、平喘、利尿、祛风的作用。它的提取物麻黄素（碱）广泛应用到临床上。麻黄在我国分布的种类有 20 种，其中 5 个是变种，分布我国大部分省区，所以各省区入药上也存在差异。《中国药典》2010 年版规定麻黄为麻黄科植物草麻黄 *Ephedra sinica* Stap f.、中麻黄 *Ephedra intermedia* Schrenk et C. A. Mey. 或木贼麻黄 *Ephedra equisetina* 的干燥根和根茎。秋末采挖，除去残

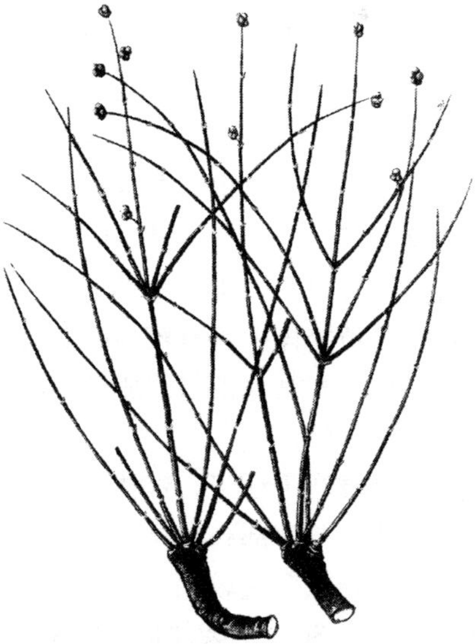

图 3-12-1　草麻黄

茎、须根和泥沙，干燥。

东北地区入药的麻黄是草麻黄（见图 3-12-1）及中麻黄，利用地上部分枝条入药治病；山西、内蒙古、河北、河南、山东、陕西入药的是草麻黄及木贼麻黄；西北地区的甘肃、宁夏、青海、新疆入药的麻黄种类比较混杂，有木贼麻黄、中麻黄；四川入药麻黄多是木贼麻黄。

第二节 道地麻黄资源和产地分布

§3.12.2 道地麻黄的原始产地和分布在什么地方？

传统的经验认为山西、河北以及内蒙古地区所产的草麻黄，发汗、解表、止咳平喘作用较好，质量最佳，被称为“道地药材”。

草麻黄产于辽宁、吉林、内蒙古、山西、河北、河南、宁夏及陕西等地。适应性很强，常见于山坡、平原、河床及草原等。该种集中分布在内蒙古草原上，常组成单纯的群落。生物碱含量为 1%～2%，其中左旋麻黄素占 50%，右旋麻黄素占 50%。是生产麻黄素的重要原料。但是个别地区也有左旋麻黄素占 80%的。

中麻黄产于辽宁、吉林、内蒙古、河北、山东、山西、陕西、宁夏、青海、甘肃、四川、新疆等地。生于砾石质山地、低山丘和山地草原带中。植物体中含有较高的生物碱（1.2%～1.52%）。在山地草原带中，往往和其他植物组成较纯的群落。西北几省就是利用该种提取右旋麻黄素的。

木贼麻黄产于辽宁、吉林、内蒙古、河北、山西、陕西西部、宁夏、甘肃西部及南部、青海及新疆等地。生于山地岩石隙中及砾石质坡地上。生物碱含量较高，一般为 2.5%～3%。左旋麻黄素含量为 70%，右旋为 30%。该种是提取左旋麻黄素的主要原料。

第三节 麻黄的植物形态

§3.12.3 麻黄是什么样子的?

一、草麻黄 *Ephedra Sinica* Stap f.

草麻黄草本状灌木，高 20～40 厘米；木质茎短或匍匐，小枝直伸或微曲，表面细纵槽纹常不明显，节间长 2.5～5.5 厘米，多为3～4 厘米，叶 2 裂，鞘占全长 1/3～2/3，裂片锐三角形，先端急尖。雄球花多成复穗状，常具总梗，苞片通常 4 对，雄蕊 7～8，花丝合生，稀先端稍分离；雌球花单生，在幼枝上顶生，在老枝上腋生，常在成熟过程中基部有梗抽出，使雌球花呈侧枝顶生状，卵圆形或矩圆状卵圆形，苞片 4 对，下部 3 对合生部分占 1/4～1/3，最上一对合生部分达 1/2 以上；雌花 2，胚珠的珠被管长 1 毫米或稍长，直立或先端微弯，管口隙裂窄长，约占全长的 1/4～1/2，裂口边缘不整齐，常被少数毛茸。雌球花成熟时肉质，红色，矩圆状卵圆形或近于圆球形，长约 8 毫米，径 6～7 毫米；种子通常 2 粒，包于苞片内，不露出或与苞片等长，黑红色或灰褐色，三角状卵圆形或宽卵圆形，长 5～6 毫米，表面细皱纹，种脐明显，半圆形。花期 5～6 月，种子 7～8 月成熟。

二、中麻黄 *Ephedra intermedia* Schrerk

中麻黄小灌木，高 20～40 厘米，高的可达 100 厘米，具发达的根状茎。茎不发达，粗短，树皮灰色或淡灰褐色，内层含细纤维，由不规则纵深沟，后成条状剥离，裸现部分淡灰褐色，多粉质；基部径约 1～1.5 厘米，多分枝。主干枝灰色，径约 5～10 毫米，节间长2～4 厘米，仅具 2～3 节间，最上部节间停止生长，被轮生、纤细、每年干枯的嫩枝条代替，也常从下部第 1～2 节上发出对生或轮生具2～3 节间的侧生木质化小枝，其上部节间亦跟主干枝同样被代替，从这些木质枝节上轮生出较多几平行向上生长的当年枝，从而形成了无明显主干的帚状灌丛；当年生枝单或少分枝，淡绿色，有细沟纹，粗糙，沿棱脊有细小瘤点状突起，径约 1～2 毫米，由 3～5 节间组成，每节间长 2～4 厘米，最下部节间较短，每 2～5 枚小枝成束对生于下部木质枝节上。叶 2 枚，4/5 或 2/3 连合成鞘筒，长 1.2～2 毫米，顶端钝圆；叶片不显著，仅在鞘筒对称的两侧，略增厚，有两条几乎平行而不达顶端的线条，联结叶片的膜质较宽，淡白淡灰褐色，下部有细小瘤点形成的斜纹，沿鞘筒基部一圈增厚，棕褐色，有皱纹。而叶片基部增厚成三角形，以后鞘筒破裂，仅增厚部分残存节上。雄球花球形或阔卵形，长约 5 毫米，径约 4 毫米，内含 3～4 对花，无梗或具短梗，常 2～3 个密集于节上成团状；苞片 3～4 对，交互对生，圆状阔卵形，具膜质边，1/3 以下连合，长约 2.5 毫米，内层苞片较长；雄蕊柱（花药轴）稍伸出，全缘或分枝；花粉囊 5～7 枚，无柄，或上部 3 枚具长约 1 毫米的柄。雌球花卵形，长约 5 毫米，径约 3 毫米，具短梗，有时生于具 2 节间的下部小枝顶端；苞片 3～4 对，交互对生，有时最下 1 对连合成鞘筒状，基部略增厚，不脱落，以上 2～3 对苞片，依次较大，草质，淡绿色，背部增厚，边缘膜质，下部 1～2 对基部连合而弧状上弯，包被最内层（上部）苞片，后者最长，紧包胚珠，仅中部以下连合；苞片成熟时肉质，红色，后期微发黑。种子 2 粒，内藏或微露出，卵形，长约 5 毫米，宽约 3 毫米，顶端钝，背部凸，腹面平凹；种皮栗色，有光泽，背面有皱纹；珠被管螺旋状弯，长 2～4 毫米，顶端具全缘浅裂片。花期 6 月，种子成熟期 8 月。

三、木贼麻黄 *Ephedra equisetina* Bge

木贼麻黄为灌木，高 0.7～1.5 米，基部粗约 5 厘米，灰色或灰褐色；茎皮纵深沟，后不规则纵裂。在主干下部节上，常成对发出 2 枚侧枝，它们跟主干枝一样，生长 1～3 节间后，顶芽被更替，由侧枝继续向上生长 1～3 节间后，顶芽又重复数次被更替。已形成木质化的骨干枝，几平行地向上生长，并从各膨大的节上每年发出稠密的更新枝条，致使形成独特的无明显主干的上部稠密，下部稀疏的帚状树冠；上年生枝淡黄色，径约 1.5～2 毫米，节间长 2～3 厘米；当年小枝淡绿色，纤细，径约 0.5～1 毫米，节间长 1～3 厘米，光滑，具浅沟纹。叶 2 枚，连合成鞘筒，长 1.5～2 毫米，浅裂；裂片短三角形，顶端钝，背部呈三角状增厚，连结膜淡白色，下部具横纹，基部节上一圈呈棕褐色瘤点状增厚；枝下部叶鞘破裂，裂片干枯或脱落，或仅残存增厚的三角形鳞片。雄球花单生或几枚簇生于节上，无梗或具短梗，卵形，长 4～5 毫米，宽约 2～3 毫米；苞片 3～4 对，最下一对细小，常不育，上部各对苞片近圆形，内凹，基部约 1/3 连合；假花被近圆形，长宽约 1 毫米，中部以下连合；雄蕊柱（花药轴）长约 1.5 毫米，伸出；花粉囊 6～7 枚，无柄。雌球花具 1～2 毫米长的梗，常 2 枚对生节上，长卵圆形或椭圆形，长约 5 毫米，径约 2 毫米，具 3 对苞片；下部一对卵形，背部稍厚，边缘膜质，连合成尖漏斗形；中部一对阔卵形，草质至薄革质，背部淡绿色，边缘膜质，下部连合成阔漏斗形；最内层（最上）一对苞片近椭圆形，长于第二对苞片 1 倍，2/3 或 4/5 连合；成熟雌球花长 8～12 毫米，径 3～4 毫米；苞片肉质，红色或鲜黄色，具狭膜质边。种子棕褐色，光滑而有光泽，狭卵形或狭椭圆形，长约 5～6 毫米，径约 2～2.5 毫米，顶端略成颈柱状，基部钝圆，具明显点状种脐与种阜。花期 6～7 月，种子 8 月成熟。

第四节 麻黄的生态条件

§3.12.4 麻黄适宜于在什么地方和条件下生长？

麻黄属植物在白垩纪地层中就发现过它的花粉，到渐新纪已普遍分布，所以它属于古老的灌木植物。根据目前已掌握的资料，东从黄海岸，西到低于海平面 154 米的吐鲁番盆地，上升到 5 000 米的昆仑山及喜玛拉雅山，北从东北松辽平原，南到云贵高原的漓江两岸。麻黄在我国平原及山地中占据着广大空间，它分布之广，跨度之大，在植物种群中还是不多见的。所以麻黄是一种适应性较强的植物。随着生长环境的改变，种间也发生相应的变化。根据它生长的环境大致分为两大类型。

一、荒漠植被带

在平原荒漠中生长的麻黄有：膜果麻黄、沙地麻黄、草麻黄、双穗麻黄、斑子麻黄以及在山麓洪积扇上生长的中麻黄。它们是我国北方荒漠植被中的优势种，大面积分布于内蒙古、陕西、甘肃西部、青海及新疆，产量最高的要数内蒙古的草麻黄和新疆的膜果麻黄。新疆的膜果麻黄主要分布在嘎顺戈壁、罗布伯低地、塔里木盆地及准噶尔盆地，内蒙古的阿拉善左旗、阿拉善右旗、额济纳旗及甘肃的河西走廊。草麻黄是提取左旋麻黄素的主要原料，而膜果麻黄由于有效成分含量过低，因此不作为医药工业原料，仅供中药配方用。

该类型的植物，生境异常严酷。年降水总量一般都在200（150）～300（350）毫米，而在新疆生长地年降水总量一般不超过150毫米，地下水位深达15～20米，而年蒸发量却在2 000～3 000毫米之间，年平均温度6～9℃，积温2 800～3 100℃。地貌为山麓洪积扇、山间平地、沙丘和一些低矮的干旱石质山地，基质为沙质和砾石质。土壤为含石膏的棕漠土、灰漠土及栗钙土。养分十分贫乏，有机质含量在1.0%～2.0%。其植物群落种类相当贫乏，多为旱生的丛生禾草、旱生灌木与小半灌木组成。

二、山地草原类型

生长于这一类型的麻黄有：细子麻黄、矮麻黄、单子麻黄、木贼麻黄、蓝麻黄、西藏麻黄、西藏中麻黄及漓江麻黄。它们的土地条件是夏天温和而较干燥，季节降水量有颇为明显的差异。东部为东南季风影响地区，三分之二的降水集中在夏季，冬春干旱而少雨雪；西部的新疆地区受两风影响，四季降水较为均匀。年均温度在3～10℃左右，降水量为250～360毫米，有时也超过400毫米；土壤有明显的垂直分布，由下而上顺次为棕钙土、淡棕钙土、栗钙土和山地黑钙土等类型。在这地带中生长的植物有针茅、扁穗冰草、多裂委陵菜、金鸡儿、无芒雀麦、山地糙苏、全叶青兰、黄芩、百里香、冷蒿及一些灌木等。盖度一般在30%～40%。黄绿相映，层次分明。盛夏季节，繁花盛开，一片嫣红，景象十分美丽。

由于雨量较多，因此腐殖质分解完全，增加了土壤中的有机质，土壤肥沃，表层有机质含量在1.5%～4%之间，向下逆减，唯内蒙古高原地区，可能因表层质地较轻，其有机质最高量不是出现在土壤剖面表层，而是在中层。这就为植物生长提供了物质基础。在该地带中生长的蓝麻黄、中麻黄及木贼麻黄枝茂茎粗，平均高度均在60～100厘米。

第五节　麻黄的生物特性

§3.12.5　麻黄的生长有哪些规律？

麻黄属于荒漠旱生灌木植物。雌株和雄株分开生长，只有在昆仑山上分布的雌雄麻黄和四川生长的矮麻黄是雌雄同株。靠风媒进行授粉，因此受粉率不高。该类植物种群所处生境条件十分恶劣，气候极端干旱，雨量稀少，大气湿度也极低，蒸发量达几千毫米，土壤持水量极少，成熟的种子落地后，大部分都不发芽，所以在自然条件下荒漠地区的麻黄种子是无法萌发的。在野外，无论是山区或平原麻黄生长区，很少见到麻黄的实生苗。所以，野生的麻黄挖一棵就少一棵，恢复是很困难的。

采用人工种植的方法，将麻黄种子进行人工处理，发芽率就可以大大提高。根据实验，春天地温在15℃左右时，把已经处理好的种子播下去，大约7天即发芽出苗。刚出土的幼苗只有两个针形的子叶，粗0.3毫米，淡绿红色，顶端钝尖，生长半个月后，于两片子叶中间长出一节接一节的枝条，形成主枝，淡绿色。每个节间又生出3～5毫米鳞片状膜质三角形叶片，基部合生，顶端2～3裂，淡黄色或乳白色，中部色深，具两条平行脉。于主枝节间叶腋长出侧枝为第一次分枝，再从第一次分枝处长出的侧枝为第二次分枝，以此类推，第三次和第四次分枝，各次分枝如同主枝一样，一节接一节地增长，形成植株。第一年若是水肥条件良好，侧枝可长到20厘米。地下根生长迅速，当年的根，可扎到30厘米。冬季地下芽在暖和的南方和新疆的吐鲁番盆地、南疆的和田、喀什地区不停止生长。3月上旬地下芽出土，基部主根及许多主枝上新生出大量的侧枝条，丛幅较大。但是地上顶部嫩枝条，有少量枯死。老枝木质化程度较高。采样分析，一年生的蓝麻黄生物碱含量大约在0.9%左右。

第二年，枝条大量分蘖，一株地上部分大约有10～20个分枝条，高达20～30厘米，地下根向四周伸展很快，一般伸展20～30厘米，其深度可达50～80～100厘米。

麻黄种植后，当年不开花结果，3年才开始开花。初次开花的花序不多，随着年龄的增长，花序也逐渐增多起来。雄植株在4月中旬开始在茎间形成无梗的雄球花（绿色），有些种曾发现变态的两性孢子叶球，而种植的中麻黄甚至还发现有返祖的两性孢子叶球；聚合小孢子叶球（雄球花）对生或3或4枚轮生于绿色小枝节上的普通叶腋，常呈二歧状分枝；每个聚合小孢子叶球都由1枚短轴，轴上具2～8对鳞叶状的对生苞叶组成，其中下部1对或2对苞叶不育，而在其他苞叶腋部，各着生1枚很简单的小孢子叶球（雄花）；小孢子叶球（雄花）由特殊的“花被”和1枚“花药”组成，“花被”由2枚薄的基部连合的对生鳞片叶组成，圆形或倒卵形，基部合生，上部分离，雄蕊2～8个，花丝连合成1～2束，有时先端分离使花药具短梗，花药1～3室，花粉椭圆形，具5～10条纵肋，肋下有曲折线状萌发孔；雌球花具顶端开口的囊状革质假花被，包于胚珠外，胚珠具一层膜质珠被，上部延长成珠被管，自假花被口伸出，直或一至多回弯曲（中麻黄及蓝麻黄）；雌球花的苞片随胚珠生长发育而增厚成肉质，红色或橘红色，具汁液，稀为干膜质（膜果麻黄），淡褐色，假花被发育成革质假种皮。种子1～3粒，胚乳丰富，肉质或粉质，卵圆形，褐色，6～7月中旬果实成熟。平原气温高的地区，花期提前一个月左右。

第六节　麻黄的栽培技术

§3.12.6　如何整理栽培麻黄的耕地？

麻黄是一种古老的旱生型灌木植物，它本身的土地自然条件很差，所以在进行人工种植时，选择土地不一定要求十分严格，只要土壤含盐量不超过0.8%以上，pH值7～8，就可种植。

新开垦的生荒地，首先对土地进行平整、规划，修建排灌渠道，达到五好标准。这样种植麻黄后不需要中间翻耕，可以长期种植下去。在熟地或弃耕地种植麻黄时，只要土地平整，肥力不差，就可种植。

一、东北地区

在东北松辽平原上及山区丘陵地带生长着草麻黄及中麻黄，其中以草麻黄为主。草麻黄和木贼麻黄植物体中含有较高的左旋麻黄素成分，左旋麻黄素成分占总碱的50%～80%，右旋麻黄素成分占总碱的20%～50%。左旋麻黄素在我国医药上应用已有较久的历史，是治疗气管炎的主要药物。内蒙古及华北地区麻黄素工厂所用的原料，均来自草麻黄。这样就地种植草麻黄，可以就地供应，既降低成本又保证工厂的原料供应，是一种高效益、高产出的经济植物。

木贼麻黄是一种喜凉爽、耐寒冷的植物，东北的自然条件很适宜木贼麻黄植物的生长，而且它的植物体所含的麻黄素成分与草麻黄相同，这样工厂利用也方便，所以在该地区也可以种植木贼麻黄。

二、华北地区

该地区是草麻黄主产区，草麻黄常组成大面积的单纯群落，麻黄素含量仅次于木贼麻黄，木质茎少，易加工提炼。在该地区种植草麻黄是最适宜的。一方面，该地区有许多麻黄素工厂，需要大量的原料供应，种植草麻黄后，可以满足工厂的原料供应，另一方面，该地区有大片的沙地，气候适宜，雨量充沛，最适宜草麻黄生长。利用荒地种植草麻黄和蓝麻黄，不和农田争地，把荒漠变为药田，既改造了沙漠又为工厂提供了原料，一举两得。

三、西北地区

麻黄种类在该地区分布最多，产量最大，是我国麻黄分布中心。除草麻黄在该地区有少量分布外,目前种植的四种麻黄在该地区均有分布。考虑到经济效益,市场上的需求,在该地区种植蓝麻黄和草麻黄最为适宜。这两种麻黄植物体中所含的成分50%～80%是右旋麻黄素，20%～50%为左旋麻黄素，右旋麻黄素是目前国际市场上需要的紧俏产品，每年有大量的右旋麻黄素出口，是医药产品重要出品物质。新疆、甘肃、青海等几省区中的麻黄素工厂所需原料，绝大部分是由蓝麻黄、木贼麻黄和中麻黄提供的，在该地区推广蓝麻黄种植最为适宜。宁夏地区，北部毗邻内蒙古，草麻黄延伸过来，草麻黄和蓝麻黄两者可以同时种植。宁夏人工种植的品种即为草麻黄,其经济效益相当可观。

四、西南地区

该地区虽然也有麻黄生长，但它们的植物体中麻黄素成分含量很少，药用价值不大。在该地区发展麻黄种植业，应选择蓝麻黄和木贼麻黄。四川西部地区可选用西藏中麻黄。该地区发展麻黄种植业，从总的自然条件来讲，不太适宜，因为气候太热，雨量较大，土壤多为酸性土壤。这些自然条件不具备麻黄生长，因此该地区不是麻黄适种区。但是四川西部山区可以种植麻黄。

长江以南的各省区，因为气候属于热带及亚热带，雨量过大，土壤多为酸性，对于麻黄生长极为不利，所以在长江以南地区，不易推广麻黄种植业。

在上述适宜地区种植麻黄，麻黄种类不是一成不变的。随着科学的发展，新技术的应用和新品种的出现，均可因地制宜更换种植品种，但是无论种植哪个品种，在提取左旋麻黄素或右旋麻黄素时，所用的设备及制剂是相同的，提取的工艺流程是一样的。只是两者的熔点不一样，通过控制温度，就可以把它们分离开，分别提出来，制成药品。所以在人工种植麻黄时，考虑的是如何提高产量及含量，哪种受益大，就去种植哪个品种。至于哪个种中所含的成分可以不去考虑。在目前来讲，左旋麻黄素和右旋麻黄素国家都需要，是紧俏产品。这就为麻黄种植业创造了一个宽松环境。

§3.12.7 怎样进行麻黄播种？

一、播种期

麻黄播种期，在北方地区 4 月中旬以后为适宜，南方可以从 2 月底到 4 月初。地温在 10～22℃。5 月中旬以后地温已达 25℃以上，虽然出苗期短，但出苗率很低，不易在高温下播种。种子播种后，正常情况下 7 天即开始出苗，全部出齐大约 15～20 天。时间拖的较长，给中耕管理带来许多不便。种子发芽不整齐的特性是自然选择的结果，是对不良气候的适应，可以避免恶劣条件下“全军覆没”的危险。这些特性对植物繁衍后代是有利的。

二、播种量

肥沃的土地每公顷播种量为 15 千克，肥力较差的土地可播种 30 千克为宜。播种后，出齐苗，应该进行间苗工作，行距 30 厘米，株距 15 厘米。

三、播种方法

（一）春播

麻黄是一种灌木，大面积种植后，幼苗生长很慢，平均一年生长不超过20厘米，植物细弱，真叶分蘖极少，一般3～4个。相反，麻黄田中的杂草，由于水分条件良好，一年生的狗尾草、蒿子、灰灰菜、滨藜、苍耳子，以及许多早春短命植物纷纷发芽，生长快，大大超过麻黄幼苗，把麻黄幼苗遮盖住，影响其生长。大面积种植的麻黄幼苗很小，中耕除草很困难。且春天播种，又和其他作物争水，争劳力。

（二）秋播

麻黄原是野生植物，近几年经过人工引种驯化后，进行人工种植，但习性基本还保持着野生状态。它的种子，只要温度适宜，水分条件好，一年四季均可发芽生长，为秋播提供了有利条件。在南方地区进行秋播，播种期在9月底至10月中旬较为适宜。过早播种，气温高，地表蒸发量大，土壤水分损失过快，土壤板结，影响种子发芽。过晚播种，幼苗生长时间过短，真叶分蘖少，地下根扎得浅，影响幼苗越冬，成活率低。

在北方地区进行秋播，播种期在8月底至9月中旬较为适宜。西北地区一般应放在8月初。新疆地区进行的秋播试验，无论在8月或10月播种的麻黄，只要出苗，一般均可以安全越冬。

秋播的麻黄幼苗经过冬天的越冬锻炼，不但春天幼苗生长粗壮，而且经冬天的冬灌积雪，土壤水分良好，地下根扎得深，养分供应充足，加速了幼苗生长。由于利用了冬天的积雪，在较长的时间内不需要灌溉。麻黄田中的杂草种子，因得不到水分，没有发芽条件，杂草大大减少，给麻黄幼苗生长创造了条件。根据试验，秋播较春播效果好，且秋播不和其他作物争水，争劳力。

（三）冬播

在北方内蒙古、东北各省以及新疆均可进行冬播，因为该地区冬天积雪大，雨水充沛，春天雪融化后，土壤湿度大，保墒好，麻黄种子利用自然条件就可发芽生长，可以大大节约用水。所以在北方地区11月份结冻前，把麻黄种子播下去，到翌年3月份气温回升，积雪融化后，麻黄种子藉土壤湿度可萌发出苗。这种方法只适用于北方地区。

（四）点播

在种子不多的情况下，在小面积上可采用点播方法，这样一方面减少移栽，节省劳力和费用，另一方面节约种子，保证成活率。一般坑距10～15厘米，行距30～40厘米。把处理好的种子点播到坑中，每坑2～3粒。当气温在15℃以上时，地温在10℃以上时，7天即可出苗，出全苗要20天左右。由于点播种子集中，苗期应进行间苗，每坑留一株健苗。间出来的苗，可以进行移栽，增加种植面积，使种子可以得到充分利用。

§3.12.8 怎样进行麻黄育苗？

一、麻黄种子和苗床准备

麻黄种子较小，一般千粒重也不过5～6.5克，而木贼麻黄和草麻黄千粒重7～10克，发芽率相对较低，所以一般采用育苗移栽的方法，效果较好。

苗床的设计规格：应根据当地的种植条件来设计苗床的大小。常用规格为2米×10米或2米×5米，不要求统一，大小没有严格要求，只要管理方便即可。

苗床在耕翻播种前要施腐熟农家肥和化肥作为底肥，以腐熟农家肥为好。施底肥应根据当地的土质情况来决定，土壤肥力好可以不施肥或少施肥。若是开荒地，沙土、土质差的地方应施足底肥。苗床地要平坦，便于灌水，不宜积水浸泡种子，影响发芽。

二、播种

下种一般控制在 667 米^{2}5～6～8～10 千克，保证后期出苗25 万～30 万～35 万～40 万株。播种时间应根据当地气候条件而定，一般在 3 月上旬、4 月中旬和 5 月初。只要地面温度在 10～15℃以上即可播种，晚一点或早一点播种均不影响出苗。麻黄育苗播种时，一定要掌握深度。一般不得超过 3 厘米，控制在 1～2 厘米，过深影响发芽出苗。在播前，一定要保持土壤湿润。5～7 天开始出苗，出齐苗大约 20 天左右。出苗后，可以根据土壤墒情，一般 3～5 天浇一次水，但不得超过 10 天。地表干，土壤开裂，幼苗死亡。幼苗长到5～10 厘米时，可以适当追加肥料。一般施用 N、P、K 复合肥，每 667 米^2 地用量 3～5 千克。

三、除草

在苗床中的幼苗很小，杂草这时也出现在苗床中，所以，这时要防治杂草，进行除草。因为苗床密度较大，用手拔草容易伤苗、提苗，为此，多用镊子拔草，这样就增加了劳动强度。拔草多少次，应根据苗床中的杂草而定。幼苗生长到第二年后，幼苗粗壮，也长高了，这时可以用手拔草。在第二年春天幼苗返青时节，667 米^2 可施氮肥 10 千克，磷肥 10 千克，腐熟农家肥 4 米^3（羊粪）。这时应注意是否有蚜虫和地下害虫（地老虎、蝼蛄）。若是出现蚜虫可用敌敌畏或氧化乐果 1 000倍液喷洒。防治地下害虫可用 3911 或用 1605 拌毒饵撒入地中。

四、移栽

（一）种苗选择

麻黄生长一年后，第二年春天即可移栽，移栽最佳季节是早春和秋季。早春以土壤解冻，麻黄幼苗尚未返青时为宜。一般在 3 月中下旬到 4 月下旬移栽，秋季以 9 月下旬左右为好。但秋天移栽，必须保证幼苗返青过冬，否则，幼苗容易冻死。

（二）移栽密度

根据当时土壤情况酌情处理，正常情况下，每 667 米^2 应不少于 1 万～1.5 万株。实行宽行距种植，即株距 15～20 厘米，行距 30～40 厘米，以便于施肥和中耕锄草等田间作业。

（三）移栽方法

在移栽时，尽量选用大苗、强壮苗，过小、过弱的幼苗不易成活。若是长途运输，防止失水。在装运前应把麻黄幼苗装在木箱中或篓中，洒水使幼苗湿润，然后再用湿土培在幼苗的篓中。移栽前，先把过长的主根和侧根剪掉。一般幼苗应控制在 20 厘米左右，这样成活率高，也便于移栽。

移栽前必须把水灌足，翻好地，作畦。移栽可用铁锨或锄头，一人前面挖坑，一人在后面放苗，填土，然后再用脚踏实，使根和土壤接触。为了提高产量，每坑中可以投放 1～2 株或 2～3 株。埋土到根茎部 2 厘米。

五、大田直播

小面积种植麻黄可以采用育苗移栽的方法，这样可以节约种子，保证幼苗的成活率，但是，成本高，投入大，劳动强度高，所以大面积播种麻黄不适宜采用，当然这不是绝对的，家庭私人种植移栽是最理想的方法。若是种子充足，土地平坦，有喷灌条件的，最适宜采用大田直播。其方法：把处理好的种子，拌入细沙，采用 24 行或 12 行播种机，行距控制在 40 厘米，株距控制到 15～20 厘米，播种深度控制在 2～3 厘米。播种后，应立即喷灌或灌水。在灌水时，不能用大水漫灌，应采用小水漫灌，防止水冲走种子。

出苗后，应根据出苗情况，进行间苗定株，每 667 米^2 地控制到 1 万～1.5 万株。缺苗的地方用间出来的幼苗进行补苗。大田直播，可以节约成本，减少劳动力。

§3.12.9 如何对麻黄进行田间管理？

麻黄是耐旱植物，在幼苗时期注意保墒外，二年后就不需要太多的水分，若是水分过多，则易促使根腐烂。麻黄幼苗期耐盐性很弱。当幼苗产生分枝后耐盐性逐渐增强。

无论采用育苗移栽还是大田直播的方法，在完成定苗后，前期工作即告一段落。田间管理的好坏，决定产量的高低。

一、灌水

定植后 1 个月内要保持土壤湿润，以不旱为宜。封冻前灌足冬水。

二、施肥

在幼苗生长过程中，667 米^2 应追施尿素 5 千克，追肥后及时灌水，以防烧苗。

三、中耕除草

麻黄种植田地中，杂草丛生，往往和麻黄幼苗混生在一起。由于杂草丛生，严重影响麻黄的生长，所以必须把草除净。目前清除田间杂草，可采用两种方法：一种是人工清除。劳动强度大，费时费工，成本高。另一种是化学剂清除，用 2，4-D 丁酯或草干灵清除麻黄田中的杂草。经验证明，化学剂可以把麻黄田中的杂草除掉，而且对于麻黄幼苗没有影响。但是，一年生的幼苗不适宜用除草剂。

四、查苗和补苗

麻黄种植后，一般成活率很高，不易缺苗，但是在外部环境影响下，也会出现缺苗，为了保证全苗，提高土地利用率和保证产量，应该查苗和补苗。

§3.12.10 麻黄的病虫害如何防治?

麻黄植物属于灌木类型，地上芽冬天冻不死，枝条绿色，植物保持良好状态。冬季万物凋谢后，野生小动物在没有可食的情况下，麻黄幼苗成为它们猎取的食物，其中危害最严重的是野兔，到目前还没有可防的办法。有毒药物不能喷洒，易残留到植物体中，影响药物的品质。有的地方采用铁丝围栏的办法防止野兔的侵入，效果尚好。东北林业大学研究出来一种多功能防啃剂防止家畜啃食效果很好，不妨可以用用。麻黄在山区野生状态下，未发现有什么昆虫侵害它，植株生长良好。近几年大面积种植后也没有发现什么严重病虫害危害。其原因是麻黄植物体中含的生物碱有毒性，昆虫食后，容易中毒而死亡。所以麻黄属于昆虫拒食植物。

麻黄是旱生植物，对于水分要求不严格。在人工种植后，水分得到了保证，由于灌水过量，超过所需，往往出现麻黄地下根茎腐烂，促使了麻黄大面积死亡。这种现象是人为的原因，若是采取措施，调整灌溉方法和次数，就会避免麻黄根茎的腐烂。若是出现根部腐烂，可用绿亨一号或赤霉素进行灌浇。

随着麻黄人工种植面积的扩大，自然环境的改变，麻黄有机体在不适应的情况下会发生各种病变，应根据情况再制定措施，对症下药。

为防止种子带菌，播种前对种子进行处理，先用温水加 0.1%浓度高锰酸钾液浸泡 2 小时，然后捞出来晾干，然后拌0.3%的甲霜灵。

第七节 麻黄的采收、加工（炮制）与贮存

§3.12.11 麻黄什么时间采收?

人工种植的麻黄，生长 3 年后，就可以收割。8 月份麻黄生长

初步停止，这时候有效成分含量最高，所以麻黄最佳采收期为8～9月。

采收麻黄应割取地上枝条为主，切忌用铁锹挖取地下部分。割取地上部分，一方面可以保证原料的纯度，另一方面也可促使麻黄分蘖，提高生物量的产量。因为麻黄地下部的根茎及主根分布着许多休眠芽，当地上部分受到损伤，地下休眠芽就开始苏醒萌发。麻黄再生能力极强，只要采收得当，麻黄资源就不会受到很大的破坏，在某些方面还改善了植物的个体，提高了生物量。

无论是野生的或人工种植的麻黄，第一次采割后，一般需要生长二年后才能再进行第二次采割，否则，枝条幼嫩，有效成分积累少，影响医疗效果。但是，作为工业原料，人工种植的可以每年采割一次，其成分含量不变。

一、麻黄茎的采收

麻黄作为药用是利用它的茎及枝条。麻黄地上茎经过冬季的休眠后，春天再从基部发出新的枝芽，生长到8月份，停止生长，这时植物体中的有效成份含量最高。所以8～10份是采收麻黄的最佳季节。为了合理地长期利用，就应该科学地采集。一般是采用镰刀把地上茎割掉，千万不能采用挖根的办法去挖麻黄，这种杀鸡取卵的办法，只能破坏药源，不能持久地利用。

把采集来的麻黄枝条，放在阳光下晒干或阴干。待完全干后，用绳子拴起来，包装成5千克、10千克和20千克重量保存。

二、麻黄根的采收

麻黄根的采挖应视情况而定，因为把麻黄根挖掉后，植物全部枯死，无法再利用地上部分。所以在挖麻黄地下根时，应在老种植地准备更新的地段中采挖地下根，所用的根是横生根和垂直根，而多年枯老的根是不能供药用的，这一点一定要注意，否则达不到医病的效果。人工种植的麻黄挖根时间应是5～6年生的植株，这时地下根发育良好，粗细均匀，最适宜作药用。野生的麻黄，挖取地下根时，应采集它的横生根（水平根）。垂直根枯死枝条多，不适宜作药用。

在采挖麻黄根时，究竟是采挖那种麻黄根好呢？到目前各地都没有一个明确的指标，都是根据当地用药习惯和当地的品种来采挖麻黄根，所以药效差异较大。根据日本学者金尾对草麻黄根的化学分析，对成分进行精制，分离出麻黄考宁（maokonine）及麻黄新碱A、B、C（ephedrodi A、B、C）两类生物碱。通过临床实验，该成分有抑制微热或烟碱所致的发汗作用，这就为麻黄根治病提供了依据为了规范药材标准，在采挖麻黄根时，应该采挖草麻黄根和种植的木贼麻黄根、蓝麻黄根、中麻黄根、膜果麻黄根以及西藏中麻黄根。其他几种作为不适宜药材处理，不予收购。这样，麻黄根就有规范，鉴定也有一定的范围，用药就有了保证。

麻黄鲜根中含有大量的水分，采挖出来的根，应该洗掉泥土，放在阳光下照晒，完全干后，放到防潮的地方保存，待用。

§3.12.12　麻黄怎么样贮藏好？

中医用药，是用麻黄。而麻黄中的生物碱在新鲜植物体中含量高，经过阳光照晒，植物体中的水分蒸发掉后，生物碱降低，所以工厂在提取麻黄素时，完全采用新鲜的原料，这与中医完全相反。究竟干物质和鲜物质两者之间的成分相差多大，目前还没有这方面的材料。根据中医用药习惯，把采集回来的麻黄茎根冲洗干净，除去须根，保留主根，晒干，装在麻袋中保存。保存地方必须是通风良好的房屋，防止霉变。麻黄霉变后就失去药效，无法利用。若用反而有副作用，达不到治病的目的。

第八节 麻黄的中国药典质量标准

§3.12.13《中国药典》2010年版麻黄标准是怎样制定的?

拼音：Mahuang

英文：EPHEDRAE HERBA

本品为麻黄科植物草麻黄 *Ephedra sinica* Stap f.、中麻黄 *Ephedra intermedia* Schrenk et C. A. Mey. 或木贼麻黄 *Ephedra equisetina* 的干燥根和根茎。秋末采挖，除去残茎、须根和泥沙，干燥。

【性状】草麻黄 呈细长圆柱形，少分枝，直径1～2毫米。有的带少量棕色木质茎。表面淡绿色至黄绿色，有细纵脊线，触之微有粗糙感。节明显，节间长2～6厘米。节上有膜质鳞叶，长3～4毫米；裂片2（稀3），锐三角形，先端灰白色，反曲，基部联合成筒状，红棕色。体轻，质脆，易折断，断面略呈纤维性，周边绿黄色，髓部红棕色，近圆形。气微香，味涩、微苦。

中麻黄 多分枝，直径1.5～3毫米，有粗糙感。节上膜质鳞叶长2～3毫米，裂片3（稀2），先端锐尖。断面髓部呈三角状圆形。

木贼麻黄 较多分枝，直径1～1.5毫米，无粗糙感。节间长1.5～3厘米。膜质鳞叶长1～2毫米；裂片2（稀3），上部为短三角形，灰白色，先端多不反曲，基部棕红色至棕黑色。

【鉴别】（1）本品横切面：草麻黄 表皮细胞外被厚的角质层；脊线较密，有蜡质疣状突起，两脊线间有下陷气孔。下皮纤维束位于脊线处，壁厚，非木化。皮层较宽，纤维成束散在。中柱鞘纤维束新月形。维管束外韧型，8～10个。形成层环类圆形。木质部呈三角状。髓部薄壁细胞含棕色块；偶有环髓纤维。表皮细胞外壁、皮层薄壁细胞及纤维均有多数微小草酸钙砂晶或方晶。

中麻黄 维管束12～15个。形成层环类三角形。环髓纤维成束或单个散在。

木贼麻黄 维管束8～10个。形成层环类圆形。无环髓纤维。

（2）取本品粉末0.2克，加水5毫升与稀盐酸1～2滴，煮沸2～3分钟，滤过。滤液置分液漏斗中，加氨试液数滴使呈碱性，再加三氯甲烷5毫升，振摇提取。分取三氯甲烷液，置二支试管中，一管加氨制氯化铜试液与二硫化碳各5滴，振摇，静置，三氯甲烷层显深黄色；另一管为空白，以三氯甲烷5滴代替二硫化碳5滴，振摇后三氯甲烷层无色或显微黄色。

（3）取本品粉末1克，加浓氨试液数滴，再加三氯甲烷10毫升，加热回流1小时，滤过，滤液蒸干，残渣加甲醇2毫升充分振摇，滤过，取滤液作为供试品溶液。另取盐酸麻黄碱对照品，加甲醇制成每1毫升含1毫克的溶液，作为对照品溶液。照薄层色谱法（附录Ⅵ B）试验，吸取上述两种溶液各5微升，分别点于同一硅胶G薄层板上，以三氯甲烷-甲醇-浓氨试液（20∶5∶0.5）为展开剂，展开，取出，晾干，喷以茚三酮试液，在105℃加热至斑点显色清晰。供试品色谱中，在与对照品色谱相应的位置上，显相同的红色斑点。

【检查】杂质 不得过5%（附录Ⅸ A）。

水分 不得过9.0%（附录Ⅸ H第一法）。

总灰分 不得过10.0%（附录Ⅸ K）。

【含量测定】照高效液相色谱法（附录Ⅵ D）测定。

色谱条件与系统适用性试验 以极性乙醚连接苯基键合硅胶为填充剂；以甲醇—0.092%磷酸溶液（含0.04%三乙胺和0.02%二正丁胺）（1.5∶98.5）为流动相；检测波长为210纳米。理论板数按盐酸麻黄碱峰计算应不低于3 000。

对照品溶液的制备 取盐酸麻黄碱对照品、盐酸伪麻黄碱对照品适量，精密称定，加甲醇分别制成每1毫升各含40微克的混合溶液，即得。

供试品溶液的制备 取本品细粉约 0.5 克，精密称定，置具塞锥形瓶中，精密加入 1.44%磷酸溶液 50 毫升，称定重量，超声处理（功率 600 瓦，频率 50 千赫）20 分钟，放冷，再称定重量，用 1.44%磷酸溶液补足减失的重量，摇匀，滤过，取续滤液，即得。

测定法 分别精密吸取对照品溶液与供试品溶液各 10 微升，注入液相色谱仪，测定，即得。

本品按干燥品计算，含盐酸麻黄碱（$C_{10}H_{15}NO \cdot HCl$）和盐酸伪麻黄碱（$C_{10}H_{15}NO \cdot HCl$）的总量不得少于 0.80%。

饮片

【炮制】麻黄 除去木质茎、残根及杂质，切段。

本品呈圆柱形的段。表面淡黄绿色至黄绿色，粗糙，有细纵脊线，节上有细小鳞叶。切面中心显红黄色。气微香，味涩、微苦。

【检查】总灰分 同药材，不得过 9.0%。

【鉴别】（除横切面外）【检查】（水分）【含量测定】同药材。

蜜麻黄 取麻黄段，照蜜炙法（附录Ⅱ D）炒至不粘手。

每 100 千克麻黄，用炼蜜 20 千克。

本品形如麻黄段。表面深黄色，微有光泽，略具黏性。有蜜香气，味甜。

【检查】总灰分同药材，不得过 8.0%。

【鉴别】（除横切面外）【检查】（水分）【含量测定】 同药材。

【性味与归经】辛、微苦，温。归肺、膀胱经。

【功能与主治】发汗散寒，宣肺平喘，利水消肿。用于风寒感冒，胸闷喘咳，风水浮肿。蜜麻黄润肺止咳。多用于表证已解，气喘咳嗽。

【用法与用量】2～10 克。

【贮藏】置通风干燥处。防潮。

第九节 麻黄的市场与营销

§3.12.14 麻黄的生产概况如何？

一、野生麻黄资源的现状

通过对地质各个时期的地层分析，发现在白垩纪地层中就有麻黄的花粉出现，到渐新纪已经普遍分布，它的形态特征从那时定下来后，直到今日也没有多大变化，所以它属于古老的灌木植物。由于它长期生长在干旱环境中，往往与荒漠植物霸王、蒿子、假木贼、琵琶柴、白刺、裸果木、沙拐枣、梭梭、红柳、本氏针茅、短花针茅、骆驼蓬、猫头刺、猪毛菜等旱生植物组成各种群落，构成春秋放牧场。该类型分布在我国北方及西北的广大地区，是春秋牲畜的主要放牧地，在畜牧业发展中起着重要作用。尤其是内蒙古、新疆及甘肃河西走廊地区，由于植物成分单纯、贫乏，可食的饲草不多，因此，麻黄在春秋季节就成为牲畜食用的牧草。

目前麻黄的开发利用正处在关键时刻，必须停止竭泽而渔的采挖方式，不要认为一时人民有点收入，人民生活有所提高，但是，随着时间的推移，带来的后患是无穷的，也不是我们一代两代人所能弥补过来的。这种现象在西北经济比较落后的地方最为突出，尤其是新疆最为典型。所以，国家有关部门意识到麻黄资源减少对生态的巨大影响，在2000年和2001年陆续颁布了《甘草、麻黄草专营和许可证管理办法》、《关于禁止采集和销售发菜、制止滥挖甘草和麻黄草有关问题的通知》以及《关于限制以甘草、麻黄草、苁蓉和雪莲及其产品为原料生产保健品的通知》，禁止对野生麻黄资源进行破坏。

二、麻黄的人工选种、育种及老株改造研究

麻黄的野生改良工作已提到日程上来，国内外都还没有开展这方面的工作，所以今后应该大力加强这方面的研究。我们在野外调查时

发现，在季节性流水沟旁及地下水不太深的冬季积雪地方，看到了个别麻黄幼苗。同时，在被沙掩埋的老植株茎节间也发现有不定根生出，在茎基部有大量休眠芽。割取后的茎，第二年很快生长出新的枝条，而且比没有采挖的还生长得好。这充分说明麻黄植株再生能力是很强的。我们应该利用它的这种生物学特性，把多年没有采割过的植株，从地面上割掉，促使它的休眠芽苏醒萌发，再生出新的枝条，扩大面积，提高产量。这种方法，应该进行全面试验，总结出办法，再推广到生产中去。

麻黄的人工种植是一门新兴事业，目前各地种植麻黄的积极性很高，但是，在种植过程中也发现一些新问题，如麻黄人工种植后，它的植株发生变异，它的植株有效成分含量也不相同，有高有低，所以应该开展选种、育种的研究，选育出生长快，含量高的新品种。有了好的品种，可以采种育苗，进行移栽，改造一些含量低的种类，逐步实现品种优良化。另外，采用人工辅助的办法，更新常年不采割枯死的老植株，扩大面积。通过一系列的人工措施，各省区的麻黄资源就会大大地得到改善。改造老麻黄的技术措施，应该先在内蒙古各地试验，因为内蒙古的草麻黄多生长在平坦的草原上，条件良好，易操作，见效快，便于推广。取得经验后，再推广到相关地区。这样，我国的麻黄资源，就可以长挖不衰。而且广大的戈壁也得到充分利用，植被也可以得到恢复更新，流沙得到固定，农田受到保护，平原的荒漠放牧场，由单一的放牧场而变成具有多种用途的经济园地。

§3.12.15 麻黄的市场概况如何？

麻黄作为传统中药材，早在《神农本草经》一书中就有记载，已经有很久的应用历史，是一种祛风湿，解表寒，平喘，止汗的药物。在这数千年之中，它只是一味配伍的药物，用量不大，比较单一，因此，不太引起人们的注意。1885 年，日本人山犁，首先从我国内蒙古的草麻黄中分析出一种化学成分。1887 年，长井长义将其活性成分以结晶的形式提出，定名为麻黄碱（Ephedrine）。在医学上用于治疗感冒等病症。经过临床及药理实验，麻黄碱治病效果良好，才建立工厂生产麻黄素。这样，麻黄素作为东方的传统药材，才正式应用到临床上。全世界范围内，有条件从天然麻黄草中提取麻黄素的只有中国，人工合成的麻黄素在制药工业比较先进的德国、日本能够生产，但人工合成的麻黄素的医药效果比不上从天然麻黄草中提取的麻黄素。所以中国是世界上唯一的麻黄素出口国。

据有关专家的预测，将来国内市场对于麻黄素的需求量大约每年消耗80万～100万千克，加上国际上的需求量可达到180万～200万千克。2011年国内麻黄市场价格每千克在3.5～5.5元，详见表3-12-1。

表3-12-1 2011年国内麻黄价格表

品名	规格	价格（元/千克）	市场
麻黄	统	5.5	河北安国
麻黄	统	3.8～4.0	甘肃陇西
麻黄	统	5.2	广西玉林
麻黄	统	3.5～4.0	三棵树

麻黄种植业才刚刚起步，同时麻黄的适生区又局限在北方各省区，尤其内蒙古、宁夏、青海、甘肃及新疆，这里土地宽广，又是麻黄分布的中心，所以为麻黄种植提供了良好的条件。大面积种植后，其经济效益也是相当可观的。内蒙古及宁夏的人工种植已经初显端倪，为人们树立了样板。麻黄种植后，每年可以连续采割，省力又挣钱，是农牧民发财致富的一条道路，也是利用改良荒地的一项措施。同时工厂有充足的原料，生产走向正常，满足了市场上的需求。所以麻黄市场从长远来看，有广阔的发展前景，人工种植麻黄前途更是无量。

第十三章

金 银 花

第一节　金银花入药品种

§3.13.1　金银花的入药品种有哪些？

金银花即忍冬花。公元589年南北朝前《名医别录》中记载：忍冬，味甘温，无毒，列为上品，主治寒热身肿。《名医别录》比《本经》成书稍晚，是忍冬供药用的最早出处，云："处处有之，藤生，凌冬不凋，故名忍冬。"唐·《新修本草》对忍冬记载较详，云："藤生，绕覆草木上。苗茎赤紫色，宿者有薄白皮膜之，其嫩茎有毛。叶似胡豆，亦上下有毛。花白蕊紫。"陈藏器在《本草拾遗》中云："忍冬，主热毒血痢、水痢。"也是以"忍冬"名之。金银花名称之解始见于明代《本草

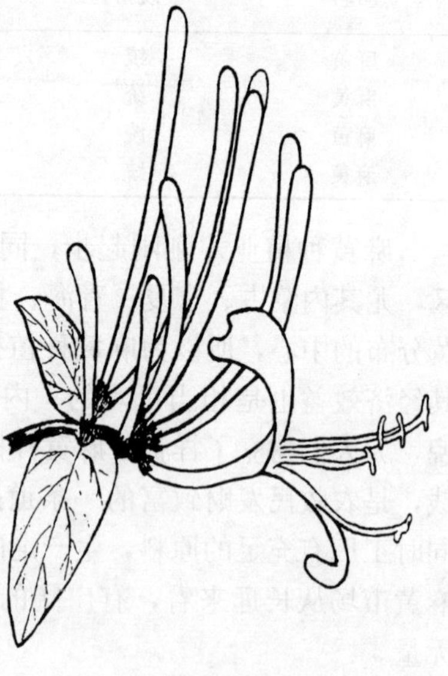

图 3-13-1　金银花

纲目》忍冬项下，李时珍谓："忍冬在处有之，……花初开者，蕊瓣

俱色白，经二三日，则色变黄，新旧相参，黄白相映，故呼金银花。”明·弘治十八年（公元 1505 年）刘文泰等撰《本草品汇精要》，在“忍冬”条项下载有“左缠藤、金银花、鹭鸶藤”等，表明当时所用金银花为植物忍冬的花。见图 3-13-1。《中国药典》2010 年版金银花为忍冬科植物忍冬 *Lonicera japonica* Thunb. 的干燥花蕾或带初开的花。

第二节　道地金银花资源和产地分布

§3.13.2　道地金银花分布在什么地方？

金银花的地方名称有二苞花（浙江）、双苞花、金藤花、二花、忍冬花（通称）、鹭鸶花、苏花、老翁须（山西）、通灵草（河南）、二宝花（福建、江西、湖南）、茶叶花（山东）。忍冬藤又称左转藤（广东）、二苞花藤（江苏）、鸳鸯藤（福建、湖南）。全国大部分地区均有野生或零星栽培，栽培历史已达 200 年以上。其中以河南密县所产的质量最佳，称密银花或南银花，山东平邑、费县所产的量大，称东银花，最为著名，畅销国内外。目前除西藏、新疆、青海、宁夏、内蒙古、黑龙江和海南无自然生长外，全国各地均有分布。生于山坡灌丛或疏林中、乱石堆、山路旁及村庄篱笆边，海拔1 500米也常栽培。日本和朝鲜也有分布。

第三节　金银花的植物形态

§3.13.3　金银花是什么样子的？

金银花为常绿藤木，幼枝暗红褐色，密被黄褐色、开展的硬直糙毛、腺毛和短柔毛，下部常无毛。叶纸质，卵形至短圆状卵形，有时呈卵状披针形，稀圆卵形或倒卵形，极少有 1 至数个钝缺刻，长 3～5（～9.5）厘米，顶端尖或渐尖，少有钝圆或微凹缺，基部圆或近心形，有糙缘毛，上面深绿色，下面淡绿色，小枝上部叶通常两面均密被短糙毛，下部叶常平滑无毛而下面多少带青灰色；叶柄长 4～8 厘米，密被短柔毛。总花梗通常单生于小枝上部叶腋，与叶柄等长或稍短，下方者则长达 2～4 厘米，密被短柔毛，并夹杂腺毛；苞片大，叶状，卵形至椭圆形，长达 2～3 厘米，两面均有短柔毛或有时近无毛；小苞片顶端圆形或截形，长约 1 毫米，为萼筒的 1/2～4/5，有短糙毛和腺毛；萼筒长约 2 毫米，无毛，萼齿卵状三角形或长三角形，顶端尖而有长毛，外面和边缘都有密毛；花冠白色，有时基部向阳面呈微红，后变黄色，长（2～）3～4.5（～6）厘米，唇形，筒稍长于唇瓣，很少近等长，外被多少倒生的开展或半开展糙毛和长腺毛，上唇列片顶端钝形，下唇带状而反曲；雄蕊和花柱均高出花冠。果实圆形，直径 6～7 毫米，熟时蓝黑色，有光泽；种子卵圆形或椭圆形，褐色，长约 3 毫米，中部有一凸起的脊，两侧有浅的横沟纹。

第四节 金银花的生态条件

§3.13.4 金银花适宜于在什么地方和条件下生长？

金银花喜温暖湿润的气候，生长适温为 20～30℃，以湿度大而透气性强为好。一年四季只要有一定的湿度，一般气温不低于 5℃，便可发芽，春季芽萌发数最多。根系发达，细根很多，生根力强，插枝和下垂触地的枝，在适宜的温湿度下，不足 15 天便可生根，10 年生植株，根冠分布的直径可达 300～500 厘米，根深 150～200 厘米，主要根系分布在 10～15 厘米深的表土层。须根则多在 5～30 厘米的表土层中生长。根以 4 月上旬至 8 月下旬生长最快。喜长日照，光照不足会影响植株的光合作用，枝嫩细长，叶小，缠绕性更强，花蕾分化减少。花多生在外转阳光充足的枝条上，适宜在阳光充足和通风好的地区栽植。对土壤要求不严，但在疏松、肥沃、深厚的土壤种植，根系发达，生长良好，产量较高。土壤湿度过大，会影响生长，叶易发黄脱落。适应性较强，耐盐碱，能耐寒耐热，较耐旱耐涝，北到吉林，南到福建都可栽培。

第五节　金银花的生物特性

§3.13.5　金银花的生长有哪些规律?

金银花为多年生植物。茎细中空，叶对生、叶片卵圆形或椭圆形，花簇生于叶腋或枝的顶端，花冠略呈二唇形，管部和瓣部近相等，花柱和雄蕊长于花冠，有清香，初开时花白色，过 2～3 天后变为金黄色，故称之为金银花。浆果成对，成熟时黑色，有光泽。花期 5～7 月，果期 9～10 月。金银花生长快，寿命长，其生理特点是更新性强，老枝衰退新枝很快形成。金银花喜温暖湿润、阳光充足、通风良好的环境，喜长日照。根系极发达，细根很多，生根能力强。以 4 月上旬到 8 月下旬生长最快，一般气温不低于 5℃均可发芽，适宜生长温度为 20～30℃，但花芽分化适宜温度为 15℃，生长旺盛的金银花在 10℃左右的气温条件下仍有一部分叶子保持青绿色，但 35℃以上的高温对其生长有一定影响。金银花为喜阳光作物。花多着生于外围阳光充足的新生枝条上，且枝叶茂盛，易造成郁闭；因此，栽培上必须通过整形修剪，再加上肥水管理才能获得高产。

第六节　金银花的栽培技术

§3.13.6　如何整理栽培金银花的耕地?

一、选地和整地

金银花喜阳光，耐寒抗旱，对土壤要求不严。选土层较厚的山坡地，依地势做成鱼鳞坑或梯形田，也可选择荒地或低产山坡地，每667米^{2}施腐熟土杂肥5 000～6 000千克。育苗地，宜选择土层疏松、排水良好、靠水源近的肥沃沙壤土，每667米^{2}施腐熟堆肥2 500千克，深翻30厘米以上，整成宽1米左右的平畦备用。栽植地的土壤要求同育苗地，此外，荒坡、地旁、沟边、田埂、房屋前后的空地均可种植。

二、平原地的整理

深翻40厘米以上，有条件的可以在耕地时每667米^{2}地施腐熟农家肥2 500千克左右作为基肥，然后起垄，垄中心线间隔为1.5米，两垄之间的底沟宽度大约为40厘米左右，垄中心顶部距底沟的垂直高度为40厘米以上，起地垄的优点是既加深了土层的厚度又有利于保墒排水。

三、丘陵山地的整理

依照丘陵山地的地势，按1米×1.5米的株行距挖坑，坑的长、宽、深的尺度为30厘米左右。地埂栽植金银花，墩距70～80厘米，3年既可覆盖地埂，能保护土埂无冲沟，石埂不坍塌。

§3.13.7　金银花如何繁殖?

金银花的繁殖采用种子繁殖或无性繁殖，但无论采用哪种方法，都必选择优良品种。只有优良品种，才能获得高产、稳产。

一、种子繁殖

在11月采摘浆果已变为黑色的果实，将其放到清水中搓洗，去除净果肉、杂质和秕粒，取成实种子晾干备用。翌年4月上中旬将种子放在35～40℃的温水中，浸泡24小时，取出拌2～3倍湿沙置温暖处催芽约2周，待种子裂口达30%左右时，即可播种。播种前选肥沃的沙质壤土，深翻30～33厘米，施入基肥，整成65～70厘米左右宽的平畦，畦的长短不限。整好畦后，放水浇透，待表土稍松干时，平整畦面，按行距21～22厘米每畦划3条1.5厘米左右深的浅沟，将种子均匀撒在沟里，覆细土1厘米压实浇水，每667米^{2}约需种子1千克左右。播种后，为保持地面湿润，畦面上可盖一层杂草，每隔两天喷一次水，约十余天即可出苗。苗出齐后，间去病株、弱苗，并放入稀人粪尿。当苗高16厘米左右时，摘去顶芽，促其分叉。秋后或翌年春定植。种子繁殖费工、费时，生长较慢，加之金银花主要以花入药，多不让其结籽，所以生产上较少应用。

二、无性繁殖

无性繁殖有扦插、压条、分株三种方法。其中扦插法比较简便，容易成活，原植株仍可开花，所以生产上使用得较多。

（一）扦插法

分直接扦插和育苗扦插。春、夏、秋三季都可进行，但夏天气温高，蒸腾作用较强，扦插后不易成活。因此各地多在春、秋季扦插，具体时间因地而异，北京地区在7月下旬至8月上旬，山东在8月上旬，江苏在8～9月扦插，广西在春季或8～10月，四川在立春前新芽尚未萌发时。扦插宜选雨后阴天进行，因为此时气温适宜，空气、土壤湿润，扦插后成活率高，生长较好。

直接扦插挑长势旺盛、无病虫害的植株，选用1～2年生健壮枝条，剪成约30厘米长，使断面呈斜形，并摘去下部叶片，随即斜插入穴内。穴距1.3～1.7米，土壤肥沃的地区可适当增大株距，穴深、宽各35厘米。每穴施厩肥或堆肥3～5千克，每穴斜放5～6根插条，露出地面10～15厘米，填土压紧，浇水，保持土壤湿润。半月左右即长出新根。有的品种节间较长，倘若剪得太短，较难成活，可选长枝条，将下端盘成环状，栽入穴内。

育苗扦插选肥沃、湿润、灌溉方便的沙质壤土，放入土杂肥作基肥，翻耕，整细，作苗床。7～8月份按行距25厘米左右开沟，沟深25厘米左右，每隔3厘米左右斜插入1根插条，地面露出约15厘米，然后填土盖平压实，栽后浇一遍水。畦上可搭荫棚，或盖草遮荫，待长出根后再撤除。以后若天气干旱，每隔2天要浇1次水，保持土壤湿润。半月左右，即能生根发芽。扦插育苗的应在其生长大半年至1年后的秋后或早春移栽。

（二）压条繁殖法

用湿度80%左右的肥泥垫底并压盖已开过花的藤条一些节眼，再盖上草以保湿润。一般只需2～3个月即可生出不定根。待不定根长老后（约需半年），便可在不定根的节眼后1厘米处剪断，让其与母株分离而独立生长。稍后便可带泥一起搬去栽种。一般从压藤到移栽只需8～9个月，栽种后的次年便可开花。压条繁殖方法，不需大量砍藤，不会造成人为减产。倘若留在原地不挖去栽种，因有足够营养，也比其他藤条长得茂盛，开的花更多。比起传统的砍藤扦插繁殖，除能提早2～3年开花并保持稳产、增产外，更重要的是操作方便，不受季节和时间限制，成活率也高。

（三）分株繁殖法

冬末春初金银花萌芽前挖开母株，进行分株，将根系剪短至0.5米，地上部分截留35厘米。每穴种三株。种后第二年就能开花。但母株生长受到抑制，当年开花较少，甚至不能开花，因此产区除利用野生优良品种分根外，一般也较少应用。

金根花移栽应选在春季4月上中旬，秋季8月上旬，选阴雨天移栽。如遇天旱，小苗须带土。栽前应深翻土地，放入厩肥、堆肥，与土混匀，整细耙平。按行株距100厘米×70厘米挖穴（穴深、宽视植株大小而定），穴内施肥与土拌匀，将幼苗适当修剪后，每穴栽苗一株，填土压实浇水。

§3.13.8 如何对金银花进行田间管理？

一、合理密植

金银花群体结构的合理化一般通过前期密植、后期修整，使群体内植株对光温水气肥的竞争调整到总体效益最大化，以提高群体的通风透光性和水肥利用率，实现植株群体结构和密度合理化。

二、修剪整形

金银花的枝条较长，若任其自然生长，则匍匐于地，接触地面处就会萌生新根，长出新苗，从而妨碍通风透光。因此成株后应进行修剪整形，金银花的修剪整形主要分常规整形和立杆辅助整形两种方法。合理剪枝是提高金银花产量的重要栽培措施之一，在山东主产区已推广应用，收到很好的成效。金银花自然更新的能力很强，新生分枝多。已结过花的枝条当年虽能继续生长，但不再开花，只有在原开花母枝上萌发的新梢，才能再结花蕾。金银花修剪必须根据品种、墩龄、枝条类型具体确定。

（一）常规整形

其目的是把金银花剪成矮小直立、分枝使成伞形的小灌木。在移栽后 1～2 年的银花萌发前进行。主干的培育：剪去上部枝条使植株为 35 厘米左右高，促使分枝萌发。在主干上部保留 5～6 个旺盛枝条。当年萌发的枝条一般都是花枝，其所生花蕾应全部适时采去，否则会影响来年植株的长势。分枝的修剪：剪去各级分枝的上部，只保留 5～7 对芽，以促使长出新的分枝。

枝不开花，每年春季未萌芽时应剪去枯老枝、病残枝，以减少养分消耗，疏剪影响通风透光的过密枝。另外，向下发的枝条，由根基上发出的幼条也应剪去。此外，每茬花采完后应适当修剪疏枝并剪去病枝，从而达到使金银花枝条分布均匀合理，透光透气，便于多开花的目的。

（二）立杆辅助整形

立杆整形是近年来研究的新技术，在株旁立架一般以 1.7 米左右为宜，让茎蔓攀缘架上，使其分布均匀，通风透光良好。但在多风地区，为了增强抗风能力辅助杆高度也可适当降低。岩边、树下、墙边栽种的，藤蔓可攀附在岩石、树木与墙壁上，不必再搭支架。

在植株中部立杆辅助整形方法，一般紧靠主根插一直立杆。是在移栽定植后的第 2 年的早春，金银花萌发生长前进行。选用较硬的竹杆或木棍都可，其高度（一般 1.3～1.6 米）可根据植株整形高度和具体地理位置而定。

插杆后将原金银花植株的地面以上部分全部剪去，只在随后蒸发出来的根生分蘖枝中选留 1～3 个生长旺盛枝，利用缠绕绑扎方法扶其顺辅助杆向上生长，以形成直立生长的中心主干。以直立辅助杆作为中心支柱的顺杆向上生长枝条，一个月左右生长高度超过辅助杆，形成发枝树形的中心主干，打去顶尖以便促使分枝萌发。当年萌发的枝条一般都是花枝，并且可以在一级花枝上连续萌发二级、三级花枝，其所生花蕾应全部适时采去，不使形成果实，否则会影响第二年植株的长势。

中心主干上萌发生长出的当年新枝修剪宜轻，以利尽快扩大枝叶面积。一般只在第 1 茬花采光后适当疏除和短剪植株上部过密过旺枝条，并剪去下部主干基部萌发并在生长中拖地的枝条，以利于形成上小下大的合理树冠结构。

立杆辅助整形方法培养的金银花植株在短短的二三个月内就形成株高约 1.5 米的立体树冠，因而要在第一茬花采摘前后再进行一次对直立辅助杆的支撑加固。方法是用三根较长杆围绕辅助杆或用三角架进行支撑加固，以防植株被风刮倒。

立杆辅助整形以后的第 2 春，金银花植株生长转入盛花期，整形修剪宜在扩大植株直径的基础上调整和稳定树形结构，坚持疏枝短剪相结合，修剪量上重下轻，合理调整全株的枝条分布，使全株枝条分布均匀、透光透气好，以利多开花。春季萌芽前修剪和采光一二茬花后都应适当修剪，以防止由枝条萌发太多和排布不合理影响生长和花产量。

各地农田栽培金银花常用的 1.6 米株行距栽培条件下，立杆辅助整形的金银花在开始整形后第 2 年的下半年其植株下部树冠就可以开始相交，因此从开始整形的第 3 年（从移栽定植算第 4 年）就必须采用稳定树冠直径的整形方法，其具体措施是，在春季萌芽前进行重剪，将选留枝条全部回缩到前一年第1茬花枝的基部，并且在生长季节采完一二茬花后也应整形，以防止生长过大影响整体通风透光。

金银花立杆辅助整形除具有整形效果好、产量提高快等优点外，还具有耐水肥能力强、便于修剪采花、可适应各种不同金银花品种整形需要等特点。

三、中耕除草

金银花栽植后要经常除草松土，使植株周围无杂草滋生，以利生长。每年春季地面解冻后和秋季封冻前进行中耕松土除草培土。平时视杂草情况进行松土除草。锄地时须从花墩外围开始，由远及近，先深后浅，避免伤根。移栽成活封林前，每年中耕除草3次。第1次在春季萌芽发出新叶时，第2次在采花后，第3次在秋末冬初落叶时进行。每年早春新芽萌发前、秋末冬初封冻前还应各培土一次。这样可提高地温，防旱保墒，促使根系发育，多发枝条，多开花。封林后因杂草较少，中耕不便，于春季发芽以及冬季落叶时各进行1次即可。中耕时，在植株根际周围宜浅，远处可稍深。

四、施肥浇水

金银花生产栽培时，施肥浇水一般在每年早春或初冬进行。具体为早春头茬花快要采完时与入冬前，在植株周围开一环状沟，将有机肥与化肥混合后施入，覆土，以利保水、保肥。

五、越冬管理

金银花在我国大部分地区都能自然越冬，但在吉林等寒冷地区种植金银花就要注意保护老枝条越冬。老枝条若被冻死，次年重发新枝，开花少，产量低。具体方法是在地封冻前，将老枝平卧于地上，加盖蒿草6～7厘米厚，草上再覆盖泥土，就能安全越冬，次年春天萌发前，去掉覆盖物。

§3.13.9 道地优质金银花如何科学施肥？

追肥时应结合中耕除草进行。春、夏季应以施腐熟稀薄人畜粪水为主，667 米^2 施1 000～2 000千克，切不可用太浓的腐熟人畜粪水。用肥量视花墩大小而定。5 年生以上的春季，每株施土杂肥 5 千克、硫酸铵50～100 克、过磷酸钙 150～200 克；或腐熟人畜粪尿 5～10 千克。5 年生以下的，用量酌减。倘土壤肥沃，可少施或不施，以免植株疯长。头茬花后，以追施化肥为主。有的地区，每 667 米^2 用尿素 250 克、过磷酸钙1 250克，加水 50 千克，叶面喷施，复壮增产也很明显。入冬前，施腐熟的堆肥、厩肥，酌加饼肥，以助越冬。天旱时须及时浇水，保持土壤湿润。此外，在每茬花前见有花芽分化时，用2 000～3 000毫克/升磷酸氢二铵喷施叶面，能促进植株生长，提高药材产量近 20%。每次采花后，最好追肥 1 次，以尿素化肥为主，以增加采花次数。

§3.13.10 金银花的病虫害如何防治？

一、主要虫害及其防治方法

（一）咖啡虎天牛

1. 形态特征 咖啡虎天牛（*Xylotrechus grayii* White）属鞘翅目天牛科，是金银花的重要蛀茎性害虫。成虫：体长 9.5～15 毫米，体黑色，头顶粗糙，有颗粒状纹。触角长度为身体的一半，末端 6 节有白毛，前胸背板隆起似球形，背面有黄白色毛斑点 10 个，腹面每边有黄白色毛斑点 1 个。鞘翅栗棕色，上有较稀白毛形成的曲折白线数条，鞘翅基部略宽，向末端渐狭窄，表面分布细刻点，后缘平直。中后胸腹板均有稀散白斑，腹部每节两边各有 1 个白斑。中、后足腿节及胫节前端大部呈棕红色，其余为黑色。卵：椭圆形，长约 0.8 毫米，初产时为乳白色，后变为浅褐色。幼虫：体长 13～15 毫米，初龄幼虫浅黄色，老熟后色稍加深。蛹：为裸蛹，长约 14 毫米，浅黄褐色。

2. 危害状况　在山东一年发生一代，初孵幼虫先在木质部表面蛀食，当幼虫长到 3 毫米后向木质部纵向蛀食，形成迂回曲折的虫道。蛀孔内充满木屑和虫粪，十分坚硬，且枝干表面无排粪孔，因此不但难以发现，且此时药剂防治也不奏效。分布于山东金银花老产区，尤以平邑、费县为重。据调查 10 年以上的花墩被害率达 80%，被害后金银花长势衰弱，连续几年被害，则整株枯死。

3. 防治方法

（1）结合冬季剪枝，将老枝干的老皮剥除，以造成不利于成虫产卵的条件。

（2）受害的植株在 7～8 月份易枯萎，发现枯枝时应及时清除，并注意捕捉幼虫，并把枯枝及时烧毁。

（3）在 5 月上旬和 6 月下旬，初孵幼虫尚未蛀入木质部前各喷 1 次1 500倍的 80%敌敌畏乳油液，以杀死初孵幼虫，应注意喷药一定要掌握在幼虫蛀干之前。

（4）生物防治。咖啡虎天牛的天敌有两种，一种是赤腹姬蜂，寄生于幼虫体内；另一种是肿腿蜂（*Scleroderma* sp.），是幼虫的外寄生蜂，寄生率很高，经人工饲养后每 667 米^2 释放1 000头，防治效果明显。放蜂时间在 7～8 月，气温在 25℃以上的晴天为好，此种生物防治方法可在产区推广应用。

（二）豹蠹蛾

1. 形态特征　豹蠹蛾又称六星黑色蠹蛾，属鳞翅目豹蠹蛾科。成虫：雌成虫体长 20～23 毫米，翅展 40～45 毫米，触角丝状。雄虫体长 17～20 毫米，翅展 35～40 毫米，触角基部双栉齿状，端部丝状。翅展 40～45 毫米，触角丝状。雄虫体长 17～20 毫米，翅展35～40 毫米，触角基部双栉齿状，端部丝状。全体灰白色，前翅散生大小不等的蓝黑色斜纹斑点。后翅外缘有 8 个蓝黑色斑点，中部有一个较大的铜色斑点，胸部背面有 3 对近圆形的蓝黑色斑纹，腹部背面各节有3条纵纹，两侧各有1个圆斑。卵：长圆形，长径约1毫米，未受精卵米黄色，受精卵粉红色。幼虫：赤褐色，体长30～40毫米，前胸硬皮板基部有1黑褐色近长方形斑块，后缘有2横列黑色小齿，臀板及第9腹节基部黑褐色。蛹：为裸蛹。体长19～24毫米，赤褐色，背面有锯齿状横带，尾具短臀刺。

2. 危害状况 主要危害枝条。幼虫多自枝杈或嫩梢的叶腋处蛀入，向上蛀食。受害新梢很快枯萎，幼虫以后向下转移，再次蛀入嫩枝内，继续向下蛀食，被害枝条内部被咬成孔洞，孔壁光滑而直，内无粪便，在枝条向阴面排粪。为害方式一般是：幼虫孵化后即自枝叉或新梢处蛀入，3～5天后被害新梢枯萎，幼虫长至3～5毫米后从蛀入孔排出虫粪，容易发现，有转株为害的习性。幼虫在木质部和韧皮部之间咬一圈，使枝条遇风易折断，被害枝的一侧往往有几个排粪孔，虫粪长圆柱形，淡黄色，不易碎。9～10月花墩出现枯株。

3. 防治方法

（1）及时清理花墩，收二茬花后，一定要在7月下旬至8月上旬结合修剪，剪掉有虫枝，如修剪太迟，幼虫蛀入下部粗枝再截枝对花墩长势有影响。

（2）7月中下旬为其幼虫孵化盛期，这是药剂防治的适期，用40%氧化乐果乳油1 500倍液，加入0.3%～0.5%的煤油，以促进药液向茎秆内渗透，可收到良好的防治效果。

（三）金银花尺蠖

1. 形态特征 金银花尺蠖（*Heterolocha jinyinhuaphaga* Chu）属鳞翅目尺蛾科，是危害金银花的一种主要食叶害虫。成虫：体长8～11毫米，翅展18～32毫米。有两个色型，早春羽化的为淡褐色，春、夏季羽化的为黄色。全体杂有赤褐色小斑点，前翅内横线锯齿形，外横线自翅顶向内斜伸至后缘2/3处，近顶角有1个三角形深色斑纹，中室端部有1环状斑。后翅中横线明显，与前翅外横线相接。雄蛾触角羽毛状，腹末端有毛丛。雌蛾触角丝状，腹部较肥大。卵：

椭圆形，略扁，中央微凹陷。初产时乳黄色，后为红色；近孵化时灰色，一端可见黑色头点，表面光滑；中期出现红色斑点；孵化前为紫色。长0.7毫米，宽0.5毫米。幼虫：体长15～22毫米，黄白色，有黑褐色斑纹。头部黑色，冠缝和额上半部为白色，单眼区上方有白色“T”字形纹。前胸及腹部第8节后缘有12个黑斑点，横列两行。胸足黑色，基节黄白色，上有黑斑。腹足两对，黄色，外侧有黑斑。幼虫5龄，平均体长依次为4、5、8、12、17毫米。蛹：纺锤形，长6～12毫米。初为浅褐色，上有褐色斑点，后变为黑褐色。尾端具8根带钩的臀刺。

2. 危害状况　一般在头茬花采收完毕时危害严重，幼虫几天内可将叶片吃光。初龄幼虫在叶背危害，取食下表皮及叶肉绿色组织，残留上表皮，使叶面呈白色透明斑。3龄以后食叶呈缺刻，4～5龄食量大增，可将叶片全部吃光。危害严重时，可把整棵金银花叶片和花蕾全部吃光，若连续危害3～4年，可使整株干枯而死。

3. 防治方法

（1）清扫田园：清除地面枯枝落叶，可消灭部分越冬蛹和幼虫，减少越冬虫源。

（2）药剂防治：第1代幼虫危害盛期正是金银花采收季节，应在发生初期用敌敌畏、敌百虫等高效低毒、残效期短的药剂进行防治。尤其对未修剪的金银花应作重点防治，因其遮荫密度大，往往较冬季修剪过的发生数量大、危害重。

（四）银花叶蜂

1. 形态特征　银花叶蜂〔*Arge similis*（Vollenhoven）〕属膜翅目叶蜂科，是近年在四川省危害银花较严重的一种害虫，据调查该虫仅危害金银花。成虫：雌虫体长9～10毫米，翅展21～22毫米，雄虫体长7～8毫米，翅展18～19毫米。体蓝黑色，有金属光泽。触角黑色，3节，第3节较长，雄虫第3节的绒毛较雌虫明显。翅半透明，淡褐色，产卵器锯齿状。卵：乳白色，肾形，长1.2～1.5毫米，宽0.7～0.8毫米。幼虫：体长22～23毫米，头和前足呈黑色，体桃红色，背中线为一条淡绿色纵带，背侧线为金黄色纵带，气门线淡绿色，体背有许多黑色小毛瘤；前胸有3排14个，中后胸有3排16个，腹部2～6节有3排18个，背中央的毛瘤较大。幼虫5龄，1龄体长3.5毫米，头宽0.4毫米；2龄体长6毫米，头宽0.7毫米；3龄体长8毫米，头宽0.9毫米；4龄体长12.3毫米，头宽1.3毫米；5龄体长17.4毫米，头宽1.7毫米。蛹：黑褐色，外附长椭圆形的茧。茧长10～14毫米，宽5～8毫米，淡金黄色，分3层，外面两层淡金黄色，内层为乳白色。

2. 危害状况 幼虫危害叶片，初孵幼虫喜爬到嫩叶上取食，从叶的边缘向内吃成整齐的缺刻，全叶吃光后再转移到邻近叶片。发生严重时，可将全株叶片吃光，使植株不能开花，不但严重影响当年花的产量，而且使次年发叶较晚，受害枝条枯死。

3. 防治方法

（1）人工防治：发生数量较大时可在冬、春季在树下挖虫茧，减少越冬虫源。

（2）药剂防治：幼虫发生期喷90%敌百虫1 000倍液或25%速灭菊酯1 000倍液。

二、主要病害及其防治措施

（一）忍冬褐斑病

1. 危害状况 忍冬褐斑病（病原*Cercospora rhamni* Fuck）是一种真菌病害。危害叶片，夏季7～8月发病严重，发病后，叶片上病斑呈圆形或受叶脉所限呈多角形，黄褐色，潮湿时背面生有灰色霉状物。

2. 防治方法

（1）清除病枝病叶，减少病菌来源。

（2）加强栽培管理，增施有机肥料，增强抗病力。

（3）用30%井冈霉素50毫克/升液或1∶1.5∶200的波尔多液在发病初期喷施，每隔7～10天1次，连用2～3次。

(二) 中华忍冬圆尾蚜和胡萝卜微管蚜

1. 危害状况　中华忍冬圆尾蚜（*Amphicercidus sinilonicericola* Zhang）和胡萝卜微管蚜〔（*Semiaphis heraclei*（Takahashi)〕同属翅目蚜科。危害叶片、嫩枝，造成生长停止，产量锐减，4～6 月虫情较重，立夏后，特别是阴雨天，蔓延更快，以成、幼虫刺吸叶片汁液，使叶片卷缩发黄，金银花花蕾期被害，花蕾畸形；为害过程中分泌蜜露，导致煤烟病发生，影响叶片的光合作用。胡萝卜微管蚜于 10 月从第 1 寄主伞形科植物上迁飞到金银花上雌雄交配产卵越冬，5 月上中旬为害最烈，6 月迁至第一寄主上，严重影响金银花的产量和质量。

2. 防治方法

（1）用 40%乐果乳剂1 000倍液或用 80%敌敌畏乳剂1 000～1 500倍液喷雾，每隔 7～10 天 1 次，连用 2～3 次，最后一次用药须在采摘金银花前 10～15 天进行，以免农药残留而影响金银花质量。

（2）将枯枝、烂叶集中烧毁或埋掉，也能减轻虫害。

（3）饲养草蛉或七星瓢虫在田间施放，进行生物防治。

第七节　金银花的采收、加工（炮制）与贮存

§3.13.11　金银花什么时间采收？

金银花从孕蕾到开放约需 5～8 天，大致可分为幼蕾（绿色小花蕾，长约 1 厘米）→三青（绿色花蕾，长约 2.2～3.4 厘米）→二白（淡绿白色花蕾，长约 3～3.9 厘米）→大白（白色花蕾，长 3.8～4.6 厘米）→银花（刚开放的白色花，长约 4.2～4.78 厘米）→金花（花瓣变黄色，长约 4～4.5 厘米）→凋花（棕黄色）等 7 个阶段，商品中常包括 5 个不同发育阶段的花。

一、采收标准

（一）外观指标

国家医药管理局和卫生部对金银花商品质量制定了四级标准，判断金银花商品等级主要依据其色泽、形状大小及开放程度、杂质、虫蛀霉变等外观指标。金银花以干燥、花蕾未开、硕大、色黄白、味淡、清香、无霉蛀与枝叶者为佳。

（二）内在质量

金银花有效成分为绿原酸、异绿原酸、挥发油等，其中绿原酸含量的高低，直接影响金银花的内在质量，不同色泽及不同开放程度的金银花其有效成分含量也有所不同。带绿头浅黄白色的含量均较高，浅黄棕色次之，全部褐色后含量不到前者的1/10，所以适时采摘可在很大程度上提高金银花的内在质量。

金银花绿原酸含量虽是幼蕾＞成熟蕾＞花，但幼蕾质量不稳定，性状欠佳，产量小。综合考虑金银花绿原酸含量和产量，似以采收二白期花蕾入药较为适宜；且此时采收的药材黄白，不放花，符合传统质量要求。在生产中如果条件允许，应尽量采收二白期花蕾入药。

当开花盛期，初生花序已经开放，而大部分次生花序正处在含苞待放时采收品质最佳。兼顾金银花的产量和质量，生产中应在花蕾上部膨大，基部青绿色，颜色鲜艳有光泽时采收，此时，叶中绿原酸的积累量最高。过早过迟均影响质量。采得过早，花蕾青绿色，嫩小，产量低；过晚，容易形成开放花，降低质量。

适时采摘是提高金银花产量和质量的重要环节，由于金银花品种很多，各地开花时间不同，所以采摘的时间也略有差异。金银花在4～7月开花，有的地区陆续开到8月，一般在5月中、下旬采摘第1次花，以后每隔1个月左右采收第2、3、4茬花。

二、采收时间的确定

金银花花期正值气温较高的5～8月份，此时，花的发育速度较快，在一日之内，随着本身发育程度的提高及受气温、光照等自然条件周期性变化的影响，花的外部形态、重量和质量都有明显的变化，绿原酸是金银花与忍冬藤的主要有效成分。一天之中，花中绿原酸含量以上午 11 时左右较高，所以金银花采摘应在上午 11 时左右绿原酸含量较高时进行。

§3.13.12 怎样加工和炮制金银花？

一、干燥

（一）日晒阴晾

金银花采下后应立即晾干或烘干，以当天或两天内晒干为好。将采摘的花蕾放在晒盘内，厚薄视阳光强弱而定，一般以 3～6 厘米为宜，阳光较强，宜摊得厚些，以免干燥得太快，质量变次。倘若阳光弱而摊得过厚，花又易变成黑色，当天未晒干，夜间将花筐架起，留些间隙，让水分散发。初晒时不能任意翻动（切不可用手），以免花色变黑，待晒至八成干，才能翻动。晒干后，压实，置干燥处封严，但此时花心尚未干透，过几天后反潮，再晒半天至一天，用风选除去残叶、杂质，再包装贮藏于阴凉干燥处，防潮防蛀。此外，也可将花直接摊晒在沙滩或石块上，其中红砂石不反潮，晒花最好。

（二）烘烤

若遇阴雨天气及时烘干，若来不及晒干或烘干，用硫黄熏软后，摊于室内，一周内可不发霉变质。因烘干不受外界天气影响，容易掌握火候，比晒干的成品率高，质量好。据山东平邑县试验，烘干一等花率高达 95%以上，晒盘晾晒的一等花率只有 23%。因此认为烘干加工，是金银花生产中提高产品质量的一项有效措施，用烘烤法干燥能有效地避免采用晒干方法的产率低、质量差、时间长、受天气影响较大的不足。

烘干时在室内分层搭架，层间高度 25～30 厘米，席上铺花厚度不超过 3～6 厘米，烘干室内用多个蜂窝煤炉（用灶或简易烘房也可），要掌握烘干温度，初烘时温度不宜过高，一般30～35℃，烘2小时后，温度可升至40℃左右，鲜花排出水气，这时适当打开门窗排汽，经5～10小时后室内保持45～50℃，待烘10小时后鲜花水分大部分排出，再把温度升至55℃，使花迅速干燥。一般烘12～20个小时可全部烘干，烘干时不能用手或其他东西翻动，否则易变黑，未干时不能停烘，停烘会引起发热变质。

（三）其他加工方法

此外，还可将金银花采用以下几种方法加工：

1. 炒鲜处理后干燥 将采回的鲜品，即时进行固定，即把鲜品适量放入干净的热烫锅内，随即均匀地轻翻轻炒，至鲜花均匀萎蔫，取出晒干、烘干或置于通风处阴干。炒时必须严格控制火候，勿使焦碎。

2. 蒸汽处理后干燥 将鲜花疏松地放入蒸笼内，厚度2～3厘米，或以此厚度摊于竹箕上，分层放入木甑中，于沸水锅中，以蒸盖上汽时计算时间，视其容器大小，蒸3～5分钟，取出晒干或烘干。用蒸汽处理法时间不宜过长，以防鲜花熟烂，改变性味。此法增加了花中水分含量，要及时晒干或烘干，若是阴干，成品质量较差。如果采回的鲜花蕾中夹有少许绿色者，可将其疏松摊于通风处，放置12～24小时，使其中绿色花蕾经短期后熟再蒸，成品颜色可不受影响。

3. 熏硫后干燥 将鲜花疏松摊于竹箕上，厚约5厘米，分多层置于熏灶或木桶内，花层要疏松均匀，层与层之间有通透隔缝，使硫烟分散均匀，鲜品受硫程度一致，然后密封，用硫黄烟熏，控制好时间，以2～3小时为宜，不可过长，熏后取出晒干、烘干或阴干。每100千克鲜品，用硫黄1.5～2千克。硫熏后的鲜品短时间内不腐变，若遇阴雨天或干燥条件差，不能及时干燥，可熏后置于通风处，陆续晒干、烘干或阴干均可。

二、炮制方法

（一）传统炮制

（1）金银花 将原药捡去叶、梗和杂质，筛去尘土。

炒黄：取净生银花置锅内，用文火将原药炒至深黄色为度。

炒炭：取净生银花置锅内，武火清炒（但火力不可过大，否则易使原料着火），炒至焦黄或焦黑，喷水少许，熄灭火星，盛出凉透。

煅：原药置瓦上，用火煅透。

此药易受潮、发霉、变色和散失香气，应用纸包好，放在石灰甏内闷紧；或盛于木箱、缸内，再放入用纸包好的木炭数块吸潮，密封。

（2）银花藤

洗切：取原药剪掉老梗，捡去杂质，洗净或淋透后，切段，晒干。

浸泡、闷润：原药用水浸泡 1～4 小时，切段，晒干。或浸泡半小时至 48 小时，再闷润 2～5 天，切段晒干。

饮片放入木箱，贮于干燥处。

（二）膨化炮制

膨化技术是一种广泛用于烟草、食品行业的工业手段，其原理是是通过加压后突然减压从而造成被膨化物品质地的改变。膨化装置，类似爆米花机，为一椭圆形可旋转铁制耐压容器。可密封加热，外有压力表显示内部压力。

膨化炮制程序：将药材饮片置容器中，密封后均匀加热，按药材性质和炮制规格选择压力（经过试验而定），当压力达到一定值时，突然开口减压，药材被膨化喷出，放凉即可。膨化炮制方法是一种新型的炮制方法，该法简便，可小量生产，亦可大规模工业生产，提高了生产效率。其产品具有外表美观，质地疏松易碎等优点。

§3.13.13　金银花怎么样贮藏好？

一、贮藏时间

加工后的金银花要妥善保管贮藏，否则易发霉变质。药农多将其放入干净的水缸，压实，再密封缸口。一般用防潮纸与席片将其捆紧，再外套麻袋；或放入内壁衬纸的木箱，贮于干燥通风处，须防潮、防蛀。银花藤晒干后，用绳捆好，或装入麻袋，或外裹竹席，放在干燥通风处。

生药随着存放时间的延长，绿原酸含量呈下降趋势，且性状也出现了一定的变化。因此，为保证药材质量，应尽可能减少存放时间。

二、主要贮藏害虫

中药材贮存是中药材商品流通过程中的重要中间环节。在贮藏过程中，容易发生虫蛀、霉变、变色、走油、挥散走气、失鲜和风化等变质现象，其中虫蛀现象最为常见，金银花贮藏期也易受虫害，受害后花朵变碎，并杂有虫粪，有时也被蛾类吐丝缠绕成团。常见的金银花贮藏害虫有药材甲（*Stegobium paniceum* Linnaeus）、锯谷盗（*Oryzaephilus surinamensis* L.）、烟草甲（*Lasioderma serriorne* Fabricius）。

三、贮藏害虫防治

（一）仓贮害虫的传播途径

1. 中药材在产地采收或加工过程中易受到污染，有些植物类中药材甚至在生长期就有害虫，入库前又未作灭虫处理，于是害虫的卵、幼虫或成虫便随着中药材带入仓库，造成危害。

2. 中药材的包装用品或容器、加工工具有可能带有害虫或虫卵，若不及时杀灭，可造成对中药材的危害。

3. 库房内外的垃圾、杂草、废物等也极易潜伏和孳生害虫。库房的门窗、地板、墙壁、梁柱也会潜藏和附着害虫或虫卵，这些潜伏的害虫一旦遇有机会便会侵害中药材。

4. 随着中药材的调运，仓贮害虫可作远距离传播。

5. 已生虫的中药材与未生虫的中药材一起贮藏或运输，都会很快使未生虫的中药材感染害虫。

（二）贮藏害虫防治

由于各地的气候环境、保管条件不同，害虫发生的种类及程度也不同，因此，应根据当地的具体情况，采取适当的综合防治措施，才能经济有效地防治仓贮害虫。具体防治措施主要有以下几个方面：

1. 加强检疫 做好中药材的检疫工作是防治仓贮害虫的有效措施之一。必须按照国家的检疫法规，对输出或输入的中药材及包装品等进行严格的检查和检验。如果发现检疫对象的种类，立即采取有效措施，就地消灭，或作其他妥善处理，严格禁止危险性害虫的输入、输出和传播。

2. 清洁卫生防治 防治中药材仓贮害虫必须首先从杜绝害虫来源、控制其传播途径、消除其繁殖条件等方面入手，才能有效地防治害虫，减轻或杜绝害虫的危害。

（1）清洁环境 由于仓贮害虫喜欢在各种缝隙中和黑暗、不通风、肮脏处栖息活动，所以包装、仓库及其周围的环境不洁是导致仓贮害虫发生的重要因素。清洁卫生工作做得好，可以造成不利于害虫传播和滋生的环境条件，达到防治害虫的目的。仓库清洁卫生工作应做到仓内经常打扫，清除一切杂物，旧包装如席包、竹篓、麻袋等不应放在仓库内，最好经灭虫处理后再用。如果墙壁、地面、天花板等有缝隙时应及时抹平。保持仓内墙面光滑。库房或露天货场四周不应有垃圾、灰尘、杂草、瓦砾、废旧包装物和其他杂物，以减少或杜绝害虫的藏匿、越冬场所。各种包装器材和工具使用前后要打扫干净。

（2）环境消毒 在做好清洁卫生的基础上，要定期进行环境消毒和库房消毒，以消灭隐匿在建筑物、器材、用具等缝隙内的害虫。每年春天气温上升到15℃以上时，对库房内走道、垛下、墙壁、仓顶、器材、用具、砖石缝、各种角落及露天货场彻底喷洒杀虫药剂，以后每月进行一次，有良好的防虫效果。

（3）隔离工作 对入库药材的规格质量要严格掌握。中药材入库时要干燥、清洁、包装完好，质量低劣、潮湿、包装不完整的，仓库应拒绝接收。中药材存放应做到有虫无虫分开，不能混放。发现生虫的药材应及时清除出库，远离库房进行处理，以免相互感染。

3. 密封和气调法防治

（1）密封法 中药材在密封的条件下，不但能阻隔外界的光线、湿气以及各种害虫、菌类等，使中药材少受或不受各种自然因素的影响，还能保持其原有的品质。而且由于中药材自身的氧化及微生物、害虫休眠体的呼吸，会逐渐消耗密封环境中的氧气，增加二氧化碳的含量，使混入的害虫窒息而死，从而有效地防治害虫。密封的形式多种多样，应根据不同中药材的性质、形状、数量及环境条件等来确定密封的形式。一般有按件密封、按垛密封、库内小室密封、整库密封等。传统的密封方法是使用缸、坛、罐、瓶、桶、箱等容器，用泥头、熔蜡等封固，也有用小库房密封的。现代的密封方法有多种，少量的药材可装入塑料袋中，大堆垛中药材可使用塑料罩帐密封，还可使用塑料和沥青等密封材料建造贮存量大的密封库，或用密封材料改造旧库进行大批量中药材的整库密封。

（2）气调法 气调防治法就是在密闭的条件下，采取气调的方法，改变气体成分浓度，将氧浓度降至低限度或人为地造成高浓度的二氧化碳状态，达到杀虫、防霉、抑霉的目的。气调养护法不污染环境，无残毒，并能节约贮藏费用，是目前较为理想的一种养护方法，在有条件的地方应尽量采用之。常采用的方法有自然降氧、充氮降氧和充二氧化碳降氧。

4. 低温防治 中药材贮藏害虫一般在环境温度8～15℃时便会停止活动，在8～－4℃时即进入休眠状态。在－4℃以下时，经过一定时间可以使害虫致死。因此，易生虫的中药材在贮藏期间保持一定的低温水平，即可达到安全贮藏的目的。

（1）自然低温 在寒冷干燥天气，打开仓库门窗，引入冷空气，并结合翻动药材，促使库内降温，连续几日，当仓内温度降至当地最低气温时即关闭仓库门窗，保持低温，或选择严寒天气，将生虫药材于下午置于室外干燥场地摊开，连续冷冻2～3天，然后入库，密闭库房，也可起到杀虫作用。

（2）机械降温　机械降温就是利用制冷设备产生冷气，使中药材处在低温条件下，安全度过夏季的方法。大宗的中药材贮藏要建立低温库，要有制冷设备和具有隔热材料构造的库房，在夏季低温库房内温度保持在15℃以下，即可使药材安全贮藏。少量的贵重药材可贮存在冰箱内。机械制冷，低温贮藏技术，目前世界各国都在积极推广应用。但由于投资较大，我国还未全面推广使用，目前正处于试验阶段。

5. 高温防治　害虫对高温的抵抗力较差，利用高温防治仓贮害虫可收到良好的效果。

（1）暴晒　夏季将中药材摊于干燥场地（水泥晒场最好），在烈日下暴晒。细小的药材连续晒6～8小时，当温度达45～50℃时即能杀死害虫及虫卵。晒时要勤翻动，晒后去除虫尸及杂质，散尽余热，然后包装。

（2）烘烤　将药材摊于干燥室内及火坑上，用火进行烘烤，温度保持在50℃左右约5～6小时即可杀死害虫。在烘烤过程中要适时翻动，使其受热均匀。有条件的可采用烘干机烘烤杀虫，少量的药材也可置于烘箱内烘烤。

第八节　金银花的中国药典质量标准

§3.13.14　《中国药典》2010年版金银花标准怎样制定的？

拼音：Jinyinhua

英文：LONICERAE JAPONICAE FLOS

本品为忍冬科植物忍冬 *Lonicera japonica* Thunb. 的干燥花蕾或带初开的花。夏初花开放前采收，干燥。

【性状】本品呈棒状，上粗下细，略弯曲，长2～3厘米，上部直径约3毫米，下部直径约1.5毫米。表面黄白色或绿白色（贮久色渐深），密被短柔毛。偶见叶状苞片。花萼绿色，先端5裂，裂片有毛，长约2毫米。开放者花冠筒状，先端二唇形；雄蕊5，附于筒壁，黄色；雌蕊1，子房无毛。气清香，味淡、微苦。

【鉴别】取本品粉末0.2克，加甲醇5毫升，放置12小时，滤过，取滤液作为供试品溶液。另取绿原酸对照品，加甲醇制成每1毫升含1毫克的溶液，作为对照品溶液。照薄层色谱法（附录Ⅵ B）试验，吸取供试品溶液10～20微升、对照品溶液10微升，分别点于同一硅胶H薄层板上，以乙酸丁酯-甲酸-水（7∶2.5∶2.5）的上层溶液为展开剂，展开，取出，晾干，置紫外光灯（365纳米）下检视。供试品色谱中，在与对照品色谱相应的位置上，显相同颜色的荧光斑点。

【检查】水分 不得过12.0%（附录Ⅸ H 第二法）。

总灰分 不得过10.0%（附录Ⅸ K）。

酸不溶性灰分 不得过3.0Ⅸ K）。

重金属及有害元素 照铅、镉、砷、汞、铜测定法（附录Ⅸ B原子吸收分光光度法或电感耦合等离子体质谱法）测定，铅不得过百万分之五；镉不得过千万分之三；砷不得过百万分之二；汞不得过千万分之二；铜不得过百万分之二十。

【含量测定】绿原酸 照高效液相色谱法（附录Ⅵ D）测定。

色谱条件与系统适用性试验 以十八烷基硅烷键合硅胶为填充剂；以乙腈-0.4%磷酸溶液（13∶87）为流动相；检测波长为327纳米。理论板数按绿原酸峰计算应不低于1 000。

对照品溶滚的制备 取绿原酸对照品适量，精密称定，置棕色量瓶中，加50%甲醇制成每1毫升含40微克的溶液，即得（10℃以下保存）。

供试品溶液的制备 取本品粉末（过4号筛）约0.5克，精密称定，置具塞锥形瓶中，精密加入50%甲醇50毫升，称定重量，超声处理（功率 250 瓦，频率 30 千赫）30 分钟，放冷，再称定重量，用 50％甲醇补足减失的重量，摇匀，滤过，精密量取续滤液 5 毫升，置 25 毫升棕色量瓶中，加 50％甲醇至刻度，摇匀，即得。

测定法　分别精密吸取对照品溶液与供试品溶液各 5～10 微升，注入液相色谱仪，测定，即得。

本品按干燥品计算，含氯原酸（$Cl_{6}H_{18}O_{9}$）不得少于 1.5％。

木犀草苷　照高效液相色谱法（附录Ⅵ　D）测定。

色谱条件与系统适用性试验　用苯基硅烷键合硅胶为填充剂（Agilent ZORBAX SB-phenyl 4.6 毫米×250 毫米，5 皮米），以乙腈为流动相 A，以 0.5％冰醋酸溶液为流动相 B，按下表中的规定进行梯度洗脱；检测波长为 350 纳米。理论板数按木犀草苷峰计算应不低于20 000。

时间（分钟）	流动相 A（％）	流动相 B（％）
0～15	10→20	90→80
15～30	20	80
30～40	20→30	80→70

对照品溶液的制备　取木犀草苷对照品适量，精密称定，加 70％乙醇制成每 1 毫升含 40 微克的溶液，即得。

供试品溶液的制备　取本品细粉末（过 4 号筛）约 2 克，精密称定，置具塞锥形瓶中，精密加入 70％乙醇 50 毫升，称定重量，超声处理（功率 250 瓦，频率 35 千赫）1 小时，放冷，再称定重量，用 70％乙醇补足减失的重量，摇匀，滤过。精密量取续滤液 10 毫升，回收溶剂至干，残渣用 70％乙醇溶解，转移至 5 毫升量瓶中，加 70％乙醇至刻度，即得。

测定法　分别精密吸取对照品溶液与供试品溶液各 10 微升，注入液相色谱仪，测定，即得。

本品按干燥品计算，含木犀草苷（$C_{21}H_{20}O_{11}$）不得少于 0.050％。

【性味与归经】甘，寒。归肺、心、胃经。

【功能与主治】清热解毒，疏散风热。用于痈肿疔疮，喉痹，丹毒，热毒血痢，风热感冒，温病发热。

【用法与用量】6～15 克。

【贮藏】置阴凉干燥处，防潮，防蛀。

第九节 金银花的市场与营销

§3.13.15 金银花市场概况如何?

金银花为忍冬科忍冬属半常绿藤本植物，主要分布于北美洲、欧洲、亚洲和非洲北部的温带和亚热带地区，是国务院确定的名贵中药材之一。它具有清热解毒、消炎退肿、抑菌和抗病毒能力，尤其具有良好的预防“SARS”病毒与甲型 H_1N_1 流感病毒（猪流感），在国家公布的 6 个预防“SARS”的处方中，有 4 个处方都用到了金银花，在国家公布的预防甲型 H_1N_1 病毒（猪流感）的处方中都用到了金银花，且用量都达到了 10 克以上；传统的中药方剂有 1/3 都用到金银花，诸如人们熟知的“银翘解毒丸”、“双黄连”等等，都以金银花为主要原料。在近些年的“禽流感”、“手足口病”等防治处方中，金银花也被列为首选药。最近研究表明，金银花还具有抗艾滋病功能，对治疗肺癌有独特效果。金银花是一种具保健、药用、观赏及生态功能于一体的经济植物，在制药、香料、化妆品、保健食品、饮料等领域被广泛应用，已开发出很多产品，如双黄连口服液、金银花茶、银麦啤酒、金银花洗面奶、金银花香水等等，这些产品备受国内外消费者青睐，特别是金银花茶，远销日本、美国、澳大利亚、欧洲、韩国、马来西亚、新加坡等数国。金银花是常用中药，为大综商品，用量大，目前全国金银花年产量 800 万千克左右，而社会需求量达2 000 万千克，金银花的供求矛盾尖锐。2011 年企业收购的一级金银花价格大约在每千克 195 元左右，大多金银花统货每千克价格在 90～130 元，详见表 3-13-1。

表 3-13-1 2011 年国内金银花价格表

品名	规格	价格（元/千克）	市场
金银花	山东统货	125～130	安徽亳州
金银花	河北统货	90	河北安国
金银花	山东统货	120	河北安国
金银花	山东统货	95	安徽亳州

§3.13.16 金银花的药品市场如何？

金银花药用历史悠久，早在3000年前，我们祖先就开始用它防治疾病，《名医别录》把它列为上品。金银花有清热解毒作用，主治温病发热，热毒血痢，痈疽疔毒等，还有抗肿瘤和防癌变等功效。临床多用于内外科炎症，如治疗肺结核并发呼吸道感染，肺炎，急性细菌性疾病，婴幼儿腹泻，子宫颈糜烂，眼科急性炎症，外科化脓性疾患以及荨麻疹等。传统经验及近代药理实验和临床应用都证明金银花对于多种致病菌有较强的抗菌作用和较好的治疗效果。金银花作为一种常用的中药，同时又是无毒植物，一定会受到医药界的欢迎，其贸易量和贸易额都必定会大幅度上升。国外要的是质量符合标准的，具有明确化学成分的，是经过提取和高科技含量的产品。目前，我国药材市场以原材料交易为主，香港深加工后出口东南亚和欧美，价格就翻了5～10多倍。

§3.13.17 金银花的保健品市场如何？

金银花中除含有氯原酸和异氯原酸外，还含有丰富的氨基酸和可溶性糖，有很好的保健作用。李时珍指出：用它煮汁酿酒，服之，有“轻身长年益寿”之效。金银花是一种无毒性的药用植物，随着国际市场的开放和种植的规范化，金银花及其保健制品的需求量很可能增加。市场上常见的用金银花为原料生产的保健产品有：忍冬酒、银花茶、忍冬可乐、金银花汽水、银花糖果和银仙牙膏等。同时，金银花在凉茶市场也具有很大的突破，销量与日俱增，目前国内凉茶的销售火爆，尤其是南方各大城市，凉茶如矿泉水一样流入各家各户，国内的生产厂家也如雨后见彩虹，不断蓬勃发展，如：王老吉、和其正、白云山凉茶、娃哈哈金银花凉茶等，这凉茶的主要以清热去火类中成药为原料，金银花是其中主要原料配方之一。著名产区山东平邑县生产的金银花茶具有健脑明目、防暑降温作用；山东鲁南制药厂生产的银黄口服液有清热解毒、消炎之功效；用金银花制成的金银露，清凉爽口，是夏季清热解暑的好饮料；以它为主要原料的银仙牙膏，防治口腔疾病也有较好效果。这些产品除供应国内以外，优质品还远销国外。市场需求量很大，曾一度出现供不应求的局面。

§3.13.18　金银花的花卉市场如何？

金银花品种资源丰富，全国各地均有生长，对环境要求也不太严格。一年四季只要有一定的湿度，一般气温不低于5℃，便可发芽，春季芽萌发数最多。根系发达，细根很多，生根力强，插枝和下垂触地的枝，在适宜的温湿度下，不足15天便可生根，十年生植株，根冠分布的直径可达300～500厘米，根深150～200厘米，主要根系分布在10～50厘米深的表土层。须根则多在5～30厘米的表土层中生长。金银花耐盐碱，适宜与其他高大的木本药用植物间作，适于攀附于庭园围篱起绿化作用，其柔韧的藤还能随意扎成新颖别致的造型，老茎可用为盆景制作，适于种植的地区也比较广阔，是集生态、观赏与经济价值为一体的绝佳品种。不仅如此，金银花根深，枝叶茂盛，生长也快，能防止水土流失，净化空气，适宜在荒山、田埂、堰边、堤坝、盐碱地、房前屋后及城市空地种植。

据研究，金银花对氟化氢、二氧化硫等有毒气体有较强的抵抗力，随着环境污染的加重，金银花必将越来越受到人们重视，金银花作为观赏花卉必将从室外园庭进入到室内盆栽。农村庭院和城市居室种植金银花，一则可以美化环境，二则可以净化空气，三则可以获得一定的经济收入。金银花适应性强，种植管理方便，作为庭园种植和盆栽花卉，发展前景广阔。

§3.13.19　金银花的化妆品市场如何？

金银花的化妆品市场非常看好。从金银花干花蕾和鲜花中提取的两种精油中，分别鉴定出 27 个和 30 个化合物，主要为单萜和倍半萜类化合物。这些化合物分别占两种精油含量的 67.7%和 81.7%。其主要成分有芳樟醇、香叶醇、香树烯、苯甲酸甲酯丁香酚、金合欢醇等。两种精油化学组成基本一致，仅主要成分的含量有所差异。芳樟醇、香叶醇、丁香酚香气浓郁，还可作高级香料。据对山东种植金银花不同发育时期挥发油含量的研究，挥发油从花蕾到开放过程有逐渐增加的趋势，出干率顺序为三青＞二白＞大白＞金花＞银花。还有藤茎和修剪掉的茎叶都是可以用来提取绿原酸和挥发油的原料。

§3.13.20　金银花的饲料工业和其他市场如何？

金银花内含有丰富的氨基酸、葡萄糖和维生素、微量元素，是一种良好的饲料营养成分。金银花主要药效成分氯原酸等有抗菌消炎的作用，对兔、鸡等牲畜有防病治病的功效。金银花作为饲料添加剂，具有广阔的前途。

此外，还可以用金银花中的有效成分来生产植物农药，既可保护环境，又可杀虫抗病。

第十四章

连　翘

第一节　连翘入药品种

§3.14.1　连翘的入药品种有哪些？

连翘是传统常用中药材，应用历史悠久。连翘始载于《神农本草经》，“连翘，一名异翘，一名兰华，一名折根，一名轵，一名三廉。”《唐本草》云：“此物有两种，大翘、小翘。大翘生下湿地，叶狭长似水苏，花黄可爱，着子似椿实未开者，作房翘出众草；其小翘，生冈原之上，叶、花、实皆似大翘，而小细，山南人并用之”。见图3-14-1。

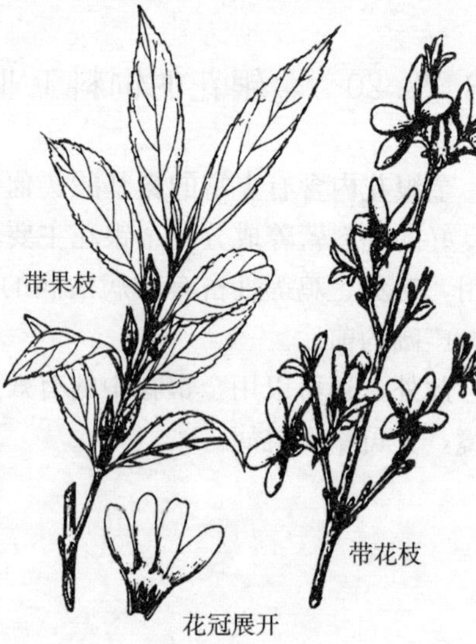

图3-14-1　连　翘

《中国药典》2010年版规定连翘为为木犀科植物连翘 *Forsythia suspensa*（Thunb.）Vahl的干燥果实。

第二节 道地连翘资源和产地分布

§3.14.2 道地连翘的原始产地和分布在什么地方?

商品连翘分青连翘、黄连翘（又称老翘）两个规格。秋季果实初熟尚带绿色时（约白露前8～9天）采收，除去杂质，蒸熟，晒干，习称青连翘，多未开裂，具种子多数，表面青绿色；果实熟透时采收，晒干，除去杂质，习称老翘，多开裂成两瓣，内表面有一条纵向隔，表面棕黄，内表面浅黄棕色。青连翘习销华东、华北，黄连翘全国大多数地区使用，尤其以华南地区喜用，出口也主销此种。习惯认为黄连翘优于青连翘，黄连翘为主流商品。

§3.14.3 连翘主产地分布在哪里?

连翘主产于：河南卢氏、灵宝、渑池、陕县、伊阳、沁阳、洛宁、嵩县、辉县、修武、西峡、栾川、嵩县；山西陵川、沁水、安泽、晋城、沁源、古县、吉县、浮县、隰县、平陆、黎城、屯留、平顺、长子、阳城、垣曲、安泽、左县、武乡、沁县、闻喜、夏县、绛县；陕西黄龙、洛南、宜川、宜君、商南、丹风、韩城、黄龙、黄陵、商县、洛南、山阳、丹凤；湖北郧县、老河口、应山。山东淄博、莱芜等地。以山西、河南产量大。

第三节 连翘的植物形态

§3.14.4 连翘是什么样子的?

连翘落叶灌木，高2～4米。枝开展或伸长，稍带蔓性，常着地生根，小枝稍呈四棱形，节间中空，仅在节部具有实髓。单叶对生，或成为3小叶；叶柄长8～20毫米；叶片卵形、长卵形、广卵形以至圆形，长3～7厘米，宽2～4厘米，先端渐尖、急尖或钝，基部阔楔形或圆形，边缘有不整齐的锯齿；半革质。花先叶开放，腋生，长约2.5厘米；花萼4深裂，椭圆形；花冠基部管状，上部4裂，裂片卵圆形，金黄色，通常具橘红色条纹；雄蕊2，着生于花冠基部；雌蕊1，子房卵圆形，花柱细长，柱头2裂。蒴果狭卵形略扁，长约1.5厘米，先端有短喙，成熟时2瓣裂。种子多数，棕色，狭椭圆形，扁平，一侧有薄翅。花期3～5月，果期7～8月。

第四节 连翘的生态条件

§3.14.5 连翘适宜于在什么地方和条件下生长？

喜温暖、干燥和光照充足的环境，性耐寒、耐旱，忌水涝。连翘萌发力强，对土壤要求不严，在肥沃、脊薄的土地及悬崖、陡壁、石缝处均能生长。但在排水良好、富含腐殖质的沙壤土上生长良好。性喜光，在阳光充足的阳坡生长好，结果多；在阴湿处生长较差，结果少，产量低。连翘野生于海拔600～2 000米的半阴山坡或向阳山坡的疏灌木丛中。

连翘生长发育与自然条件密切相关。3月气温回升，先叶开花，5～9天花渐凋落，20天左右幼果出现，叶蒂形成；5月气温增高，展叶抽新枝，平均日照在6.4小时，有效辐射为6.07×4.186 8千焦/厘米^{2}的条件下，连翘生长处于旺盛期。平均日照7.3小时、有效辐射6.3×4.186 8千焦/厘米^{2}条件下，连翘生长达到高峰期。9～10月果实成熟。连翘的雌蕊有长短两种花柱类型，称之谓异形花柱。自花授粉率极低，仅为4%左右，不同花柱类型的花授粉结实率高。

第五节 连翘的生物特性

§3.14.6 连翘的生长有哪些规律?

在土壤湿润和温度15℃条件下，约15天出苗。苗期生长慢，生育期较长，移栽后3～4年开花结果。

连翘天然萌生一般为6～7个萌生枝组成一个灌丛，没有主干，阳坡每667米^{2}平均210株，半阳坡每667米^{2}平均187株，阴坡每667米^{2}平均44株。在晋东南一带为雌雄异株，枝条可分为二种，一是由>3年生干枝上或在平茬后的根桩上抽生出来的萌生枝，是形成灌丛的骨架枝条；一是由萌生枝上发出的短枝，第二年开花结果，其上还可以再继续发生新的短枝，是开花结果的枝条，萌生枝和萌生枝上发出的短枝构成了相对独立的结果枝组。连翘平茬后根桩上的萌生能力很强，连翘的干枝也具有较强的萌生能力，干枝的基部和中上部均能发出萌生枝，长度达1米以上，平茬更新植株，第3年起干枝的中上部即开始抽生萌生枝，据8～12年生样地的统计，平均每个枝上有1年生的萌生枝0.85个，阴坡萌生枝的长度比阳坡半阳坡大。但无论是萌生枝，还是短枝，连年生长势均不强，萌生枝的年龄越小，短枝的长度越长，随着年龄的增加，萌生枝上每年发出的短枝生长量逐年减少，短枝数量也越来越少，并且由斜向生长转为水平生长。12年生以上的植株，其根部（基部）萌生新干枝的现象大量发生。

连翘为雌雄异株，自然植被往往是雄株数量过多，因而，应深入研究连翘植株的雌雄配比数量，在保证有足够数量的雄株的情况下，应当尽量增加雌株比例，以保证丰产优质。连翘8～12年生为结果盛期，在管理现有植被时，要充分认识和利用其更新复壮快的特点，对15年生以上的大丛，因地制宜地适当采取平茬或间伐干枝的方法，增加枝条阶段发育的幼龄化，提高单株和单位面积的产量。

连翘开花结实需要较充足的光照条件，树冠上部的结果量大于中部，向阳侧大于背阴侧，外侧大于内侧。对于中下部背阴处的内侧枝条可适当去掉一些，减少养分消耗，促进上部向阳侧的侧枝生长发育。

第六节 连翘的栽培技术

§3.14.7 如何整理栽培连翘的耕地？

育苗地，宜选择土层深厚、疏松肥沃、排水良好的夹沙土地；扦插育苗地，最好采用沙土地（通透性能良好，容易发根），而且要靠近有水源的地方，以便于灌溉；宜选择背风向阳的缓坡地成片栽培，以有利于异株异花授粉，提高连翘结实率。亦可利用荒地、路旁、田边、地角、房前屋后、庭院空隙地零星种植。

地选好后于播前或定植前，深翻土地，施足农家粪基肥，每公顷施腐熟基肥45 000千克，以腐熟厩肥为主，均匀地撒到地面上。深翻30厘米左右，整平耙细作畦，畦宽1.2～1.3米，高15厘米。若为丘陵地成片造林，沿等高线作梯田栽植；山地采用梯田、鱼鳞坑等方式栽培。栽植穴要提前挖好。施足基肥后栽植。

§3.14.8 怎样进行连翘播种和栽培？

一、育苗移栽

分为播种、扦插、压条和分株法，一般大面积生产采用播种育苗，其次是扦插育苗，零星栽培也有用压条或分株育苗繁殖者。

（一）播种

选择生长健壮、枝条节间短而粗壮、花果着生密而饱满、无病虫害的优良单株作采种母株。于9～10月采集成熟的果实，薄摊于通风阴凉处后熟数日，阴干后脱粒，选取籽粒饱满的种子，沙藏作种用。春播在清明前后，冬播在封冻前进行（冬播种子不用处理，第2年出苗)。播前，在选择好的向阳避风山坡地或平地上，深翻土一遍，拣去杂草、根杈、石块等，施足基肥，耙平整细，作成宽1.3米、长6～7米、高16厘米的畦。然后按行距20～25厘米开浅沟，沟深3.5～5厘米，并浇施腐熟人粪水润土，再将已用凉水浸泡1～2天后稍晾干的种子均匀撒于沟内，覆薄细土，略加镇压，盖草。播后适当浇水，保持土壤湿润，15～20天左右出苗，齐苗后揭去盖草。

苗高7～10厘米时，进行第一次间苗，拔除生长细弱的密苗，保持株距5厘米左右；当苗高15厘米左右时，进行第二次间苗，去弱留强，按株距7～10厘米留壮苗一株。加强苗床管理，及时中耕除草和追肥，培育1年，当苗高50厘米以上时，即可出圃定植。

播种时间不同，出苗率有明显差异，春播以3月7日（惊蛰节后）播，出苗率最高，因这时地温达7～10℃，比2月下旬高2～3℃，3月下旬地温虽升高，但风大、土壤干燥不利于种子萌发。秋播以9月22日播出苗率最高，因这时地温18.5～20.5℃，利于出苗。

（二）扦插

南方于春季3月中下旬至4月上旬、北方于夏季在优良母株上，剪取1～2年以上生嫩枝，截成30厘米长的插穗，每段有3个节以上。

扦插时，在整好的畦面上按行株距10厘米×2厘米划线打点，随后用小木捧打引孔，将插穗半截以上插入孔内，随即压实土壤，浇1次透水。早春气温较低，应搭设弓形塑膜棚增温保湿，1个月左右即可生根发芽，4月中、下旬可将塑膜揭去，进行除草和追肥，促进幼苗生长健壮，当年冬季，当幼苗长至50厘米左右时出圃定植。

（三）压条法

春季将母株下垂的枝条弯曲并刻伤后压入土中，地上部分可用竹根或木杈固定，覆上细肥土，踏实，使其在刻伤处生根。当年冬季至次年春季，将幼苗截离母株，连根挖取，移栽定植。

(四) 分株法

连翘萌发力极强，在秋季落叶后或早春萌芽前，挖取植株根际周围的根蘖苗，于冬季落叶后到早春萌发前均可进行定植。先在选好的定植地上，按行株距 2 米×1.5 米挖穴（667 $米^2$222 株），穴径和深度各 70 厘米，先将表土填入坑内达半穴时，再施入适量厩肥（每穴约 5 千克）或堆肥，与底土混拌均匀。然后，每穴栽苗 1 株，分层填土踩实，使根系舒展。栽后浇水，水渗后，盖土高出地面 10 厘米左右，以利保墒。连翘属同株自花不孕植物，自花授粉结实率极低，约占 4%，若单独栽植长花柱或短花柱连翘，均不结实。因此，定植时要将长、短花柱的植株相间种植，才能开花结果，这是增产的关键。

二、直播繁殖

清明前后，在耙平整细的畦地上按行距 1.6 米，株距 1.3 米挖穴，每穴播入种子 3～5 粒。出苗后每穴选留壮苗 1 株，不再移植。

三、芽播繁植

如无种子来源，为节省条材进行繁殖时，芽播是最好的办法。种芽播繁植方法：于 11 月末至 2 月初选择生长健壮连翘作母树，从母树上剪取当年生直径 0.4 毫米以上的木质化的枝条做条材，将条材按 0.8～1 米长截段，去掉未木质化或粗度不够的梢头，切口上下分开摆齐，每 50～100 根绑扎成捆，存放在窖里，用湿沙埋好，将条材两个芽中间剪成短穗即芽，穗长 3.5～5.5 厘米。播种前将芽浸泡 24 小时。选择土壤疏松，排水良好，便于管理的地段作芽播床，将土壤翻耕并整平，做成长、宽、高为 5 米×1 米×0.3 米的苗床，床面要求平整。芽播前 5～7 天用 2%的高锰酸钾溶液喷洒床面，进行消毒处理。芽播时间为 4 月中、下旬，播前将床面均匀喷水，再将剪好的芽按株行距 5 厘米×10 厘米平放在床面上，用手轻轻将芽按压于床面一平，用细河沙覆盖，厚度为 1 厘米。播后要及时浇透水，床上搭拱架，罩上塑料薄膜或覆草。采取封闭的方式进行芽播育苗，这样可以提高温湿度，抑制芽水分的蒸腾量，促进生根成活。中午阳光直射会使床内产生高温，湿度过大。一般床面以温度 20～28℃，相对湿度 85%～95%为宜。每天喷洒 2 次水，每床每次喷约 3 千克，保持土壤湿润，如果土壤湿度过大，会出现烂芽现象。一般芽播 20 天左右，便可发芽生根，30 天后撤膜，每天适当喷水，转入常规管理。露地覆草芽播育苗与针叶树播种育苗相似。覆草是为了使苗床保持湿润，抑制芽条的蒸腾量，促进生根发芽，达到成活的目的。这样喷水是至关重要的，最好要有自动喷灌设备，进行喷雾灌溉。应用芽播进行连翘繁殖育苗，不仅节约种子或条材，而且成活率也比较高，芽播成活率达 90%以上。当年苗高 50～80 厘米，抽萌条 2～3 根，明显优于实生苗和扦插苗。

§3.14.9 如何对连翘进行田间管理?

一、间苗

出苗至移植期间，需间苗 2 次。第 1 次当苗高 7～10 厘米时，按株距 5 厘米，拔除细弱密苗；第 2 次当苗高 15 厘米左右，按去弱留强原则和株距 7～10 厘米，留壮苗 1 株。

二、中耕除草

苗期要经常松土除草，定植后每年冬季要中耕除草 1 次，株周围的杂草可铲除或用手拔除。

三、施肥

苗期勤施薄肥，也可在行间开沟。每 667 米^2 施硫酸铵 10～15 千克，以促进茎、叶的生长。定植后，每年冬季结合松土除草施入腐热厩肥、饼肥或土杂肥，用量为幼树每株 2 千克，结果树每株 10 千克，采用株旁挖穴或开沟施入，施后覆盖土，壅根培土。有条件的地方，春季开花前可增加施肥 1 次。花期喷施硼液，增产效果较显著。

四、排灌

注意保持土壤湿润，旱期及时沟灌或浇水，雨季要开沟排水，以免积水烂根。

五、整形修剪

定植后，幼树高达1米左右时，于冬季落叶后，在主干离地面70～80厘米处剪去顶梢。再于夏季通过摘心，多发分枝。从中在不同的方向上，选择3～4个发育充实的侧枝，培育成为主枝。以后在主枝再选留3～4个壮枝，培育成为副主枝，在副主枝上，放出侧枝。通过几年的整形修剪，使其形成低干矮冠，内空外圆，通风透光，小枝疏朗，提早结果的自然开心形树型。同时于每年冬季，将枯枝、重叠枝、交叉枝、纤弱枝以及徒长枝和病虫枝剪除；生长期还要适当进行疏删短截。每次修剪之后，每株施入火土灰2千克、过磷酸钙200克、饼肥250克、尿素100克。于树冠下开环状沟施入，施入盖土，培土保墒。

对已经开花结果多年、开始衰老的结果枝群，也要进行短截或重剪（即剪去枝条的2/3），可促使剪口以下抽生壮枝，恢复树势，提高结果率。

§3.14.10 连翘的病虫害如何防治？

一、钻心虫

钻心虫以幼虫钻入茎秆木质部髓心危害，严重时，被害枝不能开花结果，甚至整枝枯死。防治方法：用80%敌敌畏原液药棉堵塞蛀孔毒杀，亦可将受害枝剪除。

二、蜗牛

蜗牛危害花及幼果。防治方法：可在清晨撒石灰粉防治，或人工捕杀。

三、蝼蛄

蝼蛄为芽播的主要害虫，无论是在芽播时还是幼苗期，如果不彻底防治，将会降低育苗成活率。防治方法：可采用常规的毒谷或毒饵法。

第七节 连翘的采收、加工（炮制）与贮存

§3.14.11 连翘什么时间采收？

连翘定植3～4年开花结果。8月下旬至9月上旬采摘尚未完全成熟的青色果实，加工成青翘；10月上旬采收熟透但尚未开裂的黄色果实，加工成黄翘；选择生长健壮，果实饱满，无病虫害的优良母株上成熟的黄色果实，加工后选留作种。

§3.14.12 怎样加工连翘？

一、青翘

将采收的青色果实用沸水煮片刻或用蒸笼蒸半小时，取出晒干；青翘以身干、不开裂、色较绿者为佳。

二、黄翘

将采摘的黄色果实晒干即成；黄翘以身干、瓣大、壳厚、色较黄者为佳。

二、留种

将留种用的黄色果实果壳内的种子筛出，去灰土，晒干备用。

§3.14.13 连翘怎么样贮藏好?

连翘用麻袋包装，每件25千克左右。贮于仓库干燥处，温度30℃以下，相对湿度70%～75%。安全水分为8%～11%。

本品较少虫蛀，受潮易发霉。为害的仓虫有烟草甲、锯谷盗、米扁虫、米黑虫、麦蛾、丝薪甲等。

贮藏期间，应保持环境整洁、干燥。发现虫害，用磷化铝熏杀，或密封抽氧充氮养护。

第八节 连翘的中国药典质量标准

§3.14.14 《中国药典》2010年版连翘标准是怎样制定的?

拼音：Lianqiao

英文：FORSYTHIAE FRUCTUS

本品为木犀科植物连翘 *Forsythia suspensa* (Thunb.) Vahl 的干燥果实。秋季果实初熟尚带绿色时采收，除去杂质，蒸熟，晒干，习称“青翘”；果实熟透时采收，晒干，除去杂质，习称“老翘”。

【性状】本品呈长卵形至卵形，稍扁，长1.5～2.5厘米，直径0.5～1.3厘米。表面有不规则的纵皱纹和多数突起的小斑点，两面各有1条明显的纵沟。顶端锐尖，基部有小果梗或已脱落。青翘多不开裂，表面绿褐色，突起的灰白色小斑点较少；质硬；种子多数，黄绿色，细长，一侧有翅。老翘白顶端开裂或裂成两瓣，表面黄棕色或红棕色，内表面多为浅黄棕色，平滑，具一纵隔；质脆；种子棕色，多已脱落。气微香，味苦。

【鉴别】（1）本品果皮横切面：外果皮为1列扁平细胞，外壁及侧壁增厚，被角质层。中果皮外侧薄壁组织中散有维管束；中果皮内侧为多列石细胞，长条形、类圆形或长圆形，壁厚薄不一，多切向镶嵌状排列。内果皮为1列薄壁细胞。

（2）取本品粉末1克，加石油醚（30～60℃）20毫升，密塞，超声处理15分钟，滤过，弃去石油醚液，残渣挥干石油醚，加甲醇20毫升，密塞，超声处理20分钟，滤过，滤液蒸干，残渣加甲醇5毫升使溶解，作为供试品溶液。另取连翘对照药材1克，同法制成对照药材溶液。再取连翘苷对照品，加甲醇制成每1毫升含0.25毫克的溶液，作为对照品溶液。照薄层色谱法（附录Ⅵ　B）试验，吸取上述三种溶液各3微升，分别点于同一硅胶G薄层板上，以三氯甲烷-甲醇（8∶1）为展开剂，展开，取出，晾干，喷以10%硫酸乙醇溶液，在105℃加热至斑点显色清晰。供试品色谱中，在与对照药材色谱和对照品色谱相应的位置上，显相同颜色的斑点。

【检查】杂质　青翘不得过3%；老翘不得过9%（附录Ⅸ　A）。

水分　不得过10.0%（附录Ⅸ　H第二法）。

总灰分　不得过4.0%（附录Ⅸ　K）。

【浸出物】照醇溶性浸出物测定法（附录Ⅹ　A）项下的冷浸法测定，用65%乙醇作溶剂，青翘不得少于30.0%；老翘不得少于16.0%。

【含量测定】连翘苷　照高效液相色谱法（附录Ⅵ　D）测定。

色谱条件与系统适用性试验　以十八烷基硅烷键合硅胶为填充剂；以乙腈-水（25∶75）为流动相；检测波长为277纳米。理论板数按连翘苷峰计算应不低于3 000。

对照品溶液的制备取连翘苷对照品适量，精密称定，加甲醇制成每1毫升含0.2毫克的溶液，即得。

供试品溶液的制备　取本品粉末（过5号筛）约1克，精密称定，置具塞锥形瓶中，精密加入甲醇15毫升，称定重量，浸渍过夜，超声处理（功率250瓦，频率40千赫）25分钟，放冷，再称定重量，用甲醇补足减失的重量，摇匀，滤过，精密量取续滤液5毫升，蒸至近干，加中性氧化铝0.5克拌匀，加在中性氧化铝柱（100～120目，1克，内径为1～1.5厘米）上，用70%乙醇80毫升洗脱，收集洗脱液，浓缩至干，残渣用50%甲醇溶解，转移至5毫升量瓶中，并稀释至刻度，摇匀，滤过，取续滤液，即得。

测定法 分别精密吸取对照品溶液与供试品溶液各10微升，注入液相色谱仪，测定，即得。

本品按干燥品计算，含连翘苷（$C_{27}H_{34}O_{11}$）不得少于0.15%。

连翘酯苷A 照高效液相色谱法（附录Ⅵ D）测定。

色谱条件与系统适用性试验 以十八烷基硅烷键合硅胶为填充剂；以乙腈—0.4%冰醋酸溶液（15：85）为流动相；检测波长为330纳米。理论板数按连翘酯苷A峰计算应不低于5 000。

对照品溶液的制备 取连翘酯苷A对照品适量，精密称定，加甲醇制成每1毫升含0.1毫克的溶液，即得（临用配制）。

供试品溶液的制备 取本品粉末（过5号筛）约0.5克，精密称定，置具塞锥形瓶中，精密加入70%甲醇15毫升，密塞，称定重量，超声处理（功率250瓦，频率40千赫）30分钟，放冷，再称定重量，用70%甲醇补足减失的重量，摇匀，滤过，取续滤液，即得。

测定法 分别精密吸取对照品溶液与供试品溶液各10微升，注入液相色谱仪，测定，即得。

本品按干燥品计算，含连翘酯苷A（$C_{29}H_{36}O_{15}$）不得少于0.25%。

【性味与归经】苦，微寒。归肺、心、小肠经。

【功能与主治】清热解毒，消肿散结，疏散风热。用于痈疽，瘰疬，乳痈，丹毒，风热感冒，温病初起，温热入营，高热烦。

渴，神昏发斑，热淋涩痛。

【用法与用量】6～15克。

【贮藏】置干燥处。

第九节　连翘的市场与营销

§3.14.15　连翘的市场概况如何?

连翘药用量大，每年有一定数量的出口。商品主要来源于野生资源，随着卫生事业的发展，用量不断增大，曾一度被列为国家计划管理品种，1980 年后改为市场调节产销。20 世纪 50 年代中期，连翘生产稳定发展。50 年代末到 60 年代初，由于三年自然灾害时期重粮轻药，连翘收购受到影响，产量下降。70 年代初，国家采取了封山育林、清坡等措施，使连翘生产得到恢复发展。但由于收购价格偏低，生产发展速度缓慢。70 年代中期后，随着农村经济政策的调整，提高了药材收购价格，从而调动了农民种药采药的积极性，连翘收购速度加快。80 年代以来，连翘的购、销比较平稳。进入 21 世纪后，连翘成为了中药材市场中一颗最为耀眼的明珠，年用量在 800 万千克左右，其中由于目前药厂用量较大占近四分之三且多为青翘，故青翘的年用量应在 500～600 千克之间，而黄翘多用于医院及药店零售等方面，其用量在 200 万～250 万千克之间。这个数字基本上还是可靠的，因为仅河南众生制药厂生产双黄连每年就需 80 万千克已是不争的事实，而全国生产双黄连的企业就有 24 个之多。加之清热解毒口服液、抗病毒口服液等均需要连翘，而且生产厂家均很多。同时，连翘为清热解毒的要药，是不少中成药的重要原料，也是出口创汇的重要商品，远销印度、日本及东南亚国家和地区。研究表明，连翘不仅具有良好的降压、抑菌作用，而且还可用于医疗保健、食品、日用化工等方面。连翘挥发油可作优质香料，用连翘生产的护齿牙膏、连翘茶，深受市场欢迎。另外，兽药和饲料添加剂也大量需要连翘这种原料。按照社会需求量与社会库存量 1∶1.5 为正常，1∶1～1.2 为紧缺的经验，连翘肯定是属于严重紧缺的品种，药材少了是个宝的价值规律在连翘这个品种上还应得到进一步升华和体现。所以产新后连翘要满足正常的社会需求其产量至少要在1 000万千克以上。随着经济发展和科技进步，连翘资源开发和综合利用，必将出现一个新局面。

2011 年国内连翘市场价格每千克在 25 元以上，详见表 3-14-1。

表 3-14-1　2011 年国内连翘市场价格表

品名	规格	价格（元/千克）	市场
连翘	青水煮	26～27	河北安国
连翘	青水煮	27	安徽亳州
连翘	青生晒	25	安徽亳州

第十五章

射　干

第一节　射干入药品种

§3.15.1　射干的入药品种有哪些?

射干始载于东汉《神农本草经》，列为下品。明·《本草纲目》记述："射干即今扁竹也，今人所种多为紫花者，呼为紫蝴蝶，其花三、四月开，六出大如萱花，结房大如拇指，颇似泡桐子。"见图3-15-1。历代本草所指花色红黄的即为射干，而色紫碧者即为鸢尾。鸢尾在四川长期以来作射干药用。

图3-15-1　射　干

全世界有射干2种，分布于亚洲东部，别名有乌扇、乌蒲、黄远、夜干、乌翣、乌吹、草姜、鬼扇、凤翼、野萱花、扁竹、较剪草、黄花扁蓄、开喉箭、黄知母、较剪兰、剪刀梏、冷水丹、冷水花、扁竹兰、金蝴蝶、金绞剪、紫良姜、铁扁担等。

我国有1种，即射干

(*Belamcanda chinensis*)。《中国药典》2010 年版规定射干为鸢尾科植物射干 *Belamcanda chinensis*（L.）DC. 的干燥根茎。

第二节 道地射干资源和产地分布

§3.15.2 射干的产地分布在什么地方？

射干在我国分布较广。主要分布于湖北、河南、四川、贵州；河北、吉林、福建、山东、湖南、江苏、浙江、广东、黑龙江、青海、广西、甘肃等省亦有分布。主产于湖北宣恩、神农架；河北平山、卢龙；吉林梅河口市、辉南、舒兰；福建连江、同安、诏安、泰宁；山东沂水；河南商城、泌阳；湖南保靖；四川理县、马尔康；贵州正安石阡、安顺、兴仁；江苏赣榆、句容；浙江温岭；广东信宜、怀集；黑龙江大庆、杜尔泊特、富裕、龙江、泰来；青海循化；甘肃清水；陕西宁强；安徽怀宁；江西瑞昌；云南镇雄、元江、兰坪。生于林缘或山坡草地，大部分生于海拔较低的地方，但在西南山区，海拔 2 000～2 200 米处也可生长。也产于朝鲜、日本、印度、越南、俄罗斯。

第三节 射干的植物形态

§3.15.3 射干是什么样子的？

射干为多年生草本。根状茎为不规则的块状，斜伸，黄色或黄褐色；须根多数，带黄色。茎高 1.0～1.5 米，实心。叶互生，嵌迭状排列，剑形，长 20～60 厘米，宽 2.0～4.0 厘米，基部鞘状抱茎，顶端渐尖，无中脉。花序顶生，叉状分枝，每分枝的顶端聚生有数朵花；花梗细；长约 1.5 厘米；花梗及花序的分枝处均包有膜质的苞片披针针形或卵圆形；花橙红色，散生紫褐色的斑点，直径 4.0～5.0

厘米；花被裂片6，2轮排列，外轮花被裂片倒卵形或长椭圆形，长约2.5厘米，宽约1.0厘米，顶端钝圆或微凹，基部楔形，内轮较外轮花被裂片略短而狭；雄蕊3，长1.8～2.0厘米，着生于外花被裂片的基部，花药条形，外向开裂，花丝近圆柱形，基部稍扁而宽；花柱上部稍扁，顶端3裂，裂片边缘略向外卷，有细而短的毛，子房下位，倒卵形，3室，中轴胎座，胚珠多数。蒴果倒卵形或长椭圆形，长2.5～3.0厘米，直径1.5～2.5厘米，顶端无喙，常残存有凋萎的花被，成熟时室背开裂，果瓣外翻，中央有直立的果轴；种子圆球形，黑紫色，有光泽，直径约5毫米，着生在果轴上。花期6～8月，果期7～9月。

第四节　射干的生态条件

§3.15.4　射干适宜于在什么地方和条件下生长？

射干生长于光照充足，湿润的荒坡、旷地、沟谷和荆棘丛中。土壤为质地疏松，肥沃，排水良好的中性或微碱性沙质壤土。射干喜阳光充足，气候温暖环境；能耐旱、耐寒，怕积水。适应性强，对土壤要求不严，但以肥沃、疏松，地势较高，排水良好的沙质壤土为好。

第五节　射干的生物特性

§3.15.5　射干的生长有哪些规律？

一、生长发育

4～5月当气温15～20℃、土壤湿度50%时，地下种子开始膨大萌动，随后幼芽破土发育成剑叶两片；5～7月气温25～35℃，光照时间长，地温增高，雨量充足时，生长旺盛；当株高33～67厘米，叶展出6～10片，长约60厘米时完成营养生长阶段，10月开始抽薹孕蕾，开花结果。随着气温逐渐下降，雨水减少，植株叶片由尖端开始变黄，进入11月地上部分植株枯萎，地下茎储藏营养，越冬休眠。翌年春，随气温上升重新萌发，生长发育。

二、射干的种子及萌发特征

射干的种子为圆球形，外观紫黑色，有光泽，直径约5毫米。射干种子千粒重34.2克。种子在20～25℃、湿度充足的条件下开始萌发。低于5℃或高于30℃萌发缓慢。射干萌发时胚根先突破种皮，待胚根长度达到2毫米左右时，胚芽开始生长。

三、射干植株生长特性

5月份苗高10～15厘米，叶片数增至4片，6月上旬苗高20～25厘米。6～8月为地上部分生长旺盛期，平均植株生长速度为1厘米/天。幼苗期，地下只有数条须根，长10～15厘米，移栽后1个月，根茎逐渐膨大，同时长出数个乳白色不定芽。移栽两个月后，部分不定芽顶出土面形成地上茎；另一部分不定芽沿着水平方向向四周延伸形成根状茎。二年生射干能产生地上茎5～6根；三年生射干能产生地上茎10～15根；四年生的可达20根左右。二年生地上茎平均高度70厘米，三年生的地上茎上平均高度在120厘米左右，四年生地上茎高达160厘米。

四、射干的开花结实特性

育苗移栽后的植株有80%左右当年开花。用根状茎繁殖的植株当年全部开花结果。二年生的植株平均每株结果11枚；三年生的56枚；四年生的略比三年生的多一些。三心皮，中轴胎座，一般每个果实含种子20～30粒，多者达40粒。成熟时室背裂开，果瓣向外翻卷皱缩。种子成熟时，由绿色慢慢变为黑色。

第六节　射干的栽培技术

§3.15.6　如何整理栽培射干的耕地?

直选地势高燥、排水良好、土层深厚的沙质壤土，一般山地、平地均可种植。整地时，深耕17厘米，整平作畦。每667米^{2}施腐熟基肥或堆肥2 000～3 000千克，过磷酸钙25～30千克或饼肥50千克，也可用腐熟人粪尿、草木灰等农家肥，翻入土中作基肥，于播前再浅耕1次，整平耙细作成宽1.3米的高畦或高垄，畦沟宽40厘米，四周开好排水沟。

§3.15.7　怎样进行射干播种?

一、采种

9月下旬当蒴果转为枯黄色并将要开裂时采摘，剥去果壳，种子用湿砂堆藏或随收随播，忌强光曝晒，否则影响出苗。

二、育苗移栽

(一) 育苗

秋播可在9月下旬至10月上中旬，将种子均匀撒于畦面，覆土2～3厘米，然后盖上一薄层稻草。不宜用家畜肥土覆盖，否则会遭蚯蚓为害。用种量667米^{2}10千克。11月份即有10%～20%出苗，次年3月份揭去稻草，清明至谷雨苗齐。清明前后视苗情长势可进行第一次追肥，每667米^{2}施500千克腐熟清粪水。谷雨后再施一次腐熟清粪水以提苗，平时注意清除田间杂草。

(二) 移栽定植

苗高10厘米左右时移栽。选择在排水良好而疏松的黄沙质壤土上整地作畦，然后在畦面上按行距35厘米×35厘米开穴，并将腐熟的家畜肥或复合化肥施入穴中。乘雨天挖取秧苗移入大田。栽时注意根系不要接触肥料。若久旱无雨，则须适当浇水。一般成活率95%以上。

三、直播

在我国北方，栽培射干一般在春季播种，宜采取直播方法，于清明前后播种，一般采用沟播。沟深5厘米左右，株行距为20～25厘米。用种量667米^{2}3千克。

§3.15.8 怎样进行射干根状茎繁殖？

射干的根状茎发达，可以作为繁殖材料。

一、种苗

宜选择生长二年以上的实生苗或一年以上根状茎繁殖的无病虫害的植株作为母株，取其地下茎。

二、方法

3月中旬返青前，挖取地下根茎，按其自然生长形状劈分。须根过长可适当修剪，使每块根茎保留2～3个根芽。穴栽，行株距同前，栽时注意芽头向上，如芽已呈绿色，应将芽露出土面，栽后将周围土压紧，适当浇水，成活率可达95%以上。

§3.15.9 如何对射干进行田间管理？

一、中耕培土

射干出苗后，结合除草，适当松土。6月植株封垄后，不再进行此作业。

二、排灌

在久旱无雨的情况下，对育苗地适当浇水。对于低洼容易积水的田块，应注意排水。

三、摘薹

移栽后一年的射干 80%以上植株开花、部分结果，用根茎繁殖的植株全部开花结果。随着生长年限的延长，开花结果时间也延长。开花结果数量增多，消耗养分多，除留种田外，宜在晴天剪去花薹。

§3.15.10 道地优质射干如何科学施肥？

实生苗移栽后第一年和根茎繁殖当年的射干在封垄前用穴施法进行追肥。在离植株 10 厘米处打穴，然后将尿素施入穴中，每 667 米^{2}用尿素 75 千克。第二次追肥在 8 月中旬，因已经封垄，所以直接用尿素乘雨天撒入田间，每 667 米^2 用尿素 15 千克。移栽后第二年的第一次追肥通常在冬季施腊肥。结合清除田间枯枝落叶，松土开穴，将腐熟的有机肥施入穴中，并适当培土。每 667 米^2 可用腐熟菜籽饼 100 千克加复合肥 50 千克。这次追肥对促进地下根茎增长很重要，如肥源充裕尚可多施。第二次追肥应在地上封以后乘雨天施尿素，每 667 米^2 约 20 千克。移栽三龄的射干和二龄的射干追肥方法大致相同。

§3.15.11 射干的病虫害如何防治？

一、射干的病害防治

（一）叶枯病

通常在 8 月上旬至 9 月上旬发病。发病时，叶部先出现黄色斑点，继而叶色发黄，危害严重时，植株枯死。可用多菌灵可湿性粉剂 1 000倍液喷洒 2～3 次，效果较好。

（二）射干眼斑病

病原学名 *Heterosporium gracile* Sacc，分生孢子梗 5～24 根束生于少数褐色细胞组成的子座上，淡褐色，基部细胞多数稍大，顶端狭而呈圆锥形，不分枝，正直或屈曲，无膝状节，2～5 个隔膜，40～124×9～13 微米；分生孢子单生，坐落于顶端，圆柱形，褐色，正直，表面有小刺，顶端和基部均呈圆形，脐点大，凹入基部细胞内，2～3 个隔膜，大小：32～64×15～20 微米。症状：叶二面病斑圆形，椭圆形，直径 2～8 毫米，中央淡褐色，边缘褐色，红褐色，二面生淡黑色的霉状物，即病原菌的子实体。病情多在一般在 7、8 月发生。防治可用多菌灵可湿性粉剂1 000倍液喷洒 2～3 次，效果较好。

二、射干的虫害防治

（一）射干钻心虫

又名环斑蚀夜蛾，5 月上旬危害叶鞘，可用 50%磷胺乳油2 000倍液喷杀或用 90%敌百虫 800 倍液喷洒，效果良好。

（二）大灰象甲

1. 病原及生活规律 大灰象甲又名大灰象虫，属鞘翅目，象甲科。常与蒙古象甲混栖，共同为害食性极杂，寄主植物有 41 科 70 属 101 种。其生活规律是，大灰象甲以成虫和幼虫过冬。翌年 4 月下旬开始出现，6 月中旬出现最盛，终见于 9 月上旬。成虫不会飞，依靠爬行活动。在 4 月下旬温度较低时，成虫很少爬出地面活动，多潜伏在土块间隙中或植物残株下面。阴雨天也很少出来活动。随气温的上升，成虫的活动也随之活跃。当日平均气温达 20℃以上时活动最甚，但也畏惧高温，6、7 月间多在上午 10 时以前和下午 3 时以后出来活动，并在“大暑”前后，多数成虫离开地表爬到叶片背面或枝下的阴处，甚至爬到地边或苗圃地周围的大树上避荫。成虫有隐避性和假死性，当遇外物临近时，即灵敏地躲藏到枝叶的后面，如再接近便假死坠落。成虫喜食幼嫩多汁的幼苗。由于群集为害，幼苗一但受害，便无一幸存。幼虫常沿叶脉咬食叶片，食痕呈半圆形缺刻。大灰象甲的天敌，在幼虫、蛹、成虫期有白菌。蟾蜍常捕食成虫。此外，还有一种卵寄生蜂。

2. 防治方法

(1) 整地时用 2%灭除威每 667 米^{2}1～1.5 千克与 30 倍细土拌匀，撒在土表，然后再翻入土中，防治幼虫。

(2) 在幼苗拱土时，往苗眼中浇洒 50%马拉硫磷1 200倍液防治成虫。

(3) 每667 米^2 用0.5 千克灵丹粉加 15 千克细土，混匀后施于苗眼，防治成虫。

(4) 药剂拌种，按甲基硫环磷：清水：种子＝1：30：100 的比例拌大豆种子，拌匀后闷种 8～12 小时再播种。

(5) 在地边或苗圃地周围挖宽 30 厘米、深 50 厘米的防虫沟（沟壁要垂直平滑，使掉在沟内的成虫不能逃走，并在沟内铺干草），捕杀潜于其中的成虫。

(6) 积极保护蟾蜍（癞蛤蟆），以利其大量捕食成虫。

(7) 当春季成虫大发生时，对被害地块或苗床进行灌水，也可收到一定防治效果。大灰象甲，必须采取综合措施，连续地进行防治才能收到显著效果。

(三) 大青叶蝉

大青叶蝉在国内分布于黑龙江、吉林、辽宁、内蒙古、河北、河南、山东、江苏、浙江、安徽、江西、台湾、福建、湖北、湖南、广东（海南岛)、贵州、四川、陕西、甘肃、宁夏、青海、新疆，国外分布于原苏联（西伯利亚)、日本、朝鲜、马来西亚、印度、加拿大、欧洲。为害杨、柳、刺槐、槐树、榆、桑树、枣树、竹、臭椿、核桃、桧柏、梧桐、构树、扁柏、沙枣、桃、李、苹果、梨等多种果树、各种豆类、蔬菜、禾本科农作物及棉花等共 39 科 166 种。

1. 形态特征 成虫雌虫体长 9.4～10.1 毫米，头宽 2.4～2.7 毫米；雄虫体长 7.2～8.3 毫米，头宽 2.3～2.5 毫米。头部颜面淡褐色，两颊微青，在颊区近唇基缝处左右各有一小黑斑；触角窝上方、两单眼之间有一对黑斑。复眼三角形、绿色。前胸背板淡黄绿色，后半部深青绿色。小盾片淡黄绿色，中间横刻痕较短，不伸达边缘。前翅绿色带青蓝色泽，前缘淡白，端部透明，翅脉为青黄色，具有狭窄的淡黑色边缘。后翅烟黑色，半透明。腹部背面蓝黑色，两侧及末节足色淡为橙黄带有烟黑色，胸、腹部腹面及足橙黄色，跗爪及后足胫节内侧细条纹、刺列的每一刺基部黑色。

卵长卵圆形，长 1.6 毫米、宽 0.4 毫米，白色微黄，中间微弯曲，一端稍细，表面光滑。

若虫 1、2 龄若虫体色灰白而微带黄绿色，2 龄色略深，头冠部皆有 2 黑色斑纹，胸腹部背面无条纹。3龄若虫体色黄绿，除头冠部具2黑斑外，胸、腹部背面出现 4 条暗褐色条纹，但胸部侧缘的两条只限于翅芽部分，未能连贯腹背，翅芽已出现。4 龄若虫体色黄绿，翅芽发达，中胸翅芽已伸过中胸节基部，腹末节腹面出现生殖节片。5龄若虫中胸翅芽后伸几乎与后胸翅芽等齐，超过腹部第 2 节。跗节 2 节，但在第 2 跗节中有一缺刻，常误为3节，腹末节之腹面有 2 生殖节片。

2. 生物学特性 我国北方及江苏均一年发生 3 代，以卵越冬。越冬卵在 3 月下旬开始发育，由半透明逐渐变为混浊状态，卵体也渐渐膨大起来，待复眼出现赤红色，胚胎形态便明显，即可以破卵而出。在胚胎发育过程中，卵体逐渐膨大，成虫产卵时造成的新月形裂缝，也渐渐裂开，若虫近孵化时，卵的顶端也常露在裂口外面，若虫孵出很容易爬出产卵裂缝。孵化时间均在早晨，从 5 时半开始，到 10 时左右结束，以 7 时半到 8 时为孵化高峰，不管天晴天雨，基本如此。越冬卵的孵化与温度关系密切，孵化较早的卵块多在树干的东南向，孵化较晚的卵块，多在树干的西北向。越冬卵为头一年 10 月、11 月产生，到 4 月 10 日左右孵化，共 5 个多月，卵从 3 月下旬发育，经半个月孵化，到 4 月 25 日结束，也是半个月。第 1 代卵期为 6 月中旬至 7 月中旬，发育期需 10～15 天，平均 12 天。第 2 代卵期为 7 月下旬至 8 月下旬，发育期 9～14 天，平均 11.2 天。

若虫孵出后大约经 1 小时开始取食，1 天以后，跳跃能力渐渐强大。初孵幼虫常喜群聚取食。在寄主叶面或嫩茎上常见 10 多个或 20 多个若虫群聚为害，偶然受惊便斜行或横行，由叶面向叶背逃避，如惊动太大，便跳跃而逃。一般早晨，气温较冷或潮湿，不很活跃；午前到黄昏，便很活跃。若虫爬行一般均由下往上，多沿树木枝干上行，极少下行。若虫孵出 3 天后大多由原来产卵寄主植物上，移到矮小的寄主如禾本科农作物上为害。第 1 代若虫各龄期分别平均为：8.4、8.1、8.6、8.5、10.5 天，共 43.9 天。第 2、3 代若虫各龄期分别平均为：3.5、4、4.2、4.3、8.1 天，共 24 天。

雌成虫交尾后一天可产卵，产卵前成虫需迁移，到了产卵时间，雌成虫又寻觅梨、刺槐、槐、大叶杨、苹果、山楂、柳、桑等植物。雌雄性比：第 1 代为 1.02∶1；第 2 代为 1.04∶1；第 3 代初期多为 1∶1，经迁移后为 1∶1.44。产卵时，先将产卵管尖端向寄主外表皮刺插，腹部上下动作，约 10 分钟左右，刺成一个小孔，再用产卵管扩锯成弧形的口袋，产卵一排，有时雌成虫拔出产卵管，作短时间休息，再继续产卵。每产 1 块卵，需时 20～30 分钟，据室内观察，雌虫一天产卵 1 块，每块有卵 2～15 粒，平均 7.8 粒。经解剖虫体，每雌有卵 62～148 粒，平均 87 粒。产卵时间以每天中午最多，早晚多静伏。雌虫产卵完毕即死去，有时雌虫产卵管未完全拔出，即死在产卵孔上。成虫产卵时对寄主及产卵部位均有选择。

天敌：有一种小鸟、蟾蜍、蜘蛛。有两种卵寄生蜂、一种瘿蚊。一种寄生蜂的寄生率达 15%，另一种的寄生率只有 2%～3%，瘿蚊寄生率只有 1%～2%。

3. 防治方法

（1）在成虫期利用灯光诱杀，可以大量消灭成虫。

（2）成虫早晨很不活跃，可以在露水未干时，进行网捕。

（3）在 9 月底 10 月初，收获时或 10 月中旬左右，当雌成虫转移至树木产卵以及 4 月中旬越冬卵孵化，幼龄若虫转移到矮小植物上时，虫口集中，可以用 90%敌百虫 1000 倍液喷杀。

§3.15.12 射干的草害如何防治？

一、栽培射干地常见植物杂草

（一）猪毛菜 *Salsoia collina* Pall

一年生草本，高30～100厘米。枝淡绿色，有条纹，生稀疏短硬毛或无毛。叶丝状圆柱形，肉质，生短硬毛，长2～5厘米，宽0.5～1毫米，先端有小刺尖。花序穗状，细长，生枝条上部；苞片先端有硬针刺；花被片5，结果后背部生短翅或革质突起。胞果倒卵形，果皮膜质；种子横生或斜生，直径约1.5毫米，顶端平，胚螺旋状。花期6～9月。

（二）地肤 *Kochia scoparia*（L.）Schrad.

一年生草本，全株被短柔毛。茎直立，分枝甚多，晚秋时常变成红色。叶稠密，互生，几无柄，条状披针形，长2～5厘米，宽3～7毫米。花无梗，通常单生或2个生于叶腋；花被片5，果期自背部生三角状横突起或翅；胞果扁球形，包于花被内；种子横生，扁平。花期6～9月，果熟8～10月。

（三）藜 *Chenopodium album* L.

一年生草本，高60～120厘米。茎直立，光滑，有棱和绿色或紫红色的条纹。叶有长柄，叶形变化大，大部为卵形、菱形或三角形，先端急尖或微钝，基部宽楔形，边缘常有波状牙齿，植株上部的叶一般较狭窄，全缘，叶片下面皆生粉粒，呈灰绿色。花小，簇生成圆锥花序，排列甚密。胞果完全包于花被内或顶端稍露，种子横生，双凸镜形，直径1毫米，光亮，表面有不明显的沟纹及点洼；胚环形。

（四）小藜 *Chenopodium serotinum* L.

一年生草本，高20～50厘米。茎直立，有条纹。叶有长柄，叶片长卵形或矩圆形，长2.5～5厘米，宽1～3厘米，先端钝，基部楔，边缘有波状牙齿，下部叶近基部有2个较大的裂片，叶两面疏生粉粒。花序穗状，腋生或顶生；花被片淡绿色。胞果包于花被内，果皮膜质，有明显的蜂窝状网纹；种子扁圆形，边缘棱，黑色，直径约1毫米；胚环形。华北地区花期为5～8月。

（五）刺苋 *Amaranthus spinosus* L.

一年生草本，高30厘米至1米。茎多分枝，有棱，稍带红色，几无毛。叶互生，卵状披针形，长3～12厘米，宽1～5.5厘米，有长柄，无毛，基部两侧各有1刺，刺长5～10毫米。圆锥花序腋生和顶生，花淡绿色。胞果矩圆形，盖裂，种子黑色。花期4～10月。

（六）马齿苋 *Portulaca oleracea* L.

一年生草本，匍匐，肉质，无毛。茎带紫色。叶楔状矩圆形或倒卵形，长10～25毫米，宽5～15毫米，光滑；无柄。花3～5朵生于枝顶端，无梗，黄色。蒴果圆锥形，盖裂；种子极多，肾状卵形，直径不到1毫米，黑色。花期5～9月，果实6月逐渐成熟。

（七）荠菜

一或二年生草本，株高20～50厘米，全株稍被白色的分枝毛或单毛。茎直立，有分枝；基生叶丛生，平铺地面，大头羽状分裂，长可达10厘米，裂片有锯齿，具长叶柄；茎生叶不分裂，狭披针形，长1～2厘米，基部抱茎，边缘有缺刻或锯齿。总状花序多生于枝顶，少数生于叶腋；花小，白色，有长梗。短角果倒三角形或倒心形，扁平，先端微凹，有极短的宿存花柱，种子二室 ，每室有多数种子，种子长椭圆形，长1毫米，淡褐色。花期4月初至6月，果后即逐渐枯死。

二、栽培射干杂草的防除

（1）合理轮作　水旱轮作：在马唐、马齿苋、田旋花等旱田杂草严重发生的农田，可采取水旱轮作的办法。这样可以使以上杂草无法生存，一些多年生杂草地下的茎可被淹死。

（2）化学除草　应以土壤处理为主。在以禾本科杂草危害为主的射干田块，可单用乙草胺、都尔、除草通、禾耐斯等作播后苗前土壤处理；在以阔叶杂草危害为主的射干田块，可用草净津、扑草净、赛克津等广谱性除草剂，作播后苗前土壤处理。播后苗前土壤处理，可选用下列除草剂：

①50%都尔混剂 对马唐、牛筋草、狗尾草、藜、凹头苋、反枝见、萹蓄、马齿苋等禾本科以及阔叶杂草，防除效果较好。

②乙草胺 对牛筋草、马唐、狗尾草、旱熟禾等禾本科杂草有特效，对藜、蓼、苋、马齿苋等阔叶杂草也有较好的防治效果。

③禾耐斯 对稗草、狗尾草、早熟禾、看麦娘等1年生禾本科杂草有特效，对蓼、藜、苋、鸭跖草、马齿苋等也有一定防治效果。

④除草通 对1年生禾本科杂草，如稗草、马唐、狗尾草、牛筋有特效，对反枝苋、马齿苋、藜等也有较好的防除效果。

⑤草净津 该药对1年生单、双子叶杂草都有较好的防除效果。田间持效期比莠去津短，药效2～3个月。

第七节 射干的采收、加工（炮制）与贮存

§3.15.13 射干什么时间采收？怎样加工射干？

9月底（秋分）为收获期。种子育苗移栽后3年即可收获，根茎繁殖2年后收获。选择晴天，割除地上茎叶，挖起地下根茎，洗净泥土，剪去茎叶残基和须根，晒干。每667米^{2}可得300千克左右。折干率随生长年限不同而有区别：生长一年的为25%；二年的为31.3%；三年的为35.7%。

§3.15.14 如何炮制射干？

一、射干的现代炮制

（一）净制

除去杂质，洗净。

（二）切制

洗净，润透，切薄片，干燥。

（三）炮炙（炒制）

取射干片炒黄为荛，取出，放凉。

二、射干的古代炮制

（一）射干的古代处方用名

射干（梁·《集注》），鬼竹（唐·《食疗》），生乌扇（唐·《外台》），生射干（宋·《总病论》），乌扇（清·《条辨》）。

（二）炮制方法

1. 净制　去须（宋·《总病论》），洗浸（明·《医学》）。

2. 切制　薄切（梁·《集注》），捣汁（唐·《食疗》），切(唐·《外台》)。

3. 炮炙

（1）泔制：凡使，先以米泔水浸一宿，漉出，然后用堇竹叶煮，从午至亥，漉出，日干用之（宋·《证类一雷公》）。米泔（宋·《三因》）。

（2）制炭：烧（清·《条辨》）。

（3）酒制：酒炒黑（清·《治裁》）。

§3.15.15　射干怎么样贮藏好？

以木箱装，密封，放置于通风干燥处，防止霉变，大量长时期保存宜存于冷库内；炮制品贮于干燥容器中，密封防潮、防霉、防变色。发现受潮时应及时翻晒。

第八节 射干的中国药典质量标准

§3.15.16 《中国药典》2010年版射干标准是怎样制定的?

拼音：Shegan

英文：BELAMCANDAE RHIZOMA

本品为鸢尾科植物射干 *Belamcanda chinensis*（L.）DC. 的干燥根茎。春初刚发芽或秋末茎叶枯萎时采挖，除去须根和泥沙，干燥。

【性状】本品呈不规则结节状，长3～10厘米，直径1～2厘米。表面黄褐色、棕褐色或黑褐色，皱缩，有较密的环纹。上面有数个圆盘状凹陷的茎痕，偶有茎基残存；下面有残留细根及根痕。质硬，断面黄色，颗粒性。气微，味苦、微辛。

【鉴别】(1) 本品横切面：表皮有时残存。木栓细胞多列。皮层稀有叶迹维管束；内皮层不明显。中柱维管束为周木型和外韧型，靠外侧排列较紧密。薄壁组织中含有草酸钙柱晶、淀粉粒及油滴。

粉末橙黄色。草酸钙柱晶较多，棱柱形，多已破碎，完整者长49～240（315）皮米，直径约至49微米。淀粉粒单粒圆形或椭圆形，直径2～17微米，脐点点状；复粒极少，由2～5分粒组成。薄壁细胞类圆形或椭圆形，壁稍厚或连珠状增厚，有单纹孔。木栓细胞棕色，垂周壁微波状弯曲，有的含棕色物。

(2) 取本品粉末1克，加甲醇10毫升，超声处理30分钟，滤过，滤液浓缩至1.5毫升，作为供试品溶液。另取射干对照药材1克，同法制成对照药材溶液。照薄层色谱法（附录Ⅵ B）试验，吸取上述两种溶液各1微升，分别点于同一聚酰胺薄膜上，以三氯甲烷-丁酮-甲醇（3∶1∶1）为展开剂，展开，取出，晾干，喷以三氯化铝试液，置紫外光灯（365纳米）下检视。供试品色谱中，在与对照药材色谱相应的位置上，显相同颜色的荧光斑点。

【检查】水分 不得过10.0%（附录Ⅸ H第一法）。

总灰分 不得过7.0%（附录Ⅸ K）。

【浸出物】照醇溶性浸出物测定法（附录Ⅹ A）项下的热浸法测定，用乙醇作溶剂，不得少于18.0%。

【含量测定】照高效液相色谱法（附录Ⅵ B）测定。

色谱条件与系统适用性试验 以十八烷基硅烷键合硅胶为填充剂；以甲醇0.2%磷酸溶液（53∶47）为流动相；检测波长为266纳米。理论板数按次野鸢尾黄素峰计算应不低于8 000。

对照品溶液的制备 取次野鸢尾黄素对照品适量，精密称定，加甲醇制成每1毫升含10微克的溶液，即得。

供试品溶液的制备 取本品粉末（过四号筛）约0.1克，精密称定，置具塞锥形瓶中，精密加入甲醇25毫升，称定重量，加热回流1小时，放冷，再称定重量，用甲醇补足减失的重量，摇匀，滤过，取续滤液，即得。

测定法 分别精密吸取对照品溶液10微升与供试品溶液10～20微升，注入液相色谱仪，测定，即得。

本品按干燥品计算，含次野鸢尾黄素（$C_{20}H_{18}O_8$）不得少于0.10%。

饮片

【炮制】除去杂质，洗净，润透，切薄片，干燥。

本品呈不规则形或长条形的薄片。外表皮黄褐色、棕褐色或黑褐色，皱缩，可见残留的须根和须根痕，有的可见环纹。切面淡黄色或鲜黄色，具散在筋脉小点或筋脉纹，有的可见环纹。气微，味苦、微辛。

【鉴别】（除横切面外）【检查】【浸出物】【含量测定】 同药材。

【性味与归经】苦，寒。归肺经。

【功能与主治】清热解毒，消痰，利咽。用于热毒痰火郁结，咽喉肿痛，痰涎壅盛，咳嗽气喘。

【用法与用量】3～10克。

【贮藏】置干燥处。

第九节 射干的市场与营销

§3.15.17 射干的市场概况如何?

射干商品主要来源于野生资源。20世纪70年代野生变家种成功后，栽培射干也是商品来源之一。50年代以前射干收购和销售虽同步增长，但产不足销，市场供应偏紧。60年代初至60年代中期，各级药材公司有计划的组织和发动群众适时采收，收购量迅速上升，产大于销，库存增大。60年代末至70年代初，商品库存较大，产区减少了收购，这期间销售量呈稳步上升趋势。1970年收购量约为14万千克，比1965年下降43%；销售量比1965年增长20.8%。70年代末至80年代初，湖北、福建等8个省野生变家种试种成功，提供了一定数量的商品。上世纪90年代末价格曾达到巅峰，其间最高价格每千克达到24元，成为根类药材市场中的佼佼者，由于价高诱人，1997年和1998年两年的种植面积增至将近667公顷，因此，1999年产新后其价格陡降，统货和选货分别从产新前期的20元和24元下滑至6元和7元。2000年其市价一直在5～7元间波动，而2001年市价再度直线下落，统货从6元左右降至2.4元，仅为最高价24元的1/10；2002—2005年射干价格一直稳中稍有上升，2005年射干价格每千克在15元左右；2006年底回升至19～20元，2007年库存量减少，价升至28元上下，其后三、四年价在30元上下振荡；之后，射干又迎来了一个新的高峰，2011年达到每千克40～55元之间，详见表3-15-1。

表3-15-1 2011国内射干的价格表

品名	规格	价格（元/千克）	市场
射干	统	40～42	河北安国
射干	统	50	安徽亳州
射干	选	50～55	河北安国

第十六章

黄　连

第一节　黄连入药品种

§3.16.1　黄连的入药品种有哪些?

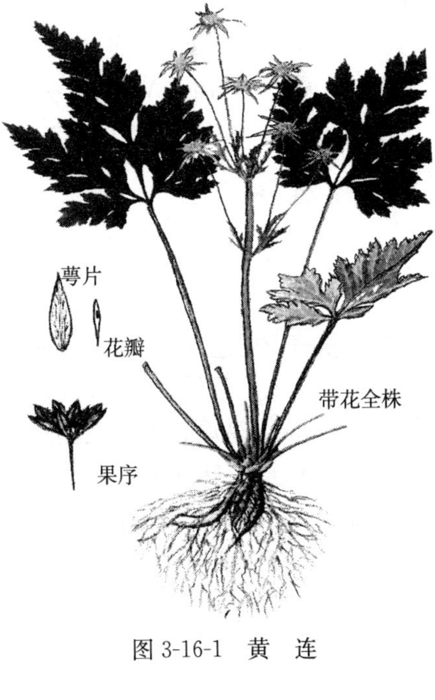

图 3-16-1　黄　连

黄连为我国常用药材，应用、栽培历史悠久，在国际市场上享有盛誉。黄连始载于《神农本草经》，列为上品，记有“苦、寒”等性味及“主热气目痛，眦伤泣出，明目，肠鸣腹痛下痢，妇人阴中肿痛”等功效。以后历代本草和地方志在原植物、产地分布、采收、商品性状、质量、功能主治等方面均有记述。

按照《中国药典》2010年版的规定，黄连为毛茛科植物黄连（*Coptis chinensis* Franch.）、三角叶黄连

(*Coptis deltoidea* C. Y. Cheng et Hsiao) 或云南黄连 (*Coptis teeta* Wall.) 的干燥根茎。分别习称"味连"、雅连"、"云连"。

第二节　道地黄连资源和产地分布

§3.16.2　道地黄连的原始产地和分布在什么地方？

黄连喜寒凉、湿润、荫蔽的环境。野生于冷凉、阴湿山地。主要分布于川、鄂、湘、滇、黔、陕及藏南、陇南山地。黄连 (*Coptis chinensis* Franch.) 分布于四川、湖北、陕西、甘肃、贵州、云南等省，主产于四川石柱县及湖北利川县等地，为两省道地药材，素有"黄连之乡"之称，商品习称"味连"、"鸡爪连"，畅销国内外；三角叶黄连 (*Coptis deltoidea* C. Y. Cheng et Hsiao) 分布于四川南部，主产于峨眉、洪雅县，亦为川产道地药材，被誉为"雅连之乡"，商品习称"雅连"，历为黄连之佳品，享誉国内外；云南黄连 (*Coptis teeta* Wall.) 分布于云南西北部及西藏东南部，主产于云南迪庆州，商品习称"云连"，因其产量小，商品以出口为主。

§3.16.3　黄连栽培历史及其分布地域？

黄连栽培历史悠久，600多年前四川石柱、武隆、南川及湖北利川、来凤、恩施、建始、宣恩、巴东等地就有栽培的味连，称"南岸连"；四川城口、巫溪、巫山及湖北房县、巴东、竹溪、秭归等地栽培的称"北岸连"。味连适宜在川东石柱、黔江、彭水、巫溪、城口、巫山、云阳、奉节、武隆、南川、开县、丰都、酉阳、江津，湖北利川、建始、恩施、咸丰、平凤、宣恩、鹤峰、巴东、神农架、房县、竹山、竹溪、保康、秭归、长阳、五峰、兴山，湖南石门、桑植、龙山，陕西平利、镇坪等地发展；雅连适宜在峨眉、洪雅、峨边、马边、金口河、沐川、雅安等地发展；云连适宜在云南福贡、泸水、腾冲、淮西、兰坪、剑川、云龙等地发展。

第三节 黄连的植物形态

§3.16.4 黄连是什么样子的?

黄连（*Coptis chinensis* Franch.）根状茎黄色，常分枝，密生多数须根。叶有长柄；叶片稍带革质，卵状三角形，宽达10厘米，三全裂，中央全裂片卵状菱形，长3～8厘米，宽2～4厘米，顶端急尖，具长0.8～1.8厘米的细柄，3或5对羽状深裂，在下面分裂最深，深裂片彼此相距2～6毫米，边缘具锐锯齿，侧全裂片具长1.5～5毫米的柄，斜卵形，比中央全裂片短，不等二深裂，两面的叶脉隆起，除表面沿脉被短柔毛外，其余无毛；叶柄长5～12厘米，无毛。花葶1～2条，高12～25厘米；二歧或多歧聚伞花序，有3～8朵花；苞片披针形，三或五羽状深裂；萼片黄绿色，长椭圆状卵形，长9～12.5毫米，宽2～3毫米；花瓣线形或线状披针形，长5～6.5毫米，顶端渐尖，中央有蜜槽；雄蕊约20，花药长约1毫米，花丝长2～5毫米；心皮8～12，花柱微外弯。果长6～8毫米，柄约与之等长；种子7～8粒，长椭圆形，长约2毫米，宽约0.8毫米，褐色。2～3月开花，4～6月结果。

三角叶黄连（*Coptis deltoidea* C. Y. Cheng et Hsiao）根状茎黄色，不分枝或少分枝，节间明显，密生多数细根，具横走的匍匐茎。叶3～11枚；叶片轮廓卵形，稍带革质，长达16厘米，宽达15厘米，三全裂，裂片均具明显的柄；中央全裂片三角状卵形，长3～12厘米，宽3～10厘米，顶端急尖或渐尖，4～6对羽状深裂，深裂片彼此多少邻接，边缘具极尖的锯齿；侧全裂片斜卵状三角形，长3～8厘米，不等二裂，表面沿脉被短柔毛或近无毛，背面无毛，两面的叶脉均隆起；叶柄长6～18厘米，无毛。花葶1～2，比叶稍长；多歧聚伞花序，有花 4～8 朵；苞片线状披针形，三深裂或栉状羽状深裂；萼片黄绿色，狭卵形，长 8～12.5 毫米，宽 2～2.5 毫米，顶端渐尖；花瓣约 10 枚，近披针形，长 3～6 毫米，宽 0.7～1 毫米，顶端渐尖，中部微变宽，具蜜槽；雄蕊约 20，长仅为花瓣长的 1/2 左右；花药黄色，花丝狭线形；心皮 9～12，花柱微弯。果长圆状卵形，长 6～7 毫米，长 7～8 毫米，被微柔毛。3～4 月开花，4～6 月结果。

云南黄连（*Coptis teeta* Wall.）根状茎黄色，节间密，生多数须根。叶有长柄；叶片卵状三角形，长 6～12 厘米，宽 5～9 厘米，三全裂，中央全裂片卵状菱形，宽 3～6 厘米，基部有长达 1.4 厘米的细柄，顶端长渐尖，3～6 对羽状深裂，深裂片斜长椭圆状卵形，顶端急尖，彼此的距离稀疏，相距最宽可达 1.5 厘米，边缘具带细刺尖的锐锯齿，侧全裂片无柄或具长 1～6 毫米的细柄，斜卵形，比中央全裂片短，长 3.3～7 厘米，二深裂至距基部约 4 毫米处，两面的叶脉隆起，除表面沿脉被短柔毛外，其余均无毛；叶柄长 8～19 厘米，无毛。花葶 1～2 条，在果期时高 15～25 厘米；多歧聚伞花序具 3～4（～5）朵花；苞片椭圆形，三深裂或羽状深裂；萼片黄绿色，椭圆形，长 7.5～8 毫米，宽 2.5～3 毫米；花瓣匙形，长 5.4～5.9 毫米，宽 0.8～1 毫米，顶端圆或钝，中部以下变狭成为细长的爪，中央有蜜槽；花药长约 0.8 毫米，花丝长 2～2.5 毫米；心皮 11～14，花柱外弯。果长 7～9 毫米，宽 3～4 毫米。

第四节 黄连的生态条件

§3.16.5 黄连适宜于在什么地方和条件下生长？

黄连具有喜冷凉、湿润、荫蔽的生理特性。气候和土壤条件对黄连的生长发育和生药质量有着较大的影响。

一、地势

黄连一般分布在海拔1 200～1 800米的高山区，以1 400～1 700米的地区最适宜栽培，高海拔地区气候寒冷，生长季短，黄连生长缓慢，但根茎坚实，质量较好。在低海拔山区，气温高，黄连生长快，茎叶繁茂但根茎不充实，品质较次，易染病。

二、温度

黄连生长在我国南方高山地区，适应高山的冷凉气候条件，不耐炎热，在霜雪下叶片能保持常绿不枯。产区雨雪多，空气相对湿度高，冬季常在黄连叶上覆盖一层冰雪，对黄连起到保护作用，故虽在－2～－8℃的气温条件下也可正常越冬。在主产区四川石柱县黄水地区的气候条件下，11月至次年1月，气温低于5℃，植株处于休眠状态。在－6℃时，叶能保持常绿。2月上旬至中旬，旬平均气温为0.23℃，为花薹出土期，若遇－10℃以下的低温，则花薹出现萎蔫。2月中旬至3月上旬，气温2.2～7.5℃，为开花期，随着温度的升高，开花期可提前和短缩。未开花的植株在5℃以上时，开始发生新叶，10℃时，新叶生长加快，在25℃以上时，新叶生长缓慢。黄连生长期的日平均气温为5～22℃；营养生长期（4～6月及9～10月）的日平均气温为10～17℃。石柱黄水地区的绝对最高气温为31.7℃。据实验，把黄连逐步由28℃～30℃～32℃中培养24小时，部分老叶出现干枯，但另发了新叶。但在抽薹期，－8℃下转迅速解冻时，花薹出现萎蔫。新叶出现期若遇－6℃以下的低温，新叶受冻，在落叶林下尤为严重。

三、水分

黄连对水分有强烈的要求，因其叶片大而多，叶面积大，蒸腾量大，需要有较多的水分补充。黄连虽有强大的须根系，但根分布较浅，表面土壤干旱，会影响黄连生长发育，尤其在幼苗时期，或初移栽的连苗，干旱会降低其成活率。因此黄连喜湿润，忌干旱，尤其喜欢较高的大气湿度。川鄂主产区年降雨量平均在1 300～1 700毫米之间，相对湿度70%～90%，土壤含水量经常保持在30%以上时，黄连生长较好。但如排水不良，积水的土壤中栽培黄连，土壤通气不良，根系发育不正常，也会引起黄连死亡。

四、光照

黄连为荫生植物，忌强烈的直射光照射，喜弱光，苗期最怕强光，因此栽培黄连必须遮荫。据报道，黄连的光饱和点为全日照的20%左右。用不同层数的纱布罩处理黄连植株，2层纱布处理的植株生长最好，叶色绿而大。随着纱布层数的增加，叶色由绿→深绿→蓝绿色，叶数及分枝数减少。荫蔽度大有利于连苗的成活，而荫蔽度适当，则有利于叶数、分蘖数、折干率的提高。利用黄连的这一特性，引种至低海拔的南京，用2～3层林冠与矮棚遮荫，使郁闭度保持85%，同时喷雾保湿，黄连能正常生长发育。

五、土壤

主产区黄连多栽培于棕色森林土及灰棕色森林土，植被为亚热带常绿阔叶林、针阔叶混交林。栽培黄连的土壤具有下列特点：①富含有机质的腐殖质土，一般含有机质7%～13%，具水稳性团粒结构，有缓慢释放养分的特点；②土壤多为微酸性，pH5.5～6.5；③含钾、氮丰富而缺鳞，一般含钾15～350毫克/千克，含氮120～170毫克/千克（紫色土例外）；④土壤含水量大，有时达42%～47%。因黄连为浅根作物，须根大部分分布在5～10厘米的土层中，适宜生长在上层为腐殖质层厚肥沃疏松的沙壤土，下层为保水保肥力较强的壤土或黏壤土中，药农称之为“上泡下实”的土壤。黄连不适宜于连作，种过黄连的土地经2～3年轮作后，才可继续栽培黄连。

六、肥料

黄连是喜肥作物，栽培年限又长，故栽培时必须施用大量肥料，特别是农家肥料及肥沃的腐殖质土，在川东石柱采用客土法栽培黄连，将周围山坡的腐殖质土都集中到黄连棚里，厚12～16厘米，作为基肥，这种肥沃的土壤具有良好的物理化学结构，保水保肥力强，透气性好，但用工太多，同时破坏森林及水土流失严重，不宜提倡，而湖北利川一带采用本土栽培黄连的方法，在黄连生长期每年都追施大量的有机肥、腐殖质土及其他肥料，不太重视施基肥。黄连生长各个阶段对各种肥料的要求不同，氮肥能促进茎叶生长，有提苗作用，故在育苗期及移栽后应多施氮肥；磷钾肥对提高结实率及根茎充实有很大作用，故生长后期尤其在抽薹开花结种前后应结合使用磷钾肥料作底肥及冬季追肥，速效性有机肥及化肥多用作春季及种子采收后追肥。

第五节 黄连的生物特性

§3.16.6 黄连的生长有哪些规律?

一、味连

(一) 种子休眠与萌发

黄连种子有胚后熟休眠习性，收获时种胚呈透明椭圆形的胚原基状，甚至是一团尚未成形的黏质，胚后熟需经历形态后熟与生理后熟两个阶段。江苏植物研究所中山植物园曾将黄连种子放置于冰箱(5～10℃)、室内、林下及山洞中，研究在不同贮藏条件下黄连种胚形态发育的进程。黄连种胚在形态发育早期，即心形胚时期，促成种胚发育的温度条件范围较广，以5℃以上20℃以下为适宜，当种胚由心形向长心形或鱼雷形发展时，在冰箱条件下能显著加速，种子采收后如一直放在冰箱（5～10℃）内层积，可以在6～9个月内完成形态后熟，达到裂口，显然比其他温度条件有利。完成形态发育的种子，还必须在0～5℃低温1～3个月完成生理后熟。种子后熟期间必须有充足的水分供应。

（二）芽的生长发育

黄连芽有两种，即混合芽和叶芽。混合芽着生于根茎每个分枝之顶端者称顶芽，在顶芽基部可看到侧生混合芽，与顶芽呈45°～90°角。混合芽圆形，外被鳞叶7～9片，剥出鳞片，可明显看到穗原始体和叶原始体，早春发育成花薹和新枝。叶芽又称枝牙，着生于地下根茎上距土表1～4厘米处，紧贴在根茎上并与其平行（扁圆尖形）。剥去5～6片鳞叶，可见到3～4片佛手状叶原始体，又有饱满叶芽与瘦小叶芽之分，早春萌动后长出短茎，在茎顶端丛生4～5片叶。瘦小叶芽一般不出土，只有个别长出细枝，出土后发出1～2片小叶。

（三）叶的生长

叶是进行光合作用的器官，叶的数目影响到黄连营养物质的积累和产量，黄连有子叶两片，寿命约2年，幼苗的真叶，是由胚芽生长点分生组织细胞分化而形成的，以后的新叶，是由混合芽、叶芽及混合芽的苞片发出的。早春三月，气温升高，黄连开始生长，混合芽萌动，每一个混合芽除长出一个花薹外还可发出1～2枝叶丛，每丛有叶片11～18片，饱满的叶芽此时也突出苞片，抽出新枝，丛生7～10片新叶，瘦小的叶芽，生出地面后长出一片叶子，有时也可以长成一瘦小的枝，顶生2～3片小叶，所以早春是发叶盛期，大量新叶冲出老叶之上，老叶逐渐枯萎。

（四）开花结实

黄连于播种后第三年至第四年或移栽后第二年开始开花。花芽在8月中旬开始分化，10月中旬分化完成。花芽分化的顺序是：花萼→雄蕊→雌蕊→花瓣。2月抽出花薹，开花时花药斜举至柱头弯曲部位后2～3天开始散粉，整个花薹从开始散粉至第九天达到散粉高峰，16天内散粉完毕，白天黑夜均能散粉，高峰在10～13点钟，散粉量占56%左右，是人工授粉的良机。花粉在室温下能保持4小时，以后生活力逐渐下降，24小时后完全失去生活力。开花前两天剥蕾授粉及开花后4天人工授粉，其授粉率均为100%；自交率为95%以上。黄连为风媒花，花小，花粉量大。传粉距离在24米以上。柱头受精后，花瓣脱落，聚合的心皮开始膨大，种子与背线紧结。当果尖出现裂孔，种子与背线分离时，种子内含黄色汁液。50天以后，种子内含乳状金黄色物质，其直径与裂孔相当。当果皮变成紫色或黄绿色或紫绿色，果尖裂孔大于3毫米时，种子的胚乳为黄色浓乳状。种子易弹出脱落，此时收获，种子发芽率较高。当果皮变为黑褐色的膜质时，果实沿腹缝线裂开。由于黄连种子有自然落粒现象，必须在果实未落前割下花葶，堆1～2天后熟，再行脱粒。

(五) 根茎与根的生长发育

黄连除花薹外无直立茎干，只有丛生分枝的地下根茎，有结节，节间较短，根据花薹脱落的痕迹可粗略估计栽植年代，结节被历年残留的鳞片包围，故根茎不光滑，埋土过深的根茎仍可看出其分枝互生的特性。种子发芽出土后，胚茎膨大形成最初的根茎，称之为“峰头”，移栽后，在“峰头”的顶端，分化出叶芽，次春叶芽出土后。

二、雅连

雅连有家植和野生之分，产区把家植黄连叫家连，家连主栽品种果实内无种子（草连、杂白子有种子），靠匍匐茎作产繁殖材料，产区多在8月栽种，将匍匐茎插入土中，从其节或损伤匍匐茎处生根，节处渐渐发育成根茎。一年生小苗（俗称一年春）生长缓慢，当年只长2～3枚叶和少数须根、一枚紫色芽胞，便进入冬季。二年生连苗（二年春）生长速度仍不太快，只有3～5枚叶片（比一年生的大），绝大多数不抽匍匐茎和花葶。三年生连苗（三年春）生长加快，叶片数成倍增加，并开始抽生匍匐茎和花葶。四年生连苗（四年春）生长速度开始减缓，正常植株有叶片10～18枚，大量抽生匍匐茎。五年生（五年春）长势明显衰退，叶片苍老，叶数减少，有的开始枯萎，每年2～3月上中旬开花并萌发新叶。雅连植株开花不结实。雅连用匍匐茎繁殖，生长快，所以结籽的也不用种子繁殖。

第六节 黄连的栽培技术

§3.16.7 如何整理栽培黄连的耕地?

一、味连

(一) 选地

黄连性喜冷凉湿润，忌高温干燥，故宜选择早晚有斜射光照的半阴半阳的早晚阳山种植，尤以早阳山为佳。黄连对土壤的要求比较严格，由于栽培年限长，密度大，须根发达，且多分布于表层，故应选用土层深厚，肥活疏松，排水良好，表层腐殖质含量丰富，下层保水、保肥力较强的土壤。植被以杂木、油竹混交林为好，不宜选土壤瘠薄的松、杉、青冈林。石柱县产区用客土法栽培黄连，故多选择保水保肥力强、土质较黏的紫红泥，湖北利川用原土栽连，故多喜选疏松的红油沙、灰泡土栽种黄连。pH 为微酸性（pH5.5～6.5）。最好选缓坡地，以利排水，但坡度不宜超过 30°。坡度过大，冲刷严重，水土流失，黄连存苗率低，生长差，产量低。搭棚栽连还需考虑附近有否可供采伐的木材，以免增加运料困难。林间栽连，宜选荫蔽良好的矮生常绿或落叶阔叶混交林地，常绿针、阔叶混交林，树种以四季青、红白麻桑等较好，不可选用高大乔木，树冠的高低对黄连产量有明显的影响，树冠越高，滴水力量越大，冲刷越严重，甚至将黄连须根冲露出来，影响成活与产量。

(二) 整地

1. 生荒地栽连 荒地栽连，应在 8～10 月砍去地面的灌木、竹丛、杂草，此时砍山，次年发生的杂草少，竹根与树根不易再发，树木含水分少，组织紧密，用作搭棚材料坚固耐腐。待冬季树叶完全脱落后，1～2 月间进行搭棚，这样栽连可节省拾落叶的劳力，故有“青山不搭棚，六月不栽秧”之说，将可作搭棚桩檩的树木，顺坡砍下，直径 10 厘米左右，能作主桩的树木，在距地 1.7～2 米高处砍折，基部环切，留作“自主桩”，有加固棚架的效果。林间栽连砍净林中竹、茅草后，留下所有乔灌木，在保证荫蔽度70%以上的遮荫条件下，照顾到树林的稀密，和对开厢有无影响砍去多余的树木，便可翻土整地。首先粗翻土地，深13～16厘米，挖净草根竹根，拣净石块等杂物，应分层翻挖，防止将表层腐殖质土翻到下层，并注意不能伤根太狠，尤其是靠近上坡的树根一定要保留，否则树易倒伏。

2. 林间栽连 整地与生荒地栽连相同，可因地制宜做畦和选用铺熏土、腐殖质土或原土。

3. 熟地栽连 每667米^{2}施基肥4 000～6 000千克腐熟有机肥，浅翻入土，深10厘米左右，耙平即可作高畦。作畦前应根据地形开好排水主沟，使水流畅通，不致冲垮厢畦。一般主沟宽50～60厘米，深30厘米，若棚大、坡陡，排水主沟应宽些、深些。主沟要直，尽量避免弯曲。根据排水主沟情况作畦，畦宽1.5米（川东采用双厢宽3米），沟宽20米，深10米，畦面要求成瓦背形。畦的长度根据地形而定，一般每隔8～10米要开宽30厘米横沟，横沟应斜开，终点连接排水主沟，作畦后要在棚的上方与两侧开护棚排水沟，阻止棚外水流入棚内。

（三）搭棚

根据需要搭棚，一般熏土后搭棚，也有的地方搭棚后熏土。棚高170厘米左右。搭棚时按200厘米间距顺山成行埋立柱，行内立柱间距离为230厘米，立柱入土深40厘米左右，立柱埋牢后先放顺杆，顺杆上放横杆，绑牢为宜。一般透光度40%左右。在坡地上先从坡下放顺杆，在顺杆上端放一横杆，使横杆上面与上一邻近柱顶水平，依此顺序搭到坡上。为防止兽畜为害，保持棚内湿度，棚四周用编篱围起。近年各地采用简易棚遮荫。简易棚多为单畦棚（即一棚一畦），棚高80～90厘米，多在整地后搭棚。

二、雅连

于4～5月开荒，树干、树椏和竹子留作搭棚用；枯枝落叶焚烧作肥。顺坡做成1.3～1.7米宽的高畦，并将沟内拣出的石块于坡下端砌成石梗。畦上竹根留下，以防止冬季冻垄影响成活和夏季洪水冲刷而造成水土流失。

搭荫棚在整地后进行，如栽秧较迟则只将棚桩（叉子）埋好，来年春季再搭棚盖。搭棚可用直径6厘米左右，长度120～135厘米，上端锯成碗口状，下端劈尖的棚桩，按120厘米见方桩，埋于畦的中间，使每个畦都有一行。栽好棚桩后，以4～5根竹竿为一束先搭顺竿，再从下向上将竹竿依次均匀地搭盖在上面。竹竿（棍）要盖得稀密一致，顺坡整齐排列便于下架，稀密程度以透光40%左右为宜。注意阳坡（阳山）密些，阴坡（阴山）宜稀些。

三、云连

多选择林间栽培，透光度以30%为宜。地上枯枝落叶烧灰作肥，耕深约25厘米，充分风化。栽种前再翻1次，结合耕地667米^{2}施腐殖土5 000千克，草木灰250千克。依地势作畦，畦宽1.3米左右，畦沟要直，以利排水，坡度大的应做成梯田。

§3.16.8 怎样进行黄连繁殖和播种？

一、黄连的种子繁殖

（一）黄连种子的特性和播前处理

黄连实生苗四年开花结实所结的种子数量少且不饱满，发芽率最低，苗最弱，产区称为“抱孙子”。五年生所结种子青嫩，不充实饱满的也较多，发芽率较低，产区称为“试花种子”。六年生所结的种子，籽粒饱满，成熟较一致，发芽率高，产区称为“红山种子”。七年生所结种子与六年生所结种子相近，但数量少，产区称为“老江山种子”。留种以六年生者为佳，种子千粒重为1.1～1.4克。由于黄连开花结实期较长，种子成熟不一致，成熟后的果实易开裂，种子落地，因此生产上应分批采种。自然成熟的黄连种子具有休眠特性，其休眠原因是种子具有胚形态后熟和生理后熟的特性。在产区自然成熟种子播于田间，历时 9 个月之久，才能完成后熟而萌发出苗。

（二）黄连的直播和育苗

1. 低海拔（800～1 000米）**地区直播和育苗**　部分黄连产区试行在低山阴坡或半阴坡育苗，移高山栽种。由于低山气温高，秧苗发育迅速，生长茂盛，生长半年即可长出5～10个叶片，可提前1年培育出壮秧。

（1）播种　于 10 月至 11 月份用经贮藏的种子，每 667 米^2 用 1.5～2.5 千克左右，播种时可将种子与 20～30 倍的细腐殖质土或干细腐熟牛马粪拌匀撒播于畦面。撒播后不盖土，盖约 0.5～1 厘米厚的干细腐熟牛马粪。冬季干旱地区还需要盖一层草保湿。翌年春雪化后，及时将覆盖物揭除，不能拖延，以利出苗。

（2）搭棚蔽荫　黄连苗期蔽荫，主要采用矮棚（简易棚）或在林间育苗。苗期的荫蔽度应保持在80%左右。矮棚，一畦一棚，棚高 50～70 厘米，不宜过高，过度雨水常淋坏幼苗。于畦的两边栽桩，于桩上放顺竿，在顺竿上放横竿，然后搭上覆盖物；或用树条、竹子编织成笆，作活动棚盖，管理操作时取下，工作完毕放上，较为方便，还可依天气变化将笆取下或放上调节光照。一般在播种后应立即搭棚。

亦有两畦一棚的，但棚要高一些，1～1.5 米。林间荫蔽，按照荫蔽要求，先砍除竹子和杂草，视树林荫蔽情况，过密处疏枝，过稀处补搭荫棚。林间育苗必须于播前调整好荫蔽度。

（3）苗期管理

①间苗：2 月出苗，3～4 月幼苗长出 1～2 片真叶时，过密的应间拔部分弱苗，使株距保持 1 厘米左右。

②除草：从间苗开始，经常拔除杂草，做到除早、除小、除净。除草操作必须细致，小草用手直接扯出，大草应压住根际再将草拔起，才不会把幼苗带出。

③培土：黄连幼苗小，生长缓慢，根少而浅，大雨过后，幼苗根部常被雨水冲露，应及时将细腐殖质土撒于畦面，覆根稳苗，保护幼苗正常生长。

④施追肥：间苗后施第一次肥，每667米^{2}用腐熟人畜粪尿1000千克，或尿素3千克加水1000千克泼施。水源不足或潮湿多雨，可就地取半干半湿细土与尿素充分混合，在露水干后撒施，施后用细竹枝条将附在叶面上的肥土轻轻扫掉，以免烧伤苗叶。7～8月及第二年3～4月再施1次。

2. 高海拔地区直播和育苗 为了改进高海拔地区的育苗技术，采用塑料薄膜覆盖育苗，达到当年播种当年出圃的目的。

（1）选地 选择避风的旱阳山林地作苗圃，以土壤疏松，腐殖质层深厚且排水良好，少生杂草的山腰、山脚较为适宜。地下水位高和肥沃的熟地不宜于地膜育苗。

（2）开厢 苗圃地整好后，依地势按厢长5米，宽1.4米开厢，步道宽0.2～0.3米，深0.15米。同时竖木桩供搭棚用，木桩在步道正中或旁边。切忌直上直下开厢。

（3）播种 将种子按常规方法进行沙藏，然后在第二年1月进行播种，这时的种子裂口率达10%～30%。

（4）施肥 以基肥为主，追肥为辅。一般基肥667米^{2}施腐熟牛马粪1000～1500千克，过磷酸钙25～50千克，复合肥25～50千克。追肥以尿素为主，667米^{2}施10千克，分2～3次追施，一般在4叶期、6叶期、9叶期各施一次，每次追肥量分别为2千克、3千克、5千克。追肥在雨天中午较好，当叶片上肥粒冲净后及时盖膜；若晴天下午追肥，应注意敞膜并浇水洗去叶片上肥粒。

（5）盖膜及管理 当黄连种子全部裂口或有部分子叶出土时，用聚乙烯塑料薄膜覆盖（为了方便，也可随播随盖）。棚呈鸭篷式，中心高25～27厘米。膜棚要求均匀紧凑，防止高低不平。四周用小石头或土疙瘩压紧封严。在黄连苗生长过程中，遇有下列情况，应注意揭膜通风：

①当膜内温度超过25℃时，揭膜两头通风（厢长超过5米时，应揭两侧膜），黄昏前再盖紧。

②追肥后，晴天中午两侧敞膜通风，一般昼敞夜覆2～7天。

在黄连苗生长过程中，必须控制好苗的密度，太密时，黄连苗个体纤弱，叶色较淡，应该采取间苗的办法，将密度控制在1 000～1 350株/米^2。用塑料薄膜育苗，从子叶出土到成苗只需8个月时间，当年秋天即可移栽。但是，高海拔地区立秋后温度较低，连苗还未扎根时，冬雪已到，易造成死亡。因此，连苗最好留于苗床，追施冬肥，盖好薄膜，等来春移栽，但要注意在冬末春初摘除花，以保证连苗质量。

二、黄连的根茎繁殖

选用健壮的 2 年实生黄连苗，于晴天或雨后拔出，抖去泥土，在距根茎 1 厘米处将过长根须剪去。当天栽不完的，应堆放在阴湿处，第二天浸湿后再用。雅连用移栽后 3～5 年的匍匐茎扦插繁殖，以具 3 片叶以上、芽苞大而饱满、茎杆粗壮者为佳。云连大部分用移栽 2～3 年的地上茎扦插。

栽法：选阴天或晴天栽种，忌雨天栽种。一般行株距均为 10 厘米，每 667 米^2 栽苗 5.5 万～6 万株。栽苗不宜过浅，一般适龄苗应使叶片以下完全入土，最深不超过 6 厘米。

根茎扦插的产量较秧苗移栽的高 10%左右，但剪去根茎，减少当年黄连收益 5%～10%左右，且由于数量不多，只有在繁殖材料缺乏或育种时采用。

根茎繁殖栽连法是缩短黄连栽培年限的有效措施，可在生产中大力推广，它比有性繁殖省去二年的育苗阶段，栽后冬季不易冻死，经济效益显著，黄连种子产量高。据调查，根茎栽连种子最高 667 米^2 产量达 25～27 千克，而有性繁殖黄连种子最高 667 米^2 产量只有 15～20 千克。其根茎产量也高。

§3.16.9 怎样进行黄连荫蔽与移栽？

一、荫蔽

黄连的荫蔽方法，经多年试验研究，目前已由繁到简，从大量消耗木材到无木棚，从毁林栽连到造林栽连，从搭棚荫蔽到套作物荫蔽，栽培技术有了很大改进。

（一）木桩棚荫蔽

是产区历来采用的荫蔽方法。棚高1.5～1.7米，每667米^{2}耗费木材约10米^2。搭棚方法，首先砍山备料，每667米^{2}需长1.8～1.2米，直径10～12米的棚桩150～160根；顺杆长4.6～4.8米，直径10～12厘米，尖端直径5～7厘米，每667米^{2}需75～80根；横杆长2～2.2米，直径4～6厘米，每667米^{2}需550根。各种材料备妥后还要经过加工后，才能进行搭棚，而且搭棚技术性强，要搭牢固，使能维持5年的栽培期。

（二）石桩棚荫蔽

即用石条代替木桩，牵铁丝纵横交织，涂沥青防锈，盖枝条、移杆、山草等成棚，若改石条为预制构件更好。石桩牢固，经久耐用，可多季栽培黄连。四川对黄连轮作制度的研究成功，解决了黄连一地轮作长期栽培黄连的问题。黄连收获后，经2～3年玉米套种黄豆后，再栽培黄连，667米^{2}产干根茎达162千克左右，达到一般垦荒栽连的水平。石桩棚架荫蔽已在四川石柱、湖北利川等主产区推广应用。

（三）树林荫蔽

分为自然林和人造林两种。

1. 自然林栽连 首先应将林内竹、茅草砍掉，然后根据树冠的荫蔽情况，砍掉过密的树枝，荫蔽不足处用藤条将靠近密林的树枝拉过来调节荫蔽度，敞阳的林间“天窗”，应补搭荫棚。总之，砍山时宜密不宜稀，荫蔽度应保持在70%以上，黄连成活率才高，后期黄连需光时，仍可修枝敞阳。

2. 人工造林栽连 选较平坦或坡度较小的荒山或二荒地，用松杉树与白麻桑、红麻桑等灌木按行株距1.7米栽植，树冠封林后即开沟作厢栽连，栽两三季黄连后，松杉树已封林，即可砍去麻桑等灌木，在松杉树下栽黄连。人工造林由于荫蔽度较一致，田间管理方便，黄连产量高。此外，尚有用连翘、黄柏、杜仲等药用植物及棕树、猕猴桃等经济果木造林，造林遮荫栽连，提高了单位面积经济效益。

（四）套种作物荫蔽

利用套种作物荫蔽栽种黄连比较成功的有：黄连与玉米套作、黄连与党参套作。黄连与玉米套作，据湖北利川县和四川石柱县经验，选肥沃、疏松的沙壤土，整地施足基肥，作宽1.5～1.7米高畦，春季于畦两边各播种1行高秆早熟玉米，按株距30厘米左右穴播，每穴播种3～4粒（定向播种，使玉米叶向两边畦内生长），7月玉米封畦，即可栽种黄连。10月份玉米收获后，于行间架设支柱和顺梁，高约70厘米，然后折弯玉米秆倒向梁上，稀的地方加盖树枝，成为冬春荫蔽棚。

（五）矮棚荫蔽

降低棚的高度，为0.6～1米，节约1/4～1/2桩材，但耕作不便，因而有多种方式。

1. 单厢活动矮棚 在单厢矮棚之间，盖上活动的盖材，工作前取下，工作后盖上。武隆县共和区利用单厢活动棚栽老叶子黄连，解决了单厢棚间射进阳光晒死幼苗的问题，连苗成活率高达95%，还能收到黄连种子。但土地利用率不高，又增加了工作量。

2. 活动固定矮单厢棚 宽窄沟相间的活动固定矮厢棚，厢宽为1.3米，窄沟0.3米，沟间搭固定棚盖，留作拔草时匍匐爬行，宽沟0.5米，做成活动棚盖，留作施肥与打药等使用，用后盖土。这种棚操作较为方便，省工，产量也较高。

总之，黄连栽培的荫蔽方法，近年来有很多改进，各地因地制宜，结合当地情况采用不同的荫蔽方法，只要能达到低投入、高产出的效果，就是好的。

二、移栽

（一）移栽期

黄连秧苗每年有三个时期可以移栽。第一个时期是在2～3月雪化后，黄连新叶还未长出前，栽后成活率高，长新根、发新叶快，生长良好，入伏后死苗少，是比较好的移栽时间。第二个时期是在5～6月，此时黄连新叶已经长成，秧苗较大，栽后成活率高，生长亦好，但不宜迟至7月，因7月温度高，移栽后死苗多，生长也差。第三个时期是在9～10月，栽后不久即入霜期，根未扎稳，就遇到冬季严寒，影响成活。只有在低海拔温暖地区，才可在此时移栽。

(二) 秧苗准备

秧苗的质量与成活及产量有密切关系，壮苗成活率高，生长快，黄连产量也高，故移栽时应选择有4片以上真叶、株高在6厘米以上的健壮幼苗。移栽前，将须根剪短约留2～3厘米长，放入水中洗去根上的泥土，使便于栽苗，秧苗吸收了水分，栽后易成活。通常上午拔取秧苗，下午栽种；如未栽完，应摊放阴湿处，第二天栽前，叶应浸湿后再栽。

(三) 栽种方法

选阴天或晴天栽植，不可在雨天进行，雨天栽种常常将畦土踩紧，秧苗糊上泥浆，妨碍成活。行株距10厘米，正方形栽植，每667米^{2}可栽秧苗5.5万～6.6万株，用小花铲（黄连刀）栽植，深度视移栽季节、秧苗大小而定，春栽或秧苗小可栽浅些，秋栽或秧苗大可稍栽深点，一般栽3～5厘米深，地面留3～4片大叶即可。

雅连搭棚于整地后进行。一般用开荒砍下的材料搭棚。一般以透光40%为宜。春、夏、秋季均可移栽。春季在2～3月移栽，成活率较高，为最佳时期。秋季以立秋前后（8月上旬）栽种为宜。行距10厘米，株距10～13厘米，使芽苞入土3厘米。栽时不能损伤芽苞，每667米^{2}栽秧5万～6万株。栽后把棚盖材料铺在畦面上，第二年雪化后上棚。

云连，以春栽为好，但也有于秋季8月进行的。栽苗深度以叶片不入土为宜，切忌弯曲。行距12～16厘米，株距6.6厘米左右，每

667 米^2 约栽 3 万株。

§3.16.10 如何进行味连的田间管理？

一、栏棚边

栽后为了防止兽害及边畦太阳直射，可用树枝编篱，栏好棚边。

二、补苗

黄连秧苗移栽后，常有不同程度的死亡，据调查，第一、二年每年死苗达 10%～20%，应及时进行补苗。补苗通常进行两次，第一次在移栽后当年秋季，用同龄壮苗补植。第二次在移栽后第二年解冻后新叶萌发前进行。此后，如发现缺株，应选用相当的秧苗带土补栽，保持植株生长一致。

三、除草、松土

黄连地内极易生长杂草，尤以轮作的熟地杂草更多。移栽当年和第二年，秧苗生长缓慢，杂草生长快，必须及时除草，做到除早、除小、除净。除草次数视杂草生长情况而定，移栽当年和次年，每年除草 4～5 次；第三、四年每年除草 3～4 次；第五年除草 1 次。第一、二年除草时，边拔草边疏松表土。林间栽连除草时，若发现落叶覆盖植株，应清理掉。

也可用化学除草剂除草。在播种或移栽前，每 667 米^2 用 50%朴草净可湿性粉剂 200 克或 25%敌草隆可湿性粉剂 300 克土壤处理。移栽后第二年春季杂草大量萌发时，每 667 米^2 用朴草净 200 克加水 20～25 千克，选晴天露水干后进行喷雾。黄连叶片布满全田后不能再用除草剂，只能人工拔除。

四、追肥、培土

秧苗移栽后 2～3 日内应施一次肥，用稀薄猪粪水或腐熟饼肥水每667米^{2}500～1 000千克淋施，也可用腐熟细碎堆肥或厩肥每667米^2 1 000千克撒施。这次施肥产区称“刀口肥”，能促进生新根，有利于秧苗成活及生长。移栽当年9～10月，第二、三、四、五年春季2～3月间发新叶前或5月杀薹或采种后和第二、三、四年秋季9～10月，应各施追肥1次。春季追肥每667米^{2}用腐熟人畜粪尿1 000千克或饼肥50～100千克加水1 000千克；也可每667米^{2}用尿素10千克和过磷酸钙20千克与细土或细堆肥拌匀撒施，施后用细竹把把附在叶片上的肥料扫落。秋季追肥以腐熟农家肥料为主，兼用草木灰、饼肥等；肥料应充分腐熟捣细，撒于畦面，厚约1厘米，每次每667米^{2}用量1 500～2 000千克。施肥量应逐年适当增加。

黄连的根茎向上生长，每年形成茎节，每次秋季追肥后，还应培土，在附近收集腐殖质土（或铲集林间表层腐殖质土作成熏土）经捣细后，撒于畦面。第二、三年撒土厚约1.5厘米，第四年撒土厚2～3厘米。培土必须均匀，不能过厚，培土过厚根茎节间（桥梗）长，降低质量。

五、杀花薹

黄连开花结实要消耗大量营养物质，故将花薹杀除，可减少营养物质消耗，使养分向根茎集中而增产，故除计划留种的黄连外，自第二年起，应于花薹抽出后，将花薹杀除。

六、调节荫蔽度

适当的荫蔽是黄连生长的必要条件。根据黄连生长发育对光的要求，移栽当年需要70%～80%的荫蔽度；第二年起荫蔽度逐年减少10%左右，到第四年荫蔽度减少到40%～50%。第五年拆去棚上覆盖物，以增加光照，抑制地上部分生长，促使养分向根茎转移，增加根茎产量。林间栽连，应特别注意调节荫蔽度，栽后第一、二年荫蔽度应在70%以上；自第三年起应注意疏枝，增加光照，将荫蔽度调整到50%左右；第四年调整到30%为宜。

§3.16.11　如何进行雅连的田间管理?

一、栏棚边、补苗

栽后为了防止兽害及边畦太阳直射，可用树枝编篱，栏好棚边。黄连秧苗移栽后，常有不同程度的死亡，据调查，第一、二年每年死苗达10%～20%，应及时进行补苗。补苗通常进行两次，第一次在移栽后当年秋季，用同龄壮苗补植。第二次在移栽后第二年解冻后新叶萌发前进行。此后，如发现缺株，应选用相当的秧苗带土补栽，保持植株生长一致。

二、松土、除草

一般中耕除草2～3次，第一次在春季上棚后进行，第二次在夏季进行，第三次在冬季初下棚前进行。黄连地内杂草最易滋生，中耕除草应特别细致，松土使用黄连钩松土，连同杂草根刨起，要求草净、土松。松土时，应注意不要刨伤芽苞。

三、培土

产区俗称“上土”。栽秧后次年春季培土一次，称为上春土。方法是：用两齿钉耙（俗称黄连抓子）挖起床沟内的泥土，覆盖于植株行间，只能盖住老叶和老芽苞，不能盖住嫩叶、嫩芽，以免影响发育。以后各年不再上春土，只上冬土。上冬土的方法与上春土略有不同，是将挖出的泥土碎细后，均匀覆盖于床上，并且完全盖住植株，特别是要盖住芽苞，培土厚度3厘米。上土在一定程度上起着追肥和促进根茎增长的作用，还能保护植株越冬，防止结冻拔起植株和冻坏芽苞。因此，上土是雅连产区提高黄连产量、品质的重要措施之一。

四、上棚与下棚

雅连在冬季需将整个棚盖物（包括顺杆、横杆、遮盖物）拆下压盖在畦上（俗称“放架”或“下架”），一般上冬土后下棚压在冬土上，土地冻结膨胀时就不易拔起秧苗，起到保护植株越冬的作用，另一方面下棚后棚盖物不会被雪压坏。下棚要依次向前，边撤边依次盖在身后的畦上，不能乱丢，以免增加上棚时的困难。春季解冻后即将棚盖物重新搭上（俗称“上架”）。其作法与搭棚一样，只是不重新栽棚桩。

五、追肥

过去雅连都是自肥庄稼，无追肥习惯，这是产量低的重要原因之一。近几十年产区做了不少施肥试验，证明追肥对于提高黄连的产量和质量有较大的作用。由于地处高山，有机肥料缺乏，所以多施饼肥、过磷酸钙、尿素等。施用时应特别注意浓度与施用方法，以免发生伤害。

六、按秧子

土壤冻结膨胀时，往往将连秧拔起，特别是新栽的秧子根很少，扎根不稳固最易被拔起。在上棚时进行检查，发现秧苗拔起及时重新栽入土中，否则秧苗死亡，会形成缺苗、断条，降低单位面积产量。

以上管理工作的具体时间安排，应根据海拔高度来安排先后顺序，低山区上棚、上春土及第一次松土除草要先进行，高山区可后进行。

§3.16.12 黄连种子如何采收和贮藏？

一、种子的采收

黄连种子质量与栽培年限有关。黄连各年生所结的种子成熟度和饱满度不一致，以移栽后第四年（即六年生）所结的种子——红花种子为最好，种子产量也最高。一般每 667 米^2 可收种子 10 千克以上。其次，第 5 年（七年生）所结的种子——老红花种子也较好。再其次是第三年所结的种子——试花种子。一般种子成熟时（5 月上旬），即果由绿变黄绿色，种子变为黄绿色，并出现果皮刚开裂时，应及时采收。采收过早，种子还是淡绿色，未成熟；采收过迟，种子变绿色，果皮开裂，种子由裂孔中弹出而造成损失。味连种子的成熟期不一致，而且容易霉变，因此，采收的时间性很强，应做到快收、细收、收净。

采收选晴天或阴天无雨露时进行，将果穗从茎部轻轻摘下，盛入细密容器内，集中运回室内或阴凉地方，经 2～3 天后熟，避免日晒，果实完全开裂后，抖落脱粒或搓打出种子，不能让它萎蔫，萎蔫后不易抖出种子。脱粒的种子摊放在阴凉湿润的地上，厚约 3 厘米，每天翻动 3 次，经 7～8 天后，种子变为黄褐色，簸去杂质、瘪子即可播种或贮藏。一般每 667 米^2 可收种子 5 千克，多者可收 20 千克。

二、种子的贮藏

提高黄连种子育苗率的关键在于使种子从采收到萌发 9 个多月的时间里，能在低湿、低温的环境条件下，顺利完成种胚形态和生理后熟过程，而不遭虫蛀、鸟食等危害。种子干燥后即失去发芽力。故采收后，必须及时收藏。产区种子贮藏方法，主要有以下几种：

（一）坑藏法

选荫蔽的地方，挖窖贮藏，窖深、宽各 1～1.3 米，口小里大，或选室内靠两壁一角，用砖石砌成宽 50～60 厘米，高 30～40 厘米，长随需要而定的池子；亦可选不渍水岩洞贮藏。贮藏前将种子加 3～5 倍的细沙或腐殖质土（含水量 25%左右，手握成团，松开能散）拌合均匀，然后放入窖内或洞内，摊开，厚 1～2 厘米，上面再盖 1 层湿沙或腐殖质土；或采用层积法，先铺沙或腐殖质土，再放一层种子，如此交替放入，每层厚约 1 厘米，放 3～4 层，最上面盖一层厚 3～4 厘米的沙或腐殖质土。种子贮藏好后，窖或洞口用石板或其他物体盖好，稍留缝隙，以利通气。种子贮藏期中要定期检查窖或洞内湿度，如湿渡不够，适当淋水；如漏水或浸水，应及时采取挽救措施或换地贮藏。

（二）棚藏法

选排水良好、富含腐殖质的缓坡地或平坦地搭棚遮荫，也可在大田栽培棚内，挖宽1～1.3米，长随需要而定，但不宜太长，深1米左右的坑，坑底要平，坑的四周挖排水沟。在挖坑时，表层腐殖质土单独堆放并过筛。贮种时先铺放种子于坑底，厚1～1.5厘米，再于种子上盖细腐殖质土，厚约1厘米，依次一层种子一层土，连续2～3层，最后盖土3～4厘米厚。

棚藏法是一种较方便的黄连种子贮藏方法，经贮藏后种子发芽率也高。在贮期中应常检查，初期宜勤，3～5天1次，至9月气温下降，可30天检查1次，如发现种子发霉，应立即与沙混合后再贮藏。

§3.16.13 黄连的病虫害如何防治？

一、病害

（一）黄连白绢病

1. 症状 发病初期地上部分无明显症状。后期，随着温度的增高，根茎内的菌丝穿过土层，向土表伸展，菌丝密布于根茎四周的土表。最后，在根茎和近土表上形成茶褐色油菜籽大小的菌核。由于菌丝破坏了黄连根茎的皮层及输导组织，被害株顶梢凋萎、下垂，最后整株枯死。

2. 病原 病原 *Sclerotium rolfsii* Sace. 属真菌的半知菌亚门，丝孢纲，无孢目，无孢科，小菌核属真菌。菌丝白色，疏松或集结成线形紧帖于基物上，形成菌核；菌核表生，球形或椭圆形，直径0.5～1毫米，有时达3毫米。菌核外表褐色，内部灰白色。菌核内细胞呈多角形，直径6～8微米，菌核表面的细胞色深而小，且不规则。有性时期为罗氏白绢病菌〔*Pelliullaria rolfsii* (Sace.) West.〕，但不常发生。

3. 发病规律　菌核在土壤中能存活 5～6 年。土壤肥料等带菌是初次侵染来源。发病期以菌丝蔓延或菌核随水流传播进行再侵染。本病于 4 月下旬发生，6 月上旬至 8 月上旬为发病盛期。高温多雨易发病。

4. 防治措施

（1）轮作。可与禾本科作物轮作，不宜与感病的玄参、芍药等轮作。

（2）田间发病时，可用 50%石灰水浇灌，或用 50 退菌特（1∶500～1 000倍液）喷射，每隔 7～10 天喷 1 次，连续喷 3～4 次。

（3）发现病株，带土移出黄连棚深埋或烧毁，并在病穴及其周围撒生石灰粉消毒。

（二）黄连白粉病

白粉病在黄连产区发生普遍而严重，引起黄连死苗缺株，一般减产 50%以上。干旱年份病重；相反则病轻。

1. 症状　白粉病主要危害叶。在叶背出现圆形或椭圆形黄褐色的小斑点，渐次扩大成大病斑，直径大小为 2～25 厘米；叶表面病斑褐色，逐渐长出白色粉末，表面比叶背多，于 7～8 月产生黑色小颗粒，即为病原菌的闭囊壳，叶表多于叶背。发病由老叶渐向新生叶蔓延，白粉逐渐布满全株叶片，致使叶片渐渐焦枯死亡。下部茎和根也逐渐腐烂。次年，轻者可生新叶，重者死亡缺株。

2. 病原　病原 *Erysiphe nitida*（Wallr.）Rabenh. 属子囊菌亚门，核菌纲，白粉菌目，白粉菌科，白粉菌属真菌。子囊果直径 60～139 微米；附属丝多，菌丝状，与菌丝相交织；子囊 3～10 个，长卵形至亚球形，49～82 微米×29～53 微米；子囊孢子 3～6 个，间或有 2 个或 8 个的，17～30 微米×10～19 微米。无性世代为白粉粉孢霉（*Oidium erysiphoides* Fr.），分生孢子单个顶生，第一孢子成熟后第二孢子才开始发展，长圆形，27～33 微米×14～17 微米。

3. 发病规律　此病因搭棚过密和地里积水所引起。气候干燥，雨后猛晴，有强光照射，也易发病。一般在7～8月份发生。大气温、湿度高，黄连棚荫蔽度大时，产生分生孢子。7月下旬至8月上旬为发病盛期，8月下旬较轻。

4. 防治措施

(1) 调节荫蔽度，适当增加光照；冬季清园，将枯枝落叶集中烧毁。

(2) 发病初期喷射波美0.2～0.3度石硫合剂或50%甲基托布津1～1 000倍液，每7～10天喷1次，连续喷2～3次。

(三) 黄连根腐病

1. 症状 发病时，须根变成黑褐色，干腐，再干枯脱落。初时，根茎、叶柄无病变。叶面初期从叶尖、叶缘变紫红色，不规则病斑，逐渐变暗紫红色。病变从外叶渐渐发展到心叶，病情继续发展，枝叶呈萎蔫状。初期，早晚尚能恢复，后期则不再恢复，干枯致死。这种病株很易从土中拔起。

2. 病原 病原 *Fusarium* sp. 属半知菌亚门，丝孢纲，丛梗孢目，瘤座孢科，镰刀菌属真菌。子座紫色至樱桃红色；气生菌丝无色至红色；小型分生孢子成串或伪头状体，卵形至圆筒形，有时呈梨形，1～2个细胞；大型分生孢子在分生孢子座和粘分生孢子团中群集时呈鲜橙色，纺锤形或几乎成圆筒形，弯曲，顶端近乎钩状，基部有小梗，1～3（4～5）个隔膜。

3. 发病规律 病菌以菌丝和分生孢子在土壤中越冬，病菌在土壤中可存活5年以上。翌年4～5月份开始发病，7～8月进入盛期，8月以后逐渐减少。在地下害虫活动频繁，以及天气时晴时雨，土壤粘重，排水不良，施用未腐熟厩肥，植株生长不良的条件下易发此病。

4. 防治措施

(1) 一般需与禾本科作物轮作3～5年后才能再栽黄连。切忌与易感病的药材或农作物轮作。

(2) 在黄连生长期间，要注意防治地老虎、蛴螬、蝼蛄等地下害虫，以减少发病机会。

（3）及时拔除病株，并在病穴中施石灰粉，用2%石灰水或50%退菌特1∶600倍液全面浇灌病区，可防止病害蔓延。

（4）发病初期喷药防治，用50%退菌特1∶1 000倍液，或40%克瘟散1∶1 000倍液，每隔15天1次，连续喷3～4次。

（四）黄连炭疽病

1. 症状 发病初期，在叶脉上产生褐色、略下陷的小斑。病斑扩大后呈黑褐色，中部褐色，并有不规则的轮纹，上面生有黑色小点（即病原菌的分生孢子盘和分生孢子）。叶柄基部常出现深褐色、水渍状病斑，后期略向内陷，造成柄枯、叶落。天气潮湿时，病部可产生粉红色黏状物，即病菌的分生孢子堆。

2. 病原 病原*Colletotrichum* sp. 属半知菌亚门，腔孢纲，黑盘孢目，刺盘孢属。菌丝生于基质内，寄生于角质层或表皮下形成菌丝层或子座，以后破表层而出；子实体黑色，蜡质，无包被，盘形；分生孢子盘先埋藏后暴露，深色，周围生黑色刚毛；分生孢子梗短，不分枝；分生孢子圆筒形至纺锤形。

3. 发病规律 病原菌以菌丝附着在病残组织和病菌上越冬。翌年4～6月，分生孢子借风雨传播，引起发病。在温度25～30℃、相对湿度80%时易发生。

4. 防治措施

（1）发病后立即摘除病叶，消灭发病中心。

（2）冬季清园，将枯枝病叶集中烧毁。

（3）用65%代森锌1∶500倍液或甲基托布津1∶400～500倍液，或50%退菌特1∶800～1 000倍液，隔7日喷1次，连续喷2～3次，可收到较好的防治效果。

（五）黄连紫纹羽病

一般病地减产20%左右，重病地绝产无收。

1. 症状 一般苗期可发病，但通常是在生长3～4年后，黄连植株地上部才表现出明显症状。发病地块黄连蔸分布稀疏。感病植株地上部分长势弱，叶片稀少，近边缘的叶片早枯，植株极易拔起。感病的初期，地下部土壤深处还存留部分新发须根，暂时维持地上部的生长；严重时，须根全部脱落，导致整株死亡。主根受害，仅存黄色维管束组织，内部中空，质地变轻。主根和须根根系表面，常有白色至紫色的绒状菌丝层；后期，菌丝形成膜状菌丝块或网络状菌索。

2. 病原 病原 *Helicobasidium mompa* Tanaka 属于担子菌亚门，层菌纲，木耳目，木耳科，卷担子属真菌。营养菌丝生于寄主体内，壁薄，直径 5～10 微米；生育菌丝外生，红紫色，70～110 微米×5～6.5 微米。菌丝束由粗大而色深壁厚的菌丝纠结而成，它的细胞 58～695 微米×12.8 微米。菌核半圆形，红紫色，边缘拟薄壁组织状；内部白色，疏丝组织状，直径 0.86～2.06 毫米。子实体扁平，深褐色，厚 6～10 毫米，毛绒状。子实层淡红紫色；上担子无色，圆筒形或棍棒形，向一方卷曲，有隔膜 3 个，25～40 微米×6～7 微米，生小梗 3～4 个；小梗大 12～15 微米×2.5～3.5 微米；孢子卵形或肾形，顶端圆基部细，10～25 微米×5～8 微米。菌核体世代为紫纹羽丝核菌。有性时期产生担子及担孢子。紫纹羽病菌寄生范围广，它能侵染多种植物的根部。

3. 发病规律 病菌以菌索或菌丝块在病根及土壤中越冬，可存活多年。病菌随种苗调运作远距离传播。田间的菌丝束在土壤中扩展，从根表面侵入。病菌有性时期虽能产生担孢子，但在传播病害上不起大作用。林地或开垦后未熟化的旱田、坡地容易发病；山冈顶或土壤被严重冲刷的山坡砾质砂地也易发病。随着旱田和坡地进一步熟化，紫纹羽病逐渐减轻。植株在缺肥，生长不良的地块发病重。土壤酸化则有利于病害发生。多施碱性肥料发病轻。

4. 防治措施

（1）选择无病田种植，勿从病区调入种苗。

（2）施用腐热有机肥料，增加土壤肥力，改善土壤结构，提高保水力，减轻病害发生。

（3）施石灰中和土壤酸性，改善土壤环境。每 667 米^2 施入 100 千克左右，对防病有良好效果。

（4）轮作。发病田块可与禾本科作物（如玉米）实行 5 年以上轮作，但忌与其他寄主范围内的作物轮作或间作。

（5）提前收获。发病黄连应尽量提前收获，以减少田间损失。

二、虫害

（一）蛞蝓（*Limacina* sp.）

3～11 月发生，咬食黄连嫩叶。白天潜伏阴湿处，夜间活动为害。雨天为害较重。防治方法：①蔬菜毒饵诱杀；②棚桩附近及畦四周撒石灰粉。

（二）铜绿丽金龟（*Anomala corpulenta* Motschulsy）和非洲蝼蛄（*Gryllotalpa africana* Palisot）

幼虫食黄连叶柄基部，严重时可将幼苗成片咬断。防治方法：一是人工捕杀；二是药物诱杀。

（三）锦鸡〔*Chrysolophus pictus*（P.）Golden pheasamt〕

锦鸡又称野鸡，春季常于早晨吃叶和花蕾。防治方法：拦好棚边阻其进入，并辅以人工捕杀或枪杀。

（四）鼹鼠（*Scaptochirus moschatus* Milne-Edwards）

鼹鼠又称地老鼠，在黄连田中掘许多横孔道，影响移栽苗的成活及生长。防治方法：移载后常检查，发现孔道即压实，并用磷化锌和玉米粉 1∶20 拌成毒饵，撒于田间洞口诱杀。

（五）麂子（*Muntiacus veevesi* Ogilby）

常于冬春季吃叶片及花蕾，可将全田的叶子吃光，为害严重。防治方法：同锦鸡。

（六）野猪（*Sus scrofa* L.）

冬春季常进入黄连地觅食，践踏或拱出连苗，为害严重。防治方法：同锦鸡。

第七节 黄连的采收、加工（炮制）与贮存

§3.16.14 黄连什么时间采收？

一、味连的采收

（一）收获年限

黄连通常在移栽后第五年收获，亦有第四年收获的，但产量低。也有到第六年收获的，一般比第五年收获可增产10%～15%。黄连移栽后生长满五年收获，较四年收获的单产增加55%左右。故不宜提前收获。但也不宜超过6年，因过分延长生长期，黄连长势减弱，根茎易腐烂，产量下降。

（二）收获时期

黄连收获一般于10～11月进行。收获过早，根茎水分多，折干率低；但又不宜过迟，如迟到翌年春雪化后收获，植株已抽薹开花，养分被消耗，根茎中空，产量降低，品质也劣。

（三）收获方法

选晴天先拆除荫棚，然后用二齿耙挖出全株，敲落根部附土，齐根基部剪去须根，齐芽苞剪去叶片，即得鲜黄连，分别收集根茎、须根及叶片，运回加工。

二、雅连的采收

雅连一般栽培4～5年采收。若长势旺，棚架好也可延至5～6年采收，以提高产量和质量。一般于立冬前后采收，先拆除棚架，用钉耙或二齿耙挖起全株，抖去泥沙。

三、云连的采收

云连种后第四年即可收获，但不全部挖，而是抽挖根茎粗壮的；

一般每 667 米^2 第四年收 20 千克，第五年收 10 千克。

§3.16.15 怎样加工黄连？

一、味连的产地加工

主要是用柴草或无烟煤加温烘干。用柴草做燃料的，常于宅旁或连地附近，选地面平坦、外壁直立、土层较厚的土台，于台上挖长方形平炕。用无烟煤做燃料的，通常于室内筑成斜坑。炕时火力不宜过大，并勤翻动，烘至半干时，应取下分成大、中、小三级；重新上炕时，大的放在下层，中等的放在中间，小的放在上层，使上、中、下三层黄连干燥一致。烘的火力应随干燥程度而减小，待干后，趁热取下放在竹制槽笼里来回推拉，或放在铁质撞桶里用力旋转、推撞，撞去残存须根、粗皮、鳞芽及叶柄，再倒出，拣去石子、土粒，扬去灰渣，即为成品药材。

二、雅连的产地加工

在栽培地附近，修建简易土炕，上面横铺竹杆，稀密以能漏下泥沙而不漏雅连为宜。将全株摊放炕床上，边烘边用钉耙翻动，除去部分须、叶、泥土，减少水分，再运回室内用火炕烘烤；烘至皮干心湿，须和叶干焦时取出，筛簸除去须、叶、杂质后再烘至全干。然后，装入竹编槽笼，撞去根须、泥沙，剪去残余连杆和过长的“过桥”，即为成品药材。

三、云连的产地加工

收后抖去泥土，剪去茎叶和须根，摊在篾席上晒干，或用火炕干燥，而成毛连。干燥毛连入撞笼撞去须根、泥沙；亦可用 1.5 米长的麻袋，内装云连和碎石，两人抬起来回拉动，使云连与碎石撞击，撞净须毛，即得云连成品。

此外，黄连须根 667 米^2 产量约占总产量的 30%左右，小檗碱含量在5%左右，是仅次于根茎的产品。其他如黄连叶、黄连渣等均可作兽药用。

§3.16.16 黄连怎么样贮藏好？

黄连一般用内衬防潮纸的纸箱包装，每件15千克左右，贮存于阴凉干燥处。商品安全水分11%～13%。本品在高温多湿情况下易生霉，少见虫蛀。为害的仓虫主要有白腹皮蠹。贮藏期间应定期检查，若生霉，要及时晾晒，或采用密封充氮降氧养护。

第八节 黄连的中国药典质量标准

§3.16.17 《中国药典》2010年版黄连标准是怎样制定的？

拼音：Huanglian

英文：COPTIDIS RHIZOMA

本品为毛茛科植物黄连 *Coptis chinensis* Franch.、三角叶黄连 *Coptis deltoidea* C. Y. Cheng et Hsiao 或云连 *Coptis teeta* Wall. 的干燥根茎。以上三种分别习称“味连”、“雅连”、“云连”。秋季采挖，除去须根和泥沙，干燥，撞去残留须根。

【性状】味连多集聚成簇，常弯曲，形如鸡爪，单枝根茎长3～6厘米，直径0.3～0.8厘米。表面灰黄色或黄褐色，粗糙，有不规则结节状隆起、须根及须根残基，有的节间表面平滑如茎秆，习称“过桥”。上部多残留褐色鳞叶，顶端常留有残余的茎或叶柄。质硬，断面不整齐，皮部橙红色或暗棕色，木部鲜黄色或橙黄色，呈放射状排列，髓部有的中空。气微，味极苦。

雅连 多为单枝，略呈圆柱形，微弯曲，长4～8厘米，直径0.5～1厘米。“过桥”较长。顶端有少许残茎。

云连　弯曲呈钩状，多为单枝，较细小。

【鉴别】(1) 本品横切面：味连　木栓层为数列细胞，其外有表皮，常脱落。皮层较宽，石细胞单个或成群散在。中柱鞘纤维成束或伴有少数石细胞，均显黄色。维管束外韧型，环列。木质部黄色，均木化，木纤维较发达。髓部均为薄壁细胞，无石细胞。

雅连　髓部有石细胞。

云连　皮层、中柱鞘及髓部均无石细胞。

(2) 取本品粉末 0.25 克，加甲醇 25 毫升，超声处理 30 分钟，滤过，取滤液作为供试品溶液。另取黄连对照药材 0.25 克，同法制成对照药材溶液。再取盐酸小檗碱对照品，加甲醇制成每 1 毫升含 0.5 毫克的溶液，作为对照品溶液。照薄层色谱法（附录Ⅵ　B）试验，吸取上述三种溶液各 1 微升，分别点于同一高效硅胶 G 薄层板上，以环己烷乙酸乙酯异丙醇甲醇水三乙胺（3∶3.5∶1∶1.5∶0.5∶1）为展开剂，置用浓氨试液预饱和 20 分钟的展开缸内展开，取出，晾干，置紫外光灯（365 纳米）下检视。供试品色谱中，在与对照药材色谱相应的位置上，显 4 个以上相同颜色的荧光斑点；对照品色谱相应的位置上，显相同颜色的荧光斑点。

【检查】水分　不得过 14.0%（附录Ⅸ　H 第一法）。

总灰分　不得过 5.0%（附录Ⅸ　K）。

【浸出物】照醇溶性浸出物测定法（附录Ⅹ　A）项下的热浸法测定，用稀乙醇作溶剂，不得少于 15.0%。

【含量测定】味连　照高效液相色谱法（附录Ⅵ　B）测定。

色谱条件与系统适用性试验　以十八烷基硅烷键合硅胶为填充剂；以乙腈 0.05 摩尔/升-磷酸二氢钾溶液（50∶50）（每 100 毫升中加十二烷基硫酸钠 0.4 克，再以磷酸调节 pH 值为 4.0）为流动相；检测波长为 345 纳米。理论板数按盐酸小檗碱峰计算应不低于5 000。

对照品溶液的制备　取盐酸小檗碱对照品适量，精密称定，加甲醇制成每 1 毫克含 90.5 微克的溶液，即得。

供试品溶液的制备取本品粉末（过 2 号筛）约 0.2 克，精密称定，置具塞锥形瓶中，精密加入甲醇-盐酸（100∶1）的混合溶液 50 毫升，密塞，称定重量，超声处理（功率 250 瓦，频率 40 千赫）30 分钟，放冷，再称定重量，用甲醇补足减失的重量，摇匀，滤过，精密量取续滤液 2 毫升，置 10 毫升量瓶中，加甲醇至刻度，摇匀，滤过，取续滤液，即得。

测定法 分别精密吸取对照品溶液与供试品溶液各 10 微升，注入液相色谱仪，测定，以盐酸小檗碱对照品的峰面积为对照，分别计算小檗碱、表小檗碱、黄连碱和巴马汀的含量，用待测成分色谱峰与盐酸小檗碱色谱峰的相对保留时间确定。

表小檗碱、黄连碱、巴马汀、小檗碱的峰位，其相对保留时间应在规定值的±；%范围之内，即得。相对保留时间见下表：

待测成分（峰）	相对保留时间
表小檗碱	0.71
黄连碱	0.78
巴马汀	0.91
小檗碱	1.00

本品按干燥品计算，以盐酸小檗碱计，含小檗碱（$C_{20}H_{17}NO_4$）不得少于 5.5%，表小檗碱（$C_{20}H_{17}NO_4$）不得少于 0.80%，黄连碱（$C_{19}H_{13}NO_4$）不得少于 1.6%，巴马汀（$C_{21}H_{21}NO_4$）不得少于 1.5%。

饮片

【炮制】黄连片 除去杂质，润透后切薄片，晾干，或用时捣碎。

本品呈不规则的薄片。外表皮灰黄色或黄褐色，粗糙，有细小的须根。切面或碎断面鲜黄色或红黄色，具放射状纹理，气微，味极苦。

【检查】水分 同药材，不得过 12.0%。

总灰分 同药材，不得过 3.5%。

【含量测定】同药材，以盐酸小檗碱计，含小檗碱（$C_{20}H_{17}NO_4$）不得少于 5.0%，含表小檗碱（$C_{20}H_{17}NO_4$）、黄连碱（$C_{19}H_{13}NO_4$）

和巴马汀（$C_{21}H_{21}NO_4$）的总量不得少于3.3%。

【鉴别】（除横切面外）【浸出物】 同药材。

酒黄连 取净黄连，照酒炙法（附录Ⅱ D）炒干。

每100千克黄连，用黄酒12.5千克。

本品形如黄连片，色泽加深。略有酒香气。

【鉴别】【检查】【浸出物】【含量测定】 同黄连片。

姜黄连 取净黄连，照姜汁炙法（附录Ⅱ D）炒干。

每100千克黄连，用生姜12.5千克。

本品形如黄连片，表面棕黄色。有姜的辛辣味。

【鉴别】【检查】【浸出物】【含量测定】同黄连片。

萸黄连 取吴茱萸加适量水煎煮，煎液与净黄连拌匀，待液吸尽，炒干。

每100千克黄连，用吴茱萸10千克。

本品形如黄连片，表面棕黄色。有吴茱萸的辛辣香气。

【鉴别】取本品粉末2克，加三氯甲烷20毫升，超声处理30分钟，滤过，滤渣同法处理两次，合并滤液，减压回收溶剂至干，加三氯甲烷1毫升使溶解，作为供试品溶液。另取吴茱萸对照药材0.5克，同法制成对照药材溶液。再取柠檬苦素对照品，加三氯甲烷制成每1毫升含1毫克的溶液，作为对照品溶液。照薄层色谱法（附录Ⅵ B）试验，吸取供试品溶液6微升、对照药材溶液3微升和对照品溶液2微升，分别点于同一高效硅胶G薄层板上，以石油醚（60～90℃）三氯甲烷-丙酮-甲醇二乙胺（5∶2∶2∶1∶0.2）为展开剂，预饱和30分钟，展开，取出，晾干，喷以2%香草醛硫酸溶液，在105℃加热至斑点显色清晰。供试品色谱中，在与对照药材色谱相应的位置上，显相同颜色的主斑点；在与对照品色谱相应的位置上，显相同颜色的斑点。

【检查】【浸出物】【含量测定】同黄连片。

【性味与归经】苦，寒。归心、脾、胃、肝、胆、大肠经。

【功能与主治】清热燥湿，泻火解毒。用于湿热痞满，呕吐吞酸，泻痢，黄疸，高热神昏，心火亢盛，心烦不寐，心悸不宁，血热吐衄，目赤，牙痛，消渴，痈肿疔疮；外治湿疹，湿疮，耳道流脓。酒黄连善清上焦火热。用于目赤，口疮。姜黄连清胃和胃止呕。用于寒热互结，湿热中阻，痞满呕吐。萸黄连舒肝和胃止呕。用于肝胃不和，呕吐吞酸。

【用法与用量】2～5克。外用适量。

【贮藏】置通风干燥处。

第九节 黄连的市场与营销

§3.16.18 黄连的市场概况如何？

黄连因为味苦而具有清热燥湿、泻火解毒的功能，其药用价值较高，用途较广，是中医常用品种和我国主要中药材出口创汇品种之一，是中成药的重要原料。据《全国中成药品种目录》统计，以黄连作原料的中成药品种有黄连上清丸、复方黄连素片，加味香连丸等108种。除此以外，要瞄准国内外市场需求，积极组织相关高校和科研院所利用黄连药材、黄连叶、黄连花及黄连须根研究与开发新的农药、兽药、饲料添加剂、功能化妆品、食品饮料等深加工产品，把单纯的药材生产转变为系列深加工产品生产，实现黄连资源的全面利用，促进黄连产业的科学发展。目前黄连市场在400万～450万千克左右。而随着国际上应用天然药物的热潮的发展，黄连的出口量也会进一步增大。

1970年前黄连列为国家计划管理品种，由中国药材公司统一计划，统一管理，国家定价，黄连价格在20元以下，加之当时的生产技术难度大，黄连单产较低，当时的年产量只有20万千克左右，导致市场上长期供不应求，甚至当时的黄连叶，黄连须都用作配方。从1970年至1980年，创造了黄连精细育苗法、简易棚载连、林下载连等先进新技术，并向全国推广，同时黄连通过几次调价升到30元左右，促进了黄连的生产和发展，到 1980 年时产量达到 80 万千克左右，基本能满足市场供应。1980 年后，改由市场调节产销，由于农村实行土地生产承包责任制，农民种植药材的积极性得到扶持，使黄连的生产得到较快发展，尤其是 1984 年全国的中药市场放开以后，药材的市场价格逐渐走上市场经济的轨道，其价格也慢慢上升到 44 元左右，药市体系的转换和价格上升都调动了药农种植黄连的积极性，使黄连生产得到了前所未有的发展。由于在 80 年代中期，国家鼓励投资，全国兴建了一大批药厂，随着各地药厂的建成投产，使得黄连的投料量大增，使黄连的年销量由原来单纯用于配方的 30 万～40 万千克猛增到 100 万千克的高峰，1985 年的黄连价格也因销量的增加而上升到 60 元左右，由于当时的市场经济体制已逐步形成，黄连的高价格刺激了生产，产地药农见种植黄连利润大，就大力扩大种植面积，几年发展的黄连为 90 年代初造成黄连供大于求以至烂市的局面埋下了祸根。1985 年黄连价格较高时发展种植的黄连正好是 1990 年左右开始起挖，延续到 1994 年，由于栽种时黄连价格高，到起挖时价就降了，1988 年就开始出现小部分过剩，到 1990 年时已出现了大量积压，由此产生烂市的近 10 年时间内，有多少黄连的种植企业、经营企业及个人深陷其中甚至破产；90 年代中前期，药材黄连一方面是价格低，一方面是产量低，种植黄连的药农多有亏损，药农生产积极性明显受到挫伤；到 90 年代中后期，黄连上市量已经连年下降，市场上逐步形成货紧价俏的态势。这一变化引起了多商重视，众多经营户对黄连亦开始广泛看好。1999 年产新货少，到 2000 年售价呈现几天一个价的飙升状态，年底达到了每千克 200 元以上；之后几年，一直在 100～200 元之间维持；这样造就了成千上万个百万富翁，甚至成就了部分药材经营企业的千万财富。可是，2004 年因价格暴涨刺激形成的第一批黄连大规模产出上市，不少前期入手囤积的药商理性地判断出了黄连的市场压力。产新压力和商人卖货压力形成合力，造成花几年时间形成的涨价心理氛围突然灰飞烟灭，很快到 2004 年底，暴跌一蹴而就，每千克价格在 45～55 元。2005—2006

年黄连重归平凡药材之列时，其价格最低时曾降到每千克30元左右，2007年又回升到的每千克50元左右的相对较高价位，这个价格一直维持了很久。2011年有上升到每千克75～90元，详见表3-16-1。

表3-16-1 2011年国内黄连价格表

品名	规格	价格（元/千克）	市场
黄连	鸡爪	75	安徽亳州
黄连	鸡爪	90	广西玉林
黄连	单枝	81	安徽亳州

黄连价格的波动过程分为涨价增种、形成产量、价跌减种、消化过剩产能四个部分。在黄连的市场模式中，这四个过程分别占据了略少于一个种植周期的时间，约4年左右。而这四个过程对应的价格波动分别是：价格由恢复性上涨转为加速上涨，价格由快速上涨转为震荡滞涨，价格由震荡滞涨转为快速下跌，价格由惯性低价转为恢复性上涨。黄连的这4个过程合计形成的完整周期在16年左右，种植期和价格周期呈现出1∶4的比率。这个模式在这个品种中将周而复始不断重现，是该品种的一个本性特征。在生产技术，市场流通速率未发生根本性转变前，这个特征不会变化。所以，黄连种植一定要根据市场的实际情况做好长远的生产规划。

第十七章

黄　芩

第一节　黄芩入药品种

§3.17.1　黄芩的入药品种有哪些?

黄芩为唇形科植物黄芩的根，又名独尾芩、条芩、子芩等。见图 3-17-1。临床上具有清热、泻火、解毒、止血、安胎等作用，药理作用广泛。最新研究表明黄芩在抗氧化、抗肿瘤、抗病毒、抗过敏，提高免疫力、保护心脑血管、消化系统、神经系统等方面作用明显。《中国药典》2010 年版规定黄芩本品为唇形科植物黄芩 *Scutellaria baicalensis* Georgi 的干燥根。

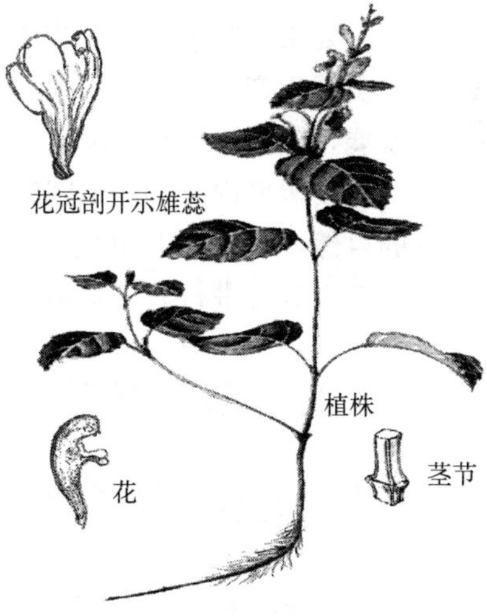

图 3-17-1　黄　芩

第二节 道地黄芩资源和产地分布

§3.17.2 道地黄芩的原始产地和分布在什么地方?

黄芩分布于东北、华北及陕西甘肃、新疆、山东、江苏、河南、湖北、四川等地。主产于东北、河北承德、保定，山西离石、内蒙古、河南、陕西，其中以山西产量最大，河北承德及河北北部所产者质量最好，谓之道地。

《唐本草》称："今出宜州、鹿州、泾州者佳。"苏颂曰"今川蜀、河东、陕西近郡皆有之。"现上述陕西中部一带黄芩分布较少；长期以来，主产地转移到河北坝上高原。其中产于燕山北部承德地区的黄芩历来以条粗长、质坚实、加工后外皮金黄、杂质少而著称于世，被称为"热河黄芩"。

商品供应主要来自野生资源，按照黄芩的自然生长分布规律与资源消长趋势，黄芩生产要在燕北山地、坝上高原向东北至大兴安岭山脉中段一带发展，包括河北承德地区、内蒙古赤峰北部山地草原和东部呼伦贝尔、兴安盟境内。这些地区的气候、土壤等自然条件十分适宜野生黄芩的自然生长，同时也便于推广家种生产。近年来，山西、山东、河南、四川等省进行人工栽培，但产量较少。

第三节 黄芩的植物形态

§3.17.3 黄芩是什么样子的?

黄芩株高 30～60 厘米，主根粗壮，略呈圆锥形，外皮棕褐色，片状脱落，折断面由鲜黄色遇潮渐变黄绿色。茎方形，基部木质化。叶交互对生，具短柄，叶片披针形，长 1.5～4.5 厘米，宽3～12 毫米，全缘，略向下卷，上面深绿色，光滑或被短毛，下面淡绿色有腺点。7～8月开花，总状花序顶生，花排列紧密，偏生于花序的一边，具叶状苞片；萼钟形，先端5裂；花冠唇形，蓝紫色，雄蕊4，2强，雌蕊1，子房4深裂，花柱基底着生。小坚果近球形，果皮呈黑褐色，无毛，包围于宿萼中小坚果三棱状椭圆形，长1.8～2.4毫米，宽1.1～1.6毫米，表面黑色，粗糙，解剖镜下可见密被小尖突。背面隆起，两侧面各具一斜沟，相交于腹棱果脐处，果脐位于腹棱中上部，污白色圆点状，果皮与种皮较难分离，内含种子1枚。种子椭圆形，表面淡棕色，腹面卧生一锥形隆起，其上端具一棕色点状种脐，种脊短线形，棕色。胚弯曲，白色，含油分，胚根略为圆锥状，子叶2枚，肥厚，椭圆形，背倚于胚根。千粒重1.49～2.25克。

第四节 黄芩的生态条件

§3.17.4 黄芩适宜于在什么地方和条件下生长？

黄芩生于中高山地或高原草原温凉、半湿润、半干旱环境，喜阳光，抗严寒能力较强，在中心分布区常以优势建群种与一些禾草、蒿类或其他杂草共生。在中温带山地草原常见于海拔600～1 500米向阳山坡或高原草原等处，林下阴湿地不多见。适宜野生黄芩生长的气候条件一般为：年太阳总辐射量在460.5～565千焦/厘米^2；年平均气温－4～8℃，最适平均温度为2～4℃，成年植株的底下部在－35℃低温下仍能安全越冬，35℃高温不致枯死，但不能经受40℃以上连续高温天气；年降水量要求比其它中旱生植物略高，约在400～600毫米；土壤要求中性或微酸性，并含有一定腐殖质层，以淡粟钙土和沙质壤土为宜，排水不良、易积水的不宜栽培。人工栽培以向阳、排水良好，土层深厚肥沃疏松的壤土栽培为佳。忌连作。

第五节 黄芩的生物特性

§3.17.5 黄芩的生长有哪些规律？

黄芩喜温暖，-30℃下可安全越冬；种子千粒重1.5～2.25克，发芽率50%～80%；4～5月茎叶生长迅速，7～8月为根增重高峰期，全年生长日140～170天；1年生植株多在6月下旬开花，并延续至霜枯，2年以上植株4月中、下旬返青，开花与果熟略早，从开花至种熟约50天；1年后植株茎数成倍增加，根以增粗、增重为主，第4年根部开始变朽中空。圆锥花序顶生，每花序有4～30朵小花，从下到上陆续开放，开放时间为1～3天，授粉结实率在50%左右；花序开放时间为3～8天；为蜂传授粉植物。

第六节 黄芩的栽培技术

§3.17.6 如何整理栽培黄芩的耕地？

黄芩适合在气候温暖而略微寒冷的地带生长。人工栽培以选择排水良好，阳光充足，土层深厚、肥沃的沙质土壤为宜。如有条件于种植之前，每667米^{2}施用腐熟厩肥2 000～2 500千克作基肥，然后深耕细耙，平整做畦。

§3.17.7 怎样进行黄芩繁殖播种？

一、播种繁殖

种子采集：花期7～9月，果熟期8～10月，待果实成淡棕色时采收，种子成熟期很不一致，且极易脱落，需随熟随收，最后可连果枝剪下，晒干打下种子，去净杂质备用。

黄芩种子容易萌发，种子在 15～30℃下均萌发良好，35℃以上种子萌发较差。生产上分直播和育苗两种，以直播为好，可节省劳力，根条长，杈根少，产量较高。

直播分春播或秋播，春播北方于 4 月中旬，江、浙于 3 月下旬；秋播于 8 月中旬。一般于 3～4 月间采用条播法下种，按行距 30～40 厘米，开 0.6～1 厘米浅沟，然后将种子均匀撒入沟内，覆土 5～6 毫米，播完轻轻镇压，每 667 米^2 地播种量 1 千克左右，播后经常保持土壤湿润，大约 15 天即可出苗。待幼苗出齐，分 2～3 次间掉过密和瘦弱的小苗，保持株距 8～12 厘米。如小面积栽培，为了精耕细作提高产量，也可以采取先在阳畦中播种育苗，当苗高 8～12 厘米时，再行向本田移栽定植的方法。

二、分根繁殖

黄芩从播种到收获至少需用2～3年的时间，为了缩短栽培年限，可以应用分根繁殖的方法。在黄芩尚未萌发新芽之前，将其全株挖起。切取主根留供药用，然后依据根茎生长的自然形状用刀劈开，每株根茎分切成若干块，每块都具有几个芽眼，即作繁殖材料，按30厘米×31厘米的行株距分别栽植到地里。老药材产区当地有足够的老苗可供为分根繁殖材料，因地制宜就地繁殖，对扩大栽培面积是极为有利的。

三、扦插繁殖

采用不同部位的茎段作插条，从地里剪取茎梢（顶端带芽梢部分）8～10 厘米，去掉下半部叶，扦插行株距 10 厘米×6 厘米，搭阴棚，插后浇水保湿，以后根据天气和湿度决定喷水次数和喷水量。不宜过湿，防止插条腐烂。不盖膜较好。

§3.17.8 如何对黄芩进行田间管理？

无论采用播种或分根繁殖的，在出苗期都应保持土壤湿润，适当松土、除草。育苗移栽的在幼苗长至6～8厘米高时，选择阴天把苗移栽到大田中去，定植行株距25～30厘米×12～15厘米，移栽后及时浇水，分根繁殖时其行株距参照播种定植的标准，于定植后7～10天即能萌芽，结合除草松土可向幼苗四周适当培土，以保持表土疏松，没有杂草，有利植株正常生长。6～7月间为幼苗生长发育的旺盛时期，根据苗情酌施追肥，通常每667米^{2}施用过磷酸钙20千克，硫酸铵10千克。当地如没有方便的化肥，亦可追施腐熟稀释的人粪尿300～400千克。追肥后应随即浇水。

二年生的苗子在4月份开始返青，6～7月抽薹开花。如计划采收种子，于开花之前要多施追肥，促进花朵旺盛，结籽饱满。若不需要采种，则应在抽出花序之前，将花梗剪掉，控制养分消耗，以促使根部生长，增加药材产量。

§3.17.9 黄芩的病虫害如何防治?

一、叶枯病（*Sclerotium* sp.）

叶枯病于高温多雨季节，容易发病，开始从叶尖或叶缘发生不规则的黑褐色病斑，逐渐向内延伸，并使叶干枯，严重时扩散成片。防治方法，秋后清理田园，除净带病的枯枝落叶，消灭越冬菌源，发病初期喷洒1∶120波尔多液，或用50%多菌灵1 000倍液喷雾防治，每隔7～10天喷药一次，连续喷洒2～3次。

二、根腐病

栽植2年以上者易发病，往往根部呈现黑褐色病斑以致腐烂，全株枯死。防治方法；雨季注意排水，除草、中耕加强苗间通风透光；实行轮作。

三、黄芩舞蛾（*Prochoreutis* sp.）

黄芩舞蛾是黄芩的重要害虫。以幼虫在叶背作薄丝巢，虫体在丝巢内取食叶肉，仅留上表皮，在北京一年发生 4 代以上，10 月以蛹在残叶上越冬。防治方法：清园，处理枯枝落叶等残株，发生期用 90%敌百虫或 40%乐果乳油喷雾防治。

第七节 黄芩的采收、加工（炮制）与贮存

§3.17.10 黄芩什么时间采收？如何加工黄芩？

栽培 1 年的黄芩虽然可以刨收，但质量较差不符合药典标准。通常种植 2～3 年的才能收获。于秋后茎叶枯黄时，选择晴朗天气将根挖出，刨挖时注意操作，切忌挖断，对收获下来的根部，去掉附着的茎叶，抖落泥土，晒至半干，撞去外皮，然后迅速晒干或烘干。在晾晒过程避免因阳光太强、晒过度会发红，同时还要防止被雨水淋湿，因受雨淋后经芩的根先变绿后发黑，影响生药质量。以坚实无孔洞内部呈鲜黄色的为上品。

新刨收的鲜根经过干燥加工，大致 3～4 千克可以加工成 1 千克干货。

根据国家医药管理局、中华人民共和国卫生部制订的药材商品规格标准，黄芩商品分条芩和枯碎芩两个品别。

一、条芩

（一）一级干货

一级干货呈圆锥形，上部比较粗糙，有明显的网纹及扭曲的纵皱。下部皮细有顺纹或皱纹。表面黄色或黄棕色。质坚、脆。断面深黄色，上端中央间有黄绿色或棕褐色的枯心。气微，味苦。条长 10 厘米以上，中部直径 1 厘米以上，去净粗皮，无杂质，虫蛀和霉变。

（二）二级干货

二级干货呈圆锥形，上部皮较粗糙，有明显的网纹及扭曲的纵

皱。下部皮细有顺纹或皱纹。表面黄色或黄棕色，质坚、脆。断面深黄色，上端中央间有黄绿色或棕褐色的枯心。气微，味苦。条长4厘米以上，中部直径1厘米以下，但不小于0.4厘米，去净粗皮。无杂质、虫蛀和霉变。

二、枯碎芩

统货：干货。即老根多中空的枯芩和块片碎芩及破碎尾芩。表面黄色或浅黄色。质坚、脆。断面黄色。气微，味苦。无粗皮，茎芦、碎渣、杂质、虫蛀、霉变。

§3.17.11 如何炮制黄芩?

一、古代炮炙

黄芩始载于《神农本草经》，古代炮炙以炒为主应用辅料比较广泛，有酒、醋、姜、米泔水、猪胆汁等，下面分别予以介绍。不加辅料炮炙——炒法，唐《银海精微》中较早地提到“炒”，宋《太平惠民和剂局方》中提到“凡使，先须锉碎，微炒过，方入药用”，《校注妇人良方》中提到“炒焦”，元《原机启微》中提到“黄芩除上热，目内赤肿，火炒者妙”，明《济阴纲目》中提到“炒黑”。加辅料炮炙：

(一) 以酒为辅料的炮制

唐《银海精微》中提到“酒洗”、“酒制”、“酒炒”，宋《校注妇人良方》中提到“酒炒”，元《汤液本草》对酒炙作用较早地有了阐述“病在头面及手梢皮肤者，须用酒妙之，借酒力以上腾也。

(二) 以醋为辅料的炮制

元《瑞竹堂经验方》提到“枝条者二两重，用米醋浸七日，炙干，又浸又炙，如此七次。”，明《普济方》，提到“醋浸一宿，晒。”，《寿世保元》提到“醋炒”。

(三) 以姜为辅料的炮制

明《宋氏女科秘书》、《济阴纲目》均提到“淡姜汁炒”。

(四) 其它辅料的炮制

米泔水为辅料的炮制，清《医宗金鉴》提到“米泔浸七日，炙干又浸，又炙如此七次”。

近代黄芩的炮炙方法继承了古代的传统主要方法（如炒，酒炙、姜炙），并且有一定发展，主要在炒的基础上发展有蒸切（江西）、煮切（山东、西安），焦黄芩（内蒙、山西），黄芩炭（广东，北京）。在辅料的应用方面，发展有蜜黄芩（河南）。蒸切法及煮切法，一方面是为了软化药材，便于饮片切制，而主要是破坏与黄芩甙共存的酶的活性，以保存药效，炙炭以增强黄芩清热止血的作用，蜜炙以增强黄芩清肺热，润咳止嗽的作用。

二、现代炮制法

(一) 酒黄芩

将黄芩片喷洒黄酒，拌匀稍润，放锅内微炒，取出晾凉（每 50 千克黄芩用酒 5 千克）。

(二) 黄芩炭

将黄芩片放锅内炒至外面呈黑色，里面带黄心，注意存性，喷洒少许清水，取出晾凉。防止复燃。

(三) 软化切制法

黄芩的炮制方法各地标准不一致，且各地有各地的论点，一般的经验是药材净选后，除去残基及腐朽部分，切制饮片前多用冷浸、烫、煮等方法软化，但处理时间上差别很大，如浸泡的时间从2～48小时，煮10分钟～24小时不等。在我国的南方，传统的加工方法是用鲜梗生晒或冷水浸泡变绿后再切成软片。在其他各地，也有将黄芩蒸、煮后切片。

§3.17.12　黄芩怎么样贮藏好？

黄芩一般用麻袋包装，每件 25 千克，贮于干燥通风的地方，适宜温度 30℃，相对湿度 70%～75%，安全水分 11%～13%。黄芩夏季高温季节易受潮变色和虫蛀。

防治方法：贮藏期间保持环境整洁；高温高温季节前，按垛或按件密封保藏；发现受潮或轻度霉变品，及时翻垛、通风或晾晒。

一、气调养护

通过对充 N_2、充 CO_2 气调养护前后黄芩的理化检测，结果表明，两种气调养护的黄芩均无虫霉，色泽气味正常，气调养护对黄芩甙成分无明显影响。

二、荜澄茄、丁香挥发油熏蒸黄芩防霉

黄芩用10 000∶1 比例的荜澄茄或丁香挥发油密封熏蒸 6 天，其霉菌含量大为减少。实验证明，丁香挥发油抑菌效果高于荜澄茄挥发油，但成本较高；荜澄茄挥发油熏蒸防霉，比氯化苦、硫黄等熏蒸，具有经济、实用、无残毒等优点。

三、^{60}Coγ 射线灭菌

黄芩经 50×10^{-2}万～150×10^{-2}万戈瑞 γ 射线照射后，药材外观无明显变化，其有效成分黄酮的含量及薄层层析均无明显变化。

四、黄芩远红外干燥灭菌

采用振动式远红外干燥机（150℃）烘干灭菌，可使含菌数比未处理品降低 55%。

第八节 黄芩的中国药典质量标准

§3.17.13 《中国药典》2010 年版黄芩标准是怎样制定的?

拼音：Huangqin

英文：SCUTELLARIAE RADIX

本品为唇形科植物黄芩 *Scutellaria baicalensis* Georgi 的干燥根。春、秋二季采挖，除去须根和泥沙，晒后撞去粗皮，晒干。

【性状】本品呈圆锥形，扭曲，长 8～25 厘米，直径 1～3 厘米。表面棕黄色或深黄色，有稀疏的疣状细根痕，上部较粗糙，有扭曲的纵皱纹或不规则的网纹，下部有顺纹和细皱纹。质硬而脆，易折断，断面黄色，中心红棕色；老根中心呈枯朽状或中空，暗棕色或棕黑色。气微，味苦。

栽培品较细长，多有分枝。表面浅黄棕色，外皮紧贴，纵皱纹较细腻。断面黄色或浅黄色，略呈角质样。味微苦。

【鉴别】(1) 本品粉末黄色。韧皮纤维单个散在或数个成束，梭形，长 60～250 微米，直径 9～33 微米，壁厚，孔沟细。石细胞类圆形、类方形或长方形，壁较厚或甚厚。木栓细胞棕黄色，多角形。网纹导管多见，直径 24～72 微米。木纤维多碎断，直径约 12 微米，有稀疏斜纹孔。淀粉粒甚多，单粒类球形，直径 2～10 微米，脐点明显，复粒由 2～3 分粒组成。

(2) 取本品粉末 1 克，加乙酸乙酯-甲醇（3∶1）的混合溶液 30 毫升，加热回流 30 分钟，放冷，滤过，滤液蒸干，残渣加甲醇 5 毫升使溶解，取上清液作为供试品溶液。另取黄芩对照药材 1 克，同法制成对照药材溶液。再取黄芩苷对照品、黄芩素对照品、汉黄芩素对照品，加甲醇分别制成每 1 毫升含 1 毫克、0.5 毫克、0.5 毫克的溶液，作为对照品溶液。照薄层色谱法（附录Ⅵ B）试验，吸取上述供试品溶液、对照药材溶液各 2 微升及上述三种对照品溶液各 1 微升，分别点于同一聚酰胺薄膜上，以甲苯乙酸乙酯-甲醇-甲酸（10∶3∶1∶2）为展开剂，预饱和 30 分钟，展开，取出，晾干，置紫外光灯（365 纳米）下检视。供试品色谱中，在与对照药材色谱相应的位置上，显相同颜色的斑点；在与对照品色谱相应的位置上，显三个相同的暗色斑点。

【检查】水分　不得过 12.0%（附录Ⅸ H 第一法）。

总灰分 不得过6.0%（附录Ⅸ K）。

【浸出物】照醇溶性浸出物测定法（附录Ⅹ A）项下的热浸法测定，用稀乙醇作溶剂，不得少于40.0%。

【含量测定】照高效液相色谱法（附录Ⅵ B）测定。

色谱条件与系统适用性试验 以十八烷基硅烷键合硅胶为填充剂；以甲醇-水-磷酸（47∶53∶0.2）为流动相；检测波长为280纳米。理论板数按黄芩苷峰计算应不低于2 500。

对照品溶液的制备 取在60℃减压干燥4小时的黄芩苷对照品适量，精密称定，加甲醇制成每1毫升含60微克的溶液，即得。

供试品溶液的制备 取本品中粉约0.3克，精密称定，加70%乙醇40毫升，加热回流3小时，放冷，滤过，滤液置100毫升量瓶中，用少量70%乙醇分次洗涤容器和残渣，洗液滤入同一量瓶中，加70%乙醇至刻度，摇匀。精密量取1毫升，置10毫升量瓶中，加甲醇至刻度，摇匀，即得。

测定法 分别精密吸取对照品溶液与供试品溶液各10毫升，注入液相色谱仪，测定，即得。

本品按干燥品计算，含黄芩苷（$C_{21}H_{18}O_{11}$）不得少于9.0%。

饮片

【炮制】黄芩片 除去杂质，置沸水中煮10分钟，取出，闷透，切薄片，干燥；或蒸半小时，取出，切薄片，干燥（注意避免暴晒）。

本品为类圆形或不规则形薄片。外表皮黄棕色或棕褐色。切面黄棕色或黄绿色，具放射状纹理。

【含量测定】同药材，含黄芩苷（$C_{21}H_{18}O_{11}$）不得少于8.0%。

【鉴别】同药材。

酒黄芩 取黄芩片，照酒炙法（附录Ⅱ D）炒干。

本品形如黄芩片。略带焦斑，微有酒香气。

【含量测定】同药材，含黄芩苷（$C_{21}H_{18}O_{11}$）不得少于8.0%。

【鉴别】同药材。

【性味与归经】苦，寒。归肺、胆、脾、大肠、小肠经。

【功能与主治】清热燥湿，泻火解毒，止血，安胎。用于湿温、暑湿，胸闷呕恶，湿热痞满，泻痢，黄疸，肺热咳嗽，高热烦渴，血热吐衄，痈肿疮毒，胎动不安。

【用法与用量】3～10 克。

【贮藏】置通风干燥处，防潮。

第九节 黄芩的市场与营销

§3.17.14 黄芩的市场概况如何？今后如何发展？

黄芩为我国传统常用中药材，应用历史悠久，需求数量很大，是全国中药材大品种之一。据记载，临床应用已有 2000 多年的历史，现在仍然是清热泻火、消炎镇痛的主要品种。除中医配方外，大量用于中成药的原料。根据“全国中成药产品目录”第一部的统计资料，66 种蜜丸中有 45 种含黄芩，64 种片剂中有 46 种应用黄芩，36 种水丸也有 25 种用黄芩。也就是说，70%的中成药都含有黄芩。黄芩除传统中成药生产需求外，近年来其提取物用量大增，每年该品产新时大量鲜货被提取厂家尽数收购。山东、山西、陕西、河北、陇西和东北等地，随处可见提取厂家大量吃进鲜黄芩，这是上世纪很难见到的现象。这是因为，黄芩提取物黄芩苷是从黄芩根中提取分离出来的一种黄酮类化合物，有显著的生物活性，具有抑菌、利尿、抗炎、抗变态及解痉作用，以及较强的抗癌作用等，在临床应用上已占有十分重要的地位。黄芩苷还能吸收紫外线，清除氧自由基，抑制黑色素的生成，因此既可用于医药，也可用于化妆品，是一种很好的功能性美容化妆品原料。日益增长的社会需求有力地刺激了黄芩市场的发展。上世纪，50～60 年代，黄芩的购销量在 200 万～300 万千克；70 年代增加到 400 万千克；80 年代后增到 800 万千克。进入 21 世纪每年需求量猛增到1 500万千克左右。黄芩的价格从 90 年代初到 90 年代末的 10 年间一直每千克价格保持在 12～15 元。从本世纪初年开始，黄芩价格不断上升，到2011年每千克已上涨为28～30元，家种产品照样供不应求，价格每千克上涨为16～18元，详见表3-17-1。

表3-17-1 2011年国内黄芩价格表

品名	规格	价格（元/千克）	市场
黄芩	去皮饮片	28～30	甘肃陇西
黄芩	家 种	16～18	广西玉林

我国黄芩的商品主要来源于野生资源，经过长期的掠夺性采挖，特别是1983年的超量滥刨，使临近的山区和草原的黄芩被采挖一空，绝大部分地区濒临灭绝。所剩野生资源多是在边远地区，交通不便、条件恶劣、人烟稀少，采挖困难。况且，因黄芩的高额利润，人们还在不断的采挖，野生资源在继续萎缩，已接近枯竭。由此，黄芩主产区河北、内蒙古、山西、山东及东三省等地已很难见到野生黄芩的踪影。家种黄芩虽然成功，但因种子采收量小、栽培技术要求高，家种黄芩种植面积一直不大。这样黄芩市场供应不容乐观，从而为黄芩生产的发展创造了良好的机遇。

第十八章

知　　母

第一节　知母入药品种

§3.18.1　知母的入药品种有哪些？

知母又名蒜辫子草，羊胡子根、地参。从《证类本草》所附五幅知母图看，四幅苗叶与今之百合科知母相似，有一幅不象百合科知母，《本草纲目》所绘知母，亦是百合科知母。《植物名实图考》所附三幅知母图，其形似韭叶者，亦是本种。可见古代所用知母有若干个品种，存在异物同名现象，但百合科知母属知母历代本草传统药用植物。见图 3-18-1。《中国药典》2010 年版规定本品为百合科植物知母 *Anemarrhena aspho deloides* Bge. 的干燥根茎。

第二节　道地知母资源和产地分布

§3.18.2　道地知母的原始产地和分布在什么地方？

知母主要分布于北京、天津、河北、山西、内蒙古、辽宁、山东、河南、陕西、甘肃、宁夏等地，主产于河北张北、易县、赤城、涞源、阜平；山西榆社、五台、代县、寿县；内蒙古扎鲁特旗、西乌珠穆、东台珠穆、林西、科尔左中旗、阿荼旗；辽宁铁岭、阜新等地，其中以河北易县知母最为著名，质量最佳。目前，河北、山西、甘肃、陕西等地成功地进行了野生变家种试验，新疆、河南、安徽、江西等地均有引种栽培。

第三节 知母的植物形态

§3.18.3 知母是什么样子的？

知母为多年生草本，高60～120厘米，全株无毛，根茎肥大匍匐横走，密被黄褐色纤维状的残留叶基，下面生许多粗长的须根。叶基生丛出，线形，长20～70厘米，宽3～7毫米，上面绿色，下面深绿色，无毛，质稍硬，叶基部扩大成鞘状，包着根茎，花茎从叶丛中抽出，圆柱状，直立不分枝，高50～120厘米，下部具披针形退化叶，上部疏生鳞片状小苞片；花2～6朵成一簇，散生于花葶上部，呈长总状花序，长20～40厘米，花黄白色，干后略带紫色，多于夜间开放，具短梗，花被片6，基部稍连合，2轮排列，长圆形，长5～8毫米，宽1～1.5毫米，先端稍内摺，边缘较薄，具3条淡绿色纵脉纹，发育雄蕊3，着生于内轮花被片近中部，花药黄色，通化雄蕊3，着生于外轮花被片近基部，不具花药；雌蕊1，子房长卵形，3室，花柱短，柱头1。蒴果卵圆形，长10～15毫米，直径5～7毫米，成熟时沿腹缝线上方开裂为三裂片，每裂片内一般具1颗种

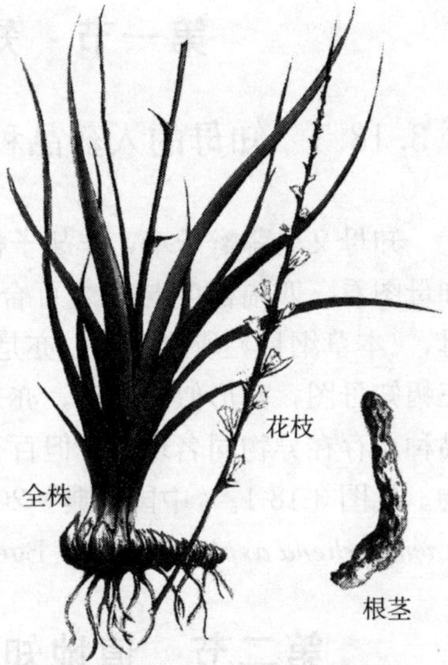

图3-18-1 知 母

子，种子长卵圆形，具3棱，一端尖，长8～12毫米，黑色，花期5～8月，果期7～9月。

第四节 知母的生态条件

§3.18.4 知母适宜于在什么地方和条件下生长?

知母喜温暖气候，亦能耐寒冷、耐干旱，喜阳光。北方可在田间越冬，对土壤要求不严，适于山坡黄沙土和腐殖质壤土及排水良好的地方生长，常野生于向阳山坡、地边、草原和杂草丛中，也可于丘陵、地边、路旁等零散土地栽培，在阴湿地、黏土及低洼地生长不良，且根茎易腐烂，因此低洼积水和过黏的土壤均不宜栽种。

第五节 知母的生物特性

§3.18.5 知母的生长有哪些规律?

知母为宿根植物，每年春季日均温度10℃以上时萌发出土，4～6月地上部分和地下根系生长最旺盛，8～10月地下根茎增粗充实，11月植株枯萎，生育期230天左右。知母种子在平均气温13℃以下全部发芽需1个月，18～20℃则需2周，在恒温箱（20℃）里萌发需6日。在平均气温15℃以上时播种为宜。

第六节 知母的栽培技术

§3.18.6 如何整理栽培知母的耕地?

选向阳、排水良好、疏松的腐殖壤土和沙质壤土种植，秋季深翻，每 667 米^2 施腐熟土杂肥3 000～4 000千克，氮磷钾复合肥 10 千克，深翻入土，整平耙细后作宽 1.2 米的高畦，北方可作平畦。

§3.18.7 怎样进行知母播种？

一、种子繁殖

种子繁殖是进行大量繁殖的有效方法，但到收获需要较长时间。播种分春播和秋播两种，以秋播出苗较整齐。8 月上旬采集成熟种子，采种母株应选用 3 年生以上植株，3 年生植株的花苔数为 5～6 支，每穗花数 150～180 朵，结果不整齐，果实极易脱落，因此，须在过分成熟前（8 月中旬至 9 月中旬）顺次采下，按重量计果实含种 45%左右，每株可得种子 5～7 克。种子发芽率 80%～90%，隔年种子发芽率为 40%～50%，故用贮藏两年以内的种子为佳。

播种前将种子置 30～40℃温水浸泡 24 小时，捞出稍晾干后即可进行播种，秋播在封冻前（10 月底～11 月初）进行，春播第二年 4 月中旬开始。在整好的地中按行距 10～25 厘米开 1.5 厘米深浅沟，将种子均匀撒入沟内，覆土 1.5 厘米左右盖平，以不见种子为度，稍加镇压后洒水，出苗前畦内保持湿润，约 20 天左右出苗。每 667 米^2 播种量为 500～750 克。苗出齐后间苗，按株距 7～10 厘米定苗。

知母春播后，当年只能形成叶丛和小球状根茎，第二年才形成横走物根状茎，第三年根茎分枝，全部植株抽薹开花结果。

二、分根繁殖

秋季植株枯萎时或次年春解冻后返青前，刨出根状茎，选健壮粗长、分枝少者，在离芽头 3 厘米处剪下（带芽头）或将根茎切成 3～5 厘米长小段（茎节），尽量不要损伤须根，用作种栽，宜随挖随栽。按行距 25～30 厘米，开 6 厘米深的沟，按株距 9～12 厘米放 1 段种栽，覆土 5 厘米后压紧，栽后浇水，土壤干湿适宜时浅松土一次，以利保墒。知母能在封冻前长出毛细根，翌年早春萌芽，生长旺盛，产量亦高。

如采用充苗移栽方法，则宜在秋季或早春移栽，以春季播种育苗，待秋季形成分蘖芽为好，按上法育 667 米^2 苗，可移栽 6670 米^2 地。栽时按行距 18～20 厘米，株距 10 厘米，深 3 厘米横向平栽，覆土后用脚踏实。如天气干旱，应先浇水，待渗透后土壤干湿适中时栽植。每 667 米^2 用种栽量 100～200 千克。

§3.18.8 如何对知母进行田间管理?

一、间苗、定苗

春季萌芽后，当苗高 3 厘米左右时，结合松土除草，进行间苗。苗高 6～10 厘米时，按株距 7～10 厘米定苗。

二、除草培土

苗高 3 厘米左右时就要松土除草，每年除草松土 2～3 次，生长期要保持地面疏松无杂草，由于根茎多生长在表土层，因此雨季过后和秋末要培土。

三、浇水

越冬前要适宜浇好越冬水，以防冬季干旱，翌春发芽后，若土壤干旱，也应适量浇水，以促进根和地上部分生长。

四、去花薹

知母抽薹开花后，叶片和地下茎生长趋缓，腋芽生长受到抑制，不能形成新的茎头，影响产量，所以，除留种外，应及时剪除花苔，促使地下根茎增粗充实，提高产量。

第二年田间管理与第一年相同。

§3.18.9 道地优质知母如何科学施肥？

知母对肥料的吸收能力很强，合理施肥对知母增产有重要意义，基肥以氮磷钾复合肥为好，配合多施腐熟农家肥。苗期追肥以氮肥为主，如腐熟人粪尿等，配合使用适量磷肥，中后期以追施氮钾复合肥为好，如草木灰、硝酸钾等。迟效肥可选适量饼肥。

实践表明，氮肥对知母根茎增产效果明显，钾肥次之。土壤酸度近中性的试验区收获量较高，因此，对酸性土壤有必要施石灰以矫正酸度，或施有机肥以提高缓冲能力。每年 4 月和 7 月每 667 米^2 应分次追施复合肥 10～15 千克（或尿素 20 千克，氯化钾 13 千克），在行间开沟施入，施后结合松土盖肥，秋末冬初应施复合固体化肥（氮：磷：钾＝5：5：5）33 千克，可溶性磷肥 6.6 千克。

§3.18.10 知母的病虫害如何防治？

蛴螬又名白地蚕，是金龟子的幼虫，在 4 月中旬为害根状茎，夏季最盛，被害的根状茎成星点状或凹凸不平的空洞状，成虫在 5 月中旬出现，傍晚活动，卵产于较湿润的土中，喜在未腐熟的厩肥上产卵。

防治方法：冬季清除杂草，深翻土地，消灭越冬成虫；施用腐熟的厩肥、堆肥，并覆盖肥料，减少成虫产卵；点灯诱杀成虫；用米或麦麸炒后制成毒饵，于傍晚时撒在畦面上诱杀；下种前半月，每 667 米^2 施 50～60 千克石灰，撒于土面后翻入，以杀死幼虫；用土农药大蒜鳞茎进行防治，结合施肥，将大蒜鳞茎洗净捣碎，每 50 千克粪放 3.5～4.0 千克大蒜浸出液进行浇治；严重发生时，用 90%晶体敌百虫1 000～1 500倍浇注根部周围土壤。

第七节 知母的采收、加工（炮制）与贮存

§3.18.11 知母什么时间采收?

一般在栽植后2～3年收获为宜，多在春秋两季采挖，有效成分含量最高。各地气候不同，采挖季节亦稍有差异，如东北、内蒙古在4月上中旬或9月末采挖；山西大部分地区在小满前后（5月中下旬）采挖；河北多在秋分至霜降（9～10月），但亦有在春分采挖的。

§3.18.12 怎样加工知母?

知母肉宜在4月下旬抽薹前采挖，趁鲜剥去外皮，不能沾水，用硫磺熏3～4小时，切片干燥即成。毛知母加工应在10月下旬，刨出根茎，抖掉泥土，晒干或烘干，再取过筛的细沙若干，置锅内用文火炒热，然后将毛知母放入锅内，不断翻动，炒至用物能擦去须毛为度，再捞起置竹匾内，趁热搓去外表至无毛为止，但要保留黄绒毛，最后洗净，闷润，切片即成毛知母。

知母晒干或烘干，折干率为30%左右，单位面积产量，一般种子繁殖的第二年667米^{2}产100～120千克，第三年667米^{2}产为300～360千克；分根繁殖的定植后第一年667米^{2}产200千克，第二年400千克。加工后的生药易发霉，应避免吸潮，贮藏中还应注意鼠害。

§3.18.13 知母怎么样贮藏好?

毛知母多用麻袋包装，知母肉因已除去外皮，极易吸潮，当以木箱装为宜。知母含粘液质，最怕受潮，一经受潮即易发霉变质，

须置干燥通风处保存，若在3～4月和8～9月各取出晒一次，可防止受潮变质发霉。据报道，知母与细辛共同存放，可防止虫蛀，可供参考。

毛知母中菝葜皂甙的含量最高，实验表明，菝葜皂甙元的含量不受贮存时间的影响，贮存10年、4年与当年产含量、外观性状没有太大差异，而且较少见虫蛀。

第八节 知母的中国药典质量标准

§3.18.14 《中国药典》2010版知母标准怎样制定的?

拼音：Zhimu

英文：ANEMARRHENAE RHIZOMA

本品为百合科植物知母 *Anemarrhena aspho deloides* Bge. 的干燥根茎。春、秋二季采挖，除去须根和泥沙，晒干，习称“毛知母”；或除去外皮，晒干。

【性状】本品呈长条状，微弯曲，略扁，偶有分枝，长3～15厘米，直径0.8～1.5厘米，一端有浅黄色的茎叶残痕。表面黄棕色至棕色，上面有一凹沟，具紧密排列的环状节，节上密生黄棕色的残存叶基，由两侧向根茎上方生长；下面隆起而略皱缩，并有凹陷或突起的点状根痕。质硬，易折断，断面黄白色。气微，味微甜、略苦，嚼之带黏性。

【鉴别】(1) 取本品粉末0.5克，加稀乙醇10毫升，超声处理20分钟，取上清液作为供试品溶液。另取芒果苷对照品，加稀乙醇制成每1毫升含0.5毫克的溶液，作为对照品溶液。照薄层色谱法（附录Ⅵ B）试验，吸取上述两种溶液各4微升，分别点于同一聚酰胺薄膜上，以乙醇—水（1∶1）为展开剂，展开，取出，晾干，置紫外光灯（365纳米）下检视。供试品色谱中，在与对照品色谱相应的位置上，显相同颜色的荧光斑点。

(2) 取本品粉末 0.2 克，加 30%丙酮 10 毫升，超声处理 20 分钟，取上清液作为供试品溶液。另取知母皂苷 BⅡ对照品，加 30%丙酮制成每 1 毫升含 1 毫克的溶液，作为对照品溶液。照薄层色谱法（附录Ⅵ　B）试验，吸取上述两种溶液各 4 微升，分别点于同一硅胶 G 薄层板上，以正丁醇-冰醋酸水（4∶1∶5）的上层溶滚为展开剂，展开，取出，晾干，喷以香草醛硫酸试液，在 105℃加热至斑点显色清晰。供试品色谱中，在与对照品色谱相应的位置上，显相同颜色的斑点。

【检查】水分　不得过 12.0%（附录Ⅸ　H 第一法）。

总灰分　不得过 9.0%（附录Ⅸ　K）。

酸不溶性灰分　不得过 4.0%（附录Ⅸ　K）。

【含量测定】芒果苷　照高效液相色谱法（附录Ⅵ　D）测定。

色谱条件与系统适用性试验　以十八烷基硅烷键合硅胶为填充剂；以乙腈-0.2%冰醋酸水溶液（15∶85）为流动相；检测波长为 258 纳米。理论板数按芒果苷峰计算应不低于6 000。

对照品溶液的制备　取芒果苷对照品适量，精密称定，加稀乙醇制成每 1 毫升含 50 微克的溶液，即得。

供试品溶液的制备　取本品粉末（过 3 号筛）约 0.1 克，精密称定，置具塞锥形瓶中，精密加入稀乙醇 25 毫升，称定重量，超声处理（功率 400 瓦，频率 40 千赫）30 分钟，放冷，再称定重量，用稀乙醇补足减失的重量，摇匀。滤过，取续滤液，即得。

测定法　分别精密吸取对照品溶液和供试品溶液各 10 微升，注入液相色谱仪，测定，即得。

本品按干燥品计算，含芒果苷（$C_{19}H_{18}O_{11}$）不得少于 0.70%。

知母皂苷 BⅡ　照高效液相色谱法（附录Ⅵ　D）测定。

色谱条件与系统适用性试验　以辛烷基硅烷键合硅胶为填充剂；以乙腈-水（25∶75）为流动相；蒸发光散射检测器检测。理论板数按知母皂苷 BH 峰计算应不低于10 000。

对照品溶液的制备　取知母皂苷 BⅡ对照品适量，精密称定，加

30%丙酮制成每1毫升含0.50毫克的溶液，即得。

供试品溶液的制备　取本品粉末（过3号筛）约0.15克，精密称定，置具塞锥形瓶中，精密加入30%丙酮25毫升，称定重量，超声处理（功率400瓦，频率40千赫）30分钟，取出，放冷，再称定重量，用30%丙酮补足减失的重量，摇匀。滤过，取续滤液，即得。

测定法　分别精密吸取对照品溶液5皮升、10微升，供试品溶液5～10微升，注入液相色谱仪，测定，用外标两点法对数方程计算，即得。

本品按干燥品计算，含知母皂苷BⅡ（$C_{45}H_{76}O_{19}$）不得少于3.0%。

饮片

【炮制】知母除去杂质，洗净，润透，切厚片，干燥，去毛屑。

本品呈不规则类圆形的厚片。外表皮黄棕色或棕色，可见少量残存的黄棕色叶基纤维和凹陷或突起的点状根痕。切面黄白色至黄色。气微，味微甜、略苦，嚼之带黏性。

【检查】酸不溶性灰分　同药材，不得过2.0%。

【含量测定】同药材，含芒果苷（$C_{19}H_{18}O_{11}$）不得少于0.50%，含知母皂苷BⅡ（$C_{45}H_{76}O_{19}$）不得少于3.0%。

【鉴别】【检查】（水分　总灰分）　同药材。

盐知母　取知每片，照盐水炙法（附录Ⅱ　D）炒干。

本品形如知母片，色黄或微带焦斑。味微咸。

【检查】酸不溶性灰分　同药材，不得过2.0%。

【含量测定】同药材，含芒果苷（$C_{19}H_{18}O_{11}$）不得少于0.40%，含知母皂苷BⅡ（$C_{45}H_{76}O_{19}$）不得少于2.0%。

【鉴别】【检查】（水分　总灰分）　同药材。

【性味与归经】苦、甘，寒。归肺、胃、肾经。

【功能与主治】清热泻火，滋阴润燥。用于外感热病，高热烦渴，肺热燥咳，骨蒸潮热，内热消渴，肠燥便秘。

【用法与用量】6～12克。

【贮藏】置通风干燥处，防潮。

第九节 知母的市场与营销

§3.18.15 知母的市场概况如何?

知母别名"妈妈草"。商品有毛知母肉、光知母两种。毛知母在1993年"中国出口商品展览会"展出时,获中华人民共和国对外贸易部优质产品荣誉证书。以根入药,有清热泻肾火,止咳祛痰,润燥设肠,安胎等功效。知母是一味常用药,各地药材部门大量收购,知母也是当前市场紧缺高档的药材之一,供需矛盾十分严重,致使价格大幅度上涨。20世纪60年代至80年代知母商品主要来源于野生资源。新中国成立后,曾于1977—1980年列为国家计划管理品种,以后改为由市场调节产销。1958年以后河北等省开展了野生变家种,从70年代起提供部分商品。但国内药用仍以采收野生资源为主。家种知母用种子繁殖需4~5年,用根茎繁殖一般为3~4年。近年来,知母一直是多商关注的热点品种之一,自2000—2005年8月之前,亳州市场毛知母的价格始终在5~6元左右徘徊,当年9月随市场货源减少和市场全面复苏,毛知母价格也由6元左右升至10元左右;2006年开始市场上好多药材都开始了走畅价升,知母也在多种因素影响下迅速上扬,毛知母价格很快升至13~14元左右。2011年知母价格稳中有升,不同市场价格有异,但大多的市场维持在每千克15元以上,详见表3-18-1。

表 3-18-1 2011 年国内知母价格表

品名	规格	价格(元/千克)	市场
知母	片	15~16	广西玉林
知母	片	17~18	河北安国
知母	统货	15	广东普宁
知母	片	12~13	安徽亳州

据全国中药资源普查统计,知母全国年需要量约200万千克,合理开发利用野生资源,适当发展家种知母生产,是足市场需要的必要手段。

第十九章

独　活

第一节　独活入药品种

§3.19.1　独活有多少个品种？入药品种有哪些？

独活为我国传统的常用中药材，独活始载于东汉《神农本草经》，列为上品。目前全国有 2 科 4 属至少 17 种植物的根及根茎常作独活入药，植物来源复杂。见图 3-19-1。《中国药典》2010 年版收载，来源于伞形科植物重齿毛当归 *Angelica pubescens* Maxim. f. *biserrata* Shan et Yuan 的干燥根。

第二节　道地独活资源和产地分布

§3.19.2　独活栽培历史及其分布地域？

独活的栽培历史，据记载从清朝末年湖北长阳已有种植。

独活主要分布于湖北、四川、甘肃，贵州亦有分布；湖南、广西已引种成功，且有少量栽培。主产于湖北长阳、五峰、巴东、鹤峰、竹溪、竹山、房县、兴山、姊归、恩施、建始、神农架；重庆（原四川）奉节、巫山、巫溪、灌县；甘肃华亭；陕西镇平、留坝、佛坪、汉阴、紫阳（近年少有种植）。货量以湖北最多，质量以重庆最佳，甘肃货多用于加工饮片。

地方习用品：独活主要分布于四川，湖北、云南亦有分布；短序木主要分布于四川；贵州、湖北、安徽、陕西亦有分布。

第三节　独活的植物形态

§3.19.3　独活是什么样子的?

植株独活为多年生草本，高1～1.5米。根粗大，肉质，浅黄白色，多分枝，有香气。茎直立，带紫色，有纵沟纹。根生叶和茎下部叶的叶柄细长，基部成宽广的鞘，边缘膜质。叶片卵圆形，二至三回三出式羽状复叶，小叶片3裂，最终裂片长圆形，长4～8厘米，宽约2～3厘米，先端渐尖，基部楔形或圆形，边缘有不整齐重锯齿，两面叶脉上均被短柔毛，茎上部的叶退化，无叶片，叶柄膨大成兜状叶鞘。复伞形花序顶生或侧生，总苞片缺乏；伞辐10～25，极少达45，不等长，密被黄色短柔毛；小伞形花序具花15～30朵；小总苞片5～8枚，披针形；花白色；萼齿短三角形；花瓣5，等大，广卵形，先端尖，向内折；雄蕊5，花丝内弯；子房下位。双悬果背部扁平，长圆形，基部凹入，背棱和中棱线形隆起，侧棱翅状，分果棱槽间1～4油管，合生面有油管4～5个。花期7～9月，果

图3-19-1　独　活

期9～10月。

第四节 独活的生态条件

§3.19.4 独活适宜于在什么地方和条件下生长？

独活生长于海拔1 400～2 600米高寒山区的山谷、山坡、草丛、灌丛中或溪沟边，土壤多富含腐殖质而肥沃，为宿根性草本，适宜于冷凉、湿润的气候条件，具有喜阴、耐寒、喜肥、怕涝的特性。以土层深厚、肥沃、富含腐殖质的黑色灰泡土、大眼泥、夹沙土为好。而土层浅，积水地和黏性土壤，均不宜种植。

第五节 独活的生物特性

§3.19.5 独活的生长有哪些规律？

独活幼苗期较喜阴，要求光照时间较短，光照强度较弱。要求土壤深厚、肥沃、疏松富含腐殖质，呈微酸性的沙质土，对前茬要求不严。

整个生长周期为3年，第1～2年为营养生长期，一般只生长根、叶，茎短缩并为叶鞘包被，有少数抽薹、开花。第3年为生殖生长期，一般直播到第3年的5或6月间，茎节间开始伸长，抽出地上茎，形成生殖器官，并开花结子；花期7～9月，果期9～10月，完成整个生长过程。

第六节 独活的栽培技术

§3.19.6 如何整理栽培独活的耕地？

栽培独活应选择处于半阴坡的土层深厚、土质疏松、排水良好、富含腐殖质的沙质壤土。移栽或播种育苗地均在冬季将土深翻，使其越冬风化，第二年解冻后，再将地犁耙一次，并施腐熟堆肥，每 667 米^2 500～750 千克，或施腐熟圈肥、土杂肥，每 667 米^2 3 000～4 000 千克作基肥，将肥料捣细、撒匀，翻入地下 33 厘米深，然后耙细整平，作成 10～13.3 厘米宽的高畦，开好排水沟。播种前清除田间杂草。

§3.19.7　独活种苗如何繁殖?

一、种子繁殖

(一) 直播

冬播的在 10 月采收鲜种子后立即播种，春播的在 3 月份进行。如暂需贮放，可将种子拌 4～5 倍湿腐殖质土（或细砂）堆贮于屋角备用。种子不宜晒干，晒干后播种，发芽期长，且不整齐，发芽率也低。条播或穴播，条播顺畦按行距 30～50 厘米，开沟 1～1.2 厘米，将种子均匀播入沟内；穴播按行距 50 厘米，穴距 24～30 厘米，开穴要求口大底平，每穴播种 10～15 粒左右，覆土 0.6～0.9 厘米，稍加镇压，搂平。每 667 米^2 用种约 1 千克。出苗前保持土壤湿润。一般冬播的在翌年 3 月中旬前后出苗，春播约 20～30 天出苗。

(二) 苗期管理

待苗出齐后，揭去盖草，在幼苗高 7～10 厘米时，进行间苗，疏拔过密苗或弱苗。苗期要求扯草 2～3 次，并追施腐熟人畜粪水或尿素2～3 次，以促使生长。当年冬季就可移栽；若待第二年春移栽，冬季须盖一层泥土，以防冻。

(三) 移栽

每 667 米^2 育苗地，可供6 670米^2 大田栽植。移栽分秋栽与春栽两种，春栽在 2～4 月间进行，但以早春 2～3 月间栽为最好，秋栽在 9～10 月间进行，但成活率不如春栽的好，故应尽量争取在早春 2～3

月间移栽。移栽的方法：整地施基肥后，按行距 50 厘米，株距 25～30 厘米开穴，穴径 12 厘米，深 15～18 厘米，未施底肥的田，可在穴中施入底肥，每穴栽苗一株，栽时可剪去部分侧根，顶芽朝上，覆土压实。冬季栽种，盖土宜厚，以防冻。

二、根芽繁殖

秋后地上部分枯萎时挖出母株，切下带芽的根头作繁殖材料，不宜选大条，因其栽后容易抽薹开花，根部木质化，不能药用。在畦内按行距 30 厘米、株距 20 厘米开穴，每穴放根头 1 或 2 个；芽立直向上，原已出芽的芽头要栽出土，未出土的芽尖应在土表下 3～4 厘米。栽后稍压实表土，再浇水稳根。第 2 年春季出苗。也可把根茎上的芽子掰下收藏起来，翌年 4 月上旬栽种，但此法较少应用。

§3.19.8 如何对独活进行田间管理?

一、中耕除草

移栽苗在 5、6、7 月各中耕除草一次。直播者在苗高 7～10 厘米时，进行中耕除草、匀苗、补苗一次。每穴留壮苗 2～3 株，每一年苗小，应注意除草，冬季苗枯后要培土。第二年管理与移栽苗相同。

二、间苗定苗

采用种子直播的在苗高 20～30 厘米时进行间苗，通常每 30～50 厘米的距离内留 1 或 2 株大苗就地生长，余苗另行移栽。春栽 2～4 月，秋栽 9～10 月。以春栽为好。

三、追肥

一般在春、秋、冬三季，结合除草进行。移栽苗追肥 2 次，在出苗时和夏季植株封畦前进行。肥料以腐熟人畜粪水为主，可适当施尿素和饼肥。直播的第一年追肥 3 次，在匀苗后，夏末（7 月）和冬季倒苗后进行。春、夏季施腐熟人畜粪水或尿素；冬季用饼肥，每667米^{2}40～50千克，过磷酸钙30～50千克，堆厩肥1 000～1 500千克，在堆沤之后施，施后培土壅根，防止倒伏和安全越冬。

四、其它管理

天气干旱时适当浇水，雨季注意排涝，防止烂根。四川在第2～3年春发芽后，进行一次打芽，每株只留一个芽子（打下的芽可作种苗，移栽到其他地上）。独活当年播种的一般不开花，如有开花的，应及时拔掉，以免徒耗养料，以利根部的生长。

§3.19.9 独活的病虫害如何防治?

独活在栽培过程中,很少有病害发生,主要是虫害。常见的虫害有:

一、蚜虫和红蜘蛛

6～7月间天旱时发生较多，蚜虫、红蜘蛛吸食茎叶汁液，造成危害。防治方法：害虫发生期可喷50％杀螟松1 000～2 000倍液，每7～10天1次，连续数次；还可用乐果40％乳剂2 000倍液喷射防治。

二、黄凤蝶

黄凤蝶属鳞翅目凤蝶科，学名*Papilio machaon* Linne。幼虫为害叶、花、蕾，咬成缺刻或仅剩花梗。防治方法：（1）人工捕杀；（2）90％敌百虫800倍液喷雾，每5～7天1次，连续2～3次；（3）青虫菌（每克含孢子100亿）300倍液喷雾。

三、食心虫

食心虫多在开花期、结果期为害，一般用敌百虫90％原药800倍液喷射防治。

第七节 独活的采收、加工（炮制）与贮存

§3.19.10 独活什么时间采收？

一般定植后2年即可进行收获。秋季茎叶枯萎后将根挖出，鲜独活含水分多，质脆易断，采收时要避免挖伤根部。据产地的经验，挖时用宽锄在苗前五寸远处下锄，一锄一翻，不能多锄，多锄易将主根挖断。根挖出后，首先挑选独条、较粗壮的无破伤的根作良种，其余的独活晾晒10天左右，去掉茎叶、泥土和细小须根。

§3.19.11 怎样加工独活？

切去芦头，摊晾，待水分稍干后，堆放于炕房内，用柴火熏炕，初上炕火力可以大些，炕上保持50～60℃的温度，经常上下翻动，连炕3～4天，待半年后下炕，再用手搓去须根，按大小理顺，扎成30～65厘米直径的把，头朝下，一把把排在炕上进行复炕，连炕3～4天，待全干后即为成品。四川在满3年时收，不满3年的炕干后损耗大，年分长的产量高。

独活根含水分多，约6～7千克鲜根可干燥成1千克，667米^{2}产干品约300千克。

§3.19.12 独活怎么样贮藏好？

独活一般用麻袋包装，每件40千克左右。贮存于干燥、通风的仓库内，温度28℃以下，相对湿度65%～75%。商品安全水分12%～14%。

本品含挥发油，易散味、虫蛀，受潮后生霉、泛油。吸潮品两端

可见霉斑；泛油后根尾部返软，可任意弯折，颜色变深，表面现油点及油样物，散特异气味。为害的仓虫有大谷盗、烟草甲、药材甲、一点谷蛾、赤足郭公虫、竹红天牛、印度谷螟等。虫蛀品的包装缝隙及垛底常见虫丝及结膜，活虫多潜匿商品内部蛀噬。

贮藏期间堆垛不宜过高，以防受潮后重压泛油、散味。发现轻度霉变、虫蛀，应及时晾晒，最好进行密封抽氧充氮养护。虫情严重时，可用磷化铝（9～12 克/米^3）或溴甲烷（30～40 克/米^3）熏杀。

第八节 独活的中国药典质量标准

§3.19.13 《中国药典》2010 年版独活标准是怎样制定的？

拼音：Duhuo

英文：ANGELICAE PUBESCENTIS RADIX

本品为伞形科植物重齿毛当归 Angelica pubescens Maxim. f. biserrata Shan et Yuan 的干燥根。春初苗刚发芽或秋末茎叶枯萎时采挖，除去须根和泥沙，烘至半干，堆置 2～3 天，发软后再烘至全干。

【性状】本品根略呈圆柱形，下部 2～3 分枝或更多，长 10～30 厘米。根头部膨大，圆锥状，多横皱纹，直径 1.5～3 厘米，顶端有茎、叶的残基或凹陷。表面灰褐色或棕褐色，具纵皱纹，有横长皮孔样突起及稍突起的细根痕。质较硬，受潮则变软，断面皮部灰白色，有多数散在的棕色油室，木部灰黄色至黄棕色，形成层环棕色。有特异香气，味苦、辛、微麻舌。

【鉴别】(1) 本品横切面：木栓细胞数列。栓内层窄，有少数油室。韧皮部宽广，约占根的 1/2；油室较多，排成数轮，切向径约至 153 微米，周围分泌细胞 6～10 个。形成层成环。木质部射线宽 1～2 列细胞；导管稀少，直径约至 84 微米，常单个径向排列。薄壁细胞含淀粉粒。

(2) 取本品粉末1克，加甲醇10毫升，超声处理15分钟，滤过，取滤液作为供试品溶液。另取独活对照药材1克，同法制成对照药材溶液。再取二氢欧山芹醇当归酸酯对照品、蛇床子素对照品，加甲醇分别制成每1毫升含0.4毫克的溶液，作为对照品溶液。照薄层色谱法（附录Ⅵ B）试验，吸取供试品溶液和对照药材溶液各8微升、对照品溶液各4微升，分别点于同一硅胶G薄层板上，以石油醚（60～90℃）-乙酸乙酯（7∶3）为展开剂，展开，取出，晾干，置紫外光灯（365纳米）下检视。供试品色谱中，在与对照药材色谱和对照品色谱相应的位置上，显相同颜色的荧光斑点。

【检查】水分 不得过10.0%（附录Ⅸ H第二法）。

总灰分 不得过8.0%（附录Ⅸ K）。

酸不溶性灰分 不得过3.0%（附录Ⅸ K）。

【含量测定】照高效液相色谱法（附录Ⅵ D）测定。

色谱条件与系统适用性试验 以十八烷基硅烷键合硅胶为填充剂；以乙腈-水（49∶51）为流动相；检测波长为330纳米。理论板数按二氢欧山芹醇当归酸酯计算应不低于6 000。

对照品溶液的制备 取蛇床子素对照品、二氢欧山芹醇当归酸酯对照品适量，精密称定，加甲醇分别制成每1毫升各含150微克、50微克的溶液，即得。

供试品溶液的制备 取本品粉末（过3号筛）约0.5克，精密称定，置具塞锥形瓶中，精密加甲醇20毫升，密塞，称定重量，超声处理（功率250瓦，频率40千赫）30分钟，放冷，再称定重量，用甲醇补足减失的重量，摇匀，滤过。精密量取续滤液5毫升，置20毫升量瓶中，加甲醇至刻度，摇匀，滤过，取续滤液，即得。

测定法 分别精密吸取两种对照品溶液10微升与供试品溶液10～20微升，注入液相色谱仪，测定，即得。

本品按干燥品计算，含蛇床子素（$C_{15}H_{16}O_3$）不得少于0.50%，含二氢欧山芹醇当归酸酯（$C_{19}H_{20}O_5$）不得少于0.080%。

饮片

【炮制】除去杂质，洗净，润透，切薄片，晒干或低温干燥。

本品呈类圆形薄片。外表皮灰褐色或棕褐色，具皱纹。切面皮部灰白色至灰褐色，有多数散在棕色油点，木部灰黄色至黄棕色，形成层环棕色。有特异香气。味苦、辛、微麻舌。

【检查】酸不溶性灰分 同药材，不得过2.0%。

【鉴别】【检查】（水分 总灰分）

【含量测定】同药材。

【性味与归经】辛、苦，微温。归肾、膀胱经。

【功能与主治】祛风除湿，通痹止痛。用于风寒湿痹，腰膝疼痛，少阴伏风头痛风寒挟湿头痛。

【用法与用量】3～10克。

【贮藏】置干燥处，防霉，防蛀。

第九节 独活的市场与营销

§3.19.14 独活的市场概况如何？

独活是治疗风寒、湿痹的重要药物，除了用于临床配方外，还是中成药生产的重要原料。据不完全统计，以独活作原料生产的中成药有独活寄生丸、追风丸、天麻丸、外用舒筋药水、坎离砂、风湿药酒等60余种。

20世纪50年代独活商品主要来源于野生资源，由湖北、陕西、四川等省提供。50年代中期开始种植，60年代以后家种有了较大的发展，成为商品的主要来源。70年代以后，家种发展更快，种植面积扩大，年栽种面积约250公顷以上。正常年收购量约170万千克左右，其中湖北、四川、陕西三省的收购量占全国年收购量的85%，加上野生资源的利用，基本能满足市场的需要。

1980年以后独活由市场调节产销。由于当时药农生产积极性倍增，致使独活在1989～1990年市场走势疲软，销售困难。之后，价格跌至成本之下，挫伤了药农积极性，种植减少，产量下降。经过两年多的市场消化，社会存量减少，货源逐渐转紧，价格回升。1992年产新前每千克价格逐渐由1989年的3元上升为4.5元。随着价格的升高，农民的种植热情迅速膨胀，1992年产量增加，价格随之下降，陕西汉中最低只售几角钱，到1996年市价回升到了4元左右，生产也在连续几年低价的影响下受挫，1997年转为产不足需，库存薄弱，独活价格走势再度发生转折，升为6元以上，1998年产新前又升为9元多的历史最高位。从而又导致了1999年独活的又一轮生产高潮，产新后供大于求，市价下滑，降为5.5元。2000年市价4元多，而在价高之时引起次产区生产大发展，2001年总产新量激增，市价直降为1.8元左右。谷底价格使生产遭到了严重打击，2002年产量猛减一半，但因库存庞大，产新后价格依然疲软，2003—2004年库存逐渐消化，价格也逐步回升到了3～4元，2005年产不足需，库存见底，价格上升为5元左右，2006年供需似有缺口，价格一路上涨到2011年的9元以上，详见表3-19-1。

表3-19-1 2011年国内独活价格表

品名	规格	价格（元/千克）	市场
独活	统货	12～13	广西玉林
独活	统货	9～10	安徽亳州
独活	统货	10～13	甘肃陇西

目前利用独活开发的专利新药达1 000种以上，独活制剂如雨后春笋出现在医药市场，比如由陕西康惠制药有限公司和沈阳国爱医药科技开发有限公司等单位开发生产的独活止痛搽剂，它具有止痛、消肿、散瘀，用于小关节挫伤，韧带、肌肉拉伤及风湿痛等，市场前景看好。据全国中药资源普查统计，独活商品年需求量为180万～190万千克；同时，独活又是传统出口商品，从30年代起直到今天，主产湖北思施、资丘、巴东及四川巫山、巫溪等地的独活就远销香港、澳门及东南亚各国，每年正常出口量约3万～10万千克以上。

第二十章

牡　丹　皮

第一节　牡丹皮入药品种

§3.20.1　牡丹皮的入药品种有哪些?

长期以来，人们一直认为广为栽培的1 000余个牡丹栽培品种均起源于野生牡丹（*Paeonia suffruticosa* Andr.），近年来对牡丹野生资源和栽培品种资源以及二者之间的关系进行了广泛研究，通过实地调查、标本核对、文献核对、形态学、孢粉学及现代分子生物学的综合研究，发现牡丹（*P. suffr-uticosa* Andr.）是国外学者根据从我国引入的栽培品种定名的，实地调查未见真实可信的野生植株，也未发现确切的分布区域，其他证据也支持牡丹作为一个野生种不成立，牡丹（*P. suffruticosa* Andr.）不代表一个“自然种”，而是由多种野生牡丹及其杂交种，经过自然选择和人工栽培选择而形成的复合种，

图 3-20-1　牡　丹

是对中国中原牡丹品种群的统称。见图 3-20-1。我国到目前为止共发现野生牡丹 11 个种或变种。《中国药典》2010 年版牡丹皮规定牡丹皮为毛茛科植物牡丹 *Paeonia suffruticosa* Andr. 的干燥根皮。

第二节 道地牡丹资源和产地分布

§3.20.2 道地牡丹的原始产地和分布在什么地方?

牡丹作为药用，始载于《神农本草经》，列为中品，以后历代本草均有收载，据《名医别录》云："牡丹生巴郡山谷及汉中"，"色赤者为好，用之去心"，因当时牡丹尚未进行规模栽培，药用的牡丹主要是以野生品种为主，《本草衍义》记述"山中单叶花红者，根皮入药为佳"，其中的"单叶"在牡丹品种描述中特指单瓣，即以野生的单瓣红花牡丹入药。《神农本草经》首次记载的牡丹为野生牡丹，产于四川的各野生牡丹乃至全国各野生牡丹均有可能作为牡丹入药。

自明末安徽铜陵县开始规模引种杨山牡丹以来，形成了主要供药用的凤丹栽培品种。目前牡丹皮商品主要来源于栽培，栽培品种主要为从安徽引种的凤丹。牡丹皮主产于安徽铜陵、南陵、青阳、泾县，四川垫江、灌县、长寿、邻水，湖南的邵东、邵阳、祁东，山东的菏泽、定陶、东明、曹县、枣庄。在陕西、湖北、河南、云南、甘肃、贵州、河北、浙江、山西、江苏、江西、青海、西藏也有种植。

第三节 牡丹的植物形态

§3.20.3 牡丹是什么样子的?

一、牡丹

牡丹为落叶小灌木，一般高 1～2 米，叶互生，通常 2 回 3 出复叶，顶生小叶卵圆形至倒卵圆形，先端3裂，侧生小叶。斜卵形，不等2浅裂，腹面绿色，背面有白粉。花单生枝顶，萼片5，花瓣5或为重瓣，白色、红紫色或黄色，倒卵形，先端常2浅裂，雄蕊多数，花盘杯状，红紫色，心皮5，密生柔毛，果密生褐黄色毛。现在认为此种不是代表一个“自然种”，而是对中国中原牡丹品种群的统称。而药用牡丹的原植物应该为杨山牡丹直接演化形成的栽培品种凤丹系列。牡丹经过长期的引种驯化，形成了1 000余种牡丹品种，鉴别牡丹品种主要从花的形状、花色、香型及叶、芽、干、根、果、株型及分枝方式等方面来识别。

二、杨山牡丹（洋山牡丹）

杨山牡丹植株较高大，二回羽状复叶，小叶15，窄卵状披针形或窄长卵形，先端渐尖，通常不裂，顶生小叶偶有二裂或三裂，下面无毛，侧脉4～7对，花白色，花瓣11，倒卵形，花丝、柱头及花盘均为暗紫红色。花期4月份。主要分布于湖北西南部、湖南西北部及安徽南部、河南嵩县。生长于海拔1 200～1 600米的疏林下或山坡灌丛中。目前多数学者认为此种是药用牡丹凤丹的原种。

三、药用牡丹

药用牡丹与杨山牡丹的主要区别是叶为一至二回羽状复叶，小叶11～15，花较大，单生枝顶，花白色，花瓣10～15，有时内面基部带有淡紫红色晕，花丝、花盘均为紫红色，心皮5～8，密生白色柔毛，柱头紫红色。目前多数学者认为中药丹皮原植物来源于杨山牡丹的栽培品种凤丹系列，但部分学者认为药用丹皮是杨山牡丹的变种。分布于安徽省铜陵县和南陵县。

四、紫牡丹（野牡丹、滇牡丹）

紫牡丹株丛低矮，当年生小枝暗紫红色，二回三出羽状复叶，羽状分裂，裂片披针形至长圆状披针形，花2～5朵，生于枝顶或叶腋，萼片3～4，花瓣9～12，红色、红紫色，花丝深紫色，花盘肉质，包住心皮基部，心皮2～5，光滑无毛，柱头紫红色。分布于云南省西北部、四川省西南部及西藏自治区东部，生长于海拔2 300～3 700米的阳坡及草丛中。此种为云南赤丹皮的原植物之一。

五、川牡丹（四川牡丹）

川牡丹为灌木，植株较高大，树皮灰黑色，片状脱落，三回（稀四回）三出复叶，小叶片较多，可达30枚以上，顶生小叶卵形或倒卵形，3裂达中部或全裂，裂片再3浅裂，侧生小叶卵形或菱状卵形，3裂或不裂而具粗齿。花单生枝顶，萼片3～5，花瓣9～12，红色或玫瑰红色，浅粉色，花丝白色，花盘浅杯状，与花丝同色，心皮4～6，光滑无毛。仅分布于四川西北部，生长于海拔2 400～3 100米的山坡、河边草地或丛林中。此种为中药牡丹皮的地方习用品。

第四节 牡丹的生态条件

§3.20.4 牡丹适宜于在什么地方和条件下生长？

牡丹的每一个野生原种都属于典型的温带型植物，喜温和凉爽、阳光充足的环境，具有一定的耐寒性，稍耐半阴，宜高燥，忌湿热，要求土壤疏松、深厚。不同种、不同品种群之间由于具体生态环境的差异，其生态习性就有了一定的差别，如杨山牡丹的原产地年降水量一般在1 000毫米以内，海拔在2 000米以下，绝对最高温度高于30℃，绝对最低温度不低于－19℃，它们以及它们的后代子孙通常喜欢冷凉干燥的气候，耐寒性和耐旱性比较强，对炎热的夏季也有一定的耐受性。其中中原品种群的主产地山东菏泽、河南洛阳及北京的气候比较温和，相对比较寒冷，降水量较少，所以它们比较喜温和气候，宜高燥，忌酷热，忌湿涝，具有一定的耐寒性；而西北品种群主要分布并长久生长于西北寒冷干旱的黄土高原和山地上，所以它们耐寒、耐旱、喜冷凉环境，具有较强的适应性。

杨山牡丹和江南品种群中凤丹系列品种长期生长在我国中部和南部低山丘陵地带，冬季温暖湿润，夏季高温多湿，空气湿度高达80%以上，所以它们喜温暖环境，能耐一定的湿热。紫牡丹和四川牡丹一般分布在海拔2 000米以上，年降水量1 000毫米以上、绝对最高温度低于30℃、绝对最低温度不低于－10℃的地区，它们及西南牡丹品种群更喜欢温暖湿热气候，不耐寒，忌夏季炎热和强光直射，要求较高的空气湿度，更喜欢疏松微酸性土壤。

总之，各牡丹野生种及其子孙后代有共同的基本生态习性，但由于各自生存环境的不同，又有各自典型的生态习性和对环境的适应范围。因此在引种栽培时，一定要根据本地气候条件，选择相应的栽培品种。

第五节　牡丹的生物特性

§3.20.5　牡丹的生长周期有哪些规律？

一、根的发生

药用的凤丹系列品种可以用种子繁殖，一般播种后当年只长根不发芽，形成主根或少数侧根，第二年根继续发育生长，同时萌发，第三年主根、侧根基本形成，开始加粗生长，同时主根侧根上密生根毛，但是根毛对外界环境敏感，寿命短，给栽培带来一定困难。牡丹也可采用分株繁殖，分株后第一、二年新根生长慢，数量少，从第三年开始大量生根和加粗生长，4 年后根系基本形成，此时又可进行分株繁殖，分株繁殖法栽培的牡丹在沙质土壤中产生的根有 3 类情况，一类为深根型，主根明显，根数少，深达 60～90 厘米；第二类为浅根型，无明显主根，根多而稠密；第三类为中间型，根条粗细均匀，光滑，可以药用，如赵粉。根在年周期中最早开始活动，如在黄河下游每年2月中、下旬当地下5厘米深土温达4℃～5℃时，根即开始活动，6～7月份根生长最慢，8月份以后根又开始旺盛生长。

二、芽的发育

牡丹芽为鳞芽，分为叶芽和花芽，通常花芽肥大，叶芽较瘦小。一般当气温上升并稳定在3.6℃以上时，芽开始膨大，露叶及显蕾，6℃以上开始放叶。芽的开放除受当年气温及其他因素影响而略有不同外，不同品种之间也有明显差别。每年芽萌发后，鳞片脱落，在枝条上留下环状痕迹，可以据此鉴定牡丹植株的年龄。

三、叶的出现

牡丹的顶芽通常为花芽，花芽萌发后抽出花枝，顶端开花，枝上长叶，花枝即牡丹的绿色茎枝，在冬季以前有枯梢缩枝现象，俗称"长一尺缩八寸"，是由于它们长期适应冷凉气候的表现，因为当年生枝上部叶腋内无芽点，因而不能木质化。花开过之后，在叶腋处又分化出新的花芽，为下年开花作准备。随着枝条的伸长，叶子开始产生，幼叶为紫红绿色，卷缩，多绒毛，春分（3月21日）前叶全部展开，颜色变为绿色，绒毛脱落，霜降左右叶片开始枯萎。

四、花的发育

在牡丹花的开放过程中，温度是主要影响因素，一般在16～18℃才能开花，低于16℃花不开放，但是花在开放过程中，需要一定时间的积累，如果积温不够也不会马上开花。在开花各期中小风铃期对温度最敏感，如果此时遇冻害，牡丹不能开花；另外一个重要因素是光照，据观察，在室内每日光照8～9小时、露地栽培10～12小时才能开花。在黄河下游地区，每年从2月19日（雨水）起，花芽开始萌动膨大，3月6日（惊蛰）花开始显蕾，3月21日（春分）叶片完全展开并迅速生长，4月5日（清明）花蕾迅速膨大，4月20日（谷雨）开始开花。

牡丹为多年生春花植物，早春萌芽、展叶，仲春开花，夏季开始花芽分化，秋末落叶而休眠。每年从萌芽至开花大约需要60天，其时间长短与品种及重瓣性有关。早花品种和单瓣、重瓣性低的所需时间短，晚花和重瓣性高的品种所需时间较长。花期从3～5天至7～10天不等，群体花期可持续20～30天。

第六节　牡丹的栽培技术

§3.20.6　怎样进行牡丹播种?

一、播种繁殖

（一）种子的采集

牡丹的果实在8月中下旬至9月上旬陆续成熟，当果实呈蟹黄色，腹部开始破裂时分批采收，采收后摊放阴凉通风处，使种子在果荚内充分成熟，应经常翻动，以免发热。待果荚充分开裂后，随即脱粒播种，或者将种子置室内通风处阴干保存备用。

（二）种子的形态

种子阔椭圆状球形或倒卵状球形，长10.3～12.1毫米，宽8.6～9.8毫米，表面黑色或棕黑色，有光泽，常具1～2个大型浅凹窝，基部略尖，有一不明显小种孔，种脐位于种孔一侧，短线形灰褐色。外种皮硬、骨质，内种皮薄、膜质。胚乳半透明，含油分，中间有一空隙。胚小直生，胚根圆锥状，子叶2，近圆形。千粒重198克。

（三）牡丹种子的贮藏

牡丹种子宜随采随播，如不能及时播种，可将种子用湿润沙土分层堆积于阴凉处，但贮藏时间不能超过9月份，一般贮藏条件下贮藏期限为1年。牡丹种子为下胚轴休眠类型，收获时胚还未完全发育成熟，胚发育早期要求较高温度（15～22℃）30天，后期要求30～40天的10～12℃的低温。胚形态上发育完成后长根，又需要15～20天在0～5℃低温条件下打破下胚轴休眠，下胚轴休眠打破后，可在

10～20℃温度下长茎出苗。

(四) 牡丹的选种

播种前应将种子放在水中进行选种，去掉浮水杂质及不成熟种子，取下沉、大粒饱满种子用50℃温水浸种24小时，或用95%酒精浸30分钟，再与湿草木灰拌后立即进行播种。如因下雨不能播种，切记勿将潮湿种子放在密闭容器中，以免种子霉烂。可将种子堆放在室内潮湿地面上，用湿布盖之，或将其用湿土或湿砂混拌后堆放，待天晴再播。

牡丹种子具上胚轴休眠现象，秋季生根，春季发芽，若温室播种，可用500×10^{-6}～$1\,000\times10^{-6}$浓度的赤霉素浸种24小时，可有效解除休眠，进行播种。

(五) 播种时间和方法

牡丹一般8～10月份播种为宜，可采用田间开沟、筑畦进行条播或撒播，或采用穴播、盆播或箱播。播种育苗地地势应稍高，土质疏松肥沃，排水良好。播种前应先施足基肥，一般每667米^{2}地施入腐熟有机肥4 000～5 000千克或饼肥300千克，深翻耙平，浇水保墒，整床做畦。进行条播、点播或撒播，一般行距6～10厘米，株距3～4厘米，播种后覆土2厘米，稍加镇压，再盖上地膜，以后应保持畦面湿润。1个月左右即可生根。12月下旬再浇一次冻水，第二年3月底至4月初即可发芽，此时去地膜，锄松表土，适时浇水，追肥。一般生长2年后进行移栽。

少量播种可采用盆播或箱播，播种深度2～3厘米，播后浇水覆土。将盆或箱埋入土中，其上再封成土丘过冬，第二年春天扒去封土，适时养护，令其自然生长。播种后如遇天气干旱，可向垅间或畦间沟内放水浇灌，但勿使大水漫灌，以免影响幼苗出土。

冬季地面上冻以前，再覆盖一层马粪或稻草以利种子越冬，同时再放一次过冬水。来年地面解冻后，撤去覆盖物及覆土，若墒情不好应再浇一次水，以后应视天气情况，适当浇水并及时进行松土、除草和保墒。浇水若能与施肥同时进行效果更佳，一般在浇水前将腐熟饼肥粉碎撒入土中再浇水，或将沤熟的人粪尿随水浇入。5 日以后幼苗易受病虫害侵染，可用 160～200 倍的波尔多液喷洒预防，每隔半月喷药 1 次，一直到 8～9 月份为止。

二、分株繁殖法

要保持牡丹品种的优良特性，常采用分株繁殖方法，但分株繁殖主要缺点是须经过一段时间的复壮期，而且繁殖系数低。把握适当的分株时间是关键，一般以 9 月下旬至 10 月中旬分株为宜，分株时先将欲分株牡丹挖出，去泥土、病根和伤根，然后日晒 1～2 天，待根部失水变软后再分株，分株时顺势将植株分成数丛，每苗应根、干相称，并带有部分细根和 2～3 个萌芽，伤口处用硫黄粉加细土、清水混成泥浆涂抹，分株后可将根颈上部的老枝剪去，只保留萌蘖芽和当年萌蘖新枝。然后在整好的地块上按株距 80 厘米挖穴，穴内施足基肥，并将小植株移入，移栽时注意保持根系舒展不可弯曲，栽植深度以根颈低于地面 2 厘米左右为宜，然后填土压实，浇透水，冬季封土成土堆状以便安全越冬。

三、嫁接繁殖法

嫁接法多用于生长缓慢、稀有珍贵品种的繁殖，或多种花色嫁接于砧木上，增强观赏性，或培养微型盆栽牡丹。牡丹嫁接常用的砧木是牡丹根或芍药根，前者成活率低，成苗慢，但寿命长，抗病力强；后者成活率高，成苗快，但寿命短，抗病力差。近年来药农采用凤丹的实生苗根作砧木效果较好。常用的嫁接方法有地接、掘接、枝接和芽接法。

（一）地接

地接指不挖出砧木，就地嫁接。将砧木的茎干距地面 6～7 厘米处剪平，在横切面纵切一刀，然后将带 2～3 芽的接穗下部削成楔形插入砧木切口内，用绳绑紧，就地培土封埋过冬。此法宜在秋季进行，注意嫁接后至出圃移栽前应在花期摘去花蕾，及时浇水松土，一般第三年秋季即可移植。

（二）掘接

掘接指将砧木挖出后置阴凉处，待砧木变软后再进行嫁接。将挖出的砧木顶端削平，从一侧纵切一刀，其余同前法，嫁接完毕后将其移植至地床，深度以切口低于地面 2～3cm 为宜，然后培土封埋过冬，第二年春逐渐除去封土，露出接穗以利发芽，第三年秋季即可移栽。掘接一般在 9 月份进行成活率较高。

（三）芽接

首先从优良品种上选取健壮侧芽，将其四周环切成长方形并将其取下作接芽，然后在砧木上选取一腋芽环切成与接芽基部大小基本相同的切面，迅速将接芽贴上去，使两细芽眼对准密接，并用麻绳绑紧，使其自然愈合。此法在 5～9 月均可进行。

利用嫁接法可制成微型牡丹盆景，便于家庭栽培观赏。取芍药根为砧木，选取植株较矮、叶片小、成花率高的品种的当年生枝为接穗，嫁接方法同一般枝接法，嫁接完毕后将 2～3 株装入一盆内，用细土将接穗全部封住，然后埋入畦床内。注意浇水时勿用大水漫灌，应从畦床两旁开沟渗水，水位低于盆口，使水从盆底渗入盆中。用此法第二年早春发芽，4 月中下旬即可开花。

此外，生产中还应用压条繁殖和扦插繁殖。

§3.20.7 如何进行牡丹的露地栽培?

一、种株的选择

每个牡丹的品种群都有其特点和宜栽环境条件，所以选择种株时，首先要根据本地环境特点选择宜栽品种；另外有仅作药用的品种、观赏药用两用品种和观赏花卉品种，应根据需要选择合适品种；牡丹的品种繁多，花色、花形态均有较多变化，花期也有差别，在选择品种时应合理组合，使颜色五彩缤纷，花期相对较长，增加观赏效果。

目前，在我国牡丹栽培中，药用品种凤丹系列多采用种子繁殖，所以在购买种子时一定要保证种子准确，而观赏牡丹多购买 3～4 年以上生的开花大植株栽培，在选购种苗时应注意以下方面：首先种苗根系要发达、植株粗壮、伤根较轻；其次叶无病斑或变黑，芽子要饱满无损伤；然后看根部有无黑斑或白绢菌丝，无感染痕迹者为佳；最后观察嫁接处要完好无损伤。

二、栽培时间与方法

若用种子繁殖栽培，播种时间在 8～10 月份为宜。而分栽牡丹最佳季节是秋季，此时牡丹生长进入休眠期，分栽易于成活，在黄河流域以 9 月下旬至 10 月下旬为宜，北方天寒宜早，南方天暖可稍迟。

栽植前根部先用 0.1%硫酸铜溶液或 5%石灰水浸泡半小时消毒，穴之大小以植株根系能舒展不卷曲为宜，深度以根颈低于地面 2 厘米左右为宜，穴底先施入腐熟的堆肥和培养土，使其与底土混合，栽植时向穴中填土，填至半穴时轻轻提苗并左右摇晃，栽后填土踏实，并立即浇一次透水，一周后视土壤干湿情况再浇一次水。11 月下旬在寒冷地区地上部枝芽要用稻草包扎，基部要培土越冬，避免伤根。

三、浇水与施肥

给牡丹浇水应遵循其喜燥恶湿的特性，但浇水量必须满足牡丹的生长需要，浇水时应“不干不浇，浇则浇透”，适时适量浇水，既要保持土壤湿润，又不可过湿，切忌积水。一般来说，早春萌芽时和入冬休眠前浇水是必需的，所浇之水以雨水、河水及湖水最好，水温以近似气温为宜，切忌酷暑午时浇水。总之，对牡丹浇水的关键是适时、适量、不积水，初学栽培者掌握稍干匀湿的原则比较稳妥。

在我国栽培牡丹，通常一年施肥 3 次，每次施肥要结合浇水，移栽第一年因已施有充足的基肥，而且移栽后牡丹有一复壮过程，所以第一年可不施肥，从第二年开始每年施肥 3 次。第一次在 3～4 月份牡丹萌芽时施肥，俗称“花肥”，为经过充分发酵腐熟粉碎的饼肥或粪干，混以少量的磷肥，一般每667米^{2}150～200千克左右。此次施肥是为了补充和满足萌芽后枝叶的生长、花芽发育及开花所需营养。第二次于花谢后半个月施，俗称“芽肥”，可选用速效性复合肥，此次施肥的目的是补充营养，恢复树势，促进新花芽的分化，此次施肥对来年开花非常重要。第三次在入冬后土壤尚未板结前施用，俗称“冬肥”，可选用50千克腐殖质肥中混入1千克过磷酸钙和0.5千克草木灰混匀使用，此次施肥的目的是为来年春季萌芽提供营养而且有利于安全越冬。第三次施肥可结合灌冻水施入。除施3次肥外，平时应结合生长情况结合浇水追施稀薄的液体复合肥，但炎热夏季不应施肥。另外施肥后还应锄地除草、松土。施肥的关键在于适时、适量，所施肥要充分腐熟，如果施用生肥，又不适时，即使少量，对牡丹生长也是有害的。

四、整形修剪

牡丹栽培过程中可用定股拿芽和修剪技术来控制开花大小、多少等，并且使牡丹保持良好的株型，因此掌握整形修剪技术在牡丹养护中起很大作用。若整形修剪不合理，即使投入很多精力，也不能观赏到枝叶繁茂、花姿绰约的牡丹。

移栽第一年的牡丹可任其自然生长，不进行修剪整形，主要使其在适宜的养护条件下迅速生长，为以后的开花观赏奠定基础。

分栽后第二年春天3月下旬至4月上旬进行定股拿芽工作。定股拿芽就是通过去掉基部萌发的新枝以及多余的地上枝干，调整枝干数目、高低位置、分布方向，其目的是保持植株地上部分与地下部分生长的平衡，保持一定数量的枝条和树形，剪除见枝活芽，集中水分，促其开花繁茂。

每一植株保留枝干的数量，应根据用途和品种决定。以繁殖为目的可适当多留，以观赏为目的应根据品种适当保留5～7个，以药用为目的的凤丹系列，主要利用其根，所以地上部分枝干以4～5个为宜，以保证根部迅速生长发育。

第二年定股拿芽后，每年还要整形修剪和拿芽。整形修剪一般是在入冬前进行，首先去掉茎上部无腋芽的草质茎部分并将叶柄全部摘除，露出枝干，剪除过密枝、弱枝、病枝或受损伤枝条，以及内膛的重叠枝和徒长枝、萌枝和萌芽。拿芽工作可在春季3月下旬至4月上旬进行，拿芽过后，应随时巡视，除掉无用的不定芽。另外，每年入冬前还要把残留的花梗枯梢剪掉，只保留当年生枝条有芽眼而完全木质化的部分。

对药用牡丹凤丹系列来说，整形修剪更为重要，定股拿芽时，为保证根部的良好发育，地上茎枝在保证牡丹本身生长发育需要的同时应尽可能少，一般4～5个即可，另外药用牡丹在花期要摘掉花蕾，防止开花耗费养分而影响根部生长。

§3.20.8　如何进行牡丹的盆栽？

我国花卉市场除满足绿化、美化环境需要外，随着我国人民生活水平的提高，盆栽花卉将以不可阻挡之势涌入家庭，满足人们美化居室环境的需要。牡丹因其花大而艳丽，寓有富贵吉祥之意，深受人们的欢迎，特别是牡丹促控技术的发展，使牡丹在元旦、春节、元宵开花成为可能。所以，盆栽牡丹在花卉市场前景广阔。

一、品种的选择

应选择矮生、适应性强、易栽培、易开花的品种。各个品种盆栽时开花率不同，低者只有19%，高者达到100%，宜盆栽的品种有赵粉、洛阳红、胡红、蓝田玉、青龙卧墨池、鸡爪红、美人红、罗汉红、紫玉等。

二、盆栽方法

（一）盆栽前，将选好的牡丹挖出，晾1～2天，使根失水变软，上盆时间一般选在9月下旬至10月上、中旬。

（二）选择30厘米×28厘米的大白菜形的绿釉砂盆，先在盆底垫一瓦片，再铺上3～5厘米的小石块作排水层，盆土用疏松肥沃的培养土，或充分腐熟的马粪、园土和粗砂各的混合土。上盆时先剪去枯枝败叶和过长的根，用1%的硫酸铜溶液进行消毒后，置于盆中央，边填土边用手压实。

三、栽培管理措施

（一）浇水

上盆后应立即浇1次透水，以后密切观察盆土墒情，调整盆土湿度，花前数日一浇，现蕾期1～2日浇1次水，夏天浇水应在清晨凉爽时浇水，并经常在清晨或傍晚用喷壶喷洒叶面以降温，秋天宜少浇水，以防二次芽过早发育，影响来年开花。总之，牡丹浇水要适度，多则烂根，少则枯干，但初学者以少浇为宜。

（二）施肥

选用芝麻酱渣或豆饼泡水发酵后施用较好，施肥时要兑水，开花前每周施肥水1次，花谢后以养叶为主，略施薄肥。

（三）病虫害防治

夏季雨多高温季节，牡丹易受叶斑病等危害，可提前每半月喷1次波尔多液防治；牡丹因其根具甜味，易受蚁危害，可用1000倍液敌敌畏进行防治。

（四）修剪

在早春或冬季，根据牡丹生长情况，除去土芽、抹芽，剪去过密枝条以改善通风条件。

（五）越冬管理

牡丹有休眠特性，其花芽必须通过30天以上低温才能打破休眠，所以冬季应将牡丹连盆埋入土中，枝条用草缠绕或直接覆土，置于未封闭阳台或室外越冬，来年春季取出，置于窖内养护。

§3.20.9　牡丹有哪些逐月栽培管理措施?

我国牡丹品种繁多，分为中原牡丹品种群、西北牡丹品种群、江南牡丹品种群和西南牡丹品种群，各品种群由于引种驯化、各地气候差异，其栽培管理措施略有差异。下面以各品种群的主产地为准，介绍其逐月栽培管理措施。

一、江南牡丹品种群

1月份：处于休眠状态，注意防寒。2月份：上年播种的种子开始发芽出土。牡丹芽开始萌动、膨大，应除去嫁接苗的覆土，进行抹芽、修剪，去土芽并松土、除草。3月份：继续观察生长情况，不断除去出土芽，追肥1次。4月份：进入花期，对药用品种应除去全部或部分花蕾。花后追肥1次，并松土除草。5月份：继续上述工作，观察病虫害发生情况，注意防治病虫害。6月份：雨水较多，注意雨后及时排除积水，松土除草，防治病虫害。7月份：继续上述工作，下旬采种并进行播种繁殖，注意防治病虫害。8月份：继续上述工作。9月份：继续上述工作，下旬播种结束。分株繁殖牡丹。加工药材。10月份：分株繁殖，嫁接繁殖。加工药材。11月份：分株繁殖结束。嫁接繁殖。清除枯枝落叶及病叶。追肥1次。12月份：封土越冬。

西南牡丹品种群与江南牡丹品种群基本相同，可参考以上栽培管理措施。

二、西北牡丹品种群

1月份：处于休眠状态，注意防寒。2月份：仍处于休眠状态。3月份：牡丹芽开始萌动。松土除草，追肥1次，并浇透水1次。4月份：继续松土除草。追肥1次。根据墒情再浇水1次。修剪选留主枝。5月份：进入花期。花后除去残花。松土除草。追肥1次。注意防治病虫害。6月份：继续上述工作。7月份：雨水较多，注意排除积水。松土除草，防治病虫害。芽接繁殖。8月份：继续上述工作。中、下旬开始采收种子。9月份：开始播种，下旬可进行分株繁殖。10月份：继续分株繁殖。清除枯叶、病叶。追肥1次。11月份：进入休眠状态，注意防寒。12月份：休眠状态，注意防寒。

三、中原牡丹品种群

1月份：处于休眠状态。2月份：土壤解冻，枝条上部鳞芽萌动膨大。松土。3月份：放叶现蕾。追肥1次，修剪并除去土芽。4月份：下旬进入花期。人工授粉。5月份：花谢。除去残花。松土除草，追肥1次。注意防治病虫害。进行芽接繁殖。6月份：进入半休眠状态。第二次发芽。松土除草。除去赘芽及土芽。7月份：果实开始成熟。采集种子。进入高温多雨期，注意排除积水，松土除草。8月份：清除黄叶、病叶。进行种子播种。9月份：下旬开始分株繁殖。10月份：继续分株繁殖。清除枯枝落叶。11月份：追施长效复合肥。封土越冬。12月份：下旬灌冻水。做好防寒越冬工作。

§3.20.10 牡丹的病虫害如何防治?

一、牡丹的病害

(一) 叶斑病（红斑病）

本病在温差明显的梅雨季节容易发生，春季、雨季为高峰期，遇高湿、通风不良、光照不足时蔓延迅速。当牡丹感染叶斑病时，叶片上可见类圆形褐色斑块，边缘不明显，感染严重时叶扭曲，甚至干枯、变黑。茎和叶柄上的病斑呈长条形，花瓣感染严重时会造成边缘枯焦。

引起叶斑病感染蔓延的原因很多，如气温高、温差大、湿度高，人为因素包括施用氮肥过多，植株密度大，病株未及时除去。所以要防止叶斑蔓延，首先要保证无病株存在，可在早春牡丹发芽前用50%多菌灵600倍液或波美3度石硫合剂喷洒，杀灭植株及地表病菌；其次要合理安排牡丹栽植密度，控制土壤湿度，适量使用氮肥，多用复合肥和有机肥。另外应密切注意病情，发现病株、病叶立即除去，如果病情已经开始蔓延，可喷洒160～200倍等量式波尔多液，10～15天一次，或50%多菌灵1 000倍液，或65%代森锌500～600倍液，7～10天喷一次，连续喷3～4次。

（二）灰霉病

潮湿气候和持续低温下容易发生，春季和花谢后是发病高峰。牡丹感染灰霉病后，幼苗基部出现褐色水渍斑，严重时幼苗枯萎并倒伏；叶片被感染后，叶面上尤其是叶缘和叶尖出现褐色、紫褐色水渍斑；叶柄和茎上出现长条形、略凹陷的暗褐色病斑，花瓣变色、干枯或腐烂。该病的主要特点是天气潮湿时病部可见灰色霉层。灰霉病发病的自然因素是气候潮湿和持续低温，人为因素是过于密植、氮肥施用过多。

在春季和花谢后应密切注意灰霉病感染情况，发现病叶、病株立即除去，一旦发现病情开始蔓延，可用1%等量式波尔多液、70%甲基托布津1 000倍液、65%代森锌300倍液或50%氯硝铵1 000倍液，每隔10～15天喷1次，连续喷2～3次。另外要合理安排植株密度，适量施用氮肥，雨后及时排去积水。

（三）牡丹紫纹羽病（黑疙瘩头病）

该病任何季节均可发生，初夏雨季是发病高峰期，施用生肥、重肥以及生地及潮湿地易诱发此病。牡丹感染此病时，根颈处及根上可见棉絮状白色或紫色菌丝，严重时根全被菌丝覆盖，造成老根腐烂，新根不生，地上部分由于营养不良造成枝条细弱，最后自上而下干枯并死亡。

预防此病发生，首先在分栽前用1%硫酸铜溶液浸泡根部3小时，或用石灰水浸泡半小时，用清水洗净然后移栽，要选择土质疏松、排水良好的高燥地块种植，3～4年轮作1次，施用有机肥。如果发现病株，不仅要立即除去病株，对病株周围的土壤也要用石灰或硫黄消毒。为防止病情进一步蔓延，可用5%代森锌1 000倍液浇牡丹根部，每株500～1 000毫升，浇后覆土。

（四）牡丹炭疽病

在高温多雨、栽植密度过大时容易诱发该病。发病时危害叶片、叶柄和茎干。叶被感染后在叶面上出现褐色小斑点，然后变成黑褐色的半椭圆形斑点，最后病斑中部转化为白色，边缘变为红褐色，并开裂、穿孔，斑上散生许多黑点。茎和叶柄被感染，其上会出现菱形略凹陷的斑点，并且染病的茎常扭曲。

预防此病，早春应喷洒50%多菌灵600倍液，发现病株后，除及时除去病株外，喷洒70%炭疽福美500倍液、1%石灰等量式波尔多液或65%代森锌500倍液，10～15天1次，连喷1～2个月。

（五）牡丹轮斑病（白星病）

本病多发于多雨潮湿气候、低洼积水地势、栽植密度过大造成通风不良环境下，8～9月为高发期，是牡丹生长后期叶的主要病害。植株感染此病时，初期叶上出现淡黄色小点，以后逐渐扩大为褐色圆形的病斑，并可见明显的环纹，上面散生细小霉点，病斑中央最多，严重时整个叶片全部干枯。

预防本病，在早春喷洒50%多菌灵600倍液，发现病株后，及时除去病叶或病株，并用1%石灰等量式波尔多液、50%退菌特800倍液或65%代森锌500倍液，10～15天喷1次，连喷1～2个月。另外合理安排植株密度，注意通风透光。

二、牡丹的虫害

（一）蛴螬

蛴螬属鞘翅目金龟子科各种金龟子的幼虫，全年均可为害，但5～9月最为严重，蛴螬常危害根部，将牡丹根咬成凹凸不平的空洞或使根残缺破碎，严重者会造成牡丹根死亡，引起地上部分长势衰弱或枯死，严重影响牡丹的生长。

蛴螬的防治方法应视情况而定，如果蛴螬量多，用 90%敌百虫 1 000～1 500倍液浇注根部，浇后覆土，也可用灯光诱杀成虫。如果蛴螬量少，可在清晨将害株扒开捕杀。

（二）地蚕（小地老虎）

地蚕属鳞翅目夜蛾科，在春秋两季为害最重，常从地面咬断幼苗或咬食未出土的幼芽造成缺苗。在杂草丛生地块发生较重。

地蚕防治首先要清除地蚕赖以生存的杂草，低龄幼虫用 98%的敌百虫晶体1 000倍液或 50%辛硫磷乳油1 200倍液喷雾，高龄幼虫可用切碎的鲜草 30 份拌入敌百虫粉 1 份，傍晚撒入田间诱杀。

（三）蝼蛄

蝼蛄属直翅目蝼蛄科华北蝼蛄和非洲蝼蛄。喜食幼根及接近地面的嫩茎，能将根咬食成丝缕状，还在土表下开掘隧道，使根脱离土壤而缺水枯死。

蝼蛄防治有多种方法，可利用其趋光性，晚上用灯光诱杀；或用 90%敌百虫原药 1 千克加饵料 100 千克，充分拌匀后撒于田间毒杀。另外施用充分腐熟的有机肥，减少蝼蛄产卵。

（四）根结线虫病

由于牡丹根粗壮，有甜味，易受地下害虫危害，近年来牡丹根结线虫病成为危害牡丹的主要虫害。牡丹根结线虫病主要危害牡丹根，被感染后根上出现大小不等的瘤状物，黄白色，质地坚硬，切开后可发现白色有光泽的线虫虫体，同时引起叶变黄，严重时造成叶片早落。牡丹根结线虫病容易鉴别，由病土、受害植株和流水传播，在根结内、土壤内或野生寄主内以卵和幼虫形式过冬，第二年春季二龄幼虫直接侵入新根，在 5～6 月和 10 月份形成根结最多，5～10 厘米深处土层发病最多。

对牡丹根结线虫病可用 15%涕灭威颗粒穴施，每株 5～10 克，穴深 5～10 厘米，1 年 1 次；其次应及时清除田间杂草；发现受害病株后，可将病株根放在 48～49℃温水中浸泡 30 分钟，或用 0.1%甲基异柳磷浸泡 30 分钟。

另外危害牡丹的还有钻心虫，多在春季发生，成虫在根茎处产卵，孵化后幼虫钻入根部，逐渐向上蛀食，造成叶枯黄，甚至全株死亡。发现虫害后，可折断被感染根茎，杀死害虫，或用80%敌百虫800～1 000倍液喷雾，或用2.5%敌百虫粉剂喷洒天虫。

第七节 牡丹皮的采收、加工（炮制）与贮存

§3.20.11 牡丹皮什么时间采收？

牡丹皮一般在移栽后3～5年即可采收，常在9月下旬至10月上旬选择晴天采挖，采挖时先深挖四周将泥土刨开，将根全部挖起，抖去泥土，结合分株，将大、中根条自基部剪下进行加工。

关于丹皮的种植年限，一般3～5年不等，但从经济效益和有效成分综合考虑，在正常年景，对凤丹来说，移栽3年采收较好。综合考虑年生物量和有效成分含量，花盛开期产量低。但丹皮酚含量高；而枝叶枯萎期产量高，但丹皮酚含量低，所以如果以提取丹皮酚为目的应在花盛开期采收，此时每667米^{2}丹皮酚产量最高（22.34千克）；如果以生产药材为目的，以枝叶枯萎期即9～10月份采收较佳，此时丹皮酚产量为667米^{2}14.81千克，丹皮酚含量仅次于花盛期，也符合传统采收期，符合中医长期用药习惯剂量。

§3.20.12 怎样加工牡丹皮？

将剪下的牡牡丹根堆放1～2天，待失水稍变软后，去掉须根，用手紧握鲜根，在一侧用刀划一刀，深达木部，然后抽出木心（俗称抽筋），晒干后供药用称“牡丹皮”，注意晒的时候趁其柔软，把根条理直，在晒干过程中不能淋雨、接触水分，因接触水分再晒干会使丹皮发红变质，影响药材质量。

若趁鲜用竹片或玻璃片刮去表皮，再用木棒轻轻把根捶破，抽出木心晒干，称为“刮丹皮”。若根条较小，不易刮皮和抽心，可直接晒干，称为“丹须”。牡丹一般667米^{2}产250～350千克，高产可达500千克，3千克鲜根能加工成1千克牡丹皮。

§3.20.13 如何炮制牡丹皮？

目前牡丹皮的炮制方法尚不统一，常见的有炒丹皮、焦丹皮、酒炒丹皮、酒蒸丹皮和丹皮炭等。

一、牡丹皮的饮片炮制

饮片是连接药材和临床的桥梁，炮制饮片的方法有水洗法、水喷淋法、白酒喷淋法。

（一）水洗法

取适量丹皮原药材，用水快洗，润软，切成1～2毫米的薄片，在通风处阴干。

（二）水喷淋法

取丹皮原药材，用清水喷淋，待水分吸干后再重新喷淋，反复几次，直至润软，然后切成1～2毫米的薄片，在通风处阴干。

（三）酒喷淋法

取丹皮原药材，用50度白酒喷淋，待白酒吸干后重新喷白酒，反复数次，直至润软，然后切成1～2毫米的薄片，在通风处阴干。

二、牡丹皮的炮制

（一）炒丹皮

1. 炒黄 将净丹皮置锅内，用文火微炒，取出放凉。

2. 炒焦 将净丹皮放置于120℃左右的锅内，炒至微焦。

（二）酒制丹皮

将净丹皮与黄酒拌匀，闷润至酒尽时，置锅内用文火微炒，取出放凉。丹皮500克用黄酒60克。

（三）制炭

取净丹皮，置锅内用武火炒至表面焦黄，边缘带黑色，但须存性，喷淋清水，取出，晒干即得。

牡丹皮的炮制方法还有鳖血制、醋制、煨制等方法。

§3.20.14 牡丹皮怎么样贮藏好？

牡丹皮含挥发油，如果贮藏不当，药材易变色，丹皮酚也会因贮藏时间延长而含量降低。牡丹皮在贮藏期间，应定期检查，先进先出，保存期不宜过久，贮藏条件应避免高温高湿，在高温高湿或久存条件下，断面颜色会变深、味变淡，影响丹皮质量。若发现药材已吸湿受潮，应及时翻垛通风或摊晾阴干，忌曝晒。高温高湿季节前，有条件的最好进行密封抽氧充氮养护。

牡丹皮贮藏一般用内衬防潮纸的瓦楞纸箱盛装，每件20千克左右，贮藏于阴凉干燥避光处，温度30℃以下，相对湿度70%～75%，商品安全水分10%～12%。

为害丹皮的常见仓虫有仓贮蛛甲、小圆皮蠹、烟草甲、白带圆皮蠹等，经验认为丹皮与泽漆同贮不易生虫。

第八节 牡丹皮的中国药典质量标准

§3.20.15 《中国药典》2010年版牡丹皮标准是怎样制定的？

拼音：Mudanpi

英文：MOUTAN CORTEX

本品为毛茛科植物牡丹 *Paeonia suffruticosa* Andr. 的干燥根皮。秋季采挖根部，除去细根和泥沙，剥取根皮，晒干或刮去粗皮，除去木心，晒干。前者习称连丹皮，后者习称刮丹皮。

【性状】连丹皮　呈筒状或半筒状，有纵剖开的裂缝，略向内卷曲或张开，长5～20厘米，直径0.5～1.2厘米，厚0.1～0.4厘米。外表面灰褐色或黄褐色，有多数横长皮孔样突起和细根痕，栓皮脱落处粉红色；内表面淡灰黄色或浅棕色，有明显的细纵纹，常见发亮的结晶。质硬而脆，易折断，断面较平坦，淡粉红色，粉性。气芳香，味微苦而涩。

刮丹皮 外表面有刮刀削痕，外表面红棕色或淡灰黄色，有时可见灰褐色斑点状残存外皮。

【鉴别】（1）本品粉末淡红棕色。淀粉粒甚多，单粒类圆形或多角形，直径3～16微米，脐点点状、裂缝状或飞鸟状；复粒由2～6分粒组成。草酸钙簇晶直径9～45微米，有时含晶细胞连接，簇晶排列成行，或一个细胞含数个簇晶。连丹皮可见木栓细胞长方形，壁稍厚，浅红色。

（2）取本品粉末1克，加乙醚10毫升，密塞，振摇10分钟，滤过，滤液挥干，残渣加丙酮2毫升使溶解，作为供试品溶液。另取丹皮酚对照品，加丙酮制成每1毫升含2毫克的溶液，作为对照品溶液。照薄层色谱法（附录Ⅵ　B）试验，吸取上述两种溶液各10微升，分别点于同一硅胶G薄层板上，以环己烷—乙酸乙酯—冰醋酸（4∶1∶0.1）为展开剂，展开，取出，晾干。喷以2%香草醛硫酸乙醇溶液（1→10），在105℃加热至斑点显色清晰。供试品色谱中，在与对照品色谱相应的位置上，显相同颜色的斑点。

【检查】水分　不得过13.0%（附录Ⅸ　H第二法）。

总灰分　不得过5.0%（附录Ⅸ　K）。

【浸出物】照醇溶性浸出物测定法（附录Ⅹ　A）项下的热浸法测定，用乙醇作溶剂，不得少于15.0%。

【含量测定】照高效液相色谱法（附录Ⅵ　D）测定。

色谱条件与系统适用性试验　以十八烷基硅烷键合硅胶为填充剂；以甲醇-水（45∶55）为流动相；检测波长为274纳米。理论板数按丹皮酚峰计算应不低于5 000。

对照品溶液的制备　取丹皮酚对照品适量，精密称定，加甲醇制成每1毫升含20微克的溶液，即得。

供试品溶液的制备　取本品粗粉约0.5克，精密称定，置具塞锥形瓶中，精密加入甲醇10毫升，密塞，称定重量，超声处理（功率300瓦，频率50千赫）30分钟，放冷，再称定重量，用甲醇补足减失的重量，摇匀，滤过，精密量取续滤液1毫升，置10毫升量瓶中，加甲醇稀释至刻度，摇匀，即得。

测定法　分别精密吸取对照品溶液与供试品溶液各10微升，注入液相色谱仪，测定，即得。

本品按干燥品计算，含丹皮酚（$C_9H_{10}O_3$）不得少于1.2%。

饮片

【炮制】迅速洗净，润后切薄片，晒干。

本品呈圆形或卷曲形的薄片。连丹皮外表面灰褐色或黄褐色，栓皮脱落处粉红色；刮丹皮外表面红棕色或淡灰黄色。内表面有时可见发亮的结晶。切面淡粉红色，粉性。气芳香，味微苦而涩。

【鉴别】【检查】【浸出物】【含量测定】　同药材。

【性味与归经】苦、辛，微寒。归心、肝、肾经。

【功能与主治】清热凉血，活血化瘀。用于热入营血，温毒发斑，吐血衄血，夜热早凉，无汗骨蒸，经闭痛经，跌扑伤痛，痈肿疮毒。

【用法与用量】6～12克。

【注意】孕妇慎用。

【贮藏】置阴凉干燥处。

第九节　牡丹皮和牡丹的市场与营销

§3.20.16　牡丹皮的药用市场概况如何？

据全国中药资源普查统计：牡丹皮年需要量200万千克左右。只要不发生特大自然灾害和人为偏差，年产量可以稳定在 250 万～300 万千克，完全能够保障市场供应。20 世纪 50 年代中期至 60 年代初，牡丹皮的收购量增长缓慢。随着我国医药卫生事业的发展，购销形势虽然有了明显好转，但由于生产基础比较薄弱，种苗不足，生产发展缓慢，供应十分紧缺。60 年代至 80 年代的生产情况：牡丹皮商品主要来源于栽培，也有一部分野生资源。主要由安徽、四川、湖南、山东等省提供。新中国成立后，为国家计划管理品种，由中国药材公司统一管理。1980 年以后由市场调节产销。60 年代中期，生产收购不足，供应偏紧。70～80 年代后期，收购迅速增加，销售稳步增长，一度产大于销，库存积压，属于能够满足市场需要的品种。90 年代初期，丹皮经过几年的市场消化，价格渐渐有了起色，1991 年上半年每千克丹皮价格多在 7.5～8.5 元运行，下半年跃到 9 元；1992 年 4 月丹皮价格更是如日中天，升到 15 元，市场一片哗然，部分药商认为丹皮价格升到了顶点，不会再有继续上升的可能，纷纷出手抛货，从而使市场走动由畅转滞，价格不断下挫，1999 年降至 8～11 元。进入 21 世纪，丹皮价格还在不断下挫，最低时落至 6 元左右，一般交易价徘徊在 8 元左右，而且走动缓慢，这次低价期一直顺延至 2005 年。2005 年 11 月丹皮行情再次从低谷中走出，2007 年丹皮价格升至 16 元以上。2009 年 10 月份丹皮开始走快，11 月开始猛升，新统货升至 25～26 元。2011 年牡丹皮每千克价格有上升到 30 元左右，详见表 3-20-1。

表 3-20-1　2011 年国内牡丹皮价格表

品名	规格	价格（元/千克）	市 场
牡丹皮	山东粉	32～33	河北安国
牡丹皮	刮丹	30	安徽亳州
牡丹皮	统货	25	安徽亳州
牡丹皮	黑	30	河北安国

§3.20.17 牡丹的观赏市场概况如何?

一、室内装饰

牡丹又称富贵花，人人喜爱，在广东、福建一带，厅堂摆花、插花十分盛行，在一年一度的元宵花市上，牡丹花最为珍贵，春节元宵家里能摆上一盆盛开的牡丹花，象征一年里富贵吉祥，平安如意。

我国观赏牡丹自改革开放以来发展迅速，每年 4 月 15 日至 25 日举行的洛阳牡丹花会，吸引了众多的旅游者，菏泽每年举办的国际牡丹节也成为以花为媒、发展经济的重要节日。但我国观赏牡丹生产还有很多问题需要解决。

首先我国牡丹市场兴旺，品种多，数量大，但列入出售目录的却不多，所以要种植牡丹，必须优选市场效益好的品种，尤其小型盆栽牡丹的发展更有市场前景。其次，我国牡丹生产基本上还是采取传统的栽培方式，生产的种苗株龄大小参差不齐，在国际市场缺乏竞争力，所以观赏牡丹生产不仅要盯住国内市场，还要盯紧国际市场，利用芍药或牡丹种子进行播种育苗，培育出规格一致的苗木作砧木，然后根据市场需求，有计划地进行嫁接繁殖，批量生产苗木整齐、株龄一致的牡丹，加强竞争力。

生产观赏牡丹要抓住牡丹花卉事业的发展趋势，除发展露地栽培品种外，应把重点放在发展室内种植观赏品种，发展高档观赏品种，满足我国人民随着生活水平的提高对室内绿化、观赏的需求，尤其是利用促控技术，大力发展冬春季开花的盆栽牡丹品种，市场前景是非常广阔的。

二、牡丹的插花艺术

插花是一门室内装饰艺术，牡丹插花是中国传统插花艺术的代表之一，它以牡丹花为主，以其他花为陪衬，发展前景十分广阔。牡丹花象征吉祥、富贵、昌盛，可配以象征高洁、长青、刚强的松；象征清高、刚直不阿的竹；象征一尘不染、洁身自好的荷等。在线条造型上以自然式的线条为主，在构图上多采用不对称的均衡手法，在色彩配置上应有一个主色调。总之，牡丹插花是一门艺术，和个人的艺术修养等有密切关系。牡丹插花的保鲜方法如下：

（一）水中剪切

将花枝放入水盆中剪切，可防止空气侵入枝茎导管内，阻碍吸收水分，此种方法可延长花期。

（二）斜切法

将花枝切成斜口，增大吸水量。

（三）灼焦法

将花枝剪口用火烧焦，防止切口汁液流出，使花过早凋谢。

（四）蔗糖保鲜法

用高浓度糖处理，可使切花吸水增加，防止蛋白水解，延迟老化。

（五）阿司匹林保鲜

在水中加入阿司匹林，一般 250 毫升水中加 1 片阿司匹林。

三、牡丹干花的制作

牡丹花期短，虽然富丽堂皇，但要长期观赏，则应制成干花。目前，干花制作方法已很成熟，干花制品也有较好的经济效益，尤其是牡丹干花配以其他花卉，摆设于花架茶几，更能增加家庭气氛的高雅和富贵。但在制作牡丹干花时，要注意牡丹花的特征才能做出完整漂亮的干花制品。

（一）材料的选择

牡丹的自然花期较短，牡丹干花制作应不失时机，选取初开或中开的牡丹花，盛开牡丹花的花瓣易脱落，不宜选用。另外，采花时间宜在清晨露水散尽时进行，此时花瓣柔韧性较好，容易做出理想的牡丹干花。

（二）干燥处理

由于牡丹花较大，不宜采用自然干燥法，通常利用硅胶干燥和液体干燥法。硅胶干燥法应注意加入硅胶时宜慢，勿损伤花瓣。首先选取大小合适的容器，底部铺上2～3厘米的变色硅胶粒，然后放入牡丹花（带少许茎叶），可水平放置也可垂直放置，轻轻从四周加入硅胶粒，直至埋住整个花朵，再用塑料袋密封容器口，一般一周左右花朵即可完全干燥。在制作过程中应密切注意硅胶的颜色，若发现大部分硅胶变成黄色，应及时更换硅胶。一周后轻轻掏出硅胶，此时注意勿碰伤花瓣。甘油干燥法使用甘油水溶液进行干燥，应选用防锈容器，如玻璃器皿、搪瓷器皿等，倒入1份甘油和2倍热水，充分混匀，直到澄清为止，然后将花或枝叶放入混合溶剂中，时间以花瓣厚度而定，一般20～40分钟即可，取出后放在通风干燥处晾干，一般4～6天即可。利用此法应注意甘油处理时间，在实践中应根据不同花摸索适宜时间。

（三）着色与定形

如果操作得当，所制作的牡丹干花一般都能保持原有色泽，如果发现花瓣变色、褪色，可利用油彩着色，着色后应与原花色一致。牡丹干花可配以其他颜色花、叶，插于花篮、花瓶中欣赏。也可将牡丹干花用熨斗稍烫，用乳胶粘于硬白纸上，配以其他材料，装入镜框，制成装饰画。

主要参考文献

郭巧生，等．2008．药用植物繁育学［M］．北京：中国林业出版社．
忽思慧．1986．饮膳正要［M］．北京：人民卫生出版社．
李时珍．1982．本草纲目［M］．北京：人民卫生出版社．
南京医学院．1982．中华大药典［M］．南京：江苏科学技术出版社．
王士雄．1983．随息居饮食谱［M］．南京：江苏科学技术出版社．
赵鸿钧．1994．塑料大棚园艺（第二版）［M］．北京：科学出版社．
赵冰．2010．山药栽培新技术（第二版）［M］．北京：金盾出版社．
张勇飞，赵冰，等．2011．滋补中药的生产与营销［M］．北京：中国农业出版社．
赵冰．2007．怎样种山药［M］．北京：中华工商联合出版社．
中国中药杂志，1988，2010．
中草药，1988，2010．
中药材，1988，2010．
中华人民共和国卫生部药典委员会．2010．中华人民共和国药典［M］．

图书在版编目（CIP）数据

优质高效中药生产直通营销/张勇飞主编．—北京
：中国农业出版社，2012.11
ISBN 978-7-109-17244-9

Ⅰ.①优…　Ⅱ.①张…　Ⅲ.①药用植物—栽培技术②中药材—市场营销学　Ⅳ.①S567②F724.73

中国版本图书馆CIP数据核字（2012）第236113号

中国农业出版社出版
（北京市朝阳区农展馆北路2号）
（邮政编码100125）
责任编辑　徐建华

北京通州皇家印刷厂印刷　　新华书店北京发行所发行
2013年2月第1版　　2013年2月北京第1次印刷

开本：880mm×1230mm 1/32　　印张：23.25
字数：612千字
定价：35.00元